图解彩色电视机维修技能从入门到精通

杨成伟　编　著

金盾出版社

内容提要

本书分为上下两篇：上篇以入门为主，除介绍彩色电视机维修的必备知识外，以四片机芯彩色电视机为例，分单元介绍了彩色电视机电路的基本结构、工作原理及维修要领；下篇以提高为主，分别介绍国际线路机芯彩色电视机、I^2C 单片机芯彩色电视机、数字高清彩色电视机、液晶彩色电视机、等离子彩色电视机的电路结构和特点以及维修要领。为了帮助读者融会贯通各章的内容，提高分析问题、解决问题的能力，在每一种机芯介绍完后，都给出了若干个具有代表性的维修实例。书后附有彩色电视机常用集成电路型号与功能对照表和常用彩色电视机英文缩略语中英文对照表，供读者阅读和实际工作中查询。

本书内容丰富、通俗易懂、图文并茂、实用性强，既可以自学使用，也可以作为各级各类培训机构的参考书。

图书在版编目(CIP)数据

图解彩色电视机维修技能从入门到精通/杨成伟编著．—北京：金盾出版社，2015.12
ISBN 978-7-5082-9934-1

Ⅰ.①图…　Ⅱ.①杨…　Ⅲ.①彩色电视机—维修—图解　Ⅳ.①TN949.12-64

中国版本图书馆 CIP 数据核字(2015)第 000617 号

金盾出版社出版、总发行
北京太平路 5 号(地铁万寿路站往南)
邮政编码：100036　电话：68214039　83219215
传真：68276683　网址：www.jdcbs.cn
北京盛世双龙印刷有限公司印刷装订
各地新华书店经销
开本：787×1092 1/16　印张：27.625　字数：700 千字
2015 年 12 月第 1 版第 1 次印刷
印数：1～3 000 册　定价：88.00 元

前　言

在我国，彩色电视机维修一直是家电维修中的热点和难点，形成这种局面的原因主要有三个：首先，是社会拥有量大。彩色电视机基本上普及到城乡的每一个家庭，而在大中城市有2～3台彩色电视机的家庭亦不在少数。其次，是品种众多。造成品种众多的原因主要是，随着电子技术的飞速发展，彩色电视机的更新换代非常快，每隔三五年就会有新型的彩色电视机面市。加之我国城乡的生活水平相差较大，城市淘汰的产品依次向农村转移，形成了目前“几代共存，儿孙满堂”的局面。再次，是技术复杂。彩色电视机技术的复杂程度及其涉及的技术领域是其他家用电器无法比拟的。

在这种情况下，对于初学彩色电视机维修的人员来说，面临的困难主要有两个：对于老型号彩色电视机而言，主要是缺乏维修资料，对整机维修线路不熟悉；对于新型号彩色电视机（主要指数字高清彩色电视机和平板电视机）而言，维修的主要工作是换件，而其核心器件都是大规模集成电路，很多属于“软硬兼施”的器件，即在硬件中必须输入相应版本号的软件才能使用。由于维修渠道不畅，这些器件在市场上不易购得。

为了帮助初学者尽快适应当前彩色电视机维修面临的局面，顺利开展维修业务，我们特编写了《图解彩色电视机维修技能从入门到精通》一书。

本书分为上下两篇。上篇为入门篇，即基础篇。除介绍彩色电视机的一般知识和维修工具的操作技能外，用了较大篇幅（第三章至第八章）介绍了四片机芯彩色电视机各单元电路的结构、工作原理、维修要领和注意事项。其目的是熟悉各单元电路的功能和作用，各核心元器件的功能和作用，为分析故障现象，查找故障原因打下坚实的基础。下篇为精通篇，即提高篇。分别介绍了我国目前社会拥有量较大，正处于维修期的五种彩色电视机的电路结构和维修要领。其目的，一是深化对新型彩色电视机机芯的认识，熟悉由新机芯组成的整机电路有哪些特点，以及这些特点给维修带来哪些变化；二是通过对每一章中维修实例的学习，为读者设置一个实际的场景，使读者能把所有知识融会贯通、举一反三，落实到分析和解决实际故障上来。

由于作者水平所限，书中疏漏和不妥之处在所难免，敬请广大读者批评指正。

作　者

目　录

上篇　入门篇

上　　篇

入　门　篇

第一章　彩色电视机概述

第一节　我国彩色电视广播技术标准及发展

一、我国彩色电视广播的技术标准

1. 彩色电视广播制式

所谓彩色电视制式，是指发送端和接收端对彩色信号的处理方式。目前，世界各国普遍采用的有三种制式，即 NTSC 制、PAL 制、SECAM 制。

NTSC 制是 1953 年由美国首先提出的，由于其信号处理的突出特点是用两个色差信号对副载波进行正交平衡调幅，故 NTSC 制又称为正交平衡调幅制。采用这种制式的国家主要有美国、日本、加拿大等。PAL 制是为了克服 NTSC 制的某些不足而提出的一种制式，它也采用正交平衡调幅方式，但它与 NTSC 制的不同之处在于，已调色差信号是逐行倒相的，因此，又把这种制式称为逐行倒相正交平衡调幅制。采用这种制式的国家主要有德国、英国及北欧一些国家。SECAM 制也是在 NTSC 基础上提出的一种改进制式。它对信号的处理特点是逐行轮换地对彩色副载波进行调频以形成色度信号。由于逐行轮换的色差信号一路直接经电子开关输出，而另一路则经延迟线储存一行时间后再经电子开关输出，因此，该种制式又称为顺序传送与存储复用调频制。

彩色电视广播制式一般包括黑白图像制式、彩色制式和伴音载波制式。其中：黑白图像制式是固定不变的，而彩色制式和伴音制式有多种，各国可以根据实际情况进行组合。如日本采用 NTSC/M 制、法国采用 SECAM/L 制、苏联采用 SECAM/D 制，我国香港采用 PAL/I 制等。不同制式中的伴音载波频率见表 1-1。

表 1-1　不同制式中伴音载波及相关频率

<table>
<tr><th colspan="2">制　式</th><th>SIF/MHz
（伴音第二中频）</th><th>伴音载波/MHz</th><th colspan="2">制　式</th><th>SIF/MHz
（伴音第二中频）</th><th>伴音载波/MHz</th></tr>
<tr><td rowspan="4">PAL</td><td>B</td><td>5.5</td><td>32.5</td><td rowspan="4">SECAM</td><td>G</td><td>5.5</td><td>32.5</td></tr>
<tr><td>G</td><td>5.5</td><td>32.5</td><td>D</td><td>6.5</td><td>31.5</td></tr>
<tr><td>I</td><td>6.0</td><td>32.0</td><td>K</td><td>6.5</td><td>31.5</td></tr>
<tr><td>D</td><td>6.5</td><td>31.5</td><td>K_1</td><td>6.5</td><td>31.5</td></tr>
<tr><td>SECAM</td><td>B</td><td>5.5</td><td>32.5</td><td>NTSC</td><td>M</td><td>4.5</td><td>33.5</td></tr>
</table>

根据国标 GB 3174—82 的规定，我国电视广播制式为 PAL/D 制。

为了适应国际交往和国际市场竞争的需要，近年来，我国生产的彩色电视机都有多个制式。如金星 D2915BF 型彩色电视机的彩色制式有 PAL、NTSC3.58MHz、NTSC4.43MHz；伴音载波制式有 PAL D/K、PAL/I、PAL B/G、NTSC/M。再如，长虹 CHD2919 型彩色电视机的彩色制式有 PAL、PAL60、SECAM、NTSC3.58、NTSC4.43，伴音载波制式有 D/K、I、B/G、M。

我国电视广播制式的技术标准如下：

(1)扫描特性。每帧行数 625；每秒场数(标称值)50。扫描方式为隔行扫描；每秒帧数(标称值)25。行频 fH 为 15625Hz(容许偏差：±0.0001%fH，但在锁相等工作状态下，容许偏差不受此限)。光栅宽高比为 4∶3。扫描顺序是：行自左至右，场自上至下。

(2)彩色全电视信号特性。彩色全电视信号由亮度信号、色度信号、色同步信号和同步信号组成。其中色度信号包含两个分量，两个分量之一的副载波相位逐行倒转 180°。

标称视频带宽为 6MHz。彩色全电视信号中消隐电平(基准电平)为 0V，峰值白电平(当用 100/0/75/0 彩条信号时)为 0.7V±20mV，黑电平与消隐电平之差为 0V～5%mV。色同步峰-峰值为 0.3V±9mV，同步脉冲电平为－0.3V±9mV。

(3)射频特性。标称射频频道的宽度(第一、第二、第四、第五波段)为 8MHz；伴音载频与图像载频的频距为＋6.5±0.001MHz；频道下端与图像载频的频距为－1.25MHz；图像信号主边带的标称带宽为 6MHz；图像信号残留边带的标称带宽为 0.75MHz；图像信号下边带在－1.25MHz 以外的最小衰减值为 20dB；图像信号调制方式与调制极性为振幅调制、负极性；彩色全电视信号的辐射电平中，同步脉冲顶为 100%载波峰值，消隐电平为 72.5%～77.5%载波峰值，黑电平与消隐电平的差为 0～5%载波峰值，峰值白电平为 10%～12.5%载波峰值；伴音调制为调频方式，其最大频偏为±50kHz，预加重时间常数为 50μs。

2. 广播电视频道的编制划分

我国的广播电视频道是按照国标 GB 4877—85 的规定编制划分的。其中，电视广播的载波频率取在甚高频段(VHF 频段)和特高频段(UHF 频段)。VHF 频段属米波段，其频率范围在 48.5～233MHz(国际规定 30～300MHz)，容纳有 1～12 频道。习惯上将 1～5 频道称为 VHF 低频道，即 L 道，国际上规定为Ⅰ波段，而将 6～12 频道称为 VHF 高频道，即 H 道，国际上规定为Ⅲ波段。UHF 频段属分米波段，其频率范围在 470～958MHz(国际规定 300～3000MHz)，容纳 13～68 频道，习惯上称为 U 道，国际上规定为Ⅳ波段(13～24 频道)和Ⅴ波段(25～68 频道)。我国广播电视频道划分见表 1-2。

表 1-2 我国广播电视频道划分表

波段	频道	频率范围(MHz)	图像载频(MHz)	伴音载频(MHz)
Ⅰ波段(米波)	1	48.5～56.5	49.75	56.25
	2	56.5～64.5	57.75	64.25
	3	64.5～72.5	65.75	72.25
	4	76～84	77.25	83.25
	5	84～92	85.25	91.25
Ⅲ波段(半波)	6	167～175	168.25	174.75
	7	175～183	176.25	182.75

续表 1-2

波段	频道	频率范围(MHz)	图像载频(MHz)	伴音载频(MHz)
Ⅲ波段(半波)	8	183～191	184.25	190.75
	9	191～199	192.25	198.75
	10	199～207	200.25	206.75
	11	207～215	208.25	214.75
	12	215～223	216.25	222.75
Ⅳ(分米波)	13	470～478	471.25	477.75
	14	478～486	479.25	485.75
	15	486～494	487.25	493.75
	16	494～502	495.25	501.75
	17	502～510	503.25	509.75
	18	510～518	511.25	517.75
	19	518～526	519.25	525.75
	20	526～534	527.25	533.75
Ⅳ(分米波)	21	534～542	535.25	541.75
	22	542～550	543.25	549.75
	23	550～558	551.25	557.75
	24	558～566	559.25	565.75
Ⅴ(分米波)	25	606～614	607.25	613.75
	26	614～622	615.25	621.75
	27	622～630	623.25	629.75
	28	630～638	631.25	637.75
	29	638～646	639.25	645.75
	30	646～654	647.25	653.75
	31	654～662	655.25	661.75
	32	662～670	663.25	669.75
	33	670～678	671.25	677.75
	34	678～686	679.25	685.75
	35	686～694	687.25	693.75
	36	694～702	695.25	701.75
	37	702～710	703.25	709.75
	38	710～718	711.25	717.75
	39	718～726	719.25	725.75
	40	726～734	727.25	733.75
	41	734～742	735.25	741.75
	42	742～750	743.25	749.75
	43	750～758	751.25	757.75

续表 1-2

波段	频道	频率范围(MHz)	图像载频(MHz)	伴音载频(MHz)
V(分米波)	44	758～766	759.25	765.75
	45	766～774	767.25	773.75
	46	774～782	775.25	781.75
	47	782～790	783.25	789.75
	48	790～798	791.25	797.75
	49	798～806	799.25	805.75
	50	806～814	807.25	813.75
	51	814～822	815.25	821.75
	52	822～830	823.25	829.75
	53	830～838	831.25	837.75
	54	838～846	839.25	845.75
	55	846～854	847.25	853.75
	56	854～862	855.25	861.75
	57	862～870	863.25	869.75
	58	870～878	871.25	877.75
	59	878～886	879.25	885.75
	60	886～894	887.25	893.75
	61	894～902	895.25	901.75
	62	902～910	903.25	909.75
	63	910～918	911.25	917.75
	64	918～926	919.25	925.75
	65	926～934	927.25	933.75
	66	934～942	935.25	941.75
	67	942～950	943.25	949.75
	68	950～958	951.25	957.75

二、我国彩色电视机的基本参数及技术要求

我国彩色电视广播接收机的基本参数及技术要求应符合 GB 6831—86 国家标准。有关我国彩色电视的基本参数及技术要求见表 1-3。

表 1-3　我国彩色电视机的基本参数及技术要求

序号	基本参数项目	单位	技术要求	测量方法	测量频道数	备注
1	电视频道 VHF UHF	个	 1～12 13～57			
2	图像重显率 水平方向　不小于 垂直方向　不小于	%	 90 90	GB 3786—83 4.1	1	

续表 1-3

序号	基本参数项目	单位	技术要求	测量方法	测量频道数	备注
3	图像通道有限噪波灵敏度 75Ω 阻抗输入时 VHF　不劣于 UHF　不劣于 300Ω 阻抗输入时 VHF　不劣于 UHF　不劣于	μV	 250 350 500 700	GB 3786—83 4.3 （视频信号中加色同步脉冲）	57	
4	图像通道同步灵敏度 75Ω 阻抗输入时不劣于 300Ω 阻抗输入时不劣于	μV	 75 150	GB 3786—83 4.4 （视频信号用彩色测试图信号）	57	
5	伴音通道灵敏度不劣于图像通道标称有限噪波灵敏度的倍数	倍	1/3	GB 3786—83 4.5 （伴音通道信噪比为 30dB）	57	
6	选择性手 −1.5MHz 处衰减 不小于 −1.5MHz 以下衰减 不小于 +8MHz 处衰减 不小于 +8MHz 以上衰减 不小于	dB	30 30 40 30	GB 3786—83 4.6	57	
7	中频抑制比　不小于	dB	45	GB 3786—83 4.7	第 1 频道	
8	假象抑制比 VHF　不小于 UHF　不小于	dB	 45 40	GB 3786—83 4.8	57	
9	交扰调制抑制能力　不小于	dB μV	80	GB 3786—83 4.9	57	
10	伴音通道调幅抑制比　不小于	dB	40	GB 3786—83 4.10	1	
11	天线输入端不平衡抑制比不小于	dB	20	GB 3786—83 4.11	57	
12	天线输入端行波系数　不小于		0.2	用驻波比电桥法	57	
13	自动增益控制作用输出电平变化±1.5dB 时，输入电平变化　不小于	dB	60	GB 3786—83 4.15	57	

续表 1-3

序号	基本参数项目	单位	技术要求	测量方法	测量频道数	备注
14	本机振荡频率稳定度 VHF　不大于 UHF　不大于	kHz	±300 ±500	GB 3786—83 4.13	57	
15	自动频率控制作用引入范围 不小于(以高频频率为基准) 剩余误差　不大于 (以中频频率为基准)	MHz	+0.7 −1.0 ±0.1	GB 3786—83 4.14	57	
16	允许最大输入信号电平不小于	mV	100	GB 3786—83 4.27 (视频信号用彩色测试图)	57	
17	最大亮度(黑带亮度为30d/m² 时)当显像管屏幕尺寸为: 37～41cm 时不小于 47～51cm 时不小于 56cm 时　不小于	cd/m²	200 180 160	GB 3786—83 4.17	1	
18	大面积图像对比度 当显像管屏幕尺寸为: 37～51cm 时,不小于 56cm 时不小于	倍	70 60	GB 3786—83 4.19	1	
19	亮度鉴别等级　不低于	级	8	GB 3786—83 4.20	1	
20	图像中央分辨率 水平方向　不少于 垂直方向　不少于	线	300 400	GB 3786—83 4.21	1	
21	图像几何失真　不大于	%	3	GB 3786—83 4.22	1	
22	扫描非线性失真 水平方向　不大于 垂直方向　不大于	%	10 8	GB 3786—83 4.23	1	
23	行同步范围 引入范围　不小于 保持范围　不小于 (行频以15625Hz为基准) 场同步范围不小于(包括50Hz在内)	Hz	±200 ±400 6	GB 3786—83 4.26 (彩色测试图信号)	1	

续表 1-3

序号	基本参数项目	单位	技术要求	测量方法	测量频道数	备注
24	保持图像稳定的电源电压变化范围 不小于	%	±10	GB 3786—83 4.29 （视频信号用标准彩条信号）	1	
25	加速高压稳定性 不大于 （射束电流从 100μA 到显像管额定最大值）	%	5	GB 3786—83 4.30	1	
26	鉴频器特性零点自热频移 不大于	kHz	20	GB 3786—83 4.31	1	
27	伴音通道最大有用电输出功率 当显像管屏幕尺寸为： 37～41cm 时 不小于 47～51cm 时 不小于 56cm 时 不小于 （电压谐波失真系数为 7%）	W	 1 1.5 2	GB 3786—83 4.35	1	
28	伴音通道的频率特性当显像管屏幕尺寸为： 37～41cm 时 不小于 47～51cm 时 不小于 56cm 时 不小于 （当声压不均匀度为 16dB 及电压不均匀度为 10dB 时）	Hz	 180～6300 160～7100 100～9000	GB 3786—83 4.32	1	
29	伴音通道平均声压当显像管屏幕尺寸为： 37～47cm 时 不小于 47cm 时 不小于 51cm 时 不小于 56cm 时 不小于	Pa	 0.35 0.40 0.50 0.60	GB 3786—83 4.33		
30	伴音通道谐波失真系数 电压谐波失真系数 不大于 声压谐波失真系数 不大于		 7 10	GB 3786—83 4.34	1	
31	音量控制作用范围 不小于	dB	40	GB 3786—83 4.36	1	
32	图像信号、扫描及电源电路在伴音通道中产生的噪声不大于	dB	−40	GB 3786—83 4.38	57	

续表 1-3

序号	基本参数项目	单位	技术要求	测量方法	测量频道数	备注
33	电源干扰抑制比	dB	35	GB 3786—83 4.39	57	
34	同步检波器的寄生倍频 不大于 (3.2～3.3MHz)	dB	由产品标准中规定	GB 3786—83 4.41	1	推荐值 ≥15
35	图像扫描和伴音之间的相干扰		不明显	GB 3786—83 4.42 (用彩色测试图信号)	57	
36	微音效应		不明显	GB 3786—83 4.43 (用彩色测试图信号)	57	
37	电源消耗功率当显像管屏幕尺寸为: 37cm时 不大于 41～47cm时 不大于 51cm时 不大于 56cm时 不大于	W	60 65 70 85	GB 3786—83 4.44 (视频信号为标准彩条信号)	1	
38	亮度通道线性波形响应 (1)行频条脉冲响应 K_b 不大于 (2)2T脉冲响应 K_p 不大于 (3)2T脉冲/条脉冲幅度比 K_{Pb} 不大于 (4)亮度通道色度载波响应 J 不大于 (5)亮度通道复合色度载波2Tc脉冲响应 不大于 (6)场频方波响应 K_{50} 不大于	%	5 产品标准中规定 产品标准中规定 产品标准中规定 5 5	GB 3786—83 5.1	1	推荐值 5% 5% 5%
39	色度通道线性波形响应 (1)行频条脉冲响应 K_b 不大于 (2)2Tc脉冲响应 K_P 不大于 (3)2Tc脉冲/条脉冲幅度比 K_{Pb} 不大于 (4)场频方波响应 K_{50} 不大于	%	5 产品标准中规定 产品标准中规定 5	GB 2786—81 5.2	1	推荐值 5% 5%
40	亮度—色度时延差 不大于	ns	±100	GB 2786—81 5.3	1	

续表 1-3

序号	基本参数项目	单位	技术要求	测量方法	测量频道数	备注
41	亮度信号行期间的非线性不大于	%	5	GB 2786—81 5.4	1	
42	色度信号行期间的非线性不大于	%	10	GB 2786—81 5.5	1	
43	色度信号解调误差 (1)解调角误差 不大于 (2)相位配合误差不大于 (3)幅度配合误差 不大于	度 %	±15 ±5 15	GB 2786—81 5.6	1	
44	矩阵变换误差 (1)G-Y矩阵误差 不大于 (2)基色矩阵误差 不大于	%	产品标准中规定 产品标准中规定	GB 2786—81 5.7	1	
45	直流分量恢复能力 (1)亮度信号直流分量恢复能力 不小于 (2)基色信号直流分量恢复能力 不小于	%	70 80	GB 2786—81 5.8 (单信号法)	1	
46	相邻行信号电平的不一致性 不大于	%	10	GB 2786—81 5.9	1	
47	相邻行信号阶跃处电平的不一致性 不大于	%	10	GB 2786—81 5.10	1	
48	色度信号自动增益控制能力 输出电平相对标准输出电平变化为: +1.5dB时,输入电平变化不小于 -1.5dB时,输入电平变化不大于	dB	+6 -10	GB 2786—81 5.11	1	
49	复合亮度和色度自动增益控制动态特性 不小于	Hz	产品标准中规定	GB 2786—81 5.12	1	推荐值 当变化量为10%时≥100Hz
50	消色电路功能 (1)彩色消色能力不大于 (2)黑白信号消色能力 不劣于	dB μV	-16 100	GB 2786—81 5.13	1	
51	彩色灵敏度 不劣于	μV	100	GB 2786—81 5.14	57	
52	彩色同步稳定性 (1)保持范围 不小于 (2)引入范围 不小于	Hz	±300 ±200	GB 2786—81 5.15	1	

续表 1-3

序号	基本参数项目	单位	技术要求	测量方法	测量频道数	备注
53	基准白 D65 的色坐标		$x=0.313\pm\Delta x$ $y=0.329\pm\Delta y$ Δx、Δy 由产品标准中规定		1	推荐值 $\Delta x=\pm0.01$ $\Delta y=\pm0.01$
54	白平衡		产品标准中规定	GB 2786—81 5.16 （第 1、8 条不测，第 2 条为 10cd/m²）	1	推荐值 $\Delta x=\pm0.012$ $\Delta y=\pm0.012$
55	白场不均匀性 (1)亮度不均匀性 (2)色度不均匀性	%	产品标准中规定	GB 2786—81 5.18	1	
56	色纯度		混色不明显	GB 2786—81 5.17	1	
57	会聚误差 (1)A 区　不大于 (2)B 区　不大于	%	0.4 0.8	GB 2786—81 5.19	1	
58	抑制彩色副载波干扰能力 (1)彩色副载波和伴音内载波的差拍干扰　不小于 (2)本机彩色副载波的辐射干扰	dB	10 不明显	GB 2786—81 5.20	1	
59	扫描电路对色度信号解码的影响		不明显	GB 2786—81 5.21	1	

注：表中测量方法是按国际 GB 3786—83《黑白电视广播接收机测量方法》及其修正文件和国际 GB 2786—81《彩色电视接收机测量方法》及其修正文件的要求进行测量。

本标准规定在下列环境条件下进行测量：

温度：15℃～35℃

湿度：45～75％

大气压力：860～1060mbar

电源电压：220(1±3％)V

电源频率：(50±1)Hz

三、我国彩色电视机的可靠性标准

彩色电视机在进入市场和用户的使用过程中，其基本状况必须良好，主要体现在两个方面，一个是安全可靠，另一个是技术可靠。前者直接关系到用户生命财产安全；后者影响娱乐效果。因此，我国国家标准对彩色电视机的安全性能与技术性能都有严格要求。

所谓安全可靠，指保证产品在正常工作条件下或发生故障时均应保证人身和财产的安全，主要包括，防触电、防过高温、防有害射线、防起火、防爆炸、防机械不稳定性和结构件伤人等。彩色电视机的安全性指标在国家标准中都是强制贯彻执行的。

1. 电击防护

电击防护，是彩色电视机安全指标中的一个重要内容。它主要是指在规定的电流频率上，电击感阈电流通过人体释放时，不能伤害人体。当一个人身上较长时间地流过大于其自身的甩脱电流（即释放电流）时，就会引起人体的各种生理效应。如流过人胸部的电流，会使呼吸器官麻痹；流过心脏的电流，会引起心脏纤维颤动，导致心肌梗塞等。电击会使人昏迷甚至死亡。我国 IEC65 号标准规定：1000Hz 以上高频电流的感阈值为 0.7mA×n（n 为 kHz 的整数值），感阈值最高不得超过 70mA（峰峰值）。当电流频率超过 100kHz 时则不适用该种规定，因为高频电流达 70mA 以上时电击感觉已变得很明显。

在彩色电视机中，由于工作电压很高，电路结构复杂，电击防护的要求较高，因此在制造生产时就必须结合国家安全标准采取相应的保护措施。如元器件必须满足相应的绝缘等级，带电元件必须进行绝缘处理；对于高压带电件必须采取封围隔离防护；设备各单元间的保护隔离；某些带电件和可触及导电件间应有足够的阻抗，以保证正常工作条件下和故障条件下都把可触及件的漏电电流、储能电量限制在安全值以下，从而使可触及件均不带电，并且在产品的预计寿命期内安全可靠。有关此项的具体要求可查阅我国彩色电视机安全标准规定，或查阅 IEC65 号标准和 IEC536 号公告等。

2. 有害射线防护

在彩色电视机中，有害射线主要是指 x 射线，同时也包括一些极少量的 α 射线、β 射线和 γ 射线。彩色电视机在工作中显像管、高压整流二极管、行频放大管、高压稳压管等都可能产生此类射线。超量的射线辐射会引起细胞核内的水产生电离，从而使分子发生变化，并形成对染色体有害的化学物质，使细胞的结构和功能发生变化进而会引起人体器官和生育功能的损害。为此，我国的安全标准中都有严格的规定。彩色电视机的有害射线剂量必须限制在很安全的容许剂量以内。ICRP 国际放射防护委员会的 15 号公告中规定：彩色电视机的射线暴露率不得超过 0.5mR/h（毫伦/小时）。

3. 防火

防火主要是防止彩色电视机发生起火事故。起火是危及人们生命财产的一个重要因素。因此对彩色电视机中的零部件、外壳等所用的塑性材料、绝缘材料就必须有严格的阻燃标准。阻燃标准是指某元件材料按规定的方法点燃后，能够在规定的时间内自动熄灭。

在彩色电视机中，能够引起燃烧的部位主要有：4000V 以上的高压元件；工作电压超过 4.2V 的电路；能传送大于 15W 的功率点；与电网电压接通并能产生等于或大于 9A 电流的元件；工作温度达到 200℃以上的某些可燃部件与材料；在一定工作电压下间隙小于最小安全值的导电元件，以及能够引起拉弧、打火或释放可燃气体的元件或材料等。因此，在彩色电视机中，防火阻燃材料一定要符合接触电压、传输功率、连接电压的极性、带电元件的间隙等的技术要求，如果防火阻燃材料同时又是带电的绝缘材料，还必须要考虑它的电气绝缘性能。以确保在正常工作条件下，或故障工作条件下，一旦引燃源发生自燃、闪燃时，都不会燃烧到其他部位。

有关阻燃的技术要求可查阅我国安全标准和 IEC65 号标准中的相关条目。这里不深入介绍。

4. 爆炸防护

爆炸防护主要是防止显像管爆炸伤害观众的一种保护。彩色电视机爆炸主要是显像管受热应力或受机械冲击而引起的。1996 年 5 月 7 日，四川电视台曾报道一起彩色电视机粉碎性爆炸事件，当时墙壁炸塌，炸伤四人（轻伤两人，重伤两人）。因此，在彩色电视机的制造中，为防止显像管爆炸，对显像管的安全标准有严格要求。以保证一旦爆炸时，爆炸碎片不能飞越安全区域所限定的距离与高度。

在实际生产中，为防止爆炸，常在显像管荧光屏外围粘牢一道金属箍，以形成向心爆炸的防护系统，即制成防爆显像管。但防爆显像管不能防止显像管发生爆炸，只是能够阻止爆炸碎片向四周飞跃，即由被动防护变成主动防护。

导致显像管爆炸的原因一般有三个：一个是安装不合理，使显像管受预应力的作用；第二个是显像管本身有裂纹等瑕疵；第三是使用不当，在使用过程中受外力冲击。

5. 温升防护

温升防护主要是防止机壳内部的温度升高。温度升高会引起局部自燃，或释放可燃气体，造成火灾。因此，限制彩色电视机在正常工作条件下和故障条件下的温升，是安全保护的一个重要措施。我国安全标准的温升极限是按产品各部分功能的需要及工业和材料发展的现状来确定的，如使用聚氯乙烯或合成橡胶作绝缘护套的电源线，在无机械应力时，其正常工作条件下的允许温升不超过60℃，而故障工作条件下的允许温升不超过100℃。在一般情况下，要求可触及元件的温升不得超过50℃，以避免烫伤使用者和维修人员的皮肤；绝缘件的温度不得超过100℃，否则绝缘材料的绝缘性能就会显著下降；结构件特别是防护件和带电元件的支承件不能处于特高温的环境中，以避免因机械强度不足而发生变形，特别是各种元件和材料在高温或局部温升时不得放出可燃性气体和毒气，更不能达到可燃点。

随着科学技术的发展和新材料新技术的研究开发，有些元器件的容许温升可能要发生变化。但必须保证可燃材料、元件不能达到自燃温度，能够在正常工作条件下和故障条件下安全使用。

第二节　彩色电视机的整机组成及维修方法

一、彩色电视机在我国的发展阶段及整机结构特点

自从1973年我国自行研发的第一台金星C47-P型彩色电视机在上海诞生以来，随着科学技术的不断进步，电子技术、材料科学不断发展以及改革开放带来的巨大变化，使我国的彩色电视机在赶超世界先进水平方面取得了飞速发展。这种发展和变化重要体现在三个方面：其一，显示屏不断变大，由最初的47cm(14英寸)，发展到71cm(29英寸)，再发展到132cm(54英寸)，而且还在变大；其二是功能不断完善和发展，由最初的单一的键控播放功能发展到遥控功能、画中画功能，由单一的接收一种制式发展到接收多种制式，由只能接收几个频道发展到可以接收上百个频道，功能的发展和完善，使电视机由单一的娱乐功能发展到全面收集信息，成为人们日常生活不可或缺的工具；其三是集成化程度不断提升，由初期完全由分立元件组成，发展到主要由六片集成电路组成，再发展到由四片、二片、单片集成电路组成，彩色电视机集成化程度的提升，不但给彩色电视机的生产、调试、维修带来了极大的方便，使生产成本降低，也使彩色电视机的品质(色度、清晰度、信噪比)得到改善。下面以不同集成化彩色电视机为主要脉络，介绍不同时期彩色电视机的整机结构特点，以帮助维修人员及时对维修的机型做出判断，并帮助维修人员对维修的可行性、必要性、合理性进行分析。

1. 四片(六片)机芯彩色电视机

四片(六片)机芯彩色电视机是20世纪80年代的产品，是指整机线路主要由四块或六块

集成电路板组成。其中，由东芝公司开发的整机电路，由 TA7607（或 TA7611AP）、TA7193AP、TAT609AP 和 TA7176AP（或 TA7243P）四片集成电路组成，其中 TA7607（或 TA7611AP）与部分分立元件等组成图像中放、检波及预视放电路；TA7193AP 与少量外围元件组成 PAL 制彩色色度解调电路；TA7609AP 主要组成行场扫描电路；TA7176AP（或 TA7243P）主要组成伴音中放、鉴频、音频功放电路。整机的主要特点是，只能接收 PAL-D 制电视广播信号，可以预置 8 个或 12 个频道的电视节目，全部由键盘控制，调谐选台由手动完成，没有 AV 输入接口，音量、亮度、对比度、色度等模拟量均由电位器控制，荧光屏尺寸主要有 14 英寸、16 英寸和 18 英寸。这一时期除上述机型外，还有由 TA7607AP、HA11401、TA7622AP、AN5620、HN11244、HA11107 等组成的六片机芯和由 HA11440A、M51393AP、μPC1382C、LA7801 等组成的四片机芯。

2. 两片机芯彩色电视机

两片机芯是 20 世纪 80 年代后期的产品，是在引进国外技术的基础上自主开发的产品。其产品组成比较多样化，主要有 TA 两片机芯、TDA 两片机芯、HA 两片机芯、Mμ 两片机芯。其中：TA 两片机芯，主要由 TA7680AP 和 TA7698AP 组成，TA7680AP 与外围元件组成图像中频、伴音中频及伴音前置低放电路，TA7698AP 与外围元件组成亮度信号、色度信号、行场扫描等电路。TDA 两片机芯，主要由 TDA4505（或 TDA8305）和 TDA3505（或 TDA3561）等组成，TDA4505（或 TDA8305）与外围分立元件组成图像中频处理、伴音鉴频、行场扫描等电路，TDA3505（或 TDA3561）与外围元件组成亮度、解码及视频放大电路。HA 两片机芯，主要由 HA11485AN 和 HA11509NT 组成，HA11485 与外围元件组成图像伴音中频处理电路，HA11509NT 与外围元件组成亮度放大、彩色解码、行场扫描等小信号处理电路。Mμ 两片机芯，主要由 M51354 和 μPC1403CA（或 μPC1423CA）等组成，M51354 与外围元件组成中频电视信号、伴音信号处理电路，μPC1403CA（或 μPC1423CA）与外围元件组成亮度处理、色度解码、行场扫描等电路。

两片机芯彩色电视机，有键控和遥控两种类型，键控机型的特点与四片机芯彩色电视机基本相同，而遥控机型，则在功能和特点上有了较大改变。首先，它的整机线路得到了较大简化，但它增加了遥控电路（或遥控板）。遥控电路（或遥控板）可实现人机对话，能够完成调谐选台和音量、色度、亮度等模拟量控制，并设置有外部视频和音频输入插口。荧光屏尺寸主要有 20 英寸和 21 英寸。在此期间还出现过五片机芯彩色电视机，其芯片型号分别为 AN5132、AN5622、AN5612、AN5435、AN5250。

3. 国际线路机芯彩色电视机

国际线路机芯彩色电视机，主要生产于 1995 至 1998 年期间，其整机线路主要由 TA8659AN 或 TA8759BN、TA8783N、TA8880CN 等组成，但它配备了一些重低音、环绕声处理和 TV/AV 转换等电路，遥控功能比较完善，但整机线路结构较两片机复杂一些。荧光屏尺寸有 21 英寸、25 英寸、29 英寸、34 英寸，29 和 34 英寸多为豪华型彩色电视机。

4. 单片机芯彩色电视机

单片机芯彩色电视机，主要生产于 1991 至 1999 年期间，其整机线路主要由 LA7680、LA7681、LA7685、LA7687、LA7688、TA8690、TDA8361、TDA8362 及中央微处理器等组成，但在一些大屏幕机型中常配有音调、AV 转换等电路。该种机型的小信号处理功能全部由单片集成电路来完成。其主板电路的最大特点是，仅有中央微处理器和单片 TV 处理器两只超大规模集成电路。但遥控功能比较多，如增加了 TV/AV 转换输入输出、音调、自动搜索、蓝背景等控制功能。其荧光屏尺寸有 21 英寸、25 英寸、29 英寸、34 英寸、38 英寸，并有普通型和豪华型之分。

5. I^2C 单片机芯彩色电视机

在以上介绍的四种机芯的整机线路中，无一例外地全部采用模拟技术，进入 21 世纪后，受微电子技术发展的支持，在彩色电视机线路中也引入了数字处理技术和 I^2C 技术，使电视机线路有了阶段性飞跃。

I^2C 单片机芯彩色电视机生产于 1998 年至 2003 年，其机芯与模拟单片机芯彩色电视机基本相同，只是采用了 I^2C 总线控制技术。由于采用了 I^2C 总线控制技术减去了众多可调电阻器，如 RF AGC 延迟调整电位器，白平衡调整电位器等都被省掉，一些模拟量控制功能及工作点调整功能设定，都是通过 I^2C 总线编程软件来完成的。因此，该种机线路结构的最大特点是，中央微处理器引脚的使用功能可以自定义，不同版本号的中央微处理器不能互换，但 I^2C 单片机芯集成电路可以通用。常用的 I^2C 单片机芯集成电路有：LA76810/LA76820/LA76832/TB1231/TB1238/TB1240/TDA8841/TDA8842/TDA8843/TDA8844/TDA8847 等。常见机型的荧光屏尺寸有 21 英寸、25 英寸、29 英寸、34 英寸、38 英寸等。

6. 超级芯片彩色电视机

超级芯片彩色电视机，是在 I^2C 总线控制技术的单片机芯彩色电视机的基础上发展起来的，主要生产于 2003 至 2009 年期间。其机芯线路的主要特点是，中央微处理器与单片 TV 处理器合成一个超级芯片集成电路，因而整机线路结构极为简洁。常用的超级芯片有：TDA9370/TDA9373/TDA9383/TMPA8801/TMPA8802/TMPA8803/TMPA8807/TMPA8808/TMP8809/TMPA8823/TMPA8824/LA76930/LA76931/LA76932/LA76933 等。由于它们的版本号不同，故不能互换。

7. 具有数字板处理技术的彩色电视机

具有数字板处理技术的彩色电视机，是在超级芯片彩色电视机的基础上改进而成的，社会中常称其为“CRT 数字高清”彩色电视机，它主要生产于 2004 至 2009 年期间。但它接收的高频信号仍是模拟信号，只不过是通过数字板的数字化处理可以通过外部接口收视逐行处理和电脑等视频图像。其荧光屏尺寸仍为 4∶3，它可通过 I^2C 总线控制，可将光栅设置在 16∶9 模式，但由于显像管的固有本质和 4∶3 视频信号的基本特性，其扫描线的极限值仍达不到标清电视的要求。标清电视的行扫描极限值为 500 线，它由国际活动图像专家组规定，即 MPEG-2 标准，目前卫星转发器的转发标准也都为 MPEG-2。

“CRT 数字高清”彩色电视机的整机线路结构，除在主板中多出一块数字板以外，其他线路结构与超级芯片彩色电视机的线路结构相同。显像管仍靠模拟视频信号激励来显示图像。但数字板电路比较复杂，均由贴片式集成电路等组成，常见集成电路型号有 TDA9332/TDA9333/PW1235/MST9883/SA4979H/SAA4998H/SAA7117AHB/SAA7118H/HY57V641620HG/HY57V161610D 等。

8. 平板式彩色电视机

平板式彩色电视机主要指液晶彩色电视机和等离子彩色电视机。我国平板彩色电视机的整机线路，主要由三部分组成，其一是高频接收系统，它与“CRT 数字高清”彩色电视机中的高频接收系统基本相同，只是将中频电路合并在高频盒内部，它能够接收的信号仍为PAL-D制模拟信号，而接收数字信号则需由机顶盒转换，并从AV端口输入，且所转信号仅为SDTV标清信号，图像画面的幅型比也仍为4∶3；其二是数字信号处理电路，它完全由贴片式元件组成在一块线路板中，并通过输出数字对信号去激励液晶或等离子显示屏显示图像；其三是电源电路和逆变电路，电源电路主要为整机小信号处理电路供电，逆变电路产生高压为显示屏供电，其作用与CRT彩色电视机中的行输出变压器相同。因此，平板彩色电视机中的整机线路结构十分简洁，但科技含量甚高。平板电视机采用的芯片主要有GM5010、GM5020、PW1232、PW3300、FIL2200、FIL3210、VC3230等。

9. 数字彩色电视机

数字彩色电视机，是通过高频接收系统能够直接接收由地面发射的具有一定比特率数字电视信号的彩色电视机。其主要特点是，光栅图像的幅型比为16∶9，行扫描线数能够达到1920线，场扫描线数能够达到1080线，并主要由液晶、等离子平板彩色电视机来完成显像。此时的电视地面广播制式已不再是模拟的PAL或NTSC、SECAM制，而是改用了ATSC、DVB-T、ISDB-T三大制式。其中：ATSC制式的主要特点是，图像的讯源编码为Main Profile Syntax of ISO/IEC13818-2(MPEG-2-Video)，音频讯源编码为ATSC Standard A/52(Dolby AC-3)，外部编码为R-S(207，187，t＝10)，内部编码为rate 2/3 trellis code，Data randomization为16-bit PRBS，调制为8-VSB and 16-VSB。该种广播系统主要是美国采用。DVB-T制式的主要特点是，图像讯源编码与ATSC制相同，音频讯源编码为ISO/IEC 13818-2(MPEG-2-Layer Ⅱ Audio)and Dolby AC-3，调制为QPSK和16QAM and 64QAM。该种制式主要是日本采用。ISDB-T制式的主要特点是，图像讯源编码与ATSC制相同，音频讯源编码为ISO/IEC 13818-7(MPEG-2-AAC AUdio)，调制为BST-COFDM With 13 frequency Segments DQPSK、QPSK、16QAM and 64QAM。该种制式主要是欧洲采用。

目前我国还没有形成高清电视地面广播，高清电视(HDTV)地面广播应满足16∶9的画面要求，目前主要有三种显示分辨率格式，即720P(1280×720，逐行)、1080i(1440×1080，隔行)、1080P(1920×1080，逐行)。因此，目前我国社会中普遍存在的液晶、等离子平板彩色电视机所能接收的电视信号仍为4∶3模拟信号，故在显示图像时就呈现出严重的行线性失真，即短粗胖的"娃哈哈"尴尬画面。而真正意义的能够接收高清地面数字信号的一体机，还有待高清地面数字信号的成功发射，才能够千呼万唤始出来。

各类彩色电视机的生产年代、机型、机芯芯片型号、维修现状见表1-4。

表1-4　我国各类彩色电视机生产年代及机芯技术一览表

生产年代	机　型	机芯技术	维修现状
1986～1990	14英寸、18英寸、20英寸、22英寸、键控卧式机型彩色电视机	TA7176AP/TA7193AP/TA7607AP/TA7609AP四片集成电路，或TA7607AP/HA11401/TA7622AP/AN5620/HA11244/HA11107六片集成电路，或是HA11440A/M51393AP/μPC1382C/LA7801四片集成电路等	一些配件市场中已不易买到，无维修价值
1989～1990	18英寸等卧式机型彩色电视机	TA7680AP/TA7698AP两片机或是M51364AP/μPC1403两片机或是AN5132/AN5622/AN5612/AN5435/AN5250五片机芯电路	配件基本能解决，基本无维修价值

续表 1-4

生产年代	机型	机芯技术	维修现状
1990～1991	20英寸遥彩色电视机	TA7680/TA7698或M51364AP/μPC1403或AN5132/AN5622/AN5612/AN5435/AN5250等。 CPU主要是:M50431或是M50436等	所用配件在市场上都能买到,基本无维修价值
1991～1995	21英寸遥平面直角彩色电视机	CA7680或是TA7680/TA7698或TDA4505(TDA8305)/TDA3505(TDA3561)或是HA11485/HA11509NT或是M51354/μPC1403等。 CPU主要是:M50436、PCA84C系列、CTV222S等	CPU通用,在市场上可以买到,且价格便宜,基本无维修价值
1996～1998	大、中、小屏幕彩色电视机	TA8659、TA8759、TA8783、TA8880等国际线路,及TA8690单片机电路等。 CPU主要是:M34300系列和M371/M372系列、TMP47C/TMP87C系列等	配件好买,且便宜,CPU均为通用电路,且价格也不贵,维修价值不大
1998～2000	大、中、小屏幕模拟单片机芯彩色电视机	TDA8361、TDA8362、LA7687、LA7688、LA7685、TA8690等单片机芯电路。 CPU主要是:LC864系列、PCA84C系列、TMP47C系列等	大屏幕平面直角显像管内部阴罩采用锻钢材料,显像效果优良,电路配件通用,价格便宜,在市场中均能买到
2000～2003	大、中、小屏幕I^2C单片机芯彩色电视机	LA76810、LA76818、LA76820、LA76832、TB1231、TB1238、TB1247、TDA8841、TDA8842、TDA8844等I^2C单片机芯电路。 MCU主要是:LC8633系列、TMP87CK38N系列,MTV880系列等	显像管优良,遥控功能完善,并有软件调试功能,单片集成电路通用,但MCU微控制器不通用,且在市场中不易买到,其他配件好买,且价格不贵,可视情况维修
2003～2009	大、中、小屏幕超级芯片(二合一)彩色电视机	TDA9370、TDA9373、TDA9383、TMPA8801、TMPA8803、TMPA8807、TMPA8808、TMPA8809、TMPA8823、LA76930、LA76931、LA76932、LA76933等超级芯片电路	显像管优良,功能齐全,并有软件调试功能,但超级芯片集成电路不通用,价格较贵,市场中不易买到,可视情况维修
2005～2009	CRT数字高清彩色电视机	数板技术,采用贴片式集成电路,主要有:PW1235、VPC3230、TDA9332、HTV118、TDA8759、SAA7119、HY602、OM8380、SDA9380、FLI2300、SDA555等。数字板组成比较多样、分繁复杂,性价比较高	数字板损坏率较高,社会维修不易更换,但数字板中的有些器件可以更换,市场中也能买到。主板中元件均为通用元件(除有超级芯片外),市场中可以买到,价格偏贵
2007～2010	平板彩色电视机,主要是LCD液晶电视和PDP等离子电视	平板彩电的机芯技术是在数字板的基础上发展起来的,有些贴片式集成电路基本相同,如SAA7114H、M6759等。但一些主要电路有:gm5010、gmZAN2、gm5020、LVDS83A、TB1274AF、PW1306、AD9883、PLI2200、si1161、VPC3230D、PW1232、PW181、MST3788、FLI2310、GM1601、GM1501等	早期的LCD液晶板采用冷阴极荧光管作为背光源,寿命在3000～50000小时,后期采用背光源新技术,即LED。更换液晶板只能厂商服务。社会维修无法进行。 芯板电路故障时,社会维修也比较困难,一些关键配件在市场中不易买到,若需要更换芯板,也只能从厂商购买。 电源及逆变电路元件损坏时,社会维修有可能进行,但一些关键元件在市场中不一定买到。 早期的PDP等离子显示板不能维修,其他损坏后与LCD相同

二、标准PAL彩色电视机的整机组成

标准PAL彩色电视机,又称PAL-D彩色电视接收机,其中字母D用于表示整机电路中包括有一行延迟线的梳状滤波器,其整机电路组成如图1-1所示。它主要分为5个部分。

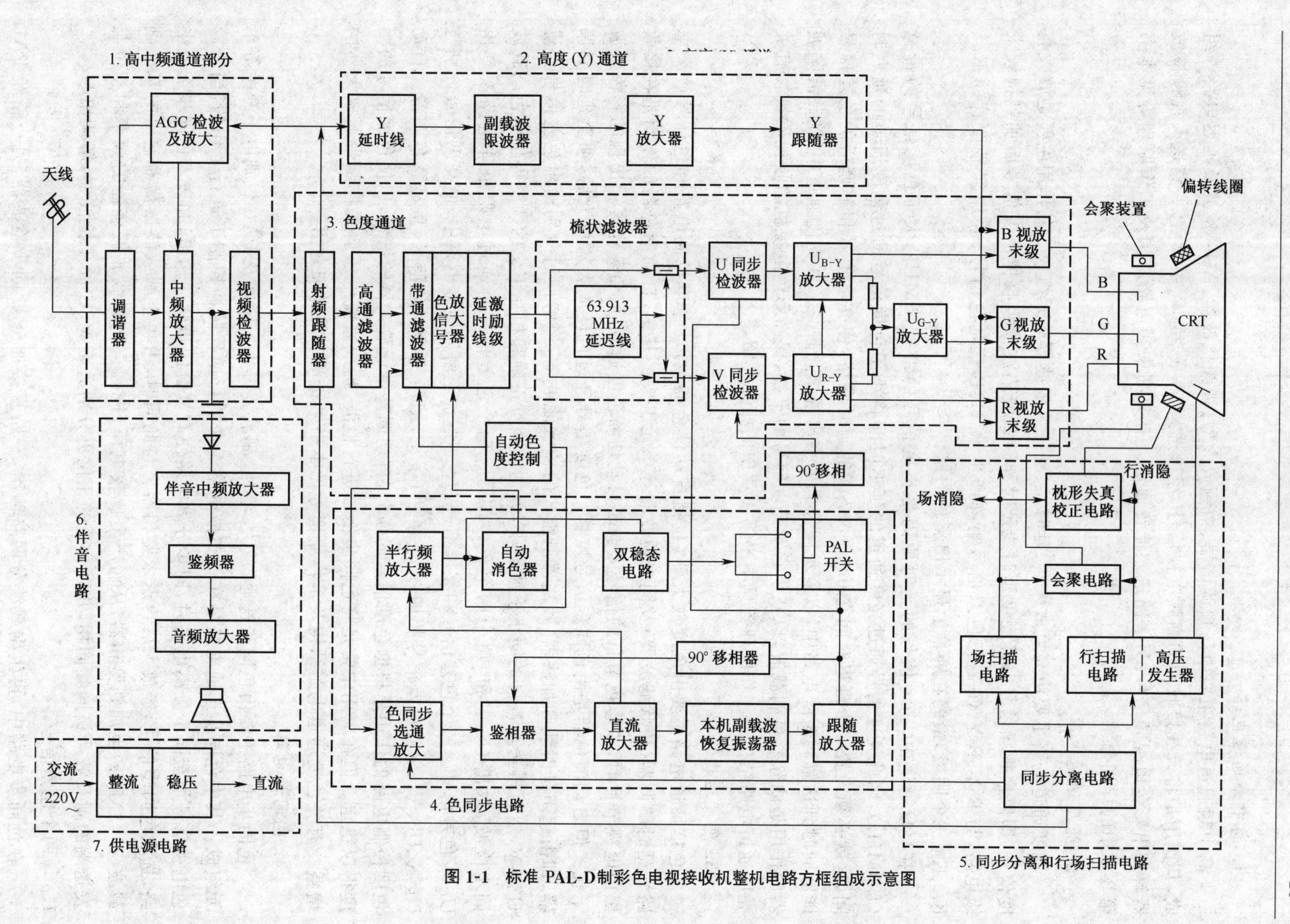

图 1-1　标准 PAL-D制彩色电视接收机整机电路方框组成示意图

1. 高中频通道电路

高中频通道电路主要由高频调谐器、中频放大器、视频检波器、AGC检波及延迟电路等组成，其作用是将天线接收到的高频电视信号，经过选频、高放、变频、中放后，一路送入视频检波器解调出彩色电视频信号；另一路送入伴音通道。有关高中频电路结构及工作原理等见本书第3章中的详细介绍。

2. 亮度通道电路

亮度通道电路主要由亮度放大器、延时器、副载波限波等单元组成。其作用主要是放大亮度信号（即黑白视频信号），经亮度延时线延时和副载波陷波器吸收掉色度信号后加到视频末级电路，与R-Y、B-Y、G-Y三色差信号矩阵产生R、G、B三基色信号，并加到显像管的K_R、K_G、K_B三个阴极，最终在屏幕上显示出彩色图像。

在亮度通道中，亮度信号的延时原因是亮度信号的带宽（6MHz）大于色度信号的带宽（1.3MHz），因此亮度信号通过亮度通道的延迟时间将小于色度信号通过色度通道的延迟时间，这就必须设置一个延迟时间在0.6～0.7μs的延时网络，使亮度信号和解调后的色差信号能够同时到达解码矩阵电路中，以避免图像画面中出现镶边现象。在亮度通道中，副载波陷波器的作用是滤除彩色副载波，以减小它对亮度信号的干扰，提高彩色电视机的收视质量。有关亮度通道电路结构及工作原理等见本书第4章中的相关介绍。

3. 色度通道电路

色度通道电路主要由色度放大器（包括自动消色器、自动色度控制电路和色信号放大电路）、延时解调器（梳状滤波器）及同步检波器等单元组成。其中，自动消色器的作用是在接收黑白电视节目时，或彩色节目的信号太弱时自动切断色度通道，避免荧光屏上出现的彩色杂波干扰。但自动消色器是由色同步信号控制。色度信号经过色度放大器放大后，加至延时解调器，即由超声延时线和加法器、减法器所组成的梳状滤波器，经解调后分别输出色差信号分量U和V，然后再送至各自的同步检波器中，分别被相位正确和相互正交的两个再生彩色副载波同步检波，取出U_{R-Y}和U_{B-Y}两个色差信号。两个色差信号再通过电阻矩阵电路恢复出U_{G-Y}色差信号。三个色差信号和亮度信号U_Y一起加至解码矩阵电路中，使亮度信号分别与U_{R-Y}、U_{G-Y}、U_{B-Y}色差信号相加，最终得到U_R、U_G、U_B三个基色信号，重显彩色图像。自动色度控制电路的作用是根据色度信号的强弱，自动调整带通放大器的增益，以使色度信号的幅度得以稳定。但在应用中常是将色同步信号进行检波，形成直流电压后去控制带通放大器的增益。有关色度通道电路结构及工作原理等见本书第4章中的详细介绍。

4. 色同步电路

色同步电路主要由色同步选通、放大、鉴相、副载波再生振荡器及PAL识别电子开关等单元组成。其中色同步选通电路是在行扫描电路送来的行逆程脉冲控制下进行工作的，当全彩色电视信号加至同步分离电路时，同步分离电路便有复合同步脉冲输出，并送入色同步选通电路，选取色同步信号，经放大后再送入鉴相器。与此同时，由再生副载波振荡器输出的基准副载波（4.43MHz）也加到鉴相器，从而产生比较电压，控制再生副载波振荡器的频率和相位与发送端的副载波严格同频同相，并以合适的相位再分别送至V、U同步检波器，解调出U_{R-Y}、U_{R-Y}两个色差信号。

在色同步电路中，再生副载波分两路输出，一路直接加至U同步检波器，另一路经PAL

电子开关加到V同步检波器。在PAL制中,色度信号中的V分量是以U轴作±90°的逐行交替变换,因此,在接收端应有一个由频率为半行频(7.8kHz)识别信号控制的PAL开关,将再生副载波作±90°的转换。但为了正确同步,再生副载波振荡器锁定后,鉴相器在色同步脉冲控制下,还须输出一个半行频的方波脉冲信号,对V倒相行和不倒相行呈现不同极性,然后,作为识别信号通过双稳态电路。再控制PAL开关,使V分量作逐行倒相。在具体应用中,半行频方波脉冲与色同步信号幅度成正比,因而,半行频方波脉冲又作为自动色度控制电压和自动消色电压。有关色同步电路结构及工作原理等见本书第4章中的详细介绍。

5. 同步分离和行场扫描电路

在彩色电视机中,同步分离和行场扫描电路与黑白电视机中的同步分离和行场扫描电路基本相同,只是行场偏转电流及工作电压因显像管的尺寸增大而有所提升。有关同步分离和行场扫描电路结构及工作原理等见本书第5章中的详细介绍。

6. 伴音电路

伴音电路主要由伴音检波、6.5MHz滤波、限幅放大、调频检波、音频激励、功率输出等单元组成。其中,伴音检波电路是将图像中的电路输出的中频信号进行检波处理,得到6.5MHz伴音第二中频信号,但伴音检波电路对于6.5MHz成分应保留足够的幅度。6.5MHz滤波器主要用于取出伴音已调频信号成分,并送入限幅放大器。限幅放大器主要是对6.5MHz已调频波进行限幅放大,并抑制掉振幅性干扰,能够以足够的幅度送入调频检波器,即鉴频器。鉴频器主要是将调频波还原为音频信号,并送入电子衰减器,以实现音量控制。由电子衰减器输出的音频信号,经激励电路放大后,再送入功率输出放大器,最后推动扬声器发出声音。有关伴音电路结构及工作原理等见本书第6章中的详细介绍。

7. 供电源电路

供电源电路是彩色电视机能否正常工作的一部分重要电路,它在彩色电视机中有多种不同形式。但它主要有串联调整型稳压电路和并联型开关稳压电路两大形式。有关电路结构及工作原理等见本书第7章中的详细介绍。

三、彩色电视机维修方法与技巧

彩色电视机维修虽然是一种难度比较大的事情,但只要找出合适的检查方法,再适当运用一些修复技巧,就能够使维修顺利进行。

1. 实用检测方法

在彩色电视机维修中,对电路检测有很多简易可行的方法,若能掌握自如,对寻找故障点会提供极大帮助。下面介绍一些维修实践中经常用到的省时、省力、简捷、实用的检测方法。

(1)电流估算法。在检修机器时,往往需要取得某一支路上的电流数据,作为判断故障点的依据。这就需要断开电路,串接电流表。但这样做有时很不方便。这时可适当选取串接在要测电路中的某个电阻,测其两端电压,然后根据欧姆定律($I=U/R$),即可估算出流过该电阻的电流,也就是要测支路的电流。如某一功放集成块的引脚工作电流需要100mA,外接限流电阻为15Ω,正常时其两端的电压应为1.5V($U=IR=100\text{mA}\times15\Omega=0.1\text{A}\times15\Omega=1.5\text{V}$)。当测量限流电阻两端电压异常时,则说明该支路的工作电流异常。导致该支路电流异常的原因一般有三个,如图1-2所示。沿着这个思路继续查找,就可以很快找到故障点。

(2)结电压测量法。在检查线路板上的三极管和二极管时,由于受相连电阻、电容的影响,

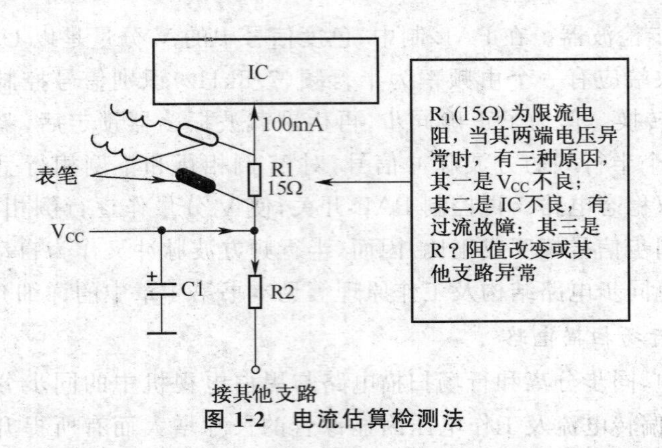

图 1-2　电流估算检测法

有时难以测定各极间的正反向电阻值是否正常，特别是极间的软击穿故障就更难以判断。此时，可根据晶体管的伏安特性，测量极间的结电压则可以准确判断被查晶体管是否正常。在正常状态下，锗晶体管 P-N 结的内建电势差为 0.2～0.3V，硅晶体管为 0.6～0.8V。检查三极管时，测量 b-e 结和 b-c 结，检查二极管(稳压管除外)时，测量正负两端。若测得结电压正常，就说明被查晶体管是正常的，但要注意晶体管的工作状态。

(3)电阻检查法。电阻检查法是检修电视机的最基本方法之一，其主要特点是安全简便。它是用万用表的电阻挡测量元器件的引脚阻值，以判断电路是否有开路或短路性故障。电阻检查法的关键是适当选择电阻挡的挡位和测量点。电阻检查法，通常有在线测量法和脱焊测量法两种。脱焊测量是对在线测量不易判断准确的元件，可将其一端引脚焊开测量。如某一电阻是否变值，有时在线不易判断，这就需要将其一端引脚断开。

(4)电压检查法。电压检查法是通过测量电路中的一些工作点电压并与正常值进行比较来判断故障的一种方法。它主要是利用万用表中的电压挡测量，测量时要注意正确选择挡位。有关如何选择挡位的问题将在第二章中进行讨论。电压检查法按被检测电压的种类，可分为直流电压检查法和交流电压检查法两种；按测量时被测电路所处状态，分为静态测量和动态测量两种。静态电压测量在电视机不接收信号的情况下进行，这时测得的电压是各电路的静态工作电压，这种检查法对电视机的所有电路都适用；动态电压测量是在电视机接收信号的状态下进行，它可用来检测高中频和视频通道、色度通道、伴音通道等信号电压的变化情况，但动态电压值往往是一个变化的量，它与进入电视机的信号强弱和各种模拟量的控制大小等因素有关。

(5)电流检查法。电流检查法是通过测量晶体管、集成电路的工作电流、各局部电路的总电流和电源的负载电流来检修电视机故障的一种方法。由于测量电流必须把电表串入电路中，使用起来不很方便，因此，在一般情况下，直接测量电流的检查方法用得较少，而常用电压检查法。但是在遇到烧保险丝或烧输出管等故障时，往往难以用电压法检查，这时就必须采用电流检查法。检查时要首先使用最高挡位，以避免烧坏电流表。

(6)分贝(dB)检查法。分贝(dB)检查法，是计算放大倍数的一种方法。万用表上一般都设有“dB”挡，使用时要看交流电压指示线。因此，分贝检查法的实质是交流信号电压检查法。如果所用万用表 没有“dB”挡，可用一只 0.1μF 无极电容串接在一支表笔上，直接用交流电压挡观察其交流电压指线，但这时的读数只能作为参考值。

(7)替代检查法。替代检查法是用规格相同(或相近)、性能良好的正品元件，代替故障机上某个怀疑有故障又不便测量的元件来检查故障的一种方法。如果将某一元件代换后故障排除，就证明被怀疑的元件确实有问题，否则可排除对该件的怀疑。但要注意，在替换元件时要连接正确，不要伤害周围其他元件。

(8)干扰检查法。干扰检查法是手握旋具的绝缘部分，以其金属部分轻轻触击晶体管的基极或集成电路的输入端，通过观察屏幕上的图像和听扬声器发出的声音来判断故障原因的一种方法。这种方法的实质是给电路输入一个杂波干扰信号，检查高、中频通道和伴音、亮度、色度通道对杂波信号的反应。检查时，一般应从后到前逐级进行。当通道正常时，屏幕上和扬声器中的反应一般都较明显。

(9)加热和冷却法。有时电视机的故障只有在开机一定时间，待温升达到一定程度后才表现出来，其原因主要是某个元件的热稳定性变差。因此，检修时可在刚开机时对某些被怀疑元件进行加热，或在热机故障时对怀疑元件进行冷却。若对某一怀疑元件加热或冷却时，故障出现或消失，即可确定被怀疑元件不良。否则，再考虑其他元件或采用其他方法检查。加热时可采用热吹风机或烙铁，采取哪种设备，应根据具体元件和具体部位而定。冷却时可用95%工业酒精(最好是甲醇)，用棉球涂抹元件的外壳，但不能使用75%以下的医用酒精，以避免液体造成线路漏电或短路。

(10)敲击(振动)检查法。敲击检查法也叫振动检查法。主要是用于检查机内线路是否有接触不良现象。检查时可用工具轻击机壳或直接敲击线路板，同时注意观察光栅、图像、声音是否稳定。若不稳定，线路中一定有接触不良元件，这时应注意补焊，直到一切稳妥。

(11)灯泡保护法。在烧电源保险丝的故障检修中，不能简单地更换保险丝后就进行通电试机。否则，电路中尚存有不良元件或短路元件，再次通电后不仅会重复烧断保险丝，而且还会使故障面扩大。此时，可用100W灯泡代替保险丝接入电路，正常时灯泡发光暗淡，有短路或漏电故障时灯泡发光明亮。这样可以安全方便地知道电视机是否真有故障。

(12)晶振检验法。当电视机中的振荡晶体损坏时，用万用表无法测量，但可依照图1-3所示的电路自制一个简易晶振检验器，即可准确判断振荡晶体是否损坏。图1-3中电路的工作原理为，EFT(2N3823)为N沟道结型场效应管，它与被测振荡晶体组成一个振荡器。若被测晶体正常，则振荡器起振，其振荡信号经 C_1 耦合至检波放大器，经放大后驱动 D_2 发光。若接入被检测晶体后，D_2 不发光，则被检测晶体是损坏的。这种方法简单可靠，可以检验任何晶体。

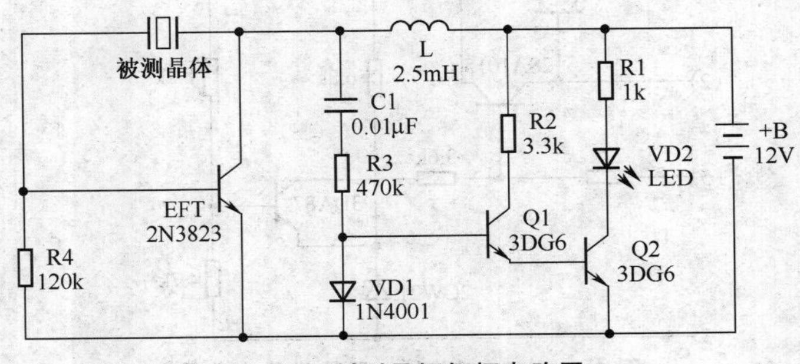

图 1-3　判别晶振好坏电路图

2. 实用修复技巧

在彩色电视机维修中，一般分为两个阶段：第一阶段是检查确诊，找出故障元件；第二阶段是更换元件，正确修复。但在第二阶段中常常会出现无同型号元件替代的现象，影响了电视机的修复使用。在此情况下需要一些简单易行又安全可靠的修复技巧。

(1)中周修复。在彩色电视机中，中周变质失效的现象是最常见的，其主要原因是内部管状电容失效，但在维修中，同型号的中周配件有时不易买到，这就需要采取应急处理。处理的方法步骤是，先挑开瓷管电容，在原两极的焊脚处并接一只100pF左右的可调电容器，然后打开电视机，改变可调电容的容量，直到图像最佳为止，再将可调电容折下，并测量出此时的电容量，配上固定电容，即可实现中周的应急修复。此法适合所有机型。

(2)无极电容代换。在实际维修中，往往会遇到一些大容量无极电容损坏而手中又无此类配件的现象，如S校正电容等。此时可采用电解电容器同极性连接方法进行代换。如某一机型中的S校正电容的容量为0.47μF，损坏后，可用两只1μF/50V的电解电容器同极性连接，并利用元件本身的容量误差，制作一只0.47μF的无极性电容来代替原S校正电容。此法效果不错，但要注意电解电容器的耐压值不低于原无极电容的耐压值。

(3)相同元件相互交换。相互交换是指将次要电路中的好元件与主要电路中型号相同的不良元件进行交换，以使电视机恢复正常工作的一种方法。在实际维修中，主要电路中的某一元件不良或损坏，整机将不能正常工作，但在次要电路中同样一个元件不良或损坏后则不会对整机正常工作有较大影响，而这个同型号元件又一时不能找到，可将次要电路中的同型号元件调换到主要电路中，而次要电路的元件则可使用替代品。这种方法主要适用于三极管、二极管、电容器等。

(4)修改利用。修改利用是指利用原设计中空置未用的功能电路去替代某一损坏的控制电路。如某一微处理器设置有左右两路音量控制接口电路，而实际上只使用了左路功能控制电路，右路功能控制电路闲置未用。这时若左路功能控制电路损坏，则可稍加改动利用右路功能控制电路。这样既节约了维修费用，又解决了微处理器难以买到的困境。这种方法比较适合中央控制系统，特别是CPU局部不良而又不能配型的情况。

(5)分立元件组合代换。分立元件组合代换主要适合电源厚膜电路的维修，电源厚膜电路损坏率较高，但有时手头又没有同型号配件，这时可采用分立元件组合的方法来进行代换。例如集成厚膜电源电路STR6020损坏时，可用如图1-4所示的分立元件进行组合代换。这种方法虽然能够解决实际问题，但需要了解厚膜集成块的内部结构。

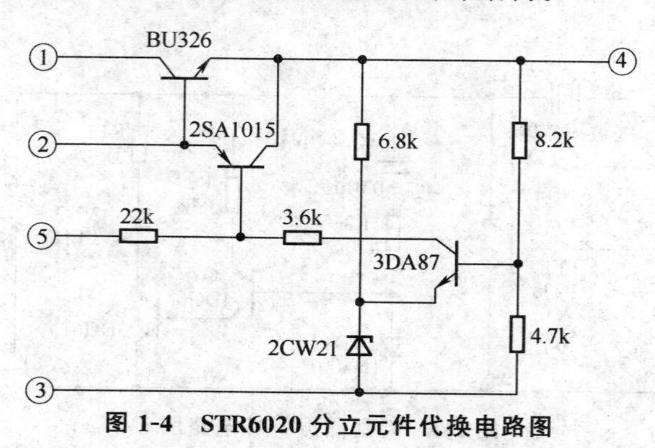

图1-4 STR6020分立元件代换电路图

(6)多功能电源块代换。彩色电视机开关稳压电源是损坏率最高的一部分电路，但有时因缺少关键元件而不能修复。这时可利用多功能电源块进行代换。多功能电源块在市场中可以买到，也可以邮购，价格均较低。但多功能电源块不是所有机型都适用。使用时应根据实际情况灵活变通。

(7)改造修理。改造修理是指对印制电路板的一种补救抢修方法。在彩色电视机的故障中，有时因打火或电击使主印制电路板严重受损，使主印制电路板的部分功能不能恢复，此时，可自制一小块印制电路板，将丧失的功能用新元件加以恢复，再安装在新印制电路板上。如行S形校正电容引脚打火使主印制电路板烧成焦洞，并连带周围元件损坏，且换新件不能在主板中找到安装位置。这时可自制一小块印制板，将丧失的功能用分立元件恢复到新电路板上，然后再找一个合适位置固定新电路板，并接好连线。

总之，在彩色电视机维修中，有多种多样的故障现象，也有多种多样的维修方法和技巧，但这都需要维修者注意观察和用心琢磨，在实践中灵活运用和不断创新，进而使自己比较快的成熟起来。

四、彩色电视机维修中的安全问题

安全问题，是人类的生产活动和其他一切活动中的首要问题，任何利益都不能高于它。彩色电视机维修中的安全问题也是如此，不能为了追求利润而忘记了安全。在彩色电视机维修中，安全问题主要有两个方面，一个是维修人员的自身安全必须有可靠保证，另一个是被修机器及设备的电路安全。

1. 人身安全

人身安全，主要是指人的生命和躯体在生产活动和其他一切活动中不受任何伤害。在彩色电视机维修中，由于彩色电视机是一种直接由市网220V交流电压供电的电器设备，所以首先要防止触电事故。有关触电防范措施等在第二章第三节五中将详细介绍。彩色电视机内部比较复杂，线路元件都有不同的工作电压，供电电源部分不仅有市网220V交流电压，还有整流后的300V直流高压，且工作电流也较大；行输出部分不仅为行扫描偏转线圈提供较大的工作电流，还为显像管提供较高的工作电压，其中阳极高压可达1万V以上。因此，在拆开机壳通电检修时，一定不要触及市网电压，以避免触电事故，同时也一定注意远离高压区，避免被高压电击。

在彩色电视机维修中，为保证人身安全，需要遵守以下几个规程：

①确认所使用的220V交流电压是否正常，保护措施是否有效。

②检查工作台是否稳定牢固。桌面上是否有金属杂物。

③通电前注意观察被修机器的外壳、电源线等是否有烧焦等异常现象，以初步判断被修机器是否有严重漏电或击穿事故。

④拆壳后首先注意观察机内元件是否有严重烧焦、变形等现象，特别是行输出变压器的外表是否有击穿痕迹。以防止通电后遭到高压电击。

⑤当需要通电检修时，首先进行两次短暂供电，并注意观、听、嗅，未发生任何异常时，再进入通电检修工作。

⑥在通电检修时，要始终保持人体与地之间绝缘良好，同时要始终注意不要触及交流电压和高压，以避免不慎遭到电击伤害。

2. 被修机器及电路安全

维修前被修机器总因不同原因，使其整机线路遭到不同程度的破坏，而维修的目的则是不管线路受损程度如何都试图将其恢复正常工作。为此，在维修过程中必须保证被修机器电路的安全，即不能因为维修不当而使被修机器的故障面扩大。为此，在维修过程中必须遵守如下一些规则。

①翻转电路板通电检修前，应注意检查是否有混线和碰极现象。

②认真区分火地和冷地，电源地和主板地，悬浮地和主板芯地。

③仪器、仪表的接地线与被修机器的接地线连接是否正确、稳妥可靠。

④测量电压时黑表笔接地是否正确。如测量电源电路时，黑表笔必须接在电源地，而测量主板电路时，黑表笔则必须接在主板地。

⑤当电源保险丝熔断时，不能盲目换新后即通电试验，更不能加粗保险丝或用导线代替再试。否则会造成人为故障，烧坏更多元件。

⑥当发现电源电路损坏后，应接入假负载对其进行独立检修，待电源输出的各组电压均正常后，再接入主机负载。

⑦在更换元件时，不能随意加大限流电阻的使用功率，特别是大功率限流电阻的使用功率。更不能将易熔性的保护电阻改换成其他电阻，或是改接短路线。

⑧当需更换电解电容器时，一定要保证其耐压值符合电路要求。

⑨不要随意改变电路，要尊重原设计要求。

⑩电路恢复后，要保证各主要工作点的工作电压、电流符合原设计要求。

总之，对修复后的机器，一定要注意检查工作电流是否在安全范围内，而不是只简单检测电压了事。特别是对一些老旧机型及处于维修高峰期的机型，更要注意检测整机工作电流和行电流，以确保修复的机器不出现重复烧机事故。一些处于维修高峰期的彩色电视机在正常工作状态下的整机工作电流和行电流见表1-5。

表1-5　部分彩色电视机正常状态下的整机工作电流和行电流

机　型	温度保险丝（A）	整机电流（mA交流）	行电流（mA直流）	机芯技术
金星C4715	2	270	250～420	IX0718CE/IX0719CE/IX0689CE/IX0640CE
金星5417	2	1.1A	270	LA7680/LA7837/Z90103-JX-2
金星D2101	3.15	228	195	TB1231/TA8403/TMP87CK38N
金星D2105	3.15	212.5	250	OM8361/TDA3653/CTV222S・PRC・1C
金星D2118	3.15	300	297	LA76810A/LA7840/LC863320A
金星D2121	3.15	1.1A	250	OM8361/CTV222S
金星D2915FS	3.15	1.47A	260	LA7688/LC864912V
飞跃47C2-2	2	270	430	D7680AP/D7698AP
飞跃47C1-3	2	190	440	HA11215A/TA7193AP/HA11235/HM6232
北京8303	3.15	170	337	TA7607AP/TA7609AP/TA7193AP/TA7243P

续表 1-5

机　型	温度保险丝（A）	整机电流（mA 交流）	行电流（mA 直流）	机芯技术
北京 8306	2	160	420	TA7680/TA7698AP
福日 HFC-321	2	230	350	HA11440A/M51393AP
福日 HFC-450C	2	190	430	HA11215A/TA7193AP
福日 HFC-2109	2	1.0A	400	LA7680/ST63156
福日 25E66	3.15	1.3A	400	OM8361/TDA4665/LA7833/E86277 028N
熊猫 DB47C-4	2	270	370	IX0718CE/IX0719CE
海信 TC2139	2.5	220	200	LA7687/LC864512V
海信 TC214OM	4	250	250	TDA836/M37211M2
海信 TC2158	2.5	250	250	TA8690/TMP47C837
海信 TC2539	4	370		LA7687/LC89950/LC864512V
永固 C2150PB	2	195	270	TDA8361/TDA4665 CTV222S
永固 C2579BP	4	375	650	OM8361/CTV222PRC
新宇宙王 C5458	2	160	220	OM8361/CTV222S
高路华 TC2158	4	1.3A	335	LA7680/TMP47C837
厦华 XT-5660RY	2	195	150	TA8690/LA7837/TMP47C634
厦华 XT-6667	4	300	210	TA8690/M37211M2-704
厦华 XT-2197Ⅱ	2	250	250	TA8690/LA7837/ST6368B1
厦华 XT-21A5T	3	228	195	TB1238/TA8403
厦华 XT-2590N	4	350	350	TDA8362/ST6378
厦华 2508	3.15	1.3A	400	OM8361/Z86227
康力 CE-5468-5	2	1.125A	330	TA8690/TA8445/TMP47C837N
康力 CE-5478B	3.15	240	330	OM8361/MTV100C・V1.2
康力 CE-6468A	5	1.3A	330	TDA8361/M37211M2-O11SP
神彩 C-2160R	2	250	340	TA8690/TMP47C837
神彩 C-2199R	2	275	300	LA7688/LC89950/LC864512A
神彩 C-2570	3.15	275	350	LA7688/LA7838/LC864912A
创维 3008-2128	2	212	300	STV2216-2E/STV8223B/ST6378B1
TCL 2101AS	4	350	350	TB1231/TA8403
TCL 2129A	2	280	250	TB1238/97CK38N
爱多 2128P	2.5	325	300	OM8361/CTV222SP
爱多 2528P	3.15	350	350	OM8361/KS90103A
爱多 2928P	2	350	350	TDA8362/M37210M3
长虹 D2526A	3.15	410	400	TDA8361/CHO5002
赛博 CD25D8	3.15	325	350	OM8838/MTV880

注：表中数据均由作者实地测量，对其他同类机型可供参考使用。

第二章 维修常用仪器仪表及操作技能

在彩色电视机的故障检修中，为确诊故障点，常需要进行定性分析和定量分析，定性分析主要是为了确定故障的性质及所属电路的范围，而定量分析则主要是通过获得的工作参数对电路及电路中某些具体元件的工作状态做出正确判断，以便于最终确定故障点，找出不良或损坏元件。然而，要获得电路中的工作参数就必须有一些仪器仪表等检测设备，同时也必须具备一定的操作技能。彩色电视机维修的常用的仪器仪表主要有万用表、示波器、扫频仪等。

第一节 万用表的选择与应用

万用表是彩色电视机维修中的最基本的测量工具，它可以检测和判断电路的特性及工作状态，且操作简单，使用方便。但万用表的规格或形式多种多样，适当选择使用万用表不仅能够较方便地测量各种数据，而且又能够提高检修工作的效率。万用表主要分为机械式和数字式两大类。

一、机械式万用表的使用方法及注意事项

机械式万用表也称磁电式万用表。它主要是利用磁电式电流表，借助于转换开关、电阻、二极管等构成的一种小型仪表，它可以完成电流、电压、电阻等多项测量功能。

在彩色电视机维修中，最常用的万用表主要有 MF47 型和 DY1-A 型万用表。下面就分别介绍这两种仪表的结构、基本性能、使用方法及注意事项。

1. MF47 型万用表

MF47 型万用表，是一种磁电系便携式万用表，具有 26 个基本量程，可供测量直流电流、交直流电压、直流电阻等，同时还可以附加电平、电容、电感、三极管直流参数等参考量程。因此，该种万用电表量限多、分挡细、灵敏度高、体积轻巧、性能稳定、过载保护可靠、读数清晰、使用方便耐用。MF47 型万用表面板如图 2-1 所示。

(1)MF47 型表的结构特点。

①测量机构采用高灵敏表头，性能稳定，并置于单独的表壳之内，保证了密封性和延长使用寿命，表头罩采用塑料框架和玻璃相结合的新颖设计，可避免静电产生，从而保证了测量的精度。

②线路板采用塑料压制，整齐、耐磨，可靠性较高，并且便于维修。

③测量机构采用硅二极管保护，可保证电流过载时不损坏表头，同时，线路中设有压敏电阻及 0.5A 保险丝装置，以防止错挡时烧坏电路。

④具有温度和频率补偿电路，可将温度影响降到最小，且频率范围宽。

⑤由两组电池供电，低阻挡选用 2 号(1.5V)电池，高阻挡选用 9V 叠电池。换电池时只需卸下电池盖板，不必打开表盒。

⑥若配以专用高压探头，可以测量电视机内 25kV 以下的高压。

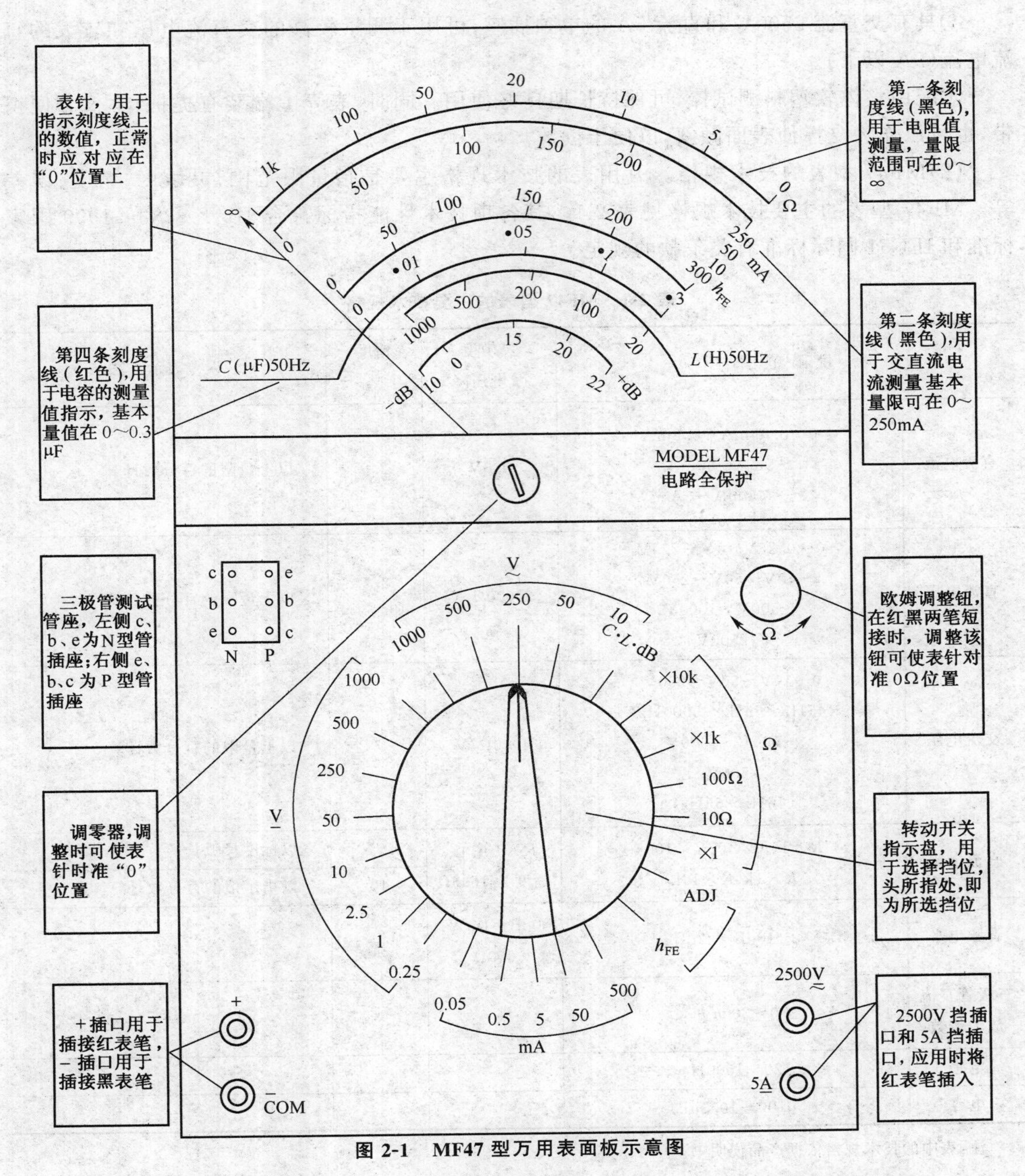

图 2-1　MF47 型万用表面板示意图

⑦具有三极管静态直流放大倍数检测功能，可用于临时检测晶体管的放大能力。

⑧开关指示盘和标度盘印制成红、绿、黑三种颜色。在开关指示盘中的交流指示挡和 C、L、dB 挡为红色，三极管指示挡为绿色，其他均为黑色。在标度盘中，共有六条刻度线，其中：第一条线为黑色线，专供测量电阻用；第二条线也为黑色，供交直流电压和直流电流的测量之用；第三条线为绿色，供测量三极管放大倍数用；第四条线为红色，供测量电容之用；第五条线为红色，供测电感之用；第六条线为红色，供测音频电平之用。选择各挡位时只需转动开关指示盘，使指示箭头指向所需标称即可。

⑨具有交直流 2500V 和直流 5A 的单独插座，可用于测量较高的交直流电压和较大的直流电流(5A 以下)。

⑩配用整体软塑料测试棒，可保持长期良好使用。同时，表壳上端装有提把，不仅方便携带，也可以作为支撑使表面倾斜，以便于读数。

(2)MF47 型表的技术规格。万用表的技术规格主要是指量限范围、灵敏度、精度、误差等。MF47 型表的主要技术规格见表 2-1。其各项技术性能指标符合 JB/T 9283—1999 国家标准和 IEC51 国际标准有关条款的规定。

表 2-1 MF47 型表的主要技术规格

	量限范围	灵敏度及电压降	精度 %	误差表示方法
直流电流	0～0.05mA～0.5mA～5mA～50mA～500mA～5A	0.3V	2.5	以上量限的百分数计算
直流电压	0～0.25V～1V～2.5V～10V～50V～250V～500V～1000V～2500V	20000Ω/V	2.5 5	以上量限的百分数计算
交流电压	0～10V～50V～250V (45Hz～65Hz～5000Hz) ～500V～1000V 2500V (46Hz～65Hz)	4000Ω/V	5	以上量限的百分数计算
直流电阻	$R\times1$、$R\times10$、$R\times100$ $R\times1k$、$R\times10k$	$R\times1$ 中心刻度为 16.5Ω	2.5	以标度尺弧长的百分数计算
			10	以指示值的百分数计算
音频电平	−10dB+22dB	0dB=1mW 600Ω	—	—
三极管直流放大倍数	0～300h_{FE}	—	—	—
电感	20～1000H	—	—	—
电容	0.00～10.3μF	—	—	—

注：表中的技术规格依据产品说明书。

(3)MF47 型表的使用方法。

MF47 型表在使用前要检查表针是否指在机械零位上，若不指在零位时，应调整表盘上的调零器，以使表针正好指在机械零位上。调零校正后，再将测试用红黑两表笔分别插入“+”、“−”插座中，以待进行各种测量。

①直流电流测量。当测量 0.05～500mA 时，转动开关指示盘，使其指示箭头指向所需电流挡位上；当测量 5A 电流时，需将红表笔插入“5A”插座，并将开关指示盘箭头指向 500mA 挡，然后将测试表笔串接在电路中，电流值由第二条刻度线示出。

②交直流电压测量。测量交流 10～1000V 或直流 0.25～1000V 时，转动开关指示盘，使其指示箭头指向所需的电压挡位上；若测量交直流 2500V 时，需将开关指示盘上的指示箭头旋至交流 1000V 或直流 1000V 挡位上，再将红表笔插入标有“2500V”的插座中，然后将测试用表笔跨接在被测试电路两端。一般是黑表笔接地，用红表笔测量。

③直流电阻测量。测量直流电阻时，必须装上一节 1.5V 电池和一只 9V 叠电池。1.5V 电池主要用于 $R\times1$、$R\times10$、$R\times100$、$R\times1k$ 挡测量，9V 叠电池主要用于 $R\times10k$ 挡测量。测量时先将转动开关指示盘箭头指向所需挡位，再将红黑两支测试用表笔短接，调整欧姆(Ω)旋钮，使表针对准欧姆“0”位置，然后分开测试用表笔，即可进行测量。若是测量电路中的电阻时，应先切断电源，如果电路中有电容则应先将其放电。

当检查电解电容器的漏电电阻时，应将转动开关箭头指在 $R\times1k$ 挡，红表笔接电容器的负极，黑表笔接正极。

④音频电平测量。音频电平测量，主要是在一定的负荷阻抗上，测量放大级的增益和线路输送的损耗，其测量单位以分贝(dB)表示，由第六条线指示电平的范围。音频电平是以交流 10V 为基准刻度，其测量范围在“－10～＋22dB”当测量的电平范围大于＋22dB 时，可选择交流 50V、250V、500V 挡位。在 50V 挡时，电平刻度增加值为 14dB，电平的测量范围是“＋4～＋36dB”；在 250V 挡时，电平刻度增加值为 8dB，电平的测量范围是“＋18～＋50dB”；在 500V 挡时，电平刻度增加值为 34dB，电平的测量范围是“＋24～＋56dB”。

音频电平的测量方法与交流电压的测量方法基本相同，测量时转动开关指示盘，使指示箭头指向所需的交流电压挡，如 10V 挡，或是 50V、250V、500V 挡。若被测电路中带有直流电压成分，则可在“＋”插座中串接一只 0.1μF 的隔直流电容器。

⑤电容测量。电容测量时，要首先选择或设置一个 10V 交流电压电路，并将转动开关箭头指向交流 10V 挡位置，再将被测电容串接在任一表笔上，然后将另一支表笔和电容的另一电极跨接在 10V 交电流电压电路上，其测量值由第四条线指示。

⑥电感测量。电感测量的方法与电容的测量方法相同。但测量值由第五条线指示。

⑦三极管直流参数的测量。三极管直流参数测量，主要是利用三极管测试座测量直流放大倍数、反向截止电流以及三极管和二极管引脚极性的判别。

a. 直流放大倍数(h_{FE})的测量。首先将转动开关指示盘箭头指向“ADJ”位置，将红黑两表笔短接，调节欧姆电位器，使表针对准 $300h_{FE}$，然后放开表笔，转动开关指示盘，使指示箭头指向“h_{FE}”位置。这时即可将要测的三极管引脚分别插入三极管测试座的 ebc 插口内，此时表针所指示的数值即为直流放大部数 β 值。测量时要注意被测晶体管是 NPN 型还是 PNP 型，对于 NPN 型三极管应插入 N 型插座，对于 PNP 型三极管应插入 P 型插座。

b. 反向截止电流 I_{ceo}、I_{cbo} 的测量。反向截止电流的测量，主要是测量三极管的 I_{ceo} 和 I_{cbo}。I_{ceo} 是在基极开路时集电极与发射极间的反向截止电流，I_{cbo} 是在发射极开路时集电极与基极间的反向截止电流。测量时将转动开关指示盘箭头指向 $R\times1k$ 挡位置，短接红黑两表笔，调谐零欧姆电位器，使表针指向零欧姆上(此时的满度电流值约为 90μA)，然后分开表笔，将欲测的三极管引脚分别插入相应的测试座上(如果测量 I_{cbo}，则发射极不插入测试座，如果是测量 I_{ceo}，则基极不插入测试座)，此时表针指示的数值再乘上 1.2 即为实际晶体管的反向截止电流值。测量时若电流值大于 90μA，则可将转动开关指示盘箭头转向 $R\times100\Omega$ 挡位上，此时的满度电流值约为 900μA。

c. 三极管引脚极性的判别。三极管引脚极性的判别可用 $R\times1k$ 挡进行。判别时要先确认基极。首先任意假定一引脚为基极，将红表笔接假定基极，用黑表笔分别测另外两个引脚。若此时测得都是低阻值，则假定基极就是该三极管的基极，并且该管是 P 型管，若测量时两引脚均为高阻值，则该管为 N 型管。若测得两引脚阻值差异很大，则假定基极不是基极。这时再假定另外两个引脚，直到满足上述条件为止。在找到基极以后，再假设其余两个引脚中的任意一脚为集电极，然后用大拇指和食指将假设的集电极和基极一起捏住，但不要使两极相碰，这时将红表笔接假设的集电极，黑表笔接假设的发射极，记下阻值后，调换假设的集电极和发射极，再测一次，再次测量中阻值较小的一次假设是正确的，即假设的集电极就是集电极，而另一个引脚则是发射极，此时的晶体管为 PNP 型管。如果是 NPN 型管，判别方法相同，只是需要将红黑表笔对调。

d. 二极管极性判别。二极管极性判别，主要是用 $R\times1k$ 挡进行测量。测量时用红黑两表笔分别接触二极管的两个电极，记下阻值，然后调换表笔再次测量，两次测量中，阻值较小时的黑表笔端为正极，红表笔端为负极。在欧姆电路中，万用表红表笔为表内电池负极，黑表笔为表内电池正极。

(4)注意事项。

①在测量未知量的电压或电流时，应先选择最高挡，待第一次读取数值后，方可逐渐转至适当的挡位上，以避免烧坏电路。

②测量高压或大电流时，应在切断电源情况下变换量限，以避免烧坏开关。

③测量高压时，人体要处于干燥绝缘板上，并用一手操作，防止触电等意外事故。

④因过载烧断保险丝时，要反省操作是否不当，并注意检查电路元件有否损坏。更换同型号保险丝后应首先检查电阻挡是否正常，然后再逐一检验其他功能。

⑤在三极管测试过程中，若使用电阻挡，一般只能用 $R\times100$、$R\times1k$ 挡，不能用 $R\times1$ 挡，否则因电流过大(约 60mA)，易使管子损坏。

⑥表内电池应定期检查、更换，以保证测量精度。如长期不用，应取出电池，以防止电液溢出腐蚀零件。

⑦仪表应保存在室温为 0℃～40℃，相对湿度不超过 85%，并不含有腐蚀性气体的场所，以避免表内电路因受到潮湿等影响而遭到损坏。

2. DY1-A 型多用表

DY1-A 型多用表是一种磁电式整流系仪表，可供测量电容、电感、电阻三大元件，同时也能测量直流电压、直流电流、交流电压、交流电流和晶体管共发射极静态放大系数 h_{FE}，因此它非常适宜于电子电器、无线电和电视机维修之用。

(1)主要特点。

①该表无需任何外接附加装置和公式的换算即可测量电容、电感、电阻。

②三十二挡量程选择和转换均采用琴键开关(但 2.5A 交直流电流选用插孔转换)，并与旋钮开关配合使用。其结构新颖，使用方便，经久耐用，测量范围宽广。其面板结构如图 2-2 所示。

③多色套印刻度线和彩色表面相对应，色彩鲜艳，外壳用 ABS 塑料压制，外形美观大方，表面读数清晰。

④具有表头和线路的保护装置，能防止表头和线路因过载而损坏元器件。

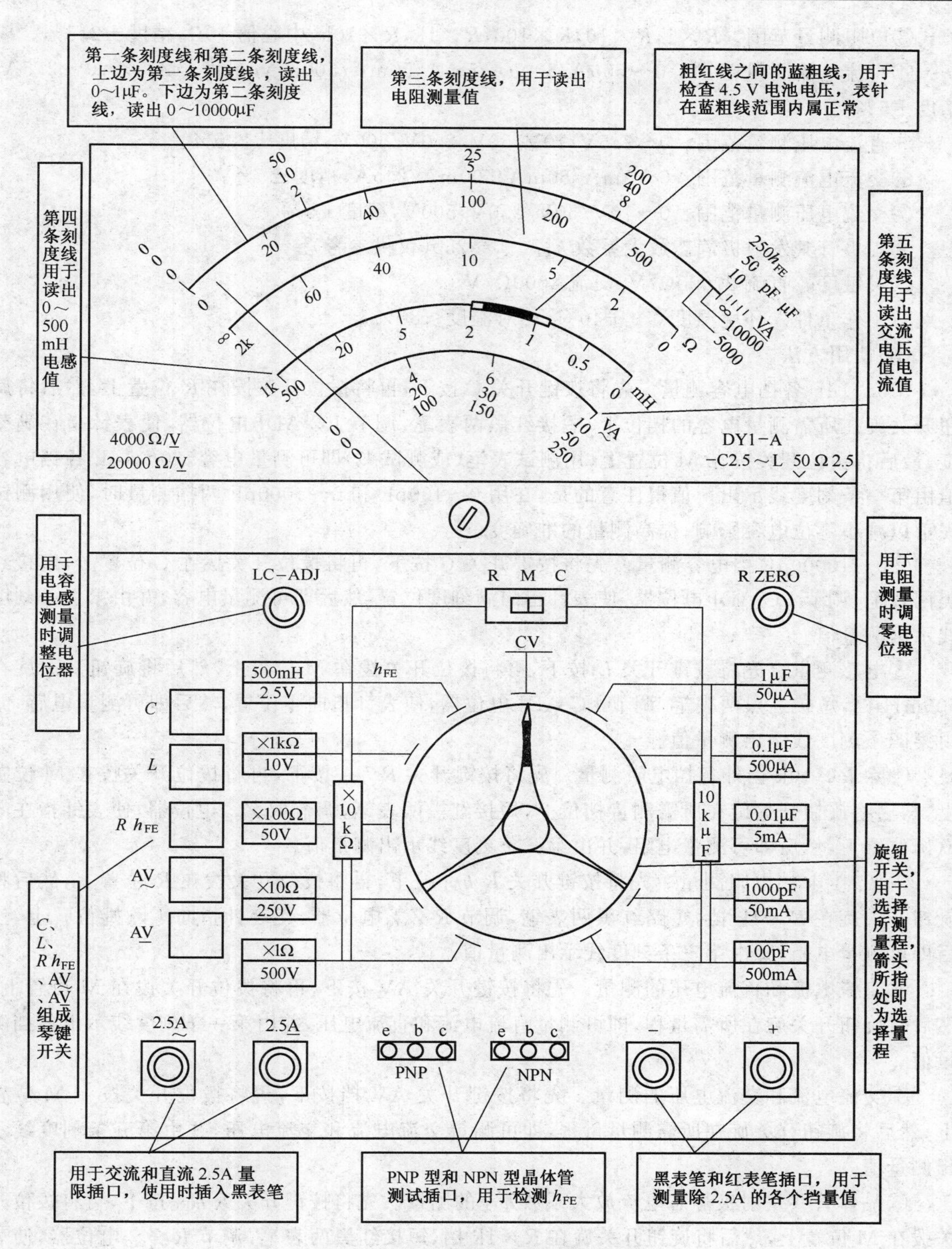

图 2-2　**DY1-A 型多用表面板示意图**

(2)主要技术指标。

①电容测量范围。0～100pF/1000pF/0.01μF/0.1μF/1μF，精度±2.5%。

②电感测量范围。0～500mH，精度±5%。

③电阻测量范围。$R\times1$,$R\times10$,$R\times100$,$R\times1\text{k}$,$R\times10\text{k}$,中心值10Ω,精度±2.5%。

④直流电流测量范围。0～50μA/500μA/5mA/50mA/500mA,精度±2.5%;0～2.5A,精度±5%。

⑤直流电压测量范围。0～2.5V/10V/50V/250V/500V,精度±2.5%。

⑥交流电流测量范围。0～5mA/50mA/500mA/2.5A,精度±5%。

⑦交流电压测量范围。0～10V/50V/250V/500V,精度±5%。

⑧三极管其发射极静态放大系数h_{FE}。0～250(仅供参考)。

⑨灵敏度。直流20000Ω/V,交流4000Ω/V。

⑩工作条件。环境温度0～+40℃,相对湿度<80%。

(3)使用方法。

①0～1μF各挡电容测量。先将按键开关C按下,再将拨位开关拨在R位置上,然后将旋钮开关旋在所需测量电容的挡位上,短接红黑两表笔,调节LC-ADJ电位器,使表针指在满刻度,最后将拨位开关拨在M位置上,用测试表笔(或测试夹)即可测量电容。0～1μF各挡电容值由第一条刻度线示出。值得注意的是:在用0～100pF和0～1000pF两挡测量时,使用测试夹可以减小零位电容影响,提高测量的准确度。

②0～10000μF挡电容测量。先将按键开关C按下,再将拨位开关拨在C位置上,短接红黑两表笔,调节LC-ADJ电位器,使表针指向满刻度位置,然后即可测量电容,并由第二条刻度线示出测量值。

③电感测量。先将按键开关L按下,再将拨位开关拨在M位置上,然后将旋钮开关旋在500mH挡,短接红黑两表笔,调节LC-ADJ电位器,使表针指向零位置,然后即可测量电感,并由第四条刻度线示出测量值。

④除$R\times10\text{k}$挡外各挡电阻测量。先将按键开关$R\ h_{FE}$按下,再将拨位开关拨在M位置上,然后将旋钮开关旋在所需测量挡位上,短接红黑两表笔,调节$R\ Z_{ero}$电位器,使表针指在零欧姆位置上,然后即可测量电阻,并由第三条刻度线示出测量值。

⑤$R\times10\text{k}$挡电阻测量。先将按键开关$R\ h_{FE}$按下,再将拨位开关拨在R位置上,然后将旋钮开关旋在$R\times1\text{k}$挡,短路红黑两表笔,调节$R\ Z_{ero}$电位器,使表针指向零欧姆位置上,然后即可测量电阻,并由第三条刻度线示出测量值。

⑥直流电流和直流电压的测量。先将按键开关AV按下,再将拨位开关拨在M位置上,然后将旋钮开关旋在所需量程,即可测量直流电流和直流电压,并由第一条刻度线示出各挡测量值。

⑦交流电流和交流电压的测量。先将按键开关AV挡按下,再将拨位开关拨在M位置上,然后将旋钮开关旋在所需测量量程,即可测量交流电流和交流电压,并由第五条刻度线示出测量值。

⑧晶体管共发射极静态电流放大系数h_{FE}的测量。先将按键开关$R\ h_{FE}$按下,再将拨位开关拨在M位置上,然后将旋钮开关旋在$R\times1\text{k}$挡,短接红黑两表笔,调节$R\ Z_{ero}$电位器,使表针指在零欧姆位置上,然后再将旋钮开关旋在h_{FE}挡上,这时即可根据三极管极性将其引脚插入PNP(e、b、c)或NPN(e、b、c)插座中,并由第一条刻度线示出h_{FE}值。

(4)注意事项。

①仪表使用完毕,应将全部按键调至开的位置,并将拨位开关拨在M位置上,以防止电池

损耗和仪表损坏。

②测试时，要正确使用按键开关和拨位开关、旋钮开关。测量时应从大电流到小电流，高电压到低电压的顺序进行测量。

③当用仪表测量电容、电感、电阻时，若不能正常进行，可将按键$\underline{AV}$和$\underset{\sim}{AV}$同时按下，并将旋钮开关旋在CV挡，拨位开关拨在M位置上检查4.5V电池电压，或将拨位开关拨在R位置上检查1.5V电池电压。其检查结果由第四条刻度线示出。若表针在两粗红线之间，则属正常，否则，万用表不能正常工作。

④存放环境温度为－20℃～50℃，相对湿度不超过95％，且空气中不应含有足以引起腐蚀的有害物质。

二、数字式万用表的使用方法及注意事项

数字式万用表也是维修中常用的一种仪表，其主要优点是能够通过显示屏直接显示测量数值，对测量电压、电流值十分方便。但当在线测量电阻值时因电容充放电的影响使测得数据一时难以稳定。尽管如此，由于数字式万用表测量精度高、读数简捷、携带方便、仍被维修人员广泛使用。

数字式万用表的型号种类繁多，但功能基本相同。其中，应用最普遍也是最适宜维修人员使用的，首推UT91型数字万用表。因此，这里主要介绍UT91型数字万用表的基本功能及使用方法等。

UT91型数字万用表是一种操作方便、读数精确、功能齐全、结构新颖、携带方便的手持式三位半数字万用表。其面板结构如图2-3所示。该表可直接测量交直流电压、交直流电流和电阻等，并具有较好的电气性能，其性能指标见表2-2。

1. 一般特性

①最大显示。“1999”。

②直流基本精度。±0.5％。

③超量程指示。最高位显“1”。

④采样速率。每秒2～3次读数。

⑤低电压提示。“[+-]”符号显示。

⑥具有全量程电气过载保护功能。

⑦工作温湿度。工作温度0℃～40℃，相对湿度＜75％。

⑧质量。约240g。

⑨外形尺寸。178mm×83mm×33mm。

⑩电源。9V叠电池。

2. 使用方法

在使用前要首先检查表内9V电池是否正常。检查时可将量程开关指示离开“OFF”位置，如果此时显示屏左下方有“[+-]”符号出现，则说明电池不足，应换新。只有在电池正常的情况下方可进行测量。

(1)直流电压测量。首先将红表笔插入“V/Ω”插孔，黑表笔插入COM插孔，再将量程开关置于“V－”的所需量程挡位上，即可进行测量。测量之前若不知被测电压的范围，则应先将量程开关置于最高挡位，然后再将量程逐步调低。但不要测量高于1000V的电压，以避免损坏内部电路。

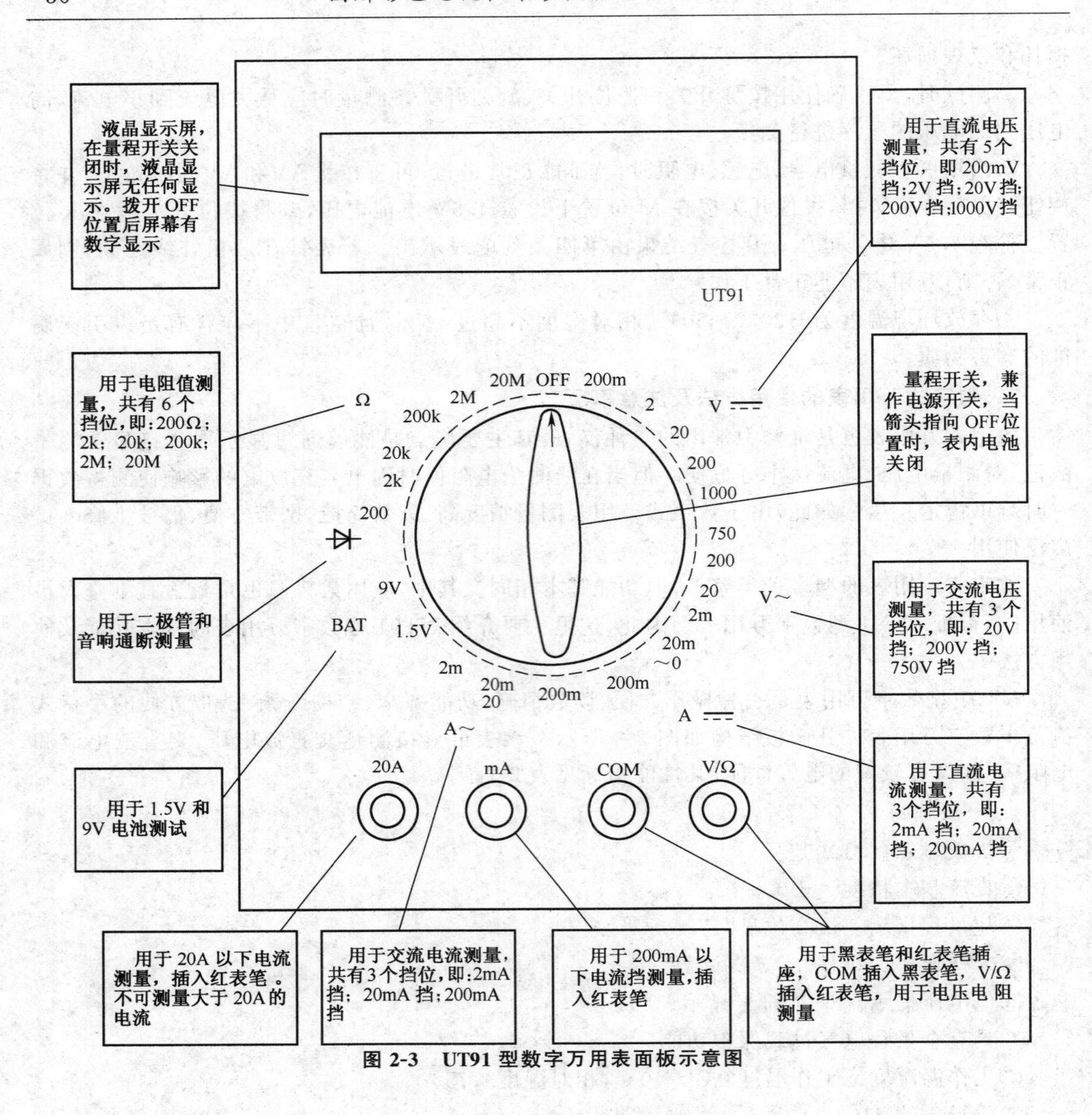

图 2-3 UT91 型数字万用表面板示意图

表 2-2 UT91 型数字万用表的电气特性

功能	量程	分辨力	准确度±(α%读数+字数)	输入保护	说明
直流电压 DC V	200mV	100μV	±(0.5%+2)	$230V_{rms}$	输入阻抗约10MΩ
	2V	1mV		$1000V_{DC}$ $750V_{AC}$	
	20V	10mV			
	200V	100mV			
	1000V	1V	±(0.8%+3)		
交流电压 ACV	20V	10mV	±(0.8%+5)	$1000V_{DC}$ $750V_{AC}$	输入阻抗约10MΩ，频响：40～400Hz；显示：正弦波有效值(平均值响应)
	200V	100mV			
	750V	1V	±(1.0%+5)		

续表 2-2

功能	量程	分辨力	准确度±(α%读数+字数)	输入保护	说　明
直流电流 DCA	2mA	1μA	±(0.8%+2)	保险丝 0.2A 250A	—
	20mA	10μA			
	200mA	100μA			
	20A	10mA	±(1.2%+5)	20A　250V	连续测试不超过 15s
交流电流 ACA	2mA	1μA	±(1%+5)	保险丝 0.2A 250V	显示:正弦波有效值(平均值响应)频响:40～400Hz 20A 连续测试不超过 15 秒
	20mA	10μA			
	200mA	100μA			
	20A	10mA	±(2%+5)	20A　250V	
电阻 Ω	200Ω	0.1Ω	±(0.8%+3)	$230V_{rms}$	开路电压≤3V
	2kΩ	1Ω			
	20kΩ	10Ω			
	200kΩ	100Ω			
	2MΩ	1kΩ			
	20MΩ	10kΩ	±(1.2%+5)		
二极管测试	▶|	1mV	—	$230V_{ms}$	开路电压约 2.5V
音响通断	♫	1Ω	—	$230V_{rms}$	<100Ω 蜂鸣器声响
电池测试	1.5V	—	—	—	负载电流约 40mA
	9V	—	—	—	负载电流约 20mA

注:表中电气特性依据产品说明书。

(2)交流电压测量。首先将量程开关置于“V～”被测量程挡位上,然后再进行交流电压测量,其测量方法与直流电压测量方法相同。

(3)直流电流测量。首先将黑表笔插入“COM”插孔,若是被测电流在 200mA 以下,则将红表笔插入“mA”插孔;若是被测电流在 200mA～20A 之间,则将红表笔插入“20A”插孔,再将量程开关置于“A⎓”被测量程挡位上。测量时若不知被测电流范围,应先将量程开关置于高挡量程上,然后逐步调低挡位。但要注意不要测量 20A 以上电流。当被测量过载时会将表内 0.2A 或 20A 保险丝熔断。0.2A 保险丝用于“mA”插孔,20A 保险丝用于“20A”插孔。

(4)交流电流测量。除将量程开关置于“A～”被测量程挡位上外,其余测量方法及注意事项与直流电压测量相同。

(5)电阻测量。首先将黑表笔插入“COM”插孔,红表笔插入“V/Ω”插孔,然后将量程开关置于“Ω”被测量程挡位上。注意:当检测在线电阻时,必须确认被测电路已断电,并将线路中的电容放电。

(6)二极管及通断测试。首先将黑表笔插入 COM 插孔,红表笔插入“V/Ω”插孔,再将量程开关置于“▶| ♫”挡位上,然后即可将红黑表笔分别接触被测二极管正负端,显示屏上就会显示出被测二极管正向压降的近似值,单位为 mV。

在“▶| ♫”挡位上还可以检测线路是否通断。检测时将红黑两表笔分别可靠接触被测线路两端,当测得电阻值小于 100Ω 时,蜂鸣器发出声响,显示屏上显示电阻值(欧姆数),从而表

明被测线路是接通的,反之,则为断路。

注意,在线测量电路通断时,必须将回路断电,并将电容放电。

(7)电池测量。首先将黑表笔插入“COM”插孔,红表笔插入“V/Ω”插孔,再将量程开关置于“BAT”挡位上,然后将红黑两表笔分别接到被测电池两端,显示屏上即显示出被测电池的电压值。

3. 安全规则及注意事项

(1)当万用表的后盖没有盖好前严禁使用,否则有电击危险。

(2)量程开关应置于正确位置。

(3)在使用前要检查表笔绝缘是否完好,是否有破损和断线。

(4)红黑两表笔要插入符合测量要求的插孔上,并且要保证接触良好。

(5)输入信号不允许超过规定的极限值,以防电击和损坏仪表。

(6)严禁在电压测量或电流测量过程中改变量程开关挡位,以防损坏仪表。

(7)必须用同类规格的保险丝更换万用表保险丝。

(8)测量完毕应及时关断电源。仪表长期不用时应取出电池,防止漏液腐蚀仪表。

三、电容电感表的使用方法及注意事项

在彩色电视机电路中,电容和电感有着十分重要的作用,它们不仅用于滤波或扼流,还用于组成谐振回路或与电阻组成时间常数电路、微分电路、积分电路等。它们的量值一旦发生变化,将会改变电路的工作参数或性质,从而使整机电路不能正常工作或造成部分电路损坏。如:在开关稳压电源电路中,由 RC 组成的时间常数电路一旦因电容变值或失效,即会改变电路的时间常数,导致电压升高,造成行管击穿,严重时还会使开关稳压电源损坏。又如,在图像检波回路中,一旦 LC 变值,其谐振频率就会改变,进而使检波回路失效,造成无图像等故障。因此,在一些疑难故障检修中,注意检查由电容、电感组成的电路显得十分重要。测量电容、电感值要使用专门的仪表。常用的测量电感、电容的仪表有 VC6243、BZ2611、DT6013B 等型号。其中 VC6243 是一种既能测量电容,又能测量电感的数字电感电容表,其主要特点是:采用液晶屏显示;能够进行模/数(A/D)转换;易于携带;使用方便。因而被社会电器维修人员广泛使用。下面重点介绍 VC6243 型数字电感电容表的技术特性及使用方法。VC6243 型数字电感电容表面板组成如图 2-4 所示。

1. 技术特性

技术特性主要是指 VC6243 电感电容表的使用量程、测量精度、分辨率、测试频率等。在 VC6243 电感电容表中,其技术特性主要分为电容(C)和电感(L)两个方面,分别如表 2-3 和表 2-4 所示。

2. 使用说明

(1)电感电容表用于测量电感器、电容器非在线状态下的电感量和电容量,并且测量时不能含有电阻成分(即不能并接电阻或串接地阻),否则测量示数会有较大误差。

(2)在测量线路中的电感式电容时,必须先将其一端断开,然后才可测量。

(3)测量时,应将黑表笔插入“⊖”端,红表笔插入“⊕”端。

(4)测量电容时,要首先将电容放电,然后用红笔端的鳄鱼夹夹住电容的正极,将黑笔端的鳄鱼夹夹住电容器的负极,且两手离开表笔(以防人体感应,影响测量精度),并将量程开关

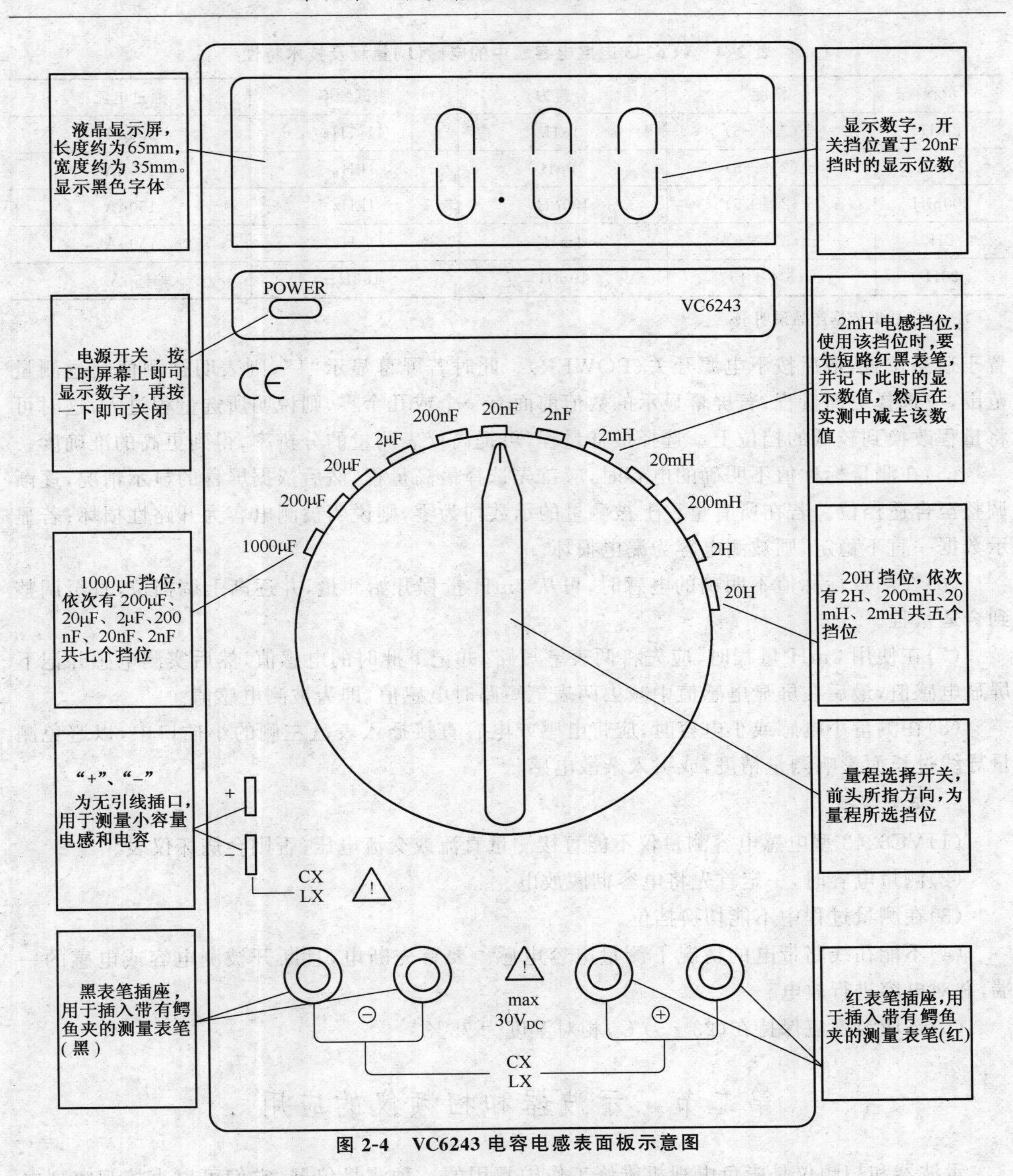

图 2-4　VC6243 电容电感表面板示意图

表 2-3　VC6243 电感电容表中的电容(C)量程及技术特性

量程	精度	分辨力	测试频率	通过电压
2nF	±(1%+5)	1pF	1kHz	150mV
20nF	±(1%+5)	10pF	1kHz	150mV
200nF	±(1%+5)	100pF	1kHz	150mV
2μF	±(2%+5)	1nF	1kHz	150mV
20μF	±(2%+5)	10nF	100Hz	150mV
200μF	±(2%+5)	100nF	100Hz	15mV
1000μF	—	1μF	100Hz	1.5mV

注：表中数据依据产品说明书。

表 2-4 VC6243 电感电容表中的电感(L)量程及技术特性

量程	精度	分辨力	测试频率	通过电流
2mH	±(2%+5)	1μH	11<Hz	150μA
20mH	±(2%+5)	10μH	1kHz	150μA
200mH	+(2%+5)	100μH	1kHz	150μA
2H	±(5%+5)	1mH	1kHz	150μA
20H	±(5%+15)	10mH	100Hz	15μA

注:表中数据依据产品说明书。

置于适当位置,最后按下电源开关(POWER)。此时若屏幕显示“1”,则表明被测值超过测量范围,应选择更高量程;若屏幕显示的数值前面有一个或几个零,则说明所选量程过大,这时可将量程改换到较低的挡位上。选择最佳量程,可提高仪表测量的分辨率,得到更高的准确度。

(5)在测量标称值不明确的电容时,应首先选择最高量程,然后依据屏幕的显示情况,逐渐调整至合适挡位。若在所有量程上被测量的示数均为零,则说明被测电容为开路性损坏;若显示数据一直不稳定,则被测电容为漏电损坏。

(6)在测量标称值不明确的电感时,可从 2mH 量程开始测量,并逐渐上调挡位,直至调整到合适量程。

(7)在使用 2mH 量程时,应先将两表笔短路,并记下此时的电感值,然后实测电感并记下屏显电感值,最后在屏显电感值中减去两表笔短路时电感值,即为被测电感值。

(8)在测量小电感或小电容时,应将电感或电容直接插入表盘左侧的小插口中,以避免测量导线过长而影响测量精度,或引入杂散电感。

3. 安全事项

(1)VC6243 型电感电容测量仪不能直接测量直流或交流电压,否则会烧坏仪表。

(2)测量电容时,一定首先将电容彻底放电。

(3)在测量过程中不能切换挡位。

(4)不能在线路带电的情况下测量电容电感。要首先断电,且断开被测电容或电感的一端,并对电容进行放电。

(5)环境温度应保持在(23±5)℃,相对湿度为 75%。

第二节 示波器和扫频仪的应用

示波器和扫频仪是彩色电视机维修工作中常用的一种测量仪器,它们可以直接观察到电视机动态工作情况下一些主要工作点的信号电压和电流的波形、幅度、频率及相位,从而将看不到摸不着的信号波形及特性曲线展示出来,为判断故障原因及部位提供可靠依据。因此,在彩色电视机疑难故障检修和统调工作中运用示波器和扫频仪就显得十分重要。

在市场中,示波器和扫频仪的种类型号较多,如 SBM-10A 型多用示波器、SBT-5 型同步示波器。YX4320/YX4340 双踪示波器、SR-8 型二踪示波器、BT-3 型频率特性测试仪以及 TDS7404 示波器、TDS7254 示波器、WFM7100 高清监视分析仪等。但对于社会维修人员在选择使用示波器和扫频仪时,重点考虑其工作频率是否能够满足电视机维修的需要即可。下面就主要介绍最有代表性也是最适合电视测量之用的单踪示波器、双踪示波器和扫频仪的使用方法及安全事项。

一、单踪示波器的使用方法及安全事项

单踪示波器是维修中最常用的一种测量仪器，其主要特点是只能显示单一的信号波形。单踪示波器的种类型号比较多，价格差距也比较大。其中，在维修电视机中应用较广的是SBM-10A型多用单踪示波器。了解它的使用方法和注意事项对掌握其他型号示波器有着广泛的指导意义。因此，这里以SBM-10A多用示波器为例，介绍单踪示波器的基本性能、功能作用、使用方法及注意事项。

1. 基本组成

SBM-10A型多用示波器是由主机、Y轴插入单元和时基插入单元三大部分组成。其中主机部分主要由显示系统、校准信号输出和电源等组成。

主机的显示部分采用了具有图像校准的13SJ50J高灵敏度示波管和11kV的加速电压，使显示图像清晰逼真，即使对快速脉冲的观测也能获得较好的效果。主机部分还备有频率为10kHz的方波幅度校准信号、周期为50ns的正弦波及100μs正向尖脉冲的时基校准信号等输出装置，可随时校准对应各垂直输入灵敏度范围和时基扫描速度的信号，以便对被测信号的幅度和时间参量进行定性定量的测定。SBM-10A多用单踪示波器主机面板如图2-5所示。

Y轴单元的频响范围为0～30MHz，输入灵敏度有50mV/cm～20V/cm 9个校准挡级和连续可调装置，通过倍率"×5"开关的转换，频响范围可变为0～15MHz，最高输入灵敏度达10mV/cm。SBM-10A-1型多用单踪示波器Y轴插入单元面板如图2-6所示。

时基单元采用密勒扫描电路，扫描速度有0.05μs/cm～0.5s/cm 22个校准挡级和连续可调装置。X轴输出放大电路中附有扫描扩展"×5"开关，使最高扫描速度达10ns/cm。为了扩大使用范围，在时基电路中还装有单次扫描控制开关及扫描波和增辉脉冲外接输出装置。SBM-10A-2型多用示波器时基插入单元面板如图2-7所示。

2. 性能指标

(1)主机部分。

①校准信号输出。10kHz方波输出电压的幅度范围在0.05～50V_{p-p}，按1—2—5顺序分10个挡级，其误差不大于±3%；50ns正弦波及100μs正向尖脉冲输出的周期误差应不大于±2%。

②示波管。型号为13SJ50J，后加速电压11kV，有效工作面5cm×10cm。

③预热时间。15min。

④工作时间。8h。

⑤使用环境条件。温度－10℃～40℃；相对湿度85%；避免外来电磁场干扰。

⑥使用电源。电压110V/220V，波动范围±10%；频率50±2Hz；功率消耗80VA。

(2)Y轴插入单元。

①输入灵敏度范围。50mV/cm～20V/cm。按1—2—5顺序为9个挡级，当倍率开关置于"×5"位置时，最高灵敏度为10mV/cm。当"微调"旋钮置于"校准"位置时(经10kHz方波信号校准后)，各挡级的误差应不大于±5%。通过调节灵敏度"微调"旋钮(处于不校准状态)，仪器的输入灵敏度能连续可变，其调节范围应大于2.5倍。因此，仪器的最低输入灵敏度约为50V/cm。

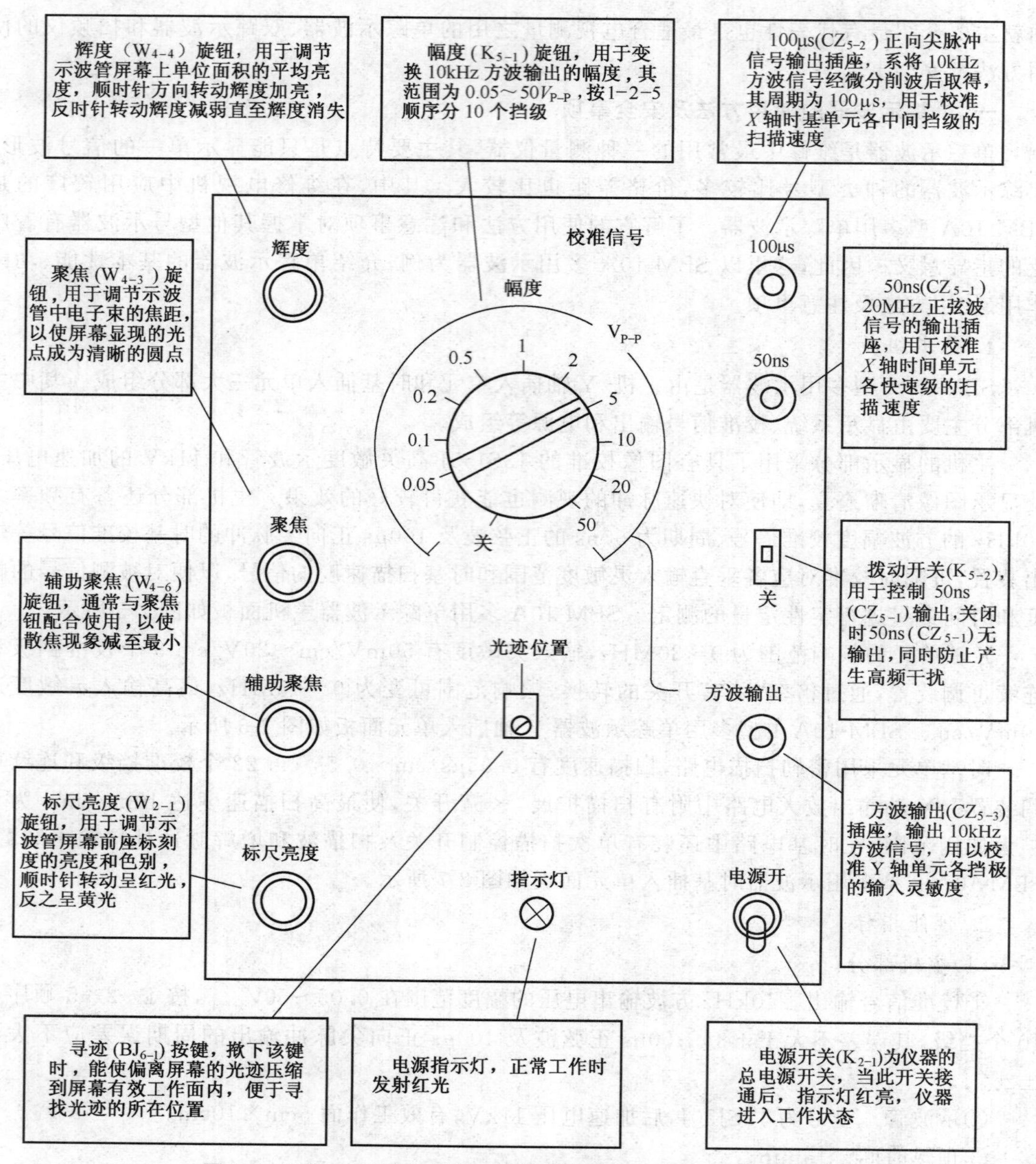

图 2-5　SBM-10A 型多用单踪示波器主机部分面板功能示意图

②频率响应。当“倍率”挡级为“×1”时的“AC”（交流耦合）频率响应在 10Hz～30MHz，“DC”（直流耦合）频率响应在 0～30MHz；当“倍率”挡级为“×5”时的“AC”（交流耦合）。频率响应在 10Hz～15MHz，“DC”（直流耦合）频率响应在 0～15MHz。

③瞬态响应。在对使用上升时间为 2.5～3ns，上冲量小于 1%的脉冲信号源进行观测时，“倍率”挡级在“×1”，上升时间＜12ns，上冲量＜5%；“倍率”挡级在“×5”，上升时间＜24ns，上冲量＜5%。

④输入阻容。直接耦合时，电阻为 1MΩ，电容≤30pF；探极耦合（10∶1）时，电阻为 1MΩ，电容≤10pF。

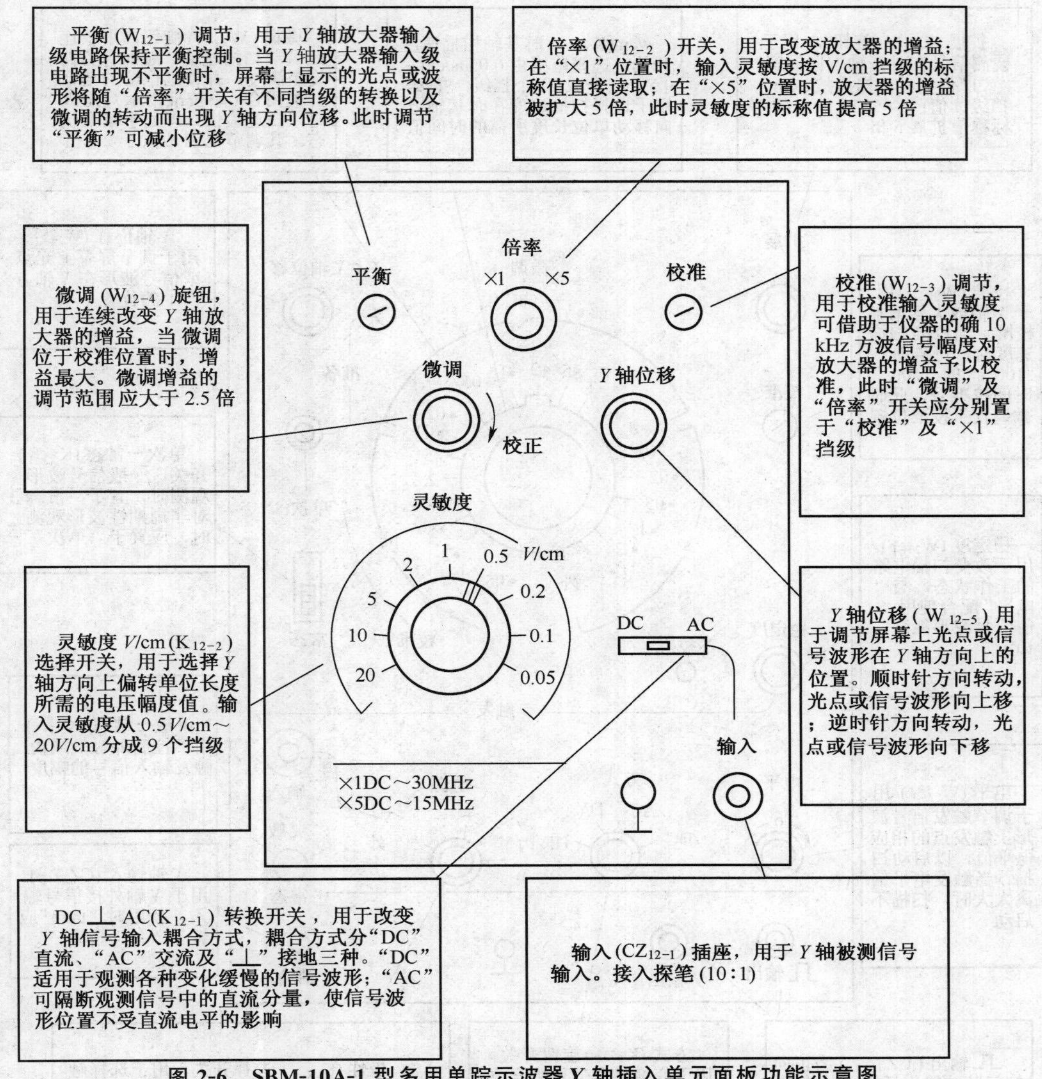

图 2-6　SBM-10A-1 型多用单踪示波器 Y 轴插入单元面板功能示意图

⑤最大输入电压。500V(DC＋AC 峰值)。

⑥信号延迟时间。50ns。

(3)时基插入单元。

①扫描速度范围。0.05μs/cm～0.5s/cm 按 1—2—5 顺序分 22 个挡级。当扫描微调装置置于“校准”位置时(经 50ns 正弦波和 100μs 正向尖脉冲时间校准信号校准后)，各挡级的误差应不大于±5%。当“扩展”开关位于“×5”位置时，最高扫速达 0.01μs/cm，此时最快两挡的扫速误差允许为±10%。通过调节扫速“微调”装置(处于不校准状态)，仪器的扫速能连续可变，其调节范围应大于 2.5 倍。因此仪器的最慢扫速为 1.25s/cm。

②触发和同步性能。当触发“源·极性”开关位于“内＋”或“内－”位置，同时仪器在使用 SBM-10A-1 型 Y 轴插入单元的情况下，Y 轴“倍率”挡级在“×1”位置时，适应频率范围在 10Hz～5MHz(100kHz 以下用阶跃波)，触发信号显示幅度＞2mm；适应频率范围在 10Hz～30MHz，触发信号显示幅度＞10mm。Y 轴“倍率”挡级在“×5”时，适应频率范围在 10Hz～

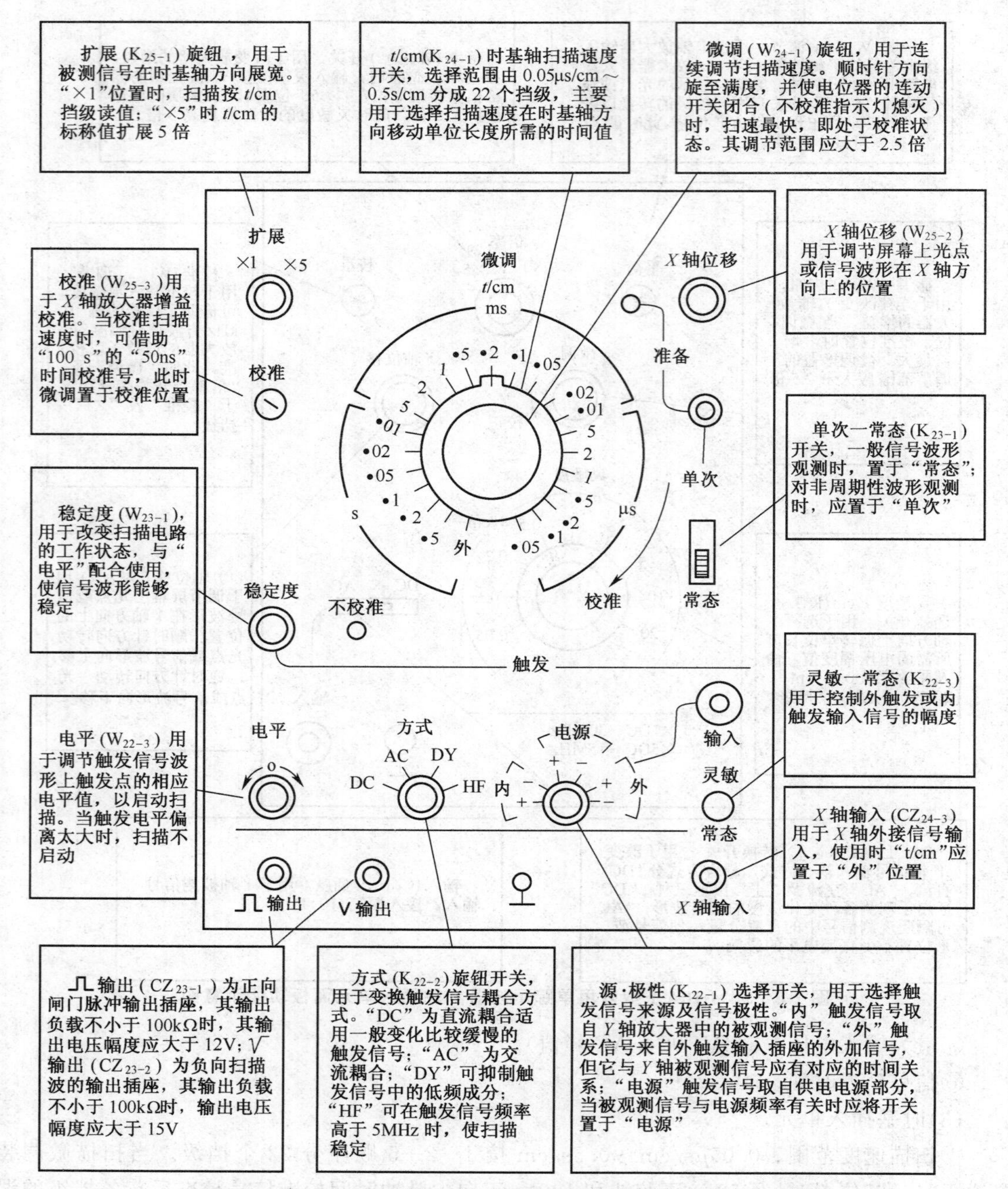

图 2-7 SBM-10A-2 型多用示波器时基插入单元面板功能示意图

2MHz（100kHz 以下用阶跃波），触发信号显示幅度＞5mm；适应频率范围在 10Hz～15MHz，触发信号显示幅度＞20mm。当触发“源·极性”开关位于“外＋”或“外－”位置，其外接触发信号的频率为 0～30MHz，幅度为 0.5～5V_{p-p}时，均能触发或同步。

③外接 X 轴输入灵敏度。当“扩展”开关位于“×1”位置时，X 轴输入灵敏度应不低于 10V_{p-p}/cm；当“扩展”开关位于“×5”位置时，X 轴输入灵敏度应不低于 2V_{p-p}/cm。

④外接 X 轴频率响应。X 轴放大器的频率响应为 0～200kHz＜3dB。

⑤扫描波输出。在负载不小于100kΩ时，扫描波输出幅度应大于$15V_{p-p}$。⑥增辉脉冲输出。在负载不小于100kΩ时，增辉脉冲输出幅度应大于$12V_{p-p}$。

3. 使用方法

SBM-10A型示波器在配用SBM-10A-1型Y轴插入单元和SBM-10A-2型时基插入单元的条件下，可以在DC～30MHz频率范围内，测量低电压信号和时间等参数。

(1)电压测量。利用偏转放大器经校准后的灵敏度，可以对被观察信号波形进行电压测量。被测信号在Y轴方向的偏转幅度由坐标尺的刻度读出。

①交流分量电压测量。交流分量电压一般是峰-峰之间的数值，或是测量由峰到某一个波谷之间的数值。根据坐标上两者之间的Y轴偏转距离，乘以偏转放大器的输入灵敏度及所用探笔的衰减因数，即可得出待测的峰-峰值电压。在一般情况下，测量时，应将输入选择开关放在“AC”位置。当测量重复频率极低的交流分量电压时，应将输入选择开关放置在“DC”位置。其测量与步骤如下：

a. 由坐标尺上读出从正峰到负峰的Y轴偏转距离(单位：cm)。

b. 根据输入灵敏度“V/cm”开关所置的位置，以每厘米偏转的电压值乘以峰之间的Y轴偏转距离，再乘上所用探笔的衰减因数，即得到实际的峰-峰值电压。例如，所用探笔的衰减因数为10∶1，“V/cm”开关置于“0.05V/cm”，所测得的峰-峰之间Y轴偏转距离为2.5cm，则实际峰-峰值电压为$10\times0.05V/cm\times2.5cm=1.25V_{p-p}$。

②瞬时电压测量。瞬时电压测量需要一个相对的参照基准电压，一般情况下基准电位是对地电位而言的，但也可能是一定幅度的其他参考电位。测量时，先在屏幕上按坐标尺确定参考电位的基准线位置，再相对该基准线位置读出所测的电压值。其测量步骤如下：

a. 将输入选择开关置于“DC”位置，将测试探笔的探针接地或接入其他所需的参考电位。先调整扫描部分使之产生自激扫描，然后使用“Y轴移位”控制器，将光迹移到坐标合适的位置(按照输入被测信号的幅度及极性而定)，同时要将光迹所在位置与坐标尺的厘米分格线相重合，以便于读数。参考基线确定后，测试时切勿再移动“Y轴移位”控制器。这时各个电压的测量值，均相对于基准线(参考电位)读取的数值。

b. 将测试探笔的探针离开接地端或参考基准电压端，接至被测信号端，然后调整扫描“稳定度”控制器和触发“电平”控制器，以显示稳定的波形。

c. 先根据坐标尺刻度读出基准线至被测波形上所测定点间的Y轴偏转距离，然后将所测得的偏转距离乘以输入灵敏度“V/cm”开关所置的每厘米电压值，再乘所用探笔的衰减因数，即得实际的测量值。例如：所用测试探笔的衰减因数为10∶1，“V/cm”开关在“0.1V/cm”位置，从参考基准线到波形上的偏转距离为3.8cm，如图2-8所示，则实际瞬时电压为$10\times0.1V/cm\times3.8cm=3.8V$。

(2)时间测量。时间测量，通常是通过测量X轴方向上的距离获取，其测量步骤如下：

a. 根据坐标尺X轴刻度(cm)，读出被测两点在被X轴的偏转距离。

b. 将所测的距离读数乘以扫速开关“t/cm”所置位置的每厘米时间值。

c. 如果扫描部分的“扩展”开关放在“×5”位置，则应将测得的偏转距离除以5。例如：“t/cm”开关在“0.1μs/cm”位置，“扩展”开关放在“×5”位置，需测定两点间的X轴偏转距离为4cm，则所得的时间间隔为：$4cm\times0.1\mu s/cm\div5=0.08\mu s$。

(3)频率测量。频率测量可采用与时间测量相同的方法。对重复周期信号频率测量只需

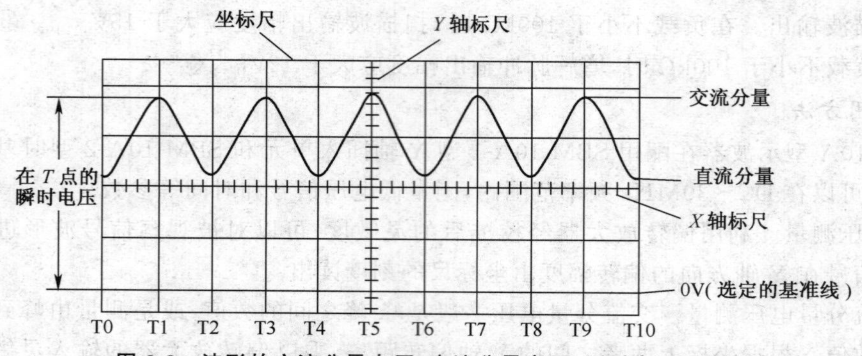

图 2-8 波形的交流分量电压、直流分量电压、瞬时电压示意图

测定某一个完整的周期时间，并以时间的倒数求出频率值。例如：重复周期信号波形的一个完整周期为 0.4μs，则其频率为：1/0.4μs＝2.5(MHz)。

(4)相位测量。相位测量可以在一个 360°的周期中考虑。测量时将示波器的扫速“t/cm”以每厘米时间刻度改变为每厘米角度数刻度。其校准的方法是，根据被测信号的频率，调整“t/cm”扫速挡级开关及扫速“微调”控制器，使被测信号的一个完整的正弦波周期在 Y 轴坐标尺上显示的长度为 9cm，如图 2-9 所示。此时，示波器的扫描速度对被测波形来说，即为每厘米 40°。其测量的步骤是：

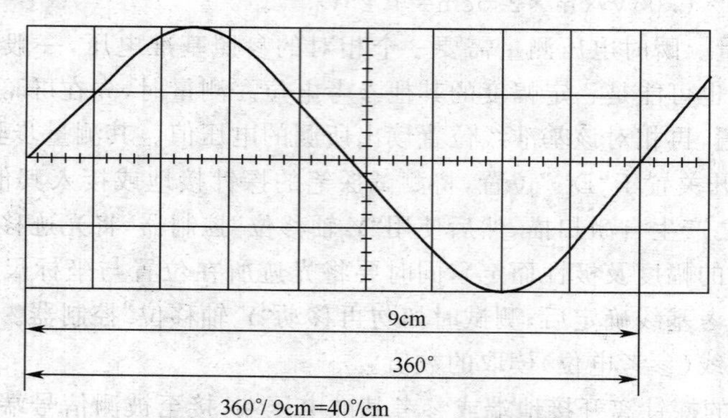

图 2-9 将扫描速度校准为每厘米角度数刻度

a. 将被测波形校准扫速转变为角度。

b. 测定两个被测信号相位对应点之间的位移，如图 2-10 所示。

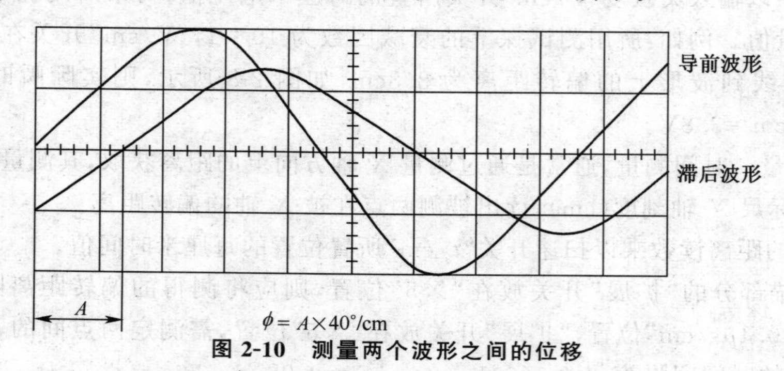

图 2-10 测量两个波形之间的位移

c. 将位移(A)乘以每厘米角度数值(40°/cm)，即得相位值(φ)。

4. 安全事项

(1)在长期使用中,仪器应保持干燥和清洁,以防止有漏电现象发生。

(2)在不使用时,应将塑料外罩罩上,以减少尘埃侵入,避免在气候潮湿的情况下,尘埃的积聚对示波管系统的高频高压供电产生较大影响,造成 11000V 高压供电损坏。

(3)仪器应使用三脚插座。在使用仪器前,要检查接地线接触是否良好。

(4)当使用一个较长时期后,应对校准信号进行校准,同时也对输入灵敏度开关补偿电容和 0.1ms/cm 扫描速度进行校准。

(5)平时不要随意打开机壳。当出现故障时,若不了解整机电路原理,绝对不能拆壳检查,以避免触电事故发生,危及生命安全。

二、双踪示波器的使用方法及安全事项

双踪示波器在彩色电视机维修中是最为实用的仪器之一,它可以通过两支探笔对不同的两个电路进行观察,为波形比较提供了极大方便。双踪示波器的型号规格很多,其中最为实用且价格又比较经济的双踪示波器有扬先 YX4320/YX4340 等型号,且又以 YX4320A 型是最为实用。其价格仅在一千元左右,一般维修人员都能买得起,且使用非常方便,便于携带。下面主要介绍 YX4320A 双踪示波器的特性、技术指标、使用方法及一些注意事项。

YX4320A 双踪示波器,是一种采用 6 英寸并带有刻度的短形显示屏测量仪器。其面板控制功能如图 2-11 所示。它的最大灵敏度为 5mV/div,最大扫描速度为 0.2μs/div,并可扩展 10 倍,使扫描速度达到 20ns/div。因此,该种示波器性能稳定可靠。其主要技术指标见表 2-5。

1. 基本特性

(1)高亮度及高加速极电压的 CRT(示波器),在高速扫描情况下也能显示清晰的轨迹。

(2)具有交替触发功能,可以观察两个频率不同的信号波形。

(3)具有电视信号同步功能。即设有同步信号分离电路,可保持与电视场信号和行信号同步。

(4)*X*-*Y* 操作功能。当设定在 *X*-*Y* 位置时,该仪器可作为 *X*-*Y* 示波器,CH1 为水平轴,CH2 为垂直轴。

(5)电源要求。电压固定 AC220V±22V。

(6)工作环境。环境温度 10℃～35℃,湿度 80%。

(7)存储温度,－10℃～70℃。

2. 使用方法

(1)单通道操作。在做单通道操作前,要先将面板各功能按钮设置为如表 2-6 所示状态,然后再接通电源,并进行以下步骤:

①接通电源指示灯亮 20s 后,屏幕出现光迹。

②分别调节亮度旋钮和聚焦旋钮,使光迹、亮度适中并最清晰。

③调节通道 1 位移旋钮与轨迹旋转电位器,使光迹与水平刻度平行(用旋具调节轨迹旋转电位器)。

④用 10∶1 探头将校正信号输入至 CH1 输入端。

⑤将 AC GND DC 开关设置在 AC 状态,校正方波就会出现在屏幕上。

⑥调整聚焦旋钮使图形清晰。

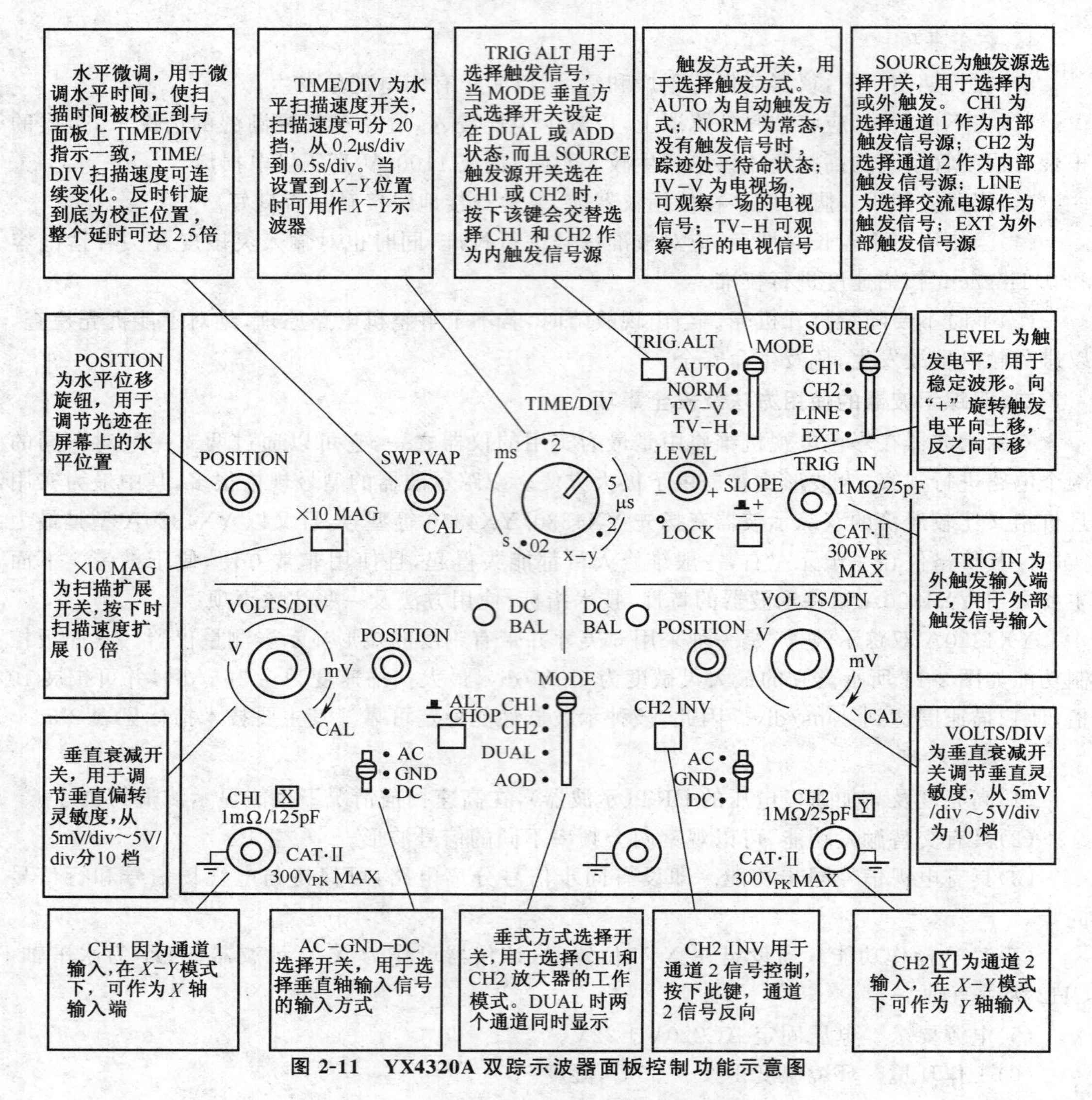

图 2-11 YX4320A 双踪示波器面板控制功能示意图

表 2-5 YX4320A 双踪示波器的技术指标

项目		指标
垂直系统	灵敏度	5mV～5V/DIV，按 1—2—5 顺序分 10 挡
	精度	≤3%
	微调灵敏度	1/2.5 或小于面板指示刻度
	频宽	DC～20MHz
		交流耦合小于 10Hz(对于 100kHz 8DIV 频响 −3dB)
	上升时间	约 17.5ns
	输入阻抗	约 1MΩ/25pF
	方波特性	前冲：≤5%(在 10mV/DIV 范围内) 其他失真：在该值上加 5%

续表 2-5

项　　目		指　　标
垂直系统	DC平衡移动	5mV～5V/DIV:±0.5DIV
	线性	当波形在格子中心垂直移动时(2DIV)幅度变化<±0.1DIV
	垂直模式	CH1:通道1 CH2:通道2 DUAL:通道1与通道2同时显示,任何扫描速度可选择交替或断续方式 ADD:通道1与通道2做代数相加
	断续重复频率	约250kHz
	输入耦合	AC　GND　DC
	最大输入电压	300V峰-峰值(AC:频率≤1kHz) 当探头设置在1∶1时最大有效读出值为40V_{p-p}(14V_{rms}正弦波形) 当探头设置在10∶1时最大有效读出值为400V_{p-p}(140V_{rms}正弦波形)
	其模抑制比	在50kHz正弦波时>50∶1(设定CH1和CH2的灵敏度在相同情况下)
	两通道之间的绝缘 (在50mV/DIV范围)	>1000∶1　50kHz >30∶1　20MHz
	CH2　INV　BAL	平衡点变化率≤1DIV(对应于刻度中心)
触发	触发信号源	CH1、CH2、LINE、EXT(在DUAL或ADD模式时,CH1、CH2仅可选用一个,在ALT模式时,如果TRIG·ALT的开关按下,可以用作两个不同信号的交替触发)
	耦合	AC:20Hz～20MHz
	极性	+/−
	灵敏度	20Hz～2MHz:0.5DIV;TRIG-ALT:2DIV;EXT:200mV 2～20MHz:1.5DIV TRIG-ALT:3DIV;EXT:800mV TV:同步脉冲>1DIV(EXT:1V)
	触发模式	AUTO:自动,当没有触发信号输入时,扫描工作在自由模式下(适用于频率大于25Hz的重复信号) NORM:常态,当没有触发信号时,踪迹处在待命状态并不显示 电视场:当想要观察一场的电视信号时,可选择该种模式 电视行:当想要观察一行的电视信号时,可选择该种模式(仅当同步信号为负脉冲时,方可同步电视场和电视行)
	外触发模式信号 输入阻抗: 最大输入电压:	 约1MΩ/25pF 300V(DC+AC峰值)AC频率不大于1kHz
水平系统	扫描时间	0.2μs_{ec}～0.5s_{ec}/DIV,按1—2—5顺序分20挡
	精度	±3%
	微调	≤1/2.5面板指示刻度
	扫描扩展	10倍
	×10MAG扫描时间	±5%(20ns_{ec}～50ns_{ec}未校正)
	线性	±3%,×10MAG:±5%(20ns～50ns未校正)
	由×10MAG引起的位移	在CRT中心小于2DIV

续表 2-5

项目		指标
$x-y$ 模式	灵敏度	同垂直轴
	频宽	DC～500kHz
	$x-y$ 相位差	小于或等于 3°(DC～50kHz 之间)
校正信号	波形	方波
	频率	约 1kHz
	占空比	小于 48∶52
	输出电压	$2V_{p\text{-}p}\pm2\%$
	输出阻抗	约 1kΩ
CRT 示波管	型号	6 英寸,矩形,内部刻度
	磷光粉规格	P31
	加速极电压	约 2kV(20MHz)
	有效屏幕面积	8×10DIV[1DIV=10mm(0.39in)]
	刻度	内部
	轨迹旋转	面板可调

注:表中的指标依据产品说明书。

表 2-6 单通道操作前的功能设置

符号	功能	设置
POWER	电源	关
INTEN	亮度	居中
FOCUS	聚焦	居中
VERT MODE	垂直方式	通道 1
ALT/CHOP	交替/断续	释放(ALT)
CH2 INV	通道 2 反向	释放
▲▼POSITION	垂直位置	居中
VOLTS/DIV	垂直衰减	0.5V/DIV
VARIABLE	调节	CAL(校正位置)
AC GND DC	选择开关	GND
SOURCE	触发源	通道 1
SLOPE	极性	+
TRIG·ALT	触发交替选择	释放
TRIGGER MODE	触发方式	自动
TIME/DIV	扫描时间	0.5ms/DIV
SWP·VER	微调	校正位置
◀▶POSITION	水平位置	居中
×10MAG	扫描扩展	释放

注:通道 2 的操作与通道 1 的操作相同。

⑦对于其他信号的观察，可通过调整垂直衰减开关，扫描时间到所需的位置，从而得到清晰的图形。

⑧调整垂直和水平位移旋钮，使得波形的幅度与时间容易读出。

(2)双通道操作。在进行双通道操作时，要首先将垂直方式改变到DUAL状态，于是通道2的光迹就会出现在屏幕上(与CH1相同)。这时通道1显示一个方波(来自校正信号输出的波形)，而通道2则仅显示一条直线(因为还没有信号输入)。此时将校正信号输入CH2的输入端与CH1一致，并将AC GND DC开关设置到AC状态，调整垂直位置，使两通道的波形一致，然后，释放ALT/CHOP开关(置于ALT方式)，使CH1和CH2的信号交替地显示在屏幕上。这一设定可用于观察扫描时间较短的两路信号。若将ALT/CHOP开关置于CHOP方式，则CH1与CH2上的信号以250kHz的速度独立地显示在屏幕上。此设定用于观察扫描时间较长的两路信号。

在进行双通道操作时(DUAL或加减方式)，通过设定触发信号源开关的位置来选择通道1或通道2的信号作为触发信号。如果CH1与CH2的信号同步，同两个波形都会稳定显示出来。反之，则仅有触发信号源的信号可以稳定地显示出来。如果此时将TRIG/ALT开关按下，则两个波形会同时稳定地显示出来。

(3)加减操作。通过设置“VERT MODES开关”到“ADD”状态，可以显示CH1与CH2信号的代数和，如果CH2INV开关被按下则为代数减。为了得到加减的精确值，两个通道的衰减设置必须一致。垂直位置可以通过“▼▲POSITION”来调整。但鉴于垂直放大器的线性变化，最好将该旋钮设置在中间位置。

(4)触发源的选择。正确的选择触发源，对于有效地使用示波器是很重要的，因此使用者必须熟悉触发源的选择功能及其工作次序。

①MODE开关。MODE开关共有AUTO、NORM、TV-V、TV-H4个挡位。AUTO为自动模式。在此状态下由扫描发生器自由产生一个没有触发信号的扫描信号。当有触发信号时，它会自动转换到触发扫描。通常第一次观察一个波形时，应将其设置于“AUTO”位置。当一个稳定的波形出现时，再调整为其他设置。当其他控制部分设定好以后，再将开关设回到“NORM”触发方式，以提高灵敏度。但在测量直流信号或小信号时必须采用“AUTO”方式。“NORM”位置用于常态，使扫描保持在静止状态，即屏幕上无光迹显示。但有触发信号经过触发电平开关设置的阀门电平时，会扫描一次，之后又回到静止状态，直到下一次触发。“TV-V”用于观察一个整场的电视信号，使用时应将扫描时间设定在2ms/div(一帧信号)或5ms/div(一场两帧隔行扫描信号)。“TV-H”用于观察电视行信号，扫描时间可设为10μs/div，用于显示几行信号波形，可用微调旋钮调节行数。但送入示波器的同步信号必须是负极性信号。

②触发信号源(SOURCE)功能。触发信号源功能主要是能够使屏幕上显示一个稳定的波形，但它需要给触发电路提供一个与显示信号在时间上有关联的信号，触发源开关就是用于选择触发信号，它共有CH1/CH2、LINE、EXT 4个挡位，其中：“CH1/CH2”挡用于内触发模式，它主要是将送到垂直输入端的信号在预放以前分出一支加到触发电路。由于触发信号就是测试信号本身，故显示屏上会出现一个稳定的波形。“LINE”挡是将交流电源的频率作为触发信号，这种方法对于测量与电源频率有关的信号十分有效。“EXT”挡是用外来信号驱动扫描触发电路。

③触发电平和极性开关(LEVEL)。当触发信号通过一个预置的阀门电平时会产生一个

扫描触发信号，调整触发电平旋钮可以改变该电平，向“+”方向时，阀门电平向上方移动，向“−”方向时，阀门电平向下方移动，在中间位置时，阀门电平设定在信号的平均值上。触发电平可以调节扫描起点在波形的任一位置上，对于正旋信号，起始相位是可变的，但要注意触发电平的调节过正或过负时，不会产生扫描信号。

④触发交替选择开关(TRIG・ALT)。当垂直方式选定在双踪显示时，该开关用于交替触发和交替显示(适用于CH1、CH2或相加方式)。在交替方式下，每一个扫描周期，触发信号交替一次。这种方式有利于波形幅度、周期的测试，并且可以观察两个在频率上无联系的波形。但它不适合相位和时间对比的测量。

(5)扫描速度控制。调节扫描速度旋钮“TIME/DIV”可以选择所要观察波形的个数。如果屏幕上显示的波形个数过多，可调节扫描速度旋钮，使扫描时间快一些；若屏幕上显示的波形只有一个周期，则可将扫描时间调慢一些。但要注意，扫描速度过快时，屏幕上只能显示周期信号的一部分。

(6)扫描扩展。在需要观察波形的一部分时，总需要很高的扫描速度。但要观察的部分远离扫描起点时，要观察的波形部分会超出屏幕以外。这时就必须将扫描扩展。当按下扫描扩展开关“×10MAG”时，显示的范围将被扩展10倍。

(7)*X-Y*操作。当将扫描速度开关“TIME/DIV”置于“*X-Y*”位置时，示波器将工作在“*X-Y*”方式。“*X-Y*”方式可使示波器进行常规示波器所不能做到的多种测试。如可以显示一个电子图形或两个瞬时电平，它可以是两个电平直接比较。如果使用一个传感器将频率、速度等有关参数转换成电压的话，则“*X-Y*”方式下就能够显示频率、速度等动态参数随时间的变化关系。这时*Y*轴对应于信号幅度，*X*轴对应于时间。

(8)探头校正。示波器探头(或探笔)可用于一个很宽的频率范围进行测试，但必须进行相位补偿，否则失真的波形会引起测量误差。进行探头校正时，先将10∶1探头接到CH1或CH2的输入端“CH1 [X]”或“CH2 [Y]”，并将衰减开关“VOLTS/DIV”设置在50mV，再连接探极(即探针)到校正信号的输出端，然后调整补偿电容直到获得最佳的方波为止。

(9)直流平衡调整。首先将CH1和CH2的输入耦合开关设置在“GND”，触发方式开关“MODE”设置在“自动”位置，并将光迹调到中间位置。然后再将衰减开关“VOLTS/DIV”设置在5mV与10mV之间，并来回转换，调整“DC BAL”直到光迹在零水平线不移动为止。

3. 注意事项

①在接通电源前要检查市网电压是否正确，以防止市网电压有误，损坏仪器。

②电源线上的接地保护端务必接地，以避免触电。

③环境温度在0℃～40℃之间。

④不要将显示屏的轨迹设在极亮的位置或把光点停留不必要的时间。

⑤最大输入电压的频率必须小于1kHz，否则容易损坏仪器。

⑥保持清洁，但不要用沾含有洗涤剂的溶液擦拭示波器表面，更不要使用汽油、苯、甲苯、二甲苯、丙酮等化学溶剂或类似的溶剂来擦洗仪器。

三、扫频仪的使用方法及安全事项

扫频仪即频率特性测试仪。它是利用示波管直接显示被测设备的频率响应曲线。在彩色电视机维修中扫频仪有着很重要的作用。用它检查电视机的高中频和视频通道以及滤波器等有源和无源四端网络的频率特性,同时也可用它测量鉴频器的鉴频特性。常用的扫频仪主要有BT-3型频率特性测试仪,其工作频带在1～300MHz。下面以BT-3型频率特性测试仪为例,介绍扫频仪的技术特性及使用方法等。BT-3型频率特性测试仪的面板功能如图2-12所示。

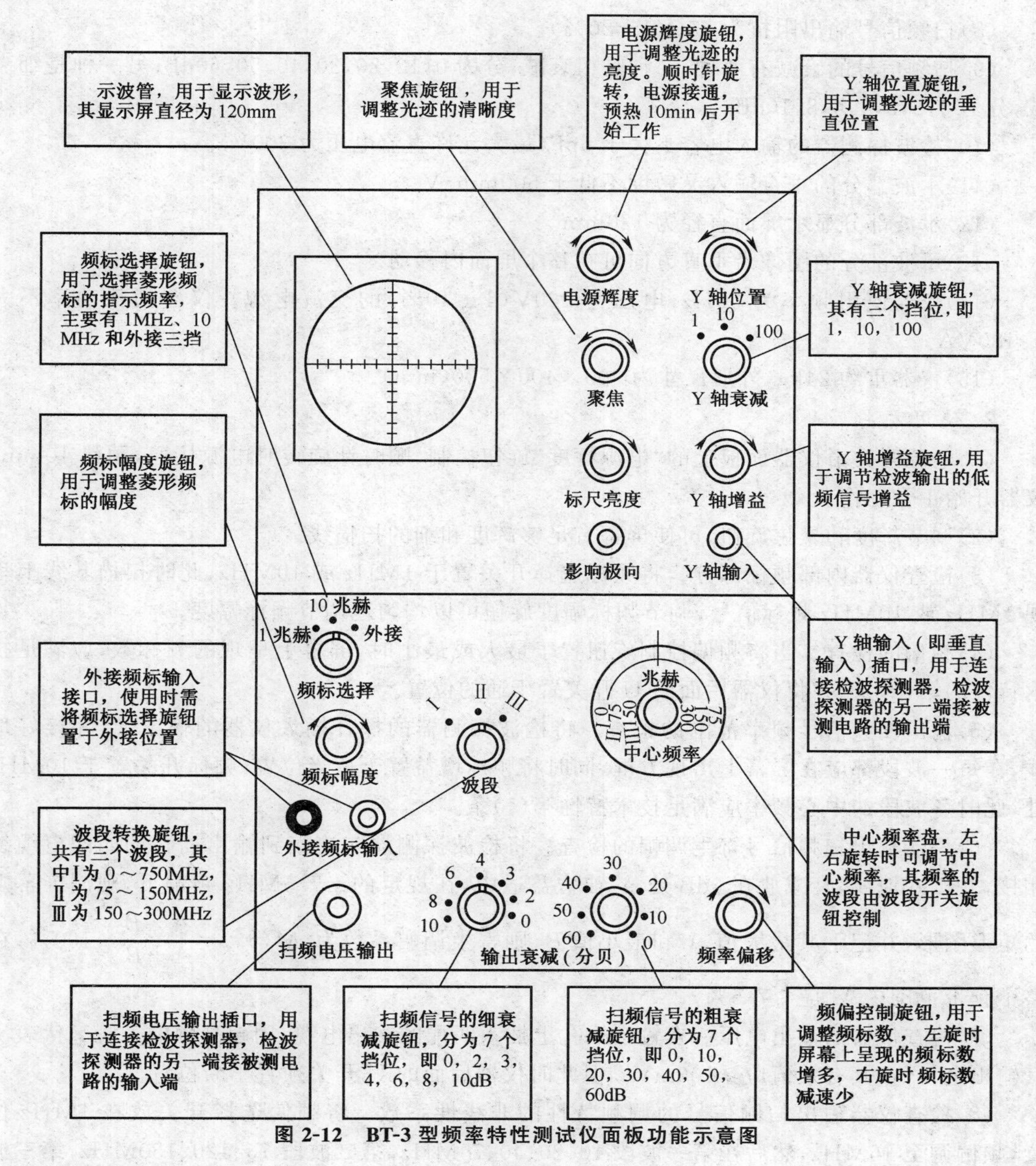

图2-12　BT-3型频率特性测试仪面板功能示意图

1. 技术特性

(1)中心频率。中心频率可以在1～300MHz内任意调节,并分为三个波段。第一波段为1～75MHz,第二波段为75～150MHz,第三波段为150～300MHz。

(2)扫频频偏。最小频偏小于±0.5MHz,最大频偏大于±7.5MHz。

(3)输出扫频信号的寄生调幅系数,不大于7.5%(扫频频偏在±7.5MHz内)。

(4)输出扫频信号的调频特性非线性系数不大于15%(扫频频偏在±7.5MHz内)。

(5)第二波段输出的扫频信号中75～150MHz基波漏信号不大于10%。

(6)输出扫频信号电压≥0.1V(有效值)。

(7)频率标记信号为1MHz、10MHz及外接三种。

(8)扫频信号输出阻抗为75Ω(1±20%)。

(9)扫频信号的衰减有两种,一种是粗衰减,分为0,10,20,30,40,50,60dB;另一种是细衰减,分为0,2,3,4,6,8,10dB。

(10)检波探测器的输入电容不大于5pF(最大允许直流电压为300V)。

(11)示波部分的垂直输入灵敏度不低于500mm/V。

(12)示波部分显示屏面直径为120mm。

(13)示波部分的图像沿垂直方向可在整个屏面内移动。

(14)仪器使用频率为50Hz,电压为220V(1±10%)的交流电源。仪器消耗功率不大于180VA。

(15)仪器重约24kg,外形尺寸为300×400×500(mm)。

2. 使用方法

(1)电源开关由仪器面板上的"电源辉度"旋钮控制,顺时针旋转时电源接通,预热10min,仪器开始正常工作。

(2)调节辉度和聚焦旋钮,可使屏幕有足够辉度和细的扫描线。

(3)检查仪器内部频标部分。将频标选择开关置于1MHz或10MHz,此时扫描基线上呈现1MHz或10MHz频标信号,调节频标幅度旋钮可以均匀地调节频标幅度。

(4)频偏的检查。当将频偏控制旋钮置于最大或最小时,屏幕上呈现的频标数,应满足技术特性的第(2)条,并将仪器后面的U开关置于通的位置。

(5)输出扫频信号频率范围的检查。将检波探测器的探针插入仪器的输出端,并接好地线,在每一波段都应在屏幕上出现方框,同时将频标增益置于适当位置,频标开关置于10MHz处,此时各波段的中心频率应满足技术特性第(1)条。

(6)仪器输出扫频信号寄生调幅的检查。将检波探测器与连接到输出插孔的匹配电缆线相接,并接好地线,衰减放在0dB处,Y轴增益适中,在规定的±7.5MHz频偏下,观测屏幕上的矩形图形,并记下其最大值A和最小值B,则寄生调幅系数为:$M(\%)=\dfrac{A-B}{A+B}\times 100\%$,在整个频带范围内$M$应≤7.5%。

(7)检查仪器的输出电压。在输出插孔上插入匹配的输出电缆,用超高频电子管毫伏表测其输出电压值,其有效值应≥100mV。但此时仪器后面的U开关须置于断位置。

(8)检查仪器输出扫频信号的调频特性的非线性系数。将频偏选择开关放在1MHz位置,频偏调至16MHz,然后在第一波段10、20、40、75MHz,第二波段75、120、150MHz,第三波段150、200、240、300MHz分别测出最低频率和最高频率与中心频率的距离。若分别为A和B,则非线性系数$\alpha=\left|\dfrac{A-B}{A+B}\right|\times 100\%$。此值应≤15%。

(9)频率特性测试仪的连接。在仪器检查正常后,即可使本仪器进行测量。进行不同物理量的测量,有不同的接线方法,分述如下:

①当测试一个不具有检波器的被测四端网络时，应将输出电缆接到仪器的输入端，另一端接到被测对象的输出端，再根据被测对象选定某一频段，并适当调节频标增益，用检波探测器将被测对象输出电压检波送至垂直输入端，此时荧光屏上出现被测对象的特性曲线图形，频率标记叠加到曲线上。

②如果要测量带有检波器装置的频率特性，则不用检波探测器，可直接将被测对象的检波输出接到仪器的垂直输入端。

③如果需要某些非 1MHz、10MHz 的频率标记，则可以采用外接频标，此时应将频标开关转换到外接位置（这时仪器内部 1MHz 和 10MHz 晶体振荡器的电源被切断），从外接频标接线柱加入需要的频率刻度信号。

④如果使用电源的频率为 60Hz，则应打开机器左侧板，调节位于示波管管基附近的电位器（W625）和（W626），使荧光屏上出现的图形为规则的矩形图像，然后调节电位器 W624 使荧光屏上的矩形图像两端没有频标对跑现象，并且当减少或增大频率偏移时，中心频率应不移动或移动很小。

⑤测试时，输出电缆和检波探测器的接地线应尽量缩短些，检波探测器的探针上也不应另外加接地线。

⑥鉴频特性的测试。鉴频特性的测试与频率特性测试一样，测试时鉴频器的输出不经检波探测器，而是直接接入 Y 轴输入插座。但要注意：由于仪器主要是供测试频率特性之用，故在运用鉴频特性的测试时，其测得结果并不理想。

3. 注意事项

（1）仪器长期保存或使用时，其环境温度应在 +10℃ 到 +30℃ 之间，相对湿度不大于 80%。

（2）使用前应检查接地线接地良好。

（3）电源应选用三相插座，接电前应检查电压是否符合要求。

（4）在未熟悉使用方法及性能之前勿用。

第三节　维修专用工具及安全使用

在彩色电视机维修工作中，除了要备有专用的仪器仪表外，还必须备置一些必要的专用工具，如电烙铁、热风枪、焊锡丝、旋具及工作台等，并熟练掌握它们的使用方法。

一、电烙铁的选择及安全使用

电烙铁主要是用于焊接或拆卸元器件的引脚。但对于不同器件应使用不同功率（或规格）的电烙铁。如在焊接集成电路引脚时，应选择 20～30W 之间的尖合金嘴电烙铁；再如焊接引脚较粗或散热板引脚时，应选择 30W 或 35W 的紫铜头电烙铁。同时，操作使用时应严格遵守规程，以保证安全。

（1）电烙铁使用前一定检查供电源是否符合要求。

（2）电烙铁应保持干燥，严禁在受潮或淋雨后使用。

（3）通电加热后应将烙铁头部分放置在一个自制的铁桶内，以避免烫伤。

（4）电烙铁的合金嘴严禁修锉，否则不再上锡。若发现合金嘴不上锡，可用焊剂活化后再使用。

(5)当发现电烙铁的紫铜头因氧化不上锡时,可用铁锉锉新后再使用。

(6)严禁在通电加热情况下更换烙铁头。

(7)焊接时速度要快,避免被焊器件长时间烘烤而烫坏。

二、热风枪的选择及安全使用

热风枪主要用于拆焊贴片式集成电路,常选用的型号是 AC220V、50Hz、700W 的塑料焊枪,如 DSH-Z11 型塑料焊枪。为安全使用,操作时也要注意一些规程。

(1)通电加热后,要适当调速 OFF 开关电位器。其挡级一般为 1～9 级,9 级时吹出的热风最热。

(2)在有热风吹出时,严禁用手试探热风,否则会烫伤手部。

(3)吹卸元件时要掌握适当距离和热量,避免烫坏其他元件或吹掉其他元件。

(4)使用完毕要及时关闭电源,拔下电源插头,并放好风枪,避免风枪嘴的余热烫伤手部或其他物件。

三、焊锡丝的选择与正确使用

焊锡丝是焊接元件的必要材料。选用时一定选择空芯松香焊锡丝,即 C 型活性焊锡丝,常用型号为 ϕ0.8mm。其正确操作方法是,先用电烙铁头烫热元件引脚,再迅速将焊锡丝的端头触接到焊脚处,待适当熔合后迅速离开,随后再离开电烙铁。

四、工作台的布置与安全保护

工作台的布置与安全保护对于维修人员十分重要,因此维修用工作台就必须要有一定的配置要求和安全要求。主要包括:

(1)工作台要选择木质材料制作,要求绝缘良好,坚固耐用,高度和桌面同高。

(2)工作台表面要铺设不小于 3mm 的橡胶垫。其作用有二,一是确保绝缘良好,二是避免桌面磨伤机壳。

(3)在工作台的一端安装一个双掷刀开关(额定电流不小于 10A),并串接一只 22V/20A 的漏电自动开关(即漏电保护器),以起到过流保护或应急拉闸断电的作用。

(4)安装一个 1∶1 隔离变压器,以防止人体触电。

(5)在工作台地面铺设干燥木板或不小于 5mm 厚的橡胶垫,以确保人体与地面隔离,避免人体触电事故发生。

第三章　彩色电视机高中频电路结构及维修要领

彩色电视机高中频电路是彩色电视机接收广播电视信号的门户，是选择信号、变换频率和视频检波的关键通道。本章在分别介绍高频电路结构和工作原理、中频电路结构和工作原理的基础上，重点介绍高中频电路的维修要领和调整方法。

第一节　高频电路结构与维修要领

高频电路的主要作用是，在各种不同频率的信号中选出有用的信号，并抑制各种干扰，且将不同频道的射频信号变换成相同的中频信号。

一、高频电路的基本结构和工作原理

在彩色电视机中，高频电路的基本结构主要包括高频调谐器和频道选择控制电路。

1. 高频调谐器

(1)功能。高频调谐器，俗称高频头。它主要有四个方面的功能：

①接收来自电视天线的无线电信号，并选出欲收的电视波段及频道。

②放大微弱的高频电视信号。

③对信号的强弱实现自动增益控制，并能够进行自动频率跟踪。

④对高频信号进行频率变换，得到频率范围固定并满足一定要求的中频信号。

(2)主要技术指标。高频调谐器是电视机的重要组成部分，对电视机的性能影响很大。它通常作为一个独立部件组装在一个铁盒内。其主要电性能的技术要求有：

①功率增益不小于 28dB。即信号从接收端输入到中频输出端的放大倍数不小于 28dB。

②噪声系数。调谐器的噪声系数主要是指输入信噪比与输出信噪比的比值。VHF 频段不大于 7dB，UHF 频段不大于 11dB。

③镜像抑制比。镜像抑制比是指调谐器对镜像频率干扰的抑制能力。我国电子调谐器标准规定：对(f_p+38)+(33～38)MHz 镜像频率范围内的干扰抑制比为：VHF 频率不小于 51dB，UHF 频段不小于 46dB。

④中频抑制比。中频抑制比是调谐器对中频频率干扰的抑制能力。我国电子调谐器标准规定：对 33～38MHz 中频频率范围内的干扰抑制能力不小于 51dB。

⑤交扰调制抑制能力。所谓交扰调制，主要是指放大级和混频级的非线性作用，会使干扰信号转移到有用信号载频上所形成的一种干扰。这种交扰调制所形成的干扰一旦产生，在以后的各级中将无法抑制，因此，就只有提高调谐器的技术指标。在调谐器增益最大时，形成 1%交扰调制的干扰信号电平不小于 80dB μV。

⑥寄生干扰抑制比不小于 40dB。寄生干扰抑制比是指调谐器输出的有用信号电平与寄生干扰输出电平之差。

⑦高低频道干扰抑制比，在调谐器增益最大时不小于 60dB；调谐器增益降低 30dB 时不小

于 40dB。高低频道干扰抑制比主要是指在 VHF 低频道接收时，对高频道干扰信号的抑制能力。

⑧天线输入端本振泄漏电压，在 VHF 频道不大于 50dBμV，UHF 频道不大于 66dBμV。

⑨本振频率温度漂移。在环境温度由 25℃ 变化 ±30℃ 时，VHF 频道不大于 600kHz，UHF 频道不大于 1000kHz。

(3)电路结构和工作原理。调谐器电路的组成框图如图 3-1 所示。最为典型的调谐器电路原理如图 3-2 所示。它主要分为输入回路、高放级、级间双调谐回路、混频及中频输出、本机振荡等几个部分。下面结合图 3-2 来分析介绍调谐器电路的基本结构和工作原理。

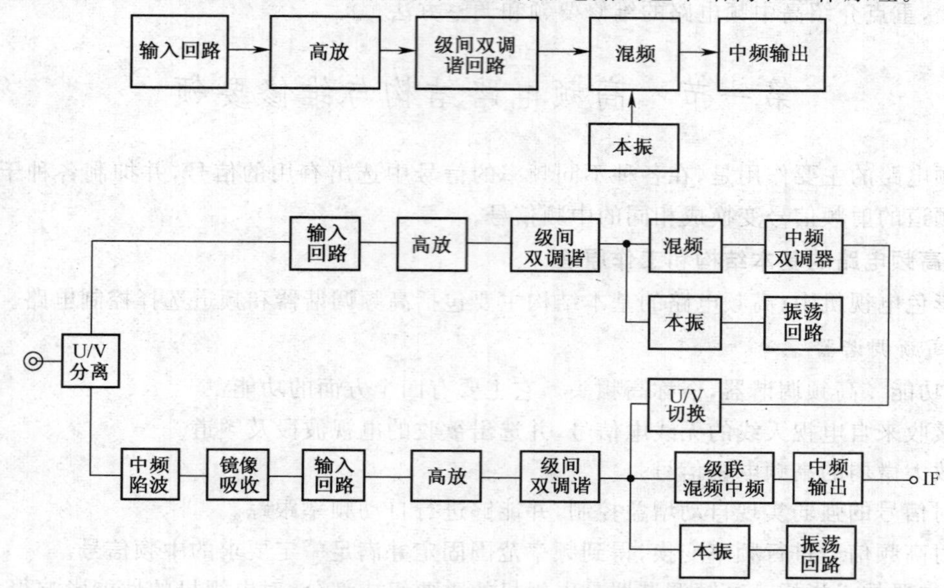

图 3-1 电子调谐器电路基本方框组成图

①输入回路。输入回路主要用于天线输出端与高放管输入端的阻抗匹配，并选择输出要求的频率信号。因此，在实际应用中，输入回路应满足以下三项要求：一是匹配特性好，以保证调谐器电压驻波比的要求；二是插入损耗小，以减小调谐器的噪声系数；三是选择性好，以提高抗干扰性能。

在图 3-2 中，输入回路有两个：一个由 L6、L7、L8、C5、C6、C7、C8、C9、C10、C11、DS1、DS2、DT1、R1、R2、R3 等组成，用于 VHF 频段；另一个由 LP04、LN01、DT5、C50、C51、C54、L21、R41 等组成，用于 UHF 频段。由于进入 VHF 频段的信号频率和进入 UHF 频段的信号频率不一致，所以在两个输入回路之前还必须设置 U/V 分离电路。它主要由 C48、C49、L24 和 L1、L3、C1 组成。其中：由 C48、C49、L24 组成 T 型高通滤波器，用于选通 UHF 频段信号，并经输入回路送入由 BG5 等组成的 UHF 调谐电路；由 L1、L3、C1 组成 T 型低通滤波器，用于选通 VHF 频段信号，并经输入回路送入由 BG1 等组成的 VHF 调谐电路。

a. VHF 频段输入回路。VHF 频段输入回路是 VHF 频段调谐电路的门户。由于 VHF 频段分为高低两个频段，故在输入回路与分离电路之间还设置有中频陷波回路和高频道镜像吸收回路。中频陷波回路采用了标准组件，见图 3-2 中的 HPF3822。它是一种复合滤波器，具有截止频率点衰减量大、带通内特性阻抗变化小等优点，可提高调谐器的中频抑制比。

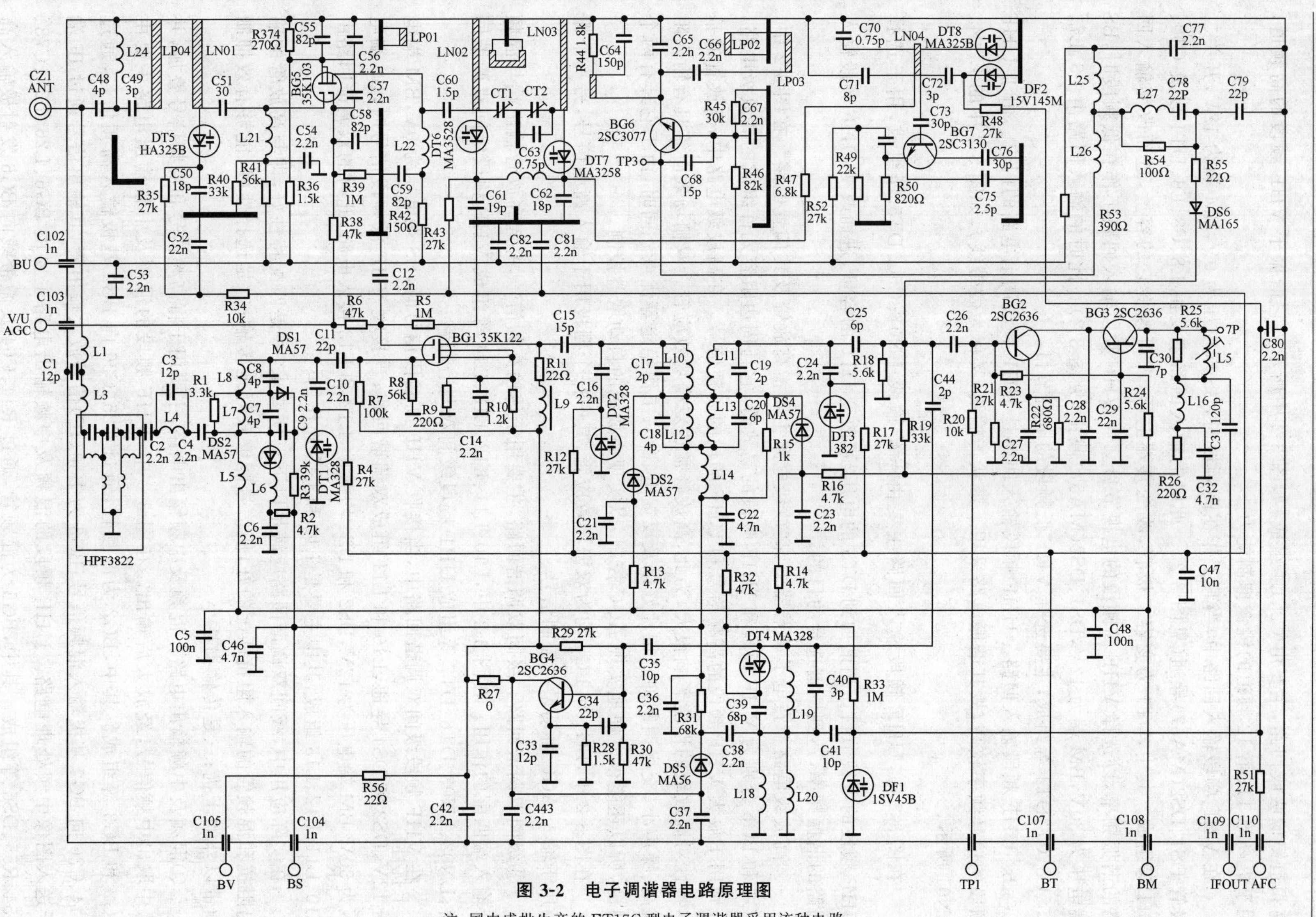

图 3-2　电子调谐器电路原理图

注：国内成批生产的 ET17C 型电子调谐器采用该种电路

高频道镜像吸收回路，主要由C3、L4组成，如图3-2中所示。它谐振于VHF频段的高频道，用于提高第11、第12频道的镜像抑制能力。

在VHF频段输入回路中，当其工作在高频段时，BS端电压为0V，BM端为12V，开关二极管DS1、DS2(MA57)导通(见图3-2)。此时的输入回路主要由L8、C8、L6、DT1以及C10、C11等组成。其中，DT1为变容二极管，改变其端电压，即可改变它的容量，进而改变输入回路的谐振频率，以选择VHF高频段的电视节目。当VHF频段输入回路工作在低频段时，BS端电压为30V，BM端为12V，DS1、DS2(MA57)截止(见图3-2)。此时的输入回路由L8、L7、L5、C8、C7、DT1等组成，主要选择VHF低频段的电视节目。

b. UHF频段输入回路。UHF频段输入回路是UHF频段调谐电路的门户。由于UHF频段的信号频率较高，故其谐振电路采用了带状传输线(又称为微带线)，如图3-2中的LP04、LN01所示。

在图3-2中，UHF频段输入回路主要由$\frac{\lambda}{4}$传输线LN01、C50、DT5等组成，用于选择UHF频段的电视节目。调谐加到DT5的电压，可改变DT5的容量，进而改变UHF频段输入回路的谐振频率，达到调谐选台的目的。

②高放级电路。在电子调谐器中，高放级电路主要指高放管及其偏置电路。在图3-2中，BG1和BG5分别为VHF频段和UHF频段的高放管，它与周边阻容元件组成的高放级电路，分别用于放大VHF频段的高频信号和UHF频段的高频信号。在高放级电路中，高放管的基本特性对高放级的性能影响很大，为此，高放管常选双栅场效应管。双栅场效应管具有输入阻抗高、噪声小、交扰调制抑制特性好以及反馈电容小、工作稳定等优点。同时，由于它具有两个栅极，所以还能很方便地实现AGC控制，以实现高放级的自动增益控制。

在图3-2中，BG1和BG5均为双栅场效应管，其中一个栅极用于输入高频信号，另一个栅极用于输入AGC自动增益控制信号。

③级间双调谐回路。级间双调谐回路，主要用于传输高频信号，并起高放管输出端与混频管输入端匹配的作用。在图3-2中，L10、L11、L12、L13、L14等组成VHF频段级间双调谐回路；LN02、LN03、DT6、DT7等组成UHF频段级间双调谐回路。

在VHF频段级间双调谐回路中，当接收VHF高频段信号时，BS端电压为0V，BM端电压12V，DS2和DS4导通，L10和L11组成双调谐回路；当接收VHF低频段信号时，BS端电压为30V，BM端电压为12V，DS2和DS4均截止，L12和L13接入电路，此时的双调谐回路由L10、L11、L12、L13组成，其中主要是L12和L13起作用。

在实际应用中，级间双调谐回路应满足以下三项要求：一是匹配特性好，即与高放管的输出阻抗和混频管的输入阻抗匹配的好，使信号能够较好地传输；二是选择性好，能够有效抑制频带以外的干扰；三是传输损耗小。

④混频及中频输出电路。混频及中频输出电路，主要用于将高频信号和混频信号叠加，并从中取出中频信号，经放大后输出。在图3-2中，VHF频段的混频及中频输出电路主要由BG2和BG3等组成。其中，BG2为混频管，通过C25、C26向BG2基极输入高频信号，通过C44、C26向BG2基极输入混频信号；BG3为中频(IF)信号放大输出管，其输出信号通过IF端子送入图像中频处理电路。UHF频段的混频及中频输出电路主要由BG6、L26、L27、C78、R54、R55、DS6等组成。其中，BG6为混频管，通过R44、C64及微带线向BG6发射极输入高

频信号，通过 C66 及微带线向 BG6 发射极输入混频信号，混频后的中频信号，由 BG6 集电极输出，先经 DS6 等送至 BG3 进行中频放大，然后与 VHF 频段的中频信号一样通过 IF 端子送入图像中频处理电路。

在图 3-2 中，BG6 集电极 L26、L27、L25、C78、C79 等构成双调谐回路，主要用于将中频信号通过 R55、DS6 送入中频放大电路。其中，R55 主要起增益调整作用；DS6 为开关二极管，用于切换 U/V 频段。在 VHF 频段时，由于 BU 端电压为 0V、BM 端电压 12V，DS6 截止，UHF 频段中频信号输出通道被切断，同时 BG6 也无输出；在 UHF 频段时，BU 端电压为 12V、BM 端电压 12V，DS6 导通，UHF 频段中频信号正常输出，此时由于 BV 端电压为 0V，故 VHF 频段无输出。

在实际应用中，混频及中频输出电路，应满足以下三项要求：一是混频增益高；二是噪声低；三是中频输出回路频率特性要满足调谐和选择性的要求，并且其输出阻抗与中频通道输入阻抗的匹配必须良好。

⑤本机振荡电路。主要用于产生始终比接收信号频率高 38MHz 的本机振荡频率，并作为混频信号送入混频电路，与接收的高频信号进行差频处理，以产生中频载波信号 IF。

在图 3-2 中，BG4、DT4、DF1、DS5 及其周围的阻容元件组成了 VHF 频段的本机振荡电路。其中，BG4 为振荡管。它与 C33、C34 管组成改进型克拉勃振荡电路。在电路中，变容二极管 DF1 主要用于进行自动频率控制，变容二极管 DT4 用于补偿 DF1 形成的 AFC 灵敏度的不均匀性。改变 DT4 和 DF1 的容量可以改变本机振荡频率。由于 DT4 和 DF1 的容量由 BT 端子输入的调谐电压控制，因此，改变调谐电压，也就改变了本机振荡频率，从而实现调谐选台的目的。

在图 3-2 中，BG7、DT8、DF2 等组成 UHF 频段的本机振荡电路。其中，BG7 为振荡管。它采用$\frac{\lambda}{2}$微带线为谐振电感，可提高本振频率的稳定性。

2. 频道选择电路

在彩色电视机中，频道选择电路有由分立元件组成和由波段解码集成电路组成两种类型。频道选择电路的作用是对高频调谐器实现 VHF-L、VHF-H、UHF 3 个波段控制。

(1)由分立元件组成的频道选择电路的基本结构和工作原理。由分立元件组成的频道选择电路如图 3-3 所示。在图 3-3 中，QA03、QA04、QA05(2SA1015)为 PNP 型小功率管，QA06(2SC1815)为 NPN 型小功率管，它们组成波段转换电路，并具有三种工作模式，以完成 VHF-L、VHF-H、UHF3 个波段的控制工作。

①VHF-L 波段的控制过程。当波段开关 SA03 接通在 VL 波段时，＋12V 电压通过 RA07、DA01、SA01、RA01 到地构成回路，使 QA05 因基极电压下降到 11.4V 而正偏导通，H001 高频调谐器的 BV 端子得到 12V 电压。与此同时，由于 VH、U 波段被断开，QA03、QA04 因基极电压为 12V 而反偏截止。QA03 截止，使 H001 高频调谐器的 BU 端子电压为 0V(或 0.4V)；QA04 截止，使 QA06 截止，＋30V 切换电压通过 RA17、RA16 加到 H001 高频调谐器的 BS 端子，控制高频调谐器内部 VHF 波段工作在低频段(即 VHF-L 频段)。

②VHF-H 波段的控制过程。当波段开关 SA03 接通在 VH 波段时，＋12V 电压通过 RA06、DA01、SA01、RA01 到地构成回路，使 QA04 正偏导通。QA04 导通，＋12V 电压通过 RA07、QA04 的 c-e 极、RA14、RA15 到地构成回路，因而使 QA05 和 QA06 均正偏导通。

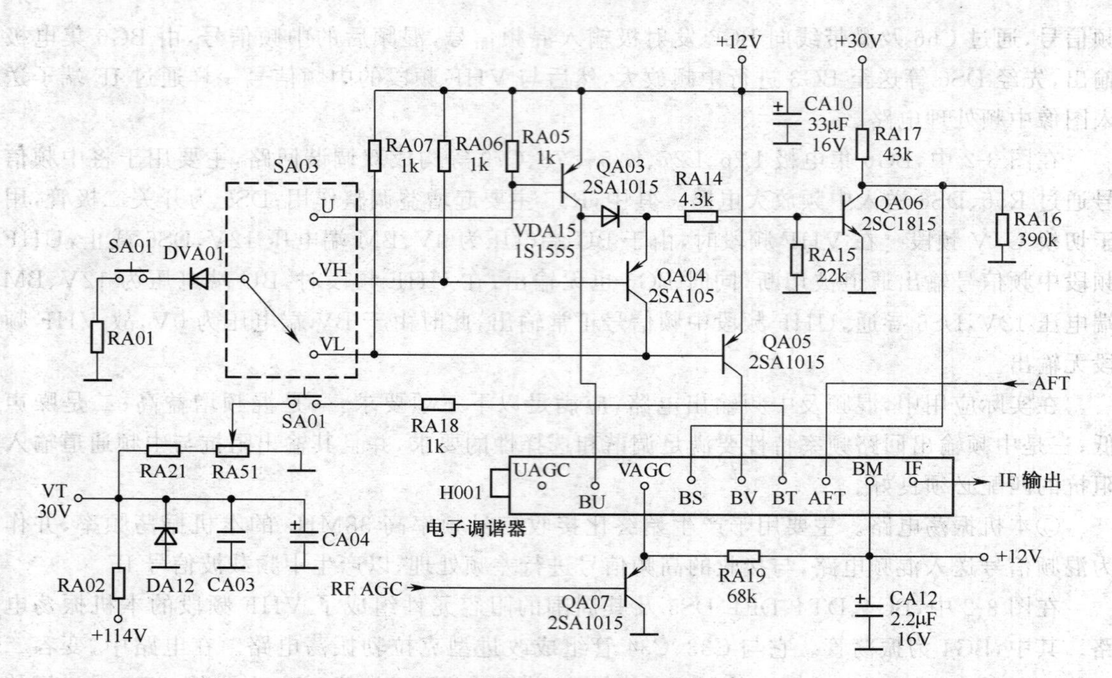

图 3-3　分立元件式高频调谐电路

注：长城 JTC-371 等机型中采用该种电路

QA05 导通，H001 的 BV 端子有 12V 电压；QA06 导通，＋30V 切换控制电压通过 RA17、QA06 的 c-e 极到地构成回路，H001 的 BS 端子电压为 0V，调谐器内部 VHF 波段工作在高频段(即 VHF-H 频段)。

③UHF 波段的控制过程。当波段开关 SA03 接通在 U 波段时，＋12V 电压通过 RA05、DA01、SA01、RA01 到地构成回路，使 QA03 正偏导通。在 QA03 导通时，＋12V 电压一方面加到 H001 的 BU 端；另一方面通过 DA15、RA14、RA15 使 QA06 导通，H001 的 BS 端子电压为 0V。同时，BV 端子电压也为 0V，高频调谐器内部电路工作在 UHF 波段上。

在上述三种模式中，波段切换控制电路中的 QA03、QA04、QA05、QA06 起着关键性作用，并随波段转换稳定在某种工作状态，以使高频调谐器各引脚的工作电压满足不同波段时的工作要求。有关波段控制管及高频调谐器引脚电压在不同波段时的逻辑关系如表 3-1 所示。

表 3-1　波段控制管及高频调谐器引脚电压在不同波段时的逻辑关系

引脚		功能	U(V)		
			VHF-L	VHF-H	UHF
QA03	e	接＋12V 电源	12.0	12.0	12.0
	b	U 波段控制	12.0	12.0	11.4
	c	BU 端子供电	0	0	12.0
QA04	e	用于 VH/VL 波段控制	11.4	11.4	11.4
	b	用于 VH 波段控制	12.0	10.8	12.0
	c	用于 BS 切换电压控制	0	11.4	12.0

续表 3-1

引脚		功能	U(V)		
			VHF-L	VHF-H	UHF
QA05	e	接＋12V 电源	12.0	12.0	12.0
	b	用于 VL/VH 波段控制	11.4	11.4	12.0
	c	BV 端子供电	12.0	12.0	0
QA06	e	接地	0	0	0
	b	用于 BS 切换电压控制	0	0.6	0.6
	c	BS 切换电压输出	30.0	0	0
H001 高频调谐器	①UAGC	UHF 波段自动增益控制	7.8～0.5	7.8～0.5	7.8～0.5
	②BU	UHF 波段电源电压	0.5	0.5	12.0
	③VAGC	VHF 波段自动增益控制	7.8～0.5	7.8～0.5	7.8～0.5
	④BS	VHF-L/VHF-H 波段切换电压	30.0	0	0
	⑤BV	VHF-L/VHF-H 波段电源电压	12.0	12.0	12.0
	⑥BT	调谐电压	0～30.0	0～30.0	0～30.0
	⑦AFT	自动频率微调	6.5±4	6.5±4	6.5±4
	⑧BM	混频级工作电压	12.0	12.0	12.0
	⑨IF	中频载波输出	—	—	—

(2)由波段解码集成电路组成的频道选择电路的基本结构和工作原理。由波段解码集成电路组成的频道选择电路如图 3-4 所示。其中，IC002(TA7315BP)即为波段解码集成电路。常见的波段解码集成电路还有 LA7900、LA7910 等型号。它们的工作原理基本相同。因此，这里仅以图 3-4 为例简要介绍波段解码频道选择电路的工作原理。IC002(TA7315BP)的内电路结构如图 3-5 所示。

在图 3-4 中，当波段开关 SW103 接通 L 段时，＋12V 电压通过 R006、D101、SW102、R010 送入 IC002(TA7315BP)的⑦脚，使⑦脚获得 12V 电压，作为 L 段的控制信号，使 TA7315BP 内部的 Q1、Q3 导通。Q1 导通后使 Q6 导通。由②脚输入的 12V 电压通过 Q6 的 c-e 极从⑧脚输出，作为 BV 电压。同时⑧脚电压在 IC 内部又使 Q7 截止，③脚无输出；Q3 导通后使 Q4、Q5 截止，④脚外接＋30V 电压不受影响，BS 电压为 30V。从而满足调谐器工作在 VL 段时的电压要求。

当波段开关 SW103 接通 H 段时，＋12V 电压通过 R006、D101、SW102、R009 送入 IC002(TA7315BP)的⑥脚，使 Q2 导通(见图 3-5)。Q2 导通时，Q6 仍保持导通，使⑧脚输出 12V 电压，但此时 Q3 无控制电压，故 Q3 截止，使 Q4、Q5 导通，④脚外接 30V 电压通过 Q5 被钳位于低电平，使 BS 电压仅有 0.8V，此时调谐器工作在 VH 波段上。

当波段开关 SW103 接通 U 段时，IC002(TA7315BP)的⑥、⑦脚均无电压输入，因而使 IC 内部的 Q6 截止，Q7 导通，③脚输出 BU 电压，使调谐器工作在 UHF 波段上。

在上述三种模式中，IC002(TA7315BP)起着解码控制作用，其输出的逻辑电平决定了调谐器的工作状态。因此，在图 3-4 中，IC002(TA7315BP)引脚电压的逻辑关系正确与否将直接决定调谐器的正常工作，其正常状态下的逻辑关系见表 3-2。

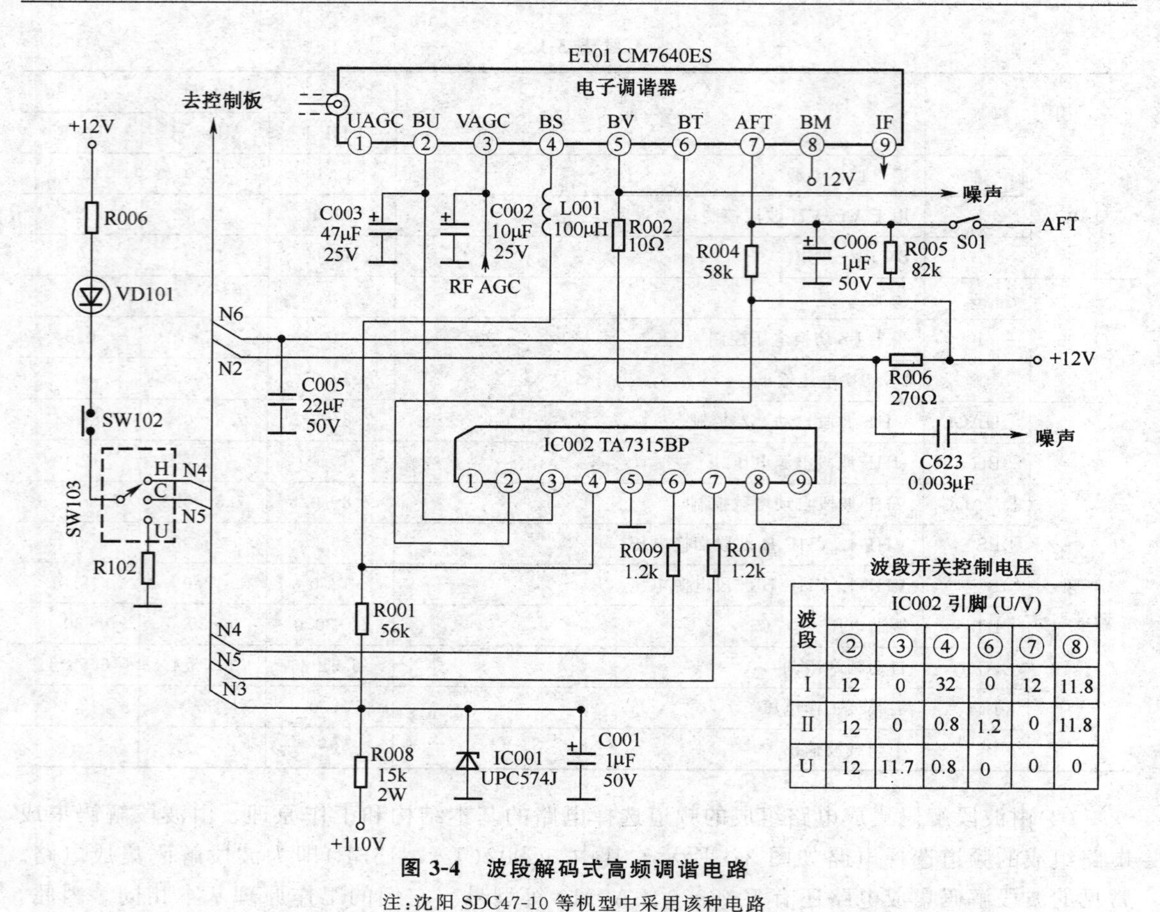

波段	IC002 引脚 (U/V)					
	②	③	④	⑥	⑦	⑧
I	12	0	32	0	12	11.8
II	12	0	0.8	1.2	0	11.8
U	12	11.7	0.8	0	0	0

图 3-4 波段解码式高频调谐电路

注:沈阳 SDC47-10 等机型中采用该种电路

表 3-2 TA7315BP 引脚功能及不同波段电压的逻辑关系

引 脚	符 号	功 能	U(V)		
			VL	VH	U
1	NC	未用	—	—	—
2	+12V	+12V 电源	12.0	12.0	12.0
3	BU	BU 电压输出	0	0	11.7
4	BS	BS 开关电压输出	30.0	0.8	0.8
5	GND	接地	0	0	0
6	VH	VH 段控制信号输入	0	12.0	0
7	VL	VL 段控制信号输入	12.0	0	0
8	BV	BV 电压输出	11.8	11.8	0
9	NC	未用	—	—	—

(3)调谐扫描控制电路。在图 3-3 中,DA12、RA21、RA51、SA01、RA18 等组成调谐扫描控制电路。其中,DA12 为 30V 稳压控制管,是一种专用的稳压集成电路,常用型号为 μPC574J。RA51 为可调电阻器,缓慢调谐 RA51,其中心头可输出 0~30V 的变化电压,并通过 SA01、RA18 加到 H001 高频调谐器的 BT 端子,即形成调谐扫描电压 V_T。由 BT 端子进

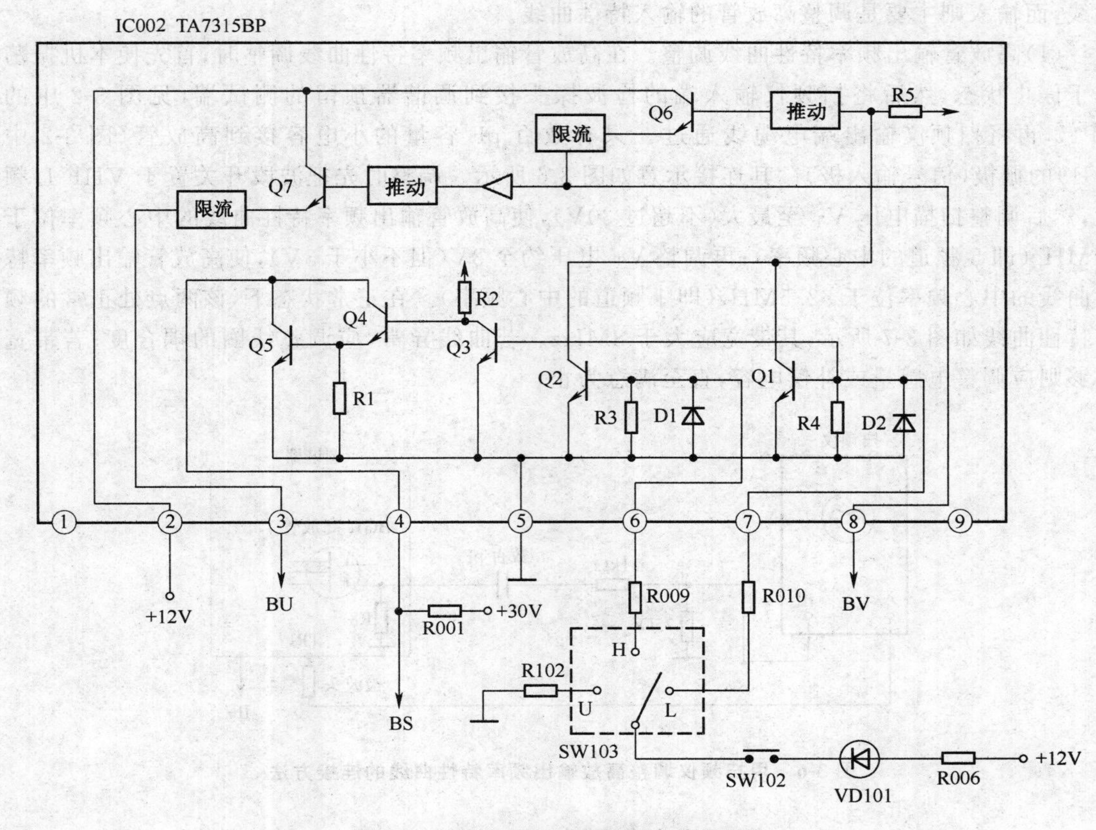

图 3-5　TA7315BP 波段解码电路原理图

入调谐器内部电路的调谐电压 V_T，分别控制各单元电路中的变容二极管，以改变变容二极管的容量，进而改变调谐回路的振荡频率，最终实现调谐选台。在图 3-2 中，BT 端子输入的调谐电压，主要是控制 DT1、DT2、DT3、DT4、DT5、DT6、DT7 变容二极管。因此，调谐电压能否得到稳定控制，将直接影响调谐器对高频信号的稳定接收，而调谐电压的正常与否则由 μPC574J 的质量决定。

二、高频电路的检测与统调

在彩色电视机中，高频电路主要包含在电子调谐器内部，因此，对高频电路的检测与统调主要是对电子调谐器的检测与统调。而电子调谐器在出厂前已经调好，在一般情况下不需要统调。但在故障或不良时，不仅要对一些元件进行调整，还要对主要参数进行检测。但要注意，电子调谐器中的元件主要是线圈，在出厂前的调整中，为提高效率，在调试之前将一些电感线圈的形状、位置进行了整形，看上去七扭八歪，很不规整、维修时且莫对其调整，只能调整带有可调磁芯的电感线圈。

在电子调谐器的检测与统调过程中，除了用万用表作些简单的电压、电阻测量外，主要是利用扫频仪对高放级、本振级、混频级的频率特性进行检测与统调。下面结合图 3-4 所示电路分别介绍用扫频仪对各级电路的频率特性进行检测与统调的方法。

1. 高放级电路的检测与统调

高放级电路的检测与统调，分为输出和输入两个方面，输出主要是调整高放管的输出特性曲线，而输入则主要是调整高放管的输入特性曲线。

(1)高放管输出频率特性曲线调整。在高放管输出频率特性曲线调整时，首先使本机振荡处于停止状态，然后将扫频仪输入端的检波探头接到调谐器预留的测试端(见图 3-2 中的 TP1)，再将扫频仪输出端电缆线通过一只有数百 pF 容量的小电容接到高放管(图 3-2 中 BG1)的栅极(信号输入极)。其连接示意如图 3-6 所示。调整时先把波段开关置于 VHF-L 频段，然后调整扫描电压 V_T 至最大(不超过 30V)，使高放管输出频率特性曲线的中心频率位于 88MHz(即 5 频道的中心频率)；再调整 V_T 电压约至 3V(但不小于 3V)，使高放管输出频率特性曲线的中心频率位于 52.5MHz(即 1 频道的中心频率)。在正常状态下，该两点处正常的频率特性曲线如图 3-7 所示，其带宽应大于 8MHz。若曲线异常，应调整线圈的耦合度；若带宽不够则应调整电感量或补偿电容，直至满意为止。

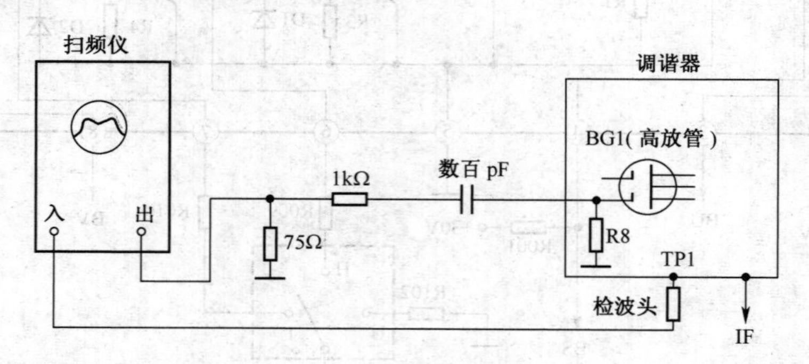

图 3-6 用扫频仪调整高放输出频率特性曲线的连接方法

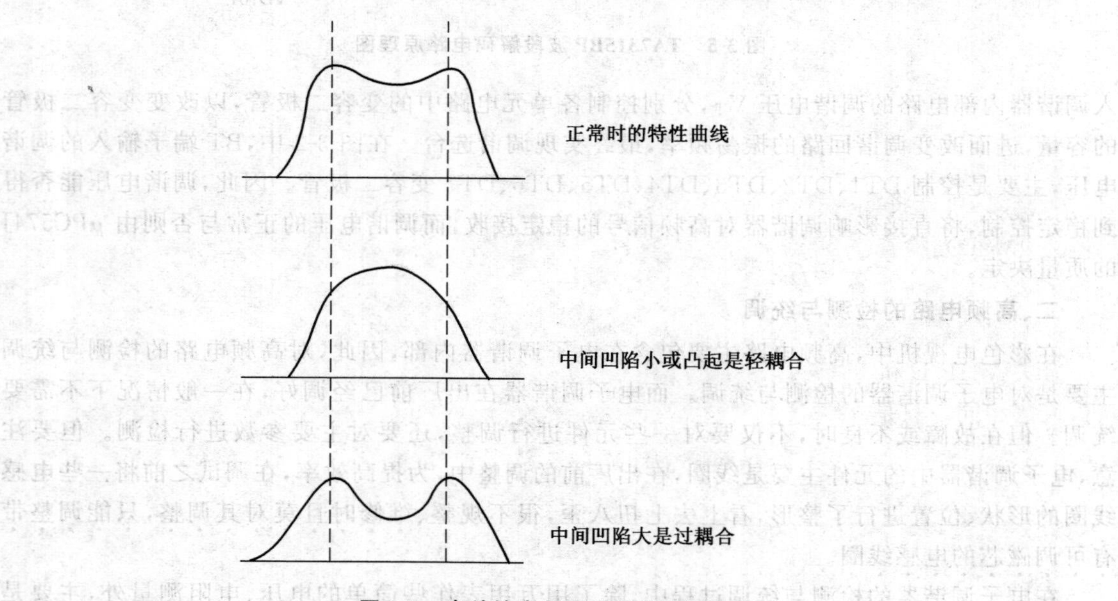

图 3-7 高放输出频率特性曲线示意图

利用上述方法，将波段开关置于 VHF-H 频段，找出 12 频道的中心频率(219MHz)和 6 频道的中心频率(171MHz)及相应的调谐电压，即可调整 VHF-H 频段时高放管的输出频率特性曲线。但校正曲线时应调整 VHF 高频段的补偿电容和调谐电感线圈。

(2)高放管输入频率特性曲线调整。在高放管输入频率特性曲线调整时，本振电路仍要处于停振状态。此时的扫频仪连接如图 3-8 所示。其调整方法与高放级输出频率特性曲线调整相同。

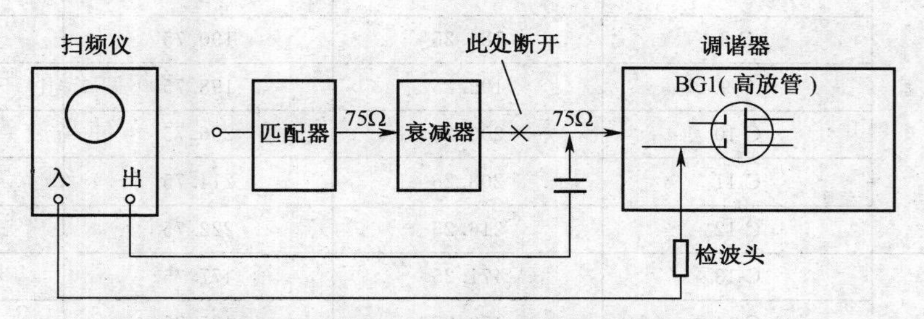

图 3-8　用扫频仪调整高放输入频率特性曲线的连接方法

2. 本机振荡电路的频率调整

在进行本振频率调整时，要使本振电路处于工作状态，然后如图 3-9 所示连接扫频仪，扫频仪的屏幕中将出现本振频率标记，正常时它比图像载频恒高出一个图像中频(38MHz)。

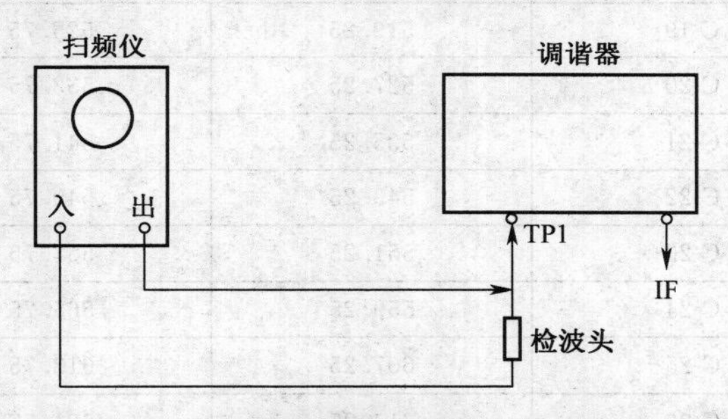

图 3-9　用扫频仪调整本振频率的连接方法

调整时，可先将波段置于 VHF-H，然后将扫描电压 V_T 调到 28V(此时为 12 频道的中心频率 219MHz)，检查本振频率是否在 257MHz，再将扫描电压 V_T 调到 5V(此时为 6 频道的中心频率 171MHz)，检查本振频率是否在 209MHz。如果本振频率偏移，可通过调整电感量和改变补偿电容的方法加以校正。

有关 VHF-L 和 UHF 频段上的本振频率检测与调整方法与 VHF-H 的本振频率检测与调整方法相同。只是在调整时应选择适当频道的中心频率。我国电视各频道的使用频率如表 3-3 所示。

表 3-3　我国(大陆)电视频道的使用频率

波　段	频　道	图像载频(MHz)	伴音载频(MHz)	本振频率(MHz)
VHF-L(Ⅰ)	C-1	49.75	56.25	87.75
	C-2	57.75	64.25	95.75
	C-3	65.75	72.25	103.75
	C-4	77.25	83.75	115.25
	C-5	85.25	91.75	123.25

续表 3-3

波　段	频　道	图像载频(MHz)	伴音载频(MHz)	本振频率(MHz)
	C-6	168.25	174.75	206.25
	C-7	176.25	182.75	214.25
	C-8	184.25	190.75	222.25
VHF-H(Ⅱ)	C-9	192.25	198.75	230.25
	C-10	200.25	206.75	238.25
	C-11	208.25	214.75	246.25
	C-12	216.25	222.75	254.25
	C-13	471.25	477.75	509.25
	C-14	479.25	485.75	517.25
	C-15	487.25	493.75	525.25
	C-16	495.25	501.75	533.25
	C-17	503.25	509.75	541.25
	C-18	511.25	517.75	549.25
	C-19	519.25	525.75	557.25
	C-20	527.25	533.75	565.25
	C-21	535.25	541.75	573.25
	C-22	543.25	549.75	581.25
	C-23	551.25	557.75	589.25
	C-24	559.25	565.75	597.25
	C-25	607.25	613.75	645.25
	C-26	615.25	621.75	653.25
UHF(U)	C-27	623.25	629.75	661.25
	C-28	631.25	637.75	669.25
	C-29	639.25	645.75	677.25
	C-30	647.25	653.75	685.25
	C-31	655.25	661.75	693.25
	C-32	663.25	669.75	701.25
	C-33	671.25	677.75	709.25
	C-34	679.25	685.75	717.25
	C-35	687.25	693.75	725.25
	C-36	695.25	701.75	743.25
	C-37	703.25	709.75	741.25
	C-38	711.25	717.75	749.25
	C-39	719.25	725.75	757.25
	C-40	727.25	733.75	765.25
	C-41	735.25	741.75	773.25

续表 3-3

波 段	频 道	图像载频(MHz)	伴音载频(MHz)	本振频率(MHz)
UHF(U)	C-42	743.25	749.75	781.25
	C-43	751.25	757.75	789.25
	C-44	759.25	765.75	797.25
	C-45	767.25	773.75	805.25
	C-46	775.25	781.75	813.25
	C-47	783.25	789.75	821.25
	C-48	791.25	797.75	829.25
	C-49	799.25	805.75	837.25
	C-50	807.25	813.75	845.25
	C-51	815.25	821.75	853.25
	C-52	823.25	829.75	861.25
	C-53	831.25	837.75	869.25
	C-54	839.25	845.75	877.25
	C-55	847.25	853.75	885.25
	C-56	855.25	861.75	893.25
	C-57	863.25	869.75	901.25
	C-58	871.25	877.75	909.25
	C-59	879.25	885.75	917.25
	C-60	887.25	893.75	925.25
	C-61	895.25	901.75	933.25
	C-62	903.25	909.75	941.25
	C-63	911.25	917.75	949.25
	C-64	919.25	925.75	957.25
	C-65	927.25	933.75	965.25
	C-66	935.25	941.75	973.25
	C-67	943.25	949.75	981.25

3. 混频级输出频率特性曲线调整

首先将本机振荡电路停止工作，然后如图 3-10 所示连接扫频仪，并将扫频仪输出信号经一只容量为数百 pF 的电容加到混频管基极，检波头接在混频级的中频输出端，此时屏幕上应有如图 3-11 所示的特性曲线，若该曲线异常，则可通过调整混频调谐电感的磁芯来加以校正，直至满意为止。

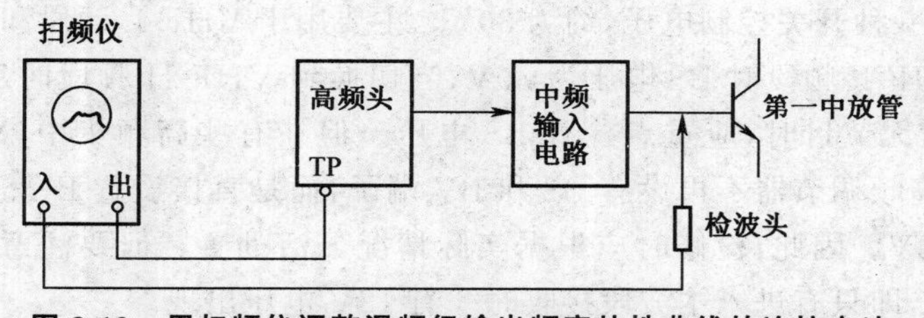

图 3-10 用扫频仪调整混频级输出频率特性曲线的连接方法

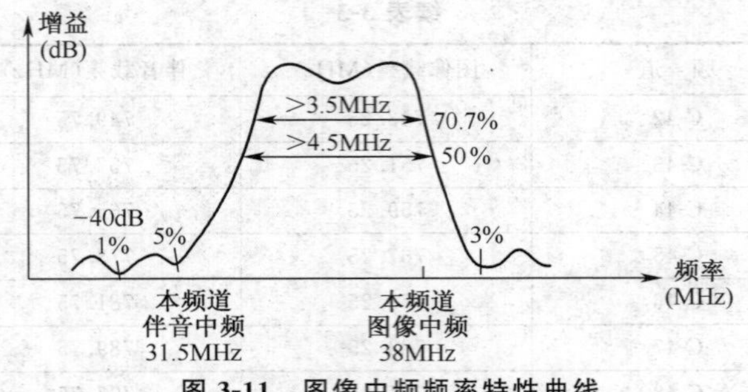

图 3-11　图像中频频率特性曲线

三、高频电路的维修要领及注意事项

由高频电路故障引起的电视机故障现象有多种表现形式，常见的有：有雪花无图像、有光栅无雪花、图像雪花增大、某波段无节目等，应在认真分析故障现象的基础上，有针对性地对元件进行检测找出故障原因。

1. 高频调谐器的维修

(1)高频调谐器常见故障现象及检修方法。当高频调谐器出故障时，一般表现为光栅中无雪花或雪花浅淡、图像噪波大等。检修时应重点检查调谐器端脚的 AGC 电压、BM 电压、AFT 电压、BU 电压、BV 电压、BS 电压以及 VT 电压。它们是调谐器正常工作的必要条件。

①AGC 电压是控制高放增益的电压，有的调谐器 UHF/VHF 共用，有的分开使用。AG/C 电压越高，高放级增益越小，图像雪花越大；反之高放级增益越大，图像越接近清晰。在一般情况下 AGC 电压应在 4.5～6.8V。但 AGC 有正向 AGC 和反向 AGC，维修时应根据具体情况作适当调整，以图像最佳为标准。因此，当有图像，且又有较大雪花干扰时，应重点检查或调整 AGC 电压。

②BM 电压，主要用于供给混频级的工作电压，正常时该电压为 12V。正常时荧光屏雪花即由混频级的振荡频率所形成。当其异常或丢失时，混频级不工作，此时荧光屏无雪花，通常称为“白板”故障。因此，当出现在白光栅的故障时，应重点检查调谐器的 BM 电压。

③AFT 电压，主要用于自动频率跟踪控制，以使接收图像和伴音保持稳定清晰，即对调谐电压起到微调作用。正常工作时 AFT 电压一般在 6.5V 左右。AFT 电压异常时，其故障表现为图像清晰度不稳定，严重时看一会图像雪花增大、扭曲，甚至跑台、图像消失。

④BU 电压，有时称为 U 电压。其主要为 UHF 波段供电。正常时 BU 电压为 12V。该电压异常或丢失时，UHF 波段内无电视节目，但雪花光栅正常。

⑤BV 电压，主要为 VHF 波段供电。正常时 BV 电压为 12V。该电压异常或丢失时，VHF 波段内无电视节目，但雪花光栅正常。

⑥BS 电压，是一种开关控制电压，约为 30V。主要用于 VHF-L 频段和 VHF-H 频段切换控制，当切换到 VHF-L 频段时 BS 电压为 30V，当切换到 VHF-H 频段时 BS 电压为 0V。因此，当 VHF-L 频段无节目时，应重点检查 BS 电压。但在有些高频头中，VHF-L 和 VHF-H 分别独立供电，故高频调节器不再设有 BS 和 BV 端子，而是直接设置 BU、BH、BL 供电端子。其工作电压均为 12V。因此，检修时应根据实际情况灵活处置。但要注意 BU、BH、BL 的供电压是分别加入的，即只有进入本波段接收时才有 12V 电压出现。

⑦V_T 电压，为调谐扫描电压，可以在 0～32V 之间调谐变化。该电压加在调谐器内部电

路中的变容二极管上，以控制本振频率及高频信号输入回路的谐振频率发生缓慢改变，达到搜索选台的目的。当 V_T 电压异常或丢失时，电视机故障表现为每个波段的高频端无节目，或所有频段均无节目。但此时雪花光栅正常。

(2)高频调谐器检修注意事项。总之，当电视机出现接收节目异常时，要首先检查调谐器各脚电压是否正常，切莫盲目拆壳调试。因此，只有在调谐器各脚供电电压均正常时方可检查调谐器的内部电路。开壳检查时主要是检查各开关二极管和变容二极管是否正常。其检修要领及注意事项主要有：

①当检测变容二极管负极端对地阻值时，应首先将 V_T 电压输入线路断开，然后将正表笔接地。正常时其电阻值应为∞，如果有阻值，一般是变容二极管不良或损坏。但测量时要注意外围元件的影响，必要时应将外围元件逐一断开。

②检测变容二极管负极端电压，正常时该电压应与 V_T 电压保持一致，并且所有变容二极管负极端电压均相同。若测得电压异常则说明变容二极管有漏电现象。这时应对变容二极管进行逐一检查。直至各变容二极管负极端电压都能在 0～32V 之间平稳变化为止。

③测量开关二极管的正反阻值。若发现正反向阻值接近相等，则应将其一端焊开测量，必要时将其换新，直至所有开关二极管的正反向阻值大致相同为止。

④测量开关二极管的导通情况。开关二极导通时其两极间的电压值约为 0.8V，若远大于 0.8V 则说明开关二极管处于截止状态。这时应注意检查开关二极管及其周围元件。

⑤开关二极管软故障检查。当开关二极管存在软故障时，其主要表现是导通不充分，使高频信号损失太大，导致电视机接收图像信号减弱、杂波增大或收不到某个频道的节目。但这时开关二极管的工作电压及电阻值往往会基本正常，检查时难以发现问题。

根据检修经验，这时可用 1000pF 瓷片电容，跨接 VHF-H 频段电路中的各开关二极管，跨接时电容的引脚要尽量短。当跨接在某个开关二极管时，图像突然正常则说明被跨接的开关二极管不良。检查 VHF-H 频段正常后，再检查 VHF-L 频段，其检查方法相同。

总之，在高频调谐器的故障检修时，主要是根据各端脚电压、电阻值的变化情况，进行判断分析。当需要检查内电路时，则主要是检查变容二极管和开关二极管，两者比较难以判断，而对于晶体管(或双栅场效应管)则较容易确认好或坏。还要注意的是，对于电路中七扭八歪的小线圈，绝对不能调动。否则，会给检修工作带来麻烦。

2. 波段选择及调谐扫描电路的维修

波段选择及调谐扫描电路发生故障时，主要表现是某个波段无电视节目，或高频段接收低频段节目，或某个波段的高频段无节目，或所有频道均无节目。这时主要是检查波段选择控制电路中的功能元件，重点检修如图 3-3 中所示的 QA03、QA04、QA05、QA06、DA15、DA12、RA51 和图 3-2 中所示的 IC002(TA7315BP)、IC001(μPC574J)等。

当某一功能元件不良或损坏时，将改变高频调谐器波段控制引脚电压的工作逻辑。比如当图 3-3 中所示的 QA06 击穿时，高频调谐器的 BS 端子始终为 0V 低电平；VHF 波段就始终被控制在 VHF-H 频段，故 VHF-L 频段就收不到节目；又比如当图 3-4 中所示的 IC002 的④脚始终输出 32V 高电平时，高频调谐器就收不到 VHF-H 频段节目。

总之，通过观察接收情况和检查各种控制电压的变化情况，即可判断产生故障的原因，进而较容易地找到故障元件。但对于 V_T 电压，则要注意观察在调谐过程中能否在 0～32V 之间平稳变化。若不能平稳，则应更换 RA51(如图 3-3 所示)；若调谐电压不能达到最大值或很低，则应更换 DA12(如图 3-3 中所示)。但要注意,更换 DA12 时绝对不能用普通 30V 稳压二极管代换,而必须使用 μPC574J 管代替。这一点维修时一定注意。

μPC574J 是内含多级稳压功能的集成电路,是专为电子调谐器的调谐电源设计的。其最大特点是:动态电阻小,最大值 25Ω;受温度变化影响小,最大值 1mV/℃;最大工作电流可达 10mA;允许功耗可达 200mW;稳定电压最大值可达 35V,最小值不低于 30V。

第二节　图像中频电路结构与维修要领

在彩色电视机中,图像中频电路的作用,主要是放大图像中频信号和伴音中频信号,并实现自动增益控制(AGC)和自动频率微调(AFT),以保证图像和伴音的质量。因此,图像中频电路是影响整机性能的很重要的一部分电路。

一、图像中频电路的基本结构及工作原理

在彩色电视机中,图像中频电路主要由前置中频放大器、声表面波滤波器、三级中频放大器、视频检波电路、AFT 检波电路、AGC 电路等组成。图像中频电路基本结构框图如图 3-12 所示。但在集成电路彩色电视机中,图像中频电路的基本功能均包含在集成电路内部,仅有少量的外围分立元件,其典型的应用电路如图 3-13 所示。

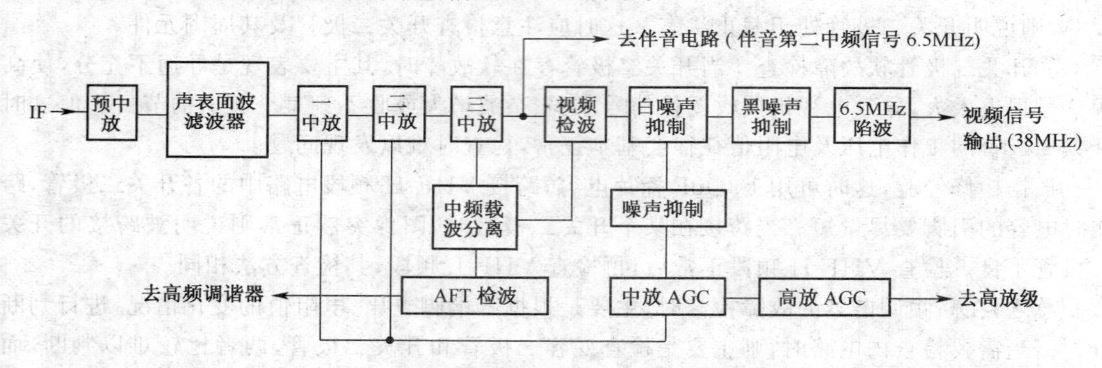

图 3-12　图像中频电路的基本结构方框图

1. 前置中频放大器

前置中频放大器,又称为预中频放大器,主要用于放大由高频调谐器输出的 IF 中频载波信号。它是一种输出阻抗可调的宽频带调谐放大器,对声表面波滤波器输入阻抗的适应能力很强,同时能够适应各种不同中频输出曲线的电子调谐器。可以补偿声表面波滤波器的输入阻抗与电子调谐器的输出阻抗之间产生的插入损耗,以起到缓冲隔离作用,并使整机获得较高的信噪比。在图 3-13 中,Q101、R101、R103、R104、R105、R106、C106、C107 以及 T101、C105 等组成前置中频放大器。其中 Q101 为前置中频放大管,用于放大由 C105 耦合输入的 IF 信号;R104 为 Q101 的上偏置电阻;R103 为 Q101 的下偏置电阻;R101 为限流电阻,通过 T101 初级绕组为 Q101 集电极供电;T101 为耦合电感,主要用于耦合输出 IF 信号,并起隔离作用;R105、R106 为 Q101 的发射极电阻,主要起负反馈作用;C106、C107 用于吸收尖峰脉冲,主要起防干扰作用。在耦合电容 C105 的输入端,对地并接的 L102 主要用于吸收直流成分,R102 用于形成交流信号电压。

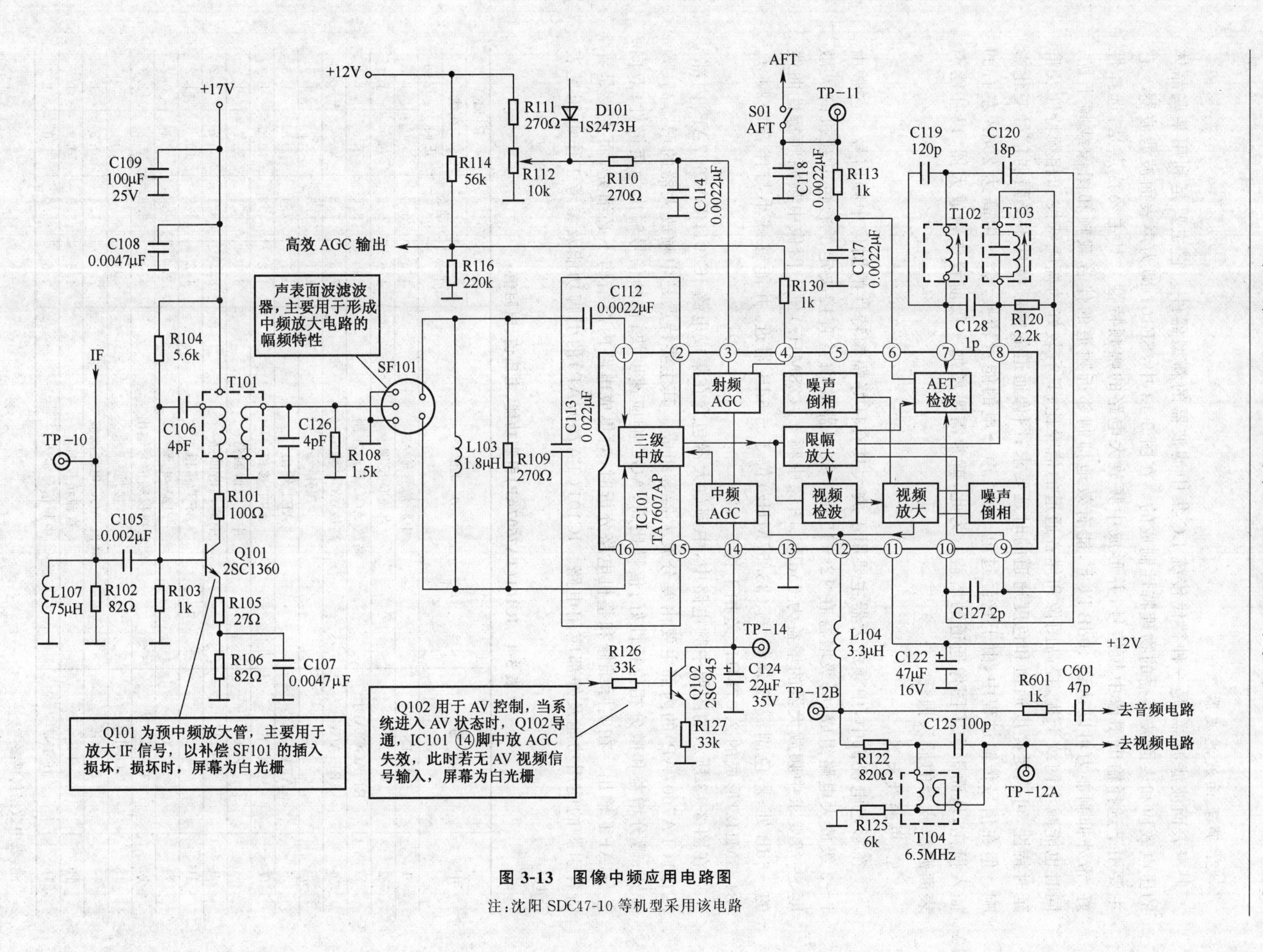

图 3-13 图像中频应用电路图

注:沈阳 SDC47-10 等机型采用该电路

2. 声表面波滤波器

声表面波滤波器，是一种替代传统 LC 集中滤波器的新型器件。它主要是利用某些晶体的压电效应和表面波传播的物理特性制成的。在图 3-13 中，SF101 即为声表面波滤波器。它主要用于选择输出图像中频信号，并形成中频放大电路的幅频特性。其主要特点是：选择性好，带外抑制能力可以达到 40dB 以上，能有效地抑制邻近频道的伴音载频和图像载频干扰，同时也能减小网纹干扰，提高图像和伴音通道的信噪比；具有较好的幅频特性和相频特性及群延时特性，可满足亮度通道和色度通道的时延要求；图像通道的幅频特性不受强弱信号变化影响。但在信号传输过程中，由于它经过电→声、声→电的能量转换，会产生高达 20dB 左右的插入损耗，从而影响了图像通道的增益。为此，就常需要增加一级前置中频放大器，以补偿声表面波滤波器的插入损耗。

3. 中频放大器

在彩色电视机中，中频放大器主要用于放大具有良好幅频特性的图像中频信号。它常由 1～3 级放大电路组成，每级增益在 12～15dB。放大器的增益直接决定了彩色电视机的灵敏度，一般要求中频放大器的增益为 65dB。图像中频 f_P(38MHz)位于图像中频幅频特性曲线的－6dB 处；彩色副载波载频 f_c(33.57MHz)位于－6dB 附近，并能够减小与伴音中频 f_s(31.5MHz)形成的 2.07MHz 差拍干扰。

在图 3-13 所示的图像中频电路中，中频放大器包含在集成电路 IC101(TA7607AP)内部。IC101(TA7607AP)的内部主要由差分放大器等组成。其主要特点是中频放大器的增益高、频带宽；微分增益和微分相位特性好；信噪比高，AGC 响应速度快；视频信号输出为负极性；双向差分 AFT 输出。在实际维修和整机电路分析时，对集成电路内部结构不必细究，而主要是弄清各引脚的使用功能及外部应用电路。IC101(TA7607AP)的引脚功能及参考工作电压见表 3-4。

表 3-4　IC101(TA7607AP)引脚功能、电压值、电阻值

引脚	符　号	功　能	*U*(V)		*R*(kΩ)	
			静态	动态	在线	
					正向	反向
1	IF IN_1	中频信号输入	4.6	5.0	5.0	1.5
2	FB	直流负反馈	4.6	5.2	0.9	1.4
3	RF AGC ADJ	高放 AGC 延迟控制	8.5	8.5	1.6	1.4
4	RF AGC	高放 AGC 输出	7.8	7.8	0.9	50.0
5	NC	未用	7.1	5.5	3.2	1.5
6	AFT OUT	AFT 输出	5.7	7.4	2.8	1.5
7	AFT	AFT 移相	4.2	4.2	10.0	1.2
8	VCO	中频调谐回路	8.1	8.1	0.7	1.2
9	VCO	中频调谐回路	8.1	8.1	0.7	1.2
10	AFT	AFT 移相	4.2	4.2	10.0	1.2
11	VCC	＋12V 电源	12.0	12.0	0.1	0.2
12	TVOUT	全电视视频信号输出	4.0	3.8	0.8	1.3
13	GND	接地	0	0	0	0
14	IF AGC	峰值 AGC 电压滤波	7.4	7.4	0.9	1.2
15	FB	直流负反馈	4.6	5.2	0.9	1.7
16	IF IN2	中频信号输入	4.6	5.0	5.0	1.7

注：表中数据仅供参考。

4. 视频检波电路

视频检波电路，主要用于将38MHz图像中频信号中的彩色全电视信号分离出来。在图3-13中，视频检波电路主要由IC101(LA7607AP)⑧、⑨、⑫脚内部电路及⑧脚外接的T103等组成。其中T103为图像检波回路(即中周)，调谐它可以得到最佳的视频检波输出。在电视机出厂前该器件已调谐在最佳状态，在一般维修情况下不要轻易调动。当中周不良时，图像效果差或无图像。

在图3-13中，为稳定IC101⑫脚的视频信号输出，还设置有噪声倒相电路，用于白噪声抑制和黑噪声抑制。它们也都设置在IC101内部。白噪声抑制主要用于防止白电平的尖峰干扰。该种干扰出现时，屏幕上会出现比正常白色还要白的噪点。在IC101内部，白噪声抑制电路主要控制视频放大器，将⑫脚白电平输出限制在5.1V。这样无论白噪声有多大，屏幕上都不会有白噪点干扰。黑噪声抑制主要用于黑电平幅度过大干扰。黑电平幅度过大时，会影响扫描同步，使AGC异常，严重时将无法接收电视节目。黑噪声抑制电路也是控制视频放大器，将⑫脚黑电平输出限制在3.3V，不使屏幕因黑电平幅度过大而出现黑噪声点干扰。

5. AFT电路

AFT是Automatic frequency tuning的缩写，其释意为自动频率微调。在彩色电视机中，AFT电路的作用是把图像中频频率与标称值进行比较，若图像中频频率偏离标称值，则输出一个正的或负的误差控制信号，并经直流放大器控制高频调谐器中的本机振荡频率，使图像中频频率自动回到标称值。如果本机振荡频率变高，混频后的图像中频、伴音中频、彩色副载波中频载频等频率也会升高，使图像通道灵敏度下降，形成伴音干扰图像和2.07MHz差拍网纹干扰等现象；如果本机振荡频率变低，混频后的图像中频、伴音中频、彩色副载波，中频载频等频率就会降低，使伴音信号增益下降，信噪比变差，彩色中频载频的增益下降，容易产生消色或彩色不稳定等现象。因此，在彩色电视机中有必要设置AFT(自动频率微调)电路控制本机振荡频率的高低。

AFT电路一般是由限幅放大器、稳相器、鉴相器、直流放大器等组成。其中，限幅放大器的作用是把调幅信号变为等幅信号，作为鉴相器的第一输入信号u_1；移相器的作用是先把载波信号移相90°，并将信号的频率变化转换为相应的相位变化，作为鉴相器的第二输入信号u_2，然后再利用鉴相特性，把相位变化转换为相应的电压幅度变化；鉴相器的作用主要是对输入信号u_1、u_2进行比较，以产生AFT控制电压；直流放大器主要作用是增加控制系统的环路增益，以提高AFT系统的控制灵敏度。

在图3-13中，AFT电路主要由IC101的⑥、⑦、⑩脚内部电路及⑦脚外接的T102等组成。其中，T102为AFT调谐回路。调谐它可调整IC101⑥脚输出的AFT电压。该器件在出厂时已调好，在一般维修情况下不要轻易调动。

在图3-13中，T102通过C120并接在IC101的⑦脚和⑩脚之间，构成移相网络，由⑧脚和⑨脚输出的中频等幅信号，经移相网络送入AFT检波电路(即鉴相器)，作为第二输入信号，而由⑧脚、⑨脚直接耦合到AFT检波电路的等幅中频信号则为第一输入信号。

在图3-13中，C127、C119、C120、C128有两个方面的作用：一方面起隔直作用，隔断⑦脚与⑨脚、⑧脚与⑩脚、⑦脚与⑩脚之间的直流电位；另一方面起交流耦合作用，使⑧脚、⑨脚之间输出的交流信号耦合到⑦脚、⑩脚之间的移相网络的两端。当⑦脚与⑩脚、⑧脚与⑨脚的信号电压不一致时，会引起加到AFT检波电路中的两个输入信号的相位差发生变化。其相位差在0～90°之间变化时，⑥脚输出负相AFT电压，使本振频率变低，直到回到标称值；其相位差在90°～180°之间变化时，⑥脚输出正相AFT电压，使本振频率变高，直到回到标称值。因此，AFT电路在彩色电视机正常工作时是一个闭合的控制环路，其控制作用见表3-5。

表3-5　AFT控制环路在本振频率处于不同情况下的控制作用

项　目	本振频率		
	高于标称值	等于标称值	低于标称值
图像中频	＞38MHz	＝38MHz	＜38MHz
相位差	＜90°	＝90°	＞90°
AFT电压	$U_{AFT}\downarrow$	不变	$U_{AFT}\uparrow$
本振频率变化	下降	不变	上升

6. AGC电路

在电视机高频调谐器接收的高频信号中，信号电平通常在几十微伏到数百微伏范围内，其强弱信号电平变化对接收的图像质量影响很大，为了使接收信号电平保持稳定，必须引入自动增益控制电路——AGC电路。AGC电路常由中放AGC和延迟高放AGC两部分组成。

在图3-13中，中放AGC电路和延迟高放AGC电路主要由IC101(TA7607AP)的⑭脚和③、④脚内部电路及外接少量分立元件等组成。它们的工作原理是：当高频调谐器接收信号较弱时，AGC不起控，中放级和高放级均不受AGC控制，通道增益最大；当接收的信号电平增大到一定值时，中放AGC起控，在同步脉冲作用期间，电源通过IC101(TA7607AP)内部电路向⑭脚外接电容C124(220μF/35V)充电，使⑭脚电压下降，在同步脉冲过后，C124又通过IC101(TA7607AP)⑭脚内部电路放电，使⑭脚电压逐渐回升。这样⑭脚就可得到与视频信号幅度成反比的中频AGC电压，并经内电路去控制1、2、3级中频放大器，使图像中频通道增益下降，IC101⑫脚输出的视频信号电平保持稳定。但这时高放级不受控制，高放级增益仍最大。当接收的信号电平幅度继续增大，并达到最大限定值时，中放AGC电压受到限制，中放级增益不再减少，但此时在IC101内部电路作用下高放AGC起控，并在③脚外接电路的控制下，从④脚输出延迟高放AGC电压，送至高频调谐器的AGC端子，使高放级增益下降，IC101⑫脚输出的视频信号电平仍保持稳定。

在图3-13中，IC101(TA7607AP)⑭脚外接C124为中频AGC形成电容，又称中频AGC电压滤波电容，改变它的容量，可以调整AGC检波电路的时间常数，进而改变中放AGC的起控电压，也就是⑭脚电压。⑭脚电压越高，中放增益越高，但此时输入信号的幅度越小；⑭脚电压越低，中放增益越低，但此时输入信号的幅度越大。因此，⑭脚电压的大小，反映了接收信号的强弱。接收信号较弱时，⑭脚电压约11V；接收信号较强时，⑭脚电压约4.2V。在正常工作时，⑭脚电压在4.2～11.0V之间变化。因此，当中放AGC故障时，就应重点检查⑭脚电压及C124质量的好坏，必要时可将C124直接换新。

在图3-13中，IC101(TA7607AP)③脚与外接R110、R111、R112等组成延迟高放AGC控制电路，其中R112(10kΩ)为延迟高放AGC的调控电位器，调整它可改变③脚电压，进而改变高放AGC的起控点，也就改变了④脚输出的延迟高放AGC电压。在正常工作时，③脚电压约为8.5V，④脚电压约为7.8V。因此，当高放AGC故障时，应重点检查③脚、④脚电压和

R112 质量的好坏，必要时可将 R112 直接换新。

二、图像中频电路的检测与统调

在彩色电视机中，图像中频电路对整机灵敏度、选择性、图像和伴音的质量有着决定性的作用。因此，在故障检修时，对图像中频电路的检测与统调有一定的要求。其检测包括静态检测和动态检测两部分。静态检测是在没有信号输入状态下进行的，而动态检测是在有信号输入状态下进行的。静态检测主要是利用手、眼、鼻及万用表检查一些关键元器件的外观和静态电阻值等，以判断这些元器件的好坏；动态检查除测量关键元器件的电阻值、关键工作点的电压值外，更主要的是利用扫频仪观察图像中频电路频率特性曲线，以便对图像通道进行统一调整。

1. 图像中频电路检测

(1)静态检测。静态检测常分为两个步骤，首先是利用万用表的 R×1k 或 R×100 电阻挡测量线路中各元件引脚对地或元件两极间的正反向电阻值，以判断是否有击穿短路或开路元件。在确认没有短路或开路元件后，再通电检测一些关键工作点及主要元器件引脚的直流电压，以判断电源供电是否正常。

在图 3-13 所示电路中，进行静态直流电压测量时主要是测量 IC101⑫脚的直流电压，正常时应为 12V。同时也要进一步检查 IC101 其他各脚电压。IC101(TA7607AP)各脚电压正常值见表 3-4。在图 3-13 所示电路中，⑭脚电压受 Q102 控制，TV 状态 8.7V，AV 状态 0V，因此在检查⑭脚直流电压时还需要分别测量 TV、AV 两种状态的直流电压，以判断 TV/AV 转换控制电路是否正常，再进一步判断⑭脚电压出现异常的原因。⑭脚电压异常时，会出现图像扭曲、噪声增大或白光栅无图无声等故障。

(2)动态检测。动态检测主要是利用仪器仪表检测关键部位的信号波形、特性曲线以及直流电压随信号的变化情况。所使用的仪器仪表有万用表、示波器、扫描仪等。

①用万用表检测。在电视机正常工作时，图像中频电路由静态工作状态进入动态工作状态，有些工作点的直流电压就会发生相应的变化。这时用万用表电压挡进行监测，就会发现电压在不断的波动。如在动态条件下检测 IC101(TA7607AP)⑥脚输出电压，正常时应在 7.4V 左右波动。

在用电压挡监测动态电压时，要根据被测点的实际情况，适当选择直流电压挡或交流电压挡以及电压挡的挡位。当测量 AGC、AFT 等直流控制电压时，应选用直流电压挡，其挡位选用 10V 挡即可；而当测量交流信号电压时，则应选用 10V 交流电压挡或分贝挡。例如，当测量 IC101(TA7607AP)的④脚、⑥脚、⑭脚动态电压时，就应使用直流电压挡，其挡位可选在 10V 挡或 50V 挡；但在测量⑫脚信号输出电压时，则应使用 $10\underset{\sim}{V}$ 交流挡或分贝挡。

需要说明的是，在实际检测时，一般不直接测量集成电路引脚或其他元件引脚，而是首先测量生产时预留的测试点，如图 3-13 所示的 TP-11、TP-12A、TP-12B、TP-14 各点。这样操作的好处是，不用翻转线路板。只有在仅靠测量预留测试点不足以判断故障的产生原因时，才翻转线路板进一步检测其他部位。

②使用示波器检测。在图像中频电路中，由于 IF 信号比较微弱以及中频通道的增益有限等，一般不适合使用示波器，但经检波放大后的彩色全电视信号幅度可达 $1.5V_{P\text{-}P}$，用示波器可直接观察到其波形的变化情况。因此，用示波器检测图像中频电路，仅限于观察视频放大输出端，如图 3-13 中 IC101(TA7607AP)⑫脚及其外接的 TP-12B 或 TP-12A。以判断有无彩色

全电视信号。

③使用扫频仪检测。当彩色电视机出现图像质量不好、伴音干扰图像，差拍网纹干扰等故障现象时，一般是图像中频的频率特性不好，这时就应使用扫频仪测试中频特性。其测试方法如图 3-14 所示。若将扫频仪的输出探头经一只容量为 200pF 电容接在 Q101 的基极（见图3-13)，扫频仪的输入端开路线通过一只 1～4kΩ 电阻接到 IC101(TA7607AP)的⑫脚，这时可测出全部中频通道的频率特性曲线；如果把扫频仪的输出端接在 SF101(见图 3-13)的输入端，把扫频仪的输入端接到 SF101 的输出端，即可测出声表面波滤波器的频率特性曲线；若将扫频仪的输出端接到 SF101 的输出端，将扫频仪的输入端接到 IC101(TA7607AP)的⑫脚，则可测出图像中频放大电路的频率特性曲线。其标准的图像中频频率特性曲线如图 3-11 所示。

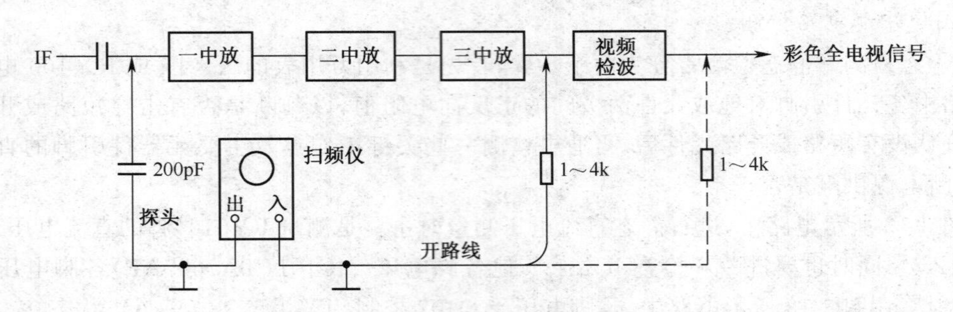

图 3-14 使用扫频仪测试中频特性

2. 中频通道的调整

在用仪器仪表测量图像中频通道时，若发现一些交直流电压、信号波形或频率特性曲线偏离标准值时，除要对具体元件进行检查更换外，还要进行一些适当的调整。

(1)AGC 调整。调整 AGC 主要是调整延迟调整电位器，即图 3-13 中所示的 R112。调整时要首先将电压表接在 IC101(TA7607AP)④脚，然后再缓慢调节 R112，以使④脚输出的高放 AGC 电压达到标称值。但在实际检修中，往往是以感观为标准。因此，在调整 AGC 时，除注意 AGC 电压的变化情况外，还要观察屏幕画面的实际效果，以图像画面最佳为标准。

(2)AFT 调整。调整 AFT 主要是调整 AFT 检波回路电感量，即调整图 3-13 中所示的 T102 的磁芯。调整 T102 磁芯，可改变 IC101⑥脚电压。在调整 T102 也应静态和动态相结合。首先在静态条件下，将 AFT 电压调至标称值。然后在动态条件下观察图像效果，以图像不扭曲、不跑台为标准。特别是在维修有自动搜索功能的彩色电视机时，还要以能够搜索和能够自动记忆为标准。

(3)图像中频频率调整。调整图像中频频率主要是使中频频率特性曲线处于最佳状态，调整时主要是调整图 3-13 中所示的 T101 磁芯和 T103 磁芯，以使图像中频正好处于中频特性曲线的 38MHz 位置上。但在实际维修中，还要以屏幕上图像效果最佳为标准。

(4)干扰检查法。干扰检查法是指在维修中频通道时，在各级电路中逐级注入标准信号或其他信号，来划分故障范围的一种方法。具体地说，在检修图 3-13 所示电路时，可在 Q101 的基极、SF101 的输入、输出端以及 IC101⑫脚分别输入干扰信号，根据屏幕上光栅状况大致判断故障范围。干扰信号可用旋具碰触输入点产生，也可利用万用表的 R×1k 挡，将黑表笔接地，用红表笔点触输入点产生。当在某一部位输入干扰信号时，如光栅中有雪花杂波反应，则说明其后级电路是正常的。如在图3-13所示电路的SF101输出端输入干扰信号，光栅中有雪花杂波反应，就说明IC101(TA7607AP)是正常的。再从SF101输入端或Q101基极输入干扰信号，若屏幕光栅无反应，则说明Q101前置中放电路或SF101有故障。若在白光栅时在Q101基极输入干扰信号，光栅中有雪花杂波出现，则一般是高频调谐器有故障。在正常情况下，高频本振信号通过中频通道在屏幕上形成雪花光栅。因此，若屏幕上出现白光栅，则说明本振信号被中断。其中断部位应在高中频及视频检波通道范围内，这就要对其逐级进行检查。这时若采用干扰检查法就显得十分简洁，并能很快确定故障点的所处范围。

三、图像中频电路的维修要领及注意事项

在彩色电视机中图像中频电路的故障率较高，特别是中周内部的管状电容，长时间使用易发生变质。管状电容变质的主要故障表现是无图像或图像扭曲、逃台等。管状电容变质会引起AGC、AFT等电压变化，而AGC、AFT等电路异常也会引起类似中周不良的故障现象，这就使图像中频电路的故障原因变得错综复杂。因此在图像中频电路的故障维修中就必须掌握一定要领及注意事项。

1. 维修要领

当图像中频电路出现故障时，应按程序进行逻辑分析和判断。而切忌一开始就盲目调整中周磁芯或RFAGC可调电位器等可调器件。其检修程序如下：

(1)用万用表的R×1k或R×100Ω电阻挡检查电路中的元件是否有短路或开路。其中，检查的重点是，可调电阻器R112。对R112的检查可分为两步：首先检查R112的中心头接触是否良好，若良好，必要时可将其焊下检查，分别测其心头与两端的阻值，并缓慢调节电位器，看其阻值变化是否平稳，若有问题，应将其换新。这里要注意的是在未调整电位器之前应测出中心点与两端的阻值，以便换新时减少调整的时间。

(2)检查印制电路板是否有断裂。检查时要将万用表设置在R×10Ω或R×1Ω挡。若发现某段印制电路阻值不为零，则应跨接一根导线，以排除隐患。

(3)在线路及元件基本正常时，可将中周焊下(即图3-13中所示电路的T102、T103)，看其内部的管状电容是否正常。若发现有变色或灰暗等现象，一定要换新。在无同型号，也无代换型号时，可将原中周内的管状电容拆下，用一只瓷片电容代换，其容量在20pF左右(依实际情况适当选择)，然后上机调试，直到满意为止。

(4)若中周等所有元件均正常，可通电试机。通电后首先检查供电电压是否均正常。若供电电压异常，则要检查供电电源电路(见本书第七章)。若供电电压均正常，可进一步检查图像中频电路各工作点电压。在处理图像效果不良或无图像的故障时，应首先检查中周回路电压，即图3-13所示电路中IC101的⑧脚和⑨脚。正常时两脚电压不仅应符合标称值，而且总是一致。若检测时两脚电压不一致，则一般是TA7607AP内电路局部不良，应考虑更换IC101。

(5)如果为白光栅故障，应首先检查中频AGC电压是否正常。对于图3-13所示电路，主要是检查IC101⑭脚电压。若该脚电压异常，可能是C124不良或损坏，这时应将C124直接换新。若将C124换新后IC101⑭脚电压仍异常，则应考虑更换IC101。

(6)检查高放AGC电压是否正常。正常时高放AGC电压不仅受延迟调整电位器控制，而且主要由中放AGC电压决定，中放AGC电压变化时，高放AGC电压也随着变化。在图3-13所示电路中IC101的④脚输出电压随着⑭脚电压的变化而变化，当⑭脚电压为零时，④脚电压也为零。因此，在高放AGC电压异常时，不要盲目调整RF AGC延迟调整电位器，而要

首先确认中放 AGC 电压是否正常。只有在中放 AGC 正常时，方可检查高放 AGC 电路。在实际维修中，当发现在高放 AGC 输出异常时，应首先断开其负载电路。若断开负载后高放 AGC 电压恢复正常，则一般是高频调谐器损坏；若断开负载后高放 AGC 电压仍异常，且调整 RFAGC 延迟调整电位器时高放 AGC 无明显变化，则一般是 IC101 内电路局部损坏。

(7)检查 AFT 电压是否正常。正常时 AFT 电压在 7.7V 左右波动，异常时图像清晰度不稳定。在遥控彩色电视机中，当 AFT 电压异常时会出现自动搜索不记忆现象，其主要原因是 AFT 检波回路中的谐振电容不良，即图 3-13 所示电路中的 T102 内的管状电容失效。在检查 AFT 功能是否正常时，可将图 3-13 所示电路中的 S01(AFT 开关)断开，将某一频道的图像画面调到稍微差一点，然后再接通 S01，并注意观察图像画面能否自动进入最佳状态。若能够进入最佳状态，则说明 AFT 功能正常，反之，则说明 AFT 功能失效。这时主要是调整或更换 T102。

(8)当电视机出现有雪花光栅，但所有频道都无节目时，不要盲目调图像中频电路中的任何元件。要首先注意检查高频信号输入线路。

(9)当电视机屏幕有较浅淡的雪花光栅时，应重点检查中放 AGC 和高放 AGC 电路。

(10)当电视机只有白光栅出现时，应首先在前置中频放大管(图 3-13 所示电路中 Q101)的基极加入干扰信号，若光栅中有杂波干扰出现，则应重点检查高频谐调器及其外围电路。必要时可更换高频调谐器。

(11)声表面波滤波器是图像中频电路频率特性好坏的决定因素。声表面波滤波器的故障率比较低。当需要判断声表面波滤波器是否损坏时，应首先检查中放集成电路 IC101(TA7607AP)IF 信号输入脚电压，若异常，先切断声表面波滤波器与中放集成电路的联系，再测 IF 信号输入脚电压，若恢复正常，则是声表面波滤波器不良或损坏；若仍异常则是 IC101(TA7607AP)损坏或不良。

当声表面波滤波器损坏或不良时，电视机会有下述故障现象：当声表面波滤波器的输入端短路时，往往会出现无图像、无伴音、有杂波和有“沙沙”声的故障现象；当声表面波滤波器的输出端短路时，往往会出现无图像无伴音、无杂波、无“沙沙”声的故障现象；当声表面波滤波器内部损坏或不良时，不同机型表现为不同的故障现象，常见的有图像重影、图像颗粒变粗、图像不稳定，彩色时有时无等。

当发现声表面波滤波器输入端短路时，应注意检查前置中放电路的供电电阻是否熔断，前置中放管是否损坏。

2. 注意事项

在彩色电视机中，对其图像中频电路的技术要求比较高，在一般情况下，图像中频电路的增益必须在 60dB 以上，并有较宽的通频带，同时必须能够抑制邻频道电视信号及差拍信号的干扰，因此，在检修时必须注意以下一些事项：

(1)图像中频电路的频率特性及带宽是靠电感线圈与谐振电容的谐振频率来决定的，但它们的谐振频率在出厂前已用仪器严格校对，在一般情况下不会出现失调现象。因此，在检修时不要随意调整电感线圈(一般是指中周)。

(2)图像中频信号较弱，易受外界干扰，因此，常在图像中频电路部分设置屏蔽罩，以防外界干扰，检修完毕，一定将屏蔽罩装好，并将引脚接地端焊牢。

(3)中周磁芯在出厂前已调好，并用蜡封固，以防串动。在维修中若一定需要调整磁芯，则应首先将中周适当加热(用电烙铁接触中周外壳),待磁芯松动时再用无感旋具(无感旋具可选择硬塑料等绝缘材料自制)缓慢调整,调整时注意保护磁芯。

(4)当需要拆下中周进行检查时,应避免在拆卸过程中将线圈引线弄断(线圈引线绕焊在中周的引脚上),特别是在使用针头拆卸时更要特别注意。为防止线圈引线折断,建议在拆卸中周时最好使用吸锡烙铁操作。

第四章　色度信号处理及视频放大电路结构与维修要领

色度信号处理及视频放大电路是彩色电视机整机电路中的重要组成部分。由图像中频电路输出的彩色全电视信号经6.5MHz陷波器滤除伴音中频信号后，分别送入色度信号处理电路和视频放大电路。色度信号处理电路主要是将彩色全电视信号中的色度信号分离出来，并经解调输出R－Y、B－Y、G－Y三个色差信号；视频放大电路主要是将彩色全电视信号中的亮度信号Y进行放大，并在末级放大电路中与R－Y、B－Y、G－Y三个色差信号汇合，最终产生R、G、B三基色信号送入显像管的三个阴极，以使屏幕上再现出模拟彩色图像。因此，在学习彩色电视机维修时，弄懂弄通色度信号处理及视频放大电路的基本结构及工作原理，就显得十分重要。色度信号处理电路主要由色度信号解码电路和末级视放输出电路两部分组成。

第一节　色度信号解码电路结构与维修要领

色度信号解码电路是彩色电视机的核心电路，没有它屏幕上的图像就没有彩色。色度信号解码电路主要由色度信号选通电路、副载波恢复电路、色度解调电路和三基色矩阵电路等组成。

一、色度信号选通电路的基本结构及工作原理

在彩色电视机中，色度信号选通电路的任务是从全电视信号中选出色度信号。它主要由带通滤波器、带通放大器、色饱和度控制电路，以及ACC自动色度控制、ACK自动消色控制电路等组成。其组成如图4-1所示。

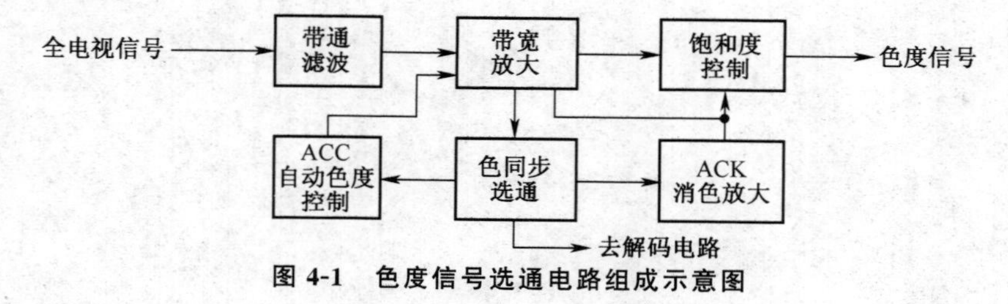

图4-1　色度信号选通电路组成示意图

在彩色电视机中，为了防止亮度信号中的高频分量进入色度通道形成亮色干扰，总要求带通放大器的通频带必须与色度信号的带宽相适应，并具有良好的选择性。但是，在接收彩色电视信号时，如果不能使色度信号和亮度信号总保持在原有的幅度比例，就会使图像的饱和度发生变化，或无彩色，为此，在色度通道中设置了ACC自动色度控制电路，对色度放大器的增益进行控制，以获得比较稳定的色度信号。然而，有时接收的彩色信号微弱，影响彩色图像的效果，使彩色时有时无。为此，在色度通道中设置了ACK自动消色电路，用于在接收彩色信号微弱或只有黑白电视信号时自动切断色度通道。

在集成电路彩色电视机中，带通放大器、ACC自动色度控制电路、ACK自动消色电路均包含在集成电路内部，整个色度处理电路仅有少量的分立元件。由TA7193AP组成的PAL制色度信号解码电路如图4-2所示。其引脚的使用功能及电压值、电阻值见表4-1。

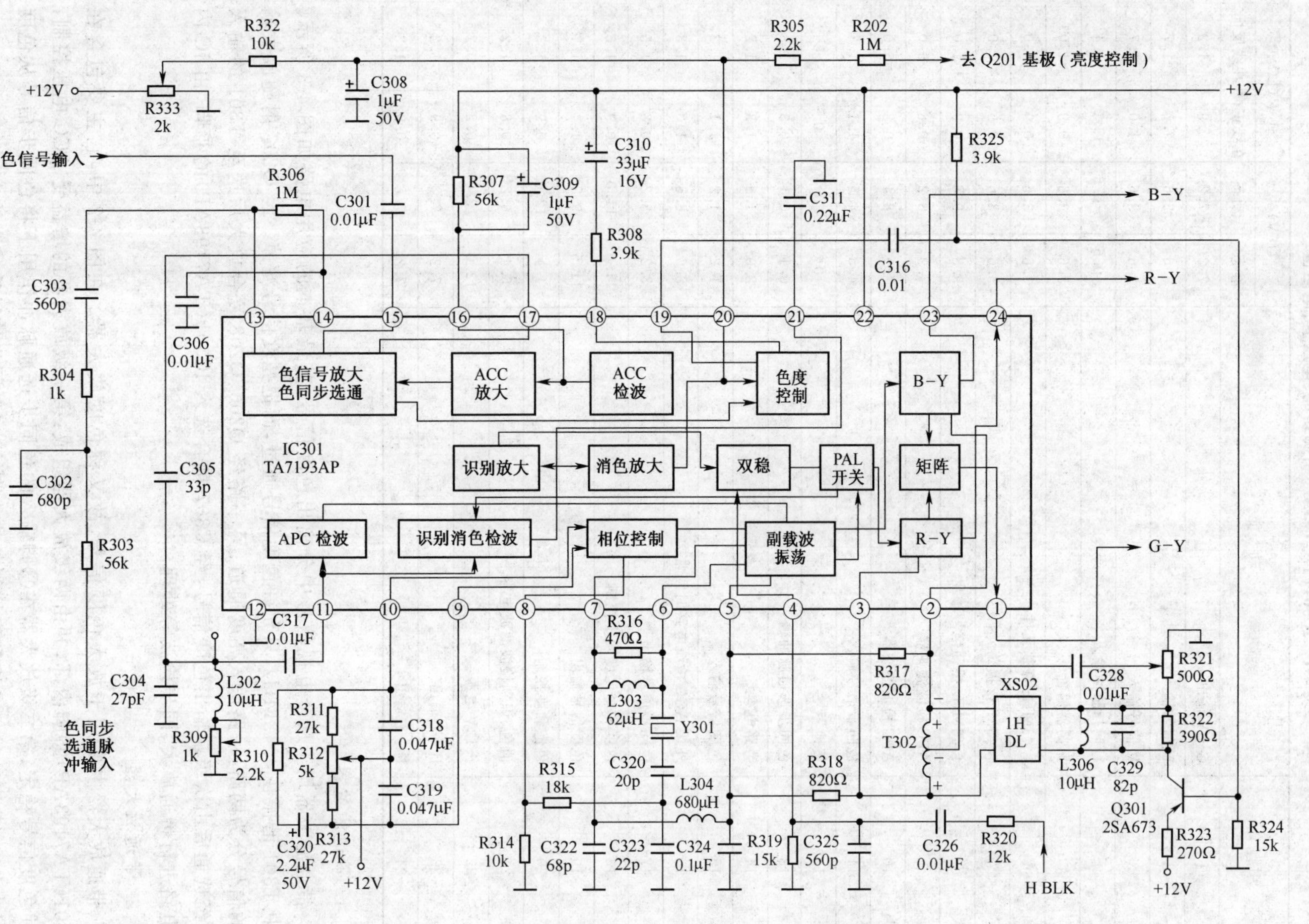

图 4-2　TA7193AP PAL 制彩色色度信号解调电路原理图

表 4-1 IC301(TA7193AP)引脚功能、电压值、电阻值

引脚	功 能	U(V)		R(kΩ)	
		静态	动态	在线正向	在线反向
1	G－Y 输出	7.2	7.2	0.9	1.2
2	U 信号输入	3.6	3.6	1.0	1.7
3	V 信号输入	3.6	3.6	1.0	1.7
4	行回扫脉冲输入	－0.6	－0.6	15.0	1.4
5	振荡器偏置	3.6	3.6	0.9	1.0
6	4.43MHz 振荡元件	3.6	3.6	0.9	1.0
7	4.43MHz 振荡元件	3.6	3.6	0.9	1.0
8	4.43MHz 振荡信号输出	9.8	9.8	0.9	1.0
9	APC 检波滤波器	7.9	8.2	0.8	5.0
10	APC 检波滤波器	7.9	8.4	0.8	5.0
11	色同步信号输入	4.5	4.5	1.1	1.3
12	接地	0	0	0	0
13	色同步选通脉冲输入	0.1	0.1	0.3	1.3
14	旁路电容	2.0	1.9	1.3	1.2
15	色度信号输入	1.2	1.2	1.1	1.2
16	外接 AGC 检波电路时间常数	8.6	8.6	1.0	1.3
17	色同步信号输出	8.2	8.2	0.8	1.5
18	色度和对比度同步控制	11.0	11.0	0.9	1.3
19	色度信号输出	11.5	9.8	1.4	1.7
20	色饱和度控制	1.4	12.0	0.9	1.3
21	消色、识别检波滤波电容	6.4	6.2	0.8	1.2
22	＋12V 电源	12.0	12.0	0.2	0.2
23	B－Y 输出	7.2	7.2	0.9	1.2
24	R－Y 输出	7.2	7.2	0.9	1.2

1. 带通滤波器

带通滤波器用于从全电视信号中分离出色度信号，其最基本的应用电路如图 4-3 所示。其中 T301 谐振在 4.43MHz，只允许色度信号通过，而把亮度信号滤掉。经 Q207 射随放大输出的信号分为两路：一路送入亮度通道；另一路经 Q206、Q208 复合放大后送至 T301 的输入端，经选通后由次级端输出色度信号，经 C307 耦合选入 IC301(TA7193AP)的⑮脚，由 IC 内部电路进行带通放大、同步检波等处理。

2. 带通放大器

带通放大器主要用于放大色度信号，故又称色度放大器。在图 4-2 中，它主要包含在 IC301(TA7193AP)⑮脚内部，并由两级放大器组成：第一级放大器的增益受 ACC 电压控制，以使色度信号稳定；第二级放大器在⑬脚输入的色同步选通脉冲作用下将色同步信号从色度信号中分离，色度信号经色饱和度控制各从⑲脚输出，色同步信号从⑰脚输出。

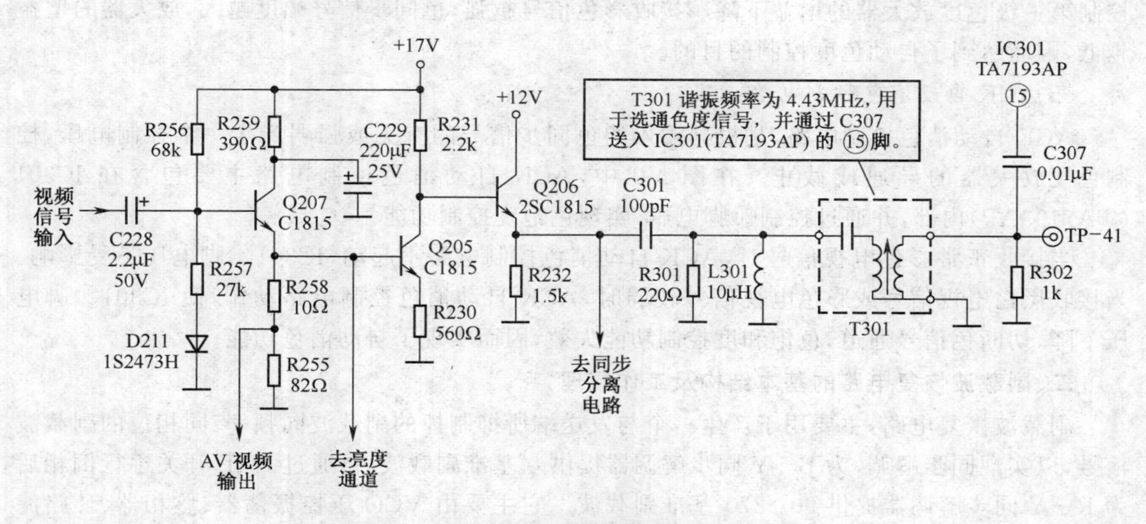

图 4-3 视频放大和带通滤波器电路原理图

3. 色饱和度控制电路

色饱和度控制电路，主要是通过直流控制电压，去控制色度放大器的增益。在图 4-2 中，R333、R332 与 IC301(TA7193AP)⑳脚内部电路组成色饱和度控制电路。调整 R333 可改变 IC301⑳脚输入的直流电压，进而改变⑲脚输出色度信号的幅度，即改变色饱和度。

当调节 R333 使 IC301⑳脚直流电压较低时，内电路可切断色信号通路，⑲脚无色信号输出，此时色饱和度最小。当调节 R333 使 IC301⑳脚直流电压较高时，IC 内部的色信号通路导通，⑲脚有色信号输出，⑳脚电压越高，饱和度越大，当⑳脚电压达到 12V 电源电压时，饱和度最大。

另外，在图 4-2 中，IC301⑳脚内接的色度控制电路，还通过⑱脚受对比度电位器控制，以实现色饱和度与对比度同步调整。因此，当调节对比度增大时，⑱脚的直流电位也增大，色饱和度增大，⑲脚输出的色信号幅度增大，对比度越大，⑱脚直流电压越高，⑲脚输出的色信号幅度也就越大。

4. ACC 自动色度控制电路

ACC 自动色度控制电路，主要是根据色同步选通电路输出的色同步信号及 R－Y 和 B－Y 色差信号的大小，产生一个控制电压，加到色度放大电路，实现自动控制色信号的强弱，以获得稳定的色度信号。

在图 4-2 中，ACC 自动色度控制电路，主要设置在 IC301(TA7193AP)的内部，主要由 ACC 检波和 ACC 放大两部分组成。ACC 自动色度控制电路的状态受⑯脚电压控制。⑯脚处接电容 C309，主要用于稳定⑯脚电压。在有色同步脉冲期间，C309 由 12V 电源通过内电路充电，在无色同步脉冲时，C309 通过 R307 放电。由于放电时间常数远大于充电时间常数，因此⑯脚电压几乎不变。

当接收黑白电视信号或色度信号很弱时，IC301 内电路控制⑯脚无色同步脉冲输出，故⑯脚电压接近电源电压，ACC 电路不工作。当接收彩色信号，且色同步信号幅度达到一定值时(约 1.1V)，IC301 内电路可完成 ACC 检波，⑯脚电压下降，ACC 放大器输出正的 ACC 电压，控制第一级色度放大器的增益下降。接收彩色信号越强，色同步信号幅度越大，放大器的增益越低，因而达到了自动色度控制的目的。

5. ACK 自动消色控制电路

ACK 自动消色控制电路，是根据输入的色同步信号的有无或强弱产生一个控制电压，控制色度放大器的导通或截止。在图 4-2 中，ACK 自动消色控制电路主要包含在 IC301(TA7193AP)内部，并通过控制⑳脚电压，实现色饱度控制功能。

当接收正常彩色电视信号时，ACK 自动消色控制电路不起动，IC301⑳脚电压不受影响。当接收黑白电视信号或彩色电视信号较弱时，ACK 自动消色控制电路动作，使 IC301⑳脚电压下降，切断色信号通道，色饱和度控制功能失效，因而实现了自动消色功能。

二、副载波恢复电路的基本结构及工作原理

副载波恢复电路，主要用于产生一个与发送端所抑制掉的副载波同频率、同相位的副载波信号，以实现同步解调，为 B－Y 同步解调器提供 0°基准副载波，再通过 PAL 开关逐行倒相后为 R－Y 同步解调器提供 90°/270°基准副载波。它主要由 VCO 压控振荡器、鉴相器、环路滤波器组成，如图 4-4 所示。在图 4-2 中，副载波恢复电路主要由 IC301(TA7193AP)的⑤～⑩脚内部电路及其外接元件组成。

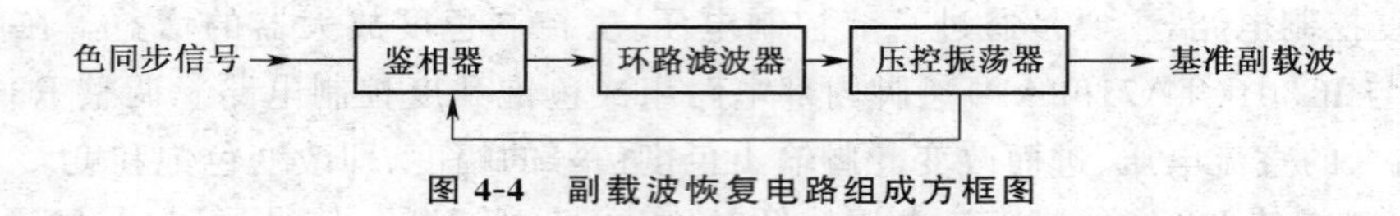

图 4-4　副载波恢复电路组成方框图

1. VCO 压控振荡器

在图 4-2 中，压控振荡器(VCO)，是由 IC301(TA7193AP)⑥、⑦、⑧脚内部移相网络及外接晶体等组成的。它用于产生基准副载波信号并受色同步信号控制。

(1)PAL 制副载波频率的选择。在 PAL 制中，色副载波频率的选择，主要是考虑尽可能减少色度信号与亮度信号之间的相互影响。在 PAL 制中，对 V 信号采用了逐行倒相的调制方式，所以 V 信号就不是以行频重复出现，而是每两行重复出现一次，即 V 信号的重复周期是行周期的 2 倍，V 信号的频率是行频的一半。因此，已调 V 信号的频谱是以色副载波(f_{sc})为中心向两边展开，如果色副载波频率为半行频的奇数倍(NTSC 制)，则 V 信号的频谱分布就恰好与亮度信号频谱相重合，从而造成严重的干扰图像，如图 4-5 所示。

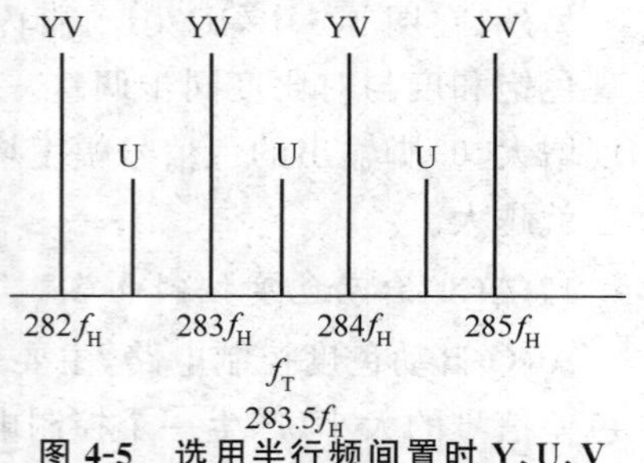

图 4-5　选用半行频间置时 Y、U、V 三相信号的频谱分布

在实际应用中，为了使色度信号与亮度信号形成的频谱能够相互错开，以减小两者之间的相互窜扰，便采用了 1/4 行间置法。它可使相邻两行的色副载波的相位差 90°，这时所形成的频谱如图 4-6 所示。

在图 4-6 中，Y、U、V 三个信号的频谱线是相互分开的，这就不仅减小了色度信号与亮度信号的相互影响，而且为接收端解调前通过梳状滤波器完全分离 V、U 两个信号提供了可能性。因此，在 PAL 制中，色副载波频率与行频之间的关系选为：

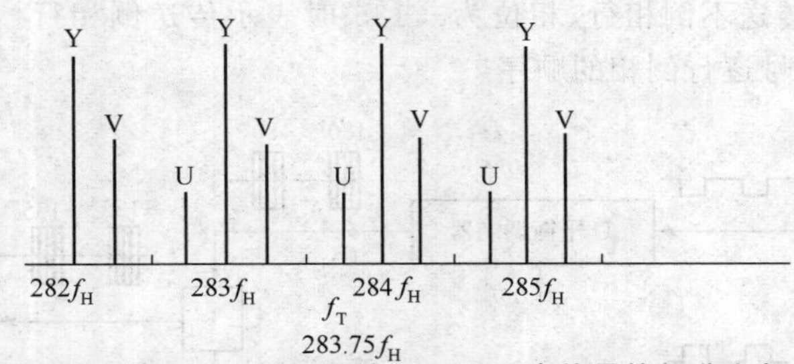

图 4-6　选用 1/4 行间置时 Y、U、V 三个信号的频谱分布

$$f_{sc}=(2n-\frac{1}{4})f_H$$

为了进一步改善兼容和减小色度信号对亮度信号的干扰，在标准 PAL 制中对副载波频率 f_{sc} 又加上 25Hz（即半场频频率），即：

$$f_{sc}=(n-\frac{1}{4})f_H+25$$

其中 n 通常取 284，故 PAL 制副载波频率为

$f_{sc}=(284-\frac{1}{4})\times15625+25=4433618.75$（Hz），其标称值常记为 4.43MHz。

（2）PAL 制中的色同步信号。在 PAL 制中，色同步信号是由 9～11 个副载波周期组成的，并位于行消隐信号的后肩上，起始点距行同步脉冲前沿（5.6±0.1）μs，峰峰值等于行同步脉冲幅度，相对消隐电平上下对称，如图 4-7 所示。

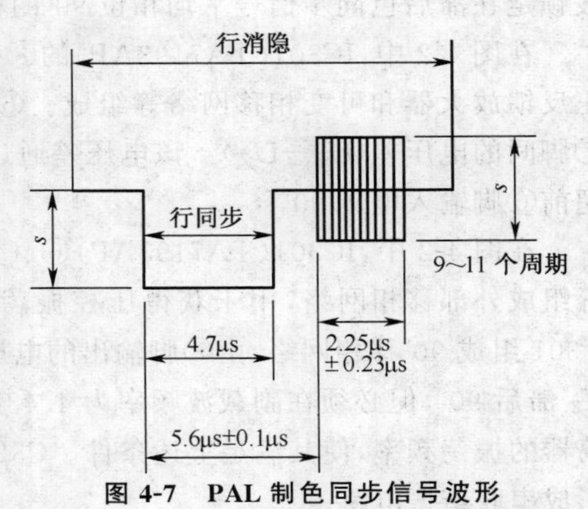

图 4-7　PAL 制色同步信号波形

在 PAL 制中，由于 V 信号是逐行倒相的，所以在接收端的同步检波器中，解调 V 信号的副载波也必须是逐行倒相的。因而，PAL 制的色同步信号，就不但要为接收端提供副载波频率和相位基准，还要给出一个判断倒相顺序的识别信号，使解调 V 信号的副载波能与发送端一致地逐行倒相，以正确地解调出 V 信号。因此，PAL 制的色同步信号是逐行摆动的，不倒相行为 +135°，倒相行为 −135°（或 +225°）。

在接收端，用相位逐行摆动的色同步信号去控制副载波恢复电路，即在鉴相器中，色同步信号与副载波振荡器的输出进行频率和相位比较，得出误差电压去控制副载波振荡器的频率和相位，同时输出一个频率为半行频（7.8kHz）的方法，作为判别倒相顺序的识别信号，即 PAL 识别信号，它对应 +135°的一行为高电平，对应 −135°的一行为低电平。但在实际应用时，为了形成相位摆动的色同步信号，在发送端先产生一个色同步选通脉冲，即 K 脉冲。K 脉冲的重复频率为行频，宽度为（2.25±0.23）μs，正好能包含 9～11 个 4.43MHz 的副载波周期，且位置就处在行消隐期间，对应于色同步信号出现的时间。将 K 脉冲以不同极性分别加到两个色差信号中，并与色差信号一起送到平衡调制器，如图 4-8 所示。其中 V 信号加入正极性 K 脉冲，可产生色同步信号的 V 分量；U 信号中加入负极性 K 脉冲，可产生色同步信号的 U 分量。两个分量相混合便形成相位逐行交变（+135°和 −135°）的色同步信号。色同步信号

相位为$+135^\circ$时表示传送不倒相行，相位为-135°时表示传送倒相行。色同步信号相位的摆动反映了发送端V信号逐行倒相的顺序。

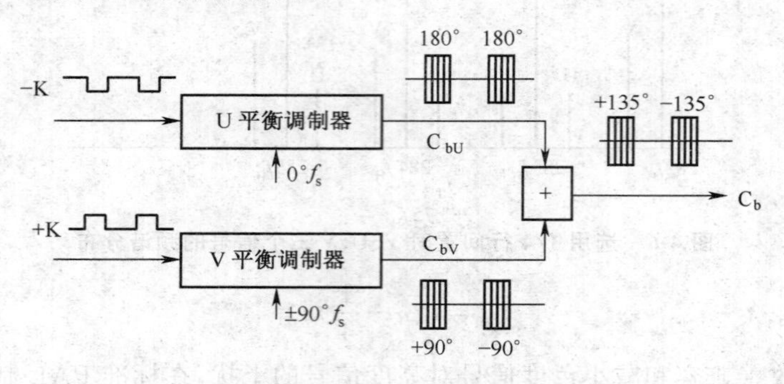

图4-8　PAL色同步相号形成方框示意图

(3)压控振荡器的工作原理。在图4-2中，Y301为石英晶体振荡器。当其振荡频率和相位偏离色同步信号时，鉴相器输出误差电压U_{APC}，在IC内部控制可变相移网络，使其产生90°相移，而外部相移网络则产生-90°相移，从而使闭合环路的总相移为零，以满足振荡的相位条件。而振幅条件则由IC内部的正反馈相移放大器提供。因此，最终把压控振荡器产生的副载波锁定在滞后色同步信号平均相位90°的稳定状态。

在图4-2中，IC301(TA7193AP)的⑧脚为压控振荡输出，其内接的相位控制电路主要由正反馈放大器和可变相移网络等组成。⑥、⑦脚为正反馈输入，外接R316上的压降即为⑥、⑦脚间的电压差(U_6-U_7)。该电压差通过IC内部相移网络的作用，可使⑧脚输出电压相位超前⑥脚输入电压90°。

在图4-2中，IC301(TA7193AP)⑥、⑦、⑧脚外接的R316、R315、C323、C324、C320、Y301等组成外部移相网络，用于获得压控振荡器所必需的相位条件。其中R513、C324和C320、Y301组成90°移相网络，由⑧脚输出的电压U_8经该网络移相后，可使⑥脚电压U_6的相位比U_8滞后90°，但必须在副载波频率为4.43MHz时。适当调整C320的容量就可以调整压控振荡器的振荡频率，使其满足上述条件。C320为Y301晶体的负载电容，它与Y301的等效电感形成串联谐振电路。

R316与C322组成45°移相网络，它可使⑦脚电压U_7比⑥脚电压U_6滞后45°，以保证0°相位的基准副载波与90°相位的基准副载波之间的相位差为90°。并联在R316上的电感L303主要是使⑥、⑦脚的静态工作电压相等，但当L303工作在4.43MHz副载波频率时，其感抗远大于R316的阻值。因此，由⑧脚输出的电压U_8经移相网络后，在R316上产生一个滞后U_8相位的电压U_{R316}($U_{R316}=U_6-U_7$)。此时，⑦脚电压比U_{R316}滞后90°，⑥脚电压U_6比U_{R316}滞后45°。在实际工作中，通过外部移相的电压相位应该是可控的。因此，⑧脚输出电压U_8的相位由鉴相器进行自动控制，以保证副载波恢复的频率稳定在4.43MHz。

2. APC鉴相器

APC鉴相器的作用，主要是对色同步选通电路产生的色同步信号与压控振荡器产生的色副载波进行相位比较，并输出一个误差电压U_{APC}，再用该误差电压控制压控振荡器，使压控振荡器的振荡频率被锁定在4.43MHz上。

在图4-2中，APC鉴相器主要由IC301(TA7193AP)⑨、⑩、⑪脚内部电路组成。其中⑪

脚输入色同步信号，色同步信号在IC301内部处理后作为鉴相器的第二输入信号，而由压控振荡器输出的副载波信号则作为鉴相器的第一输入信号，两信号比较后，鉴相器便输出误差电压U_{APC}。

当$U_{APC}=0$时，⑧脚的输出电压U_8比⑥脚的输入电压超前90°，此时，外部移网络也使U_6滞后$U_8$90°，因而正反馈环路的总相移等于零，压控振荡频率与色同步信号频率相同，而相位差90°。

当$U_{APC}>0$时，⑧脚的输出电压U_8超前U_6的相角>90°，促使振荡频率升高，此时U_6滞后U_8的相角也大于90°。U_{APC}越大，振荡频率越高。

当$U_{APC}<0$时，U_8超前U_6的相角<90°，U_6滞后U_8的相角也小于90°。U_{APC}越小，振荡频率越低。

但鉴相器输出电压U_{APC}，在IC301内部控制可变移相网络，进而使压控振荡器的振荡频率和相位得以控制。

在实际工作中，当APC环路尚未锁定时，鉴相器输出正的或负的U_{APC}，去控制VCD的频率，直到锁定为止。当振荡频率偏高时，U_{APC}为负值，牵引VCO的振荡频率下降，直到锁定为止；振荡频率偏低时，U_{APC}为正值，牵引VCO的频率升高，直到锁定为止。

3. 环路滤波器

环路滤波器是一种低通滤波器。在图4-2中，它主要由C318、C319、C320、R310、R311、R312等组成。其作用是平滑鉴相器输出的误差电压U_{APC}，滤除U_{APC}中的高频分量，以提高APC环路的工作稳定性。

在图4-2中，C318、C319、C320、R310组成双时间常数滤波器，其中C320、R310对锁相环路的频带范围影响很大。若其频带较窄，U_{APC}的通过能力就会受到限制，APC电路的作用和稳定性就会受到影响。因此，适当设计C320、R310的RC时间常数，并采用双时间常数的低通滤波器就可有较好的改善环路滤波器的性能。

在图4-2中，R311、R312、R313主要用于平衡鉴相器的输出，调节R312，可保证在无色同步信号输入时，鉴相器输出的控制电压$U_{APC}=0$。

三、色度解调电路的基本结构和工作原理

在彩色电视机中，色度解调电路是利用恢复的色副载波从色度信号中分离出V分量和U分量信号。但在PAL制中V信号是逐行倒相的，解调时还需要一个PAL开关信号。因此，在PAL制彩色电视机中，需要对色度信号进行两次解调才能获得色差信号。其解调电路的基本结构如图4-9所示，它主要由梳状滤波器、同步解调器及PAL开关等组成。

1. 梳状滤波器

梳状滤波器，主要由一行延迟线和加法器、减法器组成。其作用是将色度信号的两个已调分量U信号和V信号分离出来，以完成PAL制色度信号的第一次解调。

在图4-2中，XS02、T302、R321、R322、Q301、R323、R324、C329、L306等组成了梳状滤波器。其中：XS02是一种八次反射型的超声玻璃延迟线。它的主要作用是将中心频率为4.43MHz、频带宽度为±1.3MHz的色度信号延迟64μs，以保证色副载波的延迟行与直通行有精确的相位关系。因此，延迟线是梳状滤波器主要组成部分。T302为自耦变压器，主要用于形成加法器和减法器，以解调出U信号和V信号。Q301为延时激励放大管，主要用于补偿超声玻璃延迟线的插入损耗。L306、C329组成4.43MHz谐振回路，用于选通色度信号。

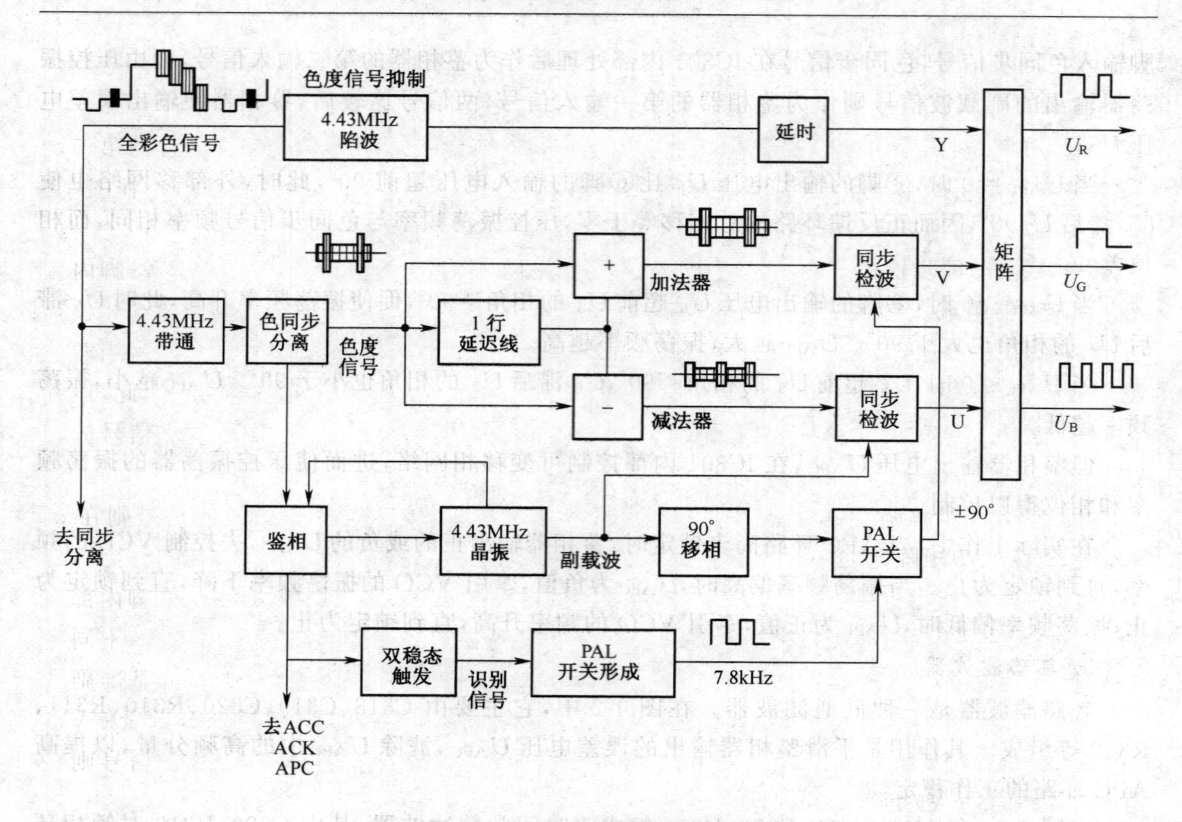

图 4-9 PAL 制解码器组成框图

R322 为延迟线输入端匹配电阻，具有防止反射及加宽回路带宽的作用。同时，R322 与 R321 串联后作为 Q301 的负载电阻，调谐 R321 可改变直通信号的幅度。R323 为供电电阻。R324 为 Q301 的偏置电阻。

在图 4-2 中，由 IC301（TA7193AP）⑲脚输出的色度信号经 C316 耦合到 Q301 的基极，经 Q301 激励放大后，从集电极分两路输出：一路经 R321、C328 直接加到 T302 自耦变压器的中心抽头上，作为直通信号；另一路经 XS02 延迟线输出两个幅度相等、相位相反的延迟信号加在 T302 的两端。其极性为接 IC301②脚端为负，接③脚端为正。当加到 T302 中心抽头的直通信号电压为正极性时，直通信号与加到 T302 下端的延迟信号相加，得到 V 信号送入 IC301 的③脚；同时直通信号与加到 T302 上端的延迟信号相减，得到 U 信号送入 IC301 的②脚。此时的 T302 两端就形成了加法器和减法器。其输出的频率特性如图 4-10 所示。

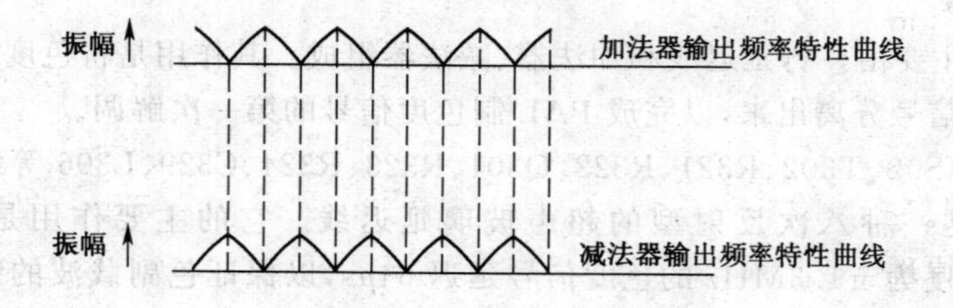

图 4-10 加法器与减法器的输出频率特性

在图 4-10 中，无论是加法器还是减法器，其输出最大值与零点均有规律地相间出现，就像两把梳子一样。因此，在工程上总习惯将这种延时解调功能电路称为梳状滤波器。

2. 同步解调器

同步解调器，主要由(B－Y)和(R－Y)两个同步检波器组成，用于完成色度信号的第二次解调，解调后的信号经矩阵电路，最终输出(R－Y)，(B－Y)、(G－Y)三个色差信号。在图4-2中，同步解调器由IC301(TA7193AP)①、②、③、㉓、㉔脚内部电路组成。

(1)(B－Y)同步检波电路。(B－Y)同步检波电路，主要由IC301(TA7193AP)㉓脚内部双差分放大器组成。它主要有两路信号输入：一路是由IC内部副载波振荡器输入的0°相位基准副载波，作为(B－Y)解调器的第一输入信号；另一路是由②脚输入的U分量信号。当两个信号的相位相同时㉓脚输出低电平；当两个信号的相位相反时，㉓脚输出高电平。因此，这种由双差分放大器组成的同步解调器就像一个全波整流电路，只是在两种状态下检出信号的相位差180°。

由双差分同步解调器检出的(B－Y)色差信号从㉓脚输出，而－(B－Y)色差信号则在IC内部送入(G－Y)矩阵电路。

(2)(R－Y)同步检波电路。R－Y同步检波电路，主要由IC301(TA7193AP)㉔脚内部双差分放大器组成。它主要有两路信号输入，其工作原理与(B－Y)同步检波电路相同，不同的是在IC内部加入到(R－Y)同步解调器的开关信号是90°/270°逐行倒相的(R－Y)基准副载波，而送入(R－Y)解调器的另一路信号则是从③脚输入的由梳状滤波器输出的V分量信号。

由(R－Y)同步解调器检出的(R－Y)色差信号从㉔脚输出，而－(R－Y)色差信号则在IC内部送入(G－Y)矩阵电路。

(3)(G－Y)矩阵电路。(G－Y)矩阵电路是在IC内部由电阻矩阵组成的。其作用是对(B－Y)和(R－Y)两个色差信号进行一定比例的混合，以产生(G－Y)色差信号，并从①脚输出。

3. PAL开关电路

PAL开关电路，主要是将90°基准副载波信号转换成逐行倒相的90°/270°副载波信号，以满足(R－Y)同步解调器的要求，解调出(R－Y)色差信号。同时，逐行倒相的90°/270°副载波还送往PAL识别电路和消色检波电路。但PAL开关电路是在双稳态触发器的控制下进行工作的，其结构如图4-2所示。它们均包含在图4-2所示的IC301(TA7193AP)的内部。

在图4-2中，IC301④脚内接双稳态触发器，由④脚输入的行逆程脉冲作为触发信号送入双稳态触发器，而双稳态触发器作为2∶1分频器，产生7.8kHz的半行频方波信号，用作PAL开关脉冲，去控制PAL开关电路。在实际工作中，由于双稳态触发器的起始状态是随机的，很容易受外界干扰而使副载波的倒相顺序错乱，因此，还需要PAL识别信号对双稳态触发器的起始状态进行控制。识别信号由IC301(TA7193AP)内部的识别放大电路提供。

四、亮度信号处理电路基本结构及工作原理

1. 三基色原理与亮度方程

(1)三基色原理。三基色原理，是指以红、绿、蓝三种独立的颜色为基色，按不同比例混合能得到不同彩色的原理。反之，任何彩色，都能分解为红、绿、蓝三种基色。三基色原理是人眼色视觉非单值性的具体运用。所谓人眼色视觉非单值性，是指特定的单色光波能引起人眼特定的色感，如波长为650nm的单色黄光，作用于人眼时能引起黄色感觉。但反过来不能根据人眼的彩色感觉去判断色光的波长。如750nm的单色红光和波长为600nm的单色绿光，共

同作用于人眼时也能引起黄色感觉，反过来就不能确定作用于人眼的光波就一定是650nm的单色黄光。因此，在电视技术中，重现彩色图像时，就只要求给出与实际景物有相同的彩色视觉效果，并不需要如实地传送和恢复景物色光的光谱分布结构。三基色原理还证明：当选用三种基色来合成某种彩色时，混合色的色度（即色调和色饱和度）是由三种基色的分量之比来决定的，而混合色的亮度等于三种基色的亮度之和。在彩色电视技术中，正是用红、绿、蓝三种基色来模拟（或仿造）出自然界中的各种彩色，并在接收端等效地再现出原来物体的彩色的。当三者比例合适时，可有如下规律：

红光＋绿光＝黄光

红光＋蓝光＝紫光

绿光＋蓝光＝青光

红光＋绿光＋蓝光＝白光

（2）亮度方程。亮度方程主要用于揭示色差信号与亮度信号之间的平衡关系。在彩色电视技术中，为了实现兼容，在彩色电视信号中必须有一个能反映图像亮度变化的亮度信号（即黑白信号，用字母U_Y表示），但为了使这个亮度信号在黑白显像管上形成的黑白图像与由黑白摄像机产生的黑白图像在人眼视觉上相一致，则可利用三个基色信号按一定比例组合而成。大量的实践证明，当$U_R:U_G:U_B=0.30:0.59:0.11$时，就可以获得与黑白电视信号相一致的亮度信号，也就是：

$$U_Y=0.3U_R+0.59U_G+0.11U_B$$

这个公式就是亮度方程。其中U_R、U_G、U_B为三个基色信号，U_Y为亮度信号。

从亮度方程中可以看出，三个基色信号的大小决定亮度，而三者之间的比例决定色度。所以，三基色信号中既包含有亮度信息，又包含有色度信息。但在发送端的彩色电视信号中，除亮度信号外，还需要有代表色调和饱和度两个量的色度信号，而按兼容性要求，色度信号中应仅包含色度信息，不包含亮度信息。因此，为得到仅包含色度信息的信号，可以采取从基色信号中减去亮度信号的方法，得到所谓的色差信号。色差信号有三个，即U_{R-Y}、U_{B-Y}和U_{G-Y}，省去字母U，可表示为R－Y、B－Y、G－Y。根据亮度方程，可以导出色差信号与三基色信号间的关系：

$$R-Y=R-(0.30R+0.59G+0.11B)=0.70R+0.59G+0.11B$$

$$B-Y=B-(0.30R+0.59G+0.11B)=0.89B+0.30R+0.59G$$

$$G-Y=G-(0.30R+0.59G+0.11B)=0.41G+0.30R+0.11B$$

因此，在彩色电视机中，检出亮度信号和色差信号后，再将亮度信号分别与三个色差信号相加就可还原出三基色信号。即：

$$Y+(R-Y)=R$$

$$Y+(B-Y)=B$$

$$Y+(G-Y)=G$$

2. 亮度信号处理电路

亮度信号处理电路，主要是对具有0～6MHz的视频信号进行宽频带放大，如同黑白电视机中的视频放大电路一样，以使视频信号有足够大的幅度去激励显像管重现彩色图像。因此，亮度信号处理电路，是彩色电视机解码器中的一个重要组成部分。在TA四片芯集成电路彩色电视机中，亮度信号处理电路是由分立元件组成的，如图4-11所示。它的主要作用是完成视频放

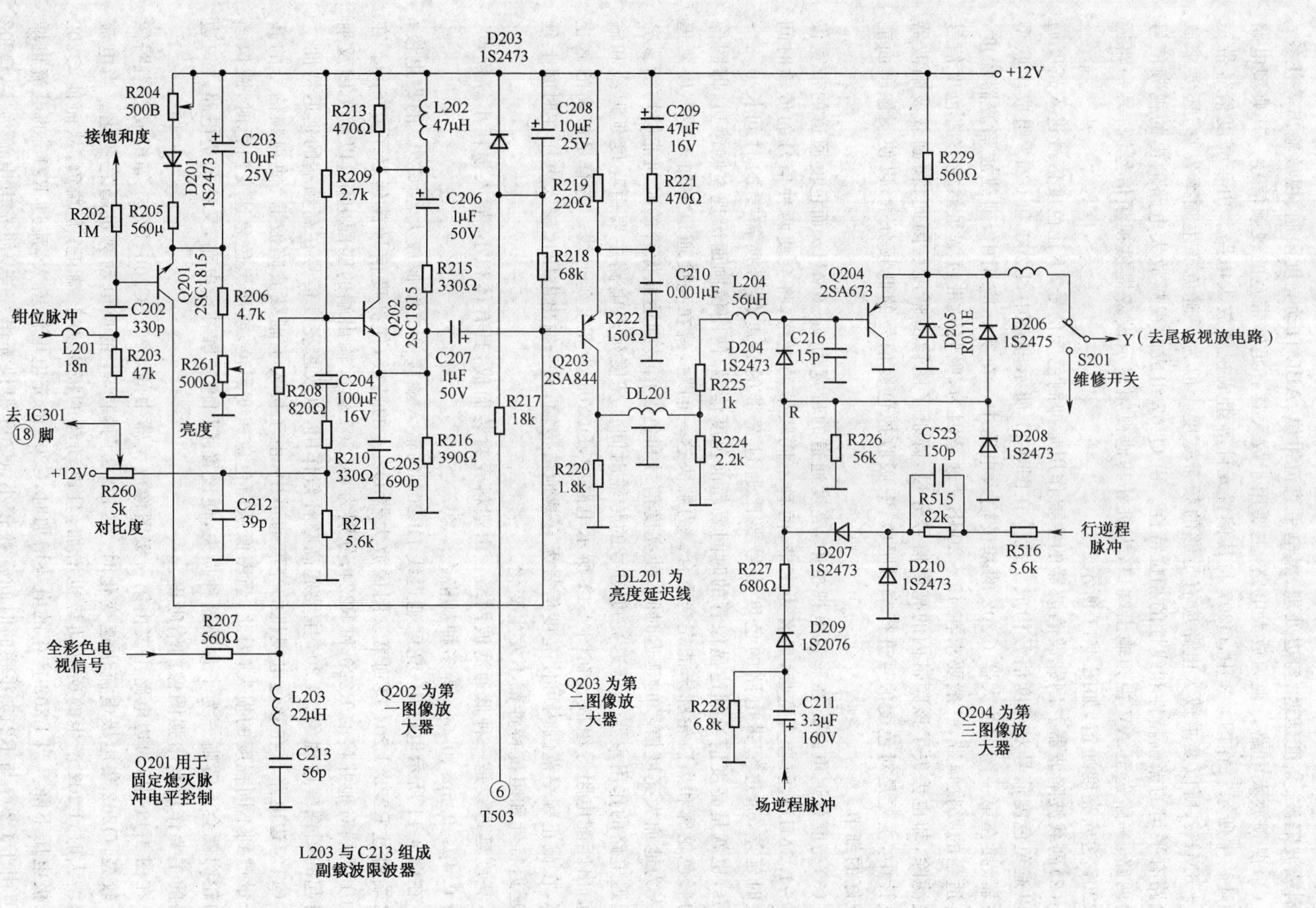

图 4-11　TA 四片机芯彩电亮度信号处理电路

大、副载波陷波、亮度延迟、勾边处理、黑电平直流钳位、ABL自动亮度限制、视放输出等任务。

(1)视频放大电路。视频放大电路，主要用于放大具有足够带宽的视频信号。其典型电路如图4-3中所示。在图4-3中，Q207与其偏置元件等组成视频放大电路。由于亮度信号带宽占0～6MHz，所以要求放大电路应有足够的频带宽度。但为了避免产生频率失真，还要求放大电路有平坦的振幅特性和线性的相位特性。由Q207组成的视频放大电路输出的视频信号分为两路：一路送至AV视频输出端口，为机外其他视频显示设备提供视频信号源；另一路通过R207送入亮度通道，如图4-11所示。

(2)副载波陷波器。副载波陷波器的主要作用是抑制色度信号，不让色度信号进入亮度通道，以避免色度信号对亮度信号构成干扰。在图4-11所示电路中，L203和C213组成串联型陷波器，接在第一图像放大器Q202的基极输入电路中。在实际应用中，副载波陷波器深度，要有适当的吸收频带，一般要求在15～20dB。这是因为，吸收频带过宽虽然能够将色度信号彻底滤除，却也丢失了该频带内的亮度信号分量，降低了图像清晰度。因此，在副载波陷波器的设计中，主要是对色度信号进行窄带吸收，只吸收掉色度信号的低频分量，以使图像画面能有较好的细节。

(3)亮度延迟电路。在彩色电视机中，亮度通道的带宽为0～6MHz，而色度通道的带宽仅为0～1.3MHz，前者为宽带，后者为窄带，两种不同频带的电路，将会使两种信号的传输时间产生时延差，通过窄带电路的色度信号要比通过宽带的亮度信号所需要的时间长0.3～0.7μs，也就是亮度信号到达显像管的时间要超前色度信号，使图像画面出现左侧镶边，即图像中的彩色轮廓和黑白轮廓未能完全重合。为解决这一问题，就在亮度通道中加入了亮度延迟线，人为地加大亮度信号的延迟时间，使亮度信号和色度信号到达显像管的时间能够均衡。亮度延迟电路的作用主要是延迟亮度信号的传输时间。亮度延迟电路主要由亮度延迟线和输入、输出匹配电阻等组成。在图4-11所示电路中，DL201为亮度延迟线。它有足够高的截止频率，在截止频率范围内可使亮度信号无衰减地被传输，只是输出电压比输入电压在时间上延迟，延迟特性和阻抗特性都不发生变化。

亮度延迟线是一种低通滤波网络。由塑料壳封装而成，具有体积小、插入损耗小等优点。它有0.4μs、0.5μs、0.6μs等多种规格。

在图4-11所示电路中，亮度延迟线DL201的输入端接第二图像放大器Q203的集电极，输出端通过R225、L204接到第三图像放大器Q204的基极，使亮度信号被延迟了0.6μs。在DL201两端对地并接的R220和R224，分别为DL201输入输出端的匹配电阻，以避免因反射而引起的图像镶边现象。L204主要起高频补偿作用，以改善亮度信号在高频端的延迟特性。

(4)勾边电路。在彩色电视机的亮度通道中，由于接入了副载波陷波器，使视频信号的高频分量遭到不同程度的损失，因此，当图像从白色急速变黑色，或从黑色急速变白色时，图像画面的轮廓就会不清晰。为了弥补这种损失，便设置了图像轮廓补偿电路，又称勾边电路。勾边电路的主要作用是增强图像的清晰度。

在图4-11中，勾边电路主要由第一级图像放大器中的L202、C206、R215等组成。当图像信号较亮，Q202集电极电流快速变化时，在L202两端产生的反电动势也随之变化。当电流快速增大时，L202产生的反电动势也增加，且电动势的极性为上端正，下端负，从而使Q202集电极电压下降。当L202产生的电势增加时，C206的充电电流增大，流过R215的电流也增大，但由于C206与R215并联的时间常数较小，C205很快充电完毕，使充电电流为零，Q202

发射极电流全部流向 R215。当输入信号使 Q202 基极电压很快下降时，C206 上的电荷开始释放，并产生反向的放电电流，使 Q202 集电极电流快速减小。而当 Q202 集电极电流快速减小时，L202 两端产生上负下正的反电动势，又使 Q202 集电极电流增大。L202 和 R213 并联的时间常数很小，在作为 Q202 集电极负载时，能使亮度信号发生快速变化时集电极才有信号输出，并在信号输出的平顶期间，可视 L202 为短路。此时 C206、R215 等起到的耦合作用，使集电极输出电压与发射极输出电压叠加，便形成了具有勾边效果的亮度信号，并经 C207 耦合输出，送往下级放大电路。

在图 4-11 中，R213 为阻尼电阻，C206 为隔直电容，只让 Q202 集电极电压中的变化部分经过 R215 加到负载电阻 R216 上。

(5)黑电平钳位电路。在彩色电视机的亮度通道中，由于耦合电容的隔直流作用，使亮度信号中的直流分量丢失，进而引起消隐电平的变化，使图像的背景亮度及彩色失真，这就需要黑电平钳位。黑电平钳位电路的作用主要是固定亮度信号中的黑电平。

黑电平钳位，通常是利用消隐脉冲不随图像变化的特点进行的。由于消隐脉冲的顶部(即消隐电平)，相当于图像信号的黑电平，所以把所有的行消隐电平的顶部都钳位在同一电平上，不使其发生变化，图像信号的黑电平也就被固定下来，从而恢复了亮度信号中的直流分量。

在图 4-11 中，Q201 和 C207 等组成了黑电平钳位电路。其工作原理是 Q201 的导通由钳位脉冲控制，其基极外接的 C202、R203、L201 组成延迟网络，用于延迟钳位脉冲。钳位脉冲为行同步脉冲，经延迟后的钳位脉冲所进行的钳位时间可对准行消隐脉冲的后肩，以钳定 Q201 发射极电位。但 Q201 发射极电位还取决于 R204、R205、R206、R261 的分压，调节 R204(副亮度调节)和 R261(主亮度调节)的阻值，可改变 Q201 的发射极电位，进而改变了图像的亮度。

在图 4-11 中，钳位电容 C207 的充电时间常数应远小于行扫描的逆程时间，而放电时间常数则应远大于行扫描的正程时间，这样才能保证 C207 两端电压几乎不变，从而起到钳位作用。

(6)自动亮度限制电路 ABL。自动亮度限制电路 ABL，是利用显像管束电流的变化来控制显像管的栅极偏压，以自动限制荧光屏的亮度。因此，自动亮度限制电路 ABL 是一个闭合的控制环路。当图像亮度过高时，它可自动使显像管的束电流减小，降低图像的亮度；反之，当图像亮度过低时，它可自动提升图像的亮度；在图像亮度正常时 ABL 电路不起作用。

在图 4-11 中，D203、R217 等组成 ABL 电路，它接到第二图像放大器 Q203 的基极电路，通过对 Q203 基极的直流偏置控制，来达到对显像管束电流的限制作用。T503⑥脚即为行输出变压器的 ABL 端子，主要输出行高压的变化情况，该变化直接反映了显像管束电流的大小。

五、色度信号解码电路的维修要领及注意事项

在彩色电视机中，色度信号解码电路的故障率较高，且检修难度也比较大，检修时常需要运用直流工作电压检查法、电路波形观察法、消色检查法，有时还需要对亮度、对比度和色饱和度进行统调等。

1. 维修要领

(1)直流工作电压检查法。在实际维修中，当色度信号解码电路出现故障时，应首先检测各晶体管的各引脚直流电压。如正常时，图 4-2 所示电路中的 Q301(2SA673)基极电压为 9.8V，发射极电压为 10.2V，集电极电压为 3.6V；图 4-3 所示电路中的 Q205 基极电压为 3.0V，发射极电压为 2.3V，集电极电压为 9.0V；图 4-12 所示电路中 Q201 基极电压为 9.8V，

发射极电压为9.9V，集电极电压为10.1V；Q202基极电压为6.0V，发射极电压为5.3V，集电极电压为12.0V；Q203基极电压为10.1V，发射极电压为10.7V，集电极电压为6.0V；Q204基极电压为6.1V，发射极电压为6.6V，集电极电压为0V。待检查结果正常后，再检测集成电路引脚的直流工作电压，如检查图4-2所示电路中IC301(TA7193AP)的引脚静态电压(见表4-1)。

在检查直流电压时，若发现某一工作点或多处工作点的直流电压有较大变化，一般情况下，对故障原因就可以做出初步判断。若检测时没有发现明显的直流电压变化，则应采用波形观察法或动态电压检查法。

(2)电路波形观察法。电路波形观察法，主要是利用示波器观察各主要部位的信号波形是否存在、是否正常。在有信号波形时，主要是注意信号波形的幅度，及是否有干扰和畸变现象。信号波形正常与否，将直接反映电路的动态工作情况。

在使用示波器观察信号波形时，可分为三个方面：一是是否有正常的全电视信号输入；二是是否有正常的亮度信号输出；三是是否有正常的色度信号输入和输出。

(3)消失检查法。消失检查法，是利用一种人为的方法使消色电路(ACK)失去作用，以便于发现电路故障部位。

在解码器中，总设有自动消色电路ACK，用于彩色信号较弱或没有彩色信号时，自动关闭色信号通路使彩色图像成为黑白图像，但解码器中的任何一部分功能电路异常或故障时，也会使彩色图像成为黑白图像。因此，为区别无彩色的故障原因，就要设法使消色器停止工作，但要根据具体的解码器电路实际情况，因事制异。对于图4-2所示电路，可采用在IC301(TA7193AP)㉑脚对地跨接一只100kΩ左右电阻的方法，来迫使消色电路停止工作。IC301(TA7193AP)的㉑脚用于ACK滤波，外接C311(0.22μF)为ACK滤波电容，在㉑脚对地并接100kΩ电阻。实际上就是跨接了消色滤波电容，对色度信号起到了直流旁路作用，因此，这种消色方法就常称为跨接消色器法。

在停止ACK电路工作后，若有彩色图像出现，一般是ACC电路有故障；若仍无彩色图像一般是副载波恢复电路有故障。这时就需要进一步检查副载波振荡器、梳状滤波器以及色同步信号相位是否正常等。

(4)副载波振荡器的检查与调整。副载波振荡器检查，主要是观察它的振荡频率是否正常。但在观察时须去掉色同步信号的锁相作用和停止消色器工作。在图4-2所示电路中可将⑰脚输出的色同步信号接地，以使锁相作用失效，然后再检查和调整副载波频率。

当用示波器检查和调整时，可把探头接在图4-2所示电路中IC301(TA7193AP)的⑥脚，观察每个周期的时标，并适当调整R312(彩色同步电位器)或把C321换成可调电容进行调整，直到频率正确为止。频率正确时每一个周期的时标应为$2\frac{1}{4}$个。

(5)梳状滤波器的检查与调整。梳状滤波器检查，主要是观察U、V两个信号的波形是否符合要求。用示波器观察时，可将探笔接在图4-2所示电路中IC301(TA7193AP)②脚和③脚，观察U、V信号是否正确。当异常时，可调整R321和T302，直到正确为止，正确时波形边缘清晰，各相邻行波形完全一致。

(6)色同步信号相位的检查与调整。色同步信号相位检查，主要是看它是否能够满足同步解调器的解调需要。当用示波器观察时，可将探笔接在图4-2所示电路中IC301(TA7193AP)

的①脚或㉓、㉔脚，观察色差信号波形，同时调整 R309，直到色差信号波形的幅度最大为止，此时色同步信号的相位也就最好。

(7)亮度延迟电路的检查与调整。当彩色电视画面左侧镶边故障现象，或画面出现类似相片底片负片样故障现象时，一般是亮度延迟电路有的元件不良造成的，在图 4-11 所示电路中应检查 DL201、R220、R224、R225、L204 等元件。

(8)亮度、对比度和色饱度的模拟量调整。亮度、对比度和色饱和度的模拟量调整，主要是为了保证三者的正确关系。调整时可用示波器观察加到显像管阴极的 R、G、B 基色信号，然后将色饱和度调到最小，使图像不带彩色。再调整对比度使黑白图像的灰度层次分明，调整亮度使图像最黑部分刚好为黑色，最后逐渐加大色饱和度，直至基色信号最佳为止。最佳时每一行时间中的黑色电平线近似于一条直线。

2. 注意事项

当彩色电视机出现解码电路故障时，常见的故障现象有：无彩色、彩色不同步、红绿色相错位、百叶窗效应、彩色不稳定、彩色反相、单基色光栅、缺少某一种基色、无亮度信号输出、彩色偏红或偏蓝、偏绿、显像管亮度失控光栅亮度很强、显像管无光栅、彩色拖尾现象等。因此，检修工作比较复杂，不易确定故障点。这就要求初学者在熟练掌握色度解码电路结构和工作原理的基础上，确定正确的检修思路，明晰检修流程并运用合理的检修方法，才能顺利实现检修目标。

(1)首先必须比较清晰地了解解码电路的组成和信号流程。其中，要特别明确每个电路的标志性元件和关键测试点。

(2)当检修无彩色故障时，要注意观察黑白图像是否正常，若正常，要注意检查三个色差信号输出脚的直流电压是否也正常，如没有问题，方可改用示波器观察。

(3)当检修彩色不同步故障时，不要一上来就调整色同步电位器，而是首先重点检查色同步选通电路和副载波振荡电路。

(4)当检修红绿色相互易位故障时，不要轻易调整梳状滤波器中的可调元件，而是要注意检查 PAL 开关电路是否正常工作，特别是 PAL 识别信号的相位是否正确。

(5)当检修“百叶窗效应”时，不要轻易调动可调元件，而是要注意检查 PAL 开关及双稳态电路、梳状滤波器、色同步信号相位等是否正常。

(6)当检修彩色不稳定故障时，不要先急于检查电路，而是要首先检查天线或输入 AV 视频信号是否正常。在确认天线和输入 AV 视频信号都正确后，再重点检查色饱和度控制电路及色同步选通电路和鉴相器等电路。

(7)当检修彩色反相故障时，要注意检查送入同步解调器的 U、V 信号的相位是否正确，以及副载波恢复电路是否正常。

(8)当检修单基色光栅故障时，要首先检查红、绿、蓝三种基色信号是否已加到显像管的三个阴极。然后再作进一步检查。

(9)当检修彩色拖尾故障时，不要首先调整色饱和度(但一定调整时，观察现象后再调回原位，以避免掩盖故障现象，使故障原因不得排除)，而是要重点检查亮度信号的延迟时间是否发生变化，这时可采用代换法加以验证，同时还要注意检查色度带通、色差放大等色信号电路的通频带是否变窄。彩色拖尾时的主要故障表现是彩色都向右溢出一些，而左侧有镶边现象。

第二节 末级视放输出电路结构与维修要领

末级视放输出电路，组装在显像管的尾板中，主要用于放大输出R、G、B三基色信号，分别去激励显像管内部电子枪的三个阴极，以驱动电子枪发射电子束轰击荧光屏重现彩色图像。

一、末级视放输出电路的种类与结构形式

目前，在用的彩色电视机中，末级视放输出电路主要有两大类型：一类是以三个色差信号和一个亮度信号分别相加，输出R、G、B三个基色信号。它主要用于早期的模拟彩色电视机中；另一种是将R、G、B三基色信号输入尾板末级视放输出电路，它主要用于具有数字化处理功能的新型彩色电视机中。

1. 三色差信号输入式末级视放输出电路

三色差信号输入式末级视放输出电路，主要由三只视频放大管与外围元器件组成。其基本电路如图4-12所示。它附加有白平衡调整电路。

在图4-12所示电路中，(R－Y)、(B－Y)、(G－Y)三个色差信号分别加到视频放大管Q102、Q101、Q103的基极，而亮度信号则分别通过R109、R108和R107、R121以及R111、R110加到Q102、Q101、Q103的发射极，在发射结的导通电流作用下，使色差信号与亮度信号相加，形成基色矩阵，产生R、G、B三基色信号，并分别经Q102、Q101、Q103的集电极倒相放大输出。其输出的R、G、B信号直接加到显像管的三个阴极。最终驱动显像管在荧光屏上重现彩色图像。

图4-12所示电路是末级视放的最基础电路，读懂这个电路对深入学习和掌握更新型的末级视放电路的工作原理及检修要领非常重要。

2. 三基色信号输入式末级视放输出电路

三基色信号输入式末级视放输出电路，主要由三组复合放大器组成。其基本电路如图4-13所示。它附加有亮点消除电路。

在图4-13中，Q501和Q504组成R基色放大器，由H501端子输入的R基色信号通过R501加到Q504的基极，其发射极电压由Q507进行跟踪控制，以使Q504集电极输出信号增益实现自动控制。同时，由于Q504发射极电压被控制，其c-e极的导通电流也就得以控制，也就是Q501发射极电流得以控制，加到K_R显像管红阴极的直流电平得到控制，经Q501放大输出的R信号增益也同时得到控制。Q502和Q505组成G放大器、Q503和Q506组成B放大器，它们的功能作用及工作原理与Q501和Q504组成的放大器相同。由于该种复合放大器的自控功能，可以通过自动调整基色信号增益和加到显像管阴极的直流电平来实现自动白平衡控制，所以在电路中，就不再设有白平衡调整电路，这是三基色信号输入式末级视放电路的主要特点之一。

除以上两种末级视放输出电路外，还有一些由集成电路组成的末级视放电路，它们的结构和工作原理与三基色输入式末级视放电路基本相同，只要读懂上述电路，这些电路不难读懂。

二、白平衡调整及亮点消除电路结构及工作原理

白平衡调整及亮点消除电路，是显像管附属电路中的重要组成部分，它们通常设计在尾板末级视放输出电路中。

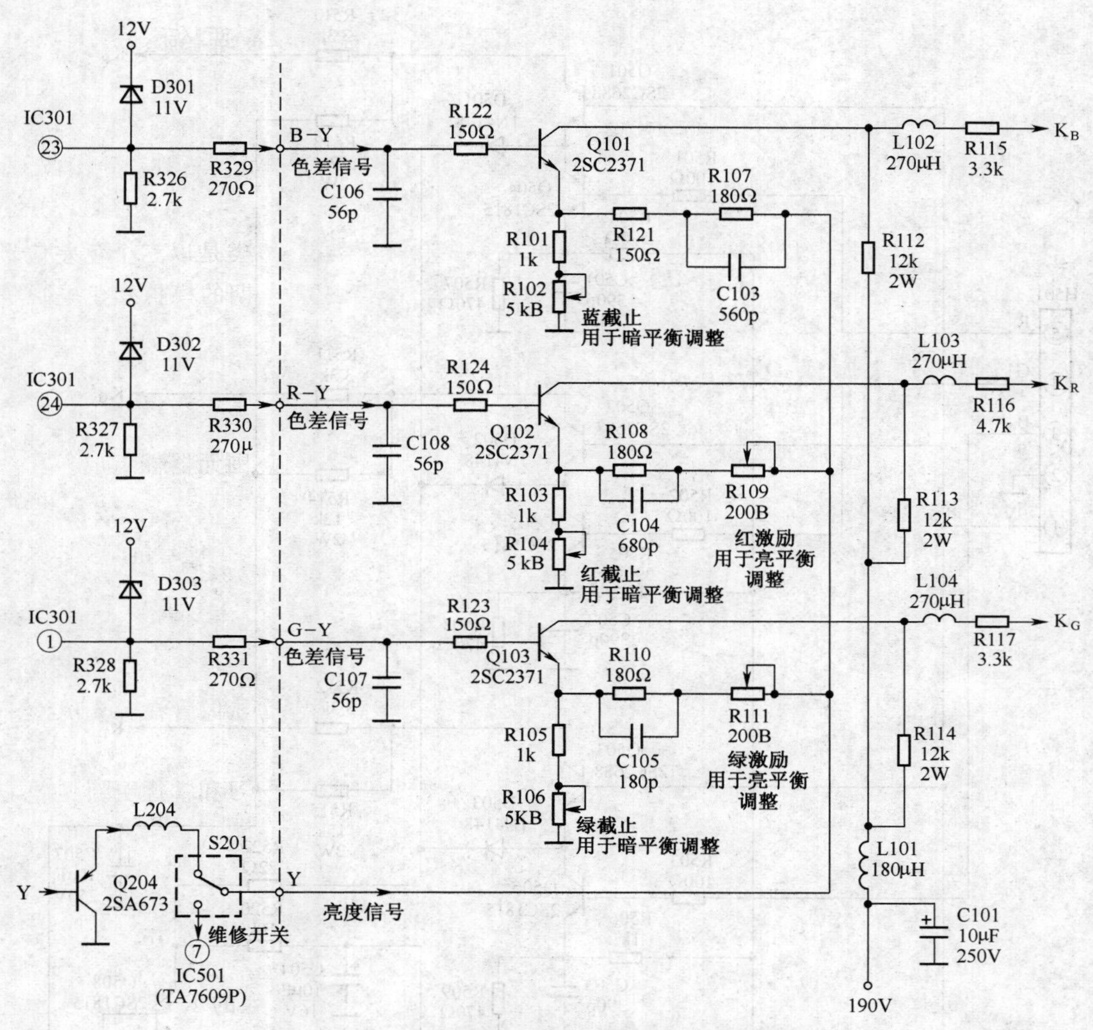

图 4-12　TA 四片机芯彩电中尾板电路原理图

1. 白平衡调整电路

白平衡调整电路，又称黑白平衡调整电路。在图 4-12 所示电路中，它主要由 R102、R1303、R106、R109、R111 等组成。其作用主要是调整三个视频放大器的工作状态，以使电子枪阴极发射的电子束，在彩色显像管屏幕上显示时，可呈现出黑白图像，而不使画面中显示出任何其他的彩色，为彩色显像管屏幕显示彩色图像提供先决条件。白平衡调整分为暗平衡调整和亮平衡调整两个方面。

(1)暗平衡调整。在彩色电视机中，彩色显像管在制造中不可避免地会使其阴极发射的三条电子束的调制特性不完全一致，调制特性曲线的斜率和截止点均有一定的误差，从而造成低亮度区域有彩色出现，如图 4-14a 所示。因此，就必须通过暗平衡调整来使显像管三阴极的调制特性保持一致。显像管的结构不同，暗平衡调整的方法也不同。

对于单枪三束式的显像管，可通过调整三个栅极偏置电压，来使三个电子束的截止电平达到一致，如图 4-14b 所示。

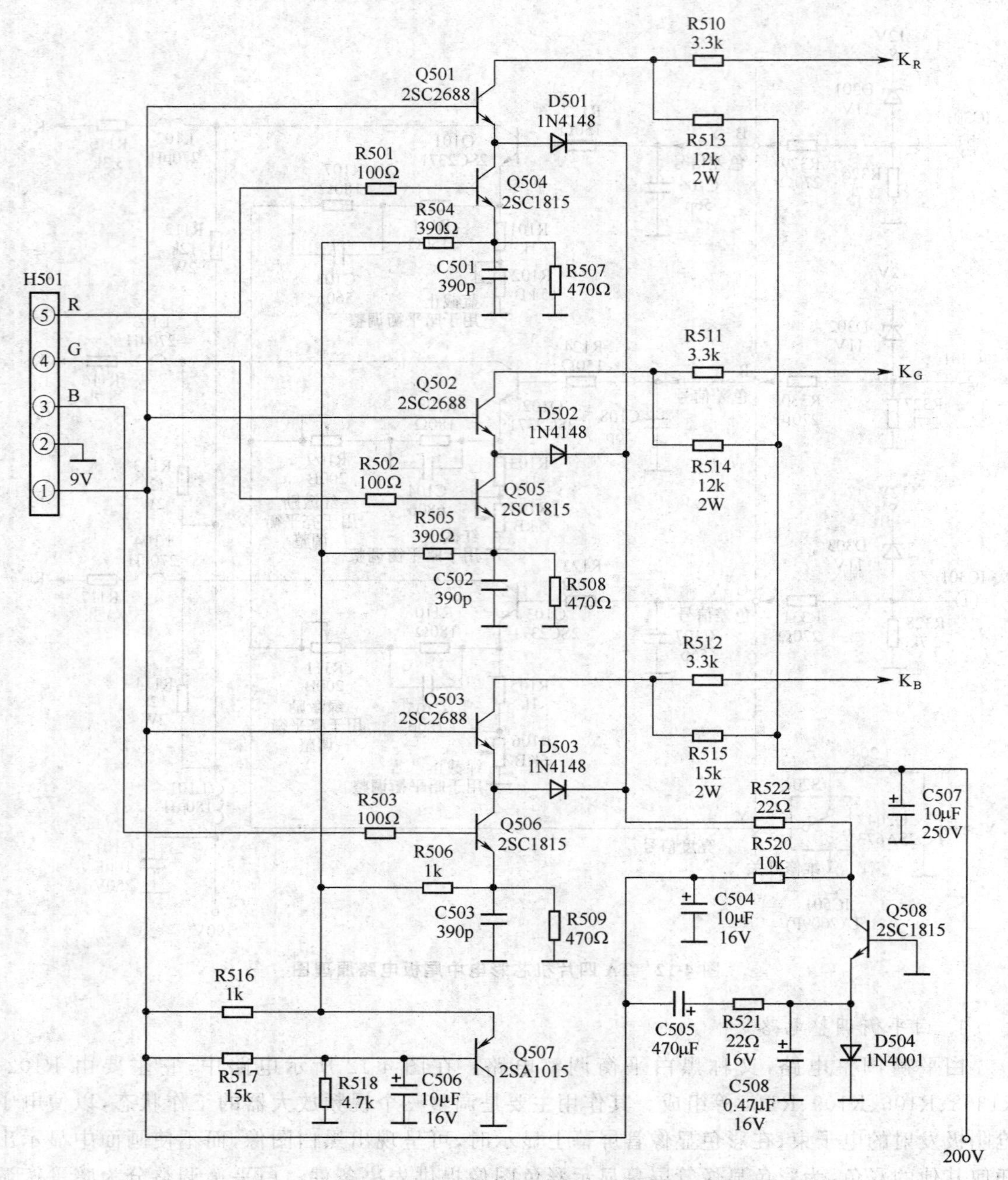

图 4-13　RGB 基色信号输入式尾板末级视放电路原理图

（注：创维 4T60 机芯彩电采用该种电路）

但对于自会聚式显像管来说，除了三个阴极独立之外，其余各极均为整体化结构，暗平衡就不能再通过调整栅极偏置电压来实现，而是要通过调节视频信号的直流电平来实现。当三基色信号加到自会聚显像管的三个阴极时，图像暗处三基色电流就同时出现，从而实现暗平衡，如图 4-15 所示。

图 4-12 所示电路中所示的尾板末级视放电路，就是与自会聚显像管相匹配的驱动电路。

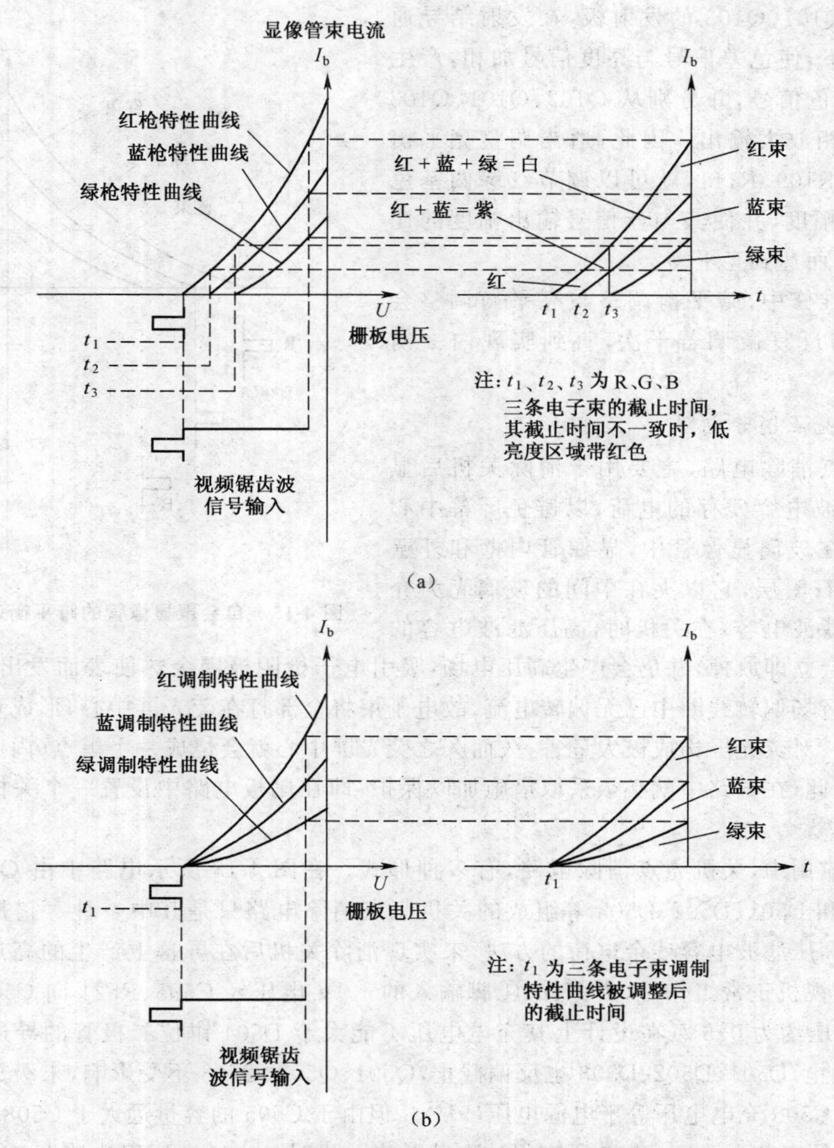

图 4-14　单枪三束显像管三条电子束的调制特性曲线

(a)三电子枪调制特性不一致时对黑白平衡的影响　(b)三电子枪调制特性一致时的黑白平衡

适当调整 R102、R104、R105，就可以调整 Q101、Q102、Q103 集电极的直流电压，也就是调整了显像管三阴极的直流电平，以实现暗平衡调整。

(2)亮平衡调整。亮平衡调整，主要是为了保证彩色显像管在重现亮度较高的黑白图像时，屏幕上不出现彩色色调。它是通过亮度信号的增益来实现的，并且只调整加入到 R、G 基色中的亮度信号。从亮度方程中可知，(B－Y)色差信号的比例只占亮度信号的 0.11，而(R－Y)色差信号占 0.30、(G－Y)信号占 0.59，故将 B 基色信号增益作为基准，重点调整 R、G 基色信号。

在图 4-12 所示电路中，(R－Y)、(B－Y)、(G－Y)三个色差信号分别加到 Q102、Q101、Q103 视频放大管的基极，而亮度信号则分别通过 R109、R108 和 R107、R121 以及 R111、R110

加到 Q102、Q101、Q103 的发射极，在发射结导通电流的作用下，使色差信号与亮度信号加相，产生 R、G、B 三基色信号，并分别从 Q102、Q101、Q103 的集电极倒相放大输出。因此，适当调整亮平衡调整电位器 R109、R111，就可以调节红绿两基色信号的输出幅度，并使其与蓝信号输出幅度的比例相适应，从而达到亮平衡。

在实际维修中，暗平衡调整与亮平衡调整会相互影响，需反复微调若干次，直到实现白平衡为止。

2. 关机亮点消除电路

关机亮点消除电路，主要用于消除关机后显像管高压滤波电容残存的电荷，以避免屏幕中心出现亮点。在玻璃显像管中，显像管内壁和外壁都涂有导电石墨层，它以夹在中间的玻璃壳为介质组成高压滤波电容，在关机时，高压滤波电容的充电电荷不会立即放掉，并仍会产生高压电场，吸引电子枪阴极因余热使表面发出的电子束，但此时由于行场偏转线圈中已无偏转电流，故电子束将全部打在荧光屏中心，形成直径约 1cm 大小的光点。对荧光屏构成极大危害，久而久之荧光屏中心就会烧成一个黑点（内壁荧光粉被烧脱落）。因此，在电路中就必须采取措施加以保护，即在尾板电路中设置一个关机亮点消除电路。

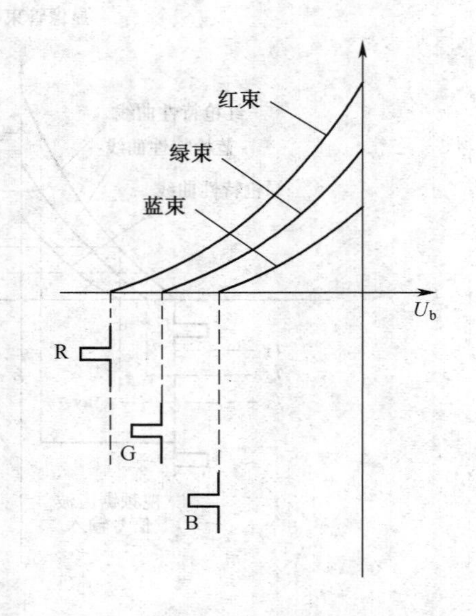

图 4-15　自会聚显像管的暗平衡调制曲线

在实际应用中，关机亮点消除电路，有多种形式。在图 4-13 所示电路中由 Q508、C505、C508、D504 和 D501、D502、D503 等组成的关机亮点消除电路只是其中一种。它是以加速电子束去吸收高压滤波电容残余电荷的方法，来实现消除关机后在屏幕上产生的亮点。其工作原理是：在电视机正常工作时，由 H501①脚输入的＋9V 电压经 C505、R521 向 C508 充电，使 C508 两端电压约为 0.6V（在设计上其充电电压不能大于 D504 钳位二极管的导通电压），使 Q508 反偏截止，D501、D502、D503 也反偏截止，Q501、Q502、Q503 不受影响，末级放大器正常工作。此时，C505 充电电压等于电源电压（9V）。但由于 C505 的容量远大于 C508 的容量，故 C508 所充得的电荷远小于 C505 所充得的电荷。当关机时，＋9V 电压很快消失，C505 通过电源开始放电，其放电回路是：C505 正极→电源内阻→地→V508 发射结→R521→C505 负极，使 C508 两端为负电压，Q508 发射极也为负电压，从而使 Q508 饱和导通，D501、D502、D503 导通，将 Q501、Q502、Q503 发射极电位下拉为低电平，并在 C505 正极端的放电作用下，使 Q501、Q502、Q503 迅速饱和导通，显像管阴极电压为 0V。束电流瞬时大增，吸收掉显像管高压滤波电容储存的电荷，从而达到关机亮点消除的目的。

与图 4-13 所示电路中关机亮点消除方式基本相同的电路还有另一种组成形式，如图4-16 所示。其电路的工作原理是：

在正常工作时，＋12V 电压经 VD610 向 C610 充电，其充电电压在设计上刚好使 V610 反偏截止，V610 集电极无输出，VD611、VD612、VD613 截止，V611、V612、V613 三只视放管不受影响。当关机时，12V 电压很快消失，VD610 截止，C610 通过 V610 的发射结→R610→地放电，使 V610 正偏饱和导通，其集电极输出电流使 VD611、VD612、VD613 导通，V611、V612、V613 因基极电流增加而迅速饱和导通，使集电极输出电压为 0V，显像管阴极发射的束电流增大，很快将高压滤波电容存储的电荷放掉，达到关机亮点消除目的。

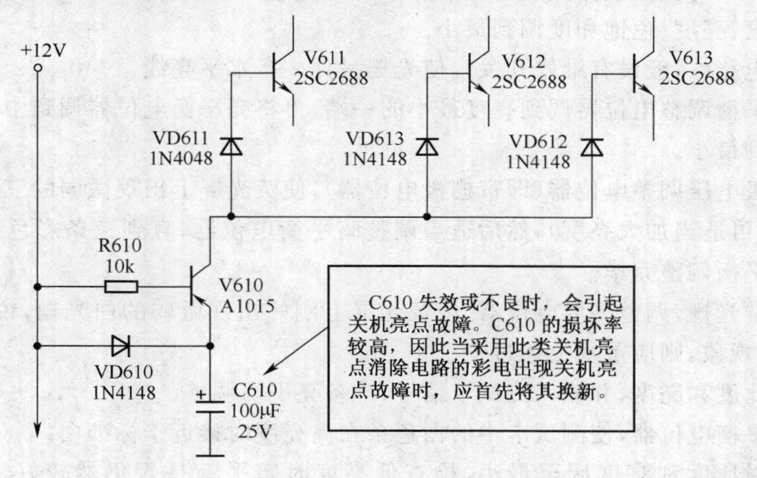

图 4-16　加速式关机亮点消除电路

注：三洋机芯彩电中常采用该种电路

有关关机亮点消除电路还有其他形式，但因篇幅所限，不再多述。

三、末级放大电路的维修要领及注意事项

在彩色电视机中，由于末级放大的供电电压较高（集电极供电压在 180～200V 之间），故其故障率也较高。末级放大电路出现故障时常见的故障现象有：无光栅、光栅偏色并伴有回扫线等。检修末级放大电路故障的维修要领及注意事项如下。

1. 维修要领

在末级放大电路中，故障率较高的部位是视放输出管击穿损坏、供电限流电阻烧断，白平衡电阻氧化接触不良等。因此，在故障检修时，应首先检查视放输出管集电极的工作电压，以便做出初步判断。

(1)视放管集电极电压，一般来说是近似于显像管相应阴极电压。在正常工作情况时，其动态电压应在 140V 左右并随图像画面的亮暗程度波动。而在静态时，一般该电压为 150V 左右，且稳定不变。但在一些无信号蓝光栅的机型中，无信号时蓝视放管集电极电压较低，一般在 120～130V 之间。因此，当检测某一视放管集电极电压或三只视放管集电极电压均较高，且近于供电源电压时，一般是视放管处于截止状态，此时显像管的相应阴极也截止。当某一阴极截止时，图像画面中就缺少相应的颜色，如缺少红颜色时，光栅和图像的颜色则为黄色（光栅中没有回扫线），若三个阴极均截止时荧光屏就无光栅。

当测得视放管集电极电压较低，且低于 110V 时，则说明该视放管有过流现象。此时相对应的显像管阴极电压下降，束电流加大。如红视放管集电极电压低于 110V 时，显像管红阴极发射的电子束较强，使光栅和图像偏向红色，阴极电压越低，光栅偏红就越严重，且伴有回扫线。

(2)在测得视放管集电极或显像管阴极电压异常后，应改用电阻测量法，寻找短路和开路元件。在检查中，对一些在线测量不易判别好坏的元件，则应断开一端脚或拆下来进行测量。

(3)在进行白平衡调整时,应遵守以下规则:

①在调整前,要先使电视机预热,预热时间不少于10min,以使机内电路进入稳定的工作状态。

②将对比度、亮度、色饱和度调到最小。

③关闭场电路(一般设有维修开关),使光栅呈现一条水平亮线。

④先将暗平衡调整电位器调到亮度最小的一端,再将亮平衡电位器调到中间位置,并使加速极电压调整到最小。

⑤调加速极电压调整电位器(即帘栅极电位器),使荧光屏上出现微弱的三条彩色细线(如果看不到亮线,可适当加大亮度),然后适当调整暗平衡电位器,直到三条彩色细线重合,并成为白色。即暗平衡调整完毕。

⑥恢复正常光栅,调整亮度电位器,使荧光屏上刚好出现微弱的白光栅,说明暗平衡已调好,若仍有偏色现象,则应重复上述过程。

⑦调大对比度和亮度,并输入测试卡信号,准备亮平衡调整。

⑧调整亮平衡电位器,使测试卡中的白色条在高亮度时接近于标准白。

⑨再次将对比度和亮度调至最小,检查低亮度时暗平衡是否仍然较好,若不好再重复调整。

⑩将对比度和亮度置于任意位置,检查白平衡是否良好。若不理想再反复调整,直到白平衡最佳为止。

在实际社会维修中,若没有彩色测试卡(或彩条信号发生仪),可以人的眼观为标准,直观进行调整。调整时将色饱和度调到零,再调低亮度和对比度,使画面刚好能够看到,这时反复调整白平衡电位器,直到画面完全为黑白图像为止。然后将亮度、对比度调到最大,再调整白平衡电位器,使画面完全为黑白图像为止。若不理想,可反复上述操作过程,直到眼观满意为止。

2. 注意事项

由于尾板电路直接与显像管相接,并有百伏以上的中高工作电压,因此检修末级放大电路时一要注意人体安全,二要避免损坏尾板电路及显像管。

(1)拔下尾板电路时,不要用力过猛或斜向拉下,而要沿着显像管管径的轴向方向缓慢拔出。

(2)在检查尾板元件前,要对高中压滤波电容放电,以避免打坏表针。

(3)当光栅出现偏色故障时,不要急于调整白平衡,而应先找出故障原因。

(4)对氧化或接触不良的可调元件,要直接换新。以避免隐藏故障。

(5)调整白平衡时,水平亮线的亮度不要过亮,以避免时间长灼伤荧光屏内壁上的荧光粉。

(6)在测量视放电路工作电压时,要将万用表调至电压250V以上挡,如果是检测帘栅极电压则应置于1000V挡。同时要注意,电击或放电打火,避免损坏设备。

第五章　行场扫描及显像管电路结构与维修要领

行场扫描及显像管电路的主要作用是通过偏转线圈产生的偏转磁场，使反映 RGB 三基色信号的电子束轰击荧光屏，重现彩色图像。

第一节　扫描电路结构与维修要领

在彩色电视机中，扫描电路的主要作用是向显像管管颈上的偏转线圈提供锯齿波电流，使电子束在偏转磁场的作用下，进行扫描。电子束扫描分为行扫描和场扫描两个方向的运动，并由行、场两种扫描输出电路分别完成。在由集成电路组成的行场扫描电路中，仅行场功率输出级电路分别独立组成，而行、场小信号处理功能则集成在同一块集成电路中。图 5-1 是 TA 四片芯集成电路彩色电视机的行场扫描电路。其中，行场扫描小信号处理功能就全部包含在 TA7609AP 集成电路内部，仅有少量的外围元件完成辅助性的功能。TA7609AP 的引脚功能及正常状态下的电压值、电阻值见表 5-1。

一、行扫描电路的基本结构及工作原理

在集成电路彩色电视机中，行扫描电路的基本结构主要分为两个部分：一部分是小信号处理电路，主要由 TA7609AP 的①、②、④脚和⑭、⑯脚及其外围元件等组成（见图 5-1）；另一部分是由大功率管及一些分立元件和行输出变压器等组成的行扫描输出级电路。

1. 行扫描小信号处理电路

在图 5-1 所示电路中，行扫描小信号处理电路，主要完成同步分离、自动频率控制、行振荡等功能。同时兼有 x 射线保护功能。

(1)同步分离电路。在重合同步脉冲中，既包含有行同步脉冲信号，又包含有场同步脉冲信号。同步分离电路的主要作用是把视频信号中的重合同步脉冲分离出来。在图 5-1 所示电路中，IC501(TA7609AP)⑯脚内电路与外接的 R424、R425、C414、D404、C415、R426、C426 等组成同步分离电路。其中 C414 与 R425 组成并联时间常数电路，主要起钳位作用，为高频信号提供通路；R424、C414、D404 组成并联时间常数电路为低频信号提供通路。

在正常工作时，由 R424 上端输入视频信号，当正极性的行同步脉冲到来时，视频信号通过 R424、C414、C415 加到 IC501(TA7609AP)的⑯脚，由内内电路进行同步分离处理后，从⑭脚输出幅度约为 $9V_{P-P}$的行同步脉冲。与此同时，C414 被充电到行同步脉冲的峰值电压。待行同步脉冲过去后，C414 通过 R425 放电。由于 C414 与 R425 并联的时间常数很大，所以 C414 上仍保持较高电压，因此，在行同步脉冲未到来时，⑭脚无输出。

在 R414 上端输入的视频信号中，由于场同步信号频率较低，所以场同步信号主要是通过 R424、C414 和二极管 D404 送入⑯脚。在其内电路进行分离处理后，从⑭脚输出。但在场同步脉冲头过后，C414 上的充电电压仍保持很大（接近场同步头峰值），因而使 D404 反向截止，⑭脚无输出。

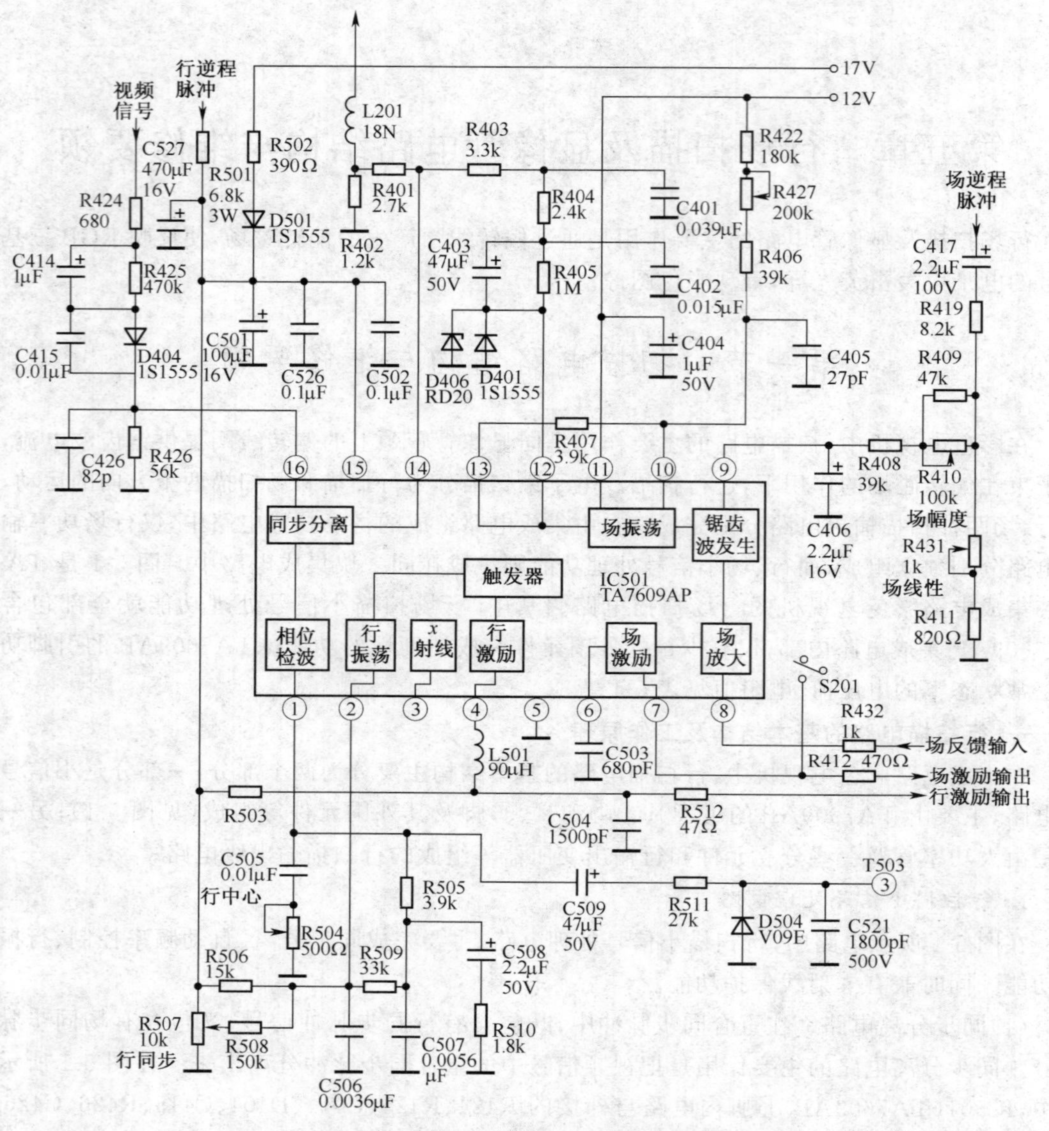

图 5-1　行场扫描小信号处理电路原理图

表 5-1　TA7609AP 行场扫描小信号处理电路引脚功能、电压值、电阻值

引　脚	功　能	U(V) 静态	U(V) 动态	R(kΩ) 在线 正向	R(kΩ) 在线 反向
1	行逆程脉冲输入，误差电压输出	4.1	4.4	2.6	50.0
2	行振荡频率控制	4.4	4.4	1.6	2.5
3	x 射线保护	0	0	1.1	3.0
4	行推动输出	0.5	0.5	0.8	0.9
5	接地	0	0	0	0

续表 5-1

引　脚	功　能	U(V)		R(kΩ)	
				在线	
		静态	动态	正向	反向
6	滤波	2.0	2.0	14.0	1.7
7	场激励输出	0.7	0.7	1.2	0.9
8	直流负反馈输入	7.4	7.4	8.5	1.6
9	帧幅度控制	7.4	7.4	1.2	1.7
10	帧同步控制	3.0	3.0	7.0	1.2
11	12V 电源	12.0	12.0	0.2	0.2
12	场同步信号输入	正向微动	−0.15	0.8	1.3
13	帧振荡	2.8	2.8	0.9	9.0
14	行同步脉冲输出	1.1	1.1	3.3	2.2
15	行电源	9.9	9.9	0.7	1.4
16	视频信号输入	−0.15	−1.1	50.0	1.4

注：表中数据用 DY1－A 型多用表测得。

由 IC501(TA7609AP)⑯脚内部同步分离器分离出的行同步脉冲信号，在 IC 内部直接送入行相位检波器；而分离出的场同步脉冲信号(复合同步信号)从⑭脚输出。该信号通过由 R403、C401 和 R404、C402 组成的两组积分电路，取出场同步脉冲，再由 C403、R405 和 IC501 的⑫脚输入电阻微分后，得到约 1.5V_{P-P}的正向尖头脉冲，送回⑫脚内部，用于控制场振荡器的振荡频率。

(2)自动频率控制电路。自动频率控制电路，主要用于锁定行振荡器的工作频率及振荡信号的相位。在图 5-1 所示电路中，自动频率控制电路由 IC501(TA7609AP)①脚及外接的 RC 网络等组成，并形成一个自动的锁相环路，常称其为 AFC 电路。其工作原理是：

从 T503 行输出变压器③脚输出的正极性行逆程脉冲，经 R511、C509 组成的积分电路，形成锯齿波脉冲，送入①脚内部的鉴相器进行相位检波。同时，由⑯脚内接的同步分离器输出的行同步脉冲信号也送入鉴相器。鉴相器对输入的两路信号电压进行比较后，产生一个误差电压U_{AFC}。该误差电压经 IC501①脚外接的双时间常数低通滤波器(由 R505、C507、C508、R510 组成)滤波后，送入②脚内接的行振荡器，以使行振荡频率与行同步信号频率始终保持同步。调节 R507 可调整行同步，即调节行频频率；调节 R504 可调整行中心，即调节行相位。

在实际工作中，在行同步脉冲来到之前，IC501(TA7609AP)①脚没有误差电压输出。当有行同步信号出现时，IC501(TA7609AP)①脚的输出有下列三种情况：当行频 f_H 等于行同步信号频率 f_o 时，IC501①脚输出电压为零；当 $f_H > f_o$ 时，即行频偏高时，①脚电位降低，输出负电压，通过②脚内接行频振荡器的调整使行频下降；当 $f_H < f_o$ 时，即行频偏低时，①脚电位升高，输出正电压，通过②脚内接行频振荡器的调整使行频升高。因此，正常工作时，IC501 的①②脚电压是不断波动的。

(3)行振荡电路(行频振荡器)。行振荡电路的主要作用是为行扫描电路提供 15625Hz 的基准频率。但在 TA 四片芯集成电路彩色电视机中，行振荡信号是在 TA7609AP②脚内部生成的，且振荡频率为 2 倍行频，再通过 2∶1 分频器，得到 15625Hz 的行频率。

在图 5-1 所示电路中，IC501(TA7609AP)②脚外接的 C506 为定时电容，它与②脚内部差分放大器组成施密特振荡器(即自激多谐振荡器)。并利用②脚外接定时电容 C506 的充、放电过程和两个正反馈支路的控制，产生 31250Hz 的振荡脉冲。其振荡过程是：

在刚开机时，IC501(TA7609AP)②脚外接定时电容 C506 两端电压很低，IC 内部差分放大器截止，⑮脚对 C506 充电，使②脚电位逐渐上升，形成锯齿波电压的上升段。当②脚电压上升到一定值时，IC 内部差分放大器导通，C506 通过 IC 内电路迅速放电，形成锯齿波电压的下降段。当 C506 放电到使 IC 内部差分放大器截止时，C506 又重新充电。此后周而复始，重复上述过程，产生锯齿波振荡，在 C506 两端形成连续的正向锯齿波。调整 R507 可调整 C506 的充电时间常数，进而实现同步调整。

在图 5-1 所示电路中，IC501(TA7609AP)内部行振荡器产生的 31250Hz 频率，在双稳态触发器的作用下完成 2：1 分频，并直接送入行激励电路，经激励放大后从④脚输出。

(4)x 射线保护电路。所谓 x 射线保护电路，是指为了防止因显像管高压过高而引起荧光屏辐射 x 射线过量设置的一种保护。该保护电路设置在 IC501(TA7609AP)③脚内部。在正常情况下，③脚处于低电平。当显像管高压因某种原因过高时，过高的行反峰脉冲会使 x 射线保护电路动作，切断④脚的行激励信号输出，使行扫描输出级电路停止工作，从而起到保护作用。只有在排除故障后，保护动作才能解除。

但在实际应用电路中，有些机型将 TA7609AP③脚接地，或空置未用。

2. 行扫描输出级电路

行扫描输出级电路的主要作用有两个：其一是为行偏转线圈提供行扫描锯齿波电流；其二是通过行逆程变压器为显像管提供部分工作电压。行扫描输出级电路由行激励电路和行输出电路两部分组成。其电路结构如图 5-2 所示。

(1)行激励电路。行激励电路的主要作用是将行振荡级输出的行激励信号进行激励放大，以推动行输出级电路启动工作。因此，行激励级电路又常称为行推动级电路。在图 5-2 所示电路中行激励电路由 Q501、T501 等组成。其工作原理是：

从 IC501(TA7609AP)④脚输出的行频方波，经高频扼流圈 L501 滤除高频成分后，通过 R512 加到行推动管 Q501 的基极。当行频方波的平顶期到来时，Q501 饱和导通，行推动变压器 T501 的初级绕组中有电流通过，并且产生上正下负的电动势，同时，在其次级绕组中感应出上负下正的电压，使 Q502 截止。当行频方波的平顶期过后，Q501 截止，T501 绕组中的感应电势极性突变，使 Q502 开始导通，行输出级开始工作。因此，这种行推动级电路采用的是一种反向激励方式，即行推动管 Q501 导通时，Q502 行输出管截止，反之，Q501 截止，则 Q502 导通。

在图 5-2 所示电路中，R513、C528、C510 组成去耦电路，用于吸收电源中的干扰脉冲；C511、C529、R527 组成尖峰脉冲吸收回路，以保护 Q501 不被尖峰脉冲损坏；L501、C504 主要用于抑制高频辐射干扰。

(2)行输出级电路。行输出级电路的主要作用是为行偏转线圈提供扫描电流。在图 5-2 所示电路中，它主要由行输出管 Q502、行输出变压器 T503、行逆程电容 C514、C515、C516 等组成。其中，行输出管 Q502 是一种内含阻尼二极管的大功率 NPN 管，由它完成行扫描正程，形成行扫描锯齿波电流，它在 Q501 的激励作用下工作在开关状态，它的主要负载是行偏转线圈和行输出变压器；行偏转线圈 H・DY 用于完成电子束的行扫描；行输出变压器 T503 是将

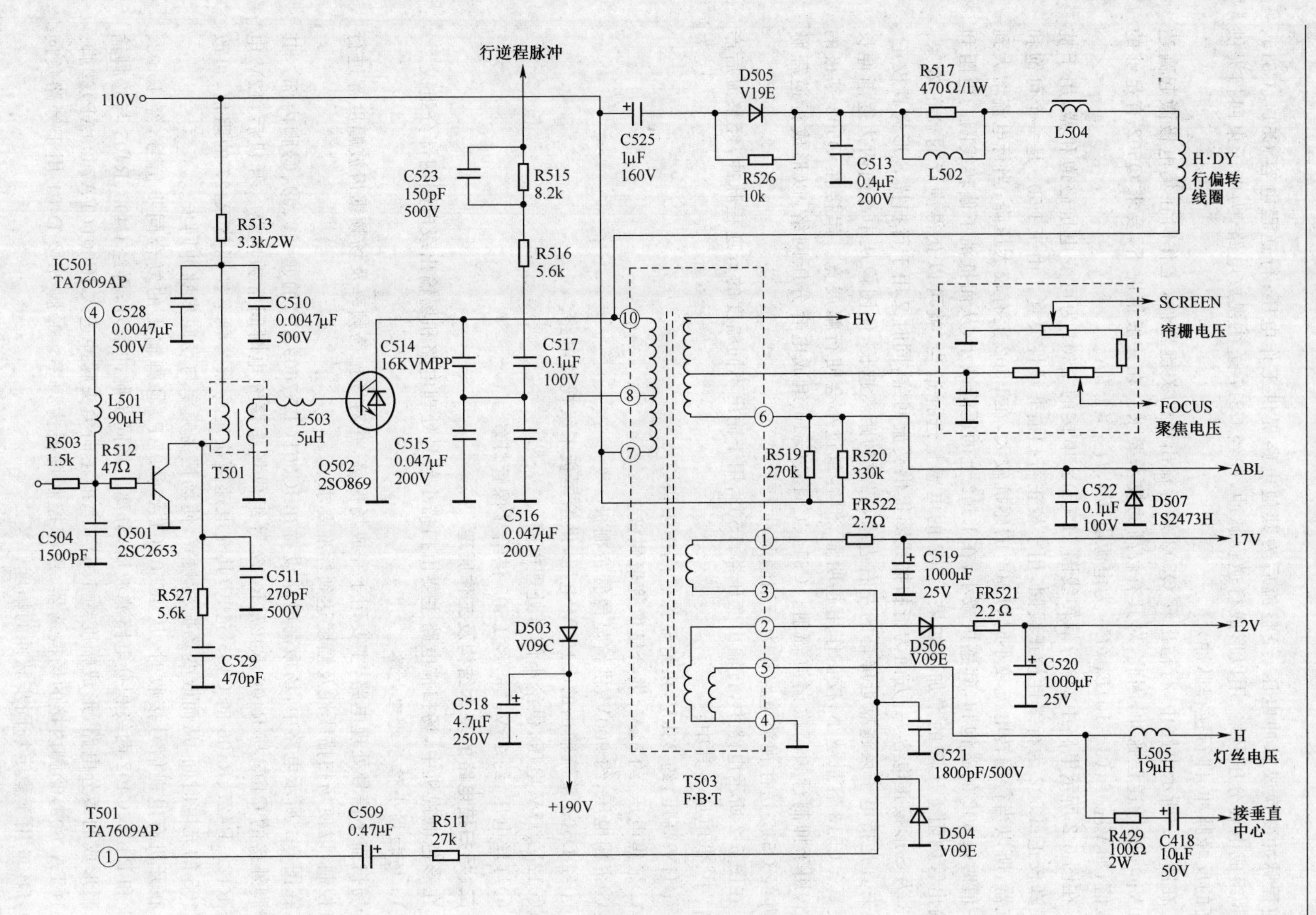

图 5-2　行扫描输出级电路原理图

行逆程脉冲变换成脉冲电压，经整流后为其他电路提供工作电压；行逆程电容 C514、C515、C516 组成电容分压网络，用以形成行逆程脉冲，并经 C517 送往视放电路，为电子束回扫提供较高的反峰脉冲（即行逆程脉冲）。

在图 5-2 所示电路中，行输出管 Q502 是行输出级的关键器件，工作时在集电极激起高达 1100V_{P-P}的行逆程脉冲，因此，对其有较高的技术要求。在一般情况下，要求 Q502 有足够的耐压值，如 $V_{CBO}=(8\sim10)E_C$（E_C 为电源电压），$I_{CM}>2.5$A。

在图 5-2 所示电路中，与行偏转线圈 H・DY 串接的 L504 为可变电抗磁饱和器，用于枕形失真校正；L502 为行线性校正线圈，用于校正行扫描非线性失真。由于 L502 是一个可饱和电抗器，所以当行偏转电流较小时，L502 的感抗较大，在 L502 上有较大压降；当行电流增大到某一值时，L502 的磁饱和，其感抗减小，在 L502 上的压降减小，从而抵消了偏转线圈的电阻和行输出管内阻上压降的增加。如果 L502 的电感量选择适当，就可以获得满意的校正效果。C513 为 S 形校正电容，一方面为行扫描线圈提供交流回路，同时又用于行扫描 S 形失真校正。S 形失真是指电子束越靠近屏幕的左右边缘，扫过的距离越长，使图像从中部向两边逐渐伸长的失真。C513 容量越小，校正作用越明显，但容量过小会使行幅展宽。串接在 Q502 基极的 L503，用于抑制行频高次谐波辐射。C514、C515、C516 组成电容分压网络，以形成行逆程脉冲，并经 C517 送往视放电路作为行消隐脉冲。

在图 5-2 所示电路中，行输出变压器 T503，用于输出不同幅度的行逆程脉冲，经整流后产生高、中、低电压。其中：

①HV 高压，约 23kV，供给显像管高压阳极。

②聚焦电压，约 5kV，供给显像管聚焦极。

③帘栅电压，约 900V，供给显像管帘栅极。

④经 D503 整流输出的＋190V 电压，供给尾板末级视放电路。

⑤12V、17V 电压，供给小信号处理电路。

⑥灯丝电压，约 25V_{P-P}，经 L505 供给显像管灯丝。

二、场扫描电路的基本结构及工作原理

在彩色电视机中，场扫描电路主要由扫描小信号处理电路和场输出级电路两部分组成。

1. 场扫描小信号处理电路

场扫描小信号处理电路，主要用于完成场振荡，并对场振荡频率及场频锯齿波幅度等进行调整控制，以使场扫描线性及幅度达到标准要求。

在图 5-1 所示电路中，场振荡电路设置在 IC501（TA7609AP）的⑩、⑪、⑫、⑬脚内部。其中⑩脚外接的 C405 与 R406、R427、R422 等组成场振荡充电时间常数电路。开机后，12V 电源经 R422、R427、R406 向 C405 充电，其充电速度决定场振荡频率。调整 R427 的阻值，可改变 C405 的充电时间，从而改变场振荡频率，使场振荡频率与场同步脉冲同步。

在开机有电视信号接收时，从 IC501（TA7609AP）⑭脚输出的复合同步信号，经 R403、C401 和 R404、C402 两级积分电路滤波后，分离出场同步脉冲信号，再经 C403、R405 与⑫脚输入电阻形成的微分电路，形成幅度约 1.5V_{P-P}的正向尖头脉冲送入 IC501（TA7609AP）⑫脚。IC501（TA7609）⑫脚内接的场振荡器，用于控制场振荡频率。⑫脚外接 D401 用于旁路负向脉冲，D406 用于稳定场同步脉冲的幅度。

IC501（TA7609AP）⑨脚外接的场锯齿波形成电容 C406 与 R408、R409、R410 等组成锯齿

波形成的时间常数电路，调谐 R410 可改变 C406 上的锯齿波幅度。C406 充电形成场扫描逆程，C406 放电形成场扫描正程。锯齿波信号由 IC501（TA7609AP）⑨脚输入锯齿波发生器与场同步脉冲混合，形成场频锯齿波信号，经放大激励后从⑦脚输出，并经 R412（470Ω）送入场输出级电路。

2. 场输出级电路

场输出级电路的主要作用是向场偏转线圈提供场偏转电流，以使电子束完成垂直方向扫描。在 TA 四芯片集成电路彩色电视机中，场输出级电路的基本结构如图 5-3 所示。

在图 5-3 所示电路中，Q401、Q402 为 NPN 型中功率管。它们分别组成自倒相推挽功率放大器（即 OTL 放大器）。其中，Q401 基极的静态直流偏压，由 Q402 集电极电路中的 R413、R414、D402 提供，而 Q402 基极的静态直流偏压，则是由 IC501（TA7609AP）⑦脚提供。只要静态直流工作点选择适当，就可以保证 Q401 工作在乙类放大状态，Q402 工作在甲类放大状态。正常时 Q401 发射极的静态电位高于或等于其基极电位，以使 Q401 处于截止状态，而 Q402 则处于导通状态。

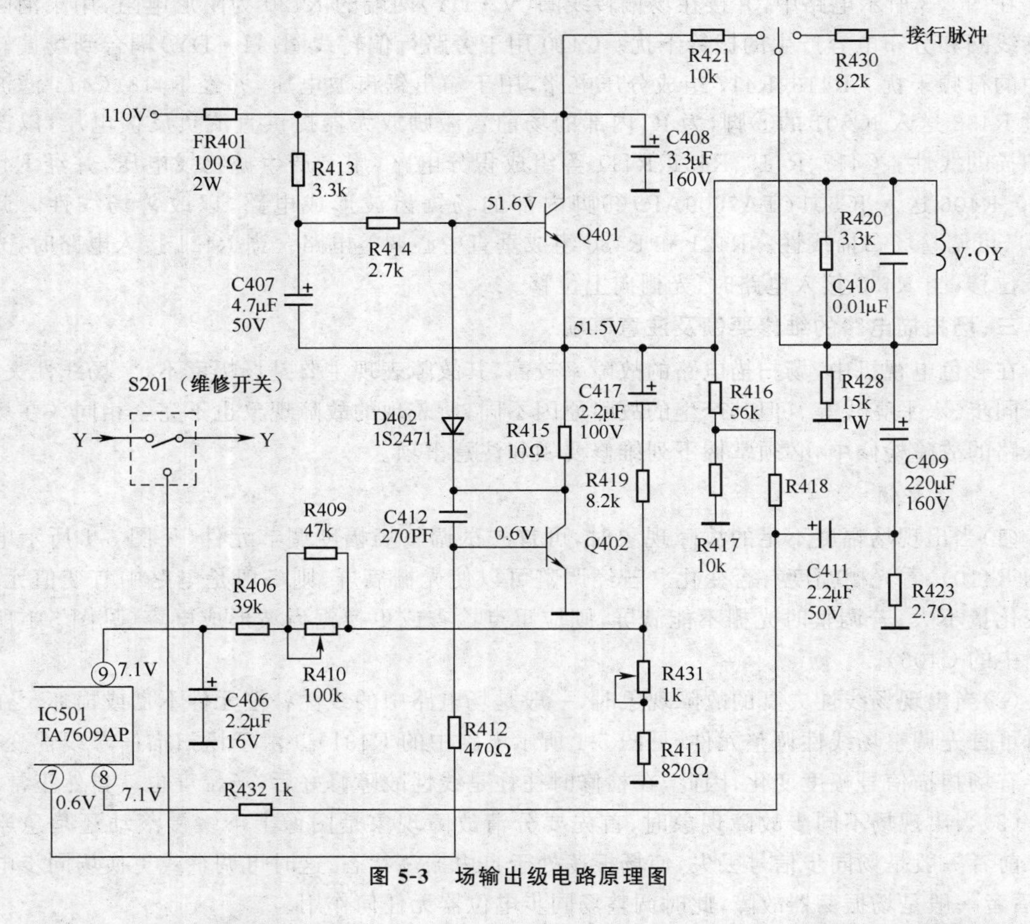

图 5-3　场输出级电路原理图

在图 5-3 所示电路中，当 IC501（TA7609AP）⑦脚输出的场锯齿波信号为前半周期的负值时，Q402 的集电极电流小于静态值，故流过 R413、R414、D402 的电流也相应较小，R413、R414 上的压降减小，Q401 基极电位上升，且高于其发射极电位，从而使 Q401 正向导通，形成场扫描电流的前半部分。同时使C409充电。在场激励信号为负的时间内，Q401基极电位始终高于其发射极电位(约0.6V)，故Q401在场扫描前半期一直处于导通状态。

当IC501(TA7609AP)⑦脚输出的场锯齿波信号后半周期的正值时，Q402的集电极电流增大，Q401基极电压下降，当下降电压相对发射极电压小于0.6V以下时，Q401截止，这时C409通过R415、Q402、V·DY放电，使场偏转线圈中产生场扫描电流的后半部分，形成场扫描正程。Q401和Q402在IC501⑦脚输出的场频锯齿波信号电压的激励下，轮流向偏转线圈提供场偏转电流，使场偏转线圈中产生垂直偏转磁场。在场锯齿波正程期间，Q402一直处于导通状态，故Q402不仅是OTL电路中的功率放大管，而且又是Q401的倒相管，为Q401提供激励电压。

在图5-3所示电路中，C407为自举电容，用于维持Q401基极电位不应该管饱和导通而下降，以避免场偏转线中的锯齿波电流失真。C407的存在，既解决了场逆程期间的高电压供电，又满足了场正程期间的低压供电，从而既提高了电路的效率、减少了正程期间的功率损耗，又避免了场上线性不良和场扫描逆程后半段回扫线的出现。

在图5-3所示电路中，并接在场偏转线圈(V·DY)两端的R420为阻尼电阻，用于消除场偏转线圈和分布电容产生的振铃干扰。C410用于旁路行偏转线圈(H·DY)耦合到场偏转线圈中的行频干扰。R416、R417组成分压电路，用于输出锯齿波电压，并经R418、C411滤波后通过R432送入IC501的⑧脚，为IC内部的场前置激励放大器提供直流负反馈电压，以改善场扫描的线性。C417、R419、R431、R411等组成积分电路，用于产生抛物线电压，并经R409、R410、R406送入IC501(TA7609AP)⑨脚内部的场锯齿波形成电路，以改善场线性。调节R431，可调整场扫描线性。R421和R430组成垂直中心调整电路。当R421接入电路时，光栅向下位移；当R430接入电路时，光栅向上位移。

三、场扫描电路的维修要领及注意事项

在彩色电视机中，场扫描电路的故障率较高，其故障表现主要是场幅度不足、场线性失真、场不同步、水平亮线等。但其产生的故障原因不同，所表现的故障现象也不完全相同。在场扫描电路的故障检修中，必须掌握下列维修要领和注意事项。

1. 维修要领

(1)当出现场幅度不足的故障现象时，可首先试调整场幅度调节元件(见图5-1所示电路中的R410)，看光栅幅度有否变化。若经调整可以使光栅满屏，则一般是电路中有变值元件，但变化量不大；若调整时光栅不能满屏，则应重点检查或更换锯齿波形成电容(见图5-1所示电路中的C406)。

(2)当出现场线性失真的故障现象时，一般是场电路中的线性补偿元件不良或损坏。在检修时可首先调整场线性调整元件(见图5-1所示电路中的R431)。由于场扫描信号线性变化，常伴有场扫描信号幅度变化，因此，在检修时往往是线性故障修好后，场幅度也就自然正常了。

(3)当出现场不同步故障现象时，首先要分清故障现象是图像上下缓慢滚动还是急剧跳动。前者一般是场同步信号丢失，使场振荡处于自由振荡状态，这时可调整或更换场同步电位器；后者一般是场振荡器故障，此时调整场同步电位器无任何作用。

(4)当出现水平亮线故障现象时，应在关闭主电源的情况下，首先检查场输出功率管是否有击穿现象。在确认无击穿损坏或开路性损坏元件后，再通电检查一些关键点的工作电压。引起水平亮线的故障原因一般有两个：一个是无场激励信号，另一个是功率输出级异常。因

此，检修时可逐级检查，有条件时最好使用示波器观察信号波形。

(5)当出现屏幕上有回扫线故障现象时，应首先检查场逆程脉冲幅度是否正常。在正常情况下，场逆程脉冲的幅度应大于 $90V_{P-P}$。若幅度不足，则说明场输出级有故障。在一般情况下，可首先检查或更换自举电容和供电压滤波电容（见图 5-3 所示电路中的 C407 和 C408）。当 C407 和 C408 失效时，光栅上部有回扫线，而消隐脉冲不良时，则是满幅回扫线。

(6)彩色电视机在长期使用中，功率较大部分的元件焊脚容易开裂或脱焊，引发多种故障。因此，在场扫描电路出现故障时，应注意检查功率较大元件的焊脚，必要时补焊一遍，以避免留下隐患。

(7)当出现光栅的幅度和线性同时不良时，应注意检查锯齿波形成电容。当确认锯齿波电容完好后再调整其他元件。

2. 注意事项

(1)在检查水平亮线故障时，要特别防止“切管”事故发生，所谓“切管”是屏幕出现水平亮线时，场偏转线圈中有较大的直流电压通过，并产生较高的直流电场，该电场作用在显像管管颈内部时，会引起电子枪的极间放电，从而使显像管内部的真空度下降，造成显像管报废。因此，在检修水平亮线故障时，为了安全起见，可将场偏转线圈断开，且测试时间要短暂。

(2)在测量场输出级电路的工作电压时，要使用 250V 挡，以避免损坏电表及场输出管。

(3)通电检查前要首先检查电路中的易损件和关键元件是否有损坏或不良。

(4)注意检查大功率元件焊脚是否有脱焊现象，必要时应逐一进行补焊。

(5)重点检修电路中的自举电容和滤波电容，若发现有变形、顶部凸起等现象要及时换新。

(6)检查场输出管时，最好是焊下检查，必要时可将其直接换新。

四、行扫描电路的维修要领及注意事项

在彩色电视机中，行扫描电路的故障率较高，其常见的故障现象是：无光栅，行输出管击穿、行输出变压器烧坏；行不同步；光栅左侧有垂直黑白竖条；行激励不足；行幅度压缩；竖直一条亮线等。其中行输出管重复击穿，使故障不能彻底排除的现象比较常见。因此，检修行扫描电路时应掌握维修要领及注意事项。

1. 维修要领

(1)在检修行输出管击穿的故障时，应首先检测行输出管集电极与发射极之间的正反向电阻值。若正反向电阻值均为零，输出还不能就此断定行输出管已击穿损坏，还应断开行输出管的集电极，继续检测集电极的焊脚线路与发射极焊脚（即接地端）之间的正反向电阻值。若仍为零，则说明除行输出管击穿外，线路中仍有击穿元件，如行逆程电容等。这时应进行逐一检查，检查时最好断开元件的一个焊脚。

行输出管击穿损坏的原因比较复杂，有时也比较隐蔽，一般有四种原因：其一是行逆程电容变值，引起行逆程反峰脉冲过高，击穿行输出管；其二是行激励开关脉冲的占空比改变，使行输出管导通时间过长而烧坏；其三是行推动级不良，造成过激励或欠激励，使行输出管烧坏；其四是因电源过高或负载过流而损坏。因此，在通电检测前，要认真检查行推动级电路，有条件时，还应断开行管集电极，观察行激励开关脉冲是否正常。

(2)行输出变压器烧坏时，在一般情况下都能看到有击穿放电的痕迹。因此，检修时要首先注意观察行输出变压器的表面。在表面状况完好时，再通电检查行输出管集电极电压和电流。若测得电压在 80V 以下，电流远大于 500mA，则可判断行输出变压器或其负载损坏。正常工作时行输出管集电极电流在350～500mA之间。

(3)当检修行不同步故障现象时,应首先检查行同步分离电路和AFC电路,也可试调整行频控制电位器。若调整时屏幕有瞬间同步出现,则说明行同步信号丢失,这时应重点检查复合同步信号输入电路;若调整时屏幕无同步出现,则是行振荡电路故障,这时应采用电阻测量法对相关元件进行逐一检查,特别是对可调元件更要重点检查,必要时将其直接换新,对可疑电容也应直接换新。

(4)当检查光栅左侧有垂直黑白竖条故障现象时,应检查阻尼二极管和行推动级的防干扰元件,必要时将其直接换新。但有时行输出变压器不良也会引起光栅中有竖直黑白条出现。此时,如果有条件,可用示波器观察行逆程脉冲波形,行逆程脉冲之间的正程段中会有小脉冲出现。如果条件不具备,可用代换法检查。但用示波器观察时,应注意将探笔接近在行输出变压器的高压输出端,即高压线的根部,并且要保持在1cm至3cm距离范围内进行探测。若直接检测行输出管集电极,则不能看到故障波形。

(5)当检修行激励不足的故障时,应重点检查行推动管及其偏值电阻,必要时将行推动管直接换新。

行激励不足,常因程度不同而有不同的故障现象:如行输出管击穿则表现为无光栅;行输出管烫手,则表现为光栅行幅变小;若行输出变压器高压输出变低,则表现为光栅发暗,光栅左侧有白色或黑色卷边等。引起行激励不足的主要原因,常是行推动管的β值下降。因此,在更换行推动管时,应选择β值较高的晶体管。

(6)当检修竖直一条亮线故障现象时,一般是行偏转线圈回路开路,常见的故障原因是S校正电容失效或开路。检修时可首先检查S校正电容,必要时应将其直接换新。

2. 注意事项

(1)行输出级属高压脉冲产生电路,检修时要特别注意安全,防止高压电击。

(2)在故障检修时,要首先采用电阻测量法,在确认无异常元件后再通电检测,以防止因有不良元件时通电使故障范围扩大。

(3)在发现行输出管击穿时,不要更换后立即通电试机,而要认真分析故障原因,检查与此相关元件是否损坏,一并更换后,方可通电,否则会造成重复烧坏行输出管的事故。

(4)行逆程电容的损坏率较高,有时损坏后面目全非,不能识别出原来型号,在无图纸参照的情况下,应首先进行估测,尽量选择容量较大的逆程电容,然后根据光栅的行幅情况逐渐减小容量,直到光栅行幅度合适为止。这样做的目的,主要是避免因行逆程电容容量过小,使光栅行幅过窄,行逆程反峰过高,从而击穿行输出管。

(5)当发现行激励不足时,不要轻易通电检测,以防止击穿行输出管。必要时可将行推动变压器换新,并注意检查焊脚线路。

(6)当发现屏幕出现竖直亮线时,不要再次开机,否则极易使行输出管损坏。

(7)在修复行输出级电路后,应检测行电流,务使其稳定在360～500mA之间。若行电流大于500mA,则说明仍有过流故障,必须作进一步检查。

(8)在更换行输出管时,应注意所用行输出管是半塑封还是全塑封。若是半塑封管,在安装时,一定加装云母片,并在紧固螺钉上套上绝缘管,确保集电极与散热片之间的绝缘良好。

五、行、场扫描电路中元器件的代换要求

在行、场扫描电路的实际维修中,当更换元器件时,常遇到无同型号元件的情况。因此,就需要选择代用品。但由于行、场扫描电路的工作电压、电流均较高，故对其代换元件的要求也较高。在一般情况下，要求代换元件的使用性能、参数指标等应与原型号相同或相近，能够满足电路的要求，并有一定的裕量。

1. 行、场输出管的代换

行、场输出管，均是功率较大的晶体管，特别是行输出管，其输出功率更大。在维修代换时，要求它的各项参数，必须等于或优于被代换的晶体管。如集电极最大耗散功率 P_{CM}、集电极最大允许电流 I_{CM}、发射极开路时集电极与基极之间的反向击穿电压 BV_{CBO}、基极开路时集电极与发射极之间的反向击穿电压 BV_{CEO} 及特征频率 f_T 等，都应满足代换要求。

例如，2SD1426 型行输出管的 $P_{CM}=80W$、$I_{CM}=3.5A$、$BV_{CBO}=1500V$、$f_T=3MHz$，而 2SD1427 型行输出管的 $P_{CM}=80W$、$I_{CM}=5A$、$BV_{CBO}=1500V$、$f_T=3MHz$，经比较，后者的主要参数均优于前者，故可以代用。又如 2SD1402 型行输出管的 $P_{CM}=120W$、$I_{CM}=5A$、$BV_{CBO}=1500V$、$f_T=3MHz$，而 2SD1403 型行输出管的 $P_{CM}=120W$、$I_{CM}=6A$、$BV_{CBO}=1500V$、$f_T=3MHz$，后者的主要参数也优于前者，故也可以代用。在行输出管代换时还要注意的是，有的行输出管内部含阻尼二极管，有的行输出管内部不含有阻尼二极管，含阻尼二极管的行输出管，不能用不含阻尼二极管的行输出管代换。反之亦然。如 2SD1403 内部不含阻尼二极管，2SD1555、2SD1557 等内部含有阻尼二极管，两者不能相互代用。通常内含阻尼二极管的行输出管内部在发射结（基极与发射极之间）上还并接一只 30～50Ω 的偏置电阻，检修测量时需加以注意，不要误判为发射结击穿损坏。

在场输出级电路中，场输出管一般为中功率管，常用的型号有 2SD1264（或 2SD1138）和 2SC2073、2SA940 等。其中，2SD1264 型场输出管的 $P_{CM}=30W$，$I_{CM}=2A$，$BV_{CBO}=200V$；2SD1138 的 $P_{CM}=30W$，$I_{CM}=2A$，$BV_{CBO}=200V$；2SC2073 的 $P_{CM}=1.5W$，$I_{CM}=1.5A$，$BV_{CBO}=150$；2SA940 的 $P_{CM}=1.5W$，$I_{CM}=-1.5A$，$BV_{CBO}=-150V$。在代换场输出管时，除考虑主要参数要满足要求外，还要考虑其放大倍数应一致，如由 2SC2073 和 2SA940 组成的场输出对管，在更换或代换时就必须保持 β 系数一致。

一些场输出级电路主要由集成电路组成，常用型号有 LA7830、LA7832、LA7837、AN5435、AN5512、AN5515、AN5521、AN5534、TA8403K、TA8427K、TA8445K、TDA8351、TDA3654、TDA3653 等，在维修更换时要保持型号一致，不可随意代换。

2. 行逆程电容的代换

在实际维修中，代换行逆程电容时应重点考虑代用型号的耐压值与原型号的耐压值一致或稍有裕量。在实际工作中，行逆程电容工作在高脉冲状态，要求其介质损耗要小。在维修时，若没有原规格电容更换时，可用多个电容并联或串联后代换，但也要保证耐压值符合要求。

3. 行输出变压器的代换

在彩色电视机中，行输出变压器的损坏率较高，在更换时应尽可能采用原型号产品。在无原型号产品时，可采用代用品。代用时应注意以下几点：首先，应选择功能及参数与原型号一致的产品；当没有引脚功能及参数完全一致的行输出变压器时，也可以寻找主要绕组参数及引脚功能相同或相近而次要绕组（如灯丝绕组）参数及引脚不同的行输出变压器。在其磁芯上绕制适当粗细和匝数的高强度漆包线，构成新的绕组后，再进行代换。

其次，行输出变压器的漏抗和分布电容应满足要求。如果这两项指标不能满足要求，行输出变压器工作时，其高压脉冲感应的振铃效应将对电视画面产生严重的干扰。

再次，行输出变压器的高压调整率应满足要求。高压调整率是指扫描输出电路工作时，行输出变压器的输出高压随负载变化的比率。如果高压调整率不能满足要求，将直接影响电视图像的质量，导致屏幕光栅大小变化，图像画面出现涨缩现象。

最后，还要注意行输出变压器的耐压绝缘和阻燃性能应满足要求。

4. 偏转线圈的代换

偏转线圈由水平偏转线圈和垂直偏转线圈组成。偏转线圈的种类很多，技术性能也各有所异。在维修代换时，主要取决于阻抗、偏转灵敏度、偏转角、会聚误差和色纯裕度、光栅几何失真、管颈阴影裕度、串扰、耐电压、倾斜裕度等参数是否一致。其中，最主要的参数是阻抗、偏转灵敏度、偏转角和耐电压。

(1)阻抗。阻抗是偏转线圈的重要参数之一。无论是水平偏转线圈，还是垂直偏转线圈，在电路中都等效为电感和电阻的串联组合。但在实际应用中，由于水平扫描频率较高，垂直扫描频率较低，所以行偏转线圈电感和垂直偏转线圈电阻则是偏转线圈阻抗的主要部分。偏转线圈阻抗的大小主要由线径、线圈匝数及线圈结构决定。

(2)偏转灵敏度。偏转灵敏度，主要是指在单位偏转磁场强度作用下，束光点的偏移量。偏转灵敏度取决于磁芯形状、线圈形状、绕线长度、绕线分布等。

(3)偏转角。偏转角是指在偏转磁场的作用下，电子束在显像管屏幕对角线上的最大张角。偏转角主要由配套的显像管尺寸决定，常有 90°、100°等不同规格。但偏转角越大，越易引起偏转散焦。

(4)会聚误差和色纯裕度。会聚误差是由显像管和偏转线圈共同决定的，但在自会聚管中，会聚误差主要取决于偏转线圈的磁场分布。色纯裕度是指在保证色纯良好的前提下，偏转线圈能从最佳色纯位置沿管轴向前或向后移动的距离之和。

(5)光栅几何失真。光栅几何失真，主要是电子束在不均匀偏转磁场中作不规则运动引起的多种失真。如：偏转磁场的中央部位磁场强度高，而边缘部位的磁场强度弱，则电子束在磁场中央部位受到的偏转力就大，而在边缘部分受到的偏转力就小，因而就会产生桶形失真；又如：偏转磁场的中央部位磁场强度弱，而边缘部分磁场强度高，就会引起枕形失真。桶形失真和枕形失真与偏转线圈绕线密度分布有关。

(6)管颈阴影裕度。管颈阴影裕度，主要是指偏转线圈从紧靠显像管锥体部位开始沿管轴向后移动，直到显像管屏幕边缘刚好出现阴影为止时，偏转线圈所移动的距离。管颈阴影是偏转后的电子束被管颈内壁遮挡所致。

(7)串扰。串扰主要是水平偏转线圈与垂直偏转线圈之间相互不垂直引起的。如果水平偏转线圈和垂直偏转线圈在组装时不能相互垂直，则水平偏转磁场与垂直偏转磁场也不能相互垂直，加在水平偏转线圈两端的行频电压就会通过垂直偏转线圈串入垂直扫描电路，形成串扰。此时将会出现光栅弯曲、倾斜或平行四边形失真等现象。

(8)耐电压。耐电压，主要是指偏转线圈的绝缘强度和耐压性能。在扫描电路工作时，行偏转线圈两端产生 1kV 左右的行频脉冲电压，所以要求行偏转线圈的层间耐电压、行偏转线圈与场偏转线圈之间耐电压以及场偏转线圈与磁芯之间耐电压均较高。

(9)倾斜裕度。倾斜裕度，主要是指在进行自会聚管的动会聚调整时，偏转线圈的摆动距离。在进行动会聚调整时，需要在水平方向和垂直方向摆动偏转线圈，其摆动距离越大，倾斜裕度越大，动会聚的可调范围越宽，此时偏转线圈的有效内径需加大，但偏转灵敏度会下降。

第二节　显像管电路结构与维修要领

在彩色电视机中，显像管电路是整机中故障率较高的一部分电路，且维修难度较大。因此，在学习彩色电视机维修时，能够深入了解显像管电路的基本结构及工作特点，对掌握维修要领是十分重要的。

一、显像管电路的基本结构及工作原理

在彩色电视机中，显像管电路是整机中的终端电路。它的终端器件是彩色显像管。其电路的基本结构如图 5-4 所示。

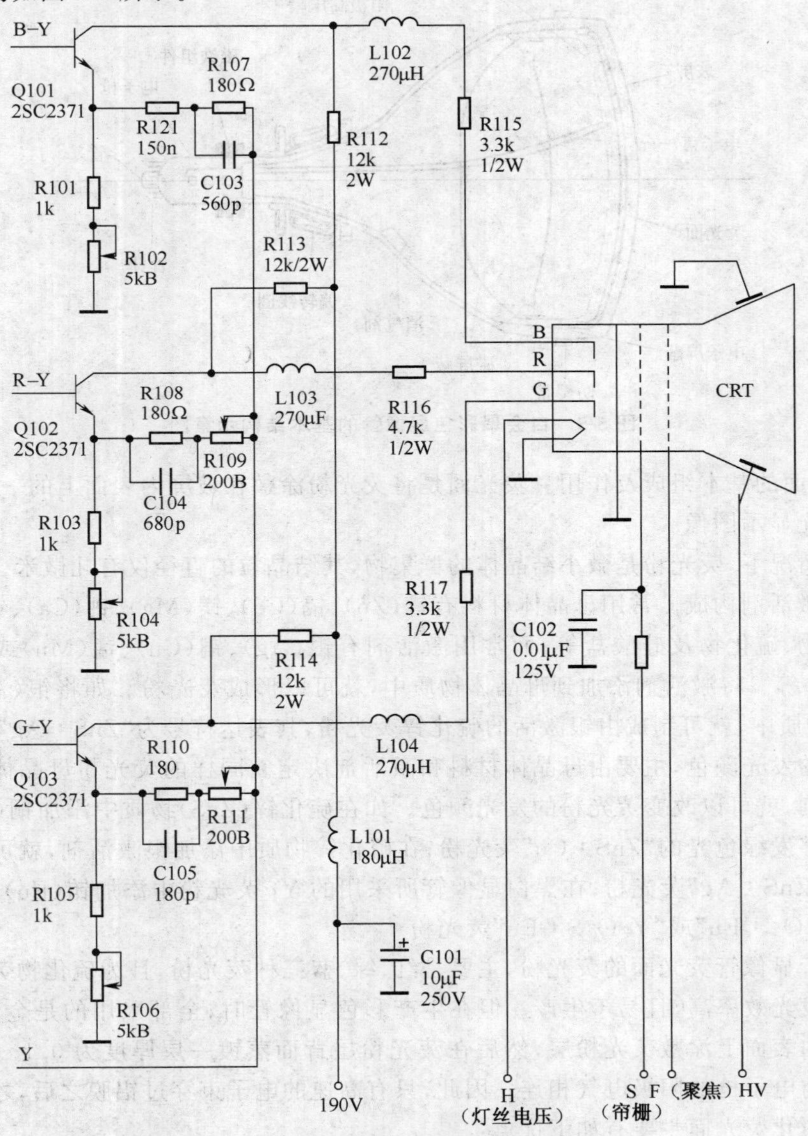

图 5-4　显像管电路原理图

注：沈阳 SDC47-10 等机型采用该电路

显像管电路，主要包含阴极电路、灯丝电路、高压电路、帘栅极电路、聚焦极电路等几个部分。它们的功能作用是使显像管屏幕能够显示出模拟彩色图像。

1. 彩色显像管

彩色显像管是能够重现彩色图像的一种阴极射线管。它作为显示装置，普遍应用在彩色电视机中，且种类较多，如品字形三枪三束荫罩式彩色显像管，单枪三束栅网荫罩式彩色显像管，自会聚式彩色显像管等。目前，各电视机生产厂商均普遍采用自会聚式彩色显像管。其基本结构如图 5-5 所示。

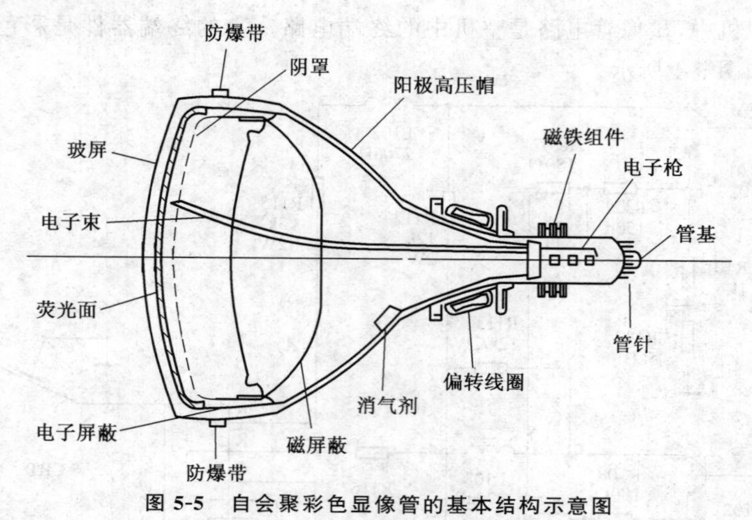

图 5-5　自会聚彩色显像管的基本结构示意图

(1)荧光面的基本组成及作用。荧光面是将荧光粉涂敷在玻屏内表面上的一个结构层，用于显像管发光显示图像。

在通常情况下，荧光粉是微小结晶体的群集物，其结晶粒的直径仅有几微米。它主要由母晶体材料和激活剂构成。常用母晶体材料有锌(Zn)、镉(Cd)、镁(Mg)、钙(Ca)、钇(Y)等金属元素的氧化物、硫化物及硅酸盐等；而常用激活剂有银(Ag)、铜(Cu)、锰(Mn)或稀土元素铕(Eu)、铈(Ce)等。将激活剂添加到母晶体物质中，就可以形成荧光粉。如将银(Ag)添加到硫化锌(ZnS)物质中，就可制成由银激活的硫化锌荧光粉，其表达符号为“ZnS：Ag”。

荧光粉的发光颜色，主要由母晶体材料和激活剂决定。同样的荧光粉母晶体材料中添加不同的激活剂，就可以改变荧光粉的发光颜色。如在硫化锌(ZnS)物质中添加铜(Cu)激活剂，就可制成能够发绿色光的“ZnS：Cu”荧光粉；在硫化锌物质中添加银激活剂，就可以制成能够发蓝色光的“ZnS：Ag”荧光粉；在黑白显像管所采用的 Y_4 荧光粉中添加铕(Eu)，即可制成发红色光的“Y_2O_3：Eu”或“Y_2O_3S：Eu”荧光粉。

目前用于显像管荧光面的荧光粉，主要是红、绿、蓝三种荧光粉，且为硫化物荧光粉。硫化物荧光粉的发光效率高，且易于生产。但在生产彩色显像管时，全部采用的是金属化荧光面，即先在玻屏内表面上涂敷荧光粉层，然后在荧光粉层背面蒸镀一层厚度为 0.1～0.5μm 的铝膜。该铝膜与电子枪的阳极电气相连。因此，只有高速的电子束穿过铝膜之后，才能激发荧光粉发光。金属化荧光面主要有如下优点：

①金属化荧光面属于绝缘体，其荧光粉的电阻率很高，可防止荧光面电位降低。当电子束穿过铝膜轰击荧光面时，入射电子会在荧光粉中停留，并产生负电荷积累，使荧光面电位下降。

但在采用金属化荧光面时，铝膜能够及时地泄放掉电子，使荧光面电位上升。

②由于铝膜像一面镜子，将射向管内的荧光反射到屏幕前方，所以可提高亮度、对比度，同时也能提高阳极电压，以增大电子的激发能量。

③由于质量大而速度较慢的离子穿不透铝膜，所以可有效地防止离子斑的出现。

在实际应用中，荧光面是由十几万甚至几十万个的三色组荧光粉点（条）组成的，每个三色组中有红、绿、蓝三种颜色的荧光粉点。其中，每一个荧光粉点（条）对应着一种基色。当人眼离开一定距离观看荧光面显示的图像时，由于视觉的空间混色，三种基色图像就会叠加在一起，从而模拟出原始的彩色图像。因此，人眼看到的是三种基色光的混合色。

（2）电子枪。电子枪是显像管中极为重要的组成部分。它的最基本作用是发射电子，并在高压电场的作用下对电子束进行加速、聚焦和调制。电子枪主要是由圆筒、圆帽（或圆片）式金属阴极（K）、第一栅极（G_1）、第二栅极（G_2）、第三栅极（G_3）、第四栅极（G_4）等组成，如图 5-6 所示。其中：阴极（K）由镍合金及氧化钡涂层等组成，它在热灯丝的加热状态下，可使表面温度高达 800℃左右，从而使其表面能够发射电子；第一栅极（G_1）为调制极，其电位为负；第二栅极（G_2）为加速极，又称为帘栅极，其电位约为 100～500V；第四栅极（G_4）为聚焦极，其电位约为 800～900V；第三和第五栅极（G_3-G_5）为高压阳极，它通过管颈和锥体内表面涂敷的石墨层与显像管的阳极帽、荧光面上的铝膜连接，约有 20kV 以上高压。

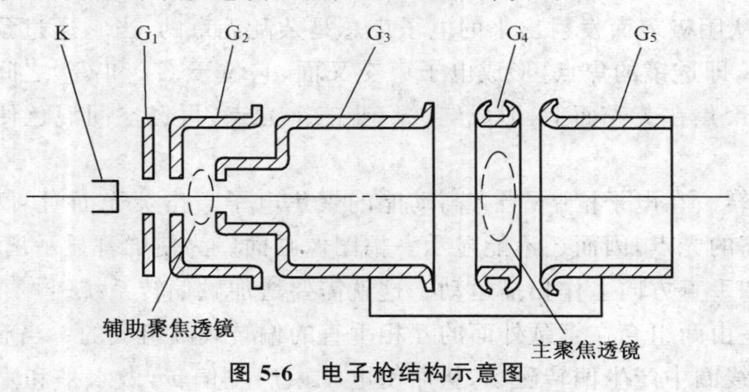

图 5-6　电子枪结构示意图

在电子枪中，阴极 K_1 和栅极 G_1、G_2 组成电子束发射系统。当它在阴极表面的场强为负值或为零时处于临界状态，此时不能发射电子；当增高 G_1 极电压时，阴极表面会出现电子加速场，此时若阴极被灯丝加热到一定温度，其表面就会发射电子束，并在阳极 G_3-G_5 高压电场的强烈作用下，以约 90000km/s 的速度射向荧光屏。因此，飞出电子枪的电子束具有很高的动能。

在实际应用中，为了使显像管屏幕显示出电视图像，还必须用视频信号控制电子束的电流。改变 G_1 极电位就可以改变阴极附近空间电场的等位面分布，使阴极的有效发射面发生改变。如果把视频信号电压加到 G_1 极，就可使阴极表面发射的电子流密度发生改变，并随着视频信号不断变化，实现对电子束电流的调制。这种把视频信号电压加到 G_1 极上的调制方式叫作栅极调制。这种调制方式的特点是：视频信号电压越向正方向变化，电子束电流越大，反之，则电子束电流越小。因而，这种调制为正极性调制。但在自会聚彩色显像管中，视频信号电压是加到阴极上的，并通过阴极对电子束电流进行调制，此时，视频信号电压越向负的方向变化，电子束电流越大，反之，电子束电流就越小。因此，这种调制方式为负极性调制。这样调制方式的特点是调制灵敏度很高。

在电子枪中，仅能完成电子束的发射及电流的调制，还不能使屏幕再现清晰的视频图像。因而，还需要对电子束电流进行聚焦等处理，这一功能就由 G_1、G_2 和 G_3、G_4、G_5 等组成的电子透镜来完成。在图 5-6 所示结构中，阴极 K 和栅极 G_1、G_2 组成第一透镜，又叫三极式预聚焦透镜；G_3、G_4、G_5 栅极组成第二透镜，又叫主聚焦透镜。在第一透镜和第二透镜之间，还有一个由 G_2、G_3 构成的辅助聚焦透镜。电子枪各极功能如图 5-7 所示。

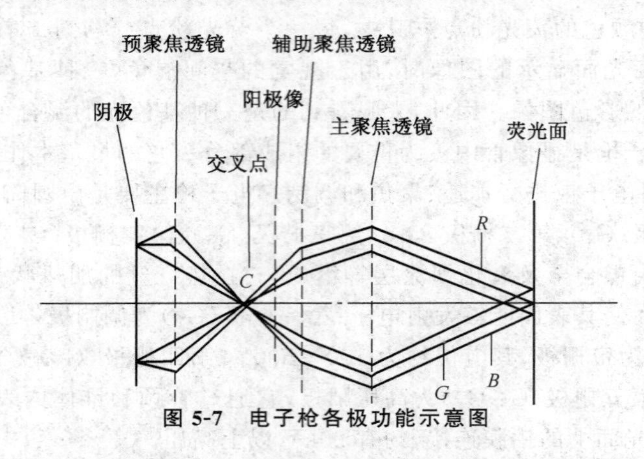

图 5-7 电子枪各极功能示意图

在图 5-7 中，从阴极表面发射出来的电子束总是杂乱无章的，当它通过预聚焦透镜的会聚后，被集中在 C 点，即透镜的焦点，形成电子束交叉面，它位于 G_2 和 G_3 之间。电子束经发散后，由主聚焦透镜聚焦在荧光面上，形成红、绿、蓝三个光点，再经空间混色便呈现出清晰的彩色图像。

(3)电子束偏转。在电子枪中，当有高动能的聚焦电子轰击荧光面时，仅能使荧光面中心产生一个亮度很高的光点，因而还不能显示一幅图像画面。为使屏幕显示出完整画面，还必须使电子束在水平和垂直方向上作扫描运动。这就需要增加磁偏转系统。

磁偏转系统是由两组套在管颈外面的互相垂直的偏转线圈组成的。当有锯齿波电流通过偏转线圈时，便在线圈中产生偏转磁场，从而使电子束产生偏转，做水平和垂直方向的扫描运动。至于电子束在偏转磁场中的运动问题，由于篇幅所限，这里就不再进行深层次讨论。

2. 显像管外部工作电路

显像管外部工作电路，主要分为视频信号输入电路和供电压电路两个部分。

(1)视频信号输入电路。视频信号输入电路，主要由三支末级视频放大器组成，并组装在尾板中，其电路原理参见图 5-4。其中 Q102、Q103、Q101 分别为红、绿、蓝三基色视频放大管，其输出的 R、G、B 三基色视频信号分别加到显像管的 K_R、K_G、K_B 阴极。当 R、G、B 三基色视频信号电压较低时，K_R、K_G、K_B 阴极的束电流较大，反之，当 R、G、B 三基色视频信号电压较高时，K_R、K_G、K_B 阴极的束电流较小。K_R、K_G、K_B 的束电流越大，光栅图像的亮度越高，反之，则亮度越低。因此，加到显像管阴极的视频信号是负极性信号。

有关视频信号输入电路的工作原理，见本书第四章第二节末级视放输出电路的相关介绍。这里不再重述。

(2)供电压电路。显像管的供电压电路，主要有灯丝电压电路、帘栅电压电路、聚焦电压电路和阳极高压电路等几个部分。

①灯丝电压电路。灯丝电压电路、主要由行输出变压器的④脚和⑤脚及 L505 等组成，参

见图 5-2。在电路正常时，T503 的④、⑤脚间输出约 6.3V～脉冲电压，通过 L505 加到显像管灯丝的两个电极上，使灯丝点亮后产生的热量对阴极进行加热。在实际电路中，L505 一般为零点几欧的可熔性限流电阻，以便在过流或过压时及时熔断起到自动保护的作用。因此，在显像管灯丝电路故障时，显像管不发光。

②栅极 G_2（帘栅极）供电电路。栅极 G_2（帘栅极）供电电路，主要由 T503 内部高压分压电阻及可调电位器等组成，参见图 5-2。其中，可调电位器常称为帘栅电压调整电位器。在早期的一些电视机中，它常安装在尾板电路中，但在目前用的电视机中，大多组装在行输出变压器内部，其调整旋钮置于行输出变压器一侧的下方。调整其旋钮可改变帘栅极电压，使其在 100～600V 之间变化。栅极 G_2 电压越小，阴极发射电子束就越少，荧光屏也就越暗；反之，栅极 G_2 电压越高，电子束就越强，荧光屏也就越亮。但 G_2 电压过高，光栅中会有回扫线出现。因此，在调整时，应使 G_2 栅极电压保持在适当范围。

③栅极 G_4（聚焦极）供电电路。栅极 G_4（聚焦极）供电电路，主要由 T503 内部高压分压电阻及可调电位器等组成，参见图 5-2。其中，可调电位器称为聚焦电压调整电位器。它组装在行输出变压器内部，其调整旋钮置于行输出变压器一侧的上方，调整其旋钮可改变聚焦电压，使其在 400～900V 之间变化。适当调整聚焦极电压，可使图像画面清晰。

④阳极高压电路。阳极高压电路，主要由行输出变压器的高压绕组（高压包）和高压电缆、高压帽等组成。高压绕组设置在行输出变压器内部，可产生高达 20kV 左右的直流高压，并通过高压电缆直接加到显像管的高压接嘴和内石墨层，为 G_3-G_5 栅极（高压阳极）供电。

阳极高压电路是高绝缘密闭电路，对它的要求十分严格，不允许有任何泄漏。特别是高压帽与衔接显像管锥体玻壳的衔接，必须严防漏气和潮湿，安装时应在高压接嘴外围处涂敷高压硅脂。

二、色纯度调整与消磁

在彩色电视机中，色纯度调整与消磁，是保证图像画面能有纯正鲜艳色彩的必要措施。它们都是以改变磁场的方式来达到目的的。

1. 色纯度调整

色纯度是指彩色显像管显示红、绿、蓝单色光栅颜色的纯正程度。色纯度调整，顾名思义，就是对彩色的纯正程度进行调整。

在彩色显像管中，当电子束轰击相对应的荧光粉点（条）时，若电子束的偏转中心偏离了涂屏时的曝光中心，就会激发其他的基色荧光粉点（条），使色纯度变差。而涂屏时的曝光中心是在彩色显像管生产时就已经确定好的，因此，当电子束的偏转中心偏离曝光中心时，就只能通过调整电子束的偏转中心来使其与曝光中心重合，进而达到色纯度调整的目的。在彩色电视机电路中，都是采用色纯度校正组件来调整电子束的偏转中心的。

色纯度校正组件，主要由两枚二极磁环组成。它安装在显像管管颈的尾部。当彩色电视机工作时，每一枚二极磁环均在管颈内产生一个磁场。当两枚磁环的耳柄重合时，其合成磁场为零，各电子束不受影响；当调整两枚磁环，使两磁环的耳柄形成一定张角时，其合成磁场的方向就会发生一定的改变，随使三条电子束的方向偏移。若适当调整两个二极磁环耳柄的张角，就可以控制三条电子束的偏移量，以获得良好的色纯度。

在实际工作中，色纯度的调整主要有以下几个步骤：

(1)关掉红、蓝两个电子束，只让绿电子束轰击荧光面，使荧光屏显示绿单色光栅。

(2)将偏转线圈的紧固螺钉松开,并向管座方向适当拉出,使其能够前后移动。当偏转线圈被拉到一定位置时,绿单色光栅就会变成三色的光带。

(3)调整两个二极磁环,使三色光带中两边色带的面积相等,以使电子束扫描的直线轨迹经过曝光中心。

(4)把偏转线圈向显像管锥体方向慢慢移动,直到三色光带两边的色带消失,屏幕出现均匀纯净的全绿色光栅为止。此时,偏转中心平面与曝光中心平面完全重合。

色纯度的调整方法还有多种(如先使其他两色电子束截止,只留红电子束或只留蓝电子束等),但其调整步骤基本相同。当通过调整二极磁环不能得到单色纯净光栅时,应注意检查显像管的消磁作用是否良好,以及静会聚调整是否良好。在此情况下,可先进行人工消磁,然后进行色纯度调整。直到满意为止。

另外,在进行色纯度调整时,应注意将电视机的荧光屏面朝向东或西的方向,以使电子束的偏转不受地磁场的影响,防止出现调整误差,确保色纯度的调整质量。在调整时,若发现调整磁环的作用不很明显,则可能是磁环失效。这时应将二极磁环换新。

2. 消磁

消磁,主要是消除显像管内外结构中的铁质部件(如荫罩板、防爆带等)上的剩磁,消磁常有两种方式:一种是在电视机中设置自动消磁电路,另一种是人工消磁。

(1)自动消磁电路。自动消磁电路主要由消磁线圈和消磁电阻等组成。消磁线圈安装在显像管的锥体上,而消磁电阻安装在主板电路中,两者通过接插件连接。其常用电路两种形式,分别如图 5-8 和图 5-9 所示。

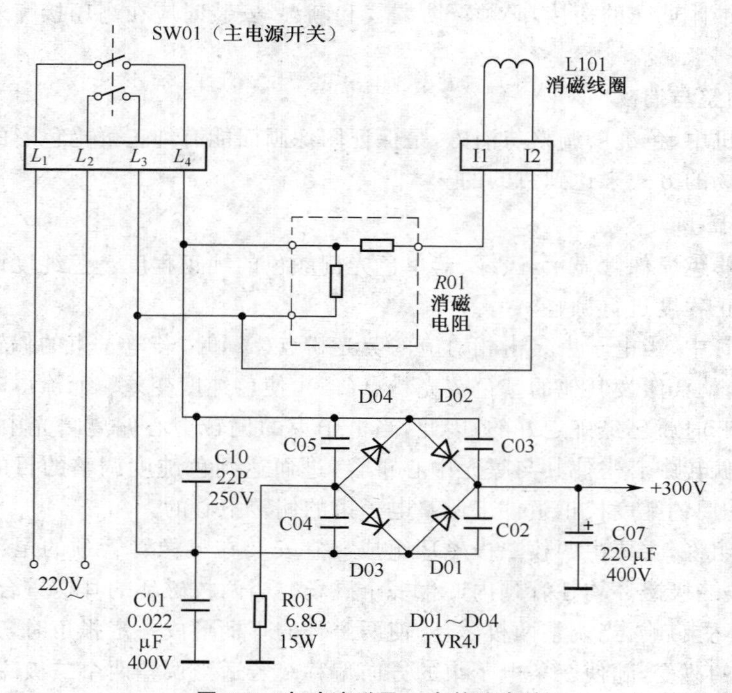

图 5-8 自动消磁及一次整流电路

注:沈阳 SDC47-10 等彩电采用该种电路

在图 5-8 所示电路中,R01 是一种由钛酸钡半导体制成的正温度系数热敏电阻。其主要

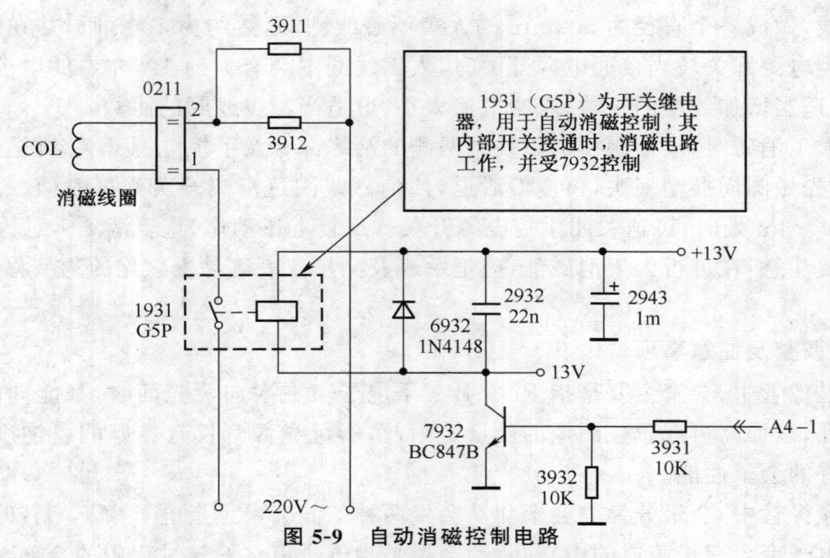

图 5-9　自动消磁控制电路

注：飞利浦 A10A 机芯等彩电采用该种电路

特性是：在常温下，其阻值可保持在 20Ω 左右，当自身温度升高时，其阻值会急剧增大，温度越高，阻值越大。因此，当接通 SW01（主电源开关），有 220V～市网交流电压输入时，便通过 R01 消磁电阻和与其串接的 L101 消磁线圈构成回路，但由于开始时的 R01 消磁电阻的阻值很小（18～27Ω），所以通过 L101 消磁线圈中的电流较大。经过一段时间后 R01 因有电流通过而迅速发热，其阻值急剧上升，使通过消磁线圈中的交变电流快速衰减，并形成由大到小的磁滞回线。由于消磁线圈紧贴在显像管的外壳上，故荫罩、防爆带等铁质物体中的剩磁就沿着由大到小的磁滞回线被磁化衰减，随着消磁线圈中消磁电流逐渐减弱至零，其磁场强度也逐渐为零，铁质物体中的剩磁也随之为零，从而实现了自动消磁。在彩色电视机工作期间，消磁电阻维持在高温状态。

在实际应用中，除有如图 5-8 所示的正温度系数热敏电阻自动消磁电路外，还有由负温度系数热敏电阻与压敏电阻组成的自动消磁电路，它们的工作原理基本相同。但采用前者的消磁电路比较普遍。

在彩色电视机正常工作过程中，由于消磁电阻始终维持在高温状态，不仅增加了机内温度，而且也在无谓消耗电能。为解决这一问题，在一些大屏幕高档彩色电视机中设置了自动消磁控制电路，如图 5-9 所示。

在图 5-9 所示电路中，晶体管 7932（BC847B）和开关继电器 1931（G5P）等组成自动消磁控制电路。其中 7932 的基极通过 3931 受控于中央微处理器。在刚开机时，中央微处理器输出高电平控制信号，使 7932 饱和导通，+13V 电压通过 1931 的绕组线圈→7932 的 c、e 极→地构成回路，并产生磁场吸动开关继电器的触点开关闭合，220V～电压加到自动消磁电路。待自动消磁的全部过程结束后，中央微处理器转为低电平输出，使 7932 截止，继电器开关断开，220V～电压不再给自动消磁电路供电。因而，消磁电阻不再无谓耗电，不仅减少了机内温升，也有效地节省了电能。

(2)人工消磁。人工消磁，是一种靠维修人员手工操作消磁器对磁化严重的铁制部件进行退磁的方法。消磁器在市场上有售，也可因陋就简自制。其自制方法是：用 0.6～0.8mm 的高强度漆包线，做成一个直径为300mm的人工消磁线圈，匝数约为1000匝，并在输入引线中串接一只手控电源开关。当接通电源开关时，人工线圈中会有大约1A左右的电流通过，若嫌电流过大，可适当增加线圈的匝数，若嫌电流太小，可适当减少线圈的匝数。

在进行人工消磁时，双手握住消磁线圈两侧的绝缘部分及手控电源开关，并适当靠近荧光屏。通电后，先做圆周摆动多次，再慢慢后退，使消磁线圈逐渐离开荧光屏表面。当后退至距荧光屏表面2～3m处时，迅速关闭手控电源开关。反复上述动作，直至消磁满意为止。

操作时要注意：在进行人工消磁前，应把手表及测量仪表等易受磁化的物品移至远离操作现场的地方。

三、会聚调整及注意事项

在彩色显像管中，会聚主要是指R、G、B三条电子束在射向荧光面时，都能同时准确地通过同一荫罩孔，以提高再现彩色图像的质量。因此，彩色显像管仅有良好的色纯度是不够的，还必须有良好的会聚性能。

在彩色显像管中，会聚分为静会聚和动会聚两种。静会聚是指电子束不偏转时的会聚，此时要求三条电子束会聚于荫罩的中心孔；动会聚是指电子束在偏转过程中的会聚，此时要求三条电子束在偏转的不同时刻都能会聚于不同部位上的同一荫罩孔。当失会聚时，图像画面会出现彩色镶边，降低再现彩色图像的清晰度。此时，应采取一定措施对荫罩的会聚进行调整。

1. 静会聚的调整方法

在自会聚彩色显像管中，静会聚调整系统主要由一对四极磁环和一对六极磁环组成。它们分别装配在显像管的管颈上，与色纯度调整磁环同在一个轴线上。当它们在管颈的不同的相对位置时，在管颈内部空间将有不同的磁场分布。四极磁环将产生一个四极磁场，可使两边束产生等量、反向的移动。六极磁环可产生六极磁场，可使两边束产生等量、同向的移动。正常情况下，四极磁场和六极磁场的中心位置场强为零，故对于中束不受任何影响。因此，静会聚调整就主要是调整两边束(R、B)的会聚误差。

在维修实践中，静会聚调整可依照以下步骤进行：

(1)首先输入方格信号或测试卡信号，并将色饱度调到最小，同时将亮度和对比度调在中间位置，设定后不要再动。

(2)相对转动两个四极磁环，使两磁环的耳柄相对张开，直到荧光屏中心的红、蓝光水平条重合。

(3)保持两个四极磁环的相对位置不变，并一起绕管颈轴线旋转，使荧光屏中心部分的红、蓝垂直条重合。

(4)相对转动两个六极磁环，使两磁环的耳柄相对张开，直到荧光屏中心部分已经重合的红、蓝水平条和绿色水平条重合成白色。

(5)保持两个六极磁环的相对位置不变，并一起绕管颈轴线旋转，使荧光屏中心部分已经重合的红、蓝垂直条与绿色垂直条重合成白色。

(6)在上述调整过程中，水平和垂直会聚可能会相互影响，一次很难达到理想会聚，故还需要反复几次调整，直到满意为止。

2. 动会聚的调整方法

在彩色显像管中，动会聚误差主要是荫罩曲面中心与电子束偏转中心不在同一位置所致。但由于自会聚管采用了特殊场型的偏转线圈和显像管内部增设附加磁极的办法，因而可实现四周边沿的动会聚，因此，自会聚彩色显像管的动会聚调整，主要是调整偏转线圈的上下左右位置。其调整步骤如下：

(1)当荧光屏出现图5-10a所示的失聚情况时，主要是偏转线圈向上偏移所致，这时可在偏转线圈与显像管锥体之间相当于时钟6点位置处缓慢插入橡皮楔，直到交叉失聚得到校正为止。然后在相当于时钟2点位置和10点位置处分别插入固定橡皮楔，并用胶带将其固定好。

(2)当荧光屏出现如图5-10b所示的失聚情况时，主要是偏转线圈向下偏移所致，这时可在偏转线圈与显像管锥体之间相当于时钟12点位置处缓慢插入橡皮楔，直到交叉失聚得到校正为止。然后在相当于时钟4点钟和8点钟位置处，分别插入固定橡皮楔，并用胶带将其固定好。

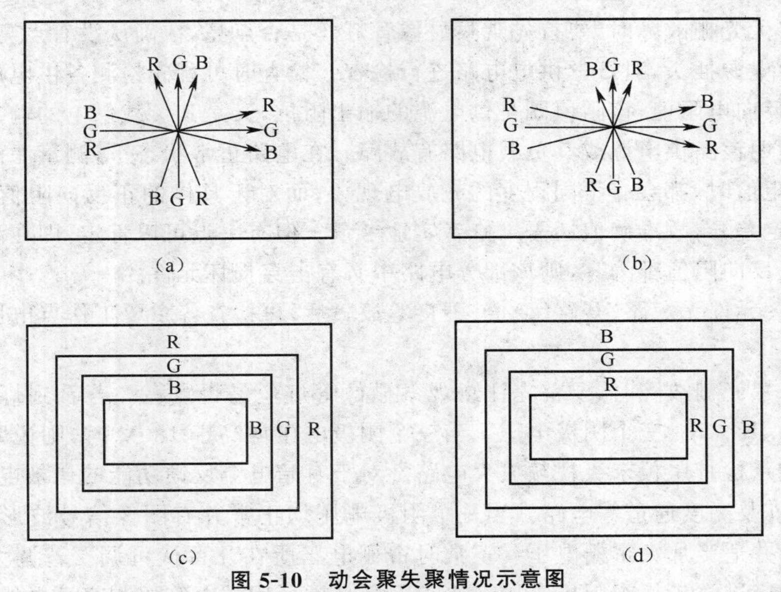

图5-10　动会聚失聚情况示意图

(3)当荧光屏上出现如图5-10c所示的失聚情况时，主要是偏转线圈向右偏移所致，这时可在偏转线圈与显像管锥体之间相当于时钟9点钟的位置处缓慢插入橡皮楔，直到失聚得到校正为止。然后在时钟4点和8点位置处，分别插入固定橡皮楔，并用胶带将其固定好。

(4)当荧光屏上出现如图5-10d所示的失聚情况时，主要是偏转线圈向左偏移所致，这时可在偏转线圈与显像管锥体之间相当于时钟3点钟位置处缓慢插入橡皮楔，直到失聚得到校正为止。然后在时钟7点和11点位置处，分别插入固定橡皮楔，并用胶带将其固定好。

3. 会聚调整的注意事项

会聚调整都在显像管玻壳表面进行操作，对显像管的安全必须十分注意。

(1)调整磁环时，首先应松动紧固螺钉，然后试着转动磁环组件是否活动自如，不得用力过猛，以避免损坏管颈。

(2)在做动会聚调整时，插入橡皮楔一定要小心，动作要缓慢，不要用力过大，以避免损坏偏转线圈或显像管锥体。

(3)在进行会聚调整时，要注意防止高压电击，操作时工作台、地面等绝缘措施要可靠，要保证人身绝对安全。

(4)调整完毕，对相关磁环组件及橡皮楔等一定要固定好，勿使其振动时移位或脱落。

(5)动会聚调整的前提必须是静会聚已调整完毕。而静会聚调整的前提则必须是色纯度已经调好，但色纯度有时受静会聚影响，因此，在调整色纯度时，有时还需检查静会聚。

四、显像管电路的检修要领及注意事项

在彩色电视机中，显像管电路的技术要求比较特殊，阳极工作电压非常高，对人身安全要求也十分严格。因此，在显像管电路的故障检修时必须掌握一定的检修要领及注意事项。

1. 检修要领

显像管电路发生故障时，常表现为无光栅或黑光栅，无光栅一般是显像管灯丝没有点亮，这时主要应检查行输出级是否工作；而黑光栅时说明显像管灯丝已点亮，行输出级也启动工作，这时主要应检查帘栅极电压是否过低或阴极信号是否输入阴极及阴极电位是否过高。

(1)在检修无光栅故障时，要首先观察显像管灯丝是否点亮，在确认没有点亮时，应关闭主电源开关，拔掉电源插头，对灯丝供电电路进行检查。检查时可首先检测各供电压的滤波电容器两极间的正反向电阻值，该阻值既是供电源的输出阻抗，又是其负载供电的输入阻抗。若该阻抗异常，则说明该路供电源或其负载电路有故障。在电路正常状态下，测量滤波电容器两极间的正反向电阻值时，都会有不同程度的充放电现象，而对于具体的正反向阻值，则依机型电路不同而有一定差异，故准确值还需维修者实地考量。但有一点可以肯定，即在测量时若无充放电现象，且正反向阻值都为零，则该部分电路中必有击穿损坏元件。

在排除相关元件无短路、开路、变值、不良等故障后，再检查各主要工作点电压。直到彻底排除故障。

(2)在检修黑光栅故障时，要首先注意观察显像管灯丝是否点亮。若看到灯丝已经点亮，应首先检查 K_R、K_G、K_B 三个阴极电压。当三个阴极电压均高于 180V 时，则说明电子枪处于截止状态，应重点检查尾板末级视频放大电路。对于有暗电流反馈功能的尾板电路，还应进一步检查基色矩阵及亮度通道等电路。当三个阴极电压均正常并有图像信号波形时，应注意检查帘栅极电压，并适当加大帘栅电压。正常时帘栅电压应在几百伏可调。若调大帘栅电压时仍没有光栅，则应进一步检查阳极高压。检查阳极高压可用试电笔探测高压电缆线，若高压正常时试电笔距高压电缆线约 3cm 时就会明显发亮。据此，即可判断高压电路基本正常，但不能确定高压的确切值。若要测量高压值，则需配备高压探笔，但在一般的检修情况下，只要有阳极高压输出，就不必测得其真实数值，这时只要帘栅极电压正常即可。

在一般情况下，只要显像管的各级工作电压正常，显像管就会发光显示图像，如果此时不发光，则应考虑更换显像管。更换显像管时的操作步骤：

①取下显像管和主板之间的所有连接插头，如尾板管座、偏转线圈插头、高压帽等。

②拆下显像管外壳地线。

③取下自动消磁线圈。

④取下显像管周围的妨碍操作的元器件，如扬声器等。

⑤取下安装在显像管管颈上的磁环组件和偏转线圈。但要注意，管颈尾部玻壳较薄，避免损坏。

⑥拧下显像管四角的紧固螺丝，小心取出显像管，并放置在安全之处。

⑦安装新管时其操作步骤与拆卸步骤相反。但在安装前要仔细检查新管是否有损伤之处。

⑧安装新管后要进行一些必要调整，如色纯度、静会聚、白平衡调整等。

(3)在检修花斑故障时，要首先检查自动消磁电路，这时故障一般是消磁电阻失效，或阻值增大，或呈开路性损坏引起的。当消磁电阻呈击穿性损坏时，电源保险丝必然熔断，此时整机表现为无电状态。

(4)在检修无光栅故障中，若检查无灯丝电压，同时末级视放电压为110V或130V，则一般是行输出级电路未能工作。这时可考虑更换行输出变压器，或进一步检查行扫描电路，或通过检测行电流进一步判断故障原因。

2. 注意事项

(1)在采用电阻检查法对滤波电路相关元件进行检查时，一定首先将各高电压供电滤波电容器放电，特别是大电解电容器更要彻底放电，以避免滤波电容器中的残存电荷损坏测量仪表。在对电容器放电前，必须拔下电源线插头，将市网电压彻底断开。

(2)在通电检查时，一定要检查工作台及地面是否绝缘良好，以保证人身安全。

(3)检查显像管阳极高压时，不要用普通万用表去直接测量，否则不仅会烧坏仪表，还会危及人身安全。

(4)在检查显像管电路时，若发现管颈内部有蓝弧光出现，应立即切断电源，不要再通电试机，以避免显像管爆炸。此时，一般是显像管漏气，或其内部的真空度下降。

(5)在更换显像管时，要首先选择一个便于进行操作和保证安全的场所，同时准备好必要的使用工具，掌握操作注意事项和安全事项，拆卸和安装时应有一人协助进行，并带好防爆面具，以保证人身安全。

(6)在代换显像管时，要注意原机的偏转线圈和色纯、会聚组件等是否可以继续使用，并考虑是否与代换管相配合，最好保持型号一致。

(7)选择代换显像管时，要注意管针引脚是否相同。自会聚显像管的管针一般有7针和9针两种。若手头没有相同管针的显像管，而又一定要用不同管针显像管代换时，则需更换尾板中的管座，并注意尾板电路能否进行适当改动，以适合代换管的要求，必要时可考虑更换尾板电路。其前提是显像管各脚供电电压必须正确。其中：

①白平衡调整电路的供电电压一般为12V。

②尾板末级视放电压一般为180V或200V。

③显像管加速极(即帘栅极)电压，一般为900V，但管脚电压应能调在600V。

④显像管聚焦极电压一般为6000V，但管脚电压应能在4500～5500V之间可调。

⑤灯丝电压一般为交流6.3V。

⑥显像管阳极高压，一般在25kV左右。

第六章　音频电路结构及维修要领

在彩色电视机中，音频电路是整机中的重要部分电路，它的任务是将原始的伴音与图像画面同步播出。音频电路一般分为伴音中频电路和伴音前置低放及功率放大输出电路两个部分。在最基本的TA四芯片集成电路彩色电视机中，伴音中频电路及前置低放等电路均包含在TA7176AP或TA7243P集成电路内部。由TA7176AP和TA7243P内电路和外围元器件构成的音频电路分别如图6-1和图6-2所示。本章主要以TA7176AP和TA7243P为例来分析介绍伴音电路的基本结构及维修要领。

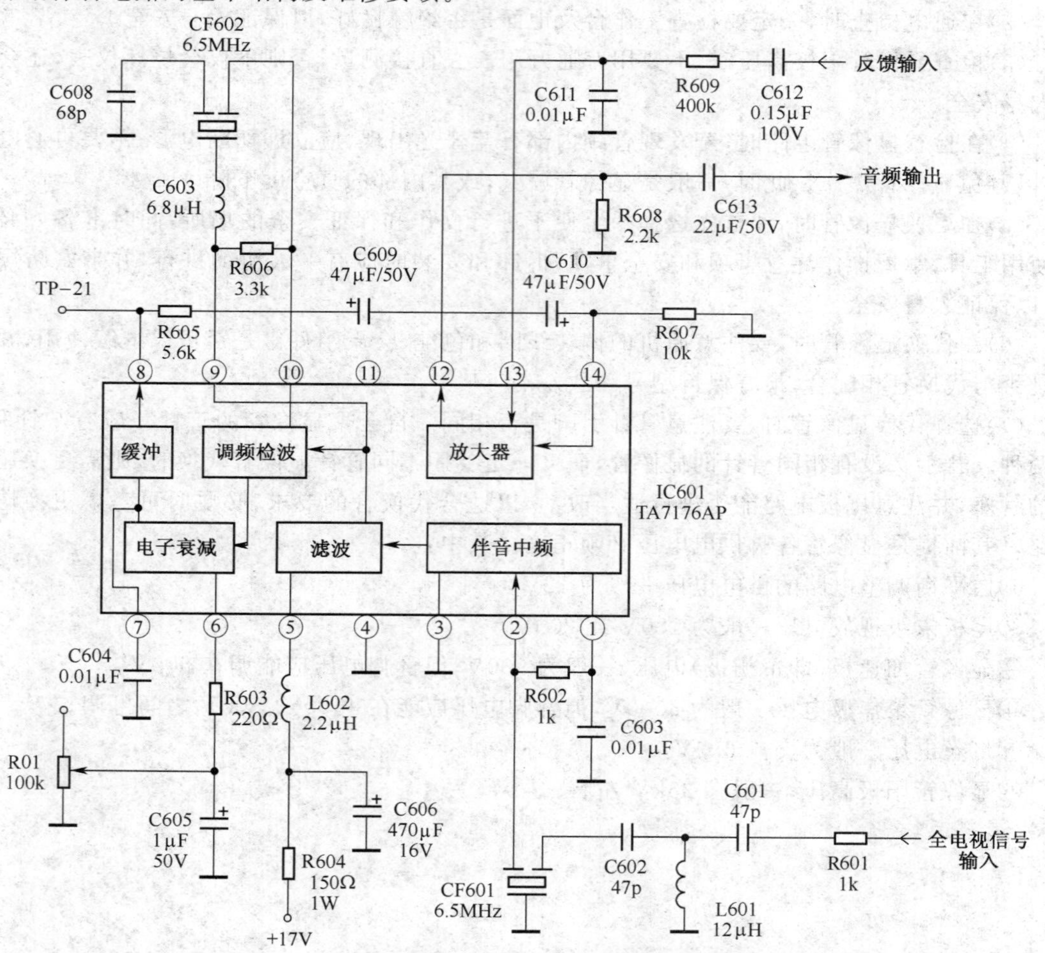

图 6-1　TA7176AP 伴音中放、鉴频及音频前置放大电路

注：沈阳7195等机型中采用该种电路

1. 由TA7176AP组成的音频电路伴音信号流程

在图6-1所示电路中，由图像中频电路输出的全电视信号，首先经C601、L601、C602组成

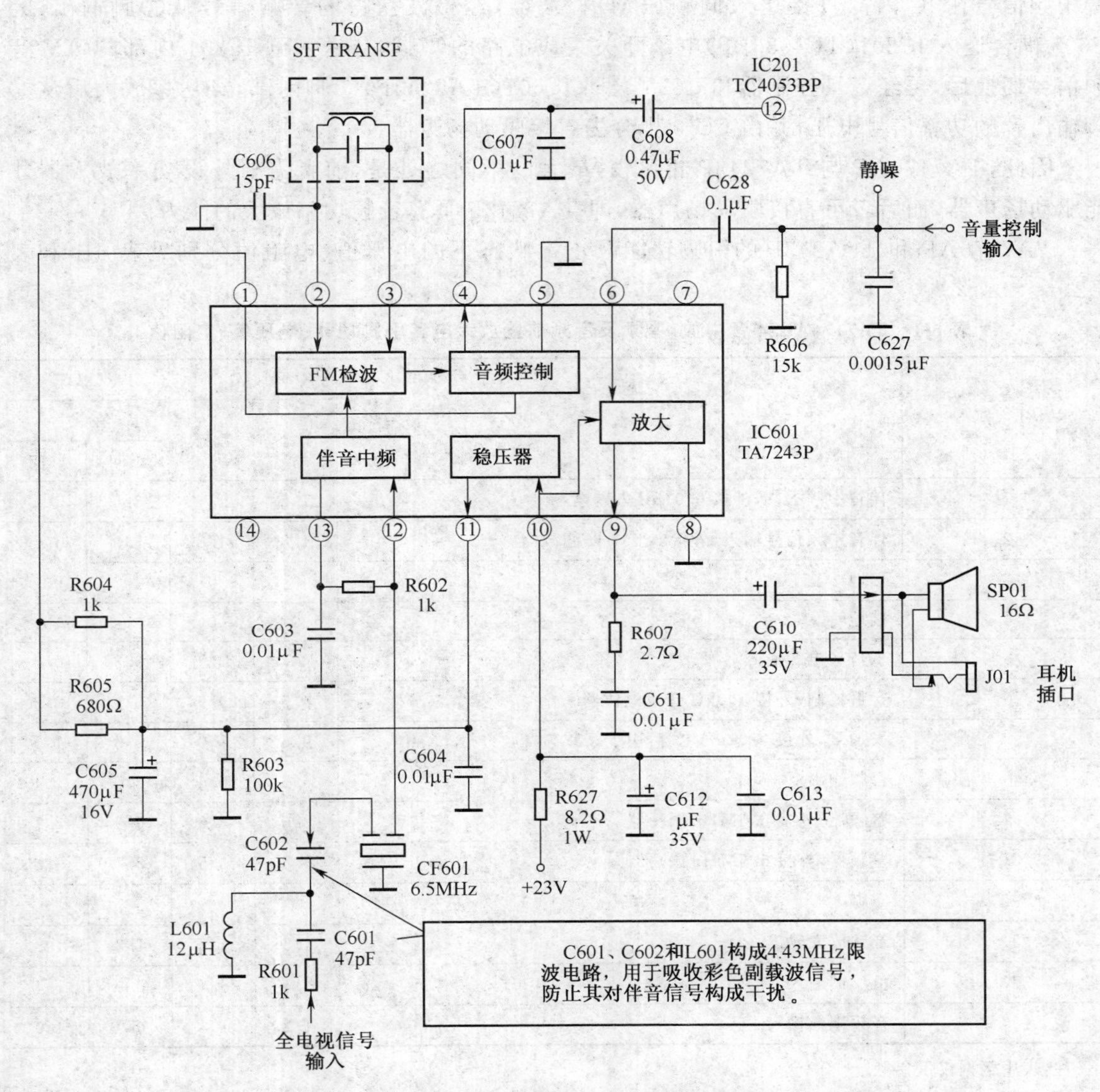

图 6-2 TA7243P 伴音中放、鉴频及音频功放输出电路

注：沈阳 SDC47-10 等机型中采用该种电路

的 T 型滤波器，滤除视频信号成分，再经 CF601(6.5MHz)陶瓷滤波器选频，取出 6.5MHz 伴音第二中频信号，并在 R602 电阻两端形成信号电压，送入 IC601(TA7176AP)②脚内部的伴音中频放大器，经伴音中放、陷波和滤波后，再送入调频检波器，通过⑨、⑩脚外接的 6.5MHz 陶瓷鉴频器，把调频波变为调幅的伴音信号，最后由鉴频器输出音频信号。音频信号经电子衰减(即音量控制)及缓冲放大后从⑧脚输出，经 C609、C610 耦合再送回⑭脚内部进行进一步放大(即前置放大)，最后从⑫脚输出，送入由分立元件组成的音频功率放大器。经功率放大后的音频信号电压再驱动扬声器还原出原始声音。

2. 由 TA7243P 组成的音频电路音频信号流程

在图 6-2 中，伴音第二中频信号是从⑫脚送入 IC 内部的伴音中频放大器，经放大后的伴音中频信号在IC内部直接送入调频(FM)检波器，经检波获得的音频信号从④脚输出，经C608耦合送入IC201(TC4053BP)电子开关集成电路的⑫脚，与送入到IC201内部的AV音频信号切换后，再经音量控制器和C628送回IC601(TA7243P)⑥脚内部，经功率放大后从⑨脚输出音频功率信号电压，并由C610耦合去直接驱动扬声器。

因此，TA7176AP与TA7243P相比较，最大的不同之处是，前者需要外设功率放大器才能驱动扬声器，而后者可直接驱动扬声器，即TA7243P具有音频功率放大的能力。

TA7176AP和TA7243P的引脚功能及正常状态下的电压值、电阻值分别见表6-1和表6-2。

表6-1　TA7176AP伴音中放、鉴频及音频前置放大电路引脚功能、电压值、电阻值

引脚	功能	U(V)		R(kΩ)	
		静态	动态	在线	
				正向	反向
1	伴音中频去耦，外接0.01μF去耦电容	1.8	1.8	3.4	1.4
2	伴音中频信号输入，外接6.5MHz滤波器	1.8	1.8	5.0	1.7
3	接地	0	0	0	0
4	接地	0	0	0	0
5	+17V电源输入	12.0	12.0	0.3	0.3
6	音量控制，外接100kΩ音量电位器	4.5	0.2	0.3	0.3
7	去加重，外接0.01μF电容，用于衰减高音频分量	6.6	7.0	0.8	1.5
8	音频输出	6.2	6.6	2.0	1.4
9	鉴频器，外接6.5MHz振荡器	3.6	3.6	0.9	2.7
10	鉴频器，外接6.5MHz振荡器	3.5	3.5	3.1	3.8
11	空脚	—	—	—	—
12	音频放大输出	4.5	4.5	1.3	1.3
13	负反馈输入	5.4	5.4	0.9	1.4
14	音频耦合输入	1.2	1.2	65.0	4.0

注：表中数据仅供参考。

表6-2　TA7243P伴音中放、鉴频及音频功放电路引脚功能、电压值、电阻值

引脚	功能	U(V)		R(kΩ)	
		静态	动态	在线	
				正向	反向
1	音量控制，但在图6-1中未用	5.9	5.9	1.5	1.3
2	检波，外接6.5MHz中周	3.8	3.8	8.0	2.4
3	检波，外接6.5MHz中周	3.8	3.8	8.0	2.4
4	音频输出	7.4	7.4	0.8	1.3
5	接地	0	0	0	0
6	音频输入，并外接音量控制电位器	1.2	1.2	0.9	4.5
7	滤波，未用	—	—	—	—

续表 6-2

引　脚	功　　能	U(V)		R(kΩ)	
		静态	动态	在线	
				正向	反向
8	接地	0	0	0	0
9	音频功放输出	12.0	8.8	0.6	1.4
10	+23V 电源	23.0	22.1	0.4	0.4
11	基准电压输出	6.0	6.0	0.8	1.2
12	伴音中频信号输入	3.8	3.8	5.0	1.8
13	伴音中频滤波	4.0	4.0	3.4	1.0
14	接地	0	0	0	0

注:表中数据仅供参考。

第一节　伴音中频电路结构与维修要领

伴音中频电路,主要用于放大 6.5MHz 伴音第二中频信号,并利用限幅放大器抑制伴音调频信号的寄生调幅,以获得具有足够增益的伴音中频信号,再经鉴频后输出伴音音频信号。因此,伴音中频电路主要分为伴音中频放大电路、伴音解调电路、音量控制及音调调整电路等几个部分。

一、伴音中频放大电路的基本结构及工作原理

在集成电路彩色电视机中,伴音中频放大电路主要包含在集成电路内部,只有少量的外围元件用于信号输入与输出及滤波和选频等。

1. 6.5MHz 伴音中频信号选频电路

在图 6-1 和图 6-2 所示电路中,CF601(6.5MHz)为陶瓷滤波器,主要用于选通 6.5MHz 伴音中频信号。其中心频率 $f_{o}=6.5\text{MHz}$,失真度<3%,具有 3dB 带宽,且误差仅有±80kHz,是一种具有良好选择性及通频带的三端陶瓷滤波器。其等效电路如图 6-3 所示。

在图 6-3 中,当陶瓷滤波器的输入端(A)加入 6.5MHz 的伴音中频信号时,在交变电场的作用下,通过压电效应,在等效电路的初级回路中就会产生交变电流。若此时,交变电流的频率等于陶瓷滤波器的串联谐振频率 f_{s}($f_{s}=\dfrac{1}{2\pi\sqrt{L_{1}C_{1}}}$),便会发生串联谐振,使初级回路中产生的交变电流最大,同时输出端便输出同一频率的交变电压(即交流信号电压)。

2. 伴音中频限幅放大器

在 TA7176AP 集成电路内部,伴音中频放大器是由三级差分放大器组成,如图 6-4 所示。三级差分放大器的任务主要是将 6.5MHz 的伴音第二中频信号放大到约 100mV 以上,并保证有良好的限幅特性和增益。同时,通过深度反馈,可使中放级的工作点十分稳定。通过有源低通滤波,可有效地滤除限幅后的高次谐波分量。

在图 6-4 所示电路中,②单元虚线框内的 BG 11～BG 20组成三级差分放大器,用于伴音中频限幅放大。其中:BG 11和 BG 12为第一级差分放大器,BG14 和 BG15 为第二级差分放大

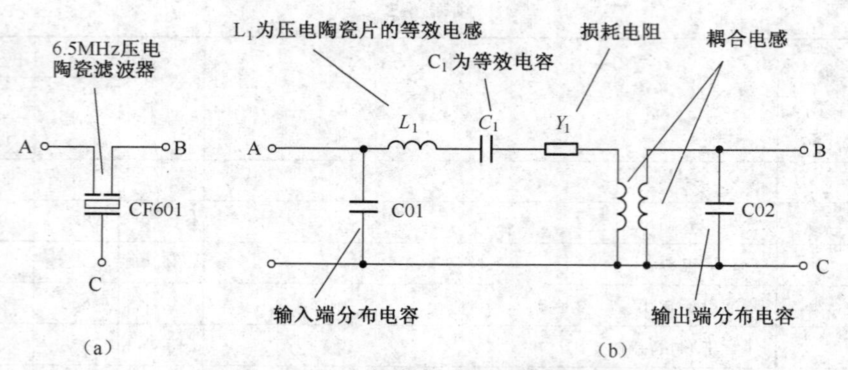

图 6-3　6.5MHz 陶瓷滤波器结构及其等效电路

(a)结构　(b)等效电路

器；BG18 和 BG19 为第三级差分放大器；BG13、BG16 为射随器，用于完成级间隔离和直流电平移动；BG17 为 BG16 的射极恒流源负载；BG20 为第三级差分放大器的射极恒流源负载。

在图 6-4 的②单元中，BG16 的射极直流电位经 R28 分别加到 BG12、BG15、BG19 的基极，构成较深的直流负反馈闭环电路，但对交流呈开环状态，并由①脚外接 0.01μF 的去耦电容，从而使三级差分放大器的直流工作点十分稳定，且①脚对 6.5MHz 伴音中频信号呈地电位。

在图 6-4 所示电路中，由②脚输入的 6.5MHz 伴音中频信号，直接加到第一级差分放大器 BG11 的基极，放大后由 BG12 的集电极输出。这种单端输入和单端输出的差分放大形式具有较高的增益，非常适合伴音中频限幅放大。由三级差分限幅放大器输出的信号增益可达 74dB 以上，输入限幅灵敏度约为 200μV，调幅抑制比大于 50dB 以上。

但在伴音中频限幅放大器输出的放大信号波形中，谐波分量十分丰富，容易造成寄生反馈，从而引起放大器自激，因此，在第三级差分放大器的输出端设置了由 C_1、C_2、BG21 等组成的有源低通滤波器，如图 6-4 中的③单元虚线框内所示。经低通滤波器滤除高次谐波后的伴音中频信号通过 R24 送入差分峰值鉴频器。

二、伴音解调电路的基本结构及工作原理

在 TA 四芯片集成电路彩色电视机中，伴音解调电路，主要由 TA7176AP⑨、⑩脚外部 CF602、C608、L603、R606(见图 6-1 和图 6-4)和 TA7176AP 内部④单元差分电路(见图 6-4)等组成。其等效原理如图 6-5 所示。

1. 线性选频网络

在图 6-5 中，L 和 C1、C2 组成线性选频网络，其中 L 和 C1 的并联谐振频率 $f_P=\frac{1}{2\pi\sqrt{LC_1}}$。当调频信号频率 $f<f_P$ 时，LC1 并联回路呈感性，所以 LC1 与 C2 形成串联谐振，其谐振频率 $f_s=\frac{1}{2\pi\sqrt{L(C_1+C_2)}}$。当串联谐振时，其回路两端电压最小，而 C2 两端电压最大，即 TA7176AP 的⑨脚电压最小，⑩脚电压最大。当 LC1 并联谐振时，LC1 回路两端电压最大，电容 C2 两端电压最小，即⑨脚电压最大，⑩脚电压最小。因此，把⑨、⑩脚电压分别加至 IC 内部差分峰值鉴相器的正、反两输入端时，就会依其鉴频特性，将调频信号的中心频率 f_0 选在 f_s 与 f_P 中间，并在频偏变化的直线变化范围内，把调频波变换成调幅波。

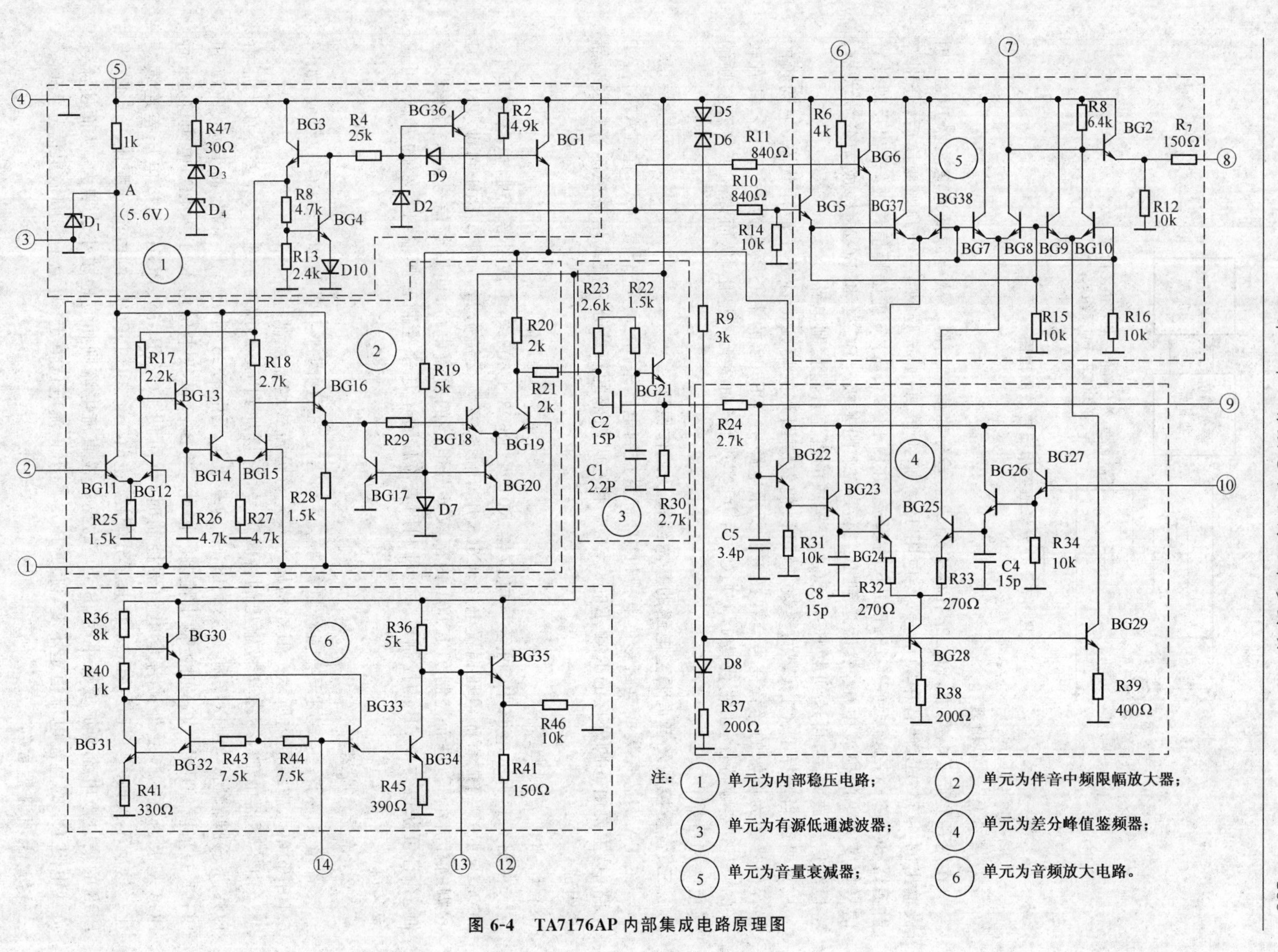

注：① 单元为内部稳压电路；② 单元为伴音中频限幅放大器；
③ 单元为有源低通滤波器；④ 单元为差分峰值鉴频器；
⑤ 单元为音量衰减器；⑥ 单元为音频放大电路。

图 6-4　TA7176AP 内部集成电路原理图

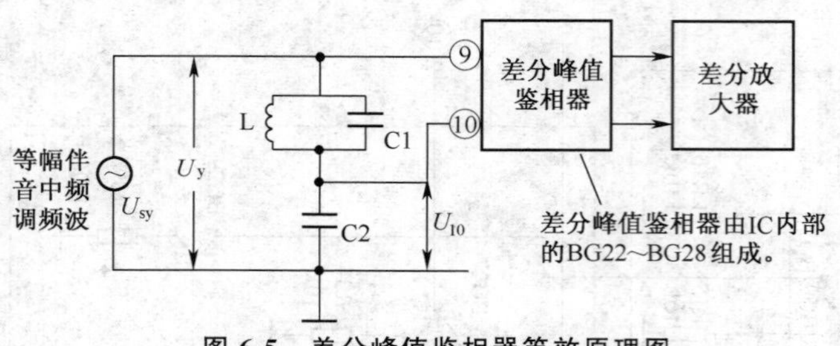

图 6-5 差分峰值鉴相器等效原理图

2. 差分峰值鉴相器

在图 6-4 所示电路中，BG22～BG28 组成了差分峰值鉴相器。从有源低通滤波器 BG24 射极输出的 6.5MHz 伴音中频信号，经电阻 R24 加到⑨、⑩脚选频网络，经调幅变换后，分别经射随器 BG22、BG27 送到 BG23、BG26 的基极，并由 BG23、BG26 射随峰值检波，检出反映伴音信号幅度大小的检波电压，然后送到 BG24、BG25 的基极。BG24 和 BG25 构成差分放大器，将检波信号放大后，再送到由 BG7、BG8 等构成的直流音量控制电路。

只要适当选择 L、C1、C2 的参数，就可以使鉴频回路的幅频特性处于最佳状态，把调频的伴音信号变为调幅的伴音信号。在图 6-1 所示电路中，CF602 的中心频率为 6.5MHz，具有较好的“S”型鉴频特性，由它代替 L、C1、C2 后，可实现“S”曲线无调整化，从而提高了伴音鉴频的稳定性和可靠性。

三、音量控制及音调调整电路的基本结构及工作原理

在 TA 四芯片集成电路彩色电视机中，音量控制电路采用了电子衰减方式，在 TA7176AP 电路中，主要由⑥脚外接的 R01、R603、C605 和⑥脚内部的双差分分流式增益控制音量衰减器等组成。

1. 外部控制电路

在图 6-1 所示电路中，由音量电位器 R01 及 R603、C605 等组成外部控制电路。其中，R603 与 R01 组成直流电压偏置电路，C605 用于滤除音频交流分量。调节 R01 可改变 IC601 ⑥脚的直流电压，进而控制了 IC601 内部双差分电路的直流电位，使音频信号的增益得以控制，并且可获得约 70dB 的控制量。这种利用直流偏置电压来控制音频输出大小的方式，可避免交流噪声等干扰。

2. 音量衰减器

音量衰减器，主要用于直流音量控制。在 TA7176AP 内部主要由 BG7～BG10 组成，如图 6-4 中⑤单元虚线框内所示。其结构属于双差分分流式增益控制电路。

由鉴频器中 BG25 集电极输出的音频信号，直接加到 BG7、BG8 的射极，经差分放大后由 BG2 从⑧脚输出。但 BG7 和 BG38、BG10 的基极偏压由 BG6 射极输出控制，而 BG8、BG9 和 BG37 的基极偏压由 BG5 射极输出控制。因此，当 BG5 基极电位由 R14（10kΩ）电阻确定，而 BG6 基极通过⑥脚受外接音量电位器控制时，就可使 BG7、BG38、BG10 基极电压差连续变化。这就不仅改变了 BG7、BG8 的电流分配比，也改变了 BG9、BG10 的电流分配比。因此，当 BG8 的集电极电流增加或减小时，BG10 的集电极直流电流则相应地减小或增大，从而使流过负载电阻 R8 的直流电流恒定不变，随使 BG2 输出直流电位恒定，避免了⑧脚输出信号失真。

3. 音调调整电路

音调调整电路，主要用于调整音频中的低音成分和高音成分，提高音频质量。在 TA7176

集成电路中，它主要是通过⑦脚和⑬脚外接 RC 网络来实现。⑦脚外接 C604(0.01μF)和⑦脚输入阻抗(约 5kΩ)组成去加重电路(其时间常数约为 50μs)，用于降低发射机中所提升的高频分量。但⑬脚外接 RC 网络的频率，由功率放大器的采用方式决定。当功率放大器采用一般 OTL 形式时，⑬脚可外接音调控制电路；而当功率放大器采用分流调整式 OTL 输出形式时，则⑬脚可加入深度负反馈。

在图 6-1 所示电路中，TA7176AP⑬脚的 C611、R609、C612 构成了负反馈电路，它把功率输出级的负反馈电压加到 IC 内部的前置放大级，以改善末级功放的非线性失真，进而改善了音质，提高了电路的稳定性。

四、伴音中频电路的维修要领及注意事项

在维修实践中，伴音中频电路的故障率较高，常见故障有：无伴音；伴音失真、沙哑；伴音中噪声较大；伴音时有时无等。

1. 维修要领

当伴音中频放大器及鉴相器出现故障时，伴音中频特性曲线和鉴频特性曲线均会发生不同程度的改变，同时，集成电路的相关引脚及一些工作点的直流电压也会出现异常。因此，在有条件的情况下除采用电压检查法外，还应利用扫频仪检查频率特性曲线和鉴频特性曲线，以便做出准确判断。

(1)当电视机出现无伴音故障时，常有两种原因，一是硬件电路故障；二是信号丢失。检修时，可首先采用电压测量法，检查集成电路的相关引脚电压及供电源电路，若引脚电压及硬件电路均正常，可用示波器观察输入信号波形。当硬件电路出现故障时，常伴有供电限流电阻熔断，这时应注意查找过流元件。当发现无输入信号时，一般是伴音第二中频选通电路有开路元件，这时应重点检查 6.5MHz 陶瓷滤波器，必要时将其直接换新。

(2)当出现伴音失真、沙哑故障时，一般原因是滤波元件或伴音中周失效(在许多电视机中，伴音鉴频回路采用由 LC 组成的中周)，检修时可将其直接换新。

(3)在出现伴音中噪声较大故障时，一般原因是中周失调所致。检修时可对其进行适当调整。若无效，可将中周换新后再试。

(4)当出现伴音时有时无故障时，一般是电路中有元件接触不良现象引起的，检修时可采用电阻测量法，检查相关的印制电路及相应的可调电位器或电阻器，必要时可将被怀疑的印制线路备上一根导线，或是将怀疑元件换新。

(5)在通过电压测量和电阻检查法不能发现故障点时，可采用逐级信号注入法(可用旋具轻触各信号输出端)，并注意扬声器中是否有“咔咔”声。

(6)若检查鉴相输出的音频信号异常，而又没有外围分立元件损坏或不良时，则应考虑更换集成电路。

2. 注意事项

(1)检查伴音失真、有噪声等故障时，不要轻易调整中周磁芯。若一定需要调整时，应使用无感旋具缓慢调整，并用记号标出其原始位置。当调整无效时，再将磁芯调回原始位置。

(2)更换陶瓷滤波器时，其中心频率必须与原型号一致。在不同制式中，伴音第二中心频率是不一致的。其中：NTSC-M 制为 4.5MHz；PAL-I 制为 6.0MHz；PAL-D 制为 6.5MHz；SECAM-B/G 制为 5.5MHz。更换前应明确制式并选用中心频率相同的滤波器。

(3)在检修伴音中频电路故障时，集成电路的故障率不高，而外围阻容元件不良、变值或失

效的故障率较高，因此，不要轻易更换集成电路。

(4)在使用扫频仪测试伴音第二中放电路和鉴频特性曲线时，一定要注意曲线标准的中心频率点是否处于准确位置。中放电路中伴音第二中频的频率特性是单峰谐振于6.5MHz，如图6-6所示；鉴频特性曲线应保持在S形，且中心频率也为6.5MHz，如图6-7所示。

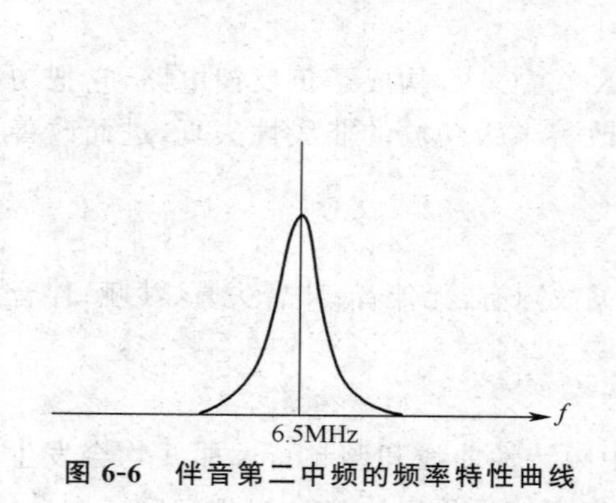

图6-6 伴音第二中频的频率特性曲线

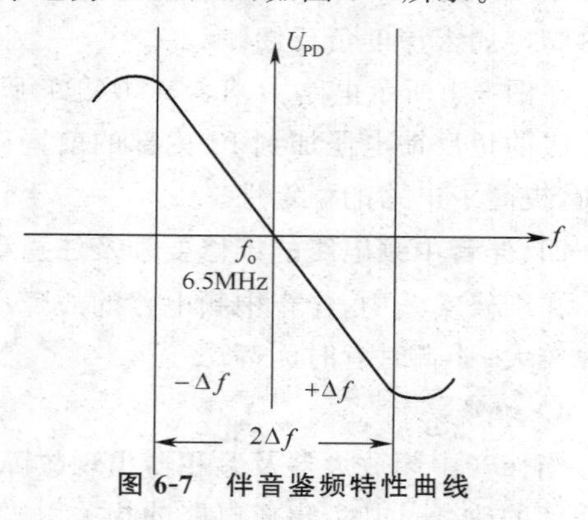

图6-7 伴音鉴频特性曲线

第二节 伴音前置低放及功率输出电路结构与维修要领

在集成电路彩色电视机中，伴音前置低放电路，主要是为功率输出级提供稳定的音频信号，而功率输出电路主要是用于推动扬声器。

一、伴音前置低放电路的基本结构及工作原理

在TA四芯片集成电路彩色电视机中，伴音前置低放电路，主要包含在TA7176AP的⑭脚内部，如图6-4中⑥单元虚线框内所示。

从TA7176AP⑧脚输出的音频信号经R606、C609、C610以及R607送回到⑭脚内部，并直接加到BG33的基极，由BG33和BG34组成的复合放大器进行放大，使其增益达到约14dB。放大后的音频信号再经BG25射随器从⑫脚输出，并由C613耦合送置音频前置放大管Q603中。音频信号流程如图6-8中虚线箭头所示。

在图6-8所示电路中，BG30是BG32、BG33集电极供电管，BG32与BG31组成BG33、BG34的镜像对称直流偏置电路，因此，BG32、BG31和R42构成了深度直流反馈电路，可使BG33直流工作点十分稳定，⑫脚直流电位也十分稳定。

在一般情况下，由⑫脚输出的音频信号总是比较弱，在功率放大之前还需有足够的放大。因此，由⑫脚输出的音频信号经C613耦合首先加到Q603的基极，由Q603进行激励放大，以产生足够的推动功率。

二、伴音功率输出电路的基本结构及工作原理

伴音功率输出电路，是一种低频放大电路。其主要功能是放大音频信号。在彩色电视机中，其基本结构有变压器互补和无变压器推挽两种类型。

1. 有变压器互补推挽式音频功率放大器

在TA四芯片彩色电视机中，当采用TA7176AP伴音中放、鉴频、前置低放集成电路时，伴音功率输出电路常采用有变压器互补推挽形式。其电路原理如图6-9所示。

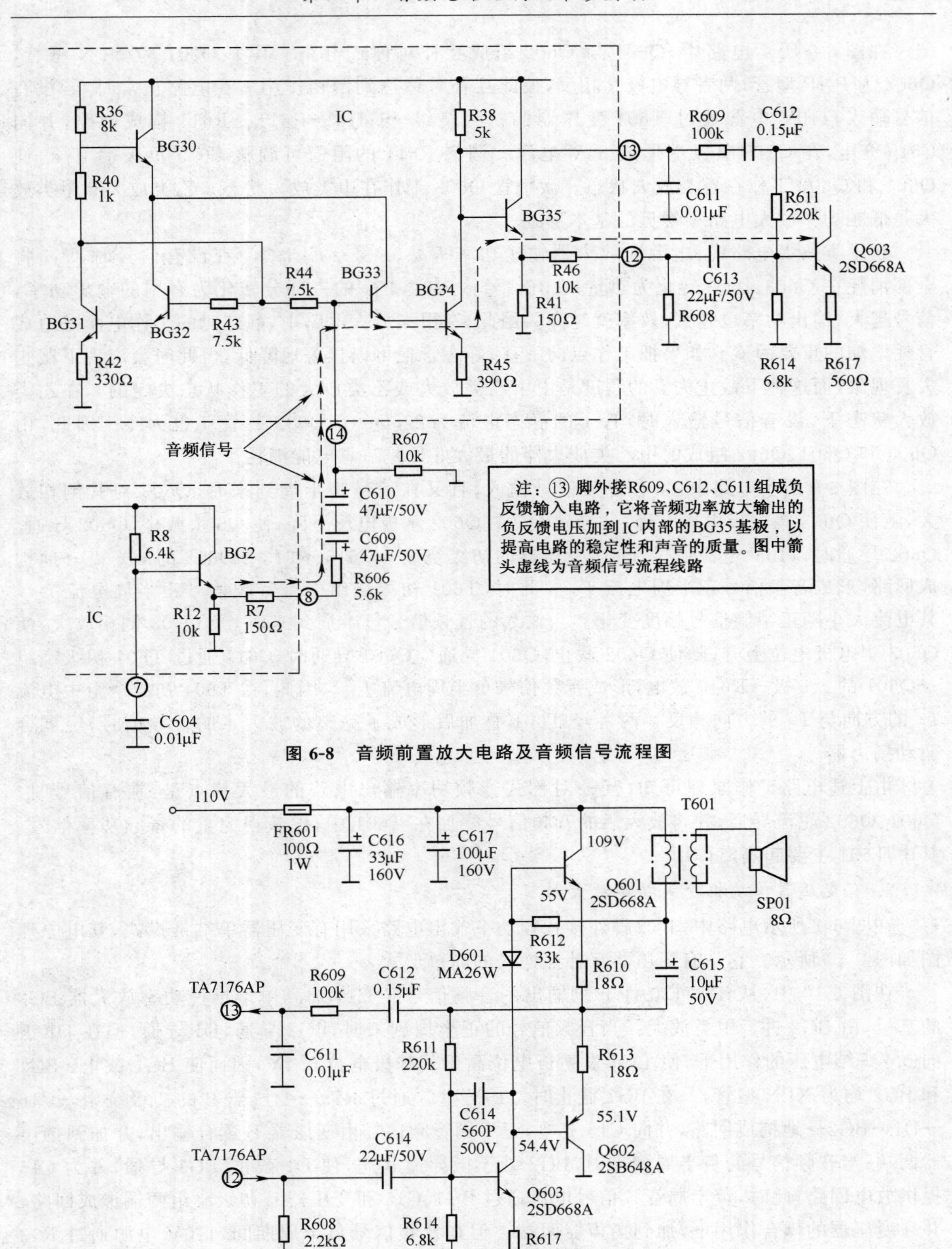

图 6-8　音频前置放大电路及音频信号流程图

图 6-9　互补对称式音频功率放大器电路原理图

注：沈阳 7195、北京 836 等机型中采用该电路

在图6-9所示电路中，Q601与Q602组成互补对称式电路。其中Q601为NPN型管，Q602为PNP型管，两者导电极性相反，彼此互补对称达到倒相作用。在电路正常时，若没有信号输入，110V电源通过T601变压器的初级绕组→C615→R611→R614构成回路，并向C615充电，在C615负极端形成55V电压。调整R611的阻值可调整C615负极端电压，使Q601和Q602工作在乙类放大状态。激励管Q603工作在甲类放大状态。乙类放大和甲类放大是低频功率放大电路中常见的基本形式。

在甲类放大电路中，电源向放大器输送功率P_{DC}（$P_{DC}=E_C I_C$）。在没有信号时，P_{DC}将全部消耗在Q603上，并转化为热量；在有信号输入时，P_{DC}的一部分转化为有用的输出功率，信号越大，输出功率也越大，效率就越高。因此，在甲类放大电路中，静态时的工作电流是造成管耗增加的重要因素。如果把工作点向下移，静态管耗可以显著地降低，但此时会出现下截止失真现象，而这种下截止失真的程度是由甲乙类放大或乙类放大的工作状态决定的。在乙类放大状态下，没有信号输入时，管子的静态电流为零，Q601、Q602的管耗也为零。因此，由Q603和Q601、Q602组成的甲乙类放大器的最大好处是节省电能消耗。

在图6-9所示电路中，当有音频信号输入，且又在信号正半周到来时，Q603对其倒相放大，随使Q603集电极电压下降，并导致Q601、Q602基极电压下降，使Q601截止，Q602导通。Q602导通时，110V电源通过T601变压器的初级绕组→C615、R613→Q602的e、c极→地构成回路，形成音频信号正半周电流I_+。此时，T601初级绕组中有音频信号正半周电流I_+，其电流大小随正半周信号幅度变化。当输入的音频信号负半周到来时，经Q603倒相放大，使Q603集电极电位上升，随使Q602截止，Q601导通。Q601导通时，C615通过T601初级绕组→Q601的c、e极→R610放电，形成音频信号负半周电流I_-。因此，在T601初级绕组中电流I_-的方向与I_+的方向相反。两者经T601叠加后形成了完整的放大了的音频信号，经耦合驱动扬声器。

由上述电路工作原理可知，互补对称式音频功率输出电路的最大特点是：在有信号时，Q601、Q602轮流导通，并将放大后的音频信号叠加在T601中，以获得完整的音频功率信号。其中T601主要起隔离作用。

2. 有变压器单端推挽式功率放大器

在图6-1所示电路中，其⑫脚外接音频功率输出电路采用有变压器单端推挽式，其电原理图如图6-10所示。它是有变压器互补推挽式的简单形式。

在图6-10中，从TA7176AP⑫脚输出的音频信号经C14加到单端推挽功率放大器BG2的基极，由BG2进行甲类放大。当音频信号的正半周到来时，BG2导通，D1导通，但在D1正向0.7V结电压的作用下，使BG1发射极电位高于其基极电位0.7V，因而使BG1截止（BG1和BG2均为NPN型管）。在BG1截止时，110V电源通过R13→变压器B的初级绕组→C16→D1→BG2→地构成回路，并向C16充电，正半周音频信号由变压器B耦合输出，并加到扬声器两端；当音频信号的负半周到来时，BG2处于微导通状态，使D1截止，BG1导通，并为C16提供放电回路，此时，负半周音频信号电流通过BG1、C16和变压器B初级绕组两端形成回路，并在变压器的耦合作用下，加到扬声器两端。但在音频信号负半周期间，110V电源通过R13→B→R11→BG2也构成回路，因此，BG2也有放大作用。

在上述分析过程中，音频信号正半周时，只有BG1对其进行放大，其增益相对较低，而在音频信号负半周时，BG1和BG2都对其进行放大，其增益相对较高，这就使放大后的音频信号

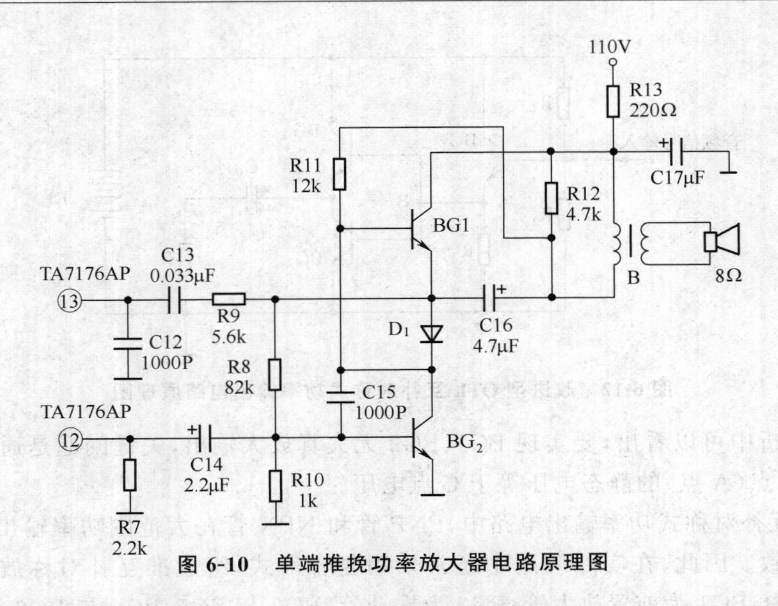

图 6-10 单端推挽功率放大器电路原理图

波形产生了非线性失真，这时就必须通过⑬脚输入负反馈来加以校正。因此，该种放大器又称为分流调整式推挽放大器。

3. 无变压器推挽功率放大电路

无变压器推挽功率放大电路，有多种结构形式，最常见的形式是由一只 NPN 管和一只 PNP 管等组成的，如图 6-11 所示。

在图 6-11 所示中，BG1 和 BG2 的输出电流通过同一负载电阻(RL)，因此，BG1 和 BG2 在同一个音频信号电压的推动下，轮流工作，同时，音频信号的两个半波电流通过负载时的方向是相反的，并且能够在负载上合成一个完整的波形。为不失真地在负载上获得完整波形，BG1 和 BG2 两只管子的工作性能必须对称，才能够相互补充不足。因此，无变压器推挽功率放大电路，又俗称 OTL 互补对称式功率放大电路。其主要特点是电路简单，易于集成化处理。

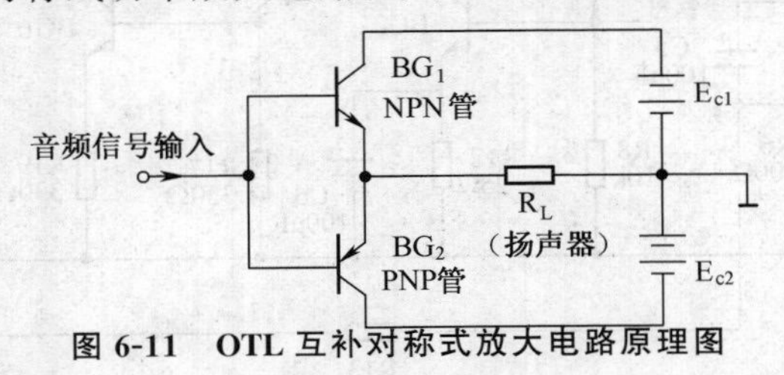

图 6-11 OTL 互补对称式放大电路原理图

互补对称式功率放大电路，虽然结构简单，效率较高，但由于无变压器作为阻抗变换的媒介，其输出功率会受到电源电压不高、输出电流不够强的限制。因此，在实际应用中还必须接入一级甲类放大电路作为推动级电路，如图 6-12 所示。其中 BG3 是 NPN 型晶体管，作为输入信号源的射极输出器，并工作在甲类状态。当没有信号输入时，BG3 在偏置电阻 R1、R2 的作用下，使 A 点(BG3 发射极)电压刚好与 C 点(BG1、BG2 的发射极)相等，因此，B 点的偏置电压相对为零，BG1 和 BG2 均不工作。当有正半周音频信号输入时，BG3 发射极电位升高，使 BG1 导通，BG2 截止；当有负半周音频信号输入时，BG3 发射极电位下降，使 BG1 截止，BG2 导通。最终在负载 RL 上合成放大的信号波形。

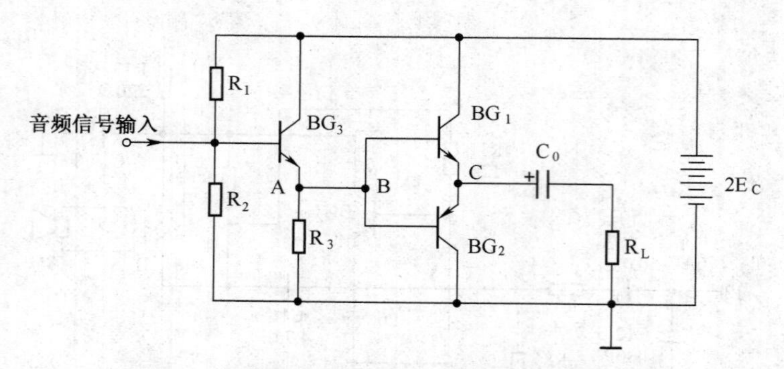

图 6-12　改进型 OTL 互补对称式功率输出电路原理图

从上述分析中可以看出，要实现 BG1、BG2 无失真放大输出，关键问题是通过调整 R1 来保证 BG3 输出点（A 点）的静态电压等于 C 点电压。

在 OTL 互补对称式功率输出电路中，PNP 管和 NPN 管在大范围功率输出时，其工作特性很难对称一致。因此，在实际应用中还常采用复合形式，组成准互补对称放大电路，如图 6-13所示。其中：BG1 为前置放大管；BG2 为推动管；BG3 与 BG5、BG4 与 BG6 分别组成复合管，并作为功率输出级。

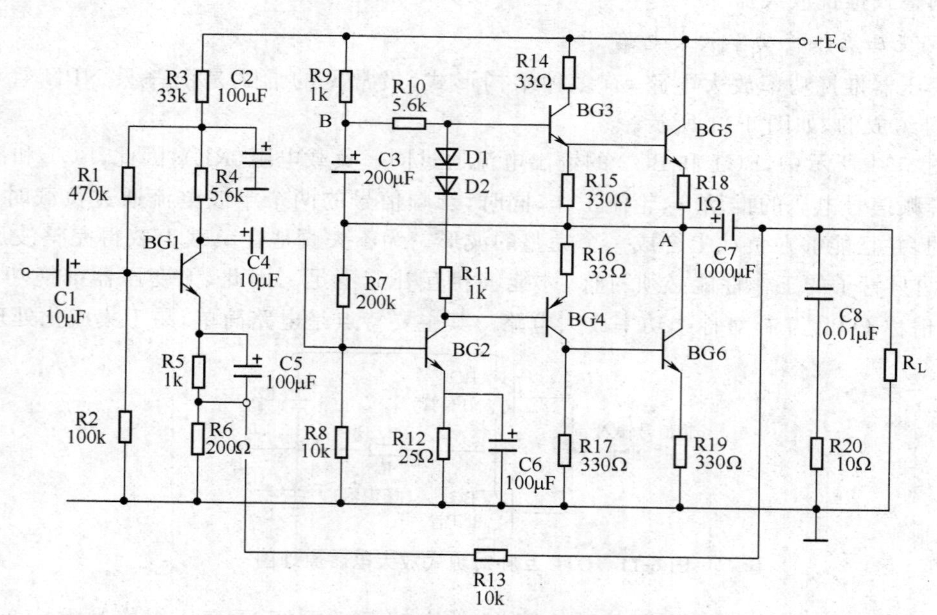

图 6-13　准互补对称式功率放大输出电路原理图

在图 6-13 中，BG5 与 BG6 均为 NPN 型功率输出管，其射极输出电阻 R18、R19 主要起电流负反馈作用，有温度变化时能够稳定静态电流。R18、R19 的阻值在 0.2～1.0Ω 之间，在要求输出功率不大时，R18、R19 也可以不用。R18、R19 的阻值过大，会消耗过多的输出功率。

在图 6-13 所示电路中，R15、R16 用于提高电路直流状态的稳定性，以减小输出功率管的穿透电流；D1、D2 和 R11（可调电阻）为 BG3、BG4 提供合适的正向偏置电压，适当调整 R11 的阻值，可使 BG3、BG4 基极电压刚好大于起始工作电压，进而更好地消除输出波形的交越失真。

在图 6-13 所示电路中，R10 既是推动管 BG2 的集电极电阻，又是复合管 BG3 的基极偏置电阻。其左端接 R9 和 C3，R9 主要用于将 B 点和 $+E_C$ 电源隔开，以使 B 点电压在电容器 C3 的作用下高于 $+E_C$ 电源电压，进而保证有足够的基极电流去推动 BG3、BG5 充分导通。这样，在输入信号的正半周增大时，BG3 的基极电压就会往正向增大，BG5 的发射极电压和 A 点电压也随之往正向增大，通过 C7 的电压增大；当有负半周增大信号输入时，BG4 的基极电压就会往负向增大，BG6 的集电极电压减小，A 点电压下降，通过 C7 的电压减小。BG5、BG6 的轮流工作，使 R_L 两端获得完整的信号波形放大电压。

在图 6-13 所示电路中，为保证输出波形正负半周对称，要求 BG3 与 BG4、BG5 与 BG6 的特性基本一致，特别是每对复合管中的两支管子的直流放大系数(β)相差不大于 20%。

4. 集成功放电路

在集成电路彩色电视机中，随着集成化程度增高，以及 OTL 互补对称式功放电路的不断改进，集成式的音频功率放大器逐渐占据了主导地位。集成式音频功率放大器一般有两种类型，一种是包含在音频集成电路中，如 TA 四芯片集成电路彩色电视机在 TA7243P 集成电路中，就包含了音频功率放大器，其应用电路如图 6-14 所示。另一种是由专用伴音功放集成电路组成，属于这一类的集成电路主要有 AN5250、HA1124、IX0325CE、LA4265、TDA1013B、TDA7057AQ、LA4287 等。虽然它们的引脚功能不同，结构原理大体一致。

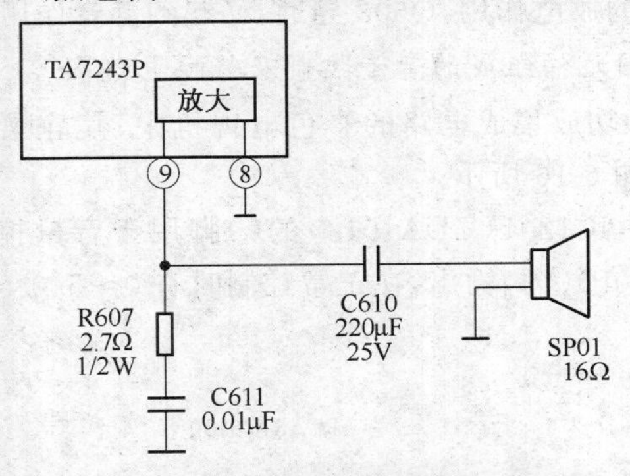

图 6-14　集成电路式音频功放电路原理图

注：沈阳 SDC47-10 等机型采用该种电路

在集成式音频功放电路中，其外围电路一般比较简单。

三、开关机静噪电路的基本结构及工作原理

在彩色电视机中，开关机静噪电路主要用于抑制扬声器在刚开机或关机时产生"喀喀"的噪声。但它在不同机芯技术中，有不同的基本结构。

1. 由 TA7423P 及外围元件组成的音量控制及开关机静噪电路

在 TA 四芯片集成电路中，TA7423P⑥脚用于音频信号输入和音量控制，在其输入电路中同时还设置由 Q603、Q602、Q601 等组成的延时开关电路，用以实现开关机静噪功能。其电路原理如图 6-15 所示。

在图 6-15 所示电路中，在刚开机时，12V 电源电压通过 C623、D601 使 Q601 导通，+12V 电源通过 R623→C624→Q601 c、e 极到地构成回路，并向 C624 充电。但在刚开始充电时，通过 C624 的充电电流较大，故 Q602 的基极电流较小，使 Q602 截止，Q603 导通，音频信号输入电路被钳位于地，扬声器静噪。随着 C624 充电进行，D602 正极端电压上升，很快使 Q602 正

偏导通，Q603 截止，音频信号输入电路被释放，扬声器正常出声。

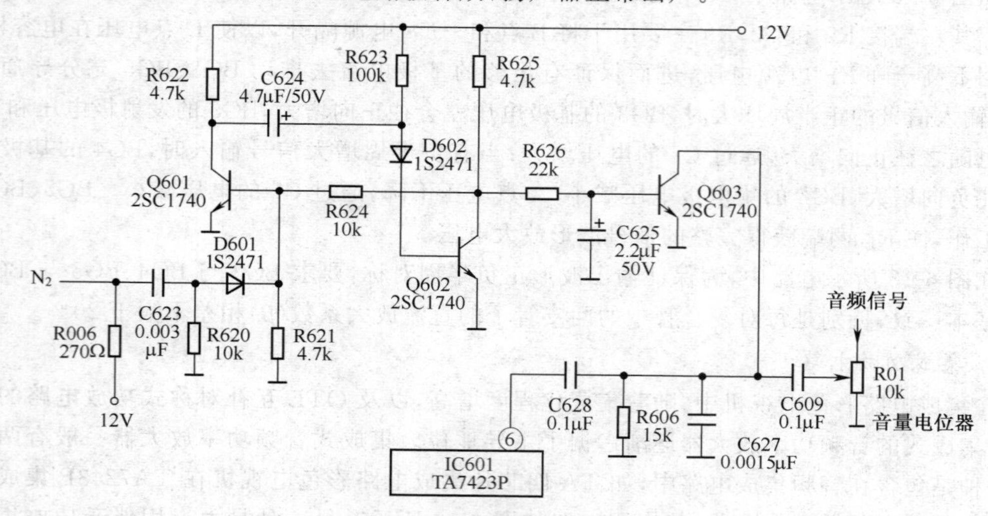

图 6-15　TA7423P 音量控制及开关机静噪电路

注：沈阳 SDC47-10 机型等彩电采用该机电路

在关机时，由于 C625 的放电作用，Q603 导通，又起到静音作用。

2. 由 TDA1013 及外围元件组成的音量控制及静噪电路

在采用 TDA1013 音频功放集成电路的彩色电视机中，其静噪功能主要是通过限制音量来实现的。其电路原理如图 6-16 所示。

在图 6-16 所示电路中，IC1201（TDA1013）的⑦脚用于音量控制。其控制电压由 IC801（中央微处理器 PCA84C640P）②脚输出，在正常控制时有 0～5.0V 的变化电压。当输出电压在 2.5V 以下时，无伴音。

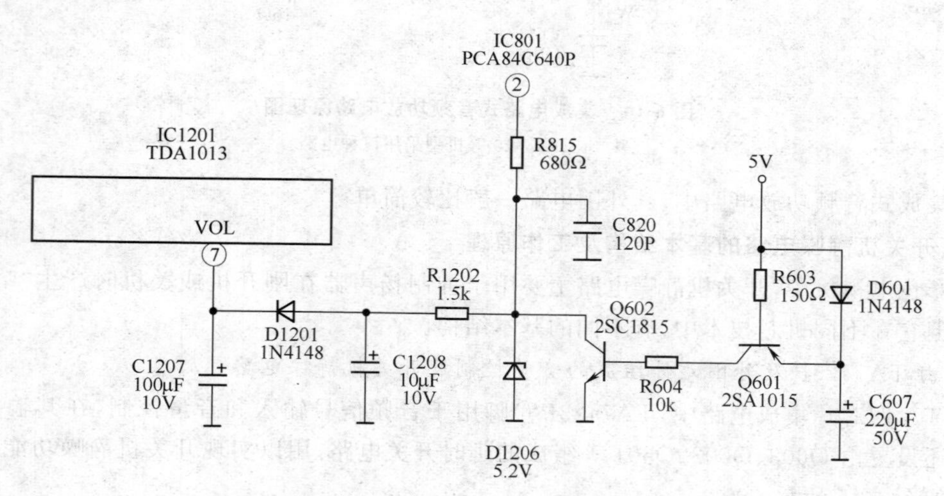

图 6-16　TDA1013 音量控制及静噪电路

注：康力 CE-3748 等机型彩电采用该种电路

在图 6-16 所示电路中，Q602、Q601 组成开关机静噪电路，它是通过控制音量电路来实现静噪的。在正常工作时，Q602、Q601 均截止，音量控制电路不受影响。但在关机时，在 C607

放电的影响下,Q601 导通,Q602 导通,将 D1206 负极端的连接点钳位于地,实现关机静噪。

3. 由 AN5265 及外围元件组成的音量控制及静噪电路

在采用 AN5265 音频功放集成电路的彩色电视机中,其静噪电路是通过控制音量控制端来实现静噪功能的。其电路原理如图 6-17 所示。

在图 6-17 所示电路中,N201(AN5265)的④脚用于音量控制,但在长虹 SF2129K 等机型中,其④脚的音量控制功能未用,而是由 9V 直流电压将其钳位于高电平,使 N201(AN5265)内部的放大电路始终处于高音量工作状态。而音量的大小则是通过控制输入音量信号的幅度来实现。

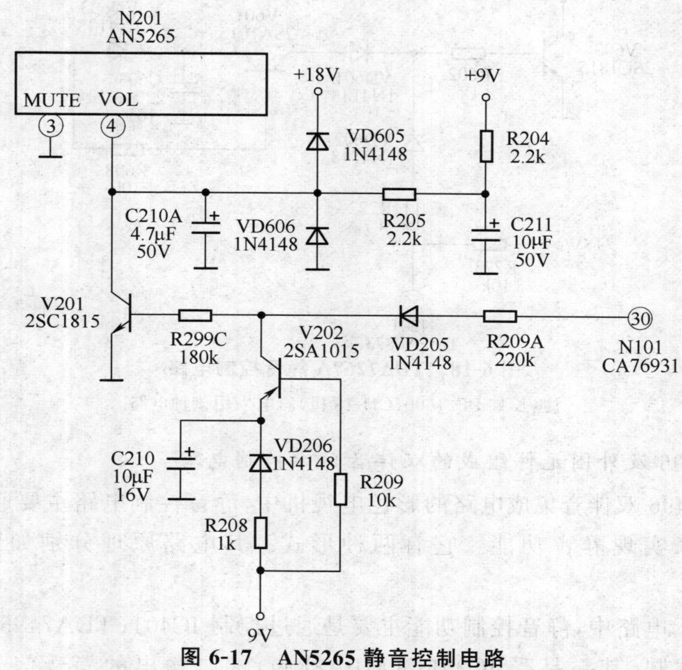

图 6-17 AN5265 静音控制电路

注:长虹 SF2129K(CH-13 机芯)彩电采用该种电路

在图 6-17 所示电路中,V201 和 V202 等组成静噪电路,用于控制 N201④脚的工作电压。在正常工作时,V201 截止,N201④脚不受影响。在 V201 导通时,N201④脚被钳位于低电平,扬声器无声。但 V201 受两路信号控制:一路通过 VD205、R209A 受 N101(LA76931)㉚脚控制,主要用于实现无信号静音或人为静音控制,在正常工作时,N101(LA76931)㉚脚输出 0V 低电平,在静音时 N101㉚脚输出 5.0V 高电平,使 V201 导通,N201④脚为低电平,扬声器无声;另一路由 V202 控制,V202 与 VD206、C210 等组成静噪电路,在关机时,由于 C210 放电,使 V202 导通,V201 导通,静音功能动作。

4. 由 TDA7267A 及外围元件组成的静音控制电路

在采用 TDA7267A 伴音功放集成电路的彩色电视机中,静音控制功能是通过 V603 控制 TDA7267A③脚的直流电压来实现的。其电路原理如图 6-18 所示。

在图 6-18 所示电路中,V603 受两路信号控制,一路由 N201(TMPA8873)㊻脚控制,另一路受 V601 控制。在正常情况下,N201㊻脚输出 0V 低电平,V601 截止,故 V603 不受影响。当 N201㊻脚输出高电平静音信号时,V603 导通,N601③脚为低电平,同时 C605 输出端被钳位于地,因此,扬声器无声,实现静音功能。

当关机时,在C603的放电作用下,V605导通,V603导通,实现静噪功能。

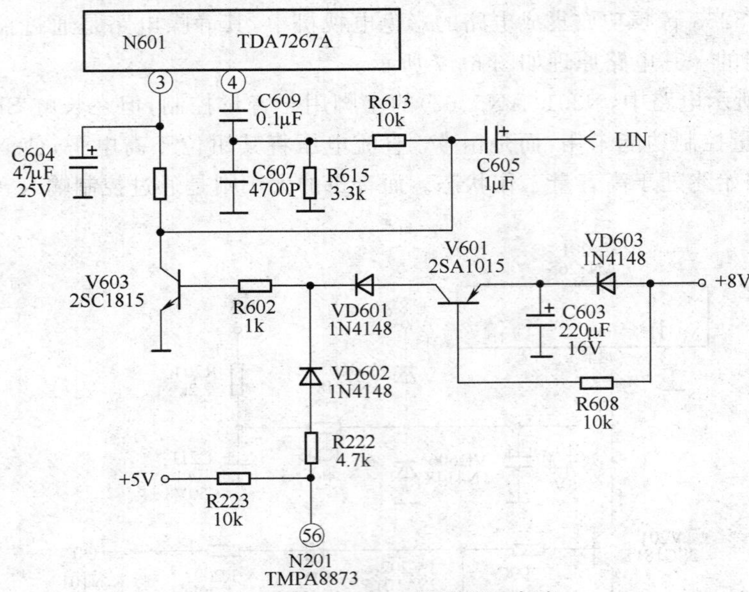

图6-18　TDA7267A静音控制电路

注:长虹PF21600(CH-18机)彩电采用该种电路

5. 由TDA7496及外围元件组成的双伴音静噪控制电路

在采用TDA7496双伴音集成电路的彩色电视机中,静音控制电路主要通过控制TDA7496⑩脚的直流电压来实现静音功能。它有两种形式。其电路原理分别如图6-19和图6-20所示。

在图6-19所示电路中,静音控制功能主要是通过控制IC401(TDA7496)⑩脚来完成。其⑩脚受两路信号控制,其一是受IC201(TMPA8809)61脚输出的静音信号控制;其二是受Q406静噪管控制。在正常情况下,IC201 61脚输出低电平,Q406截止,故IC401⑩脚为低电平,Q402、Q403截止,扬声器正常发声。当IC201 61脚输出静音信号时,IC401⑩脚为高电平,Q402、Q403导通,扬声器无声。当关机时,Q406导通,IC401⑩脚为高电平,同时Q402、Q403导通,将左右声道的输入信号旁路,扬声器无声。

在图6-20所示电路中,IC601⑩脚受IC201(OM8373)①脚和静噪管Q603控制。当IC201①脚输出高电平或Q603导通时,IC601⑩脚为高电平,扬声器无声。

总之,由集成电路及外围元件组成的音量控制及静噪电路形式很多,但它们的基本结构大致相同,特别是开关机静噪电路,都是利用定时电容的充放电过程来使静噪元件动作。

四、伴音前置低放及功率输出电路的维修要领及注意事项

在集成电路彩色电视机中,伴音前置低放及功率输出电路的故障率较高,其故障时的主要表现有:无伴音;伴音失真;声音轻等。

1. 维修要领

(1)当检修无伴音故障时,应首先检查静噪控制电路是否有击穿短路元件,然后检测音量控制电压是否能够正常变化,以及供电压等是否正常。若是功放集成电路,则要注意检查相关

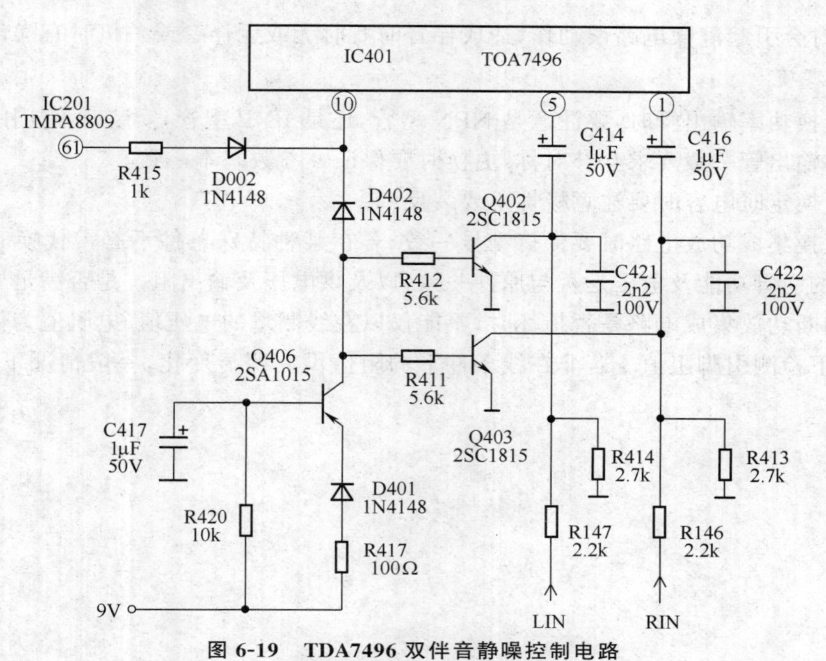

图 6-19 TDA7496 双伴音静噪控制电路

注:创维 5T36 机芯彩电采用该种电路

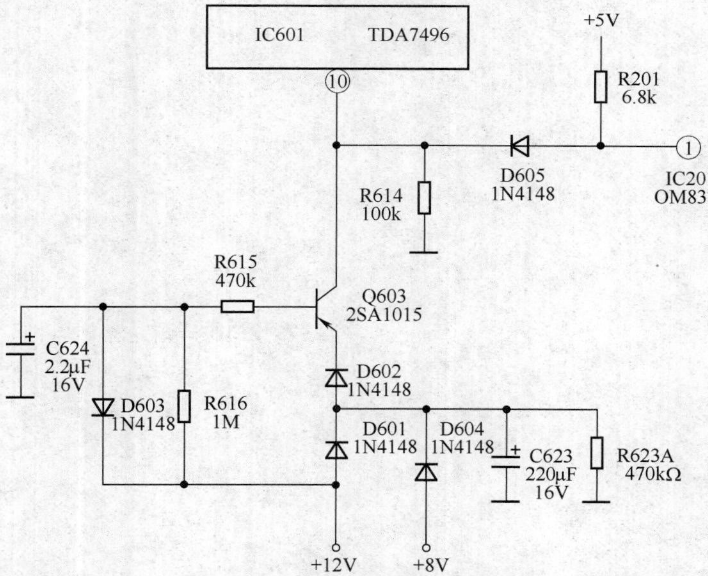

图 6-20 TDA7496 关机静噪电路

注:TCLUS21 机芯彩电采用该种电路

引脚电压。

(2)当检修伴音失真故障时,应首先检查负反馈电路,必要时将电容元件直接换新。

(3)当检修声音轻且有沙哑等故障时,应检查功率输出级电路是否有不良元件,特别是功率输出管是否损坏或不良,必要时可将其换新。

(4)注意检查电路中的电容元件,特别是静噪电路中的定时电容,必要时应将其换新。定时电容异常时会引起静噪电路误动作,造成伴音时有时无或无伴音或关机时有噪声。

2. 注意事项

(1)在更换功率输出管时,要注意是 NPN 型管,还是 PNP 型管,安装时不能用错。

(2)功率输出管一般要求互补对称,更换时要保证 β 参数基本一致。

(3)在更换定时电容时要注意极性不要装反。

(4)在更换集成功放电路时要保持型号一致,若在某种特殊条件下必需代换时,应注意代换集成电路的引脚功能及电压是否与原件一致,以及供电压及输出阻抗是否满足要求。

(5)在判断功放集成电路是否损坏时,不能仅以在线测量的电压值、电阻值为依据,还要在非在线情况下检测引脚阻值。若非在线条件下的阻值没有明显变化,一般情况下集成电路是正常的。

第七章　电源电路结构与维修要领

在彩色电视机中，电源电路主要为整机中的各单元功能电路提供不同的工作电压，因此，它是影响整机能否正常工作的重要电路。

在彩色电视机中，电源电路主要有串联调整型电源电路和并联开关型电源电路两大形式。串联调整型电源电路，具有稳压性能好，电路简单等优点，但存在稳压范围窄，效率低等缺点；并联开关型电源电路，具有效率高、稳压范围宽、体积小、质量轻等优点，但也存在电路复杂、成本高等缺点。从目前实际应用看，并联开关型电源电路的类型较多，主要有电感储能式、调宽式、调频式。

第一节　串联调整型电源电路结构及工作原理

一、串联调整型电源的基本原理

串联调整型电源，是将一个可变电阻 R 和负载 R_L 串联，并通过改变 R 两端电压降来实现稳压的一种电源，其中 R 可用半导体三极管来代用。其工作原理如图 7-1 所示。

在图 7-1a 所示电路中，当输入电压 U_I 增大时，若调整 R 的阻值增大，使其全部承担增大的电压，就会使加到 R_L 两端的电压不变。当输入电压 U_I 稳定不变，而负载电流 I_L 增大时，若相应调整 R 使其阻值减小，也可以保持 R_L 两端的电压不变。如果用图 7-1b 中的 BG 晶体管代替图 7-1a 中的电阻 R，并在 BG 基极加入输出电压的变化量，利用负反馈原理就可以由 BG 晶体管 c、e 极间的导通阻值来保持 R_L 两端的电压不变，从而实现串联稳压的目的。

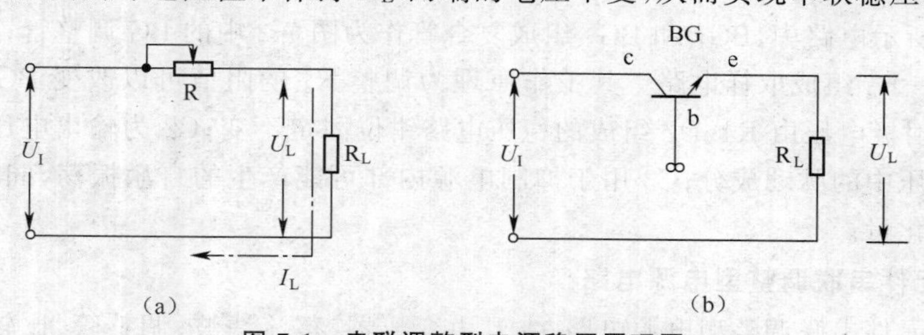

图 7-1　串联调整型电源稳压原理图

(a)电阻式　(b)半导体三极管式

二、最简单的串联型电源电路

最简单的串联型电源电路如图 7-2 所示。其中：BG 为调整管，D_Z 为稳压管，它和 R1 组成稳压电路，为 BG 基极提供一个基准电压 U_b，R2 为 BG 管的负载作为 BG 管的直流通路，R_L 为电源外接负载。在该电路中应满足 $U_b - U_L = U_{be}$，而 BG 基极电压 U_b 固定不变。如果 BG 为硅晶体管，其 U_{be} 的结电压应为 0.7V。当输入电压 U_d 上升时，输出电压 U_L 也会上升，但由于 U_b 被 D_Z 钳位不变，因而 U_{be} 减小，其基极电流减小，BG 管的导通电阻增大，ce 极间的压降 U_{ce} 增大，U_L 保持不变，从而起到了自动调控作用。当输入电压下降时，上述过程相反，也起到自动稳压作用。但这种简易的调控电路，由于控制作用小，稳压效果不是很好。因此，在实践应用中还要增加比较放大等电路。其电路原理如图 7-3 所示。

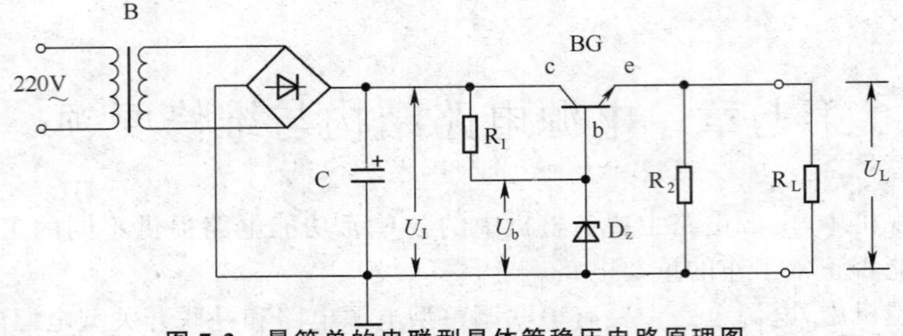

图 7-2　最简单的串联型晶体管稳压电路原理图

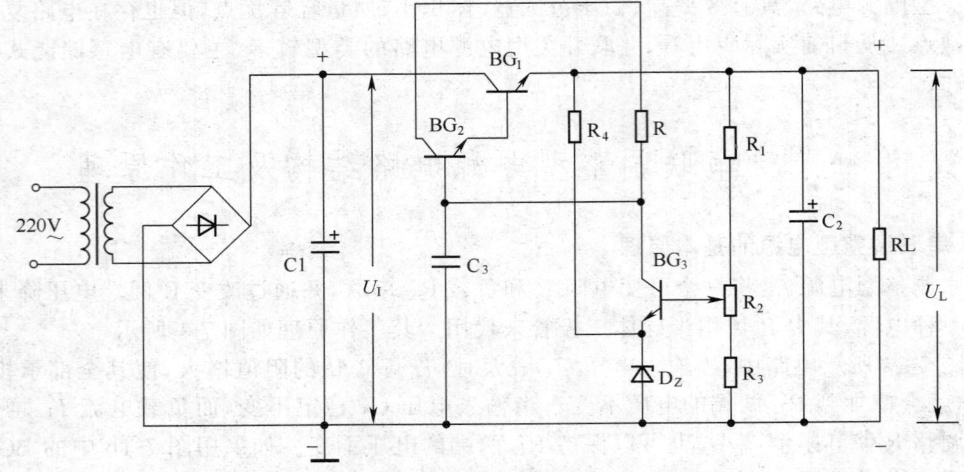

图 7-3　复合式串联型晶体管稳压电路原理图

在图 7-3 所示电路中，BG_1 和 BG_2 组成复合管作为图 7-2 中的 BG 调整管；BG3 作为比较放大器；R_1、R_2、R_3 组成取样电路。其工作原理为调整 R_2 的阻值可以改变 BG_3 的集电极电压，而 BG3 发射极电压由 R4、DZ 组成的稳压电路钳位固定不变；C2 为输出电压滤波电容，用于滤除直流电压中的脉动成分；C3 用于抑制电源内部可能产生的自激振荡，同时也用于调整负载电压的变化量。

三、分立元件串联调整型电源电路

实用分立元件串联调整型电源电路，主要由变压器、整流滤波、调整管、比较放大管、基准电路、取样电路等几部分组成。常见的两种组成形式一种是以调整管组成的，另一种是以开关变压器组成的，其电路原理分别如图 7-4 和图 7-5 所示。

1. 以调整管组成的电源电路

在图 7-4 所示电路中，100V 交流电压经 D801～D804 全桥整流后加在 C805 滤波器两端形成 130V 脉动直流电压，再经 Q801 调整稳压后输出 112V 直流电压供给负载电路。但 Q801 需在 Q804、Q803 等自动控制下才能够正常工作。

在图 7-4 所示电路中，Q804 和 R812、R803、R814 组成过流保护电路。其中：R812 为保护电路中的取样电阻，输出电流通过它产生一定电压降；R803 接在稳压二极管 D805 的通路中，与电阻 R808、R809 及 D805 产生分压，并加到 Q804 的基极与发射极之间。Q804 基极与发射

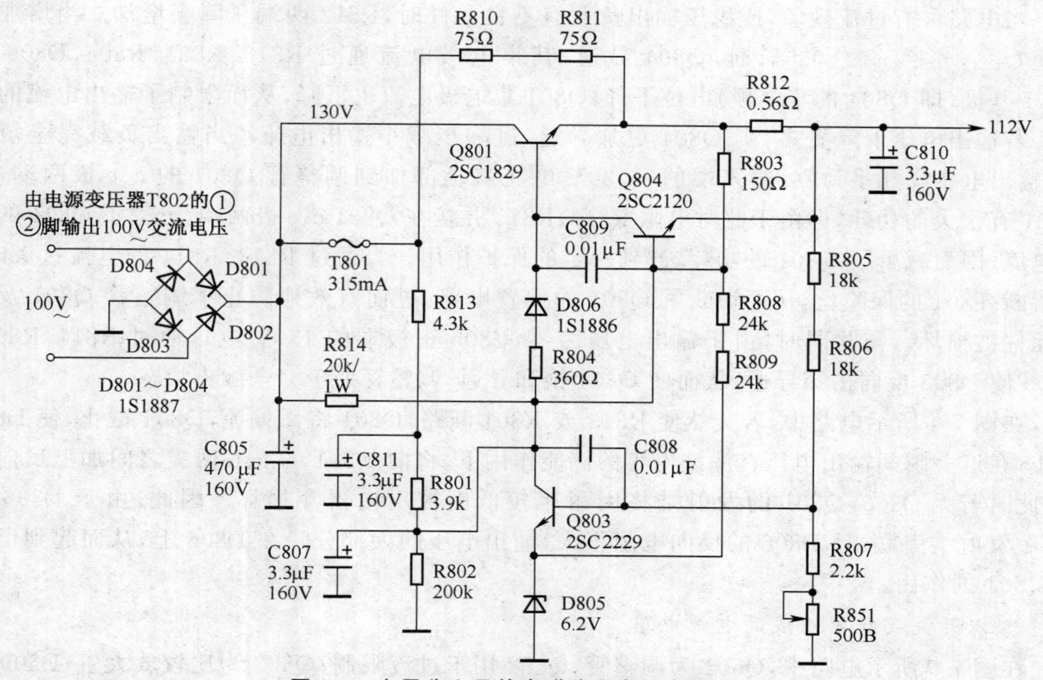

图 7-4　实用分立元件串联稳压电源电路(一)

注：东芝 C-2021Z 等机型采用该种电路

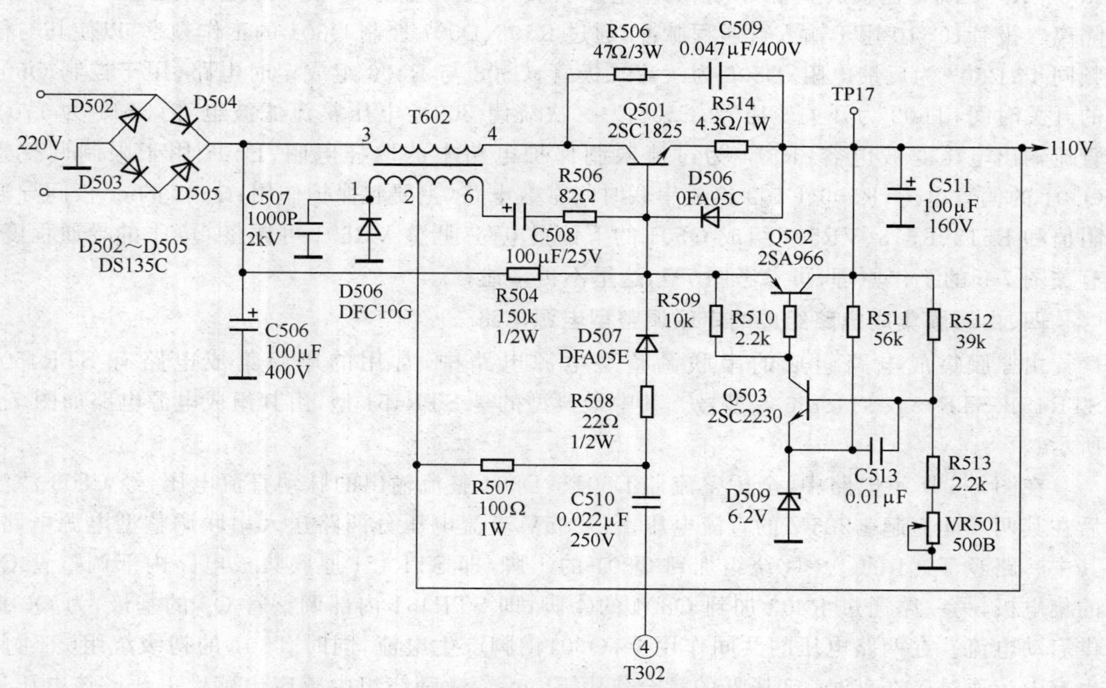

图 7-5　实用分立元件串联型稳压电源电路(二)

注：夏华 XT-5103 等机型采用该种电路

极之间的电压 $U_{be4}=U_{R812}-U_{R803}$。在电路正常时，输出电流在 R812 上的压降较小，Q804 截止。当电路中有过流现象，或稳压输出负载有不良元件时，R812两端压降会增加。当增加电压使$U_{R812}-U_{R803}>0.6V$时，Q804导通，其集电极电流通过R813、R801、R804、D806使Q801基极（即Q804的集电极）电位下降，Q801集电极电流也下降，从而限制了输出电流的增加。若输出电压下降更多，则Q804更加导通，进一步减小输出电流。当输出负载完全短路时，输出电压降几乎为零，输入端的+130V电压就全部加到调整管Q801的c、e极两端，使Q801有很大的功耗，但由于此时电阻R810、R811并接在Q801 c、e极两端，分去了Q801的导通电流，因而减少了Q801的功耗，起到一定的保护作用。当通过R810、R811的电流过大时，将熔断T801的保险丝，从而切断了Q801的偏置电路，进而有效地防止了调整管Q801及其他元件被损坏。与此同时，由于输出电压为零，C805正极端的130V电压通过R814、R808、R809使D805反向击穿导通，从而使Q804饱和导通，调整管处于完全截止状态。

在图7-4所示电路中，若突然使R813或R801断路，Q801将无偏流，Q801截止，使D806截止，在这一瞬间输出电压在滤波电容的储能作用下，将向Q801的e、b两极之间加上反向电压，此时若无D806，Q801的发射结将因耐压较低而被反向击穿损坏。因此，由于D806与Q801发射结串联，且D806的反向电阻很大，输出电压的大部分降在D806上，从而起到了保护Q801的作用。

2. 以开关变压器组成的电源电路

在图7-5所示电路中，Q501为调整管；Q502用于过流限制；Q503为比较放大管；D509用于产生基准电压；R512、R513、VR501组成取样电路，调整VR501可改变110V输出电压；R504、R509既是比较放大管Q503的集电极负载，又是调整管Q501的基极偏置电阻；D507为隔离二极管，C510用于输入行逆程脉冲，通过R508、D507控制Q501的工作频率，以使其与行频同步；R507为反馈电阻；D506为续流二极管，C508与R506组成定时电路，用于控制Q501的开关时间；T602为开关变压器；C506为一次绕组300V电压整流滤波电容；C511为110V直流输出电压滤波电容；R514为过流限制保护电路中的取样电阻；D506用于限制调整管Q501的偏置电压；R506、C509组成串联时间常数电路，主要起保护作用；Q502的ec极间导通阻值和R512、R513、VR501组成Q501的下偏置电路，调整VR501可调整Q501的导通程度。有关图7-5的工作原理，可参考图7-4，这里不再多述。

四、由厚膜集成电路组成的串联调整型电源电路

由厚膜集成电路组成的串联调整型电源电路中，常用的厚膜集成电路有STR450、STR451、STR454、STR456等型号。其中最典型的是STR451型，由其组成电源电路如图7-6所示。

在图7-6所示电路中，全桥整流器D801～D804整流输出的脉动直流电压，经C806滤波后在其两端建立起+285V的直流电压。+285V直流电压分两路送入串联调整型电源电路，其中一路经T801的②～④绕组加到Q801的①脚，即STR451厚膜集成电路内部调整管Q3的集电极，另一路通过R803加到Q801的④脚，即STR451内部调整管Q3的基极，为Q3提供启动电流。在两路电压的共同作用下，Q801①脚产生电流，同时T801的初级绕组②-④脚也有电流通过。在T801变压器的耦合作用下，⑥-⑦激励绕组中感应出感生电压。该电压通过由C809、R804串联组成的时间常数电路加到Q801④脚，形成正反馈，以加速Q801内部Q3的饱和导通。此时，激励绕组⑥-⑦上的反馈电压经C809、R804及Q3的内阻对C809充电，以保持Q3的饱和导通，以使整流后的直流电压通过Q3对L1充电。但随着C809充电电流的减小，Q3 的基极电流也不断减小。当 Q3 基极电流减小至 $I_b = I_c/\beta$ 时，Q3 退出饱和区，进入放大区，Q3 集电极电流减小，通过 T801 强烈的正反馈作用，使 Q3 很快进入截止状态。在 Q3 截止后，C809 通过 R804、T801 激励绕组及 D807、R805、D809、R806 放电。随着放电电流的不断减小，Q3 的基极电位也不断上升，到一定程度后，电源又通过 R802 使 Q3 微导通。重复上述过程，在正反馈激励电路及 Q801 内部稳压调整电路的作用下，Q801 的②脚输出 103V 稳定的直流电压。

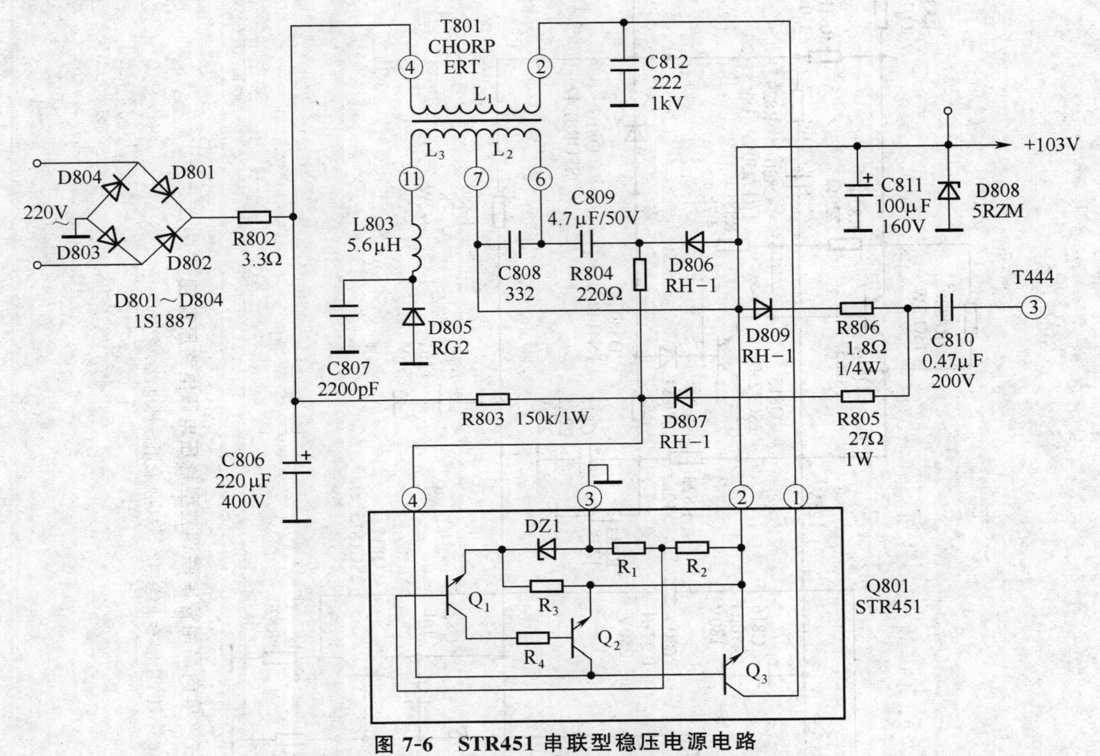

图 7-6　STR451 串联型稳压电源电路

注：芙蓉 TC-5504、佳丽彩 EC-1401 等机型采用该种电路

在图 7-6 所示电路中，由行输出变压器 T444③脚输出的行逆程脉冲，经 C810、R805、D807 加到 Q801 的④脚，用于控制 Q3 的开关频率，以使其与行频同步。D805 为续流二极管，主要作用是在 Q801 内部 Q3 处于截止期间，C811 对负载放电，同时 T801 初级绕组④-②中储存的能量一部分由绕组⑦-⑪通过 D805 向 103V 负载放电。

五、单向晶闸管式串联调整型电源电路

在彩色电视机中，单向晶闸管整流式串联调整型电源也被普遍应用。其典型电路如图 7-7 所示。

在图 7-7 所示电路中，由市网输入的 220V 交流电压只由 Q811 一只晶闸管进行整流，因此，该种电源电路的最大特点是电路中的接地线为火地。为此在检修时必须接入 1∶1 隔离变压器，以确保人身安全。

当市网电压输入时，220V 电压经 Q811、R882、R832、C821 到地构成回路，同时，220V 电压还经 R826、R827 加到 D810 两端进行半波整流。当输入的交流电压为正半周时，D810 负极端电压为 20V，并通过 D811 向频率振荡管 Q810、Q812 供电，使 Q812 发射极输出具有一定频

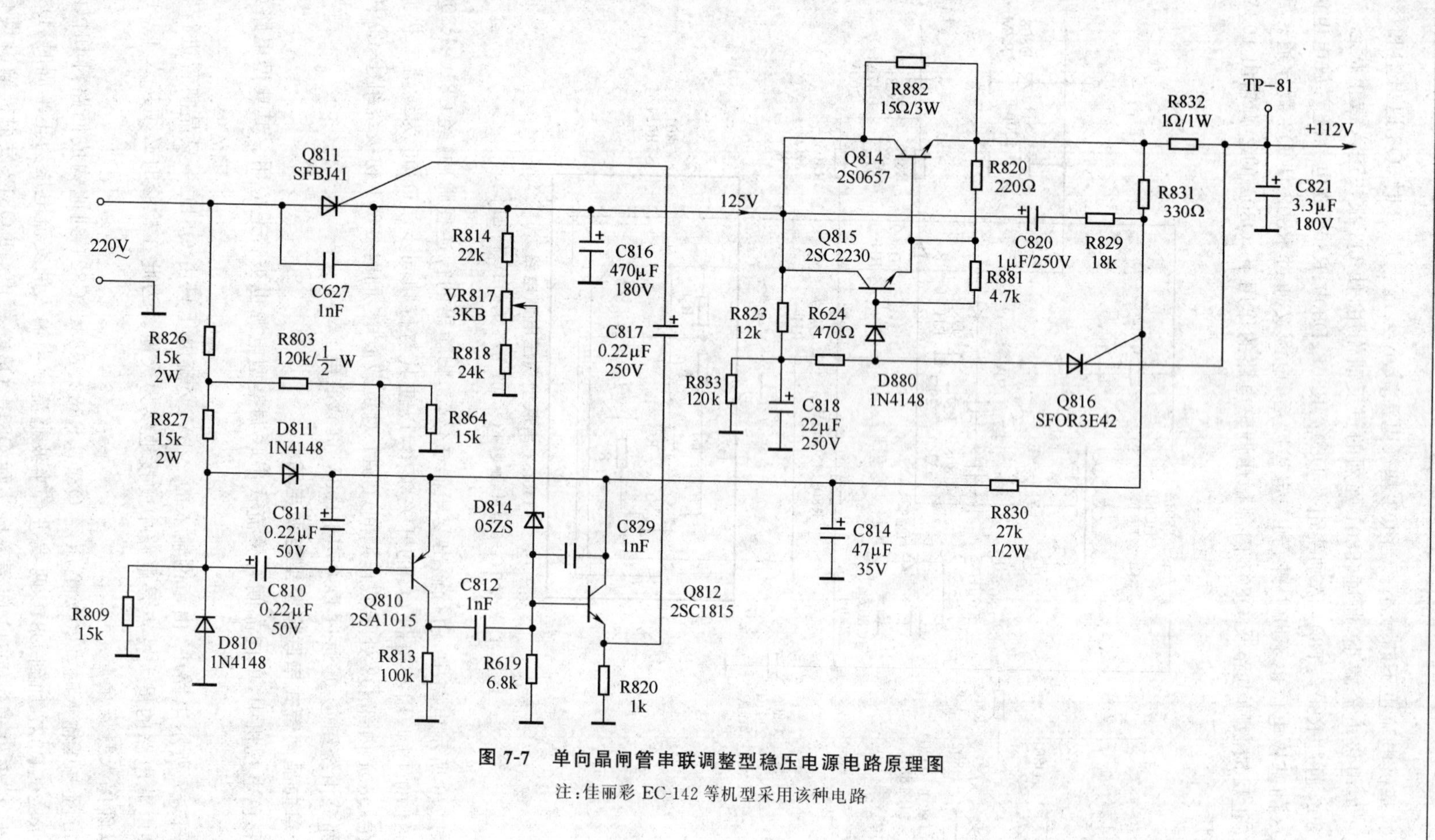

图 7-7 单向晶闸管串联调整型稳压电源电路原理图

注:佳丽彩 EC-142 等机型采用该种电路

率的控制脉冲，通过C817加到Q811的控制栅极，使Q811导通。加到Q811阳极的220V～交流电压被Q811整流，并由阴极输出125V的直流电压。

在图7-7所示电路中，Q814和Q815组成联级射随器，R882为启动电阻。当Q811有125V电压输出时，R882、R820的分压加到Q814的基极，使Q814获得基极电流，从而使Q814工作在放大区。这时集电极电流几乎不管U_{ce}的控制，而主要受基极电流的控制，使其具有恒流特性，因此Q814发射极输出112V稳定电压。

Q814串联在电源电路输入与输出端之间，与阻容元件一起构成有源滤波器。Q814集电极与发射极之间对交流信号呈现较大的阻抗，即其$\Delta U_{ce}/\Delta I_C$较大，而c、e极之间的直流阻抗U_{ce}/I_c较小，所以对交流纹波来讲，成为大电阻的RC滤波器，可有效滤除交流纹波，而对应的直流压降不大，因此，Q814仅有较小消耗功率。

当Q814启动以后，便有直流电压输出。这时R882并联在Q814的集电极与发射极两端，使Q814集电极电流被部分分流，从而起到减小调整管Q814功耗的作用。因此，R882具有启动和分流保护的双重作用。

在图7-7所示电路中，Q815、Q814两管复合后电流放大系数为两管β的乘积，使有源滤波器有更好的滤波特性。

在图7-7所示电路中，晶闸管Q816主要用于过流保护和过压保护。当负载过大或出现短路性故障时，过流取样电阻R832两端压降会上升（正常时R832两端电压约0.6V），这时Q816处于临界导通状态。由于Q816采用高速晶闸管，当R832两端电压稍有升高时，Q816将迅速导通，使D880反偏，迫使Q815、Q814截止，从而切断供电回路，起到过流保护作用。

当Q811整流输出的125V电压受某种因素影响而升高时，通过C820、R829耦合到Q816的控制极，使控制极的电压也升高，从而使Q816动作，达到过压保护的目的。

当市网电压由于波动而升高时，D810负极端电压也会超过20V，通过D811在C814两端建立的电压也将升高，R830两端电压也随之升高，从而也使Q816动作，达到过压保护的目的。

第二节　并联开关型电源电路结构及工作原理

并联开关型电源电路类型较多，常见的有三种类型，即电感储能式、调宽式、调频式。

一、电感储能式开关电源电路

电感储能式开关电源电路，主要是利用一只开关变压器（即开关式直流——直流变换器），先将输入的直流电压U_i变成具有一定占空比的脉冲电压，再将其整流滤波得到直流电压U_o。为稳定U_o输出，需将其与基准电压进行比较，检出其变化量ΔU_o，经放大后送到开关时间控制电路，通过改变时间控制电路的时间常数，进而调整开关脉冲的占空比，最终得到稳定的直流输出电压U_o。由此可见，电感储能式开关电源，是通过调整占空比来稳定输出电压的。但在实际电路中，占空比是由控制电路通过负反馈作用自动实现的。根据占空比变化方法的不同，可有调宽和调频两种方法。采用调宽控制方式的特点是频率不变，依靠调整导通宽度来稳定输出电压，故称这种控制方式的电源为调宽式开关电源；采用调频控制方式的特点是占空比随频率改变，即控制电路通过自动地调整导通或关断时间来稳定输出电压，故称这种控制方式的电源为调频式开关稳压电源。不管是调宽式还是调频式，电感储能开关电源均为并联型开关电源。其实际应用电路有多种形式，最为典型的应用电路如图7-8所示。

在图7-8所示电路中，Q613为电源开关管，T601为储能变压器（即开关变压器），R619与C614串联组成时间常数电路（即定时电路）。Q613、T601、C614、R619等组成自由振荡电路。当接通市网电源，有300V脉动直流电压建立时，便一路经T601⑤-⑧初级绕组加到Q613开关管的集电极，同时，又通过R620、R621、R622、L603、R624加到Q613的基极，使Q613开始进入放大导通状态，并有集电极电流 I_c 产生，T601开关变压器的⑤-⑧初级绕组中有电流通过，并储存磁场能。在开关变压器的耦合作用下，其②-③反馈绕组中感应出②端正、③端负的反馈电压。这个反馈电压经R619→C614→L603→R624→Q613的b、e极（即发射结）→③端（即地）构成回路，并对C614充电，同时使Q613更加导通，集电极电流 I_c 迅速增长，T601的⑤-⑧初级绕组中的电流迅速增长，储能也迅速增加，②-③反馈绕组中的感应电势迅速增加，从而形成激烈的正反馈，使Q613迅速饱和导通，并由定时电路维持Q613的饱和导通时间。在Q613饱和导通时，其集电极电流 I_c 达到最大值，T601⑤-⑧初级绕组中的电流不再增加，电感中的储能也不再增加，但由于电感所固有的特性（电流方向不能突变，而极性可以突变），其感应电压的极性突变，②-③反馈绕组中的感应电势的极性突变，即②脚负、③脚正，此时通过Q613的发射结、R624、L603、C614、R619对C614反充电（即C614开始放电），同时由于电容器所固有的特性（电压极性不能突变，而电流方向可以突变），其电流方向突变，随使Q613退出饱和状态，进入放大状态，集电极电流减小，T601中的电流减小，反馈绕组中的电流减小，又形成强烈的正反馈，使Q613迅速退入截止状态，并由C614的放电过程来维持Q613的截止时间。在C614放电快要结束时，+300V电源通过启动电路又使Q613开始进入放大导通，重复上述过程，并周而复始，电源便进入自由振荡状态。在自由振荡过程中，C614与R619串联时间常数，决定了自由振荡的频率，也决定了Q613的导通时间和截止时间。

在图7-8所示电路中，D615、VR631、Q631、D641、R638、R639等构成了电压自动控制环路。其中，D615为光电耦合器，它既用于反馈开关变压器次级输出电压的大小，又起到隔离初次级电路的保护作用；D641为6.2V稳压二极管，与Q631、VR631等组成误差取样电路，调节VR631可以调节Q631的导通电流；R638、R639组成分压电路，为D615①、②脚提供取样电流，以控制D615内部发光二极管的发光强度，进而控制了D615内部次级光耦晶体管的导通电流，即④、⑤脚的导通电流，而这个导通电流也就是误差放大管Q611的基极电流。因此，电压自动控制主要是对误差放大管Q611的基极电流进行控制，且这个控制电路，又是一个闭环电路，在任何情况下都不允许出现开环现象。

在图7-8所示电路中，R615既是Q611的负载电阻，又是Q612的基极偏置电阻，Q611（为误差放大管）的e、c极电流在R615上形成Q612的基极偏压。Q611的e、c极电流越大，Q612的基极电压越大，Q612的c、e极电流就越大，Q613电源开关管的基极分得的电流就越小，从而起到控制Q613的c、e极脉冲宽度的作用，进而实现电压自动控制的目的。

在电路正常时，若由于某种原因使输出的+B电压（140V）上升，则通过VR631输入到Q631基极的电流也上升，使Q631发射极与集电极之间的动态电阻减小。但由于Q631发射极接有6.2V的稳压二极管D641，故其发射极电位被钳定，只有集电极电位发生变化，也就是D615③脚电位发生变化，并向低值下降，与此同时，由R638、R639分压输出的电压也升高，因而通过D615②和③脚间的导通电流增大，⑤和④脚间的导通电流及Q611导通电流、Q612集电极电流也随之增大，而Q613基极电流减小，最终使Q613导通时间缩短，开关变压器T611次级泄放的能量减少，+B输出电压下降，从而起到稳压作用。

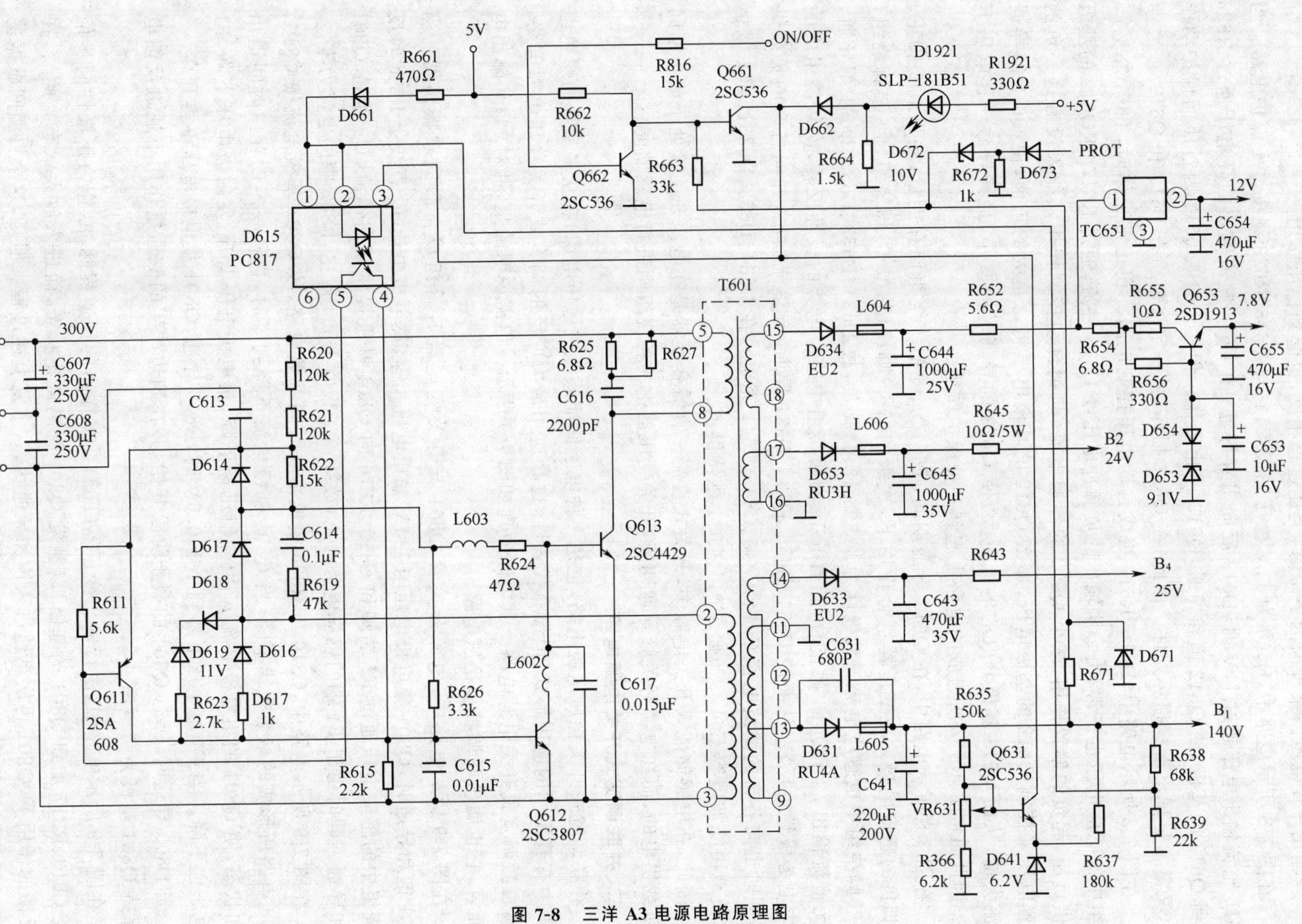

图 7-8　三洋 A3 电源电路原理图

注:三洋 CKM2990A-00 等机型采用该种电路

当输出＋B电压因某种原因下降时，上述过程相反，也起到稳压作用。

在图7-8所示电路中，D619为11V稳压二极管，它与D618、R623组成过压保护电路。当D618整流输出电压超过11V时，D619反向击穿导通，由D618整流输出的高电压通过R623加到Q612的基极，使Q612饱和导通，Q613停止工作。但在D619、Q612因过压而保护动作时，又常常呈现出击穿损坏元件。因此，在Q613损坏时，一定注意检查D619和Q612。

在图7-8所示电路中，D616、R617组成自动电压控制电路。在正常工作时，T601②-③脚绕组中的感应电压也正常，由②脚输出的负脉冲电压经D616整流，通过R617向Q612的基极提供负压，起负的偏置作用，减小Q612的导通电流，起到自动控制作用。如果没有这一负的偏置电压来控制Q612的基极电压，那么Q612的基极电压将总是大的正值，使Q612的导通电流大增，从而Q613基极分取的电流更大，使Q613的导通时间减小，最终导致＋B电压下降。因此，D616、R617所组成的电路也起到一种保护作用。

在图7-8所示电路中，在Q613导通期间，T601⑤、⑥初级绕组储存能量，并形成⑤脚正、⑧脚负的感应电势。在变压器耦合作用下，次级的⑮-⑯脚绕组，⑰-⑯脚绕组，⑭-⑪脚绕组，⑬-⑪脚绕组中也感应电势。其极性为⑮、⑰、⑭、⑬脚负，故D634、D653、D633、D631不导通，即无整流输出。当Q613截止时，随着⑤-⑧初级绕组中感应电势的极性反转，次级绕组中的感应电势极性也反转，从而使D634、D653、D633、D631导通，有整流输出，并向各自的负载供电，同时也向各自的滤波电容C644、C645、C643、C641充电。在D634、D653、D633、D631截止时，负载由滤波电容C644、C645、C643、C641维持供电。

因此，在电感储能式开关电源中，开关式直流—直流变换器是在电源开关管处于截止期间向负载供电的，而在电源开关管导通期间，开关变压器中的各绕组则进行电感储能。

二、并联调宽式开关电源电路

并联调宽式开关稳压电源电路，也是一种电感储能式开关稳压电源，在众多型号的彩色电视机中有着不同的应用形式，但最有代表性，也是应用最为广泛的调宽式开关稳压电源电路，则属自激调宽式开关电源电路。其电路原理如图7-9所示。但需说明的是，针对111V输出电压而言，它也属串联调整型稳压电路。

在图7-9所示电路中，电源开关管Q801与开关变压器B等组成自激间歇振荡器。当Q801饱和导通时，Q801集电极电压与111V输出电压相等，集电极电流I_c直线上升，此时反馈绕组中的感应电压通过F2端脚和C810、R816向Q801基极提供正向偏流，U_L维持Q801饱和导通。同时由于F1端的感应电势为正，故续流二极管D805截止，L802中的电流为零。

在图7-9所示电路中，C810与R806组成串联时间常数电路，故Q801基极电流按C810、R806电路所形成的指数规律下降，当Q801基极电流下降到零时，再经一定的存储时间退出饱和状态，使Q801的集电极电流I_c由峰值迅速下降，集电极电压上升，发射极电压下降，F1端电压也下降。当F1端电压下降到小于0.6V时，D805导通，Q801集电极电压不再升高。

当D805导通时，标志Q801的截止阶段开始，并在副边产生的磁通量作用下通过反馈电路保持Q801基极为负电压。

在图7-9所示电路中，由行输出变压器T551⑨脚输出的行逆程脉冲，作为正极性同步信号经C813、R817加到Q801的基极，以触发Q801脱离截止状态，而进入放大状态。此后，在正反馈的作用下，Q801再次迅速进入饱和导通状态，重复上述过程。但是，这个自激间歇振荡器，即使没有同步信号输入或同步信号来得太迟，也能自发地由截止向导通翻转。这主要是由

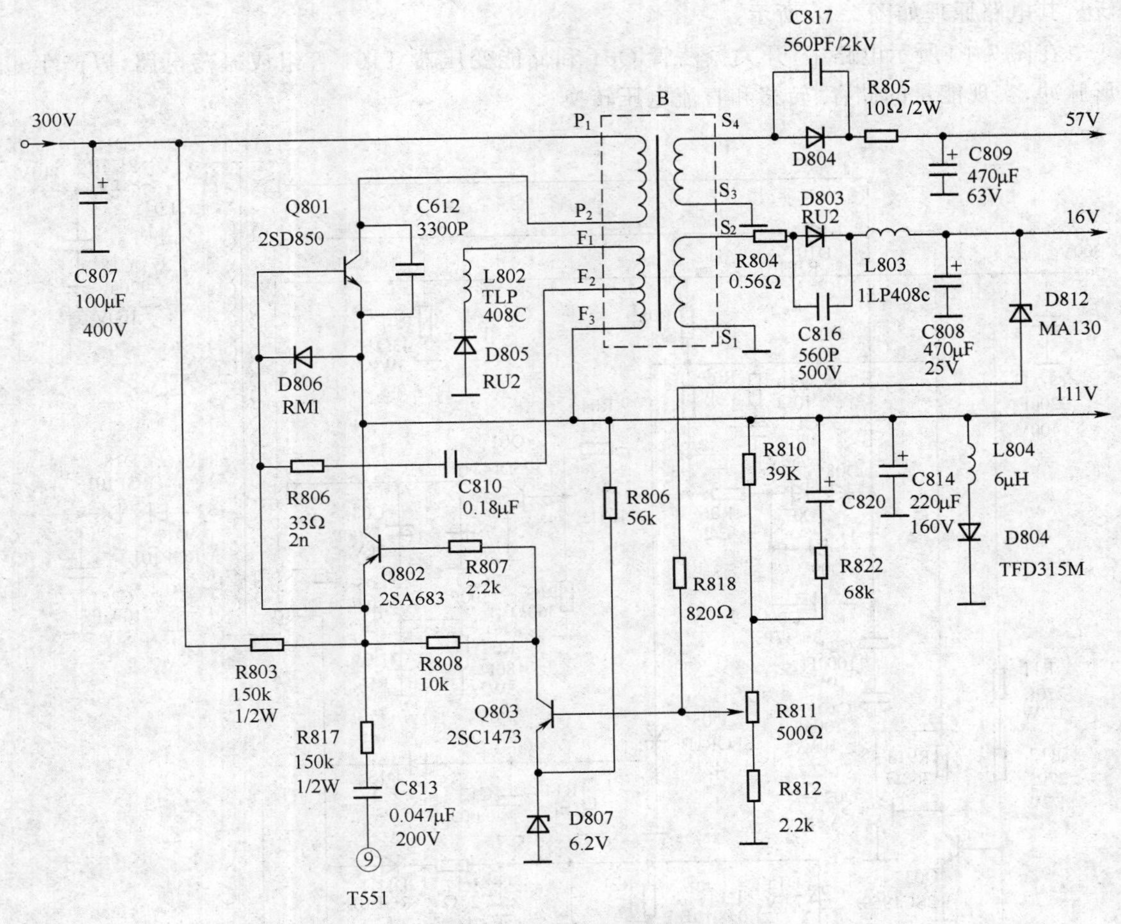

图 7-9　自激调宽式开关稳压电源电路原理图

注：熊猫 DB-3702、牡丹 TC-483 等机型采用该种电路

于 C810 的充放电作用，而正极性的行逆程脉冲信号的作用只起到使 Q801 与其保持等振荡频率及行频同步。

在图 7-9 所示电路中，Q803 与 D807 等组成了单管取样比较和误差放大电路。当由于某种原因使 111V 输出电压上升时，通过 R810、R811、R812 分压取样，也使 Q803 基极电压升高，其集电极电流加大，控制 Q802 的集电极电流也加大，但由于 Q802 的 c、e 极分别接在 Q801 的 e、b 极上，故当反馈绕组 F2 端向 Q801 提供正向偏流时，Q802 起到分流作用，且分流越大，Q801 的激励电流就越小。所以当 Q802 集电极电流加大时，就减小了 Q801 的基极偏流，从而使 Q801 发射极输出电压下降，即 111V 输出电压下降，起到了自动稳压作用。因此，由 Q803、D807 等组成的控制电路，是个典型的直流控制环路，它主要是控制 Q801 的开关时间或占空比。

三、调频式开关电源电路

调频式开关稳压电源，也是一个自激储能式开关电源，它与调宽式稳压电源有着很多的共同之处，在实际应用中有许多不同的形式，其中升降压型的自激调频式开关电路应用得最为广泛。其电路原理如图 7-10 所示。

在图 7-10 所示电路中，开关振荡管 Q01 和储能变压器 T101 管组成振荡电路，以产生矩形脉冲，实现能量的储存、转移和直流电压转换。

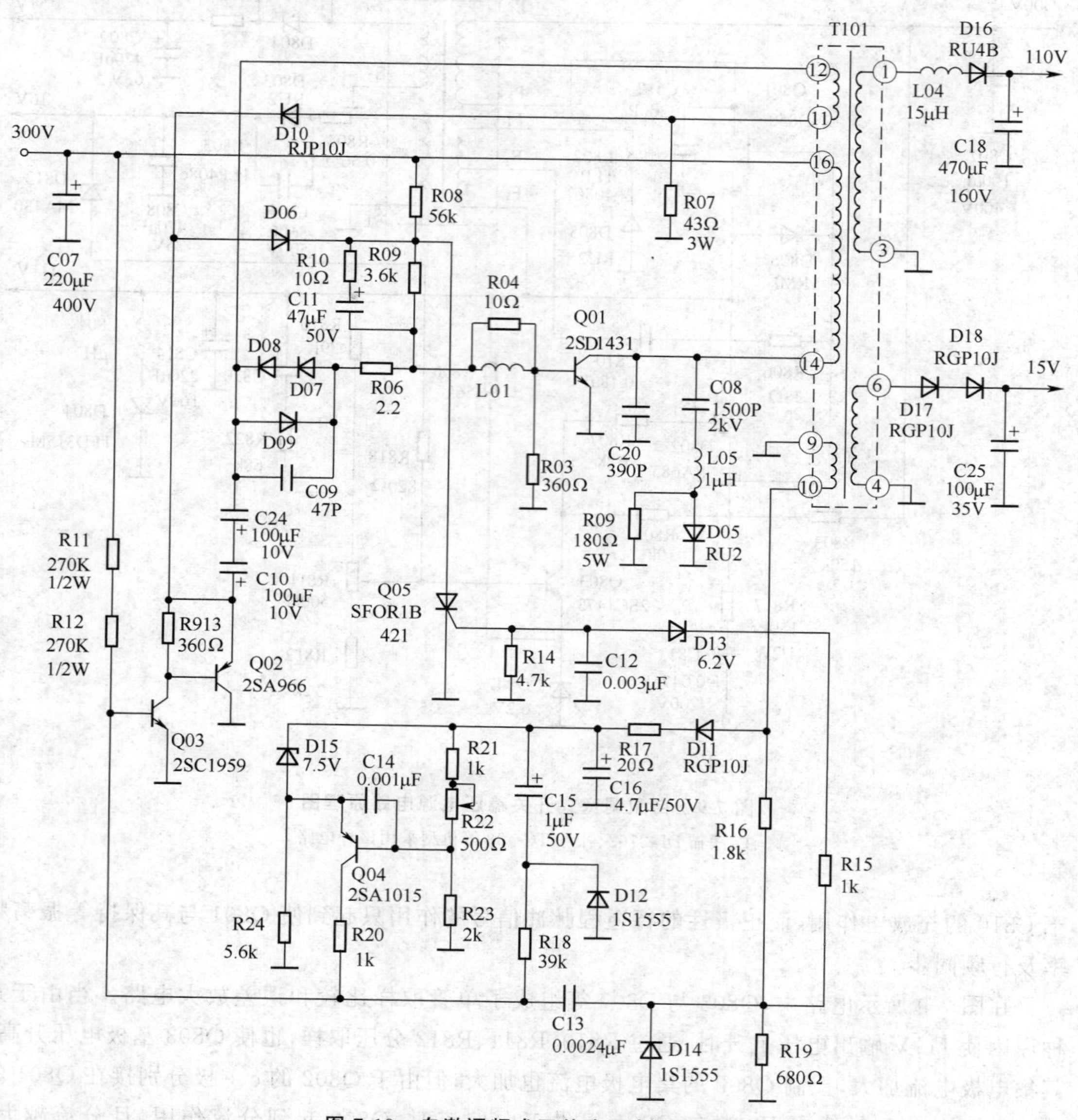

图 7-10 自激调频式开关稳压电源电路

注：沈阳 SOC47、北京 836 等机型采用该种电路

当有 300V 脉动电压时，通过储能变压器 T101 的初级绕组⑯-⑭加到 Q01 的集电极，同时 300V 电压又通过启动电阻 R08、R09、L01、R04 加到 Q01 的基极，为 Q01 提供正向偏压，从而使 Q01 导通。当 Q01 刚开始导通时，T101⑯-⑭绕组中有电流通过，并在 T101 中储存能量。当 Q01 截止时 T101 中的磁能转移到次级线圈中，并通过 D16、D18、D17 整流及 C18、C25 滤

波供给负载电路。需要指出的是，在 Q01、T101 等产生振荡的过程中，其激励方式与调宽式开关电源有所不同。主要表现为在 Q01 集电极电流增长时，T101⑪-⑫绕组中产生上升的感应电动势，其极性为⑫脚正、⑪脚负，通过 D09 使 Q01 基极得到逐渐增大的正向偏压，并在强烈的正反馈作用下迅速进入饱和导通状态。当 Q01 刚进入饱和导通状态时，Q01 中的集电极电流呈线性增长，此时 T101⑪-⑫脚绕组中感应电势基本不变，Q01 的基极电流也不再增长。但由于 T101⑪-⑫脚中的感应电势向电容 C09 充电，其极性是⑫脚端为正。随着 C09 不断充电，Q01 基极电压越来越低，基极电流也逐渐减小，最终使 Q01 退出饱和状态，并进入放大状态。T101⑪-⑫脚绕组中的感应电势下降，且感应电势的极性翻转，最终使 Q01 从导通变为截止。重复上述过程，电路进入振荡状态。

在图 7-10 所示电路中，稳压作用是通过脉冲宽度自动控制电路调节开关管 Q01 的导通时间来实现的。而脉冲宽度自动控制电路是由 T101 取样绕组⑨-⑩、D11、C16、Q04 以及脉宽调制管 Q03、Q02 等组成的。当 110V 输出电压升高或降低时，通过 T101 的耦合作用，由⑨-⑩取样绕组输出变化量电压 ΔU_O，并由 D11 整流、C16 滤波加到误差放大管 Q04 的基极，由 Q04 放大后的误差电压通过 R20 加到脉冲宽度调制管 Q03 的基极，使 Q03 导通。当 Q03 导通时，Q02 迅速地由截止转为饱和导通状态，随使 C10、C24 通过 Q02 放电。其放电电压通过 D09、R06、R04 加到 Q01 的基极。由于电容的特性是电流方向可以突变，而电压极性不能改变，因此，Q01 的基极电压驱向负电压下降，因而使 Q01 从导通变为截止。即改变了 Q01 的导通时间。

在图 7-10 所示电路中，电容 C09 和二极管 D09、D08、D07 组成了自偏置电路。C09 上的充电电压控制着 Q01 的导通和截止，因而 C09 为定时电容，D07、D08、D09 为 C09 提供放电回路。

在图 7-10 所示电路中，当 110V 输出电压升高时，T101 的⑨-⑩脚绕组中的感应电动势升高，其⑩脚输出的升高电压经 D11 整流后的直流电压也升高。但由于稳压二极管 D15 的作用，误差放大管 Q04 的发射极电压增量大于基极电压增量，因而使 Q04 更加导通，从而使 Q03 的基极电压升高。当升高电压增加至 0.6V 以上时，Q03 因正偏而导通，Q02 导通。Q02 导通后，将 C10 正极端接地，于是 C24、C10 叠加的负电压通过 D08、D07、R06、R04 加到 Q01 的基极，使 Q01 提前截止，缩短了导通时间。即矩形脉冲的宽度变窄，使输出电压下降，从而稳定了 110V 输出。反之，为 110V 输出电压减小时，通过取样绕组⑨-⑩、D11 整流，Q04 误差放大，使脉冲宽度调制管 Q03、Q02 继续处于截止状态，对开关管没有控制作用，Q01 继续导通。相对加长了 Q01 的导通时间，使输出电压得以上升，因而也就稳定了 110V 输出。

在图 7-10 所示电路中，Q05 与 D13、C11 等组成过压保护电路。当 Q04 或 Q03、Q02 等控制部分异常使 110V 电压升高时，T101 的取样绕组⑨-⑩中产生的感应电压也升高，通过 R16、R15 加到 D13 负极端的电压升高。当该升高电压大于 6.2V 时，D13 反向击穿导通，使可控硅 Q05 被触发导通，C11 上所充的电压立即通过 R10 放电，其放电电流使 Q01 截止，停止振荡。与此同时，由于 Q05 导通，D06 也导通，脉冲宽度调制管 Q02、Q03 因失去集电极、基极电压而处于截止状态，稳压电路停止工作。此时 Q05 阳极通过 R08 由＋300V 直流电压供电，并维持其导通状态，直到故障排除后，稳压电源才能够恢复正常工作。

第三节 电源电路维修要领和注意事项

一、串联调整型电源电路维修要领与注意事项

在串联调整型电源电路中，主要有电源调整管、比较放大器、基准电压、取样电路以及电源变压器和整流滤波电路等组成，如图 7-11 所示。但在有些电源电路中，为防止输出电流过大或负载短路时烧坏调整管，还设置一些保护电路，但它与稳压工作没有直接关系。在串联调整型电源电路中，电源调整管的作用相当于一个与负载串联的可调电阻。当输出的直流电压因某种原因升高或降低时，通过误差取样电路，可调整电源调整管的导通阻值，以使输出电压得到控制。

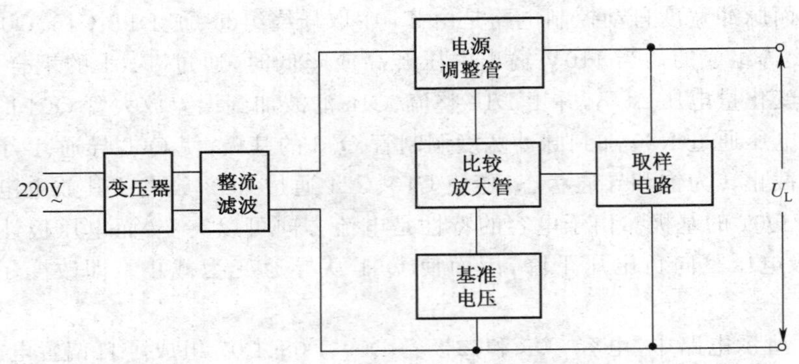

图 7-11 串联开关稳压电源组成方框图

1. 维修要领

在图 7-12 所示电路中，不论是由于输入交流电源电压发生变化，还是由于负载电流发生变化，或是比较放大、基准电压、取样输出电路异常，都会引起输出电压 U_L 发生变化，严重时还使调整管击穿损坏。

(1)当变压器不良或损坏时，一般会有严重发热，空气中会有烧漆包线的焦煳味，并有较大的“嗡嗡”声，工作时间稍长就会熔断电源熔丝。故障原因，一般是变压器线包绝缘强度下降，应更换变压器。

(2)当整流滤波电路损坏时，会造成电源熔丝熔断，有时也会引起交流“嗡嗡”声。检修时应在断电情况下逐一检查整流二极管，必要时将四只整流二极管全部换新。

(3)当电源调整管损坏时，会造成行输出管击穿，电源熔丝烧断。造成电源调整管损坏的原因比较多，检修应注意检查其他元件是否有变值、不良等现象。

(4)当比较放大管损坏时，一般都会连带电源调整管损坏。因此，在检修时一定注意查清比较放大管的损坏原因，检修时应重点检测其偏置电阻是否有变值、接触不良等现象，并将所有焊点进行补焊。一般不宜采用电压测量法。

(5)当发现基准电压异常时，故障原因一般是稳压二极管变值。因检测时不易鉴别其性能好坏，故可将其直接换新。

(6)当取样电路异常时，会使输出电压升高，检修时应采用电阻测量法直接检测取样电阻，必要时将可调电阻换新。

2. 注意事项

(1)在串联调整型电源电路中,电源变压器直接与市网电源相连接,检修时应注意安全。

(2)电源调整管(即开关管)是一只铁壳大功率晶体管,其外壳与集电极相通,通常独立安装在铝散热片上,而铝散热片又往往与地相通。因此,在安装电源调整管时,一定要保证管壳与散热片绝对绝缘。采取的绝缘措施是装云母绝缘片。安装完毕,要检测各极间绝缘是否良好,万无一失后再接通各极的线路。

(3)电源调整管与行输出管外形、尺寸均相同,但行输出管内部发射极与集电极之间有阻尼管,而电源调整管无阻尼管,因此,维修或更换时一定注意区别。勿使其错用或错换。

(4)在检修电源电路时,要断开负载,待确认电源输出正常后,再接通负载电路。

(5)对于有行同步信号输入的开关电源,在断开负载时,其输出电压会略有升高,开关变压器会同时发出的"吱吱"声。其原因是开关电源的频率没能与行频同步。检修时通电时间应尽量小,以避免损坏电源开关管。

二、晶闸管串联调整型电源电路维修要领与注意事项

晶闸管串联调整型电源电路,一般是利用晶闸管整流为调整管提供输入电压,同时也利用晶闸管栅极触发的导通功能对电路实施保护,其结构如图 7-12 所示。

晶闸管串联调整型电源电路省去了开关变压器,电路比较简单。其中,晶闸管既是电压变换元件,又是电压稳定调整元件。因此它的工作效率较高,可达 90%以上,且稳压范围较大。当交流输入电压在 100～300V 之间变化时,都能保证稳定的电压输出,并且它的过流和过压保护灵敏,电源和负载之间无反馈关系,调整和检修都比较方便。其缺点是抗干扰能力差,电视机在工作中易发生保护功能误动作。同时主板底盘带电,检修时危险性很大。

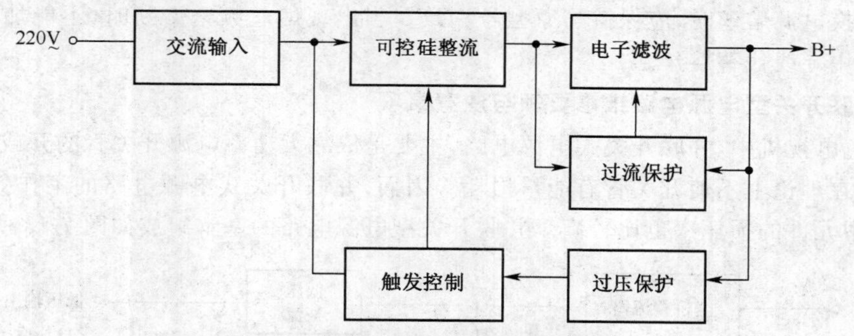

图 7-12　可控硅稳压电源组成方框图

1. 维修要领

(1)当交流输入电路出现故障时,会将电源熔丝熔断。其故障原因主要是滤波元件短路。检修时应采用电阻测量法,对滤波元件进行逐一检查。必要时将不良元件换新。

(2)当晶闸管整流异常时,常表现为输出电压升高。升高电压常有两种现象:一种是大于 125V(正常值为 125V),这时一般是控制电路异常;另一种是近于 220V,并伴有调整管等其他元件损坏,这时一般是晶闸管损坏。因此,当 B+输出电压升高时,应重点检查晶闸管及其控制电路,必要时将晶闸管换新。

(3)当滤波电路异常时,主要是电源调整管不良。检修时应采用电阻测量法检测调整管发射结和集电结的正反向阻值,必要时可断开电极引线测量,或将其直接换新。调整管不良时会使 B+输出电压升高,同时还伴有较大的交流"嗡嗡"声。当调整管击穿损坏时,电源电路的熔丝熔断。

(4)当触发控制电路异常时,有两种故障现象:一种是无B+电压输出,其故障原因主要是晶闸管未被触发导通;另一种是B+电压输出较高或较低,其故障原因主要是晶闸管的导通阻值(或导通角)不正确。因此,检修时应采用电阻测量法对触发控制电路中的元件进行逐一检查。

(5)当过压或过流保护电路动作时,应首先检测用于保护的晶闸管栅极是否有0.7V以上的触发电压。如果有,一般是负载电路有过流故障,或是触发控制电路有过压故障。检修时应采用电阻测量法进行检测相关电路中的元件。若没有0.7V电压,可断开负载电路。切断负载电路存在两种可能。一种是电源恢复正常,另一种仍没有0.7V电压。若电源恢复正常,则说明负载中有过流保护。这时主要是检查负载电路;若断开负载后,仍出现保护动作,则应更换用于保护控制的晶闸管。

2. 注意事项

(1)通电检查时,一定要在电源输入端串接一只1∶1的隔离变压器,并且在工作台和地面铺设绝缘橡胶垫或干燥木板,以保证人身安全。

(2)通电检查时,不要用两只手同时触摸电路板,以避免不慎触电时对人体构成伤害。

(3)在未查明故障原因,并未排除故障时,严禁断开保护电路强行通电试验,否则会人为地造成重大损失。

(4)在更换晶闸管时,要保持型号与原机型号一致,若需代换时,必须保证各项技术参数能满足电路的设计要求。

(5)更换电源调整管时,一定注意安装正确、绝缘良好。

(6)更换电源熔丝时,应保持与原型号一致。当出现熔丝频繁熔断时,不能加大熔丝的型号,更不能用导线代替熔丝。

三、并联开关型电源电路维修要领与注意事项

在彩色电视机中,并联开关式电源电路,主要是依靠大功率电源开关管的开或关来稳定输出电压,并在理论上不使开关管有能量损耗。因而,并联开关式电源电路的工作效率比较高。但其电路中元件的损坏率也比较高。并联开关型电源电路的基本组成如图7-13所示。

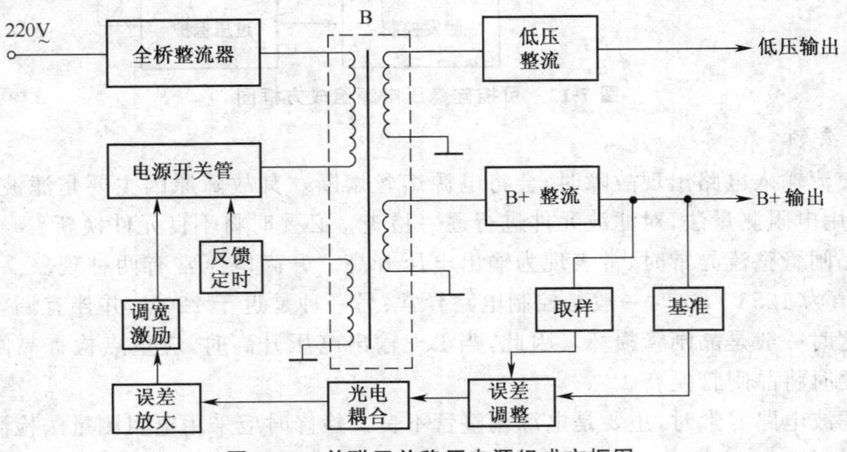

图7-13　并联开关稳压电源组成方框图

1. 检修要领

在图7-13所示电路中，每一个组成部分故障时，都会表现出不同的特征。但其主要故障表现是无光栅、电源指示灯不亮等。

(1)当全桥整流器故障时，会出现无光栅，无电源指示灯的故障现象。此时，常有电源熔丝呈焦黑状熔断。检修时，应特别注意检查全桥整流器的阻值，若测得其正反向阻值为零，则说明全桥呈短路状态。更换全桥后不能立即通电，还应进一步检查其负载电路是否存在短路故障。

(2)当电源开关管击穿短路时，常伴有电源熔丝、限流电阻或更多元件损坏。其故障表现是无光栅、指示灯不亮，整机处于“死”机状态。检查电源开关管是否击穿时，可在线直接测量c、e极间的正反向电阻值，若为零，则说明开关管已被击穿损坏。这时千万不能急于换新后开机，还应对其他一些怀疑元件进行认真检查。

(3)当反馈定时电路损坏时，会使输出电压升高。检修时应将定时电容拆下检查，并使用电容表检测其容量，必要时将其换新。定时电容异常时易使行输出管击穿损坏。

(4)当调宽激励电路损坏时，常伴有电源开关管击穿损坏。其故障表现是无光栅，指示灯不亮。检修时，主要是采用电阻测量法，对可疑元件进行检测。

(5)当误差放大电路损坏时，会使B+输出电压升高，易使行输出管击穿损坏。其故障表现是无光栅。检修时应采用电阻测量法检查误差放大管及其偏置电阻等元件。

(6)当光电耦合器损坏时，常有两种现象：一种是短路性损坏，并使开关电源停止工作，同时可能有其他损坏元件；另一种是开路性损坏，致使自动稳压控制电路呈开环状态，使B+电压输出高达近200V，造成行输出管、电源开关管等众多元件损坏。检修时要采用电阻测量法，对所有相关元件进行逐一检查，必要时可将元件拆下检查。

(7)当误差调整电路损坏时，主要是B+电压升高，导致行输出管击穿损坏。其故障表现是无光栅，指示灯不亮。检修时重点检查误差调整管。

(8)当误差取样电路损坏时，会使B+输出电压升高，一般在开机瞬间可使B+电压高达170V左右，使行输出管在刚开机时就击穿损坏。检修时重点检查可调电阻器，必要时将其直接换新。

(9)当误差取样基准电路损坏时，可使行输出管击穿损坏，其故障表现是：在刚开机时电源指示灯可能会点亮一下，随后熄灭；无光栅。常见的故障元件是分压电阻变值。检修时应将其直接换新，而不以检测结果为依据。即当检测其阻值基本正常时，也不能再认为是好的，因为动态工作时就有可能发生阻值改变。这种现象主要是热稳定性变差所致，冷态时不能查出。

(10)当整流输出二极管击穿损坏时，一般是负载元件短路所致。检修时要采用电阻测量法，对其负载元件进行逐一检查，直到排除故障为止。否则更换新的整流二极管后，会使故障重复出现。

2. 注意事项

(1)在检修之前，一定注意检查安全保护措施是否到位。

(2)检修时首先应采用电阻测量法。待短路或开路元件均彻底排除后，再通电检测相关部位的电压值。

(3)在通电检查时，应断开B+输出电压的负载电路，再接入假负载，以避免因故障未能彻底排除而使负载电路遭到破坏。假负载可依电源输出功率不同选择不同功率的白炽灯泡。尽管采用该种假负载方法不完全符合技术要求，但因现场操作简便、直观而被广泛应用。但通电时间不宜过长。

(4)在接入假负载通电检查时，若刚一通电灯泡就很亮，则说明 B+电压输出很高(一般在 180V 或者 200V 以上)。此时必须迅速关机断电，否则后果严重。

(5)在检修完毕通电试验时，应在 B+端跨接电压表进行监视。若刚一开机时，B+电压高于 150V(但不大于 165V)，且有缓慢下降现象，则说明开关稳压电源中的定时电容有不良现象；若刚一开机时 B+电压为 170～180V 之间，则一般是稳压环路中有不良元件；若刚一开机时 B+电压就高达 200V 以上，则说明稳压控制电路有开环故障。

第八章　遥控系统电路结构及维修要领

在彩色电视机中，遥控系统是整机中重要的电路。它是20世纪70年代末期，随着计算机技术以及超大规模集成电路技术的成熟与发展而研发并投入实际应用的。直到今天遥控系统电路已从模拟控制方式转化为数字控制方式，并广泛采用I^2C总线技术，使遥控功能向更加智能化方向迅速发展。

第一节　模拟控制系统的基本结构与维修要领

模拟控制系统，是以红外线发射形式，将遥控器产生的多种控制信号，通过识别电路使中央微处理器以模拟方式完成选台、音量等多种控制功能。同时，也能够通过本机键盘向中央微处理器输送指令信号，实现同样的功能控制。其组成如图8-1所示。

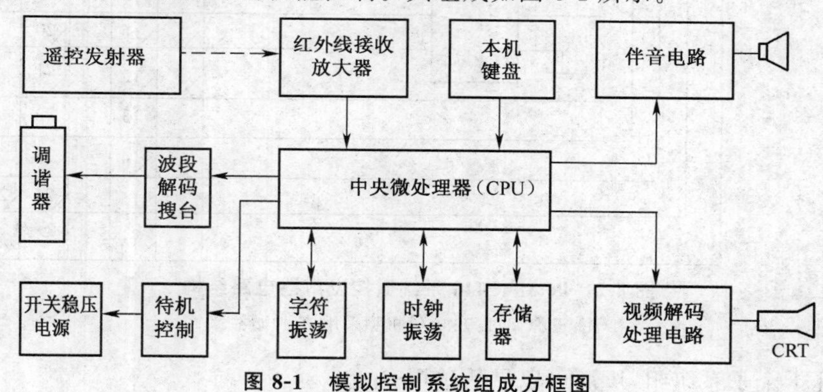

图8-1　模拟控制系统组成方框图

一、遥控发射器电路的基本结构及工作原理

遥控发射器电路，是一个脉动编码调制电路，它单独组装在一个独立的小盒内，供用户操作使用，故人们常称其为遥控器或遥控盒。遥控发射电路，是根据红外线抗干扰的传输特性，为电视机遥控而设计开发的一种集成电路。其型号和种类较多，但它们的共同特点均是通过发射电路将编码电信号转换为红外光信号发出。

1. 遥控发射器电路

(1)电路特点。遥控发射器电路，一般是由一块集成电路和一只455kHz振荡器、红外发射二极管及其驱动电路等组成，如图8-2所示。该种遥控发射电路的基本特点是：

①采用调制传输方式，具有发射距离远、抗干扰能力强、易于分离等优点。

②振荡电路的外围元件采用陶瓷振荡器，电路简单，频率稳定。

③具有区别其遥控发射器基准时间的数据字起始脉冲。

④电源电压适用范围为2～6.5V，典型值为3.0V，采用电池驱动，遥控盒可做得很小。

⑤低等待电流，在电源电压6V时，其等待电流小于4μA，所以功耗很低。

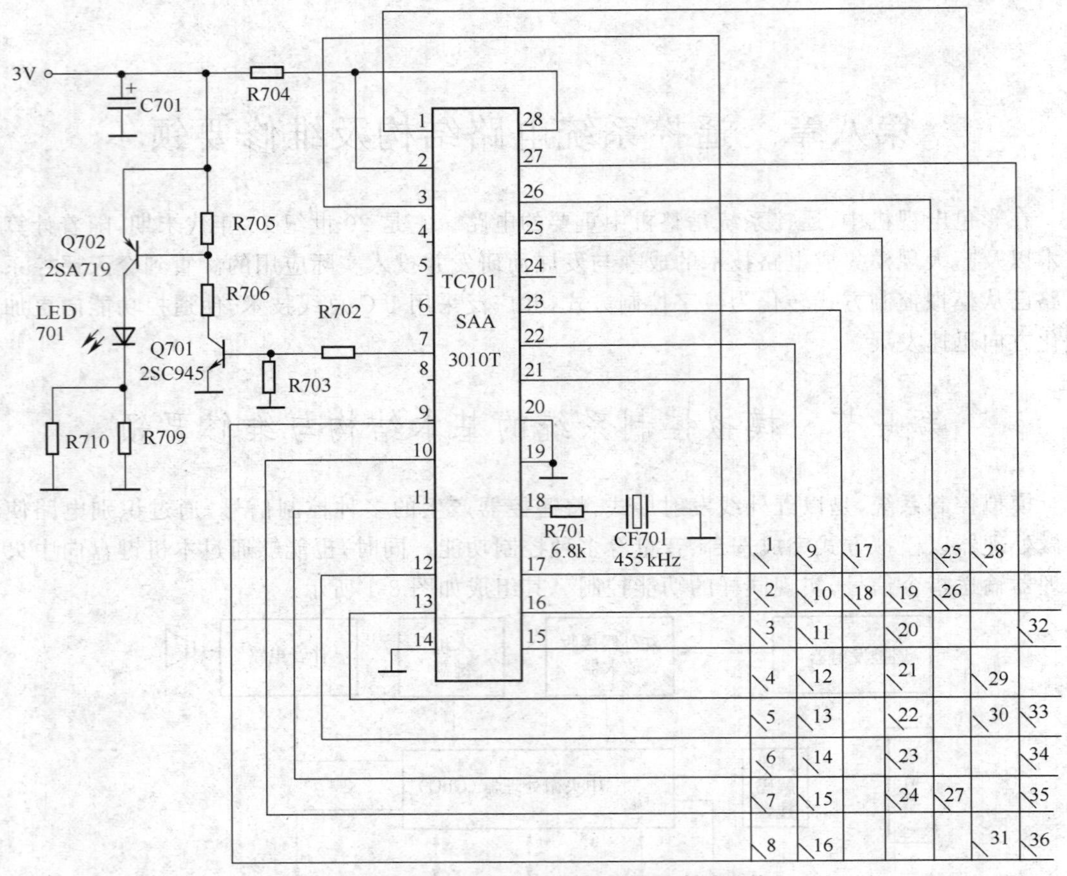

图 8-2 PCA84C440 系统遥控发射器电路结构

注:王牌 TCL-9325 等机型采用该种电路

⑥多达几十个子系统组,厂商可以灵活选用。

⑦每个子系统具有多达 64 条指令,可使控制功能齐全。

⑧遥控发射集成电路的外围元器件非常少,成本低,工艺性好,性能优良,可靠性高。

(2)基本组成。在实际应用中,遥控发射器主要由三部分组成:

其一,是键盘矩阵电路。它主要用来完成产生扫描脉冲。键盘矩阵电路是由系列输入线和多个行驱动输出线组成的,并在定时信号的作用下,产生多种不同时间的扫描脉冲。

其二,是指令编码集成电路。它主要是将键盘编码器输出的编码信号,通过其内部的解码电路进行码值转换,再加上其他识别信号以区别不同厂家和不同机型发射的控制信号,并送到调制电路形成脉冲编码调制的 38kHz 正弦振荡,再经输出缓冲级送到末级放大驱动电路。

其三,为放大驱动部分。它主要由发射二极管和驱动三极管等组成,用以将编码脉冲放大到足够大的功率驱动红外线发光二极管,产生约 9400 埃(Å)红外线光脉冲辐射出去,以实现人机对话。

在图 8-2 所示电路中,IC701(SAA3010T)具有 2048 条指令的容量,并分布在 32 个可控分支系统中,每个子系统拥有 64 条指令,子系统地址通过按键连接来实现选择。发射器的按键是以矩阵方式连接的。其各种程序数据均固化在 SAA3010 内部。它的⑨~⑰脚为 9 个按键输出端，组成按键矩阵的列；①脚与㉑～㉗脚为8个按键输入端，组成按键矩阵的行。在IC701内部，扫描信号发生回路在定时信号的作用下，产生扫描脉冲，并轮流对键盘矩阵进行扫描。矩阵输出信号由8条编码接收端接收，并判断各按键位置。行列两组线路扫描的结果，可组成8×8键的矩阵。但由于键扫描得出的编码值受到扫描方式的限制，只用来识别键位，不一定与接收端配用微处理器的指令码相适应，因此，这就需要由识别信号进行调制，并且要有固定的时钟频率予以支持。

在SAA3010的⑱脚，外接有455kHz陶瓷振荡器，它和集成电路内部的振荡电路组成一个发射振荡器，其中心振荡频率为455kHz，在实际应用中其振荡频率可在432～500kHz范围内选择，并由⑱脚外接陶瓷振荡器的频率决定。

在实际应用电路中，为了保证振荡电路能正常稳定工作，常在陶瓷振荡器一端串接一只6.8kΩ的电阻。当振荡电路处于正常情况时，若按下某一功能键，按键矩阵的某一行与某一列被接通，同时，电源也被接通，振荡器开始工作。此时将收音机的接收频率调在500kHz左右位置上，就可以听到响亮的"嘟嘟"声，如果用数码照相机观看就可以看到红外线发射二极管有红外光闪亮。这时按键输出端输出的信号经按键输入端输入，并在集成电路内部的识别电路确认后，再从数据寄存器中查找出相应的编码指令，去控制信号发生器产生标准的遥控信号。该信号对38kHz的载波进行调制，并从⑦脚输出，再经⑦脚外接的由Q701、Q702组成的双极型射随器放大后去驱动LED701红外发射管，将电信号转换为红外光信号发射出去。

2. 遥控信号的编码

遥控信号主要采用16位二进制数进行编码，并分为识别码和数据码两个部分。其中识别码以"1"或"0"为脉冲周期来确认，数据码以一组高低电平来表示。并且，当脉冲宽度为0.5ms、脉冲间歇为1.5ms、总周期为2ms时称为"1"；当脉冲宽度和间歇为0.5ms、总周期为1ms时称为"0"。如图8-3所示。

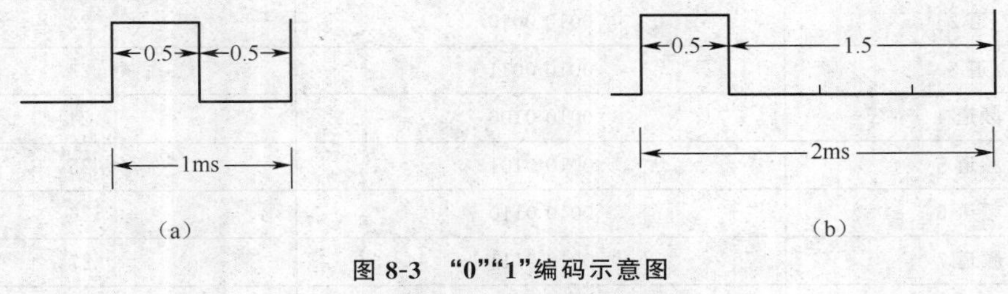

图8-3　"0""1"编码示意图

(a)"0"编码　(b)"1"编码

在16位二进制编码的控制语句中，前8位为识别码，后8位为数据码，如图8-4所示。识别码在应用电路中，可通过两组线来确定码位，其他6组由厂商固定"1"来选择码值。数据码可利用8位数码传输$2^8=256$种信号。因此，码值是电视机厂商与集成电路制造商，在出厂前就协定好的，只要将遥控器的电路按照要求连接即可。

在实际应用中，数据码是由多组线矩阵决定的，其交叉点接入按键。如8×8线矩阵所决定的键位编码值见表8-1。

在16位二进制编码的语句中，如果频道12的识别码值为"1100 1010"，那么它的全部编码就是"11001010 0010 1100"，如图8-4所示。在控制编码波形中，16位二进制编码组成的特点主要有：

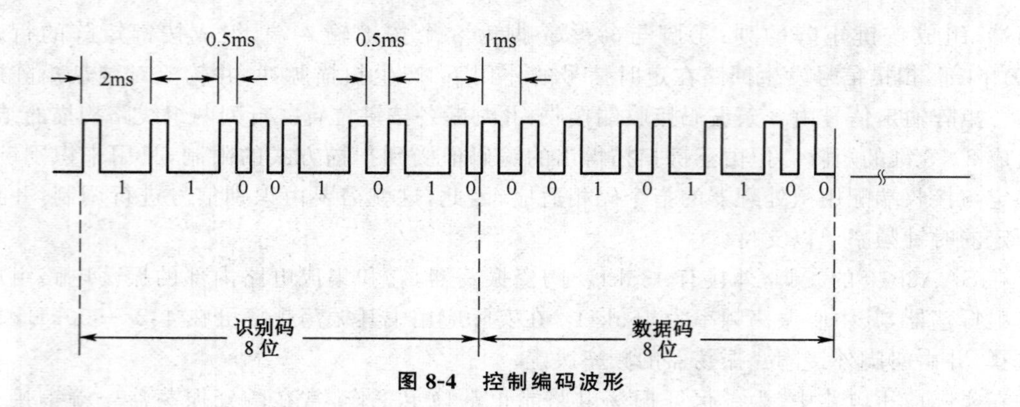

图 8-4　控制编码波形

表 8-1　键位编码值(数据码)

键　名	二进制编码值	十六进制编码值
定时	0000 0011	03
屏显	0000 0100	04
电源	0001 0111	17
视频	0001 0001	11
音量＋	0001 1110	1E
音量－	0001 1111	1F
消音	0001 1100	1C
频道＋	0001 1001	19
频道－	0001 1010	18
道 1	0010 0001	21
道 2	0010 0010	22
道 3	0010 0011	23
频道 4	0010 0100	24
频道 5	0010 0101	25
频道 6	0010 0110	26
频道 7	0010 0111	27
频道 8	0010 1000	28
频道 9	0010 1001	29
频道 10	0010 1010	2A
频道 11	0010 1011	2B
频道 12	0010 1100	2C
…	…	…

①脉冲周期为 2ms 时，记作“1”；脉冲周期为 1ms 时，记作“0”(其中脉冲宽度为 0.5ms，间歇宽度也为 0.5ms)。如果 16 位均为“1”时，全部编码共占 32ms。

②在每一位中，无论是“0”还是“1”，其脉冲宽度均为 0.5ms。该脉冲经 38kHz 高频调制后成为具有 16 个周期为 26.3μs 的正弦波。

③语句可以确定时间连续发送。

二、中央微处理器的主要类型

中央微处理器，俗称 CPU（Central Process Unit 的缩写词），是彩色电视机控制系统中的核心器件。它的种类和型号繁多，可以组成具有不同功能的中央控制系统。

1. 东芝 CPU

东芝 CPU，是我国最早优选引进元件之一。它自 20 世纪 90 年代初引进以来，至 20 世纪 90 年代末期，不断开发改进。其类型较多，功能也较先进。其主要类型见表 8-2。

表 8-2　东芝 CPU 中央微处理器的主要类型

主要类型	备　注
TMP47C433AN	东芝公司于 20 世纪 80 年代初开发的具有 42 脚双列直插式硅栅互补微处理器集成电路，用于东芝 CTS-130A 控制系统广泛用于 TA7680AP/TA7698AP 两片芯机芯彩电中，如百花 EC2103R 等
TMP47C434N	是在 TMP47C433 的基础上的进步产品，其主要特点是内有容量为 4096×8bit ROM 和容量为 256×4bit RAM，工作频率 4MHz，广泛用于 TA8690AN 单片机芯彩电中，如长城 G2119 等
TMP47C634R384	与 TMP47C434 的引脚功能基本相同，属 TLCS470CMS 系统，广泛用于 TA8690AN 单片机芯彩电中，如厦华 XT-5660RY、厦华 XT-5680R 等
TMP47C837N	是东芝公司于 20 世纪 90 年代开发的中央微处理器，与 TC89101P 存储器配合使用，构成 CTS-171 遥控系统，广泛用于 TA8690AN 单片机芯彩电中，如康力 CE-5448-5、康力 CE-5465-5 等
TMP47C837NU402	与 TMP47C837N 基本相同，广泛用于国产彩色电视机中，如海信 TC2018、海信 TC2158M、海信 TC2018M 等（TA8690N 机芯）
TMP87CH33N	用于频率合成式数字调谐系统 CTS-654，内含 16384×8bit ROM 和 1024×8bit RAM，指令执行时间 0.5μs(8MHz)，频道总数可达 155～181，D/A 输出（脉宽调制）为 14bit×7、7bit×9
TMS73C47	日本东芝公司开发并生产的具有 40 个引脚的双列直插式中央微处理器，内含有 128 字 RAM、4 字 ROM、3bit A/D 变换器、6bit 脉冲宽度调制，与 ST24CO2 存储配合使用
TMS73C127	日本东芝公司开发并生产的具有 54 个引脚的双列直插式中央微处理器，与 ST24C02 存储器配合使用，其功能较多、操作方便，应用在国产彩电中，如北京 2181S 等
TMP47C1238ANU608	日本东芝公司于 20 世纪 90 年代初开发并生产的具有 54 个引脚的直插式大规模微处理器，具有 12bit 时间计数器、8bit 接口、4MHz 时钟振荡，主要用于长虹 C2588A、长虹 C2588V 等机型中
TMP47C1638AU353	是日本东芝公司生产的具有 I^2C 总线控制方式的超大规模中央微处理器，具有模拟扩展功能，可实现画中画、环绕声、重低音、卡拉 OK 等控制功能，主要用于长虹 C2919PV 等机型
TMP87CH36	是东芝公司开发的 8 位微处理器，具有 I^2C 总线控制功能，与 ST24C04 存储器配合使用，主要用于 TA8880CN 机芯彩电，如厦华 XT-2998TB 等机型
TMP87CM36N	是东芝公司开发的 8 位微处理器，内含 32Kbytes 只读存储器 ROM 和 1Kbytes 随机存取存储器 RAM，广泛用于国产大屏幕画中画彩电，如康佳 T2988P、康佳 T3488P 等机型
TMP87PM36N	与 TMPCM36N 基本相同，但在使用软件上有所差异，它主要用于康佳 T3488N、康佳 T3888N 等大屏幕彩色电视机中

续表 8-2

主要类型	备注
TMP87CH38N	是日本东芝公司开发设计的TLCS-870系列8位单片微处理器之一，具有两组I^2C总线接口，主要用于TB1238N单片机芯彩电，如厦华XT-21A5等机型
TMP87CK38N	是日本东芝公司开发设计的TLCS-870系列8位单片微处理器之一，用于TB1231单片机芯彩电中，如金星D2101、TCL王牌2129A等，但使用软件不同
TMP87CM38N	是日本东芝公司开发设计的TLCS-870系列8位单片微处理器之一，主要用于长虹T2981等机型中，并有自己的软件
TMP87CP38N	是日本东芝公司开发设计的TLCS-870系列8位单片微处理器之一，主要用于长虹G2966等机型中，并有自己的软件
TMP87PS38N-X	是日本东芝公司开发设计的单片微处理器，主要用于东芝32DW5UG等机型中，并有自己的软件
TMPA8801	微处理器和电视小信号处理电路二合一超级芯片，完全采用I^2C总线控制技术。广泛用于不同品牌彩色电视机中，如海尔15F6B等
TMPA8803	日本东芝公司于2001年研制生产的超级芯片集成电路，采用I^2C总线控制技术，内含中央微处理器。广泛用于国产彩色电视机中，如嘉华21A9T等
TMPA8807PSN	东芝TV超级芯片，内含中央微处理器，适用于PAV/NTSC/SECAM三大制式，广泛用于国产不同品牌的彩色电视机中
TMPA8809PSN	东芝TV超级芯片，适用于PAL/NTSC制，共有64个引脚，内含高速8位CPU，采用TLCS-870/X系列。广泛用于国产彩色电视机中，如康佳P29SEO72等
TMPA8829KPNG4K08	东芝TV超级芯片，适用于PAL/NTSC制，内含高速8bit CPU和2K字节RAM、ROM，广泛用于国产彩色电视机中

2. 三洋CPU

三洋CPU也是我国最早引进的优选元件之一，其中应用最为广泛的是LC8640系列、LC8645系列、LC8649系列，以及LC863320等系列。它们广泛应用在国产不同品牌型号的彩色电视机中，具有电压合成调谐电视节目、电脑预选记忆、微调选台及自动跟踪锁台、定时关机、静音和屏显等多种功能。特别是I^2C总线控制技术，更具有20世纪90年代后期的先进水平。三洋公司在21世纪初开发的LC863320系列的32K单片微处理器具有强大功能，至今仍有一定的市场竞争力。其主要类型见表8-3。

表8-3 三洋CPU中央微处理器的主要类型

主要类型	备注
LC864012L	是具有52个引脚的彩色电视机专用微处理器，主要用于三洋A3机芯彩电中，如美乐M2109等机型
LC864512A	是具有8bit的中央微处理器，其内存储器ROM容量为12bit。广泛用于国产LA7688A单片机芯彩电中，如神彩SC-2199R、长虹2116等机型
LC864512V	是三洋LC864500系列微处理器之一，内含12288×8bit的ROM，258byte RAM，主要用于国产LA7687A单片机芯彩电，如海信TC2139、永宝CD2180A2等机型

续表 8-3

主要类型	备　注
LC864525A	是三洋 LC864500 系列微处理器之一，内含 25Kbit 的 RAM，主要用于长虹 A2528BC 等机型
LC864912A	是三洋 LC864900 系列微处理器之一，与 LC864512A 的工作原理基本相同，用于 LA7688A 单片机芯彩电中，如神彩 SC-2170 等机型
LC864912V	是三洋 LC864900 系列微处理器之一，与 LC864912A 基本相同，主要用于金星 D2915FS 等机型
LC863320A	是三洋公司开发的用于数字化理技术彩色电视机中的专用微控制器，主要用于 LA76810A 单片机芯彩电中，如金星 D2118、金星 D2137 等机型，并拷有专用软件
LC863324	用于数字化理技术彩色电视机中的专用微控制器之一，主要用于 LA76820A 单片机芯彩电中，如 TCL2518E 等机型，并有专用软件
LC863524B-50S9	用于数字化处理技术彩色电视机中的专用微处理器之一，主要用于 LA76818A 单片机芯彩电，如北京光彩 C2130 等机型，并拷有专用软件
LC863328A	用于数字化处理技术彩色电视机中的专用微处理器，主要用于 LA76820 或 LA76832 单片机芯彩电，如康佳 F2100A、康佳 T2588A 等系列机型，并拷有专用软件
LC863348A	用于数字化处理技术彩色电视机中的专用微处理器，主要用于 LA76820 或 LA76818 或 LA76832 单片机芯彩电，如康佳 F2109A 等机型，并拷有专用软件
LC86F3348AU-DIP	用于数字化处理技术彩色电视机中的专用微处理器，用于 LA76832N 单片机芯彩电，如长虹 2535K 等系列机型，并拷有专用软件
LC863328A-5T46	用于数字化处理技术彩色电视机中的专用微处理器，用于 LA76832N 单片机芯彩电，如康佳 T2988A 等机型

3. 飞利浦 CPU

飞利浦 CPU 是我国引进国外彩色电视机遥控系统的优选器件。其类型和型号较多，最有代表性的如 CTV222SPRC1、PCA84C440 等，但它们均用于模拟控制系统。随着数字化处理技术的不断开发和利用，飞利浦率先推出了具有 CPU 和 TV 信号处理电路二合一的超级芯片集成电路。其代表型号如 TDA9370、TDA9373、TDA9383 等。其主要类型如图 8-4 所示。

表 8-4　飞利浦 CPU 中央控制系统的主要类型

主要类型	备　注
CTV222SPRC1	是 CTV222S 系列产品之一，与 PCF8582 或 24C02 存储器配合，用于 OM8361（TDA8361）机芯彩电，如金星 D2121、金星 D2125 机型等
CTV222S	飞利浦公司开发的具有 42 个引脚的中央微处理器，与 PCF8581P 节目存储器配合使用，用于 TA7680/TA7698 两芯片机芯彩电，如熊猫 C54P5 等
CTV222SK	是 CTV222S 系列产品之一，与 CTV222SPRC1 基本相同，只是内部 ROM 及引脚功能排列有所不同，但其工作原理可相互参考
CTV222S-V_1-3	是 CTV222S 系列产品之一，与 CTV222SK 基本相同，两者可相互参考
CTV360SPRC2	是在 CTV222S 系列的基础上发展起来的。主要与 PCF8582 存储器配合使用，主要用于 TDA8362 单片机芯彩电，如福日 HFC-2178、福日 HFC-2078 等机型

续表 8-4

主要类型	备注
PCA84C440	是飞利浦公司于20世纪80年代末开发并生产的中央微处理器，内藏4KBytes的ROM和128Bytes的RAM，主要用于TA8659AN机芯彩电，如永宝CD-2198等机型
PCA84C444	是飞利浦公司开发的8位单片微处理器，与CTV222SP RC1相同，两者应用时可相互参考
PCA84C640	是飞利浦公司于20世纪90年代初开发设计的8位单片微处理器，用于飞利浦CTV3020遥控系统，用于TDA4501、LH3561机芯彩电，如凯歌4C5405、凯歌4C5105等机型
PCA84C641-524	与PCA84C640基本相同，与PCF8581配合使用，主要用于TDA3561、TDA8305机芯彩电，如福日HFP-2173等机型
PCA84C841P	是飞利浦公司开发的PCA84C系列微处理器之一，具有8K字节ROM和192字节的RAM，主要用于TDA8362机芯彩电，如长虹C2191、长虹C2193等机型
P83C266BOR/103 (MTV880C·V1·1)	主要用于TDA8842(DM8838PS)机芯彩电，与ZD810D存储器配合使用，其主要机型有金星D2915BF等
TDA9370	是CPU与TV信号处理功能二合一的超级芯片集成电路，主要用于国产彩色电视机中，如长虹PF2155等机型
TDA9373	是CPU与TV信号处理功能二合一的超级芯片集成电路，主要用于国产彩色电视机中，如长虹SF2583等机型
TDA9383PS	是CPU与TV信号处理功能二合一的超级芯片集成电路，主要用于国产彩色电视机中，如长虹SF2598等机型

4. 三菱 CPU

三菱CPU是我国遥控彩电中的主要芯片之一，其种类较多，且功能完善、操作简单，因此，被我国众多电视机生产厂商所采用，如康力集团生产的CE-5431型彩色电视机等，就采用了M34300M4-012SP中央微控器。其常见的主要类型见表8-5。

表 8-5 三菱 CPU 中央微处理器的主要类型

主要类型	备注
M34300M4-012SP	M34300M4-012SP是三菱公司于20世纪90年代初开发并生产的彩色电视机专用CPU电路。它与M6M80011P存储器配合使用。主要用于TA8659AN机芯彩色电视机中
M34300N4-555SP	是一种内含30个位置节目存储器和字符显示等功能的双列直插式塑封微处理器集成电路，可以完成自动选台、制式转换等多种功能，主要用于HA11440A、M51393AP机芯彩电
M34300N4-567SP	与M34300N4-555SP基本相同，只是有些功能脚的排列不完全一致。但其工作原理基本相同，两者可以相互参考
M34300N4-624SP	是三菱公司开发设计的具有42个引脚的双列直插式中央微处理器，主要用于LA7680单片机彩色电视机中，如北京1401N、北京8355A等机型
M34300N4-628SP	是三菱公司在M34300N4-624SP的基础上改进而成的中央微处理器，内含4K ROM只读存储器，主要用于LA7680单片机芯中，如凯歌4C4703、长虹C2151A等机型

续表 8-5

主要类型	备　注
M37102M8	是三菱公司于20世纪90年代开发设计的用于大屏幕彩电中的微处理器，主要与M6M80011AP存储器配合使用。具有4MHz时钟频率
M37102M8-503SP	是三菱公司于20世纪90年代开发设计的用于大屏幕彩电中的微处理器，主要用于LA7680机芯彩电，如福日HFC-2586、福日HFC2986、福日HFC2987等机型
M37103M4-750SP	是三菱公司在M37102M8-503SP的基础上发展起来的，彩电专用微处理器，主要用于福日HFC-2186、福日HFB-2580等机型
M37210M3-501SP	是三菱公司开发设计的具有54个引脚的双排直插式中央微处理器，主要用于三洋A3机芯彩电中，如熊猫C54P4机型等
M37210M3-508SP	是在M37210M3-501SP的基础上改进而成的，主要用于三洋A3机芯彩电，如熊猫C2118、熊猫C2119、熊猫C2128A等机型
M37210M3-603SP	是在M37210M3-508SP的基础上改进而成的，主要用于TA8759AN国际线路机芯彩电，如康力CE-6466T、康力CE-7466T等机型
M37210M3-800SP	是日本三菱公司开发设计的彩电专用中央微处理器，主要用于康佳T2588、康佳J2588X等机型
M37210M3-807SP	是日本三菱公司开发设计的彩电专用中央微处理器，主要用于康力CE-6477-5B、康力CE-6477-B等机型
M37210M3-901SP	是日本三菱公司开发设计的彩电专用中央微处理器，主要用于TDA8362机芯彩电，如爱多IT-2928P等机型
M37210M3-902SP	是日本三菱公司开发设计的彩电专用中央微处理器，主要用于康佳T3472B、康佳T3487B等机型
M37210M3-903SP	是在M37210M3-800SP的基础上改进而成的，其基本特点是具有4MHz的时钟振荡频率，可输出64个电平级的PWM脉冲，用于模拟量控制
M37210M4-688SP	是日本三菱公司开发设计的彩电专用中央微处理器，主要用于熊猫C2518、熊猫C2918等机型(TA8880机芯)
M37210M4-705SP	是日本三菱公司开发设计的具有100个频道记忆功能的中央微处理器，主要用于康佳T3477N、康佳T3877N等机型
M37210M4-786SP	是在M37210M4-688SP的基础上改进而成的，主要用于熊猫牌彩色电视机中，其主要特点是：彩色系统模式可设置在自动、PAL、SECAM、4.43NTSC、3.58NTSC
M37211M2-011SP	是三菱公司开发设计的彩电专用微处理器，主要用于康力CE6468A(TDA8361)等机型
M37211M2-526SP	是三菱公司开发设计的彩电专用微处理器，主要用于海信TC2140M(TDA8361机芯)等机型
M37211M2-604SP	是三菱公司开发设计的彩电专用微处理器，主要用于赣新KG-2518(LA7680机芯)等机型
M37211M2-704SP	是三菱公司开发设计的彩电专用微处理器，主要用于厦华XT-6667TJ(TA8690AN机芯)等机型
M50436-683SP	是三菱公司开发设计的彩电专用微处理器，用于TA8659AN机芯彩电，如东芝2909XH等机型
M37160M8-058FF	是三菱公司开发设计的彩电专用微处理器，用于北京光彩C1466(M61260单片机芯)等机型
M37160M8-073FP	是三菱公司开发设计的彩电专用微处理器，用于海尔21T50T(M61266单片机芯)等机型

三、中央微处理器的基本性能及外围接口电路

1. 中央微处理器的基本性能

中央微处理器的基本性能是：接收电路接收遥控器发射的红外线信号，实现多种功能控制；能够通过本机键盘实现功能控制；能够通过外接存储器记忆储存各种数据；能够通过屏显电路实现各种模拟量显示；能够通过I/O（输入/输出）端口实现扩展功能；能够通过D/A（数/模）转换器对各种控制信息进行转换；在数字化控制系统中，能够通过I^2C总线完成各种控制功能。

（1）遥控信号接收电路。遥控信号接收电路，主要由红外接收二极管、接收放大器集成电路等组成，其典型电路原理如图8-5所示。它主要是将接收到的红外光信号转变为电信号，经高增益放大后，进行同步检波，滤去38kHz载波分量，再经脉冲形成和缓冲放大后，恢复出完整的遥控信号的编码指令，然后送入中央微处理器。

在实际应用中，红外接收放大器常在接收二极管的前面装上一片红色滤色片，用以滤除非红外光的干扰。在图8-5中，VD001即为硅光敏二极管，它只将已调红外线变成38kHz的脉冲码，即将光信号转变成电信号。

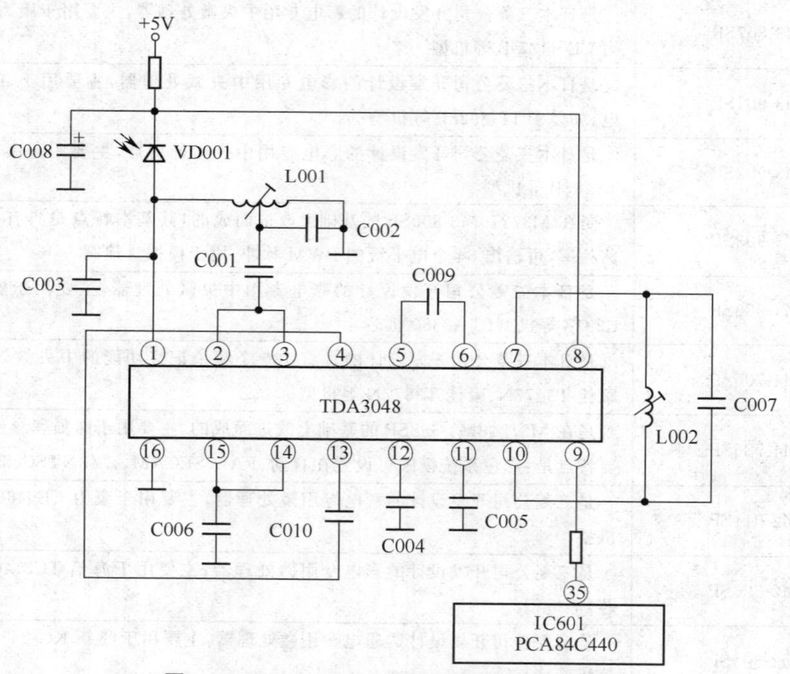

图8-5 PCA84C440系统遥控信号接收电路

在图8-5中，L001与C003组成38kHz并联谐振电路，调谐L001可使其振荡频率得以校正。由L001中点输出的38kHz的电信号脉冲，经C001耦合送入TDA3048接收放大集成电路的②、③脚内部，再经放大、同步解调、脉冲整形等处理后从⑨脚输出负极性编码脉冲。

在图8-5中，L002与C007组成选频回路，用于选出38kHz信号，并在集成电路内经上下限幅变成解调用的开关信号；⑫脚外接的C004为AGC滤波电容；⑪脚外接电容C005为脉冲整形电容。它们与红外接收二极管、接收放大集成电路等，组装在一个独立的金属屏蔽小盒内。其中，放大集成电路的型号较多，组成形式也不完全一致，但其工作原理基本相同。

目前，在一些电视机中，遥控接收电路已简化为仅有3个引脚的独立体，常称其为遥控接收头。遥控接收电路是否良好，将影响CPU的基本性能。

(2)本机键盘。本机键盘，用于完成非遥控式的人机对话，它主要是通过安装在机壳前面板上的触发按钮(内置轻触开关)来产生扫描矩阵。扫描矩阵是否良好则影响中央微处理器的基本性能。图8-6是典型的本机键扫描矩阵电路。其中：

S601为FT(＋)键，用于调谐选台微调升控制。当按下此键时，IC601⑬脚输出的触发脉冲，通过R617送入IC601⑰脚。

S602为FT(－)键，用于调谐选台微调降控制。当按下此键时，IC601⑭脚输出的触发脉冲，通过R607送入IC601⑰脚。

S603为AS键，用于频率调校。当按下此键时，IC601⑯脚输出的触发脉冲，通过R608送入IC601⑰脚。

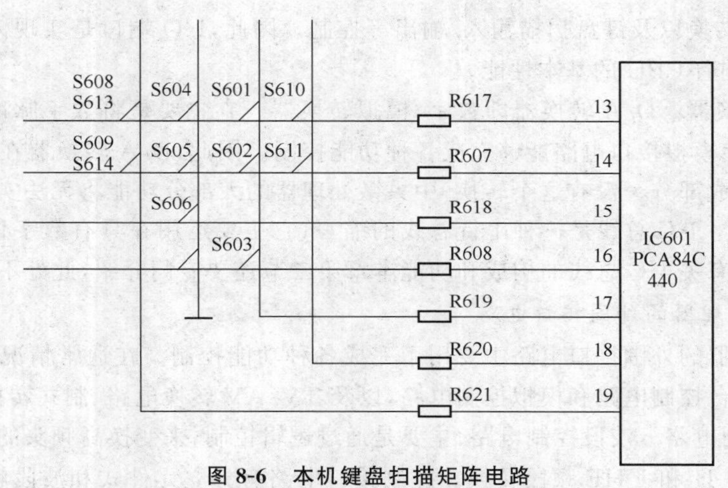

图8-6　本机键盘扫描矩阵电路

注：TCL-9325机型采用该种电路

S604为PP键，用于个人爱好选择。当按下此键时，IC601⑬脚对地瞬间短路。

S605为画面控制选择，当按下此键时，IC601⑭脚对地瞬间短路。连接4次可有亮度、对比度、色饱和度、音量4种选择。

S606为STORE存储记忆键，当按下此键时，IC601⑮脚对地瞬间短路。当STORE字符由红变绿时，即为存储记忆功能有效。

S608为画面(＋)控制，同时又作为S613用于音量控制。当按下此键时，IC601⑬脚输出脉冲通过R617、R621送入IC601⑲脚。

S609为画面(－)控制，同时又作为S614用于音量控制。当按下此键时，IC601⑭脚输出的脉冲通过R607、R621送入IC601⑲脚。

S610为节目选择(＋)，按下此键时，IC601⑬输出脉冲，通过R617、R620送入IC601⑱脚。

S611为节目选择(－)，按下此键时，IC601⑭脚输出脉冲，通过R607、R620送入IC601⑱脚。

综上所述，任何一个键盘扫描键位，在停止状态，其触发开关均处于开路状态，动作时均近似于短路状态，而且只能进入一种触发状态。否则，若同时按下两个按键，CPU将不能正常工作。

(3)存储器。存储器,有外部存储器和内部存储器之分。外部存储器一般是E^2PROM存储器。常见型号有24C02、24C04、24C08、24C16等,主要用于存储控制数据;内部存储器有两种,一种是ROM存储器,另一种是RAM存储器。ROM为只读存储器,它一旦编入程序,就只能进行读出操作,且断电后仍可保留数据信息。RAM为随机存取存储器,断电后所存信息均消失,因此,RAM只存放CPU的运算结果。

(4)屏幕显示。屏幕显示,是由内部专门存储字符代码的存储器ROM和外部RC振荡器以及输入的行场脉冲共同完成的。在屏显字符时,字符所占的位置由行场脉冲来决定;字符所占的行间数,则取决于字符振荡频率。但字符时钟振荡电路的工作频率,通常是可调的。

(5)I/O端口。I/O端口,是由不同bit的模拟数据来实现输入/输出控制的端口。该种端口一般有两种,一是准I/O端口,另一种是扩展端口。准I/O端口可与可重编程序只读存储器相连接,用于接收地址和接收数据,或用于输出数据。作为扩展端口时,可通过若干脚实现D/A转换、制式转换以及键盘扫描输入/输出等控制。因此,I/O端口是实现人机对话的咽喉部位,它直接影响着CPU的基本性能。

(6)D/A转换器。D/A转换器即数字/模拟转换器。它主要是将数字脉冲信号转换成模拟电压信号,以使模拟接口电路能够完成各种功能控制。因此,D/A转换器在CPU内部是一个十分重要的组成部分。没有这个转换,中央微处理器的大部分功能将无法实现。

(7)I^2C总线。I^2C总线是一种串行总线的缩写,它主要运用在具有数字化处理功能的微控制器系统中。有关I^2C总线的构成和功能本章第二节还要专门介绍,此处不赘述。

2. 中央微处理器的外围接口电路

中央微处理器的外围接口电路主要用于完成各种功能控制。在通常情况下,外围接口电路主要有调谐选台控制电路和模拟控制电路,以及TV/AV转换电路、制式转换控制电路等。

(1)波段控制电路。波段控制电路,主要是通过逻辑控制,来变换高频头的波段电压,以实现VHF-L、VHF-H和UHF频段转换。控制接口电路有分立元件式和波段解码集成电路式两种形式。常用的波段解码集成电路有LA7910、M54573L等型号。有关具体电路,将在下篇中予以介绍。

(2)调谐电压控制电路。调谐电压控制电路,主要是将CPU输出的16384级PWM调宽脉冲,转换成0～32V的直流电压加到调谐器的TV端子。其基本原理见第三章第一节中的相关介绍。具体电路将在下篇中继续介绍。

(3)模拟量控制电路。模拟量控制电路,主要是将CPU输出的64级PWM脉宽调制信号,经外围电路积分滤波后,形成可变直流电压,去控制音量、亮度、对比度、色饱和度。但在采用I^2C总线控制的系统中,省去了诸多模拟控制接口电路,而是改用软件数据的控制方法。有关I^2C总线的模拟量控制方法将在本章第二节中介绍,具体应用电路将在下篇详细介绍。

(4)TV/AV转换控制电路。TV/AV转换控制电路,主要用于转换TV电视信号和由机外输入的AV视频音频信号。在新型彩色电视机中,AV输入信号常有2路、3路,以及S端子、YPrPb、YCrCb和VGA等多种输入路径。因此,TV/AV转换电路的组成形式也多种多样。其中:一路、二路AV转换可通过电平变换,利用TC4066或HFC4053等电子开关集成电路完成,较复杂的多路转换则由I^2C总线控制数字板电路来完成。有关不同形式的TV/AV转换控制电路,将在下篇的具体机型中予以介绍。

(5)制式转换控制电路。制式转换控制电路,有多种形式,在早期的模拟彩色电视机中,其接口电路主要由分立元件组成，利用晶体管的导通与截止，将 CPU I/O 端口输出的逻辑信号转换成直流控制电压加到受控电路，实现 PAL 与 NTSC 制式的转换。在采用 I^2C 总线控制的彩色电视机中，取消了制式转换控制的硬件接口电路，而是通过编程软件或数字板电路来完成制式转换的控制功能。有关多种形式的制式转换控制电路或控制功能在本章第二节中介绍，具体应用电路将在下篇中予以介绍。

四、模拟控制系统的维修要领及注意事项

模拟控制系统，主要是应用在传统的模拟彩色电视机中。一旦其发生故障，将会引起不开机、无图像、无伴音、蓝光栅、遥控失灵、键盘控制功能失效等多种故障现象。

1. 维修要领

(1)当出现不能二次开机故障时，应首先检查中央微处理器的供电电压(一般为 5V)、复位电压、时钟振荡电压是否正常。在维修实践中，常称其为 CPU 的“三要素”。三要素中的某一要素异常时，均会导致不能二次开机。

(2)当出现无图像、无伴音、蓝光栅故障时，故障原因一般是视频信号丢失，这时可输入 AV 信号，检查 TV/AV 转换功能是否正常。如果输入 AV 信号后图像、声音正常，则说明 TV 信号接收通道有故障，这时应重点检查高中频及视频检波等电路。如输入 AV 信号后仍无图无声蓝光栅，则应首先检查视频信号输出电路及 TV/AV 转换电路。

(3)当出现遥控失灵故障时，应首先确认遥控发射器是否正常。若正常，则检测 CPU 的遥控信号输入端是否有信号电压输入。当有信号电压输入时，应有 4V 左右的抖动电压。若有信号电压输入，则应进一步检查 CPU 的“三要素”；若无信号输入，则应检查遥控接收电路或遥控接收头。

(4)当出现键盘扫描失灵故障时，故障原因多是轻触开关不良造成的。这时应首先将其换新。若换新后仍不能排除故障，则可检查采用遥控功能时电视机是否正常。若正常，则应检查扫描矩阵线路；若异常则可考虑 CPU 是否正常，进一步确定 CPU“三要素”是否正常。

(5)当出现红灯亮无光栅故障时，应检查待机控制信号输出是否正常。若正常则应进一步检查待机控制接口电路及电源电路；若异常则应检查 CPU“三要素”。

(6)当出现无 TV 图像，但 AV 图像正常时，除检查 TV 信号处理电路外，还应注意检查 TV/AV 转换控制接口电路。

(7)当出现图像彩色画面与伴音同时失真故障时，应检查制式转换控制电路，特别是控制制式的逻辑转换电平是否正常。若异常，则应考虑更换 CPU；若正常，则应注意检查或更换接口电路中的晶体管元件。

(8)当出现逃台故障时，应注意检查调谐电压控制电路，必要时先将 UPC574J 稳压电路换新。正常时 CPU 的控制端口应有 5.0～0V 的变化电压，若无此电压，则应考虑更换 CPU。

(9)当出现缺少某一波段的电视节目的故障现象时，应注意检查波段转换电路及 CPU 输出的逻辑转换电平是否正常。

(10)当出现图像不稳定，并呈现斜条状故障现象时，应注意检查 AFT 电压是否正常。必要时可将 AFT 控制电路断开微调图像，若没有稳定图像，则是图像中周不良；若有稳定图像，则应重点检查 AFT 中周。

(11)当出现自动搜台不记忆的故障时，应重点检查识别信号和 AFT 电压。若是识别信号丢失，则故障现象为自动搜台时图像画面一闪即过；若是 AFT 电压异常或丢失时，则故障表现为自动搜索时图像画面能够稳定一下。因此，检修时应首先注意观察故障现象，再确定检修方向。

(12)当出现模拟量控制功能失效时，应首先检查相应模拟量的控制端。倒如，当彩色不能调控时，就应首先检查CPU的彩色控制端是否有正常的0～5.0V可变电压输出。若输出电压正常，则应重点检查彩色控制的接口电路；若异常，则应检查相应的遥控功能和本机键控功能，最后再考虑CPU是否正常。

(13)当出现仅有几个电台信号，且又有图像画面彩色失真等一些异常现象，或出现蓝光栅、无图像、无声音故障时，应注意检查外部E^2PROM存储器，必要时将其直接换新。

2. 注意事项

(1)在检修遥控系统故障时，应首先检查+5V电压是否正常，对于由副电源独立供电的5V电压，应在断开负载的情况下进行通电检查，待确认正确后，再接入负载电路，以避免因+5V电压过高而烧坏CPU或存储器集成电路。

(2)在检修接口电路时，不能轻易改变电路，更不能用导线连接，以避免造成更多元件损坏。

(3)在检修待机控制功能失效故障时，要注意检查保护功能是否动作，不能强行将待机功能短接启动，否则会造成更大损坏。

(4)在更换或代换存储器时，要采用型号一致或容量稍大一些的存储器。例如，当2C404型存储器损坏时，应用原型号存储器代换。若手头没有24C04型存储器，而有24C02和24C08型存储器，这时可用24C08代换，而不能用24C02代换。否则因容量不够，电视机仍不能正常工作。

(5)在更换CPU时，一定要保持型号一致。只要型号一致，在模拟彩色电视机中就可以通用，如M50436-560SP可适用于任何模拟电视机。

(6)在判断CPU不良时，必须首先确认“三要素”是正常的。否则盲目更换CPU后，仍不能排除故障，反而又会增加维修成本。

第二节　I^2C总线控制系统的基本结构与维修要领

I^2C总线控制技术是由荷兰飞利浦公司于20世纪80年代研制开发成功的，目前已广泛运用在数字化处理彩色电视机及平板彩色电视机中。

一、I^2C总线技术

I^2C是INTER-IC的缩写形式，其原文大意是用于相互作用的集成电路。I^2C总线控制系统的基本结构，是利用I^2C总线的时钟线(SCL)和数据线(SDA)将主控器与从控器连接起来形成一个闭合环路，如图8-7所示。从图8-7所示电路可以看出I^2C总线系统主要由硬件和软件两部分组成。其中，硬件主要指I^2C总线内部接口和外部接口及存储器，软件主要指管理和控I^2C总线的系统软件及相关数据。

1. I^2C总线内部接口电路

I^2C总线接口分为内部接口电路和外部接口电路。内部接口电路用于产生、传输、串行脉冲和时钟脉冲，管理与控制时钟线(SCL)和数据线的工作；外部接口电路主要用于微控制与被控对象进行交流和控制。其内部接口电路设置在中央微处理器集成电路内部，它主要是通过

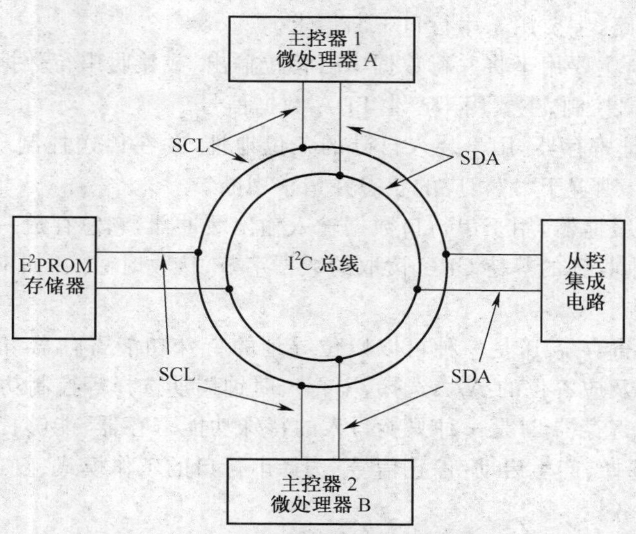

图 8-7　I²C 总线控制系统结构示意图

I²C 总线数据线 SDA 和时钟线 SCL 输入/输出各种信息数据，并在收到信号后复位总线逻辑，以使其他各功能电路正常工作。I²C 总线内部接口电路结构如图 8-8 所示。其中：

(1)滤波，用作输入输出滤波器，具有 I²C 总线逻辑兼容的输入电平，当输入电平小于 1.5V 时，逻辑电平做“0”处理；当输入电压大于 3V 时，逻辑电平做“1”处理。可滤除小于 3 个振荡周期的干扰信号。

(2)I²C 总线时钟控制，主要用于产生 SCL 时钟信号。

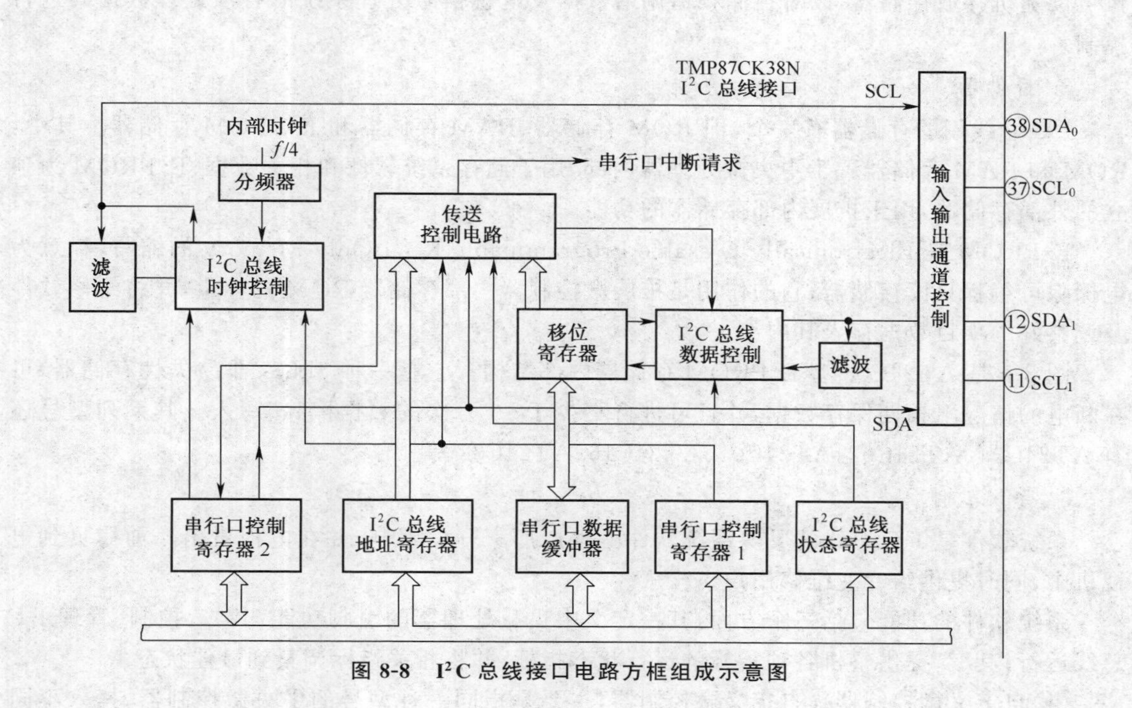

图 8-8　I²C 总线接口电路方框组成示意图

(3)传送控制电路,主要用于串行口中断请求。

(4)移位寄存器,主要用于将并行数据串行移位输出,或接收串行数据并行输出。

(5)I^2C 总线数据控制,主要用于产生 SDA 数据信号。

(6)I^2C 总线地址寄存器,用于装入自己的 7 位地址,并在传送控制电路中与接收到的地址作比较,如果相同,则置于"1"相应的状态并请求中断。

(7)串行口数据缓冲器,用于串行口数据输入输出缓冲器,它总存放一个由 CPU 送来的待发送的数据字节或刚收到的等待 CPU 读取的数据字节,接收时 CPU 如不能及时来读取,缓冲器中数据就可能丢失。

(8)串行口控制寄存器 1,是一种可以以位寻址的特殊功能寄存器,能够进行 I^2C 总线输入/输出通道选择以及应答位的 $A/\overline{A}$选择、串行口时钟周期选择等控制功能。

(9)串行口控制寄存器 2,是一种只能写入的特殊功能寄存器,能够提供 I^2C 总线接口主/从选择-接收/发送选择、产生启动/停止信号、选择串行口的工作模式、复位串行口的中断请求标志等。

(10)I^2C 总线状态寄存器,是一种只能读出的特殊功能寄存器,所寄存的数据主要反映了串行口的操作状态,如发送/接收状态;主/从状态;外接从器件的地址锁存状态;串行口中断请求状态;总线空/忙状态等。根据状态寄存器所读出的数据,就可以判断出 I^2C 总线接口的运行状态,从而使系统迅速调用相应的操作处理程序模块,以完成接口的数据传送操作。

(11)输入输出通道控制,可选择两组 SCL SDA 控制线输入/输出。

(12)中央微处理器的㊳、㊴脚,分别用于 SCL。时钟线和 SDA。数据线,用于从机控制,可连接到多个受控电路。

(13)中央微处理器的⑪、⑫脚,分别用于 SCL、时钟线和 SDA1 数据线,主要用于扩展电可擦可读随机存取存储器,以对存储频道调谐数据及电视信号处理系统的各项处理数据等进行控制。

2. 存储器

I^2C 总线用的存储器有三个,即 ROM 存储器、RAM 存储器和 E^2PROM 存储器。其中:ROM 和 RAM 存储器置于中央微处理器内部,用于储存系统软件和相关数据;E^2PROM 为独立的外部存储器,用于扩展内部存储器的功能。

E^2PROM 是 Electronically Erasable Programmable Read Only Memory 的缩写,释意为电擦除可编程只读存储器,它的作用是扩展微控制器内部存储器 ROM 的容量,并将维修软件及调整好的项目数据存入其内部。

图 8-9 是 AT24C08 型 E^2PROM 存储器内部结构。它是一种 8kb/s 非易失性存储器,可在断电的情况下长期保存数据,并且可进行不少于 10 万次的数据擦除、写入。其系列型号还有 AT24C04、AT24C02、AT24C01、AT24C16、AT24C32 等。

3. 系统软件

系统软件是 I^2C 总线的灵魂系统软件由生产厂家开发编制,并在电视机出厂前拷贝到电视机中,同时提供给专业维修用户。

系统软件的功能包括三个方面:其一定义中央微处理器的引脚功能;其二,控制、管理 I^2C 总线运行;其三,提供整机各项指标的运行状态指标,并将相关指标调整到最佳状态。

(1)自定义微控制器。自定义微控制器,主要是指同一种型号的中央微控制器,拷入不同

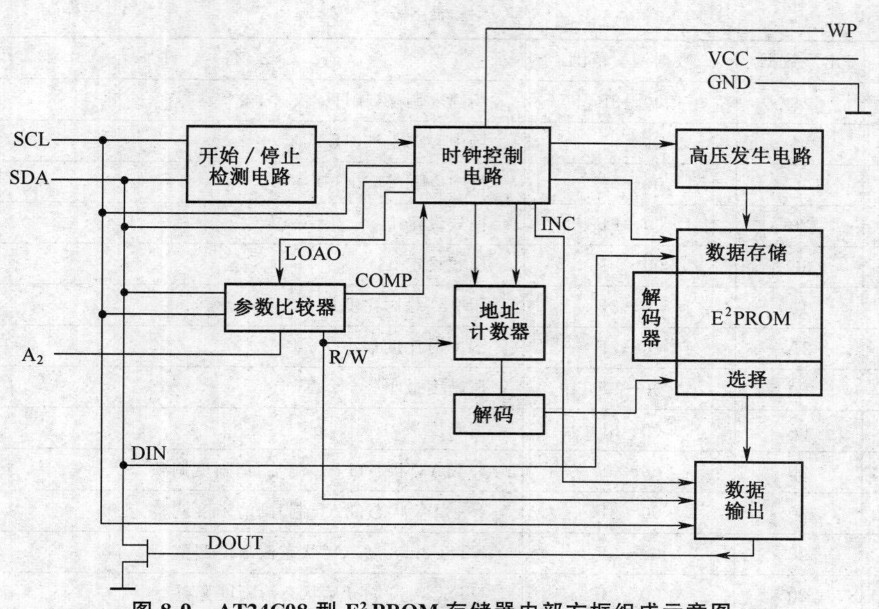

图 8-9 AT24C08 型 E^2PROM 存储器内部方框组成示意图

生产厂的 I^2C 系统后，其相同引脚的定义为不同的使用功能。如中央微处理器TMP87CK38N，它根据不同厂家的需要掩膜了不同的控制软件后，对同一排列序号的引脚自定义为不同的使用功能，因而也就使 TMP87CK38N 有了不同的版本号，如 TCLS-870、CHT0827 等。当中央微处理器出现故障需要更新时，必须对购得的中央微处理器用生产厂家的系统软件进行格式化处理后才能使用，或直接购买生产厂家提供的格式化了的中央微处理器。在彩色电视机电路中，常常把这种格式化后的有了某种特定功能的中央微处理器称为微控制器(MCU)。

(2)项目数据。在系统软件中，维修软件是其中重要的组成部分。在维修软件中不但规定了进入、退出的方法、调整数据的方法，还给出了调整项目、项目数据及调整范围。表 8-6 是典型的数据包中的软件项目及数据。其中：SV4、ST4 项目分别用于 PAL4.43 制式设定，出厂时已将数据设定，维修时若出厂数据没有变化，就不能对其调整，否则图像无彩色；BDRV、GDRV、BCUT、GCUT、RCUT 用于白平衡调整，其数据出厂时已调好，维修时只要出厂数据不变或图像彩色正常，就不能对其进行调整；RAGC 用于射频自动增益控制，只要图像正常，就不能对其进行调整，否则图像雪花增大。

表 8-6 长虹 G2532 型彩电中的维修软件的项目及数据

项目	出厂数据	数据调整范围	备 注
VLIS	0B	00～0F	场线性调整(60Hz)
VSC	0D	00～0F	场 S 形失真校正
VLIN	0B	00～0F	场线性调整(50Hz)
HTTS	1D	00～3F	场幅度调整(60Hz)
VP60	02	00～07	场中心调整(60Hz)
HPS	10	00～1F	行中心调整(60Hz)

续表 8-6

项目	出厂数据	数据调整范围	备　注
HIT	28	00～3F	场幅度调整(50Hz)
VP50	04	00～07	场中心调整(50Hz)
HPOS	0C	00～1F	行中心调整(50Hz)
VM1	20	00～FF	模式设定 1
VM0	3C	00～FF	模式设定 0
RGCN	16	00～3F	图文红绿对比度最小
TXCN	2A	00～3F	图文对比度最小
SHPN	1A	00～3F	清晰度最小
SHPX	1A	00～3F	清晰度最大
SV4	20	00～3F	4.43AV 状态(PAL 制)副清晰度调整
ST4	20	00～3F	4.43TV 状态(PAL 制)副清晰度调整
SV3	20	00～3F	NTSC3.58 制 AV 状态清晰度调整
ST3	20	00～3F	NTSC3.58 制 TV 状态清晰度调整
TNTN	28	00～7F	副色调最小设定
TNTX	28	00～7F	副色调最大设定
COLN	00	00～7F	副色饱和度最小设定
COLX	35	00～3F	副色饱和度最大设定
BRTN	20	00～7F	副亮度最小设定
BRTX	20	00～7F	副亮度最大设定
CNTN	08	00～3F	副对比度最小设定
CNTC	20	00～3F	副对比度中间值设定
SCNT	08	00～0F	副对比度调整
COLS	40	00～7F	SECAM 制副色度调整
COLP	00	00～7F	PAL 制副色度调整
TNTC	40	00～7F	色调中心设定
COLC	40	00～7F	NTSC 制副色度调整
BRTC	30	00～7F	副亮度中心设定
CNTX	3F	00～3F	副对比度最大设定
BDRV	40	00～7F	蓝激励,用亮平衡调整
GDRV	40	00～7F	绿激励,用于亮平衡调整
BCUT	2C	00～FF	蓝截止,用于暗平衡调整
GCUT	60	00～FF	绿截止,用于暗平衡调整
RCUT	58	00～FF	红截止,用于暗平衡调整
MODE	1A	00～FF	工作模式选择设定,用于设定波段
OPT	77	00～FF	选项设置
OSD	00	00～7F	字符中心位置调整

续表 8-6

项目	出厂数据	数据调整范围	备注
VM2	00	00～FF	视频方式设定
UHF-M	00	00～3F	自动搜索 U 波段高端设置
UHF-L	D8	00～FF	自动搜索 U 波段低端设置
VHFH-H	00	00～3F	自动搜索 H 波段高端设置
VHFH-L	10	00～FF	自动搜索 H 波段低端设置
VHFL-H	02	00～FF	自动搜索 L 波段高端设置
VHFL-L	10	00～FF	自动搜索 L 波段低端设置
SNUM	20	00～63	SECAM 制数字保护
PNUM	7F	00～FF	PAL 制数字保护
SELF COLC	10	00～FF	色度中间值初始设定
SELF TNTC	00	00～FF	色调中间值初始设定
SELF CNTC	20	00～FF	对比度中间值初始设定
SELF BRTC	80	00～FF	亮度中间值初始设定
SELF AGC	20	00～FF	AGC 起控点设置
SELF VCO	80	00～FF	压控振荡初始数据设定
SELF	00	00～03	行 AFC 输出设置
BRTS	00	CO～FF～00～3F	副亮度调整
V50	57	00～7F	50％音量设置
V25	3A	00～7F	25％音量设置
HAFC	00	00～03	行 AFC 调整
AFT	41	00～FF	自动频率微调设定
R AGC	2B	00～3F	射频 AGC 调整设定
SRY	08	00～0F	SECAM 制 R－Y 直流电平
SBY	09	00～0F	SECAM 制 B－Y 直流电平

(3)维修状态。生产厂在本厂生产的 I^2C 电视机都设定了专门的维修状态进入、退出、调整程序。它的作用主要有两个，其一是电视机出厂前，厂家将电视机调整到最佳状态；其二是当电视机出现故障时，专业维修人员进入维修状态，对电视机的相关项目和相关数据进行调整。

下列是某厂生产的电视机进入、退出维修状态的操作程序。

①维修状态进入(使用随机遥控器)。

·按本机面板上的音量减键，将音量调至最小；

·按住遥控器上的静音键不放，再按住本机面板上的菜单键，此时屏幕右上角出现绿字符“D”，屏幕左侧显示一个项目数据，即进入维修状态。

②调整方法。

·按遥控器上的菜单“↑”键或菜单“↓”键可选择项目；

·按遥控器上的菜单“←”或菜单“→”键可选择调整数据的大小。

③维修状态退出。

按待机键即可退出维修状态。

二、I^2C 总线控制系统的维修要领及注意事项

I^2C 总线控制系统的故障率较高，其故障表现与传统的模拟控制系统有较大不同，其维修手段也不完全一样。

1. 维修要领

(1)当出现不能二次开机时，应首先注意检查微控制器的工作电压、复位电压、晶振电压、I^2C 总线 SCL 和 SDA 端口电压是否正常。此四种电压在实践维修中常称其是微控制器的“四要素”。“四要素”中有一项异常都会引起不能二次开机。

(2)当出现图像画面彩色异常、光栅几何失真时，可首先进入 I^2C 总线维修状态，对相应的项目数据进行适当调整，若无效时应将 E^2PROM 存储器换新。

(3)当出现控制功能异常时，应注意检查总线接口电压，若 SCL 或 SDA 电压异常，可逐一断开挂在总线上的集成电路，若断开某一电路，SCL 或 SDA 电压恢复正常时，则是该电路故障，若断开其负载电路后，SCL 或 SDA 应不正常，则应考虑更换微控制器。正常时，SCL 和 SDA 电压应在 4.7V 左右抖动。

2. 注意事项

(1)在更换 E^2PROM 存储器时，要拷贝原机数据，或换新初始化后，再依软件出厂时的参考数据进行调整。但存储器容量一定与原型号一致。

(2)检查“四要素”时，要用高压挡(50V 以上挡)测量晶振电压，用低电压挡测量时会引起停机或损坏某元件。

(3)进入维修状态后，若调整某项目数据无效，一定将所调数据恢复原样。

第三节　四芯片机芯彩色电视机检修实例

一、TA7607/TA7193/TA7609/TA7176AP 四芯片彩色电视机检修实例

【例 1】

故障现象　图像扭曲，噪声较大，收台数目减少

故障机型　上海 Z647-1A 型彩色电视机

检查与分析　根据故障现象，可初步判断故障部位在图像检波回路，即中周不良。检修时应首先检测 TA7607AP⑧、⑨脚工作电压，正常时应在 8.5V，且两脚电压相等。

经检查⑧、⑨脚电压不足 6.0V，试调整外接中周 T103，图像虽有明显好转，⑧、⑨脚电压也有上升趋势，但始终不能达到最佳状态。将 T103 换新后，故障彻底排除。

小结　在维修中，对于变质失谐的中周，不能只用简单的调试而视为维修成功。否则，随着中周内部管状电容变值程度加剧，故障现象还会出现。因此，在处理此类故障时必须将中周换新，或更换中周内部的管状电容。在更换管状电容时，一定注意容量一致或接近一致，并在安装后进行适当调整，使图像声音最佳为止。

【例 2】

故障现象　白光栅，无图无声

故障机型　佳丽彩 EC-142 型彩色电视机

检查与分析　根据故障现象，可初步认为是高中频通道或 AGC 电路有故障。检修时，可从检查 AGC 电压入手。但由于该机的中频电路采用的是 TA7611AP 型集成电路，它具有正向 AGC 输出特性，所以其 AGC 的正常工作电压较反向 AGC 电压有所不同。在该机中，TA7611AP⑭脚的 AGC 电压约为 7.5V，它较 TA7607AP⑭脚电压要低一些。这一点在 TA 四芯片机芯彩电的检修工作中是很值得注意的。但在实际应用中，TA7611AP④脚的 RF AGC 控制电路与 TA7607④脚的 RF AGC 控制电路基本相同。因此，检修时应主要是检测 RF AGC 电压，检测时可直接测量 TP-15 测试点。

经检查，发现 RF AGC 电压为 0V，进一步检查发现，是 RF AGC 延迟调整可变电阻器 VR151 呈开路。用 5kΩ 可调电阻器更换，并适当调整后，故障排除。

小结　在早期的 TA 四片芯彩色电视机中，AGC 控制电路的故障率较高，特别是延迟调整可变电阻器，更是较易发生故障的器件之一。因此，在 RF AGC 电压异常时，应首先将延迟调整可变电阻器换新。

【例 3】

故障现象　AV 状态时图像、声音正常，TV 状态时无图像、有伴音

故障机型　上海 Z647←1A 型彩色电视机

检查与分析　在该机型中，由于设置了由 IC201（TC4053BP）为核心的 TV/AV 转换电路，故根据故障现象，可首先检测 IC201（TC4053BP）的⑪、⑩、⑨脚是否有 0V/11.7V 的转换电压，以及④脚是否有 2.3V/2.8V 转换电压。在正常情况下，在 TV 状态，⑪、⑩、⑨脚电压为 0V，④脚为 2.3V；在 AV 状态，⑪、⑩、⑨脚为 11.7V，④脚为 2.8V。

经检查，发现 IC201 的⑪、⑩、⑨脚在拨动 TV/AV 开关时，有 0V/11.7V 转换电压，但④脚电压始终为 2.8V。试在 TV 状态断开 IC201 的③脚，并将④、⑤脚用导线接通，结果电视节目正常，因而说明 IC201 局部损坏。用原型号集成电路将 IC201 换新后，故障排除。

小结　在该机中，TV/AV 转换功能主要由 IC201（TC4053BP）来完成。它的内部设有 2×3路开关电路，检修时应注意它的工作特性。

【例 4】

故障现象　伴音干扰图像

故障机型　上海 Z247-1A 型彩色电视机

检查与分析　在该机中，为防止伴音信号串入图像视频通道，对图像画面构成干扰，设置有 6.5MHz 陷波器，因此，根据故障现象，在检修时可将 6.5MHz 陷波器直接换新。经换新后，故障排除。

小结　在早期 TA 四芯片机芯彩色电视机中，用于视频电路中的 6.5MHz 陷波器，是由电感线圈组成的。受环境等因素的影响，电感线圈容易发生霉变，使其电感量发生了变化。但电感量变化在一般情况下不易查出，因此检修时一般采取代换的方法。在其后生产的彩色电视机中，6.5MHz 陷波器多采用三端陶瓷器件，不良时也会引起伴音干扰图像，此时也是将其换新。

【例 5】

故障现象　图像模糊，清晰度下降

故障机型　上海 Z247-1A 型彩色电视机

检查与分析　在该机中，为使亮度信号中不含有色度信号，便在亮度信号传输电路中增设

了4.43MHz副载波陷波电路，但它会使图像清晰度变坏，因而又在亮度通道中增加了勾边电路，以提高图像的清晰度。因此，检修时应重点检查勾边电路。

在该机中，勾边电路由串接在Q202集电极的电感L202和电阻R213以及Q202发射极电容C205等组成。经检查，最终是L202的一端脚开路，将其补焊后，故障排除。

小结　在该机中，Q202为亮度信号射随放大管，由发射极输出勾边后的亮度信号。L202串接在Q202集电极与+12V电源之间，一方面为Q202集电极提供工作电压；另一方面在加到Q202基极方波信号的作用下，使通过L202的电流发生变化，并在L202两端产生反电动势，相应地并在Q202的集电极形成下冲和上冲电压，进而突出亮度信号中的高频分量，对图像形成勾边效果。因此，当L202开路时，勾边功能失效，图像边缘模糊，清晰度下降。

【例6】

故障现象　图像画面有镶边现象

故障机型　上海Z247-1A型彩色电视机

检查与分析　在检修经验中，彩色图像出现镶边的故障原因，常是亮度延迟电路有故障。因此，检修时应首先检查亮度延迟线DL201。但由于亮度延迟线只有在开路时可以判断，而在短路时则不易确认，故检修时可直接将其换新。经换新后，故障排除。

小结　亮度延时线是由LC集总参数组成的低通网络链，常组装在一个独立的小铁壳内部，其外形类似中周，但比中周体积大。它有0.5～0.7μs多种规格，更换时一定注意延时时间要保持与原规格一致。

在实际维修中，有时找不到符合要求的亮度延时线，可以采用变通方法进行代换。如用两只0.33μs的亮度延时线串接起来去代替0.6μs亮度延时线，但串接后的延时时间较长，会使图像彩色向左溢出，这时可适当将线圈拆去一段，直至亮度信号与色度信号完全重合为止。

【例7】

故障现象　光栅图像忽亮忽暗，并有收缩现象

故障机型　北京836型彩色电视机

检查与分析　在检修经验中，光栅图像忽亮忽暗的故障原因，主要是自动亮度限制电路有故障，即ABL电路失效。因此，检修时主要应检查T503②脚的外接电路。

经检查发现，是D203开路性损坏，用同型号二极管更换后，故障排除。

小结　在该机中，D203与R217、C522、R519、R520等组成ABL电路，并接入第二视频放大管Q203的基极，以实现对显像管束电流的控制。

在正常状态下，显像管的束电流通过T503②脚在R217上形成电压降，且低于D203的负极端电压，因而D203截止，此时Q203基极电压被C208钳位，Q203集电极输出正常，并有6V直流电压。当显像管束电流增大时，T503②脚电压下降，R217上形成的电压增加，当其电压大于12.6V时，D203导通，Q203基极电压下降，显像管束电流下降，从而起到自动亮度限制作用。综上所述可知，D203在电路中起钳位作用，使ABL电路只在屏幕过亮时起作用，而在正常亮度或低亮度时不起作用。

【例8】

故障现象　无彩色，黑白图像正常

故障机型　沈阳SDC47-10型彩色电视机

检查与分析　在彩色电视机中，无彩色故障的原因较多，检修难度大。检修时应首先检查

IC301(TA7193AP)的引脚电压,以便从中发现故障的产生原因。经检查发现,IC301⑨脚和⑩脚电压均低于正常值,进一步检查外围元件,结果是C320失效。用一只22μF/50V电解电容器换新后,故障排除。

小结　在该机中,IC301⑨、⑩脚外接RC积分滤波器与其内部的双差分电路组成APC鉴相器。若其中有一个元件损坏,都会破坏原有较大捕捉范围和较快捕捉速度,降低原有的带宽,从而形成彩色出现迟缓或无彩色。

【例9】

故障现象　图像彩色异常,人物脸部呈绿色

故障机型　北京836型彩色电视机

检查与分析　人物脸部呈绿色的故障原因,一般是色信号解调系统有故障,使送入同步解调器中的U、V信号产生反相,进而使解调出来的B-Y、R-Y两个色差信号反相。因此,检修时,应重点检查延时激励电路及梳状滤波器电路。

经检查发现,Q301的基极电压仅有6.0V,而正常值应为9.6V;发射极电压仅有7.0V,正常时应为10.2V。同时测得Q301集电极电压上升为6.4V。因而说明Q301处于深度饱和状态,已失去了倒相放大作用,使加到IC301(LA7193AP)②脚的信号为V信号(正常时应为U信号),而③脚加入的是U信号(正常时应为V信号)。进一步检查是Q301的上偏置电阻R325阻值增大,用3.9kΩ电阻更换后,故障排除。

小结　在该机中,Q301主要用于延时激励放大。它与超声延迟线DL301、加减法器T302等组成梳状滤波器,用于把色度信号分离成U、V两个分量信号,再送入同步解调电路,解调出R-Y、B-Y两个色差信号。因此,当梳状滤波器电路异常时,会使彩色异常,严重时还会造成无彩色。

【例10】

故障现象　彩色爬行

故障机型　沈阳SDC47-10型彩色电视机

检查与分析　彩色爬行,是早期彩色电视机中的一种特有故障,其故障原因主要是色同步不良。在TA四片芯彩色电视机中,TA7193AP④脚输入的行逆程脉冲是否正常,将直接影响双稳态触发器和PAL开关的正常工作。因此检修时应注意检查④脚外接元件。

经检查,未见有明显损坏元件。但在更换④脚外接C326后,故障排除。

小结　在TA7193AP④脚内部设有PAL开关。TA7193AP④脚外接的C326和R320组成时间常数电路。PAL开关受该电路输入的行逆程脉冲控制。当该电路的时间常数变化较小时,彩色爬行;变化较大时,无彩色。

【例11】

故障现象　图像呈斜条状,伴音正常

故障机型　沈阳SDC47-10型彩色电视机

检查与分析　根据检修经验,图像呈斜条状的故障原因,主要是行同步控制电路不良。检修时可首先试调行同步电位器R507,结果发现图像有正常现象,因而判断是R507不良。用一只10kΩ电位器换新后,故障排除。

小结　在该机中,R507与R506、R509、C506构成行振荡器的充电时间常数电路。当R507不良时,可以改变C506的充电时间,从而改变了行振荡器的工作频率。因此,当该机出现行失步故障时，还应注意检查C506，必要时将其直接换新。

【例12】

故障现象 图像画面不停地向上窜，但伴音正常

故障机型 上海Z647-1A型彩色电视机

检查与分析 这是一种比较典型的场失步故障。检修时可重点检查场同步电位器R427，一边调整，一边观察图像是否有同步点。经初步检查，发现有很小的同步点，因而说明是场同步信号丢失。进一步检查发现，TA7609P⑯脚外接的R424阻值变为无穷大，用680Ω电阻更换后，故障排除。

小结 在该机中，R424与R425、D404、R426、C414、C415、C416等组成同步分离电路，主要用于分离出行同步信号和场同步信号。当R424呈开路状态时，由于行频较高，所以通过分布电容仍可通过，而场频较低，则被阻断。

在场失步故障中，常会出现在调整场同步电位器时有同步点和无同步点两种现象。若有同步点，则是场同步信号电路故障；若无同步点，则是场振荡电路异常。这时多是场同步电位器R427不良，应将其直接换新。

【例13】

故障现象 屏幕中间有2cm高度光栅，并仍有活动图像

故障机型 上海Z647-1A型彩色电视机

检查与分析 根据检修经验，可初步判断故障是由场幅度不足引起的。但在一般情况下，场幅度不足时，只是光栅上下有不太宽的黑边，这时通过调整场幅电位器总能有所改变，而在本例故障中试调整场幅电位器时，无任何反应。因而说明是场输出管不良。试将Q01、Q402同时换新后，故障排除。

小结 在该机中，Q401、Q402组成OTL场输出放大器，为场偏转线圈轮流提供偏转电流。当其中有一只不良时，就会引起水平亮带故障，严重时，将是一条水平亮线。

【例14】

故障现象 无光栅，无伴音

故障机型 上海Z247-1A型彩色电视机

检查与分析 无光栅，无伴音是比较常见的故障，其故障原因比较多，也比较复杂。但一般是由于B+电压或行输出级二次电源异常所致。无B+电压，常是开关稳压电源损坏引起的，而无二次电源，则常是行输出管击穿或是行振荡级不工作、X射线保护、行输出变压器损坏、行推动级不良等造成的。为区别故障原因，检修时可首先测量行输出管Q502集电极对地正反向电阻值及工作电压。

经检查，发现IC501④脚无开关脉冲输出，其直流电压为0V，正常时应有0.5V电压。经进一步检查，IC501(TD7609P)③脚有约8V左右电压，因而说明，该机处于X射线保护状态。进一步检查发现，D701击穿损坏。用6.4V稳压二极管更换后，故障排除。

小结 在该机中，D701与Q701、R202、R401、C701和TA7609P③脚内部组成X射线保护电路。其中D701为6.4V稳压二极管，主要起检测作用，为Q701发射极提供导通电流。正常时，D701处于截止状态，IC501(TA7609P)③脚电压为0V。因此，只要IC501③脚有电压出现，就可判为X射线保护功能动作，此时，IC501④脚无输出。

【例15】

故障现象 无规律自动停机

故障机型　沈阳 SDC47-10 型彩色电视机

检查与分析　在该机中，无规律自动关机，一般是 C10、C24 电解电容不良或变值引起的。检修时可将其直接换新。换新后，故障排除。

小结　在该机的开关稳压电源中，C10、C24 为振荡定时电容，当其不良或变值时，会出现自动停机或开机困难等故障，严重变值或失效无容量时，开关管停振，开关电源无输出。

二、HA11215/HA11235/HA1124A 和 TA7193AP 四芯片机芯彩色电视机检修实例

【例 1】

故障现象　无光栅，无图像，无伴音

故障机型　金星 C37-401 型彩色电视机

检查与分析　首先注意，该机底板带电，检修时一定要注意安全。检修时应在断电情况下先采用电阻检查法进行全面检查。

经检查，是天线输入插座内配置的耦合电容（470P）击穿短路，同时造成 TA7193AP、HA11215、HA11235 等多个元器件损坏。将其逐一换新后故障排除。

小结　由于该机底板为火地，所以当天线插座内的输入隔离电容漏电或击穿时，若插座内插入有线电视天线或共用电视天线，就会因天线中有供电压回路而使主板元件大量烧坏。但若使用普通室外天线则不会出现此类问题。因此，在检查此类电视机时，应特别注意输入隔离电路是否正常可靠。

【例 2】

故障现象　无图像，有伴音

故障机型　金星 37-401 型彩色电视机

检查与分析：在该机中，无图像、有伴音，一般是中放输出端以后电路不良或有损坏元件。检修时可首先检查 IC201（HA11215A）㉔脚电压及外接元件。经检查，发现㉔脚电压为 0V，断开外接电路，再测㉔脚电压仍为 0V。因而判断 IC201 损坏。将其换新后，故障排除。

小结　IC201㉔脚用于全电视信号输出，正常工作时静态电压 8.8V，动态电压 8.2V。因此，当㉔脚电压异常或为 0V 时，应更换该集成电路。检查时还应注意测量该脚的电阻值。正常时该脚正向阻值为 0.8kΩ，反向阻值为 0.95kΩ。

【例 3】

故障现象　图像不清晰，有失步现象

故障机型　金星 C37-401 型彩色电视机

检查与分析　根据检修经验及该种机型电路组成特点，检修时应重点检查 IC201（HA11215）的⑱、⑲脚和⑰，⑳脚电压，结果发现⑰、⑳脚电压均在 7.6V，而正常时应为 3.6V。这时可将外接 L001 直接换新，故障排除。

小结　L001 用于 AFT 电路。它与⑱、⑲间并接 L204 的分布电容耦合感应到图像中频载波，以实现 90°移相。调谐⑰、⑳脚外接 L001 和 C003 组成的谐振回路，可改变鉴相器特性曲线的中心频率，从而保证了 38MHz 的准确性。因此，一旦 L001 或 C003 开路或失效，即会使 AFT 电压无输出或异常，进而形成本例故障。

【例 4】

故障现象　图像正常，但伴音失真

故障机型　金星 C37-401 型彩色电视机

检查与分析　在该机中，6.5MHz 伴音中频信号，从 IC401(HA1124A)②脚送入 IC 内部的伴音中频放大器，经放大后由内部鉴频器检出音频信号从⑧脚输出。因此，检修时重点检查 IC401 的外围元件。经检查，是 C409 呈开路性损坏。用 33pF 电容更换后，故障排除。

小结　C409 与 L402、C408 组成复合谐振回路，并接在 IC401⑨、⑩脚间。其中 C409 与 L402 构成并联谐振回路，其谐振频率略高于 6.5MHz。因此，当伴音中频低于 6.5MHz 时，L402 和 C409 谐振回路等效为一个电感，并与 C408 产生串联谐振，其谐振频率略低于 6.5MHz。这样当 IC401⑨脚频率变化时，⑨脚电压和⑩脚电压将在伴音鉴频器特性曲线内变化。因此，当 L402、C409、C408 有一个不良时，就会引起伴音失真故障。

【例 5】

故障现象　行、场不同步

故障机型　金星 C37-401 型彩色电视机

检查与分析　在该机中，经同步分离管 Q703 集电极输出的复合同步脉冲一路通过 R742 送入 IC701(HA11235)的⑯脚内部的行扫描 AFC 电路；另一路通过由 R601 和 C601 组成的积分电路，分离出场同步脉冲，再经 C602 耦合送入 IC701 的⑦脚内部场振荡器，使场扫描同步。因此，当该机出现行场不同步时，应重点检查同步分离电路。经检查，是 C701 漏电。用 200pF 瓷片电容换新后，故障排除。

小结　C701 主要用于同步分离管 Q703 基极滤波。它与 R701 组成低通滤波器，用于滤去彩色副载波等不必要的高频信号。因此，当 C701 或 R707 有一个不良时，就会引起行场不同步。

【例 6】

故障现象　无光栅、无伴音

故障机型　金星 C37-401 型彩色电视机

检查与分析　首先检查 F901(2A 保险丝)，已熔断。再查 CP901、Q901、ZD901、Q902、Q903、D905 等，均击穿损坏。将其与 C908 一起换新后，故障彻底排除。

小结　在该机的开关电源电路中，C908 为定时电容，开路或失效时会造成电压升高，烧毁众多元件。因此，检修时一定检查 C908，必要时将其直接换新。

【例 7】

故障现象　无光栅，无 B+输出

故障机型　金星 C37-401 型彩色电视机

检查与分析　首先检查 Q901、Q902、Q903 等，已击穿损坏。再查 CP901(HM9102)引脚阻值，②、④脚均呈短路状态。将并接在②、④脚间的稳压二极管焊下检查，已击穿损坏。将其用 2CW14 型稳压二极管换新后，故障彻底排除。

小结　取样厚膜电路 CP901 为基准稳压电路，主要为开关管 Q901 提供取样信号，以稳定 B+输出。因此，当 Q901 击穿时，应注意检查 CP901，必要时将其换新。

【例 8】

故障现象　无光栅，Q902 频繁击穿损坏

故障机型　金星 C37-401 型彩色电视机

检查与分析　根据检修经验，频繁击穿 Q902 时，应注意检查短路保护电路。经检查，是 D909 不良。将其换新后，故障排除。

小结　D909 主要用于保护误差放大管 Q902 的发射结，使其不致因取样电压变化过大而烧毁。D909 与 R903 等构成控制电路，改变 R903 的阻值可改变输出电压。因此，当 Q902 不能正常工作或频繁击穿损坏时，应注意检查稳压控制元件。

【例 9】

故障现象　无光栅，有吱吱声

故障机型　金星 C37-401 型彩色电视机

检查与分析　无光栅，有吱吱声，一般是 12V 电源丢失引起的。检修时重点检查行输出变压器 T703②脚及其外接电路。经检查，发现 R717 阻值为无穷大。用 1Ω/1W 电阻更换后，故障排除。

小结　R717 为+12V 电压限流输出电阻，但其输出电压是通过 T703②—③绕组及 D705 整流获得的。当阳极高压过高时，行输出变压器 T703②—③绕组上的脉冲幅度也相应增高，该电压经 D705 整流、C730 滤波后，使 CP701（HM7103）的①脚电压也上升，经 CP701 比较后从③脚输出控制电压，使 Q704 保护动作，切断整机电源。因此，当 R717 熔断时，除注意检查其负载电路中是否有过流元件外，还应注意检查 Q704 是否失效。

【例 10】

故障现象　无光栅，场过流保护

故障机型　金星 C37-401 型彩色电视机

检查与分析　根据检修经验及该机电路的组成特点，应首先检查厚膜电路 CP701（HM7103）④脚电压及其外接元件。经检查，是 R625 不良（阻值不稳定）。将其换新后，故障排除。

小结　R625 与 CP701④脚内接电阻组成取样分压电路，从场输出级取得取样电压。当场输出电流过大时，CP701③脚输出保护控制电压，使 Q704 保护功能动作。因此，当场过流时，应首先检查 CP701 及其④脚外接元件是否正常。

下　　篇

精　通　篇

第九章　TA8759BN国际线路机芯彩色电视机电路分析与故障检修要领

20世纪90年代，为了开发国际市场的需要，日本东芝公司推出了全制式解码大规模集成电路，主要有TA8659AN、TA8759BN、TA8783N、TA8880AN等。它们的特点和功能基本相同，其中最具代表性的型号是TA8659AN和TA8759BN。TA8659AN是在TA两芯片机和TA四芯片机的基础上开发的，而TA8759BN则是在TA8659AN的基础上开发的。两者的引脚功能除4.43/3.58MHz晶振接入方式不同外，其余基本相同。

我国各电视机生产企业于20世纪90年代中期纷纷引入该类芯片，开发了一系列大屏幕、豪华型彩色电视机。

采用TA8659AN的代表机型有：

康力CE-5431　　永宝CD2198
凯歌4C6401　　牡丹64C1
康佳T2506　　熊猫C54P3
长城G8363MF　　赣新KG-6401
厦华XT-7687T　　乐华CP5428W
画龙G8163MF　　创维8259
创维8298　　西湖C6405等

采用TA8759BN的代表机型有：

康力CE-6477　　TCL-9625B
长城G8463YN9　　康佳T2916A
熊猫2919　　画龙G8173MF等

采用TA8783N的代表机型有：

金星C7458　　长虹C2919PV
海信TC2929P　　北京8361
北京2931　　金凤CT2518等

采用TA8880AN的代表机型有：

熊猫2918　　熊猫3418
厦华XT-2998TB　　康佳T2998ND/NI
康佳T3488P　　康佳T3888ND/NI等

该类机芯的开发利用，在我国电视技术的发展有重要的承上启下作用，而且有些型号的电视机目前仍在使用。本章以TA8759BN型机芯为主介绍彩色电视机的基本电路和工作原理，并介绍故障检修要领。TA8759BN机芯的内部结构如图9-1所示，其引脚功能及正常状态下的电阻值、电压值如表9-1所示。

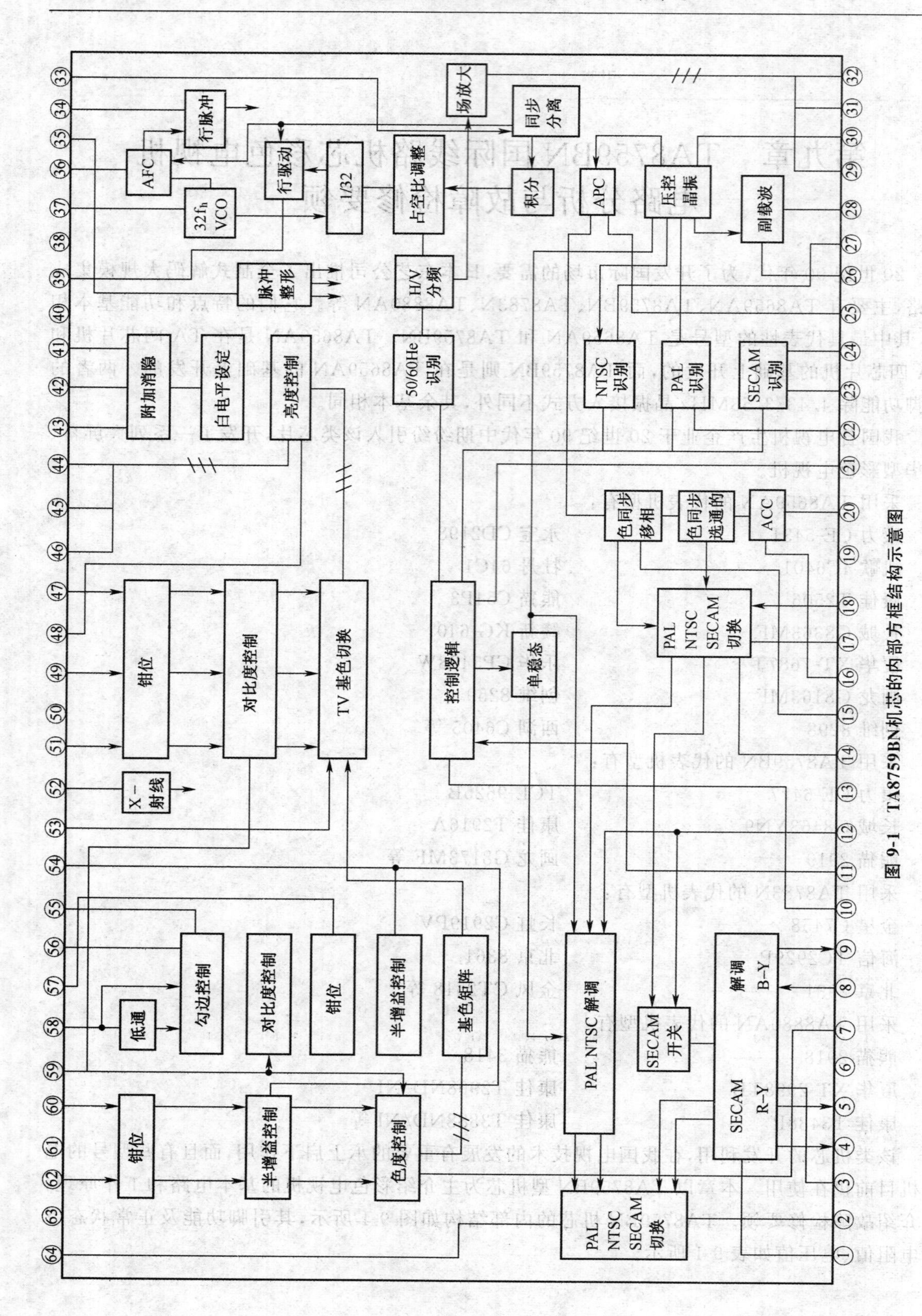

图9-1 TA8759BN机芯的内部方框结构示意图

表 9-1 TA8759BN 视频、色度、扫描信号处理电路引脚功能、电压值、电阻值

引脚	符号	功能	U(V)		R(kΩ)	
			静态	动态	在线	
					正向	反向
1	SB DEEMP	SECAM 制 B—Y 去加重	8.3	8.3	6.5	9.0
2	R—Y OUT	R—Y 色差信号输出	8.1	8.1	5.2	6.4
3	SR DEEMP	SECAM 制 R—Y 去加重	8.3	8.3	6.2	8.9
4	SB DET1	SECAM 制 B—Y 解调	8.5	6.5	5.9	8.2
5	SB DET2	SECAM 制 B—Y 解调	6.5	6.5	5.9	8.2
6	S VCC	色度电源	12.5	12.5	0.2	0.2
7	COLOR	色饱和度控制	1.9	2.9	5.0	5.5
8	SR DET2	SECAM 制 R—Y 解调	6.5	6.5	5.9	8.2
9	SR DET1	SECAM 制 R—Y 解调	6.5	6.5	5.9	8.2
10	SW1	开关 1	0.4	6.0	6.1	8.9
11	SW2	开关 2	1～1.3	5.7	6.1	8.4
12	DL OUT	色度信号延时输入	5.2	5.2	6.1	8.0
13	DC	偏置	5.1	5.2	6.0	8.0
14	DL IN	色度信号延时激励输出	10.0	7.8	1.9	2.0
15	TINT CONT	色调控制，主要用于 NTSC 制式	6.1	6.1	3.4	3.5
16	ACC FILTER	ACC 滤波	8.8	9.1	6.1	9.1
17	DC FEEDBACK	直流反馈	3.5	3.5	6.5	8.2
18	SECAM IN 50/60	SECAM 制信号输入	4.45	4.45	6.1	8.4
19	CHROMA GEN	色度信号部分电路接地	0	0	0	0
20	P/N IN VID	PAL/NTSC 制信号输入	5.8	5.8	6.5	8.5
21	SW3	开关 3	0.1	2.1	6.1	8.5
22	P IDENT	PAL 制识别检波	5.3	5.5	6.3	8.5
23	S IDENT	SECAM 制识别检波	5.5	6.6	6.3	8.5
24	S REF	SECAM 制基准频率调谐	4.7	4.8	6.5	8.6
25	APC	APC 滤波	4.8	4.8	6.0	8.3
26	3.58 IN	外接 3.58MHz 晶体振荡器输入	3.4	3.4	5.0	5.5
27	N IDENT	NTSC 制识别	4.6	5.5	6.4	8.4
28	4.43 IN	外接 4.43MHz 晶体振荡器输入	3.4	3.4	5.0	5.5
29	VDRIVE	场激励输出	1.0	1.0	1.1	1.1
30	VCO OUT	压控振荡输出，用于副载波恢复	8.0 ↔	8.6	6.0	9.0
31	V RAMP	场锯齿波形成	6.2	6.3	6.2	9.0
32	V NPB	场负反馈输入	6.4	6.5	5.4	6.9
33	SYNC SEPA	同步分离输入	6.0	6.6	6.6	9.1

续表 9-1

引脚	符号	功 能	U(V)		R(kΩ)	
			静态	动态	在线	
					正向	反向
34	G・P・TC	选通脉冲滤波	3.0	3.2	6.2	36.0
35	H・BLK	行消隐脉冲输入	0.5	1.0	6.2	8.0
36	AFC F	行 AFC 滤波	7.2	7.7	6.4	20.0
37	503kHz	500kHz 振荡器,分频后得行频频率	停振	停振	6.4	6.4
38	AFC IN	行逆程脉冲输入,用于 AFC 信号形成	6.4	6.5	6.6	12.0
39	H・OUT	行激励输出	2.2	2.3	0.8	0.8
40	H VCC	行电源	9.1	9.2	4.6	10.0
41	R OUT	红基色信号输出	2.6	3.8	6.3	8.0
42	G OUT	绿基色信号输出	2.6	3.7	6.2	8.0
43	B OUT	蓝基色信号输出	4.4	3.6	6.4	8.0
44	R CLAMP	红基色信号钳位	1.5	1.5	6.5	9.1
45	G CLAMP	绿基色信号钳位	1.5	1.5	6.4	9.1
46	B CLAMP	蓝基色信号钳位	1.5	1.5	6.4	9.1
47	R IN	红字符信号输入	2.2	2.3	6.1	9.0
48	B RT	亮度控制	2.7	2.8	6.4	8.6
49	G IN	绿字符信号输入	2.3	2.2	6.1	9.0
50	V/D GEN	接地	0	0	0	0
51	B IN	蓝字符信号输入	2.3	2.2	6.5	9.0
52	X-RAY	X 射线保护	0	0	6.2	9.6
53	TV/TX SW	TV/外部输入开关(字符消隐)	3.6	0	4.2	4.4
54	HALF TDNE	半色调(灰度控制)	0.9	0.9	6.1	9.0
55	PICT・CONT	图像锐度控制	5.7	5.8	1.1	1.2
56	PICT・IN	图像信号微分输入	3.3	3.3	6.4	8.8
57	Y CLAMP	亮度信号钳位	2.9	2.8	6.4	8.8
58	Y IN	亮度信号输入	4.4	4.4	6.5	8.9
59	CONTRAST	对比度控制	3.4	3.3	5.4	7.0
60	R−Y IN	R−Y 色差信号输入	1.5	1.5	6.4	9.0
61	VCC(V/C)	电源	12.5	12.5	0.2	0.2
62	B−Y IN	B−Y 色差信号输入	1.5	1.5	6.5	9.0
63	VCC(V)	电源	12.5	12.5	0.2	0.8
64	B−Y OUT	B−Y 色差信号输出	8.1	8.0	5.7	6.2

注:表中数据在康力 CE-6477-5B 机型中测得,仅供参考。

第一节 TV小信号处理电路分析与故障检修要领

在TA8759BN国际线路彩色电视机中，其整机中的TV小信号处理电路，常与TA8611AN或LA7577中频处理电路等组成。但TA8611AN或LA7577均是组装在一小块独立电路板中，即组成了中频板电路。因此，在分析该种机型的TV小信号电路工作原理时，就应将中频板电路与TA8759BN主芯片电路联系在一起。

一、高中频电路分析及故障检修要领

在TA8759BN国际线路机芯彩电中，高中频电路，主要是由高频调谐器电路与中频板电路等组成。但其中频板电路常有TA8611AN或LA7577两种组成形式。

1. 高频接收电路

在TA8759BN国际线路机芯彩电中，高频接收电路，常由高频调谐器和LA7910波段解码器等组成，其典型的应用电路如图9-2所示。

在图9-2所示电路中，TU_1为高频调谐器，其引脚功能及正常状态下的电压值、电阻值见表9-2；IC801(LA7910)为波段解码器，其引脚功能及正常状态下的电压值、电阻值见表9-3。TU_1和IC801在IC803(M37210M3-807SP)的控制下完成波段转换和调谐选台两个方面的工作任务。

(1)波段转换。波段转换，主要由IC803(M37210M3-807SP中央微处理器)的㊷、㊶脚输出逻辑电平去控制IC801(LA7910)的③、④脚来完成。

当IC803㊶、㊷脚均输出0.5V低电平时，IC801(LA7910)①脚输出12V高电平，$TU_1$⑤脚为高电平，高频调谐器工作在VHF-L频段上。此时IC801的②脚和⑦脚输出0V低电平，TU_1的BH端和BU端为0V低电平。

当IC803的㊷脚输出4.2V高电平，而㊶脚输出0.5V低电平时，IC801②脚输出12V高电平，$TU_1$③脚为高电平，高频调谐器工作在VHF-H频段上。此时IC801①脚和⑦脚输出0V低电平，TU_1的BL端和BU端为0V低电平。

当IC803的㊷脚输出0.5V低电平，而㊶脚输出4.2V高电平时，IC801⑦脚输出12V高电平，$TU_1$①脚为高电平，高频调谐器工作在UHF频段上。此时IC801①脚和②脚输出0V低电平，TU_1的BL端和BH端为0V低电平。

在自动搜索过程中，IC803(M37210M3-807SP)的㊷、㊶脚分时输出“0.5V/0.5V”、“4.2V/0.5V”、“0.5V/4.2V”3组逻辑电平，以实现VHF-L、VHF-H、UHF 3个频段的自动转换。

(2)调谐选台。调谐选台，主要是在高频调谐器的波段电压确定后，由自动搜索扫描的调谐电压来完成的。在图9-2所示电路中，自动搜索扫描的调谐电压电路由Q801、C804、R804、C805、R805、C806、IC802等组成，并受IC803⑭脚控制。

在图9-2所示电路中，当TU_1(高频调谐器)BL端子的12V工作电压确定后，IC803(M37210M3-807SP)的⑭脚开始输出与14位二进制调谐数码相对应的PWM脉冲(即脉宽调制脉冲)，经R804、C805、R805、C806等组成的低通滤波器后，由Q801输出0～32V直流调谐电压，加到TU_1(高频调谐器的②脚(即V_T端)。加到Q801集电极的32V电压，是由开关电源输出的125V电压经R814限流、IC802(μPC574J)稳压后提供的。

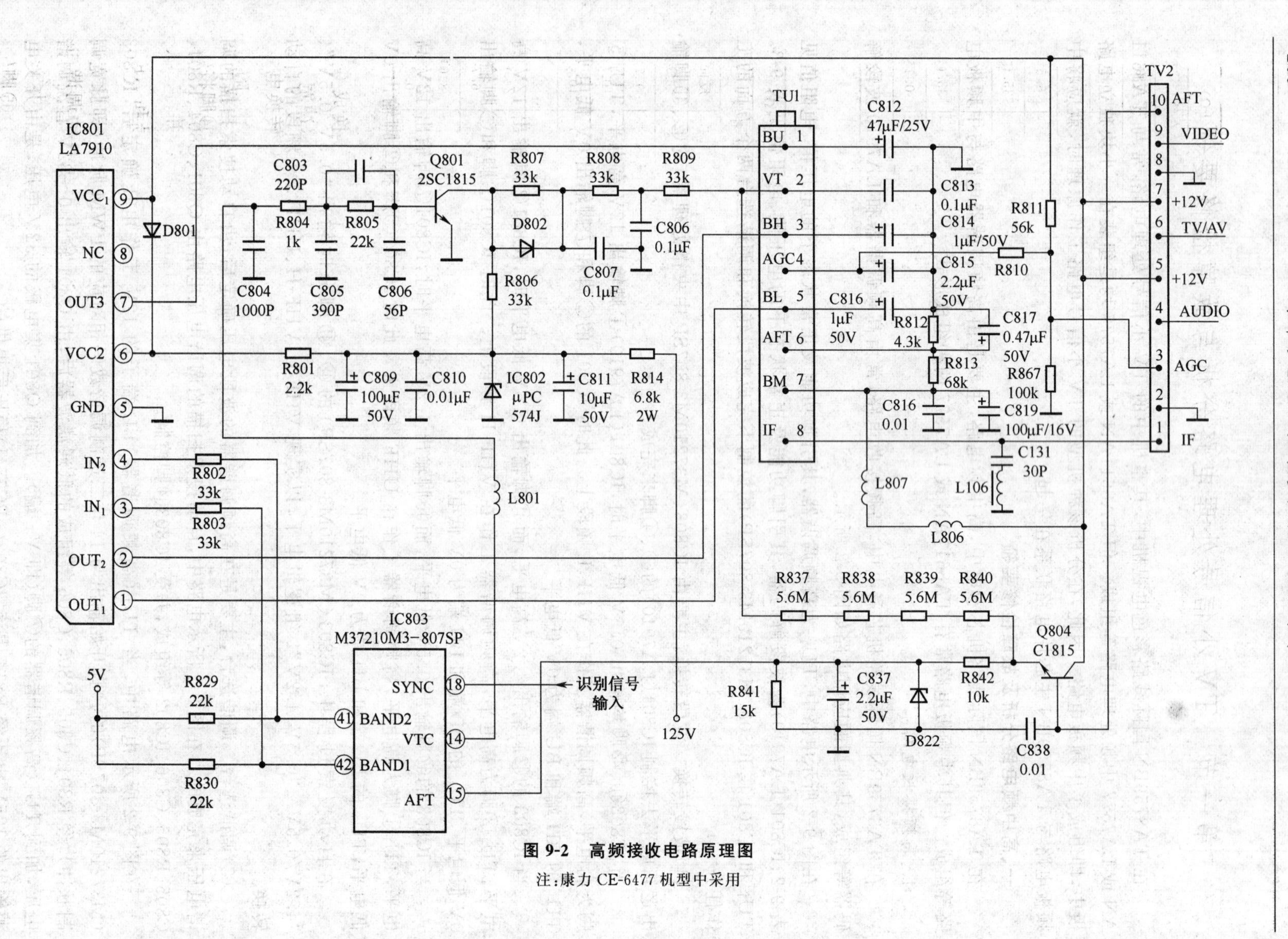

图 9-2 高频接收电路原理图

注:康力 CE-6477 机型中采用

表 9-2　TU_1（高频调谐器 TDQ-3B6）引脚功能、电压值、电阻值

引脚	符号	功　能	U(V)			R(kΩ)	
			BL 段	BH 段	BU 段	在线	
						正向	反向
1	BU	UHF 频段工作电压	0	1.7	12.0	0.2	0.2
2	VT	调谐电压	0～30	0～30	0～30	12.1	50.0
3	BH	VHF-H 频段工作电压	0	12.0	0	9.4	6.5
4	AGC	自动增益控制	4.4	4.8	4.2	6.1	35.0
5	BL	VHF-L 频段工作电压	12.0	0	0	3.3	3.3
6	AFT	自动频率微调	4.1	4.1	4.1	25.0	33.0
7	BM	12V 工作电压	12.0	12.0	12.0	0.1	0.1
8	IF	中频载波信号输出	0	0	0	0	0

注：表中数据在康力 CE-6477 机型中测得，仅供参考。

表 9-3　IC801（LA7910 波段解码器）引脚功能、电压值、电阻值

引脚	符号	功　能	U(V)			R(kΩ)	
			BL	BH	BU	在线	
						正向	反向
1	OUT_1	用于 BL 段工作电压输出	12	0	0	0.3	0.3
2	OUT_2	用于 BH 段工作电压输出	0	12	0	0.3	0.7
3	IN_1	控制信号输入	0.5	4.0	0.5	50.0	10.0
4	IN_2	控制信号输入	0.5	0.5	4.0	50.0	10.0
5	GND	接地	0	0	0	0	0
6	V_{CC2}	电源 2	14.0	14.0	14.0	4.8	24.0
7	OUT_3	用于 BU 段工作电压输出	0	0	12.0	8.5	6.7
8	NC	未用	0	0	0	∞	8.0
9	V_{CC1}	电源 1	12.0	12.0	12.0	0.2	0.2

注：表中电压在康力 CE-6477 机型中测得，仅供参考。

在 IC803（M37210M3-807SP）⑭脚内接有数/模变换器，即将 14 位调谐数码转换成 0～32V 的调谐电压，其分辨率可达 16384 个电平级。14 位调谐数码中的高 7 位决定脉冲宽度，属于粗调，低 7 位决定附加脉冲个数及出现位置，属于细调。虽然调谐电压是与频段转换电压同步输出的，但它在每一个频段上都从 0～32V 扫描一次。因此，在自动搜索过程中，随着 IC803㊷、㊶脚输出 3 组逻辑电平（即 VHF-L、VHF-H、UHF3 个频段的转换），IC803⑭脚将输出 3 次 5.0V～0V 的控制电压，而 TU1 的 VT 端子有 3 次 0～32V 的扫描电压出现，并将每次扫描时所接收到的电台信号存储在 E^2PROM 存储器中。但在收台时还需有识别信号和 AFT 信号介入，才能够记忆电台节目。

（3）电台信号识别。在自动搜台过程中，IC803（M37210M3-807SP）是具有全自动调谐功能的核心器件。为了使 CPU 能够判别有没有电台信号进入，就必须给 CPU 输入一个电台识别信号，这个信号是由 IC803 的⑱脚输入的，它由主板中 IC101（TC4053BP 电子开关）⑮脚输出的视频信号提供。因此，电台识别信号也就是包含在视频信号中的复合同步脉冲或复合同步脉冲中的行同步信号。

在正常工作时，如果电视机接收到某电台信号时，IC803⑱脚就会有3.5V左右的识别信号电压输入，从而表示CPU已知道搜索到电台信号，并使调谐扫描速度放慢，同时对⑱脚输入的脉冲进行计数。当1ms内有15～20个脉冲输入时，调谐电压被确定，进而存入存储器中。若IC803⑱脚无识别信号进入，则自动搜台时将不能记忆节目。

(4)AFT控制输入。在图9-2所示电路中，IC803⑪脚输入AFT直流控制电压，用于实现对所收信号频率的精细调谐。AFT电压是通过TV2接口⑩由中频组件板中输出的。在自动搜索时，当IC803⑱电压大于3.5V时，表示已搜到电台节目，这时AFT电路开始工作在“S”形电压状态，并进行缓慢变化，以使CPU控制IC803⑭脚输出不断修整调谐点，确认在最佳状态。

2. TA8611AN中频板电路

TA8611AN是由日本东芝公司开发研制的图像中频及伴音中频处理集成电路，其内部结构如图9-3所示，引脚功能及正常状态下的电压值、电阻值见表9-4。

由于TA8611AN内部包括三级差分图像中频放大、AGC控制电压以及双差分平衡检波、高速峰值AGC、反向RFAGC输出、单端AFT控制输出、差分峰值伴音鉴频、三级差分伴音中频限幅放大等电路，故被广泛用于电视机的中频板电路中。其典型应用电路如图9-4所示。TV2(中放组件板)引脚功能、电压值、电阻值见表9-5。在图9-4中主要分为图像中频信号处理和伴音中频信号处理两个部分电路。

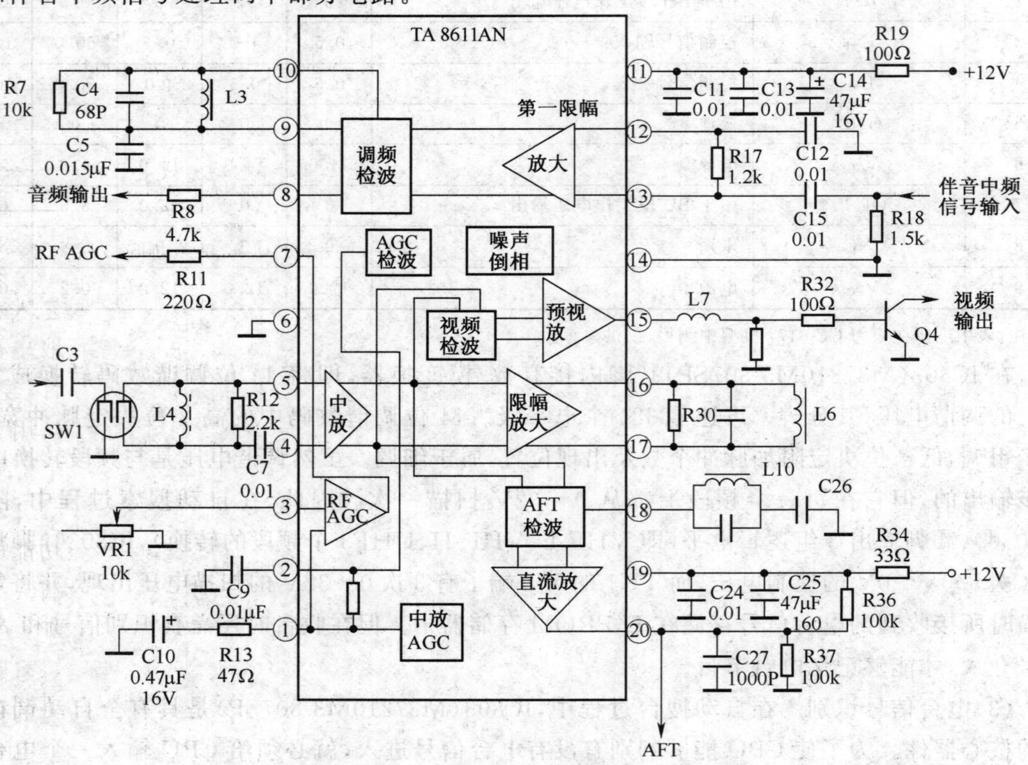

图9-3　TA8611AN内部方框结构及引脚应用电路示意图

表 9-4　TA8611AN 中频处理电路引脚功能、电压值、电阻值

引脚	符号	功　能	U(V)		R(kΩ)	
			静态	动态	在线	
					正向	反向
1	IF AGC	中频 AGC 滤波	6.9	6.4		8.5
2	AGC DEL	AGC 检波	7.0	6.4	6.3	8.5
3	RF AGC ADJ	射频 AGC 延迟调整	1.1	1.2	0.7	0.8
4	IF AMP	中频放大器输入	4.2	4.3	6.9	7.9
5	IF AMP	中频放大器输入	4.2	4.3	6.9	7.9
6	GND	接地	0	0	0	0
7	RF AGC OUT	射频 AGC 输出	6.5	4.7	6.3	35.0
8	FM DET OUT	调频检波输出	4.6	4.5	6.7	8.9
9	FM DET IN	调频检波输入	5.5	5.1	6.5	8.0
10	FM DET IN	调频检波输入	5.5	5.1	6.5	8.0
11	VCC(SIF)	伴音中频电源	9.4	9.4	0.4	0.4
12	LIMITER	伴音中放滤波	2.4	2.4	6.7	8.0
13	LIMITER	伴音中频信号输入	2.4	2.2	6.8	8.4
14	GND	接地	0	0	0	0
15	PRE AMP	视频放大输出	3.6	3.2	1.4	1.4
16	LIMITER AMP	图像中频检波回路	6.7	6.7	1.7	1.7
17	LIMITER AMP	图像中频检波回路	6.7	6.7	1.7	1.7
18	AFT DET	AFT 移相	4.1	4.1	6.9	8.2
19	V_{CC}(PIF)	图像中放电源	9.5	9.6	0.2	0.2
20	DC AMP	AFT 电压输出	4.2	4.2	6.7	8.5

注：在康力 CE-6477-5B 机型中测得，仅供参考。

(1)图像中频信号处理电路。在图 9-4 所示电路中，由 TV2(中放组件板)①脚输入的 IF 信号，首先经 Q1 预中频放大后，再经 SW1 声表面滤波，L4、R12、C7 匹配送入 IC1(TA8611AN)的④、⑤脚，在其内部进行中频放大和⑯、⑰脚外接中周等检波处理后，取出视频信号从⑮脚输出，再由 Q4 进行缓冲放大并由 CF4、CF5、CF6 吸收掉伴音中频信号后，经 Q7 射随输出，并经 TV2(中放组件板)⑨脚送入主板电路。其中，CF4 为 6.5MHz 陷波器，用于吸收 PAL-D 制伴音中频信号；CF5 为 6.0MHz 陷波器，用于吸收 PAL-I 制伴音中频信号；CF6 为 5.5MHz 陷波器，用于吸收 PAL-B/G 制或 SECAM-B/G 制伴音中频信号。

在图 9-4 所示电路中，当有图像信号出现时，经 IC1(TA8611AN)内部 AGC、AFT 功能电路处理后，分别从⑦脚输出 RFAGC 信号和从⑳脚输出 AFT 信号。RFAGC 经 TV2 的③脚送入高频调谐器的 AGC 端子；AFT 信号电压经 TV2⑩脚送入 IC803(M37210M3-807SP)的⑪脚。

(2)伴音中频信号处理电路。在图 9-4 所示电路中，由 Q4 缓冲放大输出的视频信号除经 Q7 射随输出图像信号外，还经 R26、C17、L8、C16 取出伴音中频信号。由 Q3 射随输出的信号可能有三种形式，一是 5.5MHz 伴音中频；二是 6.5MHz 伴音中频；三是 6.0MHz 伴音中频，它们分别由相应的带通滤波器 CF7(5.5MHz)、CF2(6.5MHz)、CF1(6.0MHz)选通后，送入

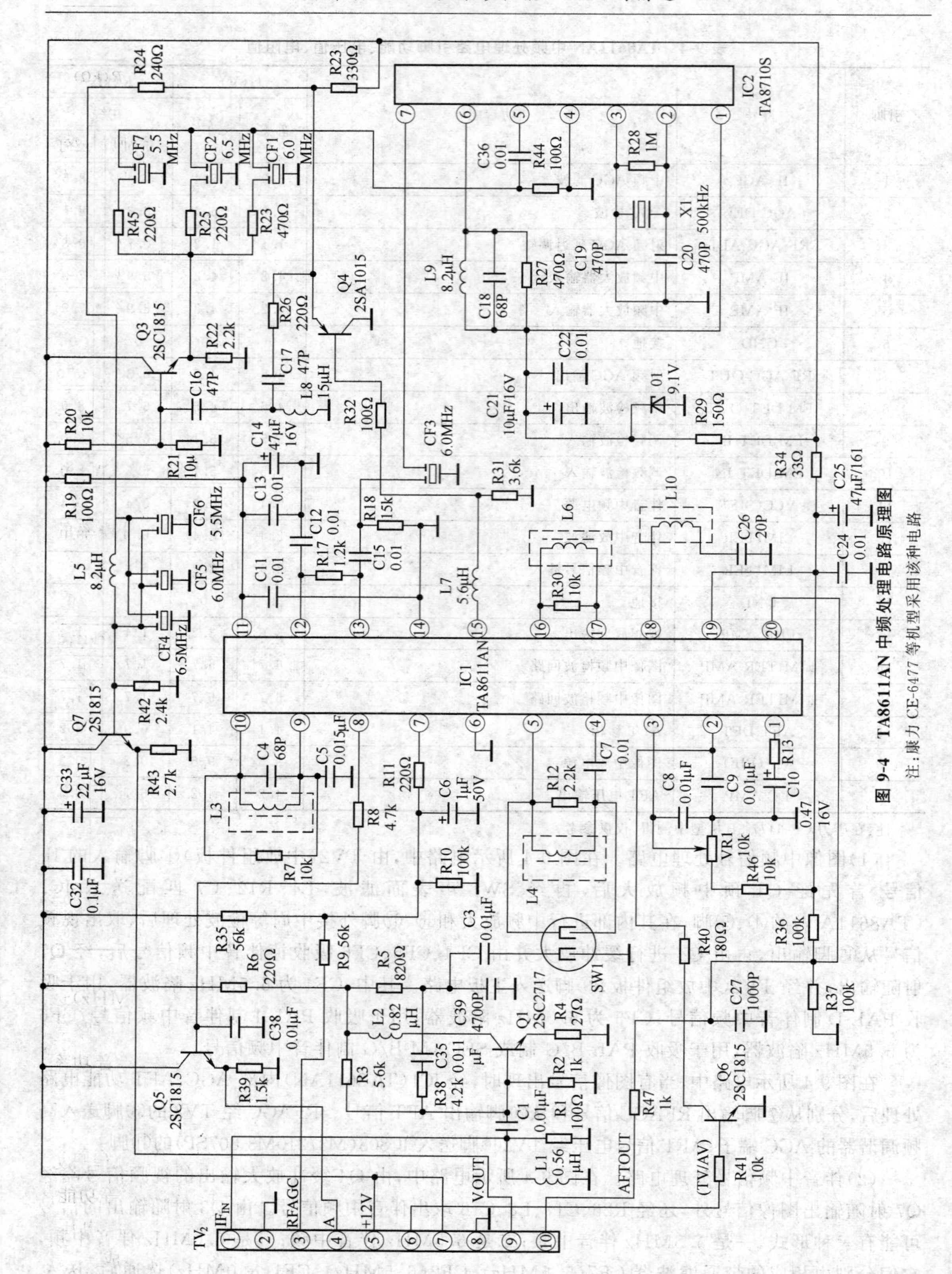

图 9-4　TA8611AN 中频处理电路原理图

注:康力 CE-6477 等机型采用该种电路

表 9-5　TV2(中放组件板)引脚功能、电压值、电阻值

引脚	符号	功　能	U(V)		R(kΩ)	
					在线	
			静态	动态	正向	反向
1	IF IN	中频载波信号输入	0	0	0	0
2	GND	接地	0	0	0	0
3	RFAGC OUT	射频 AGC 输出	6.5	4.3	6.7	34.0
4	AUDIO OUT	音频信号输出	4.0	3.9	2.1	2.1
5	+12V	+12V 电源	12.5	12.5	0.2	0.2
6	TV/AV	TV/AV 控制	0	0	∞	∞
7	+12V	+12V 电源	12.5	12.5	0.2	0.2
8	GND	接地	0	0	0	0
9	VIDEO OUT	视频信号输出	3.3	2.8	2.5	2.5
10	AFT OUT	AFT 输出	4.3	6.0	8.4	8.6

注:在康力 CE-6477 机型中测得,仅供参考。

IC2(TA8710S)的⑤脚。IC2(TA8710S)为音频系统制式电路,其主要作用是将不同频率的伴音第二中频信号转换为统一的 6.0MHz。其引脚功能及电压值、电阻值见表 9-6。

表 9-6　IC2(TA8710S 音频系统制式电路)引脚功能、电压值、电阻值

引脚	符号	功　能	U(V)		R(kΩ)	
					在线	
			静态	动态	正向	反向
1	VCC	+9V 电源	9.1	9.1	0.2	0.2
2	VCO OUT	500kHz 振荡输出	4.4	4.4	5.5	7.4
3	VCO IN	500kHz 振荡输入	4.0	4.0	6.1	7.6
4	GND	接地	0	0	0	0
5	A(SIF)IN	伴音中频信号输入	3.8	3.8	6.1	7.6
6	VCC	混频级电源	9.1	9.1	0.2	0.2
7	A(SIF)OUT	6MHz 伴音中频信号输出	7.1	7.1	5.2	6.0

注:在康力 CE-5431 机型中测得,仅供参考。

经 IC2(TA8710S)处理后的 6.0MHz 伴音中频信号从⑦脚输出,再由 CF3(6.0MHz)选通滤波后送入 IC1(TA8611AN)的⑬脚,经 IC 内部限幅放大及⑨、⑩脚调频检波中周回路等处理后,取出音频信号,从⑧脚输出,经 Q5 射随放大后再经 TV2④脚送入主板中的伴音功率放大电路。

3. LA7577 中频板电路

LA7577 是由日本三洋公司于 20 世纪 90 年代后期开发并生产的彩色电视机中频信号处理集成电路。由于其具有中放 AGC 检波、APC 鉴相、视频放大、限幅放大、伴音鉴频解调等功能,被广泛用于国际线路机芯彩色电视机中。其应用电路如图 9-5 所示。其引脚功能及正常电压值、电阻值见表 9-7。该电路主要由图像中频处理电路和伴音中频信号处理电路两部分组成。

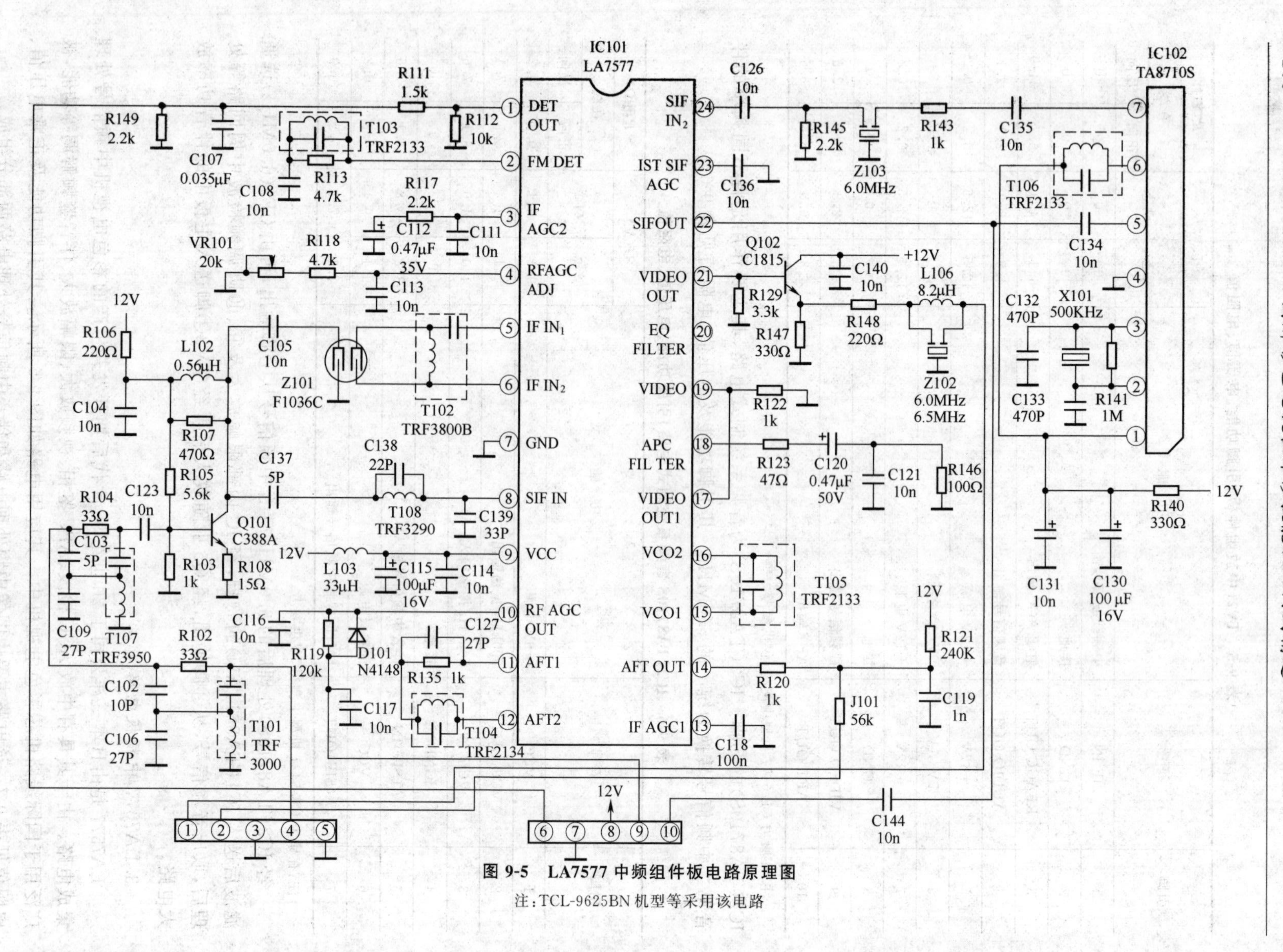

图 9-5 LA7577 中频组件板电路原理图

注：TCL-9625BN 机型等采用该电路

表 9-7　LA7577 中频处理电路引脚功能、电压值、电阻值

引脚	符号	功能	U(V)		R(kΩ)	
			静态	动态	在线	
					正向	反向
1	DET OUT	调频检波输出(音频)	6.3	6.3	9.1	9.1
2	FM DET	调频检波	5.5	5.5	7.8	7.8
3	IF AGC2	中放 AGC 滤波 2	4.8	4.8	13.1	14.8
4	RF AGC ADJ	射频 AGC 延迟调整	4.0	4.0	13.1	13.2
5	IF IN_1	中频信号输入 1	4.3	4.3	18.7	13.2
6	IF IN_2	中频信号输入 2	4.3	4.3	18.7	13.2
7	GND	接地	0	0	0	0
8	SIF IN	伴音中频输入	3.6	3.6	10.4	10.4
9	V_{CC}	+12V 电源	12.0	12.0	0.9	0.7
10	RF AGC OUT	射频 AGC 输出	5.5	5.5	12.8	13.8
11	AFT1	AFT 检波 1	4.2	4.2	3.9	3.9
12	AFT2	AFT 检波 2	4.2	4.2	3.9	3.9
13	IF AGC1	中频 AGC 滤波 1	5.3	5.3	13.1	15.1
14	AFT OUT	AFT 输出	7.8	7.8	13.2	15.1
15	VCO1	压控振荡回路 1	10.5	10.5	1.2	1.2
16	VCO2	压控振荡回路 2	10.5	10.5	1.2	1.2
17	VIDEO OUT_1	视频输出 1	4.9	4.9	0.8	0.8
18	APC FILTER	APC 滤波	5.5	5.5	12.4	14.5
19	VIDEO	视频补偿放大输入	4.9	4.9	1.1	1.2
20	EQ FILTER	视频补偿滤波	—	—	4.1	4.1
21	VIDEO OUT_2	视频输出 2	5.6	5.6	3.1	3.1
22	SIF OUT	伴音中频输出	9.8	9.8	13.1	14.8
23	IST SIF AGC	伴音第一中频 AGC 滤波	5.5	5.5	12.8	14.8
24	SIF IN_2	伴音第二中频输入	2.2	2.2	13.1	15.0

注:表中数据在 TCL 王牌 9625BN 机型中测得,仅供参考。

(1)图像中频信号处理电路。在图 9-5 所示电路中,IC101(LA7577)⑤、⑥脚内接三级交流耦合中频放大器,每级放大增益均在 20dB 以上。由声表面波滤波器 Z101 送入到 IC101⑤、⑥脚的 IF 中频信号,经三级放大后,在⑮、⑯脚外接中周 T105 及内接压控振荡电路等作用下,检出视频信号,经视频放大后从㉑脚输出,并通过组件板①脚送入主板电路。

在图 9-5 所示电路中,IC101③、④、⑩、⑬脚组成中频 AGC 和高频 AGC 电路。其中③脚和⑬脚与内部电路组成中频 AGC 检波电路,③脚外接 C111、R117、C112 组成双时间常数滤波器,用于平滑滤波中放 AGC 电压,⑬脚外接 100nF 电容,用于中放 AGC 检波电压滤波。③脚和⑬脚的直流电压总是动态值低于静态值。中放 AGC 电压在 IC 内部自动控制中频放大级电路,而③脚和⑬脚电压只是反映中放 AGC 电路的工作状态。

在图 9-5 所示电路中,IC101④脚和⑩脚与其内部电路组成高放 AGC 电路(RF AGC)。

其中⑩脚输出高放 AGC 电压，并通过 R119、组件板⑨脚送入主板中的高频调谐器 AGC 端子。④脚外接 VR101 为高放 AGC 电压起控点调整电位器。一般要求高频放大器 AGC 起控点比图像中频放大器 AGC 起控点滞后 30～40dB。因此，⑩脚输出电压受④脚外接 VR101 的调整控制。

在图 9-5 所示电路中，⑪、⑫、⑭脚与其内部电路组成 AFT 控制电路。其中11脚和⑫脚外接的 C127、R135、T104 等组成 90°移相网络，即 AFT 鉴相回路，T104 为 AFT 中周。在 IC101 内部，AFT 检波电路采用了双差分乘法电路。它由两路信号输入来产生 AFT 电压，其一路由 IC 内部图像中频放大器直接输入，作为基准开关信号；另一路由视频检波电路的视频信号经 T104 进行 90°移相后作为待鉴相信号输入。经 AFT 检波电路输出的基准电压从⑭脚输出，经 R120、C119 平滑后，通过 J101(56k)和中频组件板②脚送入主板中的高频调谐器 AFT 端子和中央微处理器的 AFT 输入端，以实现自动跟踪信号频率，并保持 IF 信号的频率精确在 38MHz 上。

(2)伴音中频信号处理电路。在图 9-5 所示电路中，伴音中频信号是通过 T108、C138 送入 IC101⑧脚的，由其内接的伴音中频独立放大器进行放大。但⑧脚外接 T108、C138 组成的并联回路所要选通的是伴音第一中频(31.5MHz)信号。该信号经 IC 内部处理后，从㉒脚输出，并经 C134 送入 IC102(TA8710S)⑤脚，再经制式处理后从⑦脚输出 6.0MHz 伴音中频信号，通过带通滤波器 Z103 送回 IC101㉔脚内部。在 IC101②脚外接中周 T103 等作用下，解调出音频信号从①脚输出，最后经中频组件板⑥脚送入主板中的伴音功放电路。

4. 故障检修要领

在国际机芯线路彩色电视机中，高中频电路易发生的故障主要有：自动搜索不记忆，图像雪花较大，伴音沙哑失真，或无图像、无伴音等。检修时主要是检查中频板组件电路。

(1)当出现自动搜索不记忆故障时，可首先检查中频板 AFT 接口的电压是否正常，然后做进一步判断。若 AFT 电压异常，则应重点检查 AFT 中周电路，必要时将 AFT 中周换新。若 AFT 电压正常，则应进一步检查 CPU 的 AFT 接口电路。

(2)当出现图像雪花较大故障现象时，主要检查中频板输出的 RFAGC 电压，及 TA8611 或 LA7577 中放 AGC 滤波电压，必要时将 AGC 滤波电容换新。

(3)当出现伴音沙哑失真故障现象时，主要是检查中频板中的调频检波电路，必要时将伴音鉴频中周换新。

(4)当出现无图像、无伴音故障时，首先注意检查中频板的引脚电压，特别是 12V 电源电压是否正常。若正常，一般是图像中频电路有故障。这时可以分为两种情况：对采用 TA8611AN 的中频板的机型，应首先将图像中周换新；对于采用 LA7577 的中频板的机型则应重点检查预中频放大器，因为在 LA7577 组成的高中频电路中，虽然图像中频放大和伴音中频放大是各自独立进行的，但两路信号是在预中频放大后才分开。

二、色度解调及基色输出电路分析及故障检修要领

在 TA8759BN 国际线路机芯彩电中，色度解调及基色输出等色度信号处理功能，均包含在 TA8759BN①～㉘脚的内部。其电路结构大致可以分为多制式色度信号传输、梳状滤波器延时解调、同步解调及色差输出、副载波恢复及 APC 鉴相、制式转换及色调控制、识别消色及自动色度控制等几个部分。下面就以 TCL-9625BN 机型为例分析介绍色度信号处理电路的工作原理及信号流程。

1. 多制式色度信号传输电路

TA8759BN 集成电路的特点是全制式解码，它可以满足 NTSC/PAL/SECAM 三大制式接收的需要。

(1)NTSC 制色度信号选择输入电路。在 TA8759BN 国际线路机芯中，NTSC 制色度信号主要经由 D206、C256 等送入 TA8759BN 的⑳脚，并受 Q202 控制。如图 9-6 所示。

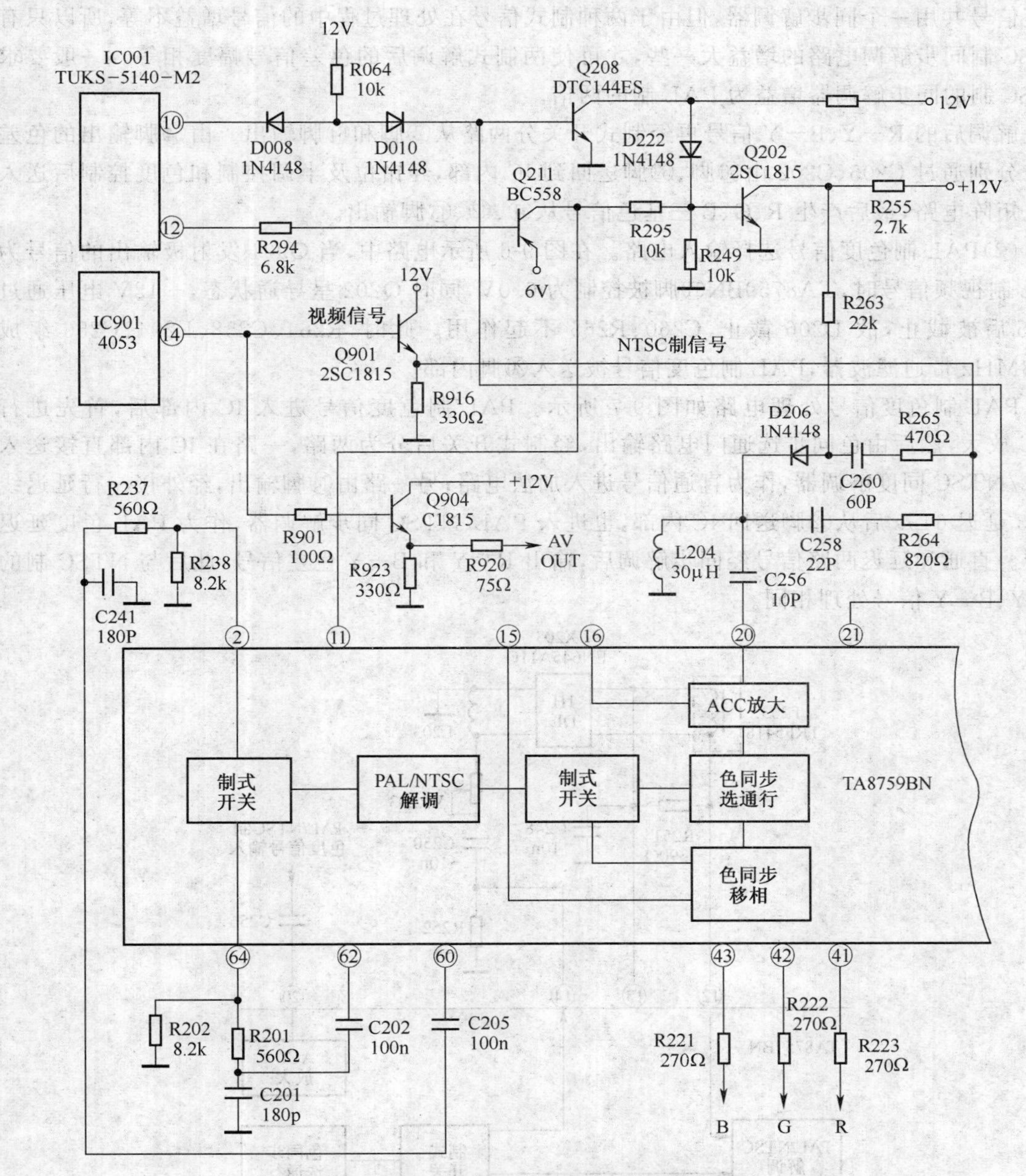

图 9-6　PAL/NTSC 制色度信号选择输入电路

在图 9-6 所示电路中，当 IC901(4053 电子开关)⑭脚转换输出的视频信号为 NTSC 制式时，IC001(TUKS-5140-M2 中央微处理器)⑫脚输出高电平，使 Q211 截止，同时 IC001⑩脚输出高电平，使D010导通，Q208导通，因而Q202处于截止状态，+12V电压通过R255、R263使D206导通，C260、R265与C258、R264形成并联，并与L204、C256组成3.58MHz带通滤波器，此时由Q901放大输出的NTSC制视频信号被送入TA8759BN的⑳脚内部。

NTSC制色度信号进入IC内部后，首先进行ACC放大，然后由色调控制，经制式开关在IC内部直接送到PLA/NTSC解调器。在TA8759BN机芯内部电路中，PAL制与NTSC制色度信号共用一个同步解调器，但由于两种制式信号在处理过程中的信号增益不等，所以只有NTSC制同步解调电路的增益大一些，才可使两制式解调后的色差信号幅度相等。一般要求NTSC制的同步解调器增益为PAL制的两倍。

解调后的R－Y、B－Y信号再经制式开关分两路从②脚和64脚输出。由64脚输出的色差信号分别通过C205、C202由60脚、62脚送回到IC内部，经钳位及半调控制和色度控制后送入基色矩阵电路，最后产生R、G、B三基色信号从41、42、43脚输出。

(2)PAL制色度信号选择输入电路。在图9-6所示电路中，当Q901发射极输出的信号为PAL制视频信号时，TA8759BN⑪脚被控制为6.0V，同时Q202呈导通状态，+12V电压通过R255后被截止，故D206截止，C260、R265不起作用。此时，R264、C258、L204、C256组成4.43MHz带通滤波器，PAL制色度信号被送入⑳脚内部。

PAL制色度信号处理电路如图9-7所示。PAL制色度信号进入IC内部后，首先进行ACC放大，然后由色同步选通门电路输出，经制式开关后分为两路，一路在IC内部直接送入PAL/NTSC同度解调器，作为直通信号进入加法电路；另一路由⑭脚输出，经外接一行延迟线X203延迟64μs后从⑫脚送回IC内部，也进入PAL/NTSC同步解调器，作为PAL色度延迟信号。直通和延迟两路信号经同步解调后，输出R－Y和B－Y色差信号，此后与NTSC制的R－Y、B－Y信号处理相同。

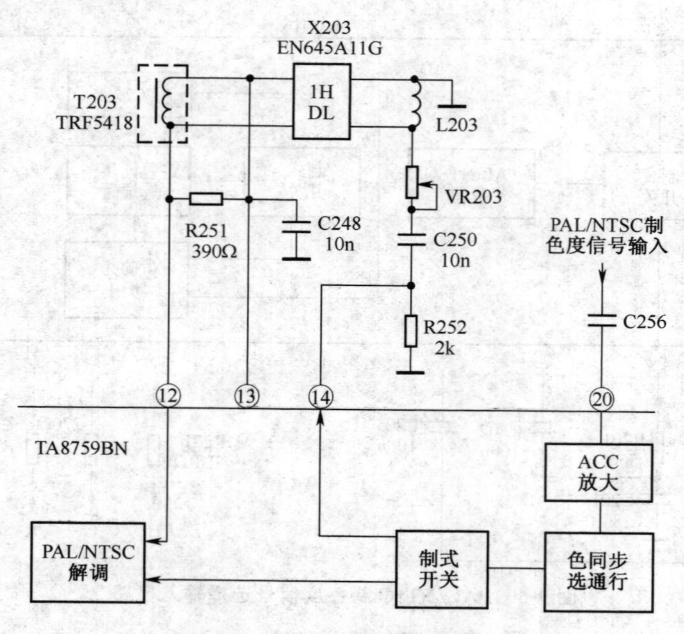

图9-7　PAL制色度信号处理电路

(3)SECAM制色度信号选择输入电路。由于SECAM制色度信号为行轮换传送彩色与存储，即亮度信号每行都传送，仍采用残留边带调幅，而每个色差信号采用调频方式，其调制的副载波频率也不一样，R－Y为4.406MHz调频（为esR行），B－Y为4.250MHz调频（为esB行），且最大频偏量为－500kHz～＋500kHz，所以SECAM制色度信号采用了钟形滤波器方式进行选频。在TCL王牌9625BN机型的具体应用中，T204、C257、R262组成了钟形带通滤波器，由此选出的SECAM制色度信号从⑱脚送入TA8759BN的内部。如图9-8所示。

在图9-8所示电路中，当Q801发射极输出的信号为SECAM制视频信号时，TA8759BN的㉓脚、⑩脚、㉑脚被控制为高电平，将IC内部制式开关切换在SECAM制式上，此时，由钟形带通滤波器取出的SECAM制色度信号从⑱脚输入，并经制式开关分为两路输出。一路在IC内部作为直通信号送入SECAM制开关电路，其信号幅度较另一路延迟信号电平低16dB；另一路由⑭脚输出，加到一行延迟线X203上（见图9-8），但这时X203的作用SECAM制的色度信号存储器，它与PAL制彩色电视信号使用同一延迟线。理论上PAL制色度信号的延迟时间必须为63.943μs，才能满足PAL梳状滤波器相延时的要求，保证延迟信号与直通信号相位相反，而SECAM制色度信号的延迟时间为行周期64μs，两者相差0.057μs，在要求不是十分严格的情况下，SECAM制色度解调电路可以与PAL制色度信号解调电路使用同一色度延迟线，但应首先满足PAL制色度信号相延时的要求，即延迟线的延迟时间为63.943μs。SECAM制色度信号经X203延迟后大约会造成16dB的衰减，但它可以通过降低直通信号的增益来进行补偿。SECAM制信号经延迟后从⑫脚送回IC内部（见图9-8），与直通信号进入SECAM制解调器。

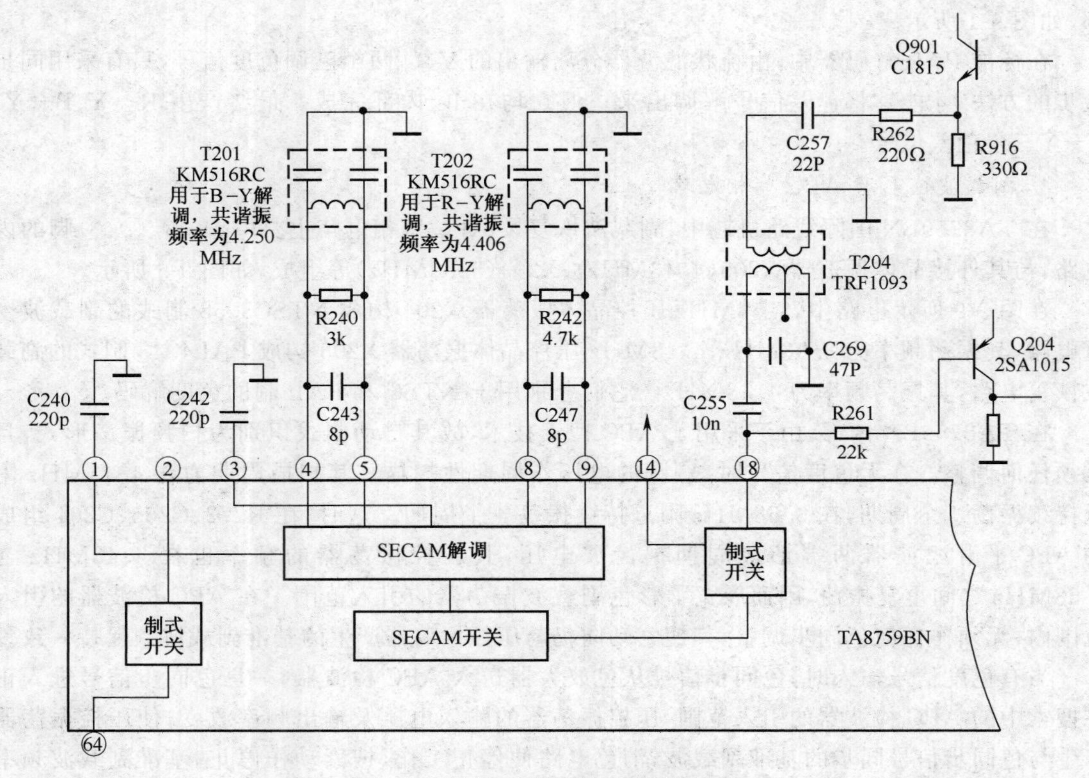

图9-8 SECAM制色度信号传输电路

SECAM制解调器通过④、⑤脚外接4.250MHz谐振网络，用以对SECAM制esB信号进行90°移相；通过⑧、⑨脚外接4.406MHz谐振网络，用以对SECAM制esR信号进行90°移相。④、⑤脚移相解调出B－Y色差信号，⑧、⑨脚移相解调出R－Y色差信号。

R－Y和B－Y信号在制式开关控制下分别从②脚和64脚输出。此后与NTSC/PAL制的R－Y、B－Y信号处理相同。

2. 梳状滤波器延时解调

在图9-7所示电路中，梳状滤波器主要由X203、T203、L203、VR203、C250、R252、R251、C248以及TA8759BN⑭脚内接电路等组成。其中，X203是梳状滤波器的核心器件。它是一只频带为4.43MHz、带宽为±1.3MHz的超声玻璃延迟线。L203通过VR203、C250与R252组成并联谐振电路，其谐振频率为4.43MHz，主要为延迟线X203提供输入回路，同时R252作为匹配电阻，以获得最佳的能量输出，减少反射。VR203用来调节延迟信号的幅度。T203为相位调整线圈，调整它可以补偿相位的误差。R251及⑬脚为X203输出端提供直流偏置电压，以使行延迟线输出的插入损耗小于16dB，输入与输出端之间的相位差小于5°。

当有PAL制色度信号送入梳状滤波器时，色度信号将分成两种：一路直接送到IC内部的加法器和减法器；另一路从⑭脚输出通过X203延时约一行时间后从⑫脚送回IC内部的加法器和减法器，与直通信号形成180°的相位差，从而使V、U两个分量无失真地分离出来。

3. 同步解调及色差输出电路

在TA8759BN国际线路机芯中，同步解调及色差输出电路全部包含在TA8759BN的内部，如图9-1所示。

在标准PAL解码器中，由梳状滤波器分离输出的V、U两个已调色度信号，只有采用同步检步的方法，才能够将色差信号解调出来。但它均在IC内部完成。最终产生R－Y、B－Y、G－Y三个色差信号。

4. 副载波恢复及APC鉴相电路

在TA8759BN国际线路机芯中，副载波恢复及APC鉴相电路主要由㉕、㉖、㉘、㉚脚的内电路，与其外接晶体振荡器X205(4.43MHz)、X204(3.58MHz)等组成，如图9-9所示。

在图9-9所示电路中，3.58MHz压控晶体振荡器X204构成NTSC3.58制式的副载波恢复电路，其振荡频率为3.58MHz；4.43MHz压控晶体振荡器X205构成PAL4.43制式的副载波恢复电路，其振荡频率为4.43MHz。它们分别用于NTSC和PAL制的色度解码。

在TA8759BN内部，由于采用了APC搜索技术，故其自动制式识别为扫频振荡形式，且无须任何调整。在无色度信号时，㉕脚的电压作周期性扫描。其扫描周期为在4.43MHz附近持续振荡4个周期，在3.58MHz附近持续振荡4个周期。这时，在R272、C265、C264组成的APC平滑滤波器两端形成周期锯齿波电压，其压控振荡器的频率也在4.43MHz与3.58MHz之间重复振荡，因而展宽了彩色副载波振荡器的引入范围。在APC检波器的引入范围内，无须作任何色同步调整，其搜索动向仍与压控振荡器产生的基准副载波频保持一致。

当有色度信号输入时，色同步信号从色放大器送入APC检波器，一旦色同步信号进入正在搜索中的APC检波器的引入范围，压控振荡器的输入电压及输出频率改变，使压控振荡器产生与色同步信号同步的基准副载波，消色电路便停止工作，搜索动作停止，基准副载波频率被固定下来。

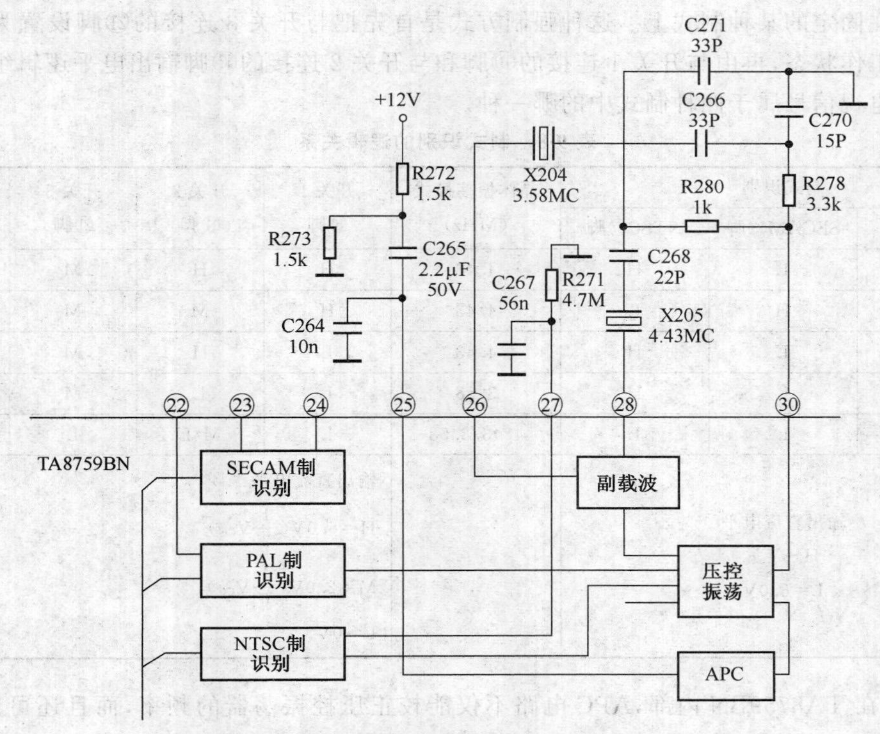

图 9-9　副载波恢复及 APC 电路

由于该机芯具有多种制式的接收功能，因此，还必须设置有制式识别功能。在TA8759BN组成的机芯电路中，不同制式的色度信号识别是由数字控制单元通过对彩色副载波的检索来实现对PAL、SECAM、NTSC3.58、NTSC4.43四种制式的识别，并送出相应的开关控制信号。但只要彩色信号制式还没有被识别，数字控制单元就仍对四种电视制式信号进行依次搜索，且对每种制式的激发时间是80ms。一旦某种制式被识别，经二倍场周期延迟后便自动接通彩色开关，使相应的色度解码电路接通。

在图9-9所示电路中，当自动搜索的四个扫描周期加到外接4.43MHz晶体振荡器X205的㉘脚，㉒、㉓、㉗脚的识别电压将决定切换制式，其逻辑关系见表9-8。而制式识别一旦确定，系统就切换在4.43MHz PAL制式4.43MHz的NTSC制。由于制式切换是在场消隐期间进行的，所以在荧光屏上看不到切换噪波。如果制式没有确认，扫描将继续进行。

当四个扫描周期依次加到3.58MHz晶体振荡器X204的㉖脚时，㉒、㉓、㉗脚的识别电压将决定切换制式(见表9-8)，从而判定接收的3.58MHz的NTSC制。

对于SECAM制来说，由于是调频制，彩色副载波没有被抑制，因此，无须本机晶体振荡器。在实际应用电路中，对SECAM制识别是通过一个开关利用对行识别和行、场识别来进行的。它通过改变⑳脚上的电压来得到。⑳脚既作为PAL/NTSC制色度信号输入，又兼作SECAM制色度信号识别。当该脚外接15kΩ电阻到地时，为行、场识别方式；当该脚开路时，为行识别方式。在本章图9-5所示电路中属于行识别方式。

在实际应用电路中，对于不宜进行自动识别的彩色全电视信号，还可以进行手动强制识别，其逻辑关系见表9-9。通过手动强接识别接口，可使开关电压上升到大于6V，使集成电路内部工作在固定的某种制式上。这种强制方式是首先把与开关3连接的㉑脚设置为高电平，确定彩色工作状态，再由与开关1连接的⑩脚和与开关2连接的⑪脚输出电平逻辑组合，来确定彩色全电视信号属于四种制式中的哪一种。

表 9-8　制式识别的逻辑关系

制式识别			晶体振荡模式 (MHz)	开关1 ⑩脚	开关2 ⑪脚	开关3 ㉑脚	制式选择
PAL㉒脚	SECAM㉓脚	NTSC㉗脚					
H	L	H	4.43	H	H	M	PAL
L	H	L	4.43	H	M	M	SECAM
L	L	H	4.43	L	H	M	4.43NTSC
L	L	H	3.58	L	L	M	3.58NTSC
L	L	L	4.43/3.58	L	M/L	L	黑白(B/W)
输出直流电平 H→V_{CC} L=6.0V			—	输出直流电平 H=6.0V($\frac{1}{2}V_{CC}$) M=2.0V($\frac{1}{6}V_{CC}$) L=0V			

总之，在TA8759BN内部，APC电路不仅能校正压控振荡器的频率，而且还可以通过搜索自动识别制式，使恢复副载波的频率与所接收制式的色同步信号频率保持一致。

表 9-9　手动强制制式的逻辑关系

模式	开关1 ⑩脚	开关2 ⑪脚	开关3 ㉑脚	备注
PAL	H	H	H	H=6V L=0V
SECAM	H	L	H	
4.43NTSC	L	H	H	
3.58NTSC	L	L	H	

5. 制式转换及色调控制电路

在TA8759BN国际线路机芯中，制式转换及色调控制主要是由⑩、⑪、①脚的外接电路来完成。在具体应用电路中，主要由Q210、Q211、Q208、Q202等完成，如图9-10所示。其中，IC201的⑩、⑪、㉑脚用于制式转换，它受控于IC001中央微处理器的⑩、⑪、⑫脚；IC201⑮脚用于色相调整及NTSC制开关转换，它受控于IC001的⑥脚。

当要求整机系统工作在PAL-D制时，IC001的⑩脚输出高电平，IC201㉑脚也为高电平，用以确定彩色工作状态。同时，IC001的⑪脚输出0V低电平，使Q210导通，+6V直流电压通过Q210e、c极加到IC201的⑩脚，使IC201⑩脚保持高电平；IC001的⑫脚也输出0V低电平，使Q211导通，+6V电压通过Q211e、c极加到IC201的⑪脚，使IC201⑪脚也保持高电平。这样，系统制式被固定在PAL-D制式，见表9-10。在系统制式被强制确定后，一方面通过Q202控制色度信号带通滤波电路选出PAL制色度信号(见图9-7)；另一方面通过IC201⑩、⑪、㉑脚控制IC内部的副载波恢复电路恢复出4.43MHz色副载波信号。

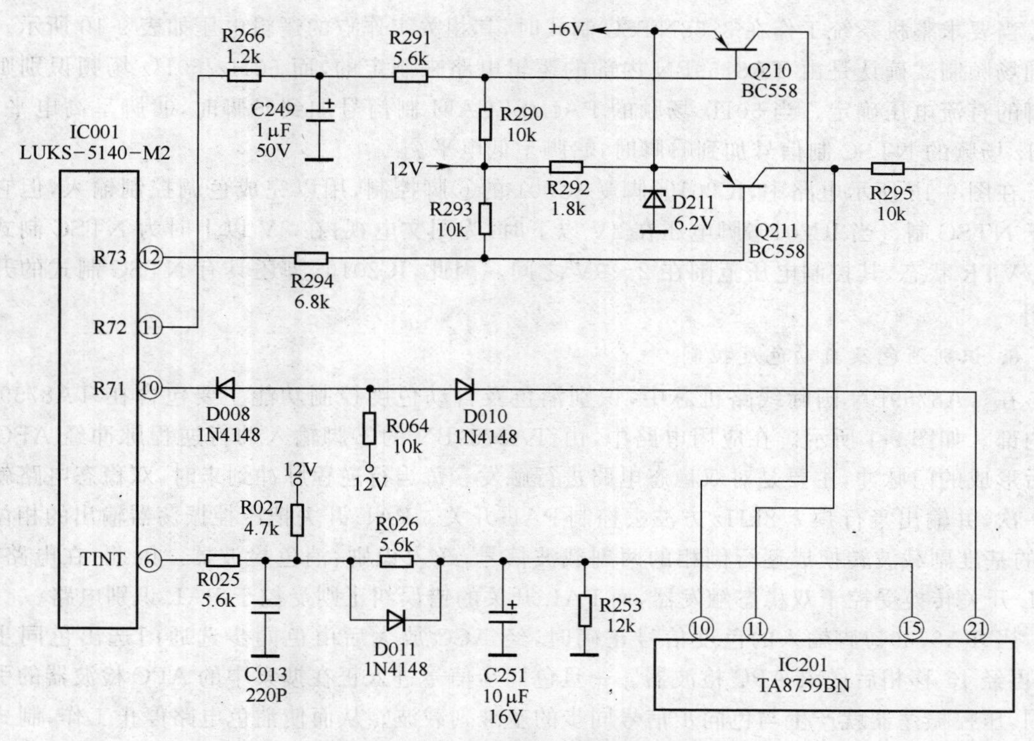

图 9-10　制式转换及色调控制电路

当要求整机系统工作在SECAM制式时，IC001的⑩脚输出高电平，IC201㉑脚仍为高电平；IC001的⑪脚输出低电平，Q210导通，IC201⑩脚仍为高电平；IC001⑫脚输出高电平，Q211截止，IC201⑪脚为低电平。这时，系统制式被固定在SECAM制，见表9-10。在系统制式被强制确定后，有关制式电路工作在SECAM制状态。

当要求整机系统工作在4.43NTSC制式时，IC001的⑩脚输出高电平，⑪脚输出高电平，⑫脚输出低电平。其IC201的⑩脚为低电平，⑪脚为高电平，㉑脚为高电平，系统被固定在4.43NTSC制。见表9-10。

表 9-10　制式转换控制电路的工作逻辑

工作点	PAL制	SECAM制	4.43NTSC制	3.58NTSC制	备注
IC001⑩脚	H	H	H	H	
IC001⑪脚	L	L	H	H	
IC001⑫脚	L	H	L	H	
Q210	导通	导通	截止	截止	
Q211	导通	截止	导通	截止	H→6.0V
Q208	导通	导通	导通	导通	L→0V
Q202	导通	截止	导通	截止	
IC201⑩脚	H	H	L	L	
IC201⑪脚	H	L	H	L	
IC201㉑脚	H	H	H	H	

当要求整机系统工作在3.58NTSC制式时，其相关工作点的逻辑电压如表9-10所示。但不同场频制式确认是由TA8759BN内部的逻辑电路来制定的，而50Hz/60Hz场频识别则由⑱脚的直流电压确定。当50Hz场频的PAL/SECAM制信号加到⑱脚时，⑱脚呈高电平；当60Hz场频的NTSC制信号加到⑱脚时，⑱脚呈低电平。

在图9-10所示电路中，IC201⑮脚受IC001的⑥脚控制，用以完成色调控制输入，但它仅限于NTSC制。当IC201⑮脚电压在2V以下时，为图文电视；在2V以上时为NTSC制式的TV/VTR状态，其控制电压范围在2～9V之间。因此，IC201⑮脚还具有NTSC制式的开关作用。

6. 识别消色及自动色度控制

在TA8759BN国际线路机芯中，识别消色及自动色度控制功能主要包含在TA8759BN的内部。如图9-1所示。在应用电路中，由TA8759BN的㊳脚输入的行逆程脉冲经AFC电路后形成的门脉冲，主要是对双稳态电路进行触发。每当行逆程脉冲到来时，双稳态电路就翻转一次，并输出半行频7.8kHz方波去控制PAL开关。PAL开关把压控振荡器输出的相位为90°的基准副载波转换成逐行倒相的两副载波信号，送入识别、消色检波器。因此，在电路中，PAL开关转换受控于双稳态触发器，而PAL开关的错误纠正则受控于PAL识别电路。

当TA8759⑳脚输入的色度信号正确时，经ACC放大后由色同步选通门选出色同步信号，再经45°移相后送入APC检波器。一旦色同步信号进入正在搜索中的APC检波器的引入范围，压控振荡器就产生与色同步信号同步的基准副载波。从而使消色电路停止工作，制式切换电路有色信号输出。

当TA8759BN⑳脚输入的色度信号较弱或无色度信号输入时，色同步选通门关闭，无色同步信号送入APC电路，因而使消色电路动作。

在图9-1所示电路中，TA8759BN㉞脚外接RC组成门脉冲时间常数电路，主要用于稳定门脉冲的产生，以改善消色灵敏度。消色电路与制式切换电路相关联，⑰脚外接电容主要起消色滤波作用，其正常电压值为4.4V。当该电压值下降时会引起消色电路动作，造成屏幕在PAL制和NTSC制时均无彩色。

在图9-1所示电路中，TA8759BN的⑳脚内接自动色度控制电路。它由ACC检波和ACC放大两部分组成。TA8759BN⑯脚外接的ACC滤波电路，常由双时间常数滤波器组成。由色同步选通门电路输出的色同步信号，一路送入APC电路，另一路送入到ACC检波电路进行峰值检波。经检波后的电压经⑯脚外接电容滤波后，得到与色同步信号幅度成比例的直流控制电压。该电压通过ACC放大后，输出的直流电压控制色度放大器的增益。当色度信号很弱时，ACC电路无输出，这时色度放大器的增益最高。随着输入信号幅度的增加，ACC电路的输出电压也随之升高，使放大器的增益减小，从而实现了自动色度控制。

7. 故障检修要领

在TA8759BN国际线路机芯彩色电视机中，色度信号处理电路的故障率较高，且检修难度大，但其常见的故障现象主要是无彩色、彩色色调异常等。其检修要领主要是：

(1)当出现无彩色故障时，可按下列顺序检查：

①检查TA8759BN⑳脚是否有色度信号波形。若⑳脚无信号波形，可注意检查⑳脚外接的色度信号选通网络，如图9-6中的C256、L204、C258、R264。若⑳脚有正常波形，则仍注意检查⑰脚电压。正常时⑰脚电压不低于3.5V，否则为消色电路工作。

②当色度信号输入电路正常时，应注意检查副载波恢复电路和选通脉冲滤波电路，以及APC滤波电路和识别滤波电路。

③当色度解码电路基本正常时，可检查制式切换电路，看是否所有制式中都无彩色。如果转换制式时有彩色，则说明制式切换电路有故障。如果仍无彩色，则应检查色差输出电路。

④当仅在PAL制式无彩色时，可首先检查TA8759BN㉘脚电压，若㉘脚电压有抖动现象，则可将X205(4.43MHz)晶体振荡器直接换新。

⑤在无彩色时，若测得TA8759BN㉕脚直流电压异常，可直接将外接滤波电容换新。

⑥在无彩色时，若图像画面中心略有偏右现象，则应注意检查㊱、㊳脚。正常时㊱脚电压约为8.2V，若异常，则应将外接滤波电容换新；正常时㊳脚直流电压约7.5V，异常时应将外接耦合输入电容换新。

⑦在所有制式中图像均无彩色时，应注意检查⑦、⑯、⑱、⑳、㉞、㉟脚直流电压及其外接电路。必要时可首先将电容器换新。

(2)当出现彩色时有时无故障时，应首先检查⑦脚和⑰脚电压，及其外接电路，必要时将外接电容器换新。

(3)当出现彩色异常故障时，应注意检梳状滤波器，必要时将⑫、⑭脚外接阻容元件换新。

三、视频信号处理电路和尾板末级视放电路分析及故障检修要领

在TA8759BN国际线路机芯彩电中，视频信号处理电路主要包含在TA8759BN内部，如图像清晰度提升、图像衰减、对比度控制、亮度控制等，但视频信号TV/AV转换控制则由外部电子开关电路来完成。被选择的视频信号经TA8759BN内部进行一系列处理后，输出R、G、B基色信号直接送入尾板末级视放电路。

1. 视频TV/AV转换电路

在TA8759BN机芯彩色电视机中，视频TV/AV转换常由CPU和电子开关来完成。其典型应用电路如图9-11所示。图中视频TV/AV转换主要由IC001(LVKS-5140-M2)的㊲脚和IC901(4053)来完成。

在图9-11所示电路中，当IC001㊲脚输出0V低电平时，IC901⑫、⑭脚内接电子开关将⑭脚和⑫脚接通，由Q705输入的TV视频信号从⑭脚输出。从⑭脚输出的视频信号分为两路：一路由Q901射随放大后送往色度信号和亮度信号处理电路；另一路，经R901、Q904向机外输出，为其他显示设备提供视频信号源。

当IC001㊲脚输出4.8V高电平时，IC901⑬脚与⑭脚接通，由⑬脚输入的外部视频信号从⑭脚输出。此后与TV视频信号的输出路径相同。

由Q901输出的视频信号，除送入色度、亮度处理电路外，还送入同步分离电路，以分离出复合同步信号。

2. 亮度信号(Y)处理电路

在TA8759BN机芯中亮度信号处理电路主要由其(54)～(59)脚内电路及少量的外围元件组成。其主要包括亮度信号选出电路、亮度信号延迟电路、图像清晰度控制电路三部分。如图9-12所示。

(1)亮度信号选出电路。在图9-12所示电路中，T206为LC谐振回路，它与C213、C215等组成带通滤波器。它的作用是滤除视频信号中的色度信号，只让亮度(Y)信号通过，并加到Q201基极。Q207用于制式控制，当接收PAL制视频信号时，Q207受控截止，C213、C215不

接入电路，T206 只选通 PAL 制的亮度信号。当系统接收 NTSC 制视频信号时，Q207 导通，C213、C215 接通，与 T206 组成 3.58MHz 回路，只让 NTSC 制的亮度信号通过。

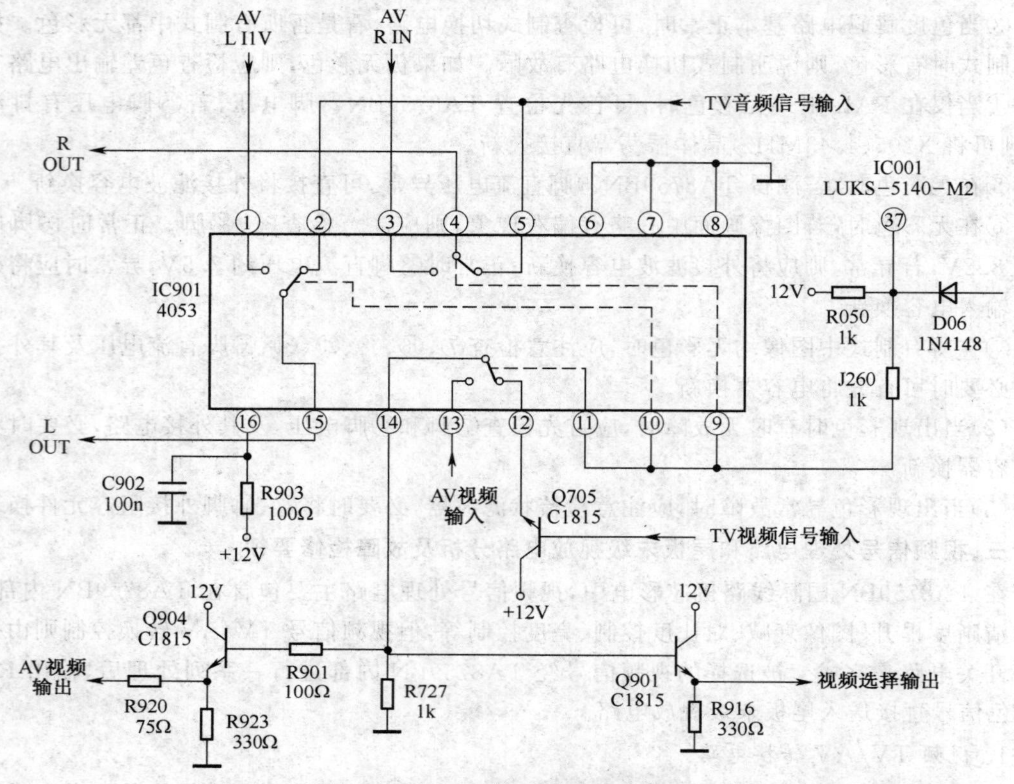

图 9-11　TV/AV 视频信号转换电路

(2)亮度信号延迟电路。在图 9-12 所示电路中，X201(ELT10Z-350)为亮度信号延迟线，用于将 Q201 射随输出的亮度信号延迟 0.6μs，以使亮度信号和色度信号延时均衡，保证图像中的彩色轮廓与黑白轮廓重合。延迟的亮度信号经 C208 耦合送入 TA8759BN㊽脚内部，经处理后与色差信号产生基色矩阵，形成 R、G、B 三基色信号，最终从㊶、㊷、㊸脚输出。

(3)图像清晰度控制电路。在图 9-12 所示电路中，L207、L281、R281 等组成一次微分电路，并和 C239 与 TA8759BN㊻脚输入阻抗等组成二次微分电路。由 X201 输出的亮度信号通过 R269、C211 微分处理后，由㊻脚送入 IC 内部的勾边电路。由㊽脚送入勾边电路的亮度信号，主要是低频段和中频段的信号成分，而由㊻脚输入的亮度信号中则主要是高频段的信号成分。两者在勾边电路中分别形成图像边缘的上冲和下冲，从而使图像清晰度得以提高。

在 TA8759BN 电路中，㊺脚为清晰度控制端，调节㊺脚的直流电平，可以调整图像的清晰度。但在图 9-12 所示电路中，㊺脚的直流电压通过 R209、R210、SW201 由 12V 电源钳位在 5.7V 左右，因此，其图像清晰度是固定。

3. 尾板末级视放电路分析

在 TA8759BN 国际线路机型中，尾板末级视放电路，主要由 3 只中功率晶体管组成，它们分别完成 R、G、B 三基色信号的放大。图 9-13 是末级视放的典型电路，为了简化分析，图中只给出了红(R)基色信号的放大部分，蓝(B)、绿(G)基色的放大电路与红(R)基色相同。

由TA8759BN㊶、㊷、㊸脚输出的R、G、B三基色信号，通过尾板接口线路，分别加到Q505、Q507、Q509(图中未绘出)的基极，经功率放大后去激励显像管的三个阴极。有关尾板末级电路的更多细节分析，可参见本书上篇第四章第二节的相关介绍。

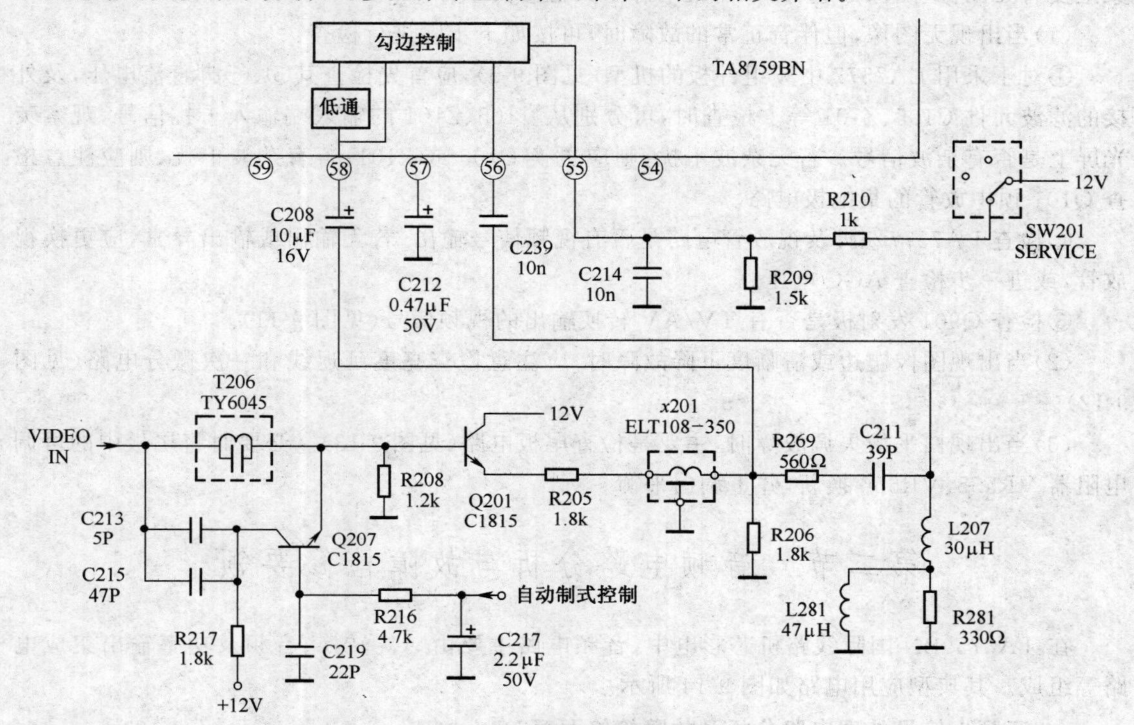

图 9-12　视频信号处理电路

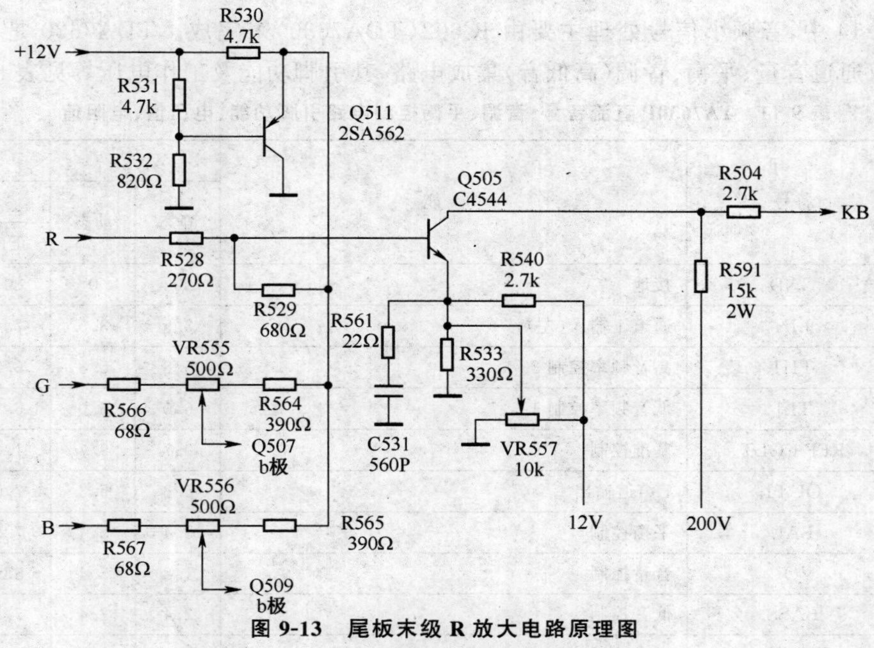

图 9-13　尾板末级R放大电路原理图

注：G、B放大与R放大相同。

4. 故障检修要领

在TA8759BN国际线路机芯彩电中，视频信号及尾板末级电路的故障率较高，其故障现象主要有无图像、图像镶边、白平衡失调等。其检修要领如下：

(1)当出现无图像，但伴音正常的故障时，可按如下步骤进行检查：

①对于采用LA7577中频组件板的机型(见图9-5)，应首先检查其⑤、⑥脚直流电压，及外接的滤波元件C105、Z101等。检查时，可分别从C105、Z101的输入端输入干扰信号，观察荧光屏上是否有杂波信号。若无杂波干扰，则应更换C105或Z101；若有杂波干扰，则应注意检查Q101预中放管的集电极电路。

②检查LA7577㉑脚及视放管电路是否有视频信号输出，若无输出或输出异常，应更换视放管，或进一步检查AGC电压。

③检查Q901发射极是否有TV/AV转换输出的视频信号(见图9-11)。

(2)当出现图像镶边或清晰度下降故障时，应注意检查亮度延迟线和一次微分电路(见图9-12)。

(3)当出现白平衡失调故障时，主要是检查尾板电路(见图9-13)。必要时将尾板中的可调电阻器VR555、VR556换新，并重调白平衡。

第二节 音频电路分析与故障检修要领

在TA8759BN国际线路机芯彩电中，音频电路主要由AV转换、音频及功率输出集成电路等组成。其典型应用电路如图9-14所示。

一、音频小信号处理电路分析及故障检修要领

1. 电路分析

在图9-14中，音频小信号处理主要由IC602(TDA7630)来完成。TDA7630是一种由直流控制的双通道音量、平衡、音调(高低音)集成电路，其引脚功能及工作电压等见表9-11。

表9-11 TA7630P直流音量、音调、平衡控制电路引脚功能、电压值、电阻值

引脚	符号	功能	U(V)		R(kΩ)	
					在线	
			静态	动态	正向	反向
1	GND	接地	0	0	0	0
2	LIN	通道1输入(左)	3.5	3.5	7.4	150
3	TH1	高音频率控制2	5.8	5.8	6.9	∞
4	TL1	低音频率控制1	6.0	6.0	6.9	∞
5	RFF COLT	基准控制	9.7	9.7	1.3	1.2
6	OUT1	1声道输出	5.3	5.3	7.0	7.3
7	BAL	平衡控制	5.4	5.4	7.5	8.2
8	VOL	音量控制	1.2	3.4	6.9	14.2
9	BASS	低音控制	2.4	2.4	7.8	8.6
10	TRBL	高音控制	2.5	2.5	7.8	8.6

续表 9-11

引脚	符号	功能	U(V)		R(kΩ)	
			静态	动态	在线	
					正向	反向
11	OUT2	2声道输出	5.4	5.4	7.1	7.2
12	V_{CC}	+12V电源	12.5	12.5	0.2	0.2
13	TL2	低音频率控制2	6.0	6.0	6.8	∞
14	TH2	高音频率控制2	5.8	5.8	6.8	∞
15	RIN	通道2输入(右)	3.5	3.5	7.3	150
16	RFF BIG	基准信号	5.9	5.9	4.4	4.4

注:表中数据在康力CE-6477-5B机型中测得,仅供参考。

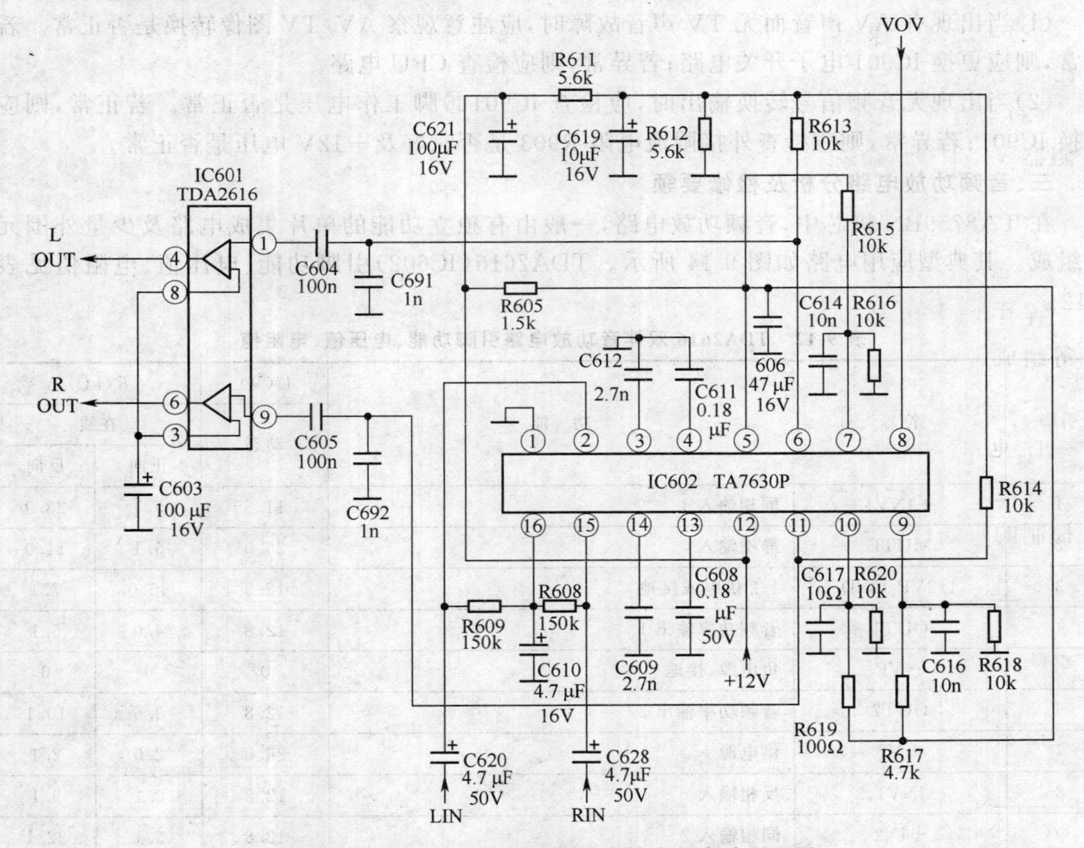

图 9-14 音频小信号处理及功率输出级电路原理图

由C620、C618耦合输入的L、R声道音频信号分别送入IC602的②脚、⑮脚内部,经音调、左右平衡及音量控制后,分别从⑥脚和⑪脚输出左、右声道音频信号。但在图9-14中,音调、平衡控制被电阻电路固定。

2. 故障检修要领

(1)当出现音量失真故障时,应首先检查音调控制电路IC602⑦脚、⑨脚、⑩脚电压是否正常，外接元件有否开路或短路现象。

(2)当出现音量小且不可调故障时，应检查 IC602(TA7630P)⑧脚电压，正常时应在0.8～3.4V 之间变化，当引脚电压为 0.8V 时无声音。

(3)当出现无声音故障时，应注意检查静音控制电路。

二、音频 AV/TV 转换电路分析及故障检修要领

在 TA8759BN 机芯中，音频 AV/TV 转换电路，主要由 IC901(4053)及外围元件组成，如图 9-11 所示。

1. 电路分析

音频信号转换输出，主要由 IC001㊲脚控制。当 IC001㊲脚为 0V 低电平时，IC901④脚、⑮脚输出 TV 音频信号；当 IC001㊲脚为高电平时，IC901④脚、⑮脚输出 AV 音频信号。

2. 故障检修要领

(1)当出现有 AV 声音而无 TV 声音故障时，应注意观察 AV/TV 图像转换是否正常。若正常，则应更换 IC901 电子开关电路；若异常，则应检查 CPU 电路。

(2)当出现无音频信号转换输出时，应检查 IC901⑯脚工作电压是否正常。若正常，则应更换 IC901；若异常，则应检查外接限流电阻 R903 是否完好及＋12V 电压是否正常。

三、音频功放电路分析及检修要领

在 TA8759BN 机芯中，音频功放电路，一般由有独立功能的单片集成电路及少量外围元件组成。其典型应用电路如图 9-14 所示。TDA2616(IC602)引脚功能、电压值、电阻值见表 9-12。

表 9-12　TDA2616 双伴音功放电路引脚功能、电压值、电阻值

引脚	符号	功　能	U(V)	R(kΩ)	
				在线	
			动态	正向	反向
1	＋INV1	同相输入 1	11.8	5.1	28.9
2	MUTE	静噪输入	26.0	5.1	11.0
3	1/2VP/GND	1/2 供电或接地	12.8	45.0	7.1
4	OUT1	音频功率输出 1	12.8	4.0	5.1
5	－VP	负电源，接地	0	0	0
6	OUT2	音频功率输出 2	12.8	3.6	10.1
7	＋VP	供电源	26.0	2.0	2.1
8	－INV1、2	反相输入	12.8	5.1	9.1
9	＋IN2	同相输入 2	12.8	5.1	32.1

注：表中数据在 TCL9629B 机型中测得，仅供参考。

1. 电路分析

在图 9-14 所示电路中，音频信号分别从 IC602 的⑥脚和⑪脚输入，经 IC 内部功率放大后，从④脚输出左声道音频功率信号，推动左侧扬声器；从⑥脚输出右声道音频功率信号，推动右侧扬声器。

2. 检修要领

(1)当出现无伴音故障时，首先用电阻挡检测 IC601(TDA2616)①脚和⑨脚电压值，若异常则应将其换新。

(2)当出现声音失真故障时,应注意检查耦合输出电容C604、C605及反馈滤波电容C603,必要时将其换新。

(3)当出现声音时有时无故障时,应检查IC601(TDA2616)②脚外接静音控制端及⑦脚供电电压端。

第三节 扫描及电源电路分析与故障检修要领

在彩色电视机电路中,扫描电路和电源电路应属于两个独立的部分,但在TA8759BN机芯的彩色电视机中,扫描小信号处理电路包含在TA8759BN集成电路的内部。

一、行扫描电路分析及故障检修要领

在TA8759BN机芯中,行扫描电路与TA四片机芯彩电基本相同,也分为行扫小信号处理、行推动、行输出级三个部分,其中行扫描小信号处理电路,包含在TA8759BN内部。

1. 行扫描小信号处理电路

行扫描小信号处理电路,主要由TA8759BN㉝～㊵脚内电路组成,如图9-1所示。其中,㊲脚内接压控振荡器,外接500kHz晶体,它在AFC鉴相电压的控制下产生$32f_H$频率,经1/32分频后从㊴脚输出15625Hz的行频开关信号。

AFC鉴相电压是在㊳脚和同步分离电路的共同作用下形成的。㊳脚是行AFC比较信号的输入端,比较信号由行输出变压器输出的行逆程脉冲经积分后产生;行同步分离信号由㉝脚输入的视频信号经行、场同步分离电路处理后获得。当行输出变压器输出的行逆程脉冲与同步分离信号同步时,㊱脚输出电流不变,$32f_H$压控振荡频率不变;当行逆程脉冲与同步分离信号不同步时,㊱脚外接的积分电路的平均电压随之变化,从而导致振荡频率变化,以实现AFC自动频率控制。

2. 行推动级电路

行推动级电路,主要由TA8759BN㊴脚外接的分压电阻、行推动管以及行推动变压器等组成,其工作原理见上篇第五章第一节中的相关介绍。

3. 行输出级电路

行输出级电路主要由行输出管、行输出变压器、行偏转线圈等组成。其工作原理见上篇第五章第一节中的相关介绍。

4. 故障检修要领

(1)当出现不能二次开机故障时,应首先检查TA8759BN㊴脚是否有行激励信号输出。若无输出,应检查行振荡电路的工作电压及500kHz晶体振荡器;若有行激励信号输出,则应检查行推动级和行输出管。

(2)当出现烧行输出管或频偏时,应检查或更换500kHz晶体振荡器,以及AFC控制元件。

(3)当出现无规律自动关机故障时,应注意检查TA8759BN㊼脚X射线保护电压。但在有些机型中该脚接地。

二、场扫描电路分析及故障检修要领

在TA8759BN机芯中,场扫描电路主要由TA8759BN㉙、㉛、㉜脚内电路及场输出集成电

路等组成。其典型应用电路如图 9-15 所示。

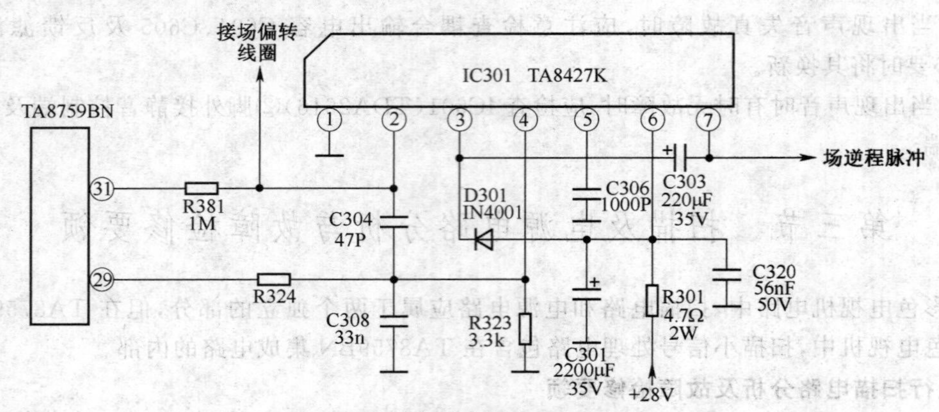

图 9-15 场输出级电路原理图

1. 场频信号处理

场频信号处理，主要在 TA8759BN 内部进行。当行频定时脉冲由 $32f_H$ 中分得行频时，场定时脉冲则控制场分频器从 $4f_H$ 中分得 50Hz 的场频频率，并由 TA8759BN⑱脚输出 50Hz/60Hz 制式识别信号控制，如图 9-16 所示。当⑱脚输出 4.5V 低电平时，为 50Hz 场频；当⑱脚输出 7.5V 高电平时，为 60Hz 场频。场频控制信号主要用于改变㉛脚上的锯齿波电压。VR202 为 60Hz 场幅调节电位器，VR204 为 50Hz 场幅调节电位器。经控制后的场频激励信号从㉙脚输出。㉙脚外接 SW201 为维修开关，当 R410 与 12V 电压接通时，㉙脚无输出，此时光栅为一条水平亮线，以利于白平衡调整。

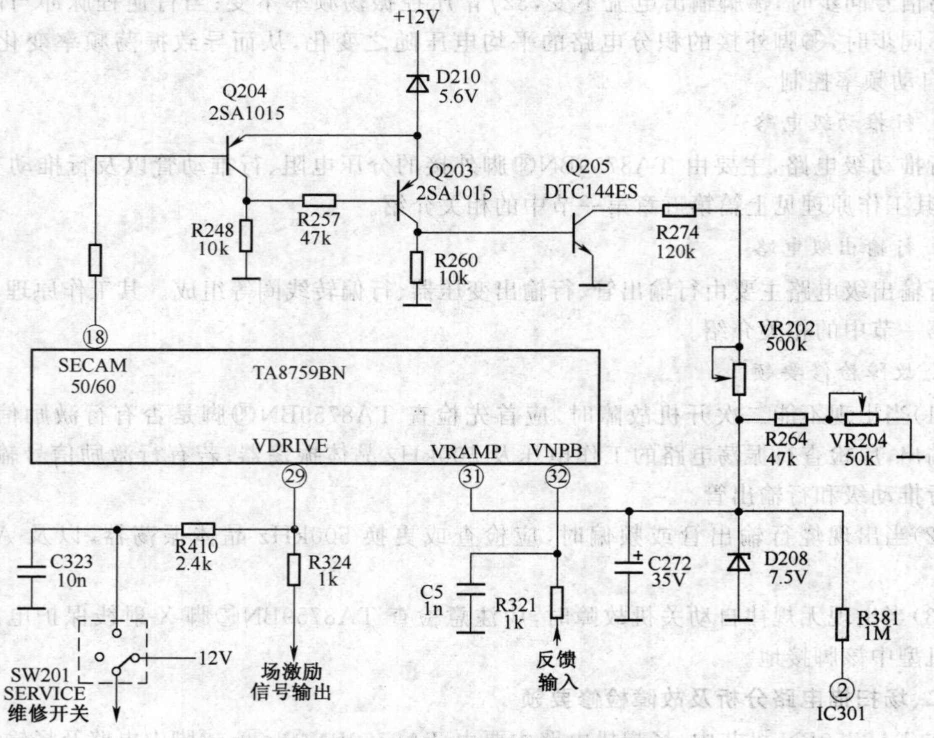

图 9-16 50Hz/60Hz 场频控制电路原理图

2. 场功率输出

在图9-15所示电路中,IC301(TA8427K)及少量外围元件等组成场功率输出级电路。由TA8759BN㉙脚输出小场频锯齿波电压,经R324加到IC301的④脚,经内部放大后从②脚输出,直接加到场偏转线圈,并在其内部形成2A_{P-P}的偏转电流。

在图9-15所示电路中,IC301的③、⑥、⑦脚之间接入泵电源电路。在场扫描正程期间⑥脚接+28V电压,在场扫描逆程期间利用D301、C303的升压作用,在③脚形成56V高压,为场逆程供电,并由⑦脚输出场逆程脉冲,作为机内场消隐信号。正常工作时,IC301(TA8427)的引脚电压见表9-13。

表9-13 TA8427K场扫描输出电路引脚功能、电压值、电阻值

引脚	符号	功能	U(V)		R(kΩ)	
					在线	
			静态	动态	正向	反向
1	GND	接地	0	0	0	0
2	VOUT	场扫描功率输出	12.1	12.1	0.8	7.8
3	PUMP POWER	泵电源电压输入	24.1	24.1	0.6	∞
4	VIN	场锯齿波电压输入	0.8	0.8	0.8	1.3
5	PHASE COMP	相位补偿	1.1	1.1	0.8	2.0
6	VCC	供电源输入	24.0	24.0	0.5	4.0
7	PUMP OUT	泵电源输出	1.2	1.2	0.8	9.8

注:表中数据在TCL 9629B机型中测得,仅供参考。

3. 故障检修要领

(1)当屏幕出现水平亮线故障时,若IC301(TA8427)正常,应检查TA8759BN㉙脚外接电路,特别是维修开关SW201是否有误动作。若㉙脚外围电路正常而㉙脚无输出,则考虑更换TA8759BN。

(2)当出现光栅场幅度失真故障时,应首先检查TA8759BN㉛脚外接场锯齿波形成电容C272,必要时将其换新。其次应检查场幅电位器VR204、VR202。

(3)当出现50Hz/60Hz场频失调故障时,应注意检查50Hz/60Hz场频控制电路。

(4)当发现IC301(TA8427)击穿损坏时,应检查原电源提升电路。必要时将C303换新。

(5)当光栅顶部出现几根或十几根较细的回扫线时,应及早将C303换新。否则,持续下去易使场输出集成电路损坏。

三、开关稳压电源电路分析及故障检修要领

在TA8759BN国际线路机芯彩电中,开关稳压电源的应用形式比较多样,有些机型,采用分立元件,如康力CE-6477等机型;另有一些机型采用STR-S6308/STR-S6309等电源厚膜电路,如TCL 9625BN/TCL2938Z等机型。这里重点介绍STR-S6309厚膜稳压电源初级部分电路的工作原理及故障检修要领。

1. 由厚膜稳压集成电路STR-S6309组成的开关稳压电路

STR-S6309是STR-S6300系列电源厚膜集成电路之一,它是在S6307、S6308基础上改进而成的,其主要特点是,不经倍压切换即可适应110～220V供电电压,故其稳压范围极宽;在待机状态下采用间歇振荡方式,且功耗很小。其典型应用电路如图9-17所示,其引脚功能及电压值见表9-14。

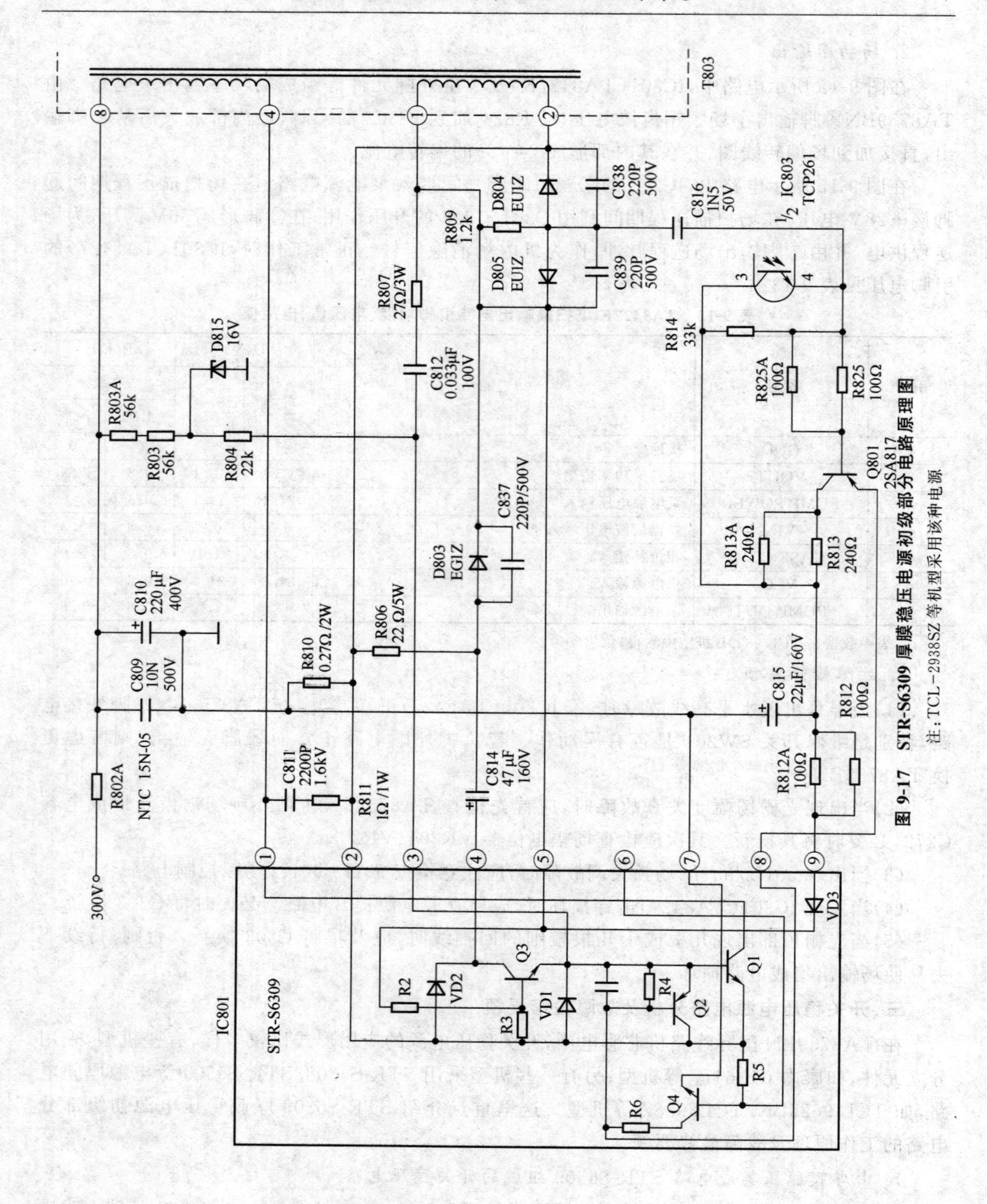

图 9-17 STR-S6309 厚膜稳压电源初级部分电路原理图

注：TCL-2938SZ 等机型采用该种电源

表 9-14 STR-S6309 电源厚膜电路引脚功能、电压值、电阻值

引脚	功 能	U(V)		R(kΩ)	
		开机状态	待机状态	在线	
				正向	反向
1	开关管集电极	290.0	300.0	20.0	35
2	开关管发射极	0.2	0	0	0
3	开关管基极	0.2	0.05	8.5	8.5
4	激励控制	0.25	0.3	8.5	∞
5	激励控制	0.7	0	0	0
6	电流检测管基极	0	0	1.0	0.9
7	接地/电流检测	0	0	0	0
8	激励管基极	−0.6	−0.4	8.5	9.0
9	光电耦合控制	−6.8	−0.6	37.0	11.0

注:表中数据在康佳 T2106 机型中测得,仅供参考。

(1)自激振荡。在图 9-17 所示电路中,当有 300V 电压建立时,IC801(STR-S6309)的①、②脚内部开关管导通,+300V 电压通过 T803⑧-④初级绕组→IC801①脚→内部开关管→IC801②脚→R810→C810 负极端构成回路,⑧-④初级绕组有电流通过,并产生⑧端正、④端负的感生电动势。在变压器的耦合作用下,①-②反馈绕组中也产生①端正②端负的感生电动势,并通过 R807、C812 定时电路,加到 IC801③脚,即 IC 内部开关管基极,从而使开关管迅速饱和导通。在饱和期间,C814 上电压通过 R806→IC801②脚→IC801 内部 Q1e、b 极→Q3e、c 极→IC801④脚构成放电回路,同时为 Q3 集电极供电。Q3 基极电压则由 T803 反馈绕组①端通过 IC801⑤脚和 R2 提供,使 Q3 导通,为 Q1 饱和提供足够的激励电流。在此期间,Q801 集电极通过 R813∥R813A 由 C815 负极端提供约−8V 电压。其基极通过 R825∥R825A、C816 接 D804 正极(该正极处通过 R809 接至反馈绕组 T803①脚,并被 D804 钳位于+0.7V)。随着 C816 充电,Q801 基极电位逐渐下降,当到一定的阈值时,Q801 导通,随之 IC801⑧脚内接的 Q2 导通,将开关管 Q1 基极分流,使 Q1 退出饱和导通状态,从而引起反馈绕组中的感应电势的极性反转、强烈的正反馈迫使 Q1 截止。

当开关管 Q1 截止时,反馈绕组 T803②端为正电压,其电压通过 IC801②脚→IC801 内部 VD2→IC801④脚→C814→D803→T803①脚构成回路,并向 C814 充电,使其正极端(即 IC801④脚)建立起约 3V 电压。与此同时 IC801②脚→R810→C815→R812∥R812A→IC801⑨脚→IC801 内部 D3→IC801⑤脚→T803①脚构成回路,并向 C815 充电,使其负极端建立起约−8V 电压。C814 和 C815 的两个充电电压,为 Q1 饱和期的工作提供了必要条件。

在开关管 Q1 饱和期间,T803①脚电势除了经 R807、C812 正反馈至 IC801③脚(内接开关管 Q1 基极)外,还经 IC801⑤脚使 IC801 内部 Q3 导通,使 C814 经 Q3 的 c、e 极→Q1 的 b、e 极→IC801 的②脚→R806 放电。其放电结果,使 Q1 加速从截止到饱和导通的转换,并使开关管 Q1 处于良好的激励状态。

(2)自动稳压控制。自动稳压控制,主要是通过 IC803 光电耦合器反馈开关电源次级输出电压的变化量来实现的。但在图 9-17 所示电路中,开关电源的次级部分没有给出,相关电路原理可参见上篇第七章中的相关介绍。

在图 9-17 所示电路中，当 B_+ 电压（＋142V）升高时，通过次级中的取样电路会使 IC803（TLP261 光电耦合器）③、④脚电流增大，Q801 电流也增大，通过 IC801 的⑧脚使开关管 Q1 基极分流加大。同时，C816 充电时间缩短，开关管 Q1 饱和期缩短，T803 储存的磁场能量减小，输出电压自动下降，并稳定在＋142V 上，从而起到自动稳压控制作用。当 B_+ 电压下降时，上述过程相反，也起到自动稳压作用。

2. 检修要领

(1) 当 B_+（＋142V）电压输出过低或过高时，除检查光电耦合器等组成的自动稳压控制环路外，还应检查 C816 和 R825、R825A。C816 与 R825∥R825A 的时间常数越小，C816 充电越快，开关管 Q1 饱和期越短，B_+ 输出越低；反之，则 B_+ 输出越高。必要时可将 C816 直接换新。

(2) 当开关电源处于过流保护不能启动时，应检查 IC801②脚外接的 R810（一般为 0.18～0.27Ω）。正常工作时，R810 两端电压低于 0.7V，IC 内部电路不动作。当因过流使 R810 两端电压上升，并达到 0.7V 时，通过 R5 使 Q4 导通（见图 9-17），从而让 Q1 截止，起到过流保护作用。但当 R810 变值增大时，也会引起过流保护功能动作。因此，必要时，可将 R810 直接换新。

(3) 当开关电源处于过压保护不能开机时，应检查 D815。D815 是一只 16V 稳压二极管，用于限制通过 R804 加到 IC801③脚的启动电压。当 300V 整流电压升高时，加到 D815 的电压也升高。当其电压超过 D815 的最大稳压极限值时，D815 反向击穿，切断加到 IC801③脚的启动电压。当 D815 不良或击穿时，也会引起过压保护功能误动作。因此，必要时可将 D815 换新。

(4) 当 STR-S6309 击穿损坏时，应检查 Q801、IC803，以及 C815 和 C814。必要时将 C814、C815 直接换新。

(5) 当频繁击穿电源开关 Q1 时，应检查 C812、R807 组成的定时电路，必要时将 C812 换新。

第四节 中央控制系统电路分析及故障检修要领

在 TA8759BN 国际线路机芯彩电中，中央控制系统属模拟形式，它在不同品牌机型中有不同的中央微处理器，如：康力 CE-6477-5B 机型中为 M37210M3-807SP；TCL 王牌 9629B/9625BN 机型中为 LUKS-5140-M2（属 TMP47C 系列）；厦华 XT-6687TL 机型中为 M37211M2-704SP；等等。但它们的工作原理及控制方式基本相同。本节以 LUKS-5140-M2 型中央微处理器为例简要作以介绍。

一、中央微控制器及其接口电路分析与故障检修要领

LUKS-5140-M2 是建立在 TLCS470 CMOS 系统之上的电压合成式 4 位单片微处理器，主要用于完成调谐选台、模拟量控制、待机控制等，其引脚功能及电压值见表 9-15。

1. 调谐选台控制电路

在 LUKS-5140-M2 中央微处理器的控制系统中，调谐选台控制电路主要由①脚、⑨脚、㊱脚、㊵脚、㊶脚内电路及波段解码器 LA7910 等组成。它主要包括频段切换、调谐扫描、电台信号识别、AFT 微调等几个部分。有关电路工作原理可参见上篇第八章中的相关介绍，这里不再重述。

表9-15　LUKS-5140-M2中央微处理器引脚功能、电压值、电阻值

引脚	符号	功　能	U(V)		R(kΩ)	
			静态	动态	在线	
					正向	反向
1	VT	调谐电压控制	0.5	0.5	10.0	20.0
2	VOL	音量控制	0.1	2.6	7.9	10.1
3	C ONT	对比度控制	2.1	2.1	7.9	10.1
4	BRI	亮度控制	4.6	4.6	7.9	10.1
5	COL	色饱和度控制	1.8	1.8	7.9	10.1
6	TINT	色调控制	2.6	2.6	7.9	10.1
7	SCL	I^2C总线时钟线	5.1	5.1	8.5	38.1
8	SDA	I^2C总线数据线	5.1	5.1	8.5	38.1
9	AFT	自动频率微调	—	3.4	7.5	10.0
10	R71	端口71,用于自动/强制制式输出	0	0	7.9	38.0
11	R72	端口72,用于制式开关0	4.8	4.8	7.9	38.0
12	R73	端口73,用于制式开关1	5.1	5.1	8.9	38.0
13	KO0	键扫描输出0	0	0	8.4	38.0
14	KO1	键扫描输出1	0	0	8.4	38.0
15	KO2	键扫描输出2	0	0	8.4	38.0
16	50/60	用于50Hz/60Hz场频识别	0	0	8.4	38.0
17	R60	端口60,用于键扫描输入0	2.6	2.6	7.9	25.0
18	R61	端口61,用于键扫描输入1	2.6	2.6	7.9	25.0
19	R62	端口62,用于键扫描输入2	2.6	2.6	7.9	25.0
20	R63	端口63,未用	—	—	—	—
21	V_{SS}	接地	0	0	0	0
22	PWR	电源控制输出	4.3	4.3	8.5	13.5
23	G	绿字符输出	0	0	8.5	17.8
24	R	红字符输出	0	0	8.5	27.0
25	Y	字符消隐信号输出	0	0	8.5	42.0
26	HD	行脉冲信号输入	4.2	4.2	7.9	25.0
27	VD	场脉冲信号输入	5.1	5.1	8.5	25.0
28	OSC1	字符振荡输入	2.8	2.8	9.0	42.0
29	OSC2	字符振荡输出	2.8	2.8	9.5	42.0
30	TST	测试端,接地	0	0	0	0
31	XIN	4MHz时钟振荡输入	2.1	2.1	12.0	50.0
32	XOUT	4MHz时钟振荡输出	2.3	2.3	12.0	50.0
33	RST	复位	5.0	5.0	7.9	11.0

续表 9-15

引脚	符号	功　能	U(V)		R(kΩ)	
					在线	
			静态	动态	正向	反向
34	KEO	未用,接地	0	0	0	0
35	INT	遥控信号输入	5.0	5.0	8.9	68.0
36	HSYNC	行同步信号输入	4.6	4.6	8.5	25.0
37	AV/TV	AV/TV 转换控制	12.0	12.0	8.5	25.0
38	SAT/TV	未用	5.1	5.1	8.5	25.0
39	EXT·MUTE	外部静噪控制	0	0	8.5	25.0
40	BAND0	波段控制 0	5.1	5.1	9.0	11.0
41	BAND1	波段控制 1	5.1	5.1	8.5	11.0
42	+5V	+5V 电源	5.1	5.1	5.4	9.8

注:表中数据在 TCL9625BN 机型中测得,仅供参考。

2. 字符显示电路

字符显示电路主要由 LUKS-5140-M2 的㉓、㉔、㉕脚及㉖、㉗、㉘、㉙脚的内电路及外围元件组成。其中,㉘、㉙脚外接 LC 振荡回路,与内部时钟振荡器产生字符信号,LC 振荡频率直接影响字符的宽度。时钟振荡器只有在㉖、㉗脚有行场逆程脉冲输入时才能启动工作,同时又可使显示字符行场同步。字符信号主要是从㉓、㉔脚输出,并经 RC 滤波后送入 TA8759BN 的㊼脚和㊾脚。输入到㊼脚的字符信号为红色,输入到㊾脚的字符信号为绿色。㉕脚主要输出字符消隐信号,并送入 TA8759BN 的㊸脚,用于字符显示控制。

3. 复位电路

复位电路主要由 LUKS-5140-M2 的㉝脚及其外接 Q811A、D834A、R834A、R836A、R835A 等组成,如图 9-18 所示。其中 Q811A 为复位电压开关管,C801A 为复位延时电容。当开关稳压电源工作并通过 D809 整流、C826 滤波输出+8V 电压时,Q811A 的基极通过 D834A 获得 5.1V 基准电压,使 Q811A 处于截止状态。与此同时,+8V 电压通过 R833A 向 C801A 充电。由于 C801A 的容量较大,其充电电压的上升速度较慢,因此,在+8V 电压刚建立时,Q811A 的发射极电压较低。随着 C801A 的充电进行,其正极端电压逐渐升高,Q811A 发射极电压也升高,当升高到大于 5.8V 左右时,Q811A 正偏饱和导通,从而使㉝脚获得 5.1V 左右的高电平。CPU 的复位期间结束。

对于 LUKS-5140-M2 中的模拟量及待机控制等功能的工作原理,可参见上篇第八章中的相关介绍,这里不再多述。

4. 检修要领

(1)当不能二次开机时,应首先检查 CPU 的工作电压、复位电压、时钟振荡电压。必要时将复位电容换新。

(2)当出现收不到台的故障时,应首先检 CPU 的 VT 控制端和 AFT 及识别电路。

(3)当屏幕无字符显示时,应首先检查 CPU 的行场脉冲输入端是否有脉冲信号。若没有,应进一步检查行场脉冲输入电路;若有脉冲信号,则应检查字符振荡回路。

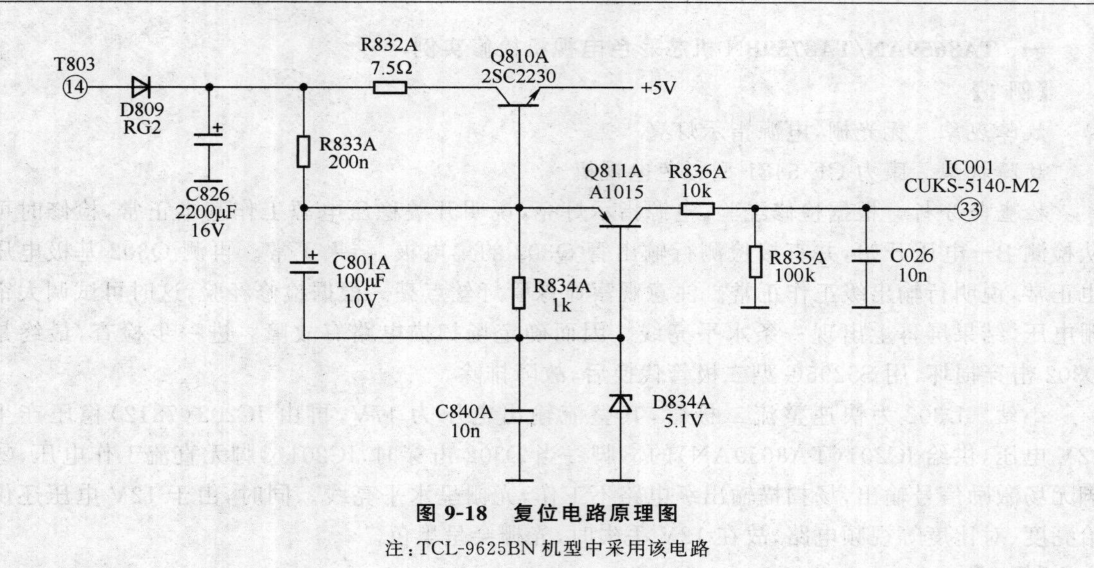

图 9-18　复位电路原理图

注:TCL-9625BN机型中采用该电路

(4)当模拟量控制功能异常时,可首先检查遥控和本机键控功能是否均失常,若均失常则应检查相应的接口电路,或更换CPU;若仅遥控功能失常或仅本机键控功失常,则是单方面的控制功能键不良。

二、遥控发射及接收电路分析与故障检修要领

1. 遥控发射电路

在TA8759BN机芯彩色电视机中,由于所采用的中央微处理器的型号不完全一致,其遥控发射电路也不完全相同,故同是TA8759BN国际线路机芯彩电的遥控器有时不能互用。常用的遥控器有SAA3010T、M50560-001GP等多种型号。它们的工作原理基本相同,相关内容可见上篇第八章中的相关介绍,这里不再多述。

2. 遥控接收电路

在TA8759BN机芯彩电中,遥控接收电路,均采用三端式红外接收头。一端输入+5V电压,另一端输出信号电压,第三端接地。该种接收头在任何机型中通用。

3. 检修要领

(1)当遥控失灵时,可首先检测接收头有否信号电压输出,若无信号输出则应检查遥控器是否正常;若有信号电压输出,则应检查CPU电路。

(2)当不能遥控开机时,若遥控器正常,则应首先检查遥控接收头的5V电压。若异常可将供电脚断开,再测5V电压,此时若5V电压正常,则是遥控接收头损坏。

在实践维修中,遥控发射器损坏的常见原因是455kHz晶体振荡器损坏;遥控接收功能失效的常见原因是接收头损坏。维修时可将其直接换新。

第五节　国际线路机芯彩色电视机检修实例

多制式国际线路机芯彩色电视机,在20世纪90年代中末期投放我国市场,目前在我国中小城市应用比较普遍,也是维修的重点机型。其主要芯片电路有TA8659AN、TA8759AN、TA8783N以及TA8880AN等。

一、TA8659AN/TA8759BN机芯彩色电视机检修实例

【例1】

故障现象　无光栅，电源指示灯亮

故障机型　康力CE-5431型彩色电视机

检查与分析　根据检修经验，电源指示灯亮，说明开关稳压电源工作基本正常，检修时可从检测B+电压开始，并直接检测行输出管Q302的集电极，结果正常。再测Q302基极电压也正常，说明行输出级工作正常。注意观察显像管灯丝点亮。根据检修经验，这时可试调大帘栅电压，结果屏幕上出现一条水平亮线。因而确定场扫描电路有故障。进一步检查，最终是D302击穿损坏，用S5295G型二极管代换后，故障排除。

小结　D302为快速整流二极管，其整流输出电压为17V，再由IC202(7812)稳压产生12V电压，供给IC201(TA8659AN)的㊸脚。当D302击穿时，IC201㊸脚无直流工作电压，㉙脚无场激励信号输出，场扫描输出级电路不工作，光栅呈水平亮线。同时，由于12V电压还供给亮度、对比度等视频电路，故在12V丢失时，光栅会呈黑色。

【例2】

故障现象　场幅度拉长，扫描线较粗，并有抖动现象

故障机型　康力CE-5431型彩色电视机

检查与分析　根据该机电路结构特点，检修时可首先从检查场频制式开始。在该机中，IC201(TA8659AN)内部的50Hz/60Hz制式识别电路，根据不同制式的识别信号，由⑱脚输出50Hz/60Hz切换控制信号，以控制场扫描频率及场频调节。当⑱脚输出4.45V低电平时，场频为50Hz；当⑱脚输出7.5V高电平时，场频为60Hz。该机场频控制电路主要由IC201⑱脚及外接的R288、Q285、Q286、Q289、Q291以及Q287、Q288等组成。经检查，故障是Q289击穿损坏引起的。用2SC1815型晶体管更换后，故障排除。

小结　Q289主要用于50Hz的PAL-D制场频控制。在Q289截止时，R298(300kΩ)对IC201㉛脚的场脉冲没有影响，这时可通过调整VR202来调整场频幅度，使荧光屏图像画面满幅。但在PAL-D制状态下，当Q289击穿时，R298被接地，使IC201㉛脚的分流影响锯齿电压的充、放电过程。由于50Hz场频低、场周期长，所以在60Hz场频具有的锯齿波幅度的情况下，光栅场幅度将会拉长，且扫描线也会变粗。

【例3】

故障现象　无彩色

故障机型　永宝CD2198型彩色电视机

检查与分析　在该机中，无彩色的故障原因比较复杂，检修难度较大，检修时可首先检查TA8659AN的一些相关引脚电压。当检测IC201(TA8659AN)⑯脚时，有NTSC制彩色出现，但在换台时彩色消失。在TA8659AN集成电路中，色度信号处理主要由①～㉘脚的内外电路来完成，其中⑳脚用于输入PAL制/NTSC制色度信号，⑱脚用于输入SECAM制色度信号，⑯脚用于ACC电压控制，外接ACC滤波电容。经检查外围元件均基本正常，但检查①～㉘脚的直流电压均有异常，因而判断为TA8659AN内部不良。试将其换新后，故障排除。

小结　在由TA8659 AN机芯组成的电路中，无彩色或彩色异常的故障检修虽然比较复杂，但只要抓住它的基本特点和相对应的引脚功能，就可以找出检修思路，进而排除故障。

【例 4】

故障现象　彩色时有时无

故障机型　永宝 CD-2198 型彩色电视机

检查与分析　在该机中，彩色时有时无的故障原因主要是消色电路误动作造成的。检修时可首先检查 IC201(TA8659AN)⑦、⑰脚电压及外接元件。经检查，在彩色出现时，⑦脚电压为 3.9V，无彩色时⑦脚电压为 0.1V；再测⑰脚电压在有彩色时为 3.5V，无彩色时为 0.1V。进一步检查外围元件，发现 C247 漏电。将其换新后，故障排除。

小结　C247 为 0.01μF 瓷片电容，并接在⑰脚与地之间，用于制式开关滤波。当其漏电时⑰脚内电路误动作，进而造成无彩色的故障现象。

【例 5】

故障现象　图像模糊不清

故障机型　永宝 CD-2198 型彩色电视机

检查与分析　在该机中，清晰度控制功能主要由 IC201(TA8659AN)的㊻、㊽、㊺脚来完成。其中，㊻脚外接 C210、L202、C211 等组成勾边电路，它的主要作用是在图像中黑白交界边缘人为地勾出一条明显的边界来，以突出图像的轮廓，从而提高图像的清晰度；㊺脚用于清晰度调谐控制，由 IC001(PCA84C440P)的㉕脚通过 Q004 改变㊺脚的直流电压来实现。经检查，故障是 C211 开路性损坏引起的。将其换新后，故障排除。

小结　C211 为 27pF 瓷片电容，用于耦合 Q201 发射极输出信号，并送入 IC201 的㊻脚。因此，当 C211 开路时，IC201㊻脚无信号输入，使勾边电路失效，形成本例故障。

【例 6】

故障现象　图像亮度忽明忽暗

故障机型　康力 CE-5431 型彩色电视机

检查与分析　根据检修经验，检修时可首先检查 IC201(TA8659AN)的㊽、㊾脚电压及外接电路。经检查，故障是 D204 不良引起的。将其换新后，故障排除。

小结　D204 与 R244 等组成 ABL 电路，其中只要有一只元件开路或不良，就会引起本例故障。

【例 7】

故障现象　自动搜索不记忆

故障机型　永宝 CD-2198 型彩色电视机

检查与分析　根据该机电路的结构特点，检修时可直接检查 IC101(TDA2549)的⑮脚 AFT 输出电压，结果为 7.2V，正常时的动态值应为 5.6V。试调整⑰脚与⑳脚之间的 L107(AFT 中周)无效，再查⑯脚 AFT 供电压 12V 正常。因而判断 IC101 不良。将其换新后，故障排除。

小结　IC101(TDA2549)为图像中频处理电路，内部包含有三级差分图像中频放大、视频检波、自动频率调整(AFT)检波器、中频自动增益控制电路(AGC)、RFAGC 等功能。因此，当该电路不良时，还会造成无图像、白光栅等故障现象。

【例 8】

故障现象　无图像、无伴音

故障机型　康力 CE-5431 型彩色电视机

检查与分析　在该机发生无图像、无伴音故障时，应首先检测 IC101(TA8611AN)的各脚电压及外围元件。经检查，发现IC101①脚电压仅有3.1V左右，且抖动不稳，正常时①脚电压应为5.9V。进一步检查①脚外接元件，发现C105漏电。将其换新后，故障排除。

小结　C105为0.47μF/50V电解电容器，它与R107串联后接在IC101的①脚，与②脚外接的C106组成RC积分电路，用于①、②脚内接中放AGC滤波。因此，当①、②脚外接元件异常时，均会使⑮脚无视频信号输出，形成无图像，无声音的故障。

【例9】

故障现象　彩斑图像

故障机型　厦华XT-7687TG型彩色电视机

检查与分析　根据检修经验，可知道彩斑图像是由于丢失亮度信号而形成。因此，检修时主要应检查TA8759BN的㊿、㊾脚。经检查，㊿脚无Y信号波形，但沿着印刷线路及引线查找，AN5858K的⑰脚有Y信号输出波形，再检查DLM01的输出端无Y信号波形。因而说明DLM01开路。将其换新后，故障排除。

小结　DLM01为亮度延迟线。更换时可选用延迟系数为0.6μs的亮度延迟线。

【例10】

故障现象　有回扫线，光栅暗，字符淡

故障机型　TCL-9625BN型彩色电视机

检查与分析　这是一个综合性故障现象，从有回扫线来看，是消隐不良，而光栅暗则是亮度、对比度控制电路有故障，字符浅淡又说明故障与字符电路也有一定关系。检修时可首先从检查IC201(TA8759BN)的⑩、⑪、㉑脚电压入手。经检查IC201⑪脚电压约4.3V，而正常值应为6.0V。进一步检查⑪脚外围元件，结果是D211软击穿损坏。用6.2V稳压二极管更换后，故障排除。

小结　D211用于6V稳压，为Q211和Q210发射极供电。当D211击穿或漏电时，Q211和Q210输出电压降低或无输出，因而使IC201的⑩、⑪脚内部的控制逻辑紊乱，形成综合的故障现象。

【例11】

故障现象　东西枕形失真

故障机型　TCL-9625BN型彩色电视机

检查与分析　根据检修经验及该机电路的组成特点，检修时可首先检查VR1406，发现有松动现象。用20kΩ可调电阻更换，并重调后，故障排除。

小结　VR1406为水平枕形失真校正电位器，顺时针方向调节，被场频抛物波调制的行电流波形上下边缘向外凸起，对光栅过校正；逆时针方向调节，则上述波形向相反方向变化，对光栅欠校正。因此，当水平枕形失真时，应注意检查或更换VR1406。

【例12】

故障现象　蓝光栅，无图像、无声音

故障机型　TCL-9625BN型彩色电视机

检查与分析　根据检修经验和该机电路的组成特点，检修时应重点检查IC101(LA7577)的引脚电压及外围元件。经检查，IC101③脚电压不足2.3V，且有抖动现象，正常时③脚电压为4.6V。进一步检查③脚外围元件，发现C112漏电。用4.7μF/50V电解电容器换新后，故障排除。

小结　C112与R117、C111构成双时间常数滤波器，用于平滑③脚内接中放AGC电压，它与⑬脚及内部电路构成中频AGC电路，⑬脚外接C118也用于平滑滤波。因此，当该机出现与AGC有关的故障时，还应注意检查⑬脚外接元件，必要时将其换新。

【例13】

故障现象　伴音沙哑失真

故障机型　TCL-2969N型彩色电视机

检查与分析　在该机中，伴音沙哑失真的故障原因，主要是LA7577的外围有不良元件。经检查发现，⑧脚外接C138呈开路状态。用22pF瓷片电容更换后，故障排除。

小结　C138与T108组成并联谐振回路，利用其电磁振荡来实现伴音选频。因此，当该回路不良时，就会出现本例故障。

【例14】

故障现象　伴音弱小失真，且时有时无

故障机型　康佳T2510型彩色电视机

检查与分析　在该机中，TA8615N和TA8611AN组成多制式接收及切换控制电路，因此，检修时可首先试转换一下制式，结果仍是伴音弱小失真，且时有时无。用示波器观察N201（TA8615N）⑨脚信号波形幅度，时隐时现，但观察N201㉔、㉗脚都有正常波形，因而怀疑N201不良。试用一只新的TA8615N更换后，故障排除。

小结　TA8615N是一种多制式彩色电视机用制式开关集成电路，其内部包括一个伴音中频转换器，通过500kHz的振荡器来改变频率，再通过4.5MHz/6.0MHz切换开关选择伴音中频。因此，当该机出现伴音失真等故障时，还应检查TA8615N⑭、⑮脚外接的500kHz振荡器。

二、TA8783N/TA8880CN机芯彩色电视机检修实例

【例1】

故障现象　无光栅，无字符

故障机型　金星C6478A型彩色电视机

检查与分析　首先观察显像管灯丝是否点亮，若已点亮，说明行输出级已正常工作。这时应注意检查N501（TA8783N）㉟脚电压及外接元件。经检查，V403呈击穿性损坏。用一只12V稳压二极管更换后，故障排除。

小结　V403（12V稳压二极管）用于行脉冲钳位，以限制输入到N501㉟脚的行逆程脉冲幅度，当其击穿短路时，㉟脚无脉冲输入，因而引起无光栅、无字符的故障现象。

【例2】

故障现象　蓝光栅，无图像、无声音

故障机型　金星C7428-3型彩色电视机

检查与分析　在该机中，使用集成电路较多。因此，故障检修难度较大。在检修蓝光栅，无图像、无声音的故障时，可首先关闭蓝背景控制功能，结果屏幕上无噪波点，只显示纯净的“白板”。因而可判断故障是全电视信号未到达解码电路引起的，或解码电路有故障。这时可将电视机置于AV状态，并从AV输入口输入视频信号和伴音信号，结果图像和声音正常。因而说明故障点在中放级电路或AV转换电路。经进一步检查，发现N3101（TA8777N）①脚电压仅有5.7V左右，正常时应为9V。试将N3101①脚断开，N3122③脚9.0V电压正常，因而判断N3101①脚内电路局部不良。将N3101换新后，故障排除。

小结　在该机中，TA8777N 主要有 TV/AV1/AV2/AV3 四种工作模式，故障时会出现多种异常现象，如有 TV 图像、无 AV 图像等。因此，在 TV/AV 转换功能异常时应注意检查或更换 TA8777N。

【例 3】

故障现象　光栅枕形失真

故障机型　金星 C6478 型彩色电视机

检查与分析　在该机中，当出现光栅枕形失真故障时，可首先检查 TA8739P 光栅失真校正集成电路的⑬脚和②脚电压及外接元件。经检查，TA8739P②脚电压为 0V，再测其他引脚电压也均有异常。因而判断 TA8739P 损坏，将其换新后，故障排除。

小结　TA8739P 是一种电视信号偏转处理集成电路，可以校正水平和垂直等各种偏转失真，并具有场锯齿波电压产生、帧幅自动切换、帧失真校正、帧放大、高压校正、左右校正、I^2C 总线接口等功能。因此，当该机出现扫描失真等故障时，应重点检查 TA8739P 相关引脚电压，必要时将其换新。

【例 4】

故障现象　无图像、无伴音

故障机型　金星 C7428 型彩色电视机

检查与分析　根据经验，当该机出现无图像、无声音故障时，应注意检查由 μPC1820CA 等组成的中频放大电路。经检查，发现 μPC1820CA 多脚电压异常，但㉑脚电源电压正常，因而怀疑 μPC1820 不良。将其换新后，故障排除。

小结　μPC1820CA 是具有两级中频放大、PLL 同步检波，SIF 检波和 RFAGC，消噪检波等功能的中频处理集成电路。因此，当该机出现无图像、无声音或图声异常等故障现象时，应注意检查 μPC1820CA 及其周围元件。

【例 5】

故障现象　行失步

故障机型　金星 C6458 型彩色电视机

检查与分析　在该机中，行失步的故障原因，主要是行同步信号输出电路不良。检修时可重点检查 N501(TA8783N)㊳、㊱脚电压及外接元件。经检查，是 C407 不良。将其换新后，故障排除。

小结　C407 与 R403、C403 组成 AFC 双时间常数滤波电路，通过㊱脚控制 $32f_H$ 振荡频率。因此，当㊱脚外接元件中有一个不良或失效时就会引起行失步故障。

【例 6】

故障现象　行幅增大

故障机型　金星 C6478 型彩色电视机

检查与分析　行幅增大，一般是 S 形校正电路异常引起的检修时应注意检查 S 形校正电路。经检查，C423 已失效。用 0.22μF 电容更换后，故障排除。

小结　C423 为 S 形校正电容。在 S 形校正电路中主要是利用其形成的抛物线波形电压来改善行偏转线圈中的锯齿波电流波形，以实现行线性校正。因此，当该机出现行幅增大时，应首先将 S 形校正电容换新。还须注意，当 S 形校正电容失效时，若不及时换新，易使行输出管击穿损坏。

【例7】

故障现象　无彩色

故障机型　厦华XT-2998TB型彩色电视机

检查与分析　在该机中，PAL制色度信号是通过TA8880CN㊾脚外接的4.43MHz带通滤波器进入IC内部的ACC自动色度放大器的。因此，检修时可首先检查TA8880CN㊾脚是否有正常的信号波形及一些相关引脚的外接元件是否正常。经检查，发现C429呈开路性损坏，用0.1μF电容更换后，故障排除。

小结　C429为N201(TA8880CN)㊿脚PAL/NTSC制自动色度控制滤波电容，当其不良或失效时，IC内部的ACC电路不能正常工作，因而会引起无彩色故障。

【例8】

故障现象　黑屏，无图像、无声音

故障机型　熊猫3418型大屏幕彩色电视机

检查与分析　首先观察显像管灯丝是否点亮，若点亮，可操作一下遥控器，看是否为无信号静噪，结果无反应。下一步应检查中央微处理器ICA01(M37210M4-786SP)是否工作正常。经检查是PK01A的Ⓚ₂脚开裂，阻断了与ICG01(TA8776N)㉘脚的SDA数据线。将其补焊后，故障排除。

小结　在该机中，TA8880CN、TA8776N等均具有I^2C总线接口，当其中任何一只受控集成电路的总线接口开路时，都会引起黑光栅或不开机等异常故障。因此，检修时应注意检查I^2C总线是否正常。

【例9】

故障现象　无字符，面板功能键失效

故障机型　熊猫2918型彩色电视机

检查与分析　根据故障现象，可试按一下待机键，结果可以二次开关机，因而可初步判断微处理器是可以工作的。这时再检查ICA01(M37210M4-786SP)的㊶、㊷脚和⑮脚的工作电压及外接元件。当检查⑮脚时，发现其电压仅有1.8V，而正常值应为2.3V。进一步检查发现，RA01阻值增大。将其换新后，故障排除。

小结　RA01为30kΩ电阻，串接在⑮脚与5V-1电源之间，用于模式控制。一旦⑮脚外接RA01开路或阻值增大，⑮脚内设模式控制功能失效，从而出现多种异常故障。

【例10】

故障现象　图像彩色失真

故障机型　康佳T3888ND型彩色电视机

检查与分析　根据检修经验，检修时可用示波器观察TA8880CN的⑯、⑰、⑱脚三基色信号波形是否正常。当观察⑯脚时，发现R波形畸变。进一步检查，发现⑦脚外接C547失效。将其换新后，故障排除。

小结　TA8880CN的⑦脚和⑳、㊽脚分别为R、G、B三基色信号的钳位滤波端，C547为R信号钳位滤波电容，当其失效时就会引起⑯脚输出的R信号异常，进而形成图像彩色失真的故障现象。

【例11】

故障现象　伴音失真

故障机型 熊猫C2918型彩色电视机

检查与分析 根据检修经验，当该机伴音失真时，应首先检查Q101(T51496P)的⑧～⑪脚和⑯脚电压及其外部元件。经检查，未见异常。但在更换Z006后，故障排除。

小结 Z006为5.5MHz陶瓷滤波器，用于向Q101⑯脚输入伴音中频信号。因此，当Z006不良或开路时会引起伴音失真或无伴音的故障现象。

在该机中，Q101(T51496P)是一种具有两级放大电路的中放集成电路。其伴音中频制式处理功能的最大特点是先将4.5MHz、5.5MHz、6.0MHz、6.5MHz信号均变换成5.5MHz后，再进行调频检波。因此，当该种机型出现伴音异常故障现象时，应特别注意检查由Q010、C022、Z006等组成的5.5MHz带通滤波器，必要时将Z006换新。

第十章　TB1238AN I^2C 单片机芯彩色电视机电路分析与故障检修要领

TB1238AN 是日本东芝公司于 20 世纪 90 年代后期开发并生产的具有 I^2C 总线控制功能的单片超大规模集成电路。其系列产品有 TB1231N、TB1240N 等。我国一些电视机生产厂于 20 世纪 90 年代末相继引进了该项技术，并开发生产了具有自己品牌及特点的彩色电视机。如：上海广电股份有限公司金星电视机总厂推出的金星 D2101、金星 D2505、金星 D2511、金星 D2929F、金星 D2518、金星 D2523 等。四川长虹电器股份有限公司开发并生产了长虹 G2532、长虹 G2985(B)等。深圳康佳集团股份有限公司推出的康佳 A1486N、康佳 T2166E、康佳 P2592N 等。厦门华侨电子有限公司生产的厦华 XT-21A5T，以及 TCL 集团电子有限公司生产的 TCL2501、TCL2901 等。

我国同期引进的 I^2C 单片机芯系列产品除 TB1231N/TB1238AN/TB1240N/TB1251CN 外，还有 TA8841/TA8842/TA8843/TA8844/TA8857 等，以及 LA76810A/LA76818A/LA76820A/LA76832 等。以这些机芯为核心开发的众多机型的基本结构及功能特点基本相同，只是系统软件的版本不同，致使其 I^2C 总线的进入、退出方法不同，维修软件的项目及调整数据也不相同。从这个意义上说，本章的内容具有普遍的指导意义。

第一节　中央微控制系统电路分析与故障检修要领

在 TB1238AN 机芯彩电中，由于引用了数字化处理技术，中央微控制器（MCU）在不同品牌或型号之间不能互换。

一、中央微控制器及其接口电路分析与故障检修要领

对于同一型号的中央微控制器由于拷入的软件版本不同，其引脚的功能不同。如 TMP87CK38N 型中央微处理器由于拷入了不同生产厂的软件版本而将其引脚功能和电压值从新定义（自定义），即使其在金星 D201、长虹 G2532、TCL2101 等机型中有了不同的使用功能，分别见表 10-1～表 10-3。

表 10-1　金星 D2101 机型中 N401（TMP87CK38N）引脚功能、电压值、电阻值

引脚	符号	功　能	U(V)		R(kΩ)	
			TV		在线	
			静态	动态	正向	反向
1	VSS	接地	0	0	0	0
2	VT	调谐电压控制	0.9	0.8	8.5	12.0
3	RM T-OUT	未用	5.1	5.2	8.5	12.0
4	MUTE	静音控制	5.1	0	8.5	12.0

续表 10-1

引脚	符号	功　能	U(V)		R(kΩ)	
			TV		在线	
			静态	动态	正向	反向
5	EXT MUTE	外部静噪控制	5.1	0	8.5	12.2
6	IF3	未用	0	0	8.5	12.5
7	POWER	待机控制	0.8	0.8	7.3	9.5
8	LED	未用	4.6	4.6	8.0	11.5
9	BAND1	波段控制 1	0	0	8.0	11.5
10	BAND2	波段控制 2	2.0	2.0	7.2	10.2
11	SCL	I^2C 总线时钟线，连接存储器	5.0	5.0	6.6	10.2
12	SDA	I^2C 总线数据线，连接存储器	5.0	5.0	6.5	10.2
13	AFT IN	AFT 输入	2.1	4.7	7.8	10.2
14	KA・OK SW	卡拉 OK 开关	0	0	7.8	11.5
15	KEY-IN1	键扫描输入 1	4.5	4.5	7.8	11.5
16	KET-IN2	键扫描输入 2	4.5	4.5	7.8	11.5
17	KARA-CLK	未用	0.3	0	8.1	11.5
18	KARA-DAT	未用	0.3	0	8.1	2.0
19	SGV	视频信号发生器输出	0	0	2.0	11.5
20	KARA-ENA	未用	0	0	8.1	12.5
21	VSS	接地	0	0	0	0
22	R	红字符输出	0	0	1.0	1.0
23	G	绿字符输出	0	0	1.0	1.0
24	B	蓝字符输出	0	0	1.3	1.4
25	Y	字符消隐信号输出	0	0	1.3	1.4
26	HD	行脉冲输入	4.2	4.2	7.5	10.8
27	VD	场脉冲输入	4.7	4.8	7.5	10.9
28	OSD1	字符振荡 1	5.1	5.1	7.9	11.9
29	OSD2	字符振荡 2	5.1	5.1	7.9	11.9
30	TEST	测试端，接地	0	0	0	0
31	XIN	8MHz 时钟振荡输入	0.4	0.6	8.6	12.2
32	XOUT	8MHz 时钟振荡输出	2.3	2.4	8.6	12.2
33	RESET	复位	5.2	5.2	4.7	4.7
34	NC	空脚	0.3	4.7	8.6	12.5
35	REMOT	遥控信号输入	4.7	4.7	8.1	12.1
36	H・SYNC	行同步信号输入	4.1	4.6	8.1	10.5
37	SCL	I^2C 总线时钟线，连接芯片电路	3.1	2.9	7.6	10.9
38	SDA	I^2C 总线数据线，连接芯片电路	3.2	3.1	7.6	10.9

续表 10-1

引脚	符号	功能	U(V)		R(kΩ)	
			TV		在线	
			静态	动态	正向	反向
39	S-ID	未用	0.3	0.1	8.6	12.2
40	SIF1	伴音中频制式控制 1	5.8	5.8	7.6	9.0
41	SIF2	伴音中频制式控制 2	0.1	0.1	7.6	9.0
42	VDD	+5V 电源	5.1	5.2	1.9	1.9

注:表中数据 MF47 型表测得,仅供参考。

表 10-2 长虹 G2532 机型中 N001(TMP87CM38N-1H55)引脚功能、电压值、电阻值

引脚	符号	功能	U(V)		R(kΩ)	
			TV		在线	
			静态	动态	正向	反向
1	VSS	接地	0	0	0	0
2	VT	调谐控制	4.3	4.3	8.9	14.0
3	50/60	50Hz/60Hz 场频识别	5.1	5.1	8.0	11.8
4	MUTE	静音控制	5.1	0	9.0	15.0
5	EXT-MUTE	外部静噪	0	0	9.0	15.0
6	SID	未用	4.9	4.9	8.0	12.5
7	POWER	待机控制	0	0	7.5	13.5
8	KARA-CLK	用于 U 波段控制	0	0	7.9	12.5
9	BAND1	用于 VH 波段控制	5.1	5.1	8.1	12.5
10	BAND2	用于 VL 波段控制	4.9	4.4	8.0	12.0
11	SCL1	I²C 总线时钟线 1,连接存储器	3.9	3.7	8.0	12.5
12	SDA1	I²C 总线数据线 1,连接存储器	4.2	4.4	6.9	12.1
13	AFT IN	AFT 输入	1.7	1.9	8.5	12.6
14	AV0	TV/AV 控制	0	0	7.9	11.6
15	AV1	AV1/AV2 控制	0	0	8.0	12.0
16	KEY-IN1	键扫描输入 1	4.4	4.4	8.5	15.0
17	KEY-IN2	键扫描输入 2	4.4	4.4	8.6	14.5
18	PROTECT	保护控制端	4.9	4.9	8.0	6.5
19	KARA-DAT	未用	0	0	8.9	15.0
20	BUS-ON/OFF	总线开关	2.3	2.3	7.9	12.1
21	VSS	接地	0	0	0	0
22	R	红字符输出	0	0	1.2	1.2
23	G	绿字符输出	0	0	1.2	1.2
24	B	蓝字符输出	0	0	1.2	1.2
25	Y	字符消隐信号输出	0	0	1.8	1.8

续表 10-2

引脚	符号	功能	U(V)		R(kΩ)	
			TV		在线	
			静态	动态	正向	反向
26	HD	行逆程脉冲输入	3.9	3.9	8.0	13.5
27	VD	场逆程脉冲输入	4.6	4.6	7.5	12.3
28	DSC1	字符振荡 1	4.6	5.0	8.2	14.5
29	OSC2	字符振荡 2	4.6	5.0	8.2	13.5
30	TEST	测试端,接地	0	0	0	0
31	XIN	10MHz 时钟振荡输入	0.5	0.5	9.0	14.0
32	XOUT	10MHz 时钟振荡输出	2.2	2.2	9.0	15.0
33	RESET	复位	5.1	5.1	4.2	4.2
34	OPTION	设定	4.6	4.6	7.5	12.1
35	REMOTE	遥控信号输入	4.4	4.4	8.5	15.0
36	H・SYNC	行同步信号输入	3.6	4.8	8.0	10.0
37	SCLO	I²C 总线时钟线,连接芯片电路	4.0	4.0	8.0	12.5
38	SDAO	I²C 总线数据线,连接芯片电路	4.0	4.0	8.0	12.5
39	KARAOKE ON/OFF	未用	0	0	9.0	15.0
40	SYS0	系统控制 0	0	0	7.3	8.1
41	SYS1	系统控制 1	4.6	4.6	7.4	8.1
42	VDD	+5V 电源	5.1	5.1	3.2	3.2

注:表中数据用 MF47 型表测得,仅供参考。

表 10-3　TCL2101AS 机型中 IC001(TOSHIBA)引脚功能、电压值、电阻值

注:TOSHIBA 为 TMP87CK38N 系列

引脚	符号	功能	U(V)		R(kΩ)	
			TV		在线	
			静态	动态	正向	反向
1	GND	接地	0	0	0	0
2	VT	调谐电压控制	5.0	5.0	10.1	14.9
3	NC	未用	0	0	10.0	15.2
4	NC	未用	5.2	5.2	9.9	15.2
5	S-VHS	S 端子识别	5.8	5.8	8.5	9.5
6	TV/AV	TV/AV 控制	0	0	9.5	14.2
7	AV1/2	未用	5.2	5.2	9.8	15.0
8	NC	未用	5.2	0	9.7	15.0
9	EXT MUTE	外部静噪(未用)	5.2	0	9.8	14.9
10	XB	未用	2.3	0.2	9.9	14.9
11	SCL1	I²C 总线时钟线 1,连接存储器	5.2	5.2	9.0	12.5

续表 10-3

引脚	符号	功 能	U(V)		R(kΩ)	
			TV		在线	
			静态	动态	正向	反向
12	SOA1	I^2C 总线数据线 1,连接存储器	5.2	5.2	8.2	12.5
13	AFT	AFT 输入	2.4	3.0	10.1	14.0
14	Key1	键扫描控制 1	5.2	5.2	9.5	12.5
15	Key2	键扫描控制 2	5.2	5.2	9.1	12.5
16	S-SYS1	系统制式控制 1	2.3	0.2	10.1	15.0
17	NC	未用	0	0	2.5	2.5
18	NC	未用	0	0	10.2	14.9
19	TGV	测试信号控制	0	0	1.4	1.2
20	POWER	待机控制	0.1	0.1	3.0	3.0
21	VSS	接地	0	0	0	0
22	OSD R	红字符信号输出	0.2	0	7.1	7.5
23	OSD G	绿字符信号输出	0	0	7.1	7.9
24	OSD B	蓝字符信号输出	0	0	7.5	7.9
25	OSD Y	字符消隐信号输出	0.2	0	2.9	2.9
26	H · SYNC	行逆程脉冲输入	4.1	4.1	8.2	12.9
27	V · SYNC	场逆程脉冲输入	5.0	5.0	8.9	12.0
28	OSC0	字符振荡输出	4.6	5.2	9.0	15.0
29	OSC1	字符振荡输入	4.7	5.1	8.9	15.0
30	GND	接地	0	0	0	0
31	X IN	8MHz 时钟振荡输入	2.1	2.0	10.0	15.0
32	X OUT	8MHz 时钟振荡输出	2.4	2.4	10.0	15.0
33	RST	复位	5.3	5.3	9.6	14.6
34	NC	未用	0	0	10.0	15.2
35	Remote	遥控信号输入	4.7	5.1	9.6	15.2
36	H SYNC	行同步信号输入	3.6	4.4	9.5	13.0
37	SCL0	I^2C 总线时钟线 0	4.1	4.0	8.9	13.0
38	SDA0	I^2C 总线数据线 0	4.1	4.2	8.9	13.0
39	NC	未用	0	0	9.9	15.2
40	Band1	波段控制 1	0.4	0.4	9.2	15.2
41	Band0	波段控制 0	5.0	4.7	9.5	15.2
42	VDD	+5V 电源	5.2	5.2	2.7	2.7

注:表中数据用 MF47 型表测得,仅供参考。

1. 调谐选台控制

在金星 D201 机型中,调谐选台是由 N401(TMP87CK38N)②脚输出调谐控制电压和⑨、

⑩脚输出波段转换逻辑信号电压控制 LA7910 波段解码器等来完成的，如图 10-1 所示。但在长虹 G2532 机型和 TCL2101AS 机型中因编程软件不同，使其波段转换控制的方式也不同，其波段转换电路分别如图 10-2 和图 10-3 所示。

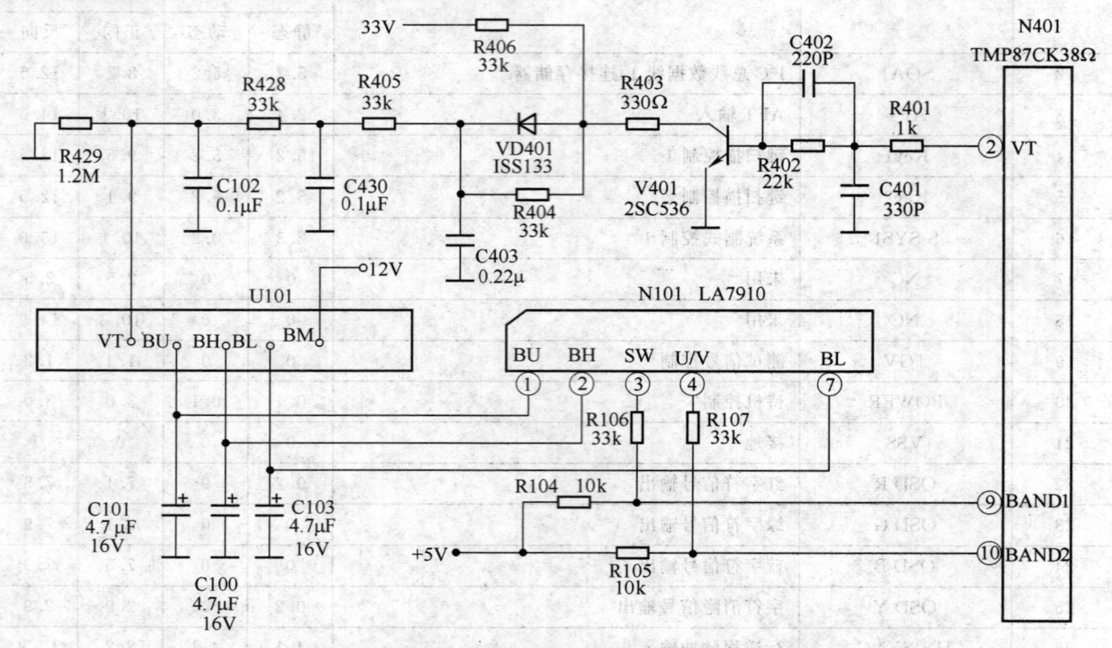

图 10-1 金星 D2101 机型中调谐选台及波段转换电路

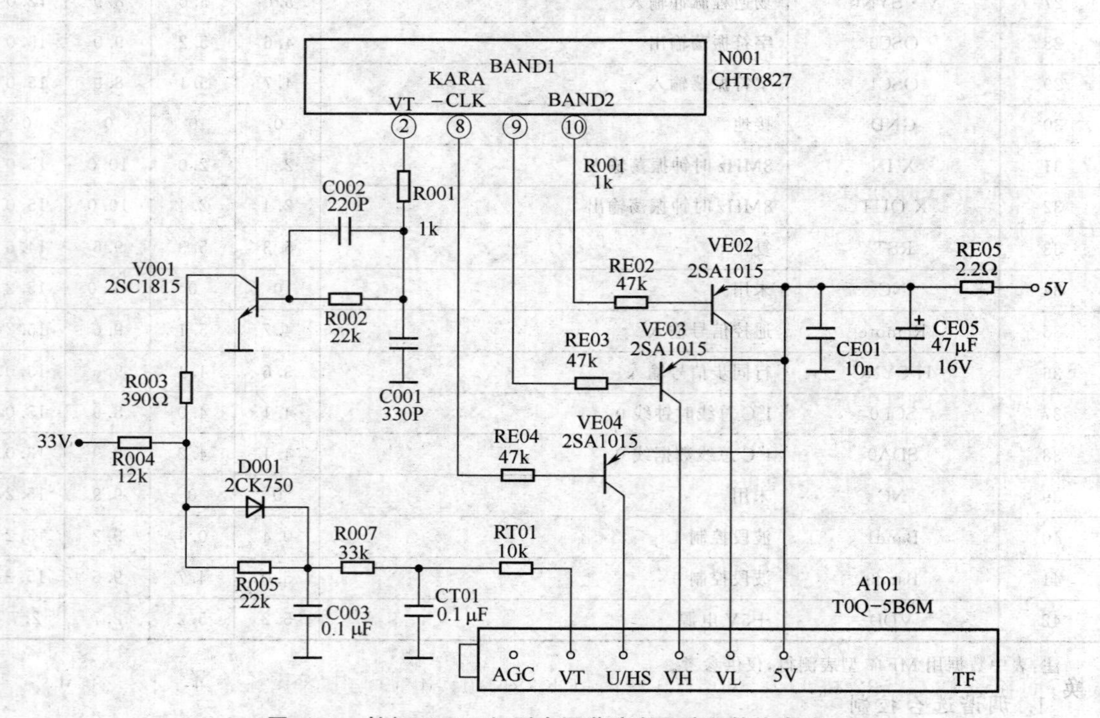

图 10-2 长虹 G2532 机型中调谐选台及波段转换电路

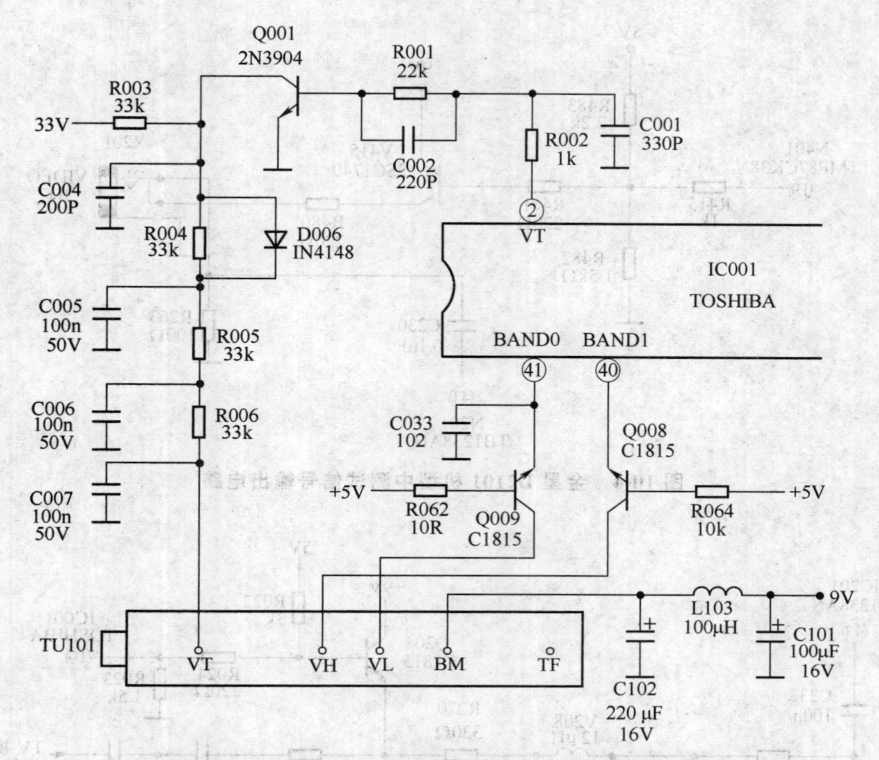

图 10-3　TCL2101AS 机型中调谐选台及波段转换电路

在图 10-2 所示电路中，A101 高频头的 U、H、L 三个波段由 N001（CHT0827 为版本号）⑧、⑨、⑩脚通过 VE04、VE03、VE02 直接控制。当⑧脚输出低电平时，VE04 导通，U 波段进入工作状态，此时⑨、⑩脚输出高电平，VE03、VE02 截止。但 A101 的工作电压为 5V。

在图 10-3 所示电路中，波段控制是由 IC001（TOSHIBA 为版本号）㊵、㊶脚输出逻辑电平，通过 Q008、Q009 直接加到高频头 TU101 的 VH、VL 两个端子，由 TU101 内部进行波段转换，而 TU101 的工作电压为 9V。

有关调谐选台的工作原理，见上篇第八章中的相关介绍，这里不再多述。

2. SGV 测试信号输出电路

在金星 D2101 机型中，微控制器 N401（TMP87CK38N）内藏视频测试信号，通过维修软件可将其调出，并由其⑲脚输出送入 N201（TB1238AN）的㊶脚，用于维修调试之用，如图 10-4 所示；在 TCL2101AS 机型中，测试信号是由 IC001⑲脚输出，并通过 Q204 送入 IC201 的㊸脚，如图 10-5 所示。测试信号主要有方格、彩条、电子圆等，但在有些机型的编程软件中没有此项内容，因此，其微控制器的引脚也就没有设置测试信号输出端。

3. 伴音中频制式转换控制电路

在金星 D2101 机型中，伴音中频制式转换主要由 N401（TMP87CK38N）的㊵、㊶脚输出的逻辑电平通过控制 N203（TC4052BP）来完成，主要实现 6.5MHz 和 6.0MHz 的伴音第二中频转换；而在长虹 G2532 机型中，N001（TMP83CK38N）㊵、㊶脚输出的逻辑电平，不仅通过控制 N202（HEF4052）转换 4.5MHz/5.5MHz/6.0MHz/6.5MHz 伴音第二中频信号，而且还通过 V101 控制预中放输入回路的通带频率，以实现对第一伴音中频信号的制式进行选择。

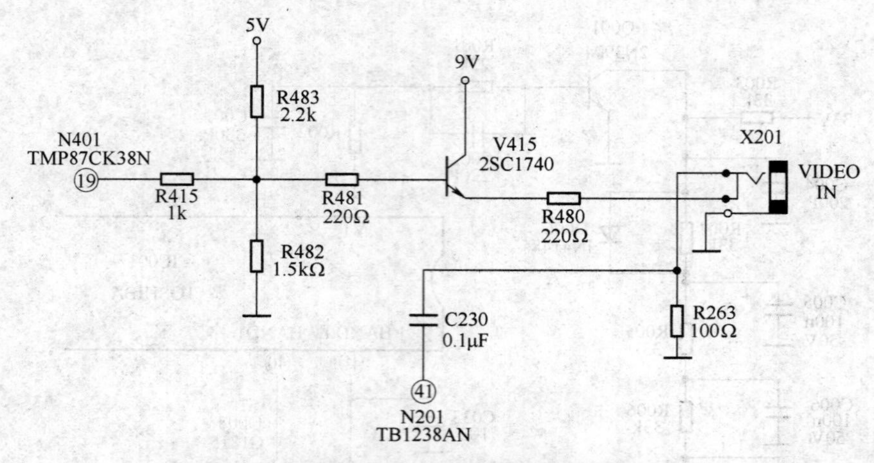

图 10-4　金星 D2101 机型中测试信号输出电路

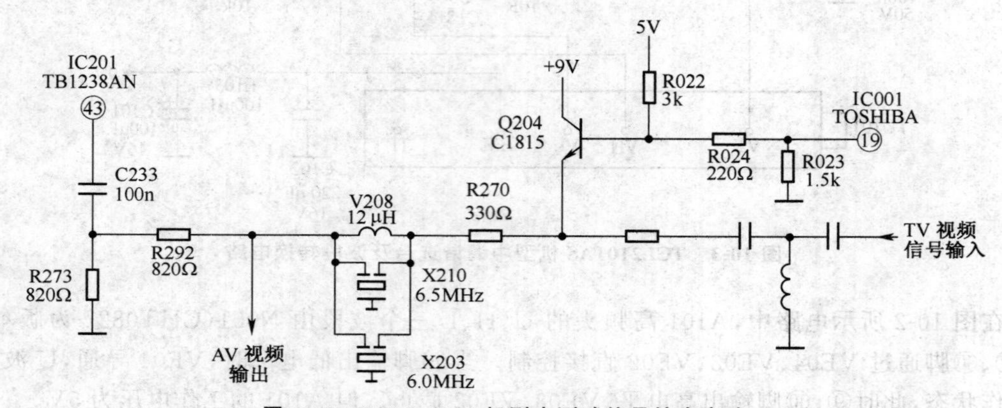

图 10-5　TCL2101AS 机型中测试信号输出电路

对于微控制器的其他引脚功能，如时钟振荡、复位、待机控制、键盘控制、遥控信号输入等，可参见第九章和第八章中的相关介绍，这里不再多述。

4. 检修要领

(1)当微控制系统失效时，应注意检查“四要素”的工作电压是否正常。

(2)当伴音噪声较大、失真时，应首先操作遥控器，转换伴音中频制式看声音是否正常，正常时应在 PLA-D/K 制。若伴音中频制式转换正常，则应检查微控制器的相应接口电路。若伴音中频制式转换异常，应进入 I^2C 总线检查相应项目数据是否设置正确。

(3)当自动搜索及选台异常时，应检查 AFT 控制电路及调谐电压和波段转换电路。

(4)当模拟量失常时，主要检查维修软件的相应设定是否正确。在数字化处理彩色电视机中，已不再设置模拟量硬件接口电路。

二、E^2PROM 存储器及编程维修软件

E^2PROM 存储器及编程维修软件，是数字化处理彩色电视机中十分重要的组成部分，但编程维修软件在直观上是看不到摸不着的自编程序，只有通过密码程序进入 I^2C 总线后方可看到。

1. E^2PROM 存储器

E^2PROM 存储器，主要用于扩展微控制器内部 ROM 的存储容量，并将编程维修软件拷贝到它的内部。有关内容见本书第八章中的相关介绍，这里不再多述。

2. 编程维修软件

编程维修软件，是厂商根据自己的设计要求编制的一种生产调试和维修校正专用的工作程序。它们在出厂前由生产厂拷入 E^2PROM 中，并通过专用的程序进入、退出、调整。该种程序在不同品牌和机型中不完全相同。表 10-4、表 10-5 分别是金星 D2518、TCL 王牌 2101AS 两种机型维修软件中的项目设置及数据，并在注中给出了各自的进入、退出和调整方法。

表 10-4　金星 D2518 机型中维修软件的项目功能及数据

项目	出厂数据	数据调整范围	使用功能及说明
S模式			
RCUT	36	00～FF	红截止，用于暗平衡调整
GCUT	30	00～FF	绿截止，用于暗平衡调整
BCUT	3C	00～FF	蓝截止，用于暗平衡调整
GDRV	38	00～FF	绿激励，用于亮平衡调整
BDRV	3E	00～FF	蓝激励，用于亮平衡调整
BRTC	46	00～FF	副亮度中间值
COLC	3F	00～7F	副色度中间值
TNTC	2E	00～7F	副色调中间值
COLS	00	00～7F	SECAM 制副彩色
SCNT	0F	00～0F	副对比度调整
HPOS	13	00～1F	行中心调整
VP50	00	00～0F	50Hz 场频中心调整
HIT	04	00～3F	场幅度调整
VLIN	06	00～0F	场线性调整
SBY	08	00～0F	SECAM 制 B－Y 直流电平调整
SRY	0.8	00～0F	SECAM 制 R－Y 直流电平调整
RAGC	26	00～3F	射频 AGC 延迟调整
D模式			
CNTX	3F	00～3F	副对比度最大
BRTC	46	00～7F	亮度中间值
COLC	3F	00～7F	色度中间值
TNTC	2E	00～7F	色调中间值
COLP	0F	80～7F	PAL 制色饱和度
COLS	00	00～7F	SECAM 制副彩色
SCNT	0F	00～0F	副对比度调整
CNTC	30	00～3F	副对比度中间值
CNTN	00	00～3F	副对比度最小

续表 10-4

项目	出厂数据	数据调整范围	使用功能及说明
D模式			
BRTX	40	00～7F	亮度最大
BRTN	3A	00～7F	亮度最小
COLX	2C	00～7F	色度最大
COLN	00	00～7F	色度最小
TNTX	3F	00～7F	色调最大
TNTN	30	00～7F	色调最小
ST3	20	00～3F	NTSC 3.58 副清晰度调整(TV)
SV3	20	00～3F	NTSC 3.58 副清晰度调整(AV)
ST4	20	00～3F	4.43 副清晰度调整(TV)
SV4	15	00～3F	4.43 副清晰度调整(AV)
SHPX	3F	00～3F	副清晰度最大
SHPN	15	00～3F	副清晰度最小
TXCX	3F	00～3F	字符最大亮度
RGCN	30	00～3F	字符最小亮度
VM0	01	00～FF	VCD 模式 0
VM1	40	00～FF	VCD 模式 1
HPOS	13	00～1F	行中心调整
VP50	00	00～07	50Hz 场中心调整
HIT	04	00～3F	场幅度
HPS	03	E0～1F	行中心移相
VP60	00	00～07	60Hz 场中心
HITS	FF	C1～3F	行线性调整
VLIN	06	00～0F	场线性调整
VSC	00	F0～0F	场线性改变数据
DPC	16	00～3F	枕形失真校正
DPCS	00	C0～3F	60Hz 枕形失真校正
KEY	00	00～3F	梯形失真校正
KEYS	00	C0～3F	60Hz 梯形失真校正
WID	19	00～3F	行幅度，3F 时行幅最大
WIDS	03	3F～DF	60Hz 行幅度
VCP	00	00～0F	场幅度补偿
CNR	00	00～0F	四角失真校正
HCP	00	00～0F	行幅度补偿
SBY	08	00～0F	SECAM 制 B－Y 直流电平

续表 10-4

项目	出厂数据	数据调整范围	使用功能及说明
D模式			
SRY	08	00～0F	SECAM制R－Y直流电平
RAGC	26	00～3F	射频AGC延迟调整,“00”时黑屏
AFT	77	00～FF	AFT自动频率微调
HAFC	00	00～03	行AFC自动频率控制,“03”时行失步
V25	65	00～7F	25%音量输出
V50	70	00～7F	50%音量输出
BRTS	00	C0～3F	副亮度调整
VM2	70	00～FF	VCD模式数据2
MOD0	04	00～FF	工作方式选择0,维修时不可调动
MOD1	02	00～FF	工作方式选择1,维修时不可调动
MOD2	08	00～FF	工作方式选择2,维修时不可调动
SELF	00	00～03	自动调节
SELF VCO	80	00～FF	VCO自动调节
SELF AGC	68	00～FF	AGC自动调节
SELF BRTC	75	00～FF	亮度自动调节
SELF CNTC	23	00～FF	对比度自动调节
SELF TNTC	00	00～FF	色调自动调节
SELF COL	20	00～FF	色饱和度自动调节
OSD	07	00～7F	字符对比度
OPT	24	00～FF	字符设定
RCUT	36	00～FF	红截止,用于暗平衡调整
GCUT	3D	00～FF	绿截止,用于暗平衡调整
BCUT	3C	00～FF	蓝截止,用于暗平衡调整
GDRV	38	00～7F	绿激励,用于亮平衡调整
BDRV	3E	00～7F	蓝激励,用于亮平衡调整

注:1. 进入方法(使用随机遥控器)

(1)将音量调至0。

(2)同时按电视机面板上的音量减键和遥控器面板上的“OSD”。屏显键,屏幕上出现“S”字符,即进入S模式。

(3)在S模式下按两下电视机面板上的“MENU”菜单键。

(4)同时按电视机面板上的音量减键和遥控器面板上的“OSD”屏显键,屏幕上出现“D”字符即进入D模式。

2. 调整方法

(1)按节目加减键,选择项目。

(2)按音量加减键,调整数据。

3. 退出方法

按遥控关机键。

表 10-5 TCL 王牌 2101AS 机型中维修软件的项目功能及数据

项目—	出厂数据	数据调整范围	使用功能及说明
S 状态下			
菜单 1			
RCUT	2B	00～FFH	红截止，用于暗平衡调整
GCUT	2B	00～FFH	绿截止，用于暗平衡调整
BCUT	2B	00～FFH	蓝截止，用于暗平衡调整
GDRV	34	00～7FH	绿激励，用于亮平衡调整
BDRV	34	00～7FH	蓝激励，用于亮平衡调整
菜单 2			
HOPS	CD	00～1FH	50Hz 行中心调整
VP50	04	00～07H	50Hz 场中心调整
HIT	3	00～4FH	50Hz 场幅度调整
HPS	04	00～1FH	60Hz 行中心调整
VP60	02	00～07H	60Hz 行中心调整
HITS	03	00～4FH	60Hz 行中心调整
菜单 3			
RAGC	29	00～3FH	射频 AGC 延迟调整
CNTC	37	00～3FH	副对比度调整
BRTC	4E	00～7FH	副亮度调整
COLC	48	00～7FH	副彩色调整
TNIC	39	00～7FH	副色调调整
COLP	BB	00～7FH	PAL 制副彩色调整
菜单 4			
VLIN	0F	00～0FH	场线性(50Hz)调整
VSC	05	00～0FH	场 S 形失真校正调整
VLIS	FE	00～0FH	场线性(60Hz)调整
D 状态下			
按数字键“0”			
VLIN	0F	00～0F	50Hz 场线性
VSC	05	00～0F	场 S 校正
VLIS	FE	F0～0F	60Hz 场线性
SBY	0A	00～0F	SECAM 制 B－Y 直流电平
SRY	0B	00～0F	SECAM 制 R－Y 直流电平
按数字键“1”，再按节目键“＋”			
RCUT	2B	00～FF	红截止，用于暗平衡调整
BDRV	32	00～FF	蓝激励，用于亮平衡调整
GDRL	37	00～FF	绿激励，用于亮平衡调整

续表 10-5

项目	出厂数据	数据调整范围	使用功能及说明
按数字键“2”			
HPOS	CD	00～FF	50Hz 行中心调整
VP50	04	00～07	50Hz 场中心调整
HIT	23	00～3F	50Hz 场幅度调整
HPS	04	00～1F	60Hz 行中心调整
VP60	02	00～1F	60Hz 场中心调整
HITS	03	00～3F	60Hz 场幅度调整
按数字键“3”			
RAGC	29	00～3F	高放 AGC 延迟调整
CNTC	37	00～3F	对比度中间值调整
BRTC	4E	00～7F	亮度中间值调整
COLC	48	00～7F	色饱和度中间值调整
TNTC	39	00～7F	色调中间值调整
COLP	0B	00～0F	PAL 制色饱和度调整
按数字键“4”			
SCNT	0E	00～0F	副对比度调整
按数字键“5”			
COLC	48	00～7F	色饱和度中间值调整(NTSC 制)
按数字键“6”			
TNTC	39	00～7F	NTSC 制色调中间值调整

注：1. I²C 总线进入方法(使用随机遥控器)

(1)将音量调至 0。

(2)同时按音量减键和遥控器上的 DISPLAY 键，屏幕上出现“S”字符，此时进入 S 维修模式。

(3)拆开随机遥控器，在电路板上的 D1502、D1503 处装上 1N4148 开关二极管，再用导电橡胶按压电路板右下角的叉指键，屏幕上出现“D”字符，此时进入 D 维修状态。

2. 调整方法

(1)按“1”、“2”、“3”、“4”数字键，可分别选择“D”状态下的菜单 1、菜单 2、菜单 3、菜单 4。

(2)按频道加减键可选择项目。

(3)按音量加减键可调整数据。

3. 退出方法

遥控关机即可退出维修状态。

第二节　I²C 单片机芯电路分析及故障检修要领

I²C 单片机芯电路的最大特点是省去了传统模拟机芯中的可调元件，众多功能均是由 I²C 总线进行调控的，因此，其电路表现十分简洁。本节以 TB1238AN 为例来分析 I²C 单片机芯电路的工作特点及故障检修。其内部方框组成如图 10-6 所示，其引脚功能及电压值、电阻值见表 10-6。

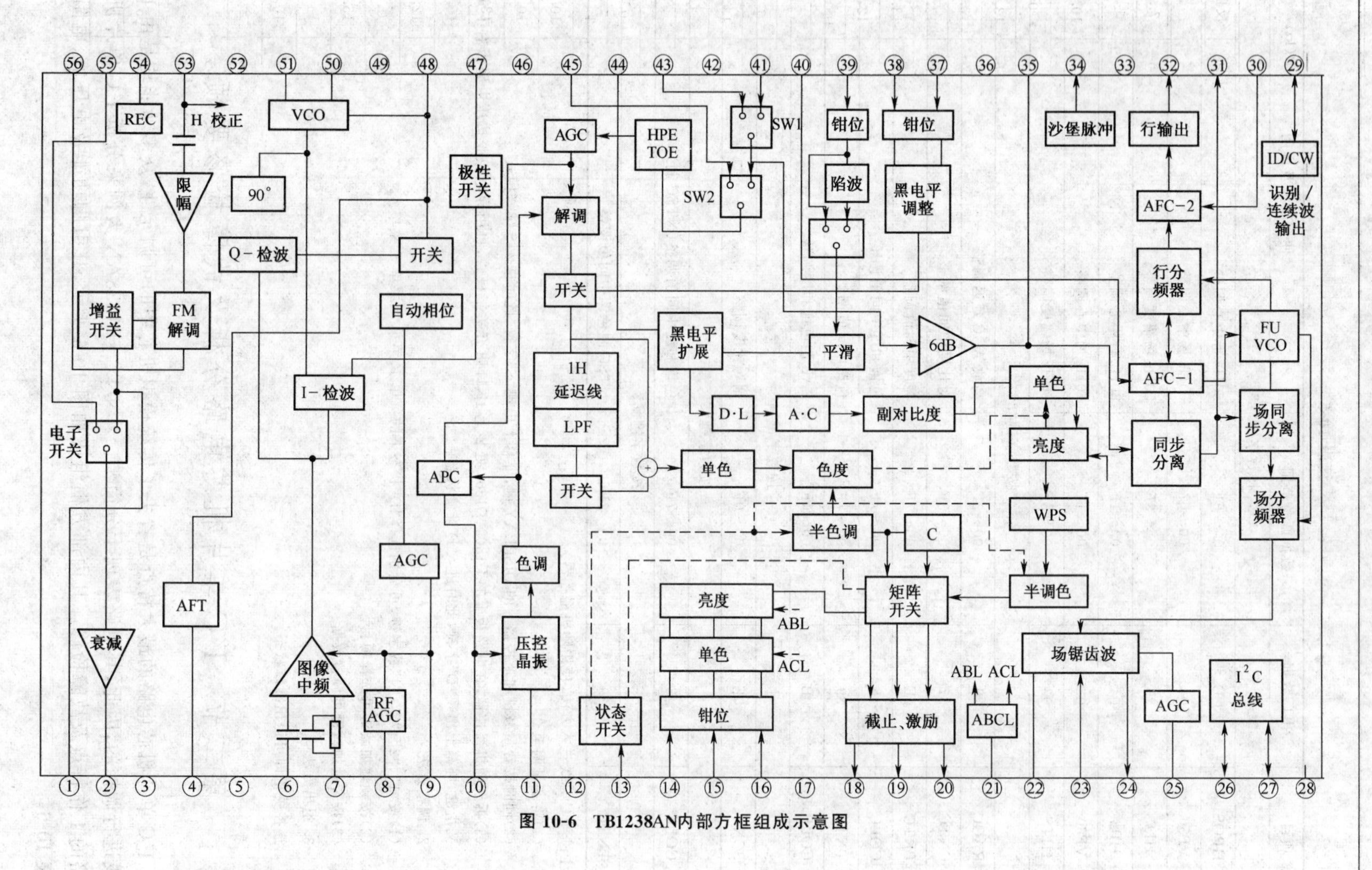

图 10-6 TB1238AN内部方框组成示意图

表 10-6　TB1238AN 引脚功能、电压值、电阻值

引脚	符号	功　能	U(V)				R(kΩ)	
			AV		TV		在线	
			静态	动态	静态	动态	正向	反向
1	DE-EMP	去加重电容	5.1	5.1	5.1	5.1	9.2	12.5
2	AUDIO OUT	音频信号输出	3.7	3.7	3.7	4.6	6.6	7.8
3	IF VCC	中频电路供电	9.2	9.2	9.2	9.2	0.3	0.3
4	AFT OUT	自动频率微调输出	1.8↓ 0.4	1.8↓ 0.4	2.1	1.7	8.0	10.5
5	IF GND	中频电路接地	0	0	0	0	0	0
6	IF IN	中频载波信号输入	0	0	0	0	8.5	13.2
7	IF IN	中频载波信号输入	1.4	1.4	1.4	1.4	8.5	13.0
8	RF AGC	射频 AGC 输出	3.4	3.4	6.7	5.3	9.0	12.0
9	IF AGC	中频 AGC 滤波	4.9	4.9	7.3	4.3	9.4	13.1
10	APC FILTER	APC 滤波	1.9	1.8	1.8	1.8	9.2	12.2
11	XTAL	4.43MHz 晶体	3.6	3.6	3.6	3.6	9.5	100.0
12	Y/C GND	接地	0	0	0	0	0	0
13	YS/YM	字符消隐信号输入	0	0	0	0	0.3	0.3
14	OSDR	红字符信号输入	1.3	1.3	1.3	1.3	9.5	13.1
15	OSDG	绿字符信号输入	1.3	1.3	1.3	1.2	9.5	13.2
16	OSDB	蓝字符信号输入	1.3	1.3	1.3	1.2	9.5	13.2
17	RGB VCC	RGB 电路供电	9.3	9.3	9.3	9.3	0.3	0.3
18	ROUT	红基色信号输出	1.9	2.2	1.9	2.3	8.9	10.8
19	GOUT	绿基色信号输出	1.8	2.3	1.8	2.0	9.0	10.8
20	BOUT	蓝基色信号输出	2.9	2.5 ↔	2.8	2.3	9.0	10.8
21	ABCL	自动亮度、对比度限制	5.6	5.6	5.6	5.6	9.4	13.0
22	VRAMP	场锯齿波形成	4.3	4.3	4.3	4.3	9.0	15.5
23	VNFB	场负反馈	5.1	5.1	5.1	5.1	8.9	12.2
24	VOUT	场激励输出	1.1	1.1	1.1	1.1	0.8	0.8
25	VAGC	场自动增益控制	0.2	0.2	0.2	0.2	9.5	15.5
26	SCL	I^2C 总线时钟线	2.9	2.9	3.1 ↔	2.9	7.5	10.8
27	SDA	I^2C 总线数据线	3.1	3.1	3.2 ↔	3.1	7.5	10.8
28	HVCC	行电源	9.2	9.2	9.2	9.2	2.3	2.2
29	SID/CW	识别信号输入/副载波输出	1.9	3.9	1.9	3.9	9.5	14.0
30	FBP IN	行逆程脉冲输入	1.5	1.5	1.5	1.5	9.0	16.0
31	SYNC OUT	复合同步信号输出	5.2	4.9	4.1	4.9	5.0	5.0
32	H OUT	行激励信号输出	2.0	2.0	2.0	2.0	0.6	0.6
33	DEF GND	扫描电路接地	0	0	0	0	0	0

续表 10-6

引脚	符号	功 能	U(V)				R(kΩ)	
			AV		TV		在线	
			静态	动态	静态	动态	正向	反向
34	SCP OUT	沙堡脉冲输出	1.4	1.4	1.4	1.4	9.2	13.5
35	VIDEO OUT	视频信号输出	2.2	3.2	2.6	2.8	1.7	1.7
36	DIG VDD	数字电路供电	5.3	5.4	5.4	5.4	2.4	2.4
37	S·B−Y IN	SECAM 制 B−Y 信号输入	2.7	2.7	2.7	2.7	9.4	13.1
38	S·R−Y IN	SECAM 制 R−Y 信号输入	2.7	2.7	2.7	2.7	9.4	13.1
39	Y IN	亮度信号输入	1.2	1.1	1.2	1.2	9.4	13.1
40	H AFC	行 AFC 滤波	6.5	6.5	6.5	6.5	9.4	15.5
41	EXT IN/Y	外视频/亮度信号输入	2.9	1.6	1.6	1.6	9.1	13.0
42	DIG·GND	数字电路接地	0	0	0	0	0	0
43	TV IN/C	电视视频/色度信号输入	1.6	3.1	2.8	3.0	9.1	12.5
44	BLACK DEET	黑电平检测滤波	2.4	1.8	3.1	1.8	9.5	13.0
45	CIN	色度信号输入	2.9	2.9	2.9	2.9	9.5	13.0
46	Y/C VCC	Y/C 电路供电	5.2	5.2	5.2	5.2	1.1	1.1
47	DET OUT	检波信号输出	4.3	3.9	4.9	3.6	0.7	0.7
48	LOOP FIL	环路滤波	4.9	4.9	4.3	4.9	9.1	13.1
49	GND	接地	0	0	0	0	0	0
50	VCO	压控振荡,外接 LC 回路	8.3	8.3	8.4	8.4	0.7	0.7
51	VCO	压控振荡,外接 LC 回路	8.3	8.3	8.4	8.4	0.6	0.6
52	VCC	+9V 电源	9.2	9.2	9.2	9.2	0.3	0.3
53	LIMITER IN	伴音中频信号输入/H 校正	3.8	3.7	3.7	3.7	9.0	13.1
54	RIPPLFFIL	纹波滤波	5.8	5.8	5.8	5.8	9.0	10.2
55	EXT·AU IN	外音频信号输入	3.4	3.4	3.4	3.4	9.5	13.1
56	FM DC NF	调频直流负反馈	4.1	4.1	4.1	4.1	8.9	13.1

注:表中数据在金星 D2101 机型中测得,仅供参考。该机随机图纸中标号为 TB1231N,但实物为 TB1238N。

一、TV 小信号处理电路分析及故障检修要领

在 TB1238AN 单片机芯中,TV 小信号处理均包含在 TB1238AN 集成电路内部,如图像中放、伴音中放、色度解码、行场扫描等功能。它们的工作状态均由 I^2C 总线及维修软件的项目数据控制,且外围分立元件极少,电路简单。

1. 图像中频电路

在 TB1238AN 机芯中,图像中频电路,主要由 N201(TB1238AN)的⑥～⑨脚、㊼～㊾脚及其外接分立元件等组成,如图 10-7 所示。其中,⑥、⑦脚用于输入 IF 中频载波信号,其外接 Z101 为声表面波滤波器,V101 等组成预中频放大电路。由⑥、⑦脚输入的 IF 中频载波信号,经 IC 内部图像中频放大和⑨脚 AGC 滤波后,送入压控振荡、检波等电路进一步处理,检出视频信号,并经极性开关从㊼脚输出,其内部电路参见图 10-6。

由㊼脚输出的视频信号,经 V204 射随放大后,送往 TV/AV 转换电路,经转换后,分别送往彩色解码、亮度处理、伴音中放等电路。

在图 10-7 所示电路中,N201㊿、51脚外接 L202 为图像中周,谐振在 38MHz 上,它直接影

响㊼脚输出全电视信号质量；㊽脚外接双时间常数电路，用于压控振荡滤波，它直接影响㊿、51脚 VCO 振荡频率。

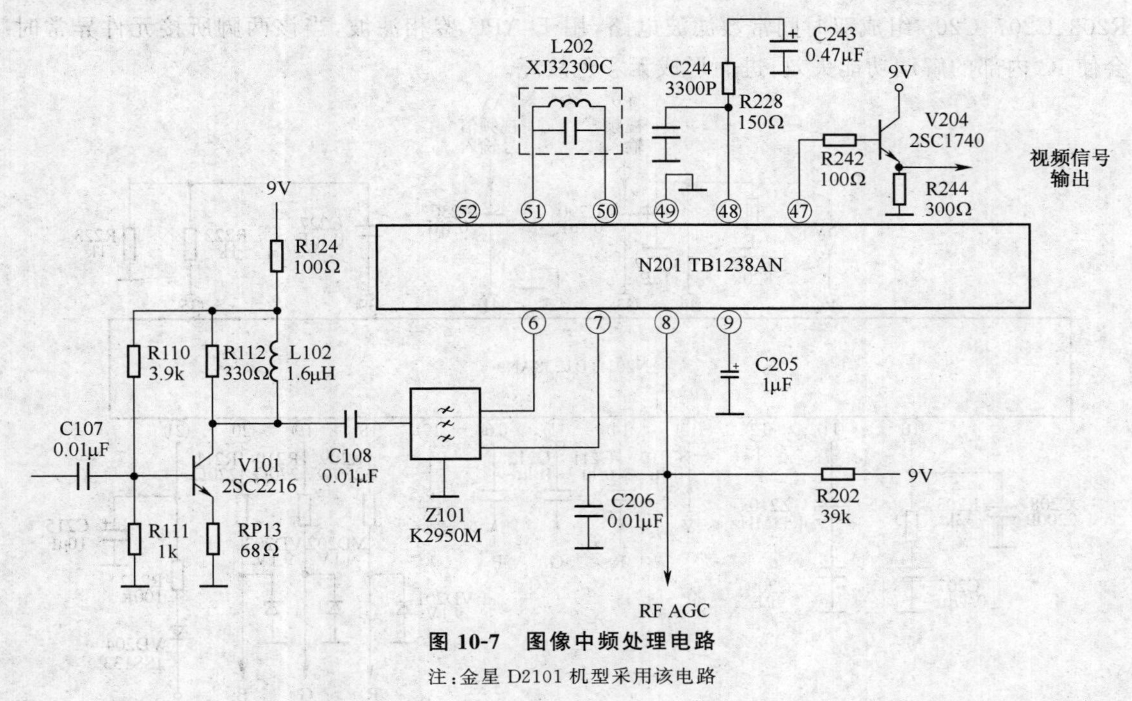

图 10-7 图像中频处理电路

注：金星 D2101 机型采用该电路

在图像中放及中频 AGC 正常工作时，由⑧脚输出 RF AGC，送入高频调谐器，以自动控制高放级 AGC 增益。

在 VCO 振荡及视频检波正常工作时，由④脚输出 AFT 信号电压，送入中央微控制器，用于实现自动频率跟踪。在数字化处理机型中，AFT 不再直接控制高频调谐器，高频调谐器也不再设置 AFT 端子，但这决不等于取消了 AFT 功能，而是通过另一种数字化处理技术，在 MCU 内部自动微调 VT 控制电压，从而实现自动频率微调功能。

在该种机型中，RF AGC 不再有延迟调整电位器，它由维修软件中的"SELF AGC"项目代替(见表 10-4)，调谐该项目数据可调整⑧脚 RF AGC 输出电压，使图像最清晰；调整"SELF VCO"项目数据(见表 10-4)，可调整压控振荡频率，使 AFT 功能正常工作。

2. 色度、亮度处理及基色输出电路

在 TB1238AN 机芯中，色度、亮度处理及基色输出电路，主要由 N201(TB1238AN)的⑩～㉑脚、㉟～㊻脚及其外接分立元件等组成，如图 10-8 所示。其中㊸脚用于输入 TV 视频信号，㊶脚用于输入 AV 视频信号。TV、AV 视频信号由 IC 内部电子开关切换后送往色度和亮度处理电路。电子开关 SW1/SW2(见图 10-6)受 I²C 总线控制。SW1 切换㊸、㊶脚输入的 TV/AV 信号，其切换后输出的视频信号分为两路：一路经 6dB 放大后再分为两路，一路送入同步分离电路，为行场扫描提供同步信号，另一路从㉟脚输出，经 R222、C227 送回㊴脚内部(见图 10-8)，经陷波(吸收掉色度信号)、黑电平钳位、亮度延时等一系列处理后(见图 10-6)，送入基色矩阵电路；另一路送入 SW2(见图 10-6)与㊺脚输入的色度信号(S 端子输入的 C 信号)切换后，经解调、1H 延迟线、色度等一系列处理后形成色差信号送入基色矩阵电路，与亮度信号汇合进行基色矩阵，最后从⑱、⑲、⑳脚输出 R、G、B 三基色信号送往尾板电路。

在图 10-8 所示电路中，⑪脚外接 Z210（4.43MHz 晶振）用于副载恢复振荡，⑩脚外接 R203、C207、C208 组成双时间常数滤波电路，用于 APC 鉴相滤波，当该两脚所接元件异常时会使 IC 内部的解调功能失效，进而形成无彩色故障。

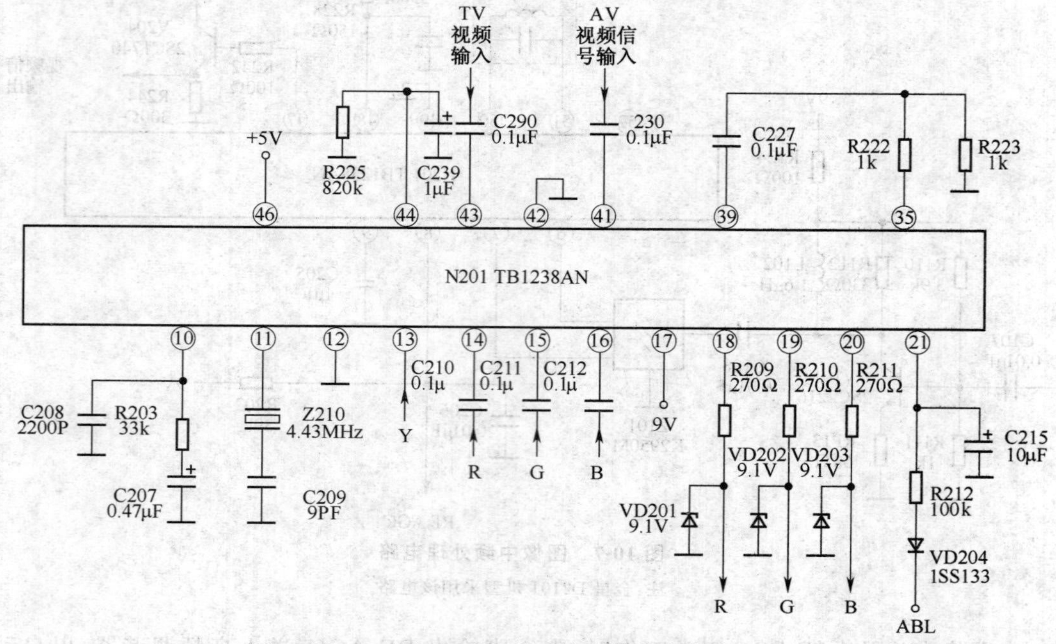

图 10-8　色度、亮度处理及基色输出电路

注：金星 D2101 机型采用该电路

在图 10-8 所示电路中，㊹脚外接 R225、C239 组成 RC 并联时间常数滤波器，用于 IC 内部的黑电平扩展滤波。当该脚所接元件失效或短路时，图像效果变差或图像中无亮度信号等。

在图 10-8 所示电路中，⑱、⑲、⑳脚外接的 VD201、VD202、VD203 为 9.1V 稳压二极管，主要起齐纳击穿保护作用，U2 防止显像管产生的高压脉冲进入 N201 内部，损坏 TB1238AN 芯片。当因某种原因（如高压打火等）使显像管阴极出现尖峰脉冲，并通过尾板电路反馈到三基色信号输出电路时，VD201、VD202、VD203 会迅速形成齐纳击穿，从而将 N201⑱、⑲、⑳脚通过 R209、R210、R211 接地，起到保护作用。

TB1238AN 的⑬、⑭、⑮、⑯脚，输入字符开关信号和 R、G、B 字符信号，在 I^2C 总线控制下送入矩阵电路，经切换控制从⑱、⑲、⑳脚输出，以实现屏幕上的字符显示。

在 TB1238AN 内部，色度、亮度、字符等处理功能均是在 I^2C 总线及维修软件的项目数据控制下进行工作。其相关项目数据见表 10-4。

3. 伴音中放及鉴频处理电路

在 TB1238AN 机芯中，伴音中放及鉴频处理电路，主要由 N201（TB1238AN）的①、②脚和53～56脚及外接分立元件等组成，如图 10-9 所示。其中，53脚用于输入 TV 电视伴音第二中频信号（6.5MHz 或 6.0MHz），55脚用于输入外部 AV 音频信号。53脚输入的 TV 伴音中频信号（见图 10-6），在 IC 内部经限幅放大、调频解调等得到音频信号，再经增益开关后送入电子开关，与55脚输入的 AV 音频信号切换后，由直流音量衰减电路控制从②脚输出，送入音频功率放大电路。直流音量衰减电路由 I^2C 总线及维修软件项目数据控制,如项目"V25"、"V50"等(见表 10-4)。

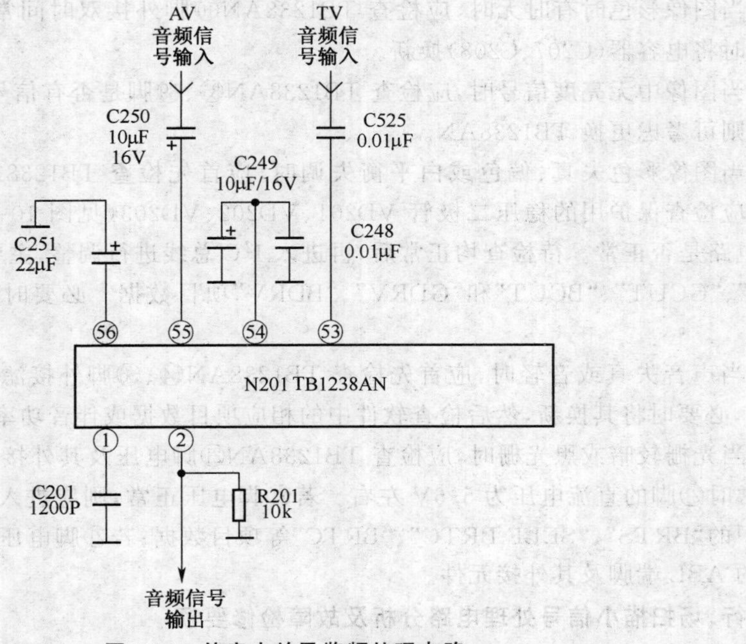

图 10-9　伴音中放及鉴频处理电路

注:金星 D2101 机型采用该电路

在图 10-9 所示电路中,①脚外接 C201(1200P)为去加重电容,用于吸收音频信号中的高频成分;㊹脚外接 C249、C248 主要起滤波作用,吸收掉信号中的纹波成分,当该电容失效或短路时,电视伴音中有噪声或无电视伴音;㊻脚外接 C251 主要用于调频直流负反馈滤波,当该电容失效或短路时,电视伴音中有噪声且失真或无电视伴音。

4. 检修要领

在 TB1238AN I^2C 单片机芯彩色电视机中,其故障现象与模拟彩色电视机的故障现象已有明显不同,其产生原因与检修方法也不完全一致。

(1)当图像"雪花"增大时,除注意检查 TB1238AN⑥、⑦脚外接的预中频放大电路及声表面波滤波器 Z101(见图 10-7)外,主要是检测⑧脚输出的 RF AGC 电压。若 N201(TB1238AN)⑧脚电压异常,应进入 I^2C 总线,调整维修软件中的"RAGC"项目数据,使其在 00～3F 之间变化(见表 10-4)。当调整"RAGC"项目数据时,TB1238AN⑧脚的直流电压也随之变化,直到图像清晰为止。若调整无效,则一定将"RAGC"项目数据恢复在出厂数据"26",然后再检查或更换高频调谐器。

(2)当图像扭曲不稳定时,应检查 TB1238AB㊿、51脚外接 L202(XJ32300C),必要时将其直接换新。

(3)当无图像、无伴音时,可首先转换为 AV 信号,若此时正常,应注意检查 TB1238AN㊼脚及外接视频信号输出电路;若转换为 AV 信号后仍无图像、无伴音,则应进入 I^2C 总线对一些工作模式设定等项目数据进行逐一检查,并与表 10-4 进行核对。必要时可将外部 E^2PROM 存储器换新。

(4)当图像无彩色时,应首先进入 I^2C 总线检查维修软件中的相关项目数据及彩色制式设定。必要时可将 TB1238AN⑪脚外接的 4.43MHz 晶振换新(见图 10-8)。

(5)当图像彩色时有时无时,应检查 TB1238AN⑩脚外接双时间常数滤波电路(见图 10-8),必要时将电容器(C207、C208)换新。

(6)当图像中无亮度信号时,应检查 TB1238AN㉟、㊴脚是否有信号波形。若检查外围元件正常,则可考虑更换 TB1238AN。

(7)当图像彩色失真、偏色或白平衡失调时,应首先检查 TB1238AN⑱、⑲、⑳脚输出电压,特别应检查保护用的稳压二极管 VD201、VD202、VD203(见图 10-8)是否有击穿现象,以及尾板电路是否正常。待检查均正常后,再进入 I^2C 总线进行调整,主要是调整维修软件中的"RCUT"、"GCUT"、"BCUT"和"GDRV"、"BDRV"项目数据。必要时可将 E^2PROM 存储器换新。

(8)当声音失真或音轻时,应首先检查 TB1238AN54、56脚外接滤波电容 C249、C251(见图 10-9),必要时将其换新,然后检查软件中的相应项目数据或伴音功率输出级电路。

(9)当光栅较暗或黑光栅时,应检查 TB1238AN㉑脚电压及其外接的 ABL 电路(见图 10-8)。正常时㉑脚的直流电压为 5.6V 左右。若㉑脚电压正常,则应进入 I^2C 总线,检查调整维修软件中的"BRTS"、"SELF BRTC"、"BRTC"等项目数据;若㉑脚电压异常,则应检查行输出变压器的 ABL 端脚及其外接元件。

二、行、场扫描小信号处理电路分析及故障检修要领

在 TB1238AN I^2C 单片机芯彩电中,行、场扫描小信号处理电路均包含在 TB1238AN 集成电路内部,并受 I^2C 总线及维修软件中的相关项目数据控制。

1. 行扫描小信号处理电路及推动输出级电路

行扫描小信号处理电路,主要由 N201(TB1238AN)的㉚~㉞脚和㊵脚及其外接的少量分立元件等组成,如图 10-10 所示。其中,㉚脚外接的 C253 用于耦合输入行逆程脉冲,R216 与㉚脚输入电容 C253 组成锯齿波形积分电路,以形成负向锯齿波送入 IC 内部的鉴相器,㊵脚外接的 R224、C228、C229 组成双时间常数的积分滤波电路,对鉴相器输出的电压进行平滑滤波,以得到直流 AFC 电压,使 AFC-1 和 AFC-2 得到自动控制(见图 10-6)。AFC-1 用于锁定行频振荡,AFC-2 用于使行扫描相位得以校正。

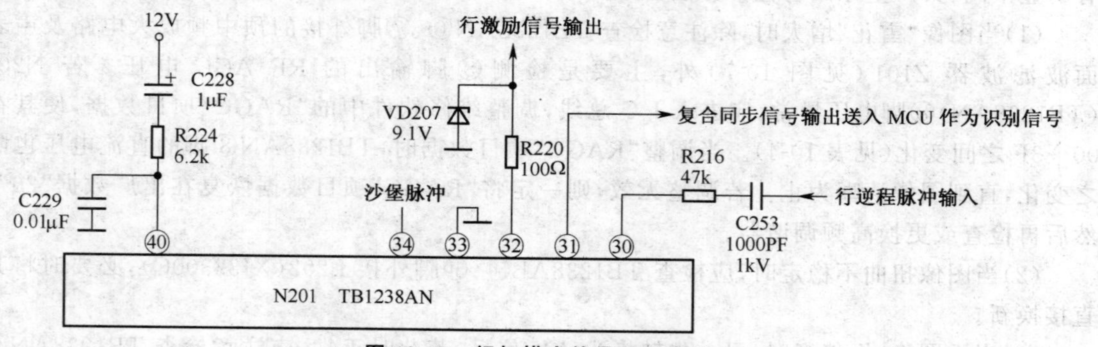

图 10-10 行扫描小信号处理电路

注:金星 D2101 机型中采用该电路

经锁相等处理后的行频开关信号从㉜脚输出,通过 R601、R625 加到行推动管 V601 基

极，如图 10-11 所示。在正常工作状态下，行推动管 V601、行输出管 V602 及整机中其他各晶体管的引脚电压见表 10-7。

有关行推动和行输出级电路的工作原理，参见上篇第五章中的相关介绍。

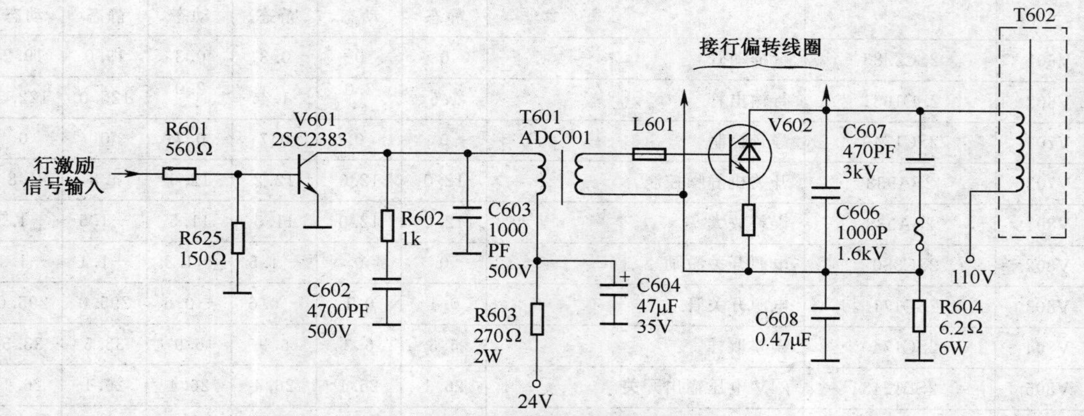

图 10-11　行推动和行输出级电路

注：金星 D2101 机型中采用该电路

表 10-7　金星 D2101 机型中各晶体管的使用功能及引脚工作电压

序号	型号	使用功能	U(V)					
			e 极		b 极		c 极	
			静态	动态	静态	动态	静态	动态
V101	2SC2116	预中频放大	0.8	0.8	0.8	1.6	8.1	8.1
V202	2SC1740	视频信号缓冲放大	1.8	1.2	2.5	1.8	9.3	9.3
V203	2SA933	视频信号缓冲放大	4.9	3.6	4.2	3.0	0	0
V204	2SC1740	视频信号输出	4.1	3.1	4.9	3.6	9.3	9.3
V205	2SC1740	伴音中频信号输出	3.9	3.8	4.4	4.4	9.3	9.3
V301	2SC3271F	红基色信号功率输出	8.7	8.7	9.3	9.3	170.0	115.0
V302	2SC1740	红激励	1.4	2.3	1.9	2.8	8.7	8.7
V303	2SC3271F	绿基色信号功率输出	8.7	8.7	9.3	9.3	165.0	125.7
V304	2SC1740	绿激励	1.2	2.3	1.7	2.8	8.7	8.7
V305	2SC3271F	蓝基色信号功率输出	8.7	8.7	9.3	9.3	125.0	135.2
V306	2SC1740	蓝激励	2.3	2.4	2.8	2.9	8.7	8.7
V307	2SC2120	消亮点控制	0.1	0.1	0	0	9.1	9.1
V401	2SC536	调谐激励	0	0	0	0	22.5	22.5
V402	2SC1740	待机控制	0	0	0.8	0.8	0.1	0.1
V405	2SC1740	行脉冲整形	0	0	−0.2	−0.2	—	4.2
V406	2SC1740	场脉冲整形	0	0	0.1	0.1	4.7	4.7
V410	2SA933	复位	5.2	5.2	4.6	4.6	5.2	5.2
V415	2SC1740	SGV 开关	0.5	0.5	1.2	1.2	9.3	9.3

续表 10-7

序号	型号	使用功能	U(V)					
			e 极		b 极		c 极	
			静态	动态	静态	动态	静态	动态
V601	2SC2383	行推动管	0	0	0.3	0.3	19.0	19.2
V602	2SD1651	行输出管	1.5	2.0 ↔	1.4	2.0 ↔	125.0	122.5
V701	2SC1740	静音控制	0	0	0.7	0.7	0	0
V702	2SA933	开关机静噪控制	12.0	12.0	12.2	12.0	4.8	4.8
V801	2SA933	误差放大	12.0	12.0	11.5	11.5	−1.5	−1.5
V802	2SC3807	电源开关激励	0	0	−1.5	−1.5	−1.1	−1.1
V803	2SD1710	电源开关管	0.1	0.1	−0.6	−0.6	295.0	295.0
V804	2SC1740	误差取样	6.3	6.3	6.9	6.9	33.5	33.5
V805	2SB1243	24V 电压输出开关	26.1	26.1	26.4	26.4	26.1	26.1
V806	2SD1443	15V 电压输出开关	17.5	17.5	16.5	16.5	17.5	17.5
N403	L5630	33V 调谐电压稳压	① 0	① 0	—	—	③ 34.0	③ 34.0
N802	KA7812	+12V 稳压器	① 17.5	① 17.5	② 0	② 0	③ 12.5	③ 12.5
N803	7805T	+5V 稳压器	① 17.5	① 17.5	② 0	② 0	③ 5.2	③ 5.2
N805	7809T	+9V 稳压器	① 12.5	① 12.5	② 0	② 0	③ 9.3	③ 9.3
N806	7805T	+5V 稳压器	① 9.3	① 9.3	② 0	② 0	③ 5.2	③ 5.2

注:表中数据在 MF47 机型中测得,仅供参考。

2. 场扫描小信号处理电路及功率输出级电路

场扫描小信号处理电路,主要由 N201(TB1238AN)的㉒～㉕脚及其外接元件组成,如图 10-12 所示。其中,㉒脚外接 C216(1μF/50V)为场锯齿波形成电容;㉕脚外接场自动增益控制滤波电容,内接 AGC 电路,用于自动控制场频锯齿波形成电路(见图 10-6)。

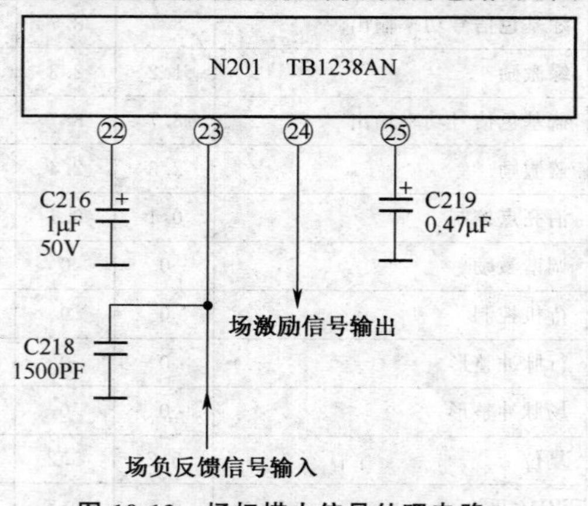

图 10-12 场扫描小信号处理电路

注:金星 D2101 机型中采用该电路

在 TB1238AN 内部，由场分频器获得的场频频率直接送入场锯齿波形成电路，以使场锯齿波频率与场频同步。场频频率有 50Hz 和 60Hz 两种形式，前者适用 PAL 制，后者适用 NTSC 制。它们可以在 I²C 总线线控制下进行自动切换。经控制后的场频锯齿波信号从㉔脚输出，经 R502 直接送入 N501(TA8403K)的④脚，如图 10-13 所示。

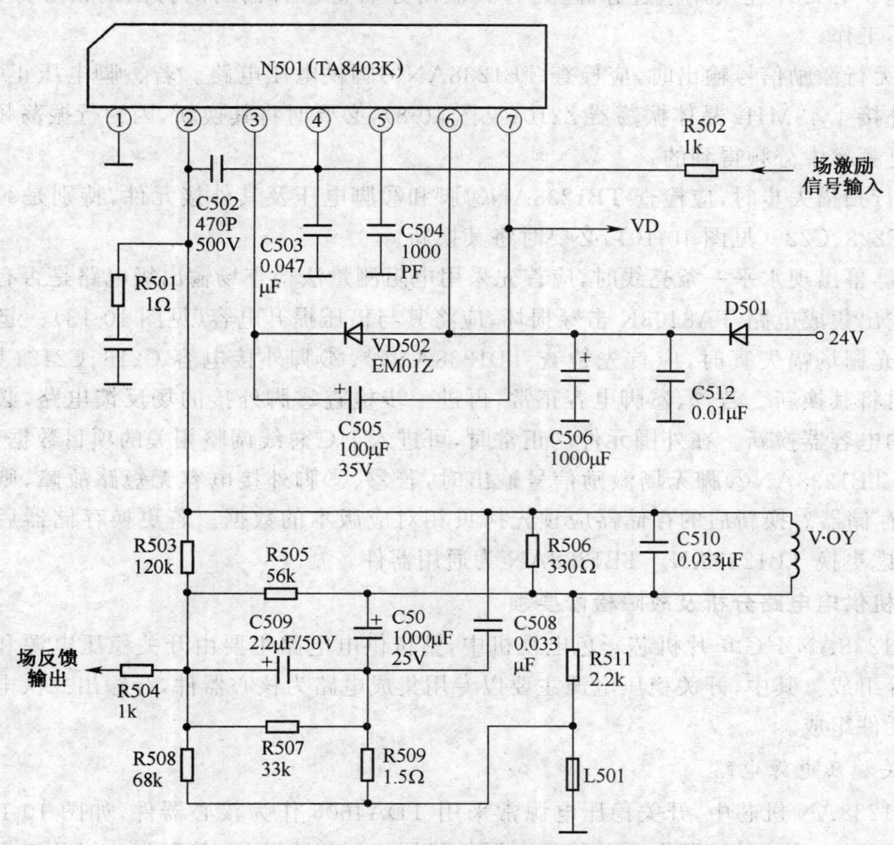

图 10-13 TA8403K 场输出级电路原理图

注：金星 D2101 机型中采用该电路

在图 10-13 所示电路中，N501(TA8403K)为场输出集成电路，其引脚功能及正常状态下的电压值、电阻值见表 10-8。其有关工作原理参见上篇第五章中的相关介绍。

表 10-8 N501(TA8403K)场输出电路引脚功能、电压值、电阻值

引脚	符号	功 能	U(V)		R(kΩ)	
			静态	动态	在线 正向	在线 反向
1	GND	接地	0	0	0	0
2	V-OUT	场功率输出	14.0	14.0	6.2	11.0
3	PUMP-UP	泵电源提升	25.5	25.0	6.0	300.0
4	INPUT	场激励信号输入	1.1	1.1	1.7	1.7
5	PHASE COMPENSATION	相位补偿电容外接端	0.9	0.9	7.5	10.5
6	VCC	电源电压输入端	25.0	25.0	6.1	22.0
7	PUMP-UP OUTPUT	泵提升电源输出端	1.9	1.9	7.1	34.0

注：表中数据在金星 D2101 机型中测得，仅供参考。

3. 检修要领

(1)当不能二次开机时,应首先检查 TB1238AN㉜脚(见图 10-10)或行推动管 V601 基极(见图 10-11)是否有正常电压,若无电压,应进一步检查稳压二极管 VD207(见图 10-10)是否击穿或漏电。VD207 主要用于过脉冲保护,其被击穿后将㉜脚输出的行激励信号旁路于地,行推动级不工作。

(2)当无行激励信号输出时,应检查 TB1238AN㊱脚供电压电路。若㊱脚电压正常,则应检查⑪脚外接 4.43MHz 晶体振荡器 Z210(见图 10-8),必要时将其换新,因为行振荡频率是从副载波恢复频率中分频得到的。

(3)当行扫描失步时,应检查 TB1238AN㉚脚和㊵脚电压及其外接元件,特别是㊵脚外接的电容器 C228、C229(见图 10-10),必要时将其换新。

(4)当屏幕出现水平一条亮线时,应首先采用电阻测量法检查场输出级电路是否有击穿故障。若场输出集成电路 TA8403K 击穿损坏,应将其与倍压提升电容(见图 10-13)一起换新。

(5)当光栅场幅失真时,应首先检查 TB1238AN㉒、㉕脚外接电容 C216、C219(见图 10-12),必要时将其换新。若㉒、㉕脚电容正常,再进一步检查㉓脚外接的场反馈电路,必要时将该电路中的电容器换新。在外围元件均正常时,可进入 I^2C 总线调整相关的项目数据。

(6)当 TB1238AN㉔脚无场激励信号输出时,若㉒、㉕脚外接电容无短路故障,则应更换 E^2PROM 存储器。换新后的存储器应预先拷贝相对应版本的数据。若更换存储器后仍无输出,则应考虑更换 TB1238AN。TB1238AN 为通用器件。

三、整机供电电路分析及故障检修要领

在 TB1238AN I^2C 单片机芯彩色电视机中,整机供电电路主要由开关稳压电源和行输出二次电源等组成。其中,开关稳压电源主要以专用集成电路为核心器件,行输出二次电源主要采用分立元件组成。

1. 开关稳压电源电路

在 TB1238AN 机芯中,开关稳压电源常采用 TDA4605 作为核心器件,如图 10-14 所示。TDA4605(N811)是一种宽范围开关稳压电源的稳压控制集成芯片,其引脚功能及工作电压见表 10-9。

表 10-9 N811(TDA4605 开关电源控制电路)引脚功能、电压值、电阻值

引脚	符号	功能	U(V)		R(kΩ)	
			待机状态	开机状态	在线	
					正向	反向
1	V_2	次级电压信息输入	0	0.4	0.5	0.5
2	I_1	初级电流信息输入	5.7	1.3	10.0	16.0
3	V_1	初级电压监测输入	0	2.4	6.4	6.4
4	GND	接地	0	0	0	0
5	OUT	激励脉冲输出	0	3.7	0.8	0.8
6	VS	电源电压输入	8.7↔	12.4	7.5	15.0
7	SOFT	软启动输入	1.4↔	2.3	10.6	14.0
8	FB	振荡反馈输入	0	0.4	8.9	9.5

注:表中数据在长虹 G2532 机型中测得,仅供参考。

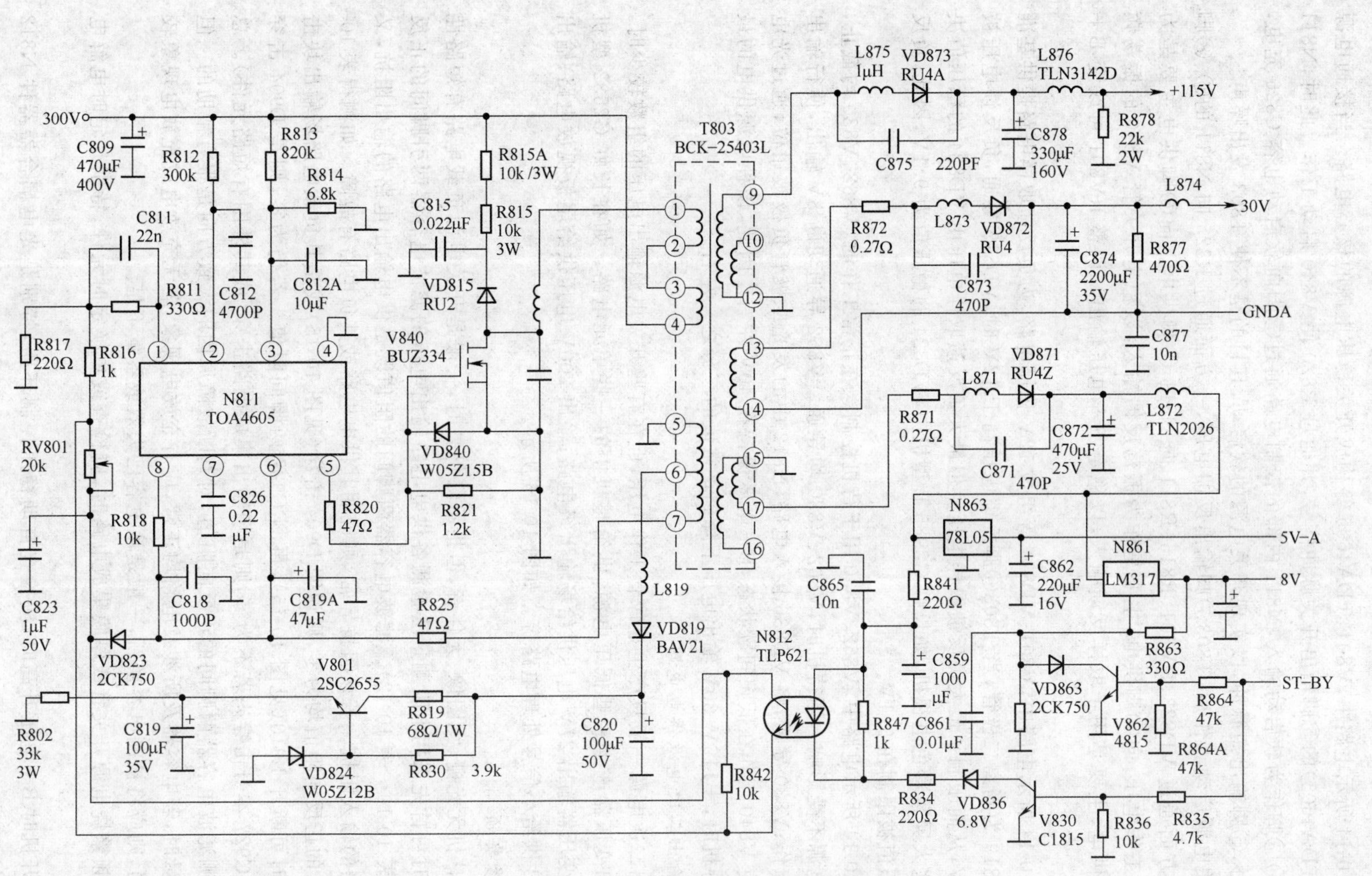

图 10-14 长虹 G2532 机型中开关稳压电源

在图 10-14 所示电路中，V804、TDA4605 等构成开关稳压电源的核心电路。当接通电源时，N811(TDA4605)的⑤脚输出开关脉冲信号，并通过 R820 使 V840 启动工作。此时，N811(TDA4605)⑦脚作为软启动输入，N811 内部的控制电路通过⑦脚向软启动电容 C826 充电，充电开始时，⑤脚输出短脉冲，以实现开关电源的软启动，其目的是不使 T803 发出噪声。

当开关电源启动工作后，T803⑦脚输出反馈电压，一方面通过 R825 向 N811 的⑥、⑧脚供电，另一方面通过 VD823、RV801、R816、R811 向 N811 ①脚供电。向⑥脚供电主要是为 N811 提供工作电压；向⑧脚供电，主要是作为振荡反馈输入，以稳定开关管 V840 的振荡频率；向①脚供电，主要是用于取样反馈输入，以稳定 B＋电压输出。调整 RV801 可改变 B＋电压。

在图 10-14 所示电路中，V801、VD824 等组成 12V 稳压电路，为负反馈取样电路提供基准电压。VD819 为隔离二极管，当 T803⑥脚反馈电压高于 12V 时，VD819 导通，负反馈电压被钳位在 12V，从而限制了最大负反馈取样电压。但最大负反馈取样电压由 VD824 的稳压值决定。在一些大屏幕彩色电视机，如长虹 G2985 B 型机中，VD824 的稳压值为 9.1V，因此，负反馈最大电压值被限制在 9.1V。

在图 10-14 所示电路中，V862、V830 用于待机控制。在正常工作时，V862、V830 均截止，开关稳压电源不受影响。当待机时，V862、V830 均导通。V862 导通切断 8V 输出，使行输出电路停止工作；V830 导通，将 VD836 接入电路，N812 中的发光二极管负极被钳位，通过光电耦合环路使 V840 工作在低频间歇状态，B＋电压保持在 40V 左右。因此，该种电源供电的最大特点是待机时，＋115V、30V 输出电压下降到正常值的三分之一左右。

2. 行输出二次电源供电电路

行输出二次电源一般只产生显像管工作电压，但在有些开关电源输出电压的组数较少时，常由行输出变压器产生一些低压电源，供给整机中的一些单元电路。如在长虹 G2532 型机中，行输出变压器输出 27V 电压供给场输出级电路；输出 200V 电压供给尾板视放电路；输出 9V-B、5V-B 供给小信号处理电路等。如图 10-15 所示。

3. 检修要领

(1)当整机无光栅、无图像、无伴音，但指示灯仍亮时，一般是开关电源负载电路有短路性故障，检修时可首先采用电阻测量法检测各供电电路输出电压的滤波电容器两引脚间的正反向阻值(见表 10-10～表 10-12)。滤波电容器两脚间的阻值既是供电输出电路的输出阻抗，又是负载电路的输入阻抗。若该阻抗异常，则说明其供电电路或其负电路有故障。如测得表 10-12 中 C927 的正反向阻值均为零，则说明 D904 击穿(见图 10-15)或是其负载电路场输出块击穿损坏，此时可断开 L910(见图 10-15)，再测 C927 两脚间阻值。若仍为零，则是 D904 击穿(但不排除 C927 本身击穿)；若不为零，则是场输出集成电路击穿(或其外围有短路元件)。总之，首先检测滤波电容器两脚间的正反向阻值，对判断故障原因的大致方向是很有帮助的。但要注意，测量时，若电容器及所涉及电路均正常，应有充放电现象，若无充放电或充放电现象较正常时很弱，则应将被测电容换新，一般是该电容已失效或容量不足。

(2)当频繁烧电源开关管或厚膜集成电路时，应检查或更换定时元件，特别是定时电解电容器。

(3)当开机时 B＋电压升高时，应检查自动稳压控制环路，特别是光电耦合器器件 N812(见图 10-14)。

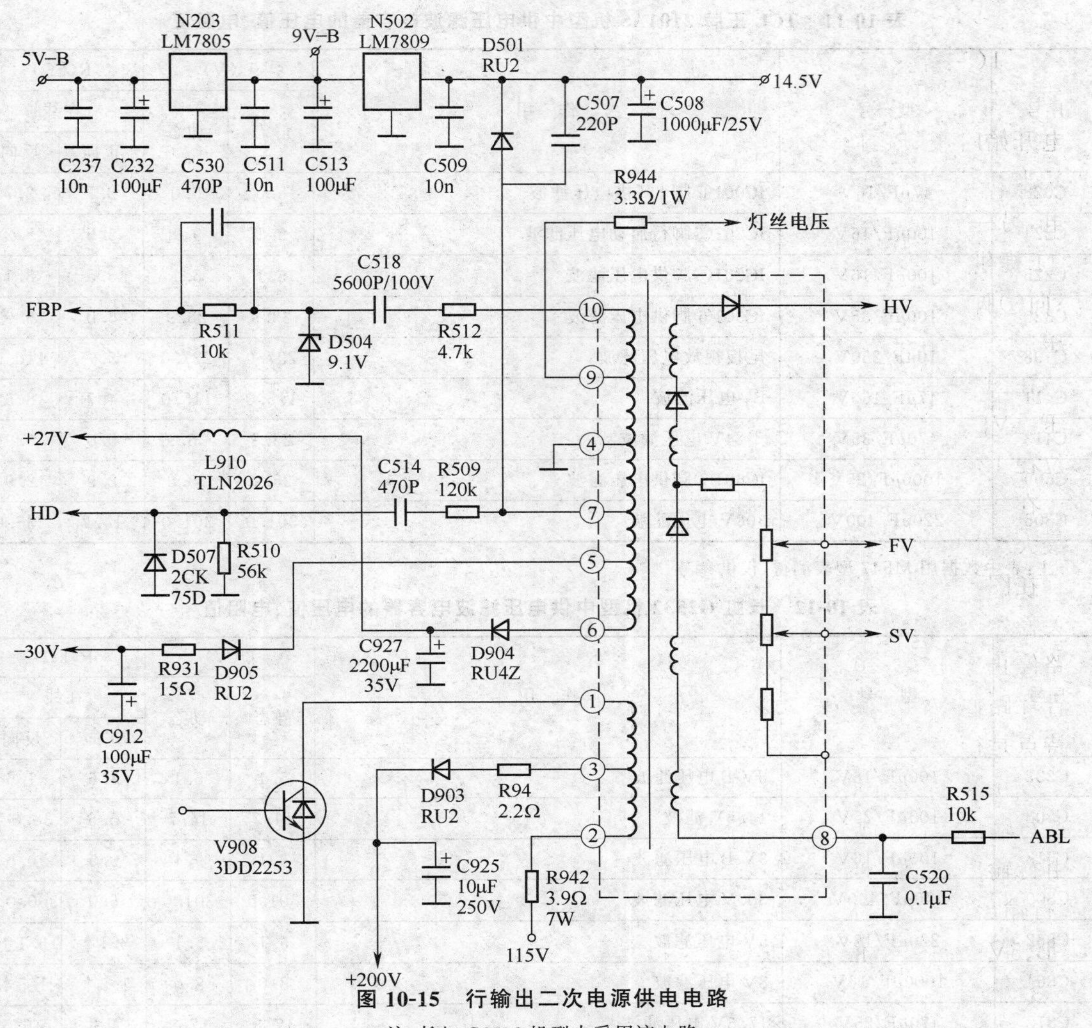

图 10-15　行输出二次电源供电电路

注：长虹 G2532 机型中采用该电路

表 10-10　金星 D2101 机型中供电滤波电容器的电压值、电阻值

序号	型　号	作　用	U(V)		R(kΩ)	
					在线	
			静态	动态	正向	反向
C506	1000μF/35V	场输出电路供电压滤波	—	25.0	6.8	26.0↑
C507	1000μF/25V	交流负反馈	—	13.8	6.5	14.0↑
C724	1000μF/35V	音频耦合输出	—	8.0	120.0↑	120.0↑
C807	100μF/400V	300V 滤波	310.0	300.0	14.0	245.0
C815	22μF/250V	180V 视放电压滤波	187.5	185.0	5.2	110.0
C817	220μF/160V	B＋(110V)电压滤波	122.5	122.5	4.5	8.3
C819	330μF/35V	24V 电压滤波	26.2	26.0	2.8	2.9
C821	1000μF/25V	15V 电压滤波	18.2	17.5	5.4	20.0↑
C823	470μF/25V	B2(15V)电压滤波	17.0	17.5	3.2	3.2

注：表中数据用 FM47 型表测得，仅供参考。

表 10-11 TCL 王牌 2101AS 机型中供电压滤波电容器的电压值、电阻值

序号	型号	作用	U(V)		R(kΩ)	
			静态	动态	在线	
					正向	反向
C028	47μF/16V	IC001㊷脚 5V 供电压滤波	5.0	5.0	2.7	2.7
C224	100μF/16V	IC201㉘脚行启动电压滤波	9.1	9.1	5.5	8.2
C225	100μF/16V	IC201㊱脚供电压滤波	5.1	5.1	5.5	8.1
C320	100μF/35V	IC301⑥脚供电压滤波	23.9	23.9	5.0	6.9
C408	10μF/250V	尾板视放电压滤波	227.0	227.0	5.7	110.0
C411	47μF/160V	B_+电压滤波	115.0	115.0	4.7	8.6
C413	470μF/35V	+24V 电压滤波	23.9	23.9	5.0	6.9
C609	1000μF/25V	IC601⑦脚供电压滤波	25.0	25.0	2.9	2.9
C806	220μF/400V	300V 电压滤波	301.0	301.0	14.2	238.0

注:表中数据用 MF47 型表测得,仅供参考。

表 10-12 长虹 G2532 机型中供电压滤波电容器的电压值、电阻值

序号	型号	作用	U(V)		R(kΩ)	
			静态	动态	在线	
					正向	反向
C232	100μF/16V	5V-B 电压滤波	5.1	5.1	1.6	1.6
C508	100μF/25V	14.5V 滤波	14.7	14.7	5.6	38.0↑
C513	100μF/16V	9V-B 电压滤波	9.1	9.1	0.5	0.5
C809	470μF/400V	300V 电压滤波	301.0	301.0	6.0	300.0↑
C862	220μF/16V	5V 电压滤波	5.1	5.1	3.1↑	3.1↑
C864	1000μF/16V	8V 电压滤波	8.0	8.0	1.5↑	1.5↑
C872	470μF/25V	17.5V 电压滤波	17.8	17.8	4.9	16.5
C874	2200μF/35V	30V 电压滤波	31.0	31.0	0.5↑	0.5↑
C878	330μF/160V	B+电压滤波	115.0	115.0	4.9	20.1↑
C912	100μF/35V	负 30V 电压滤波,为枕校电路供电	−31.2	−31.2	2.1	2.1
C925	10μF/250V	200V 视放电压滤波	200.0	200.0	15.0↑	∞
C927	2200μF/35V	27V 电压滤波	27.5	27.5	5.4	24.0↑

注:表中数据用 MF47 型表测得,仅供参考。

第三节 单片机芯彩色电视机检修实例

单片机芯彩色电视机的主要特点,是将整机小信号处理功能均集成在一块集成电路中,使主板电路中只由 CPU 和单芯片两只超大规模集成电路组成,但它有模拟和数字化处理两种形式。其中:

模拟单片机芯集成电路主要有 LA7680/LA7681/LA7687/LA7688/LA7685/TA8690/

TDA8361/TDA8362 等。

数字化处理的 I²C 单片机芯集成电路主要有 LA76810A/LA76818A/LA76820/LA76832/TB1230/TB1238/TB1240/TDA8840/TDA8841/TDA8842/TDA8843/TDA8844 等。其主要特点是引入了 I²C 总线接口电路，所配用的 MCU 控制器的引脚功能可以自定义，损坏后不能随意代换，必须用版本号一致的 MCU 更换。

一、模拟单片机芯彩色电视机检修实例

【例 1】

故障现象　白光栅，有回扫线，字符拖尾，伴音正常

故障机型　高路华 TC-2158 型彩色电视机

检查与分析　这是一个比较复杂的故障现象，检修时可首先检查 IC101（LA7680）㉔脚电压及外接元件。经检查，㉔脚电压为 6.8V，正常值应为 4.6V。断开 QS02 集电极时，IC101㉔脚电压为 4.6V 图像恢复正常。进一步检查，在更换 IC710（TC89101P）后，故障彻底排除。

小结　TC89101P 是一种容量为 1024 比特的 E²PROM 存储器，故障时会引起多种异常故障。检修时应加以注意。

【例 2】

故障现象　无字符显示，图像正常

故障机型　金星 C4738 型彩色电视机

检查与分析　在该机中，无字符时，应首先检查 N701（M34300N4-721SP）的㊵、㊶和①脚，㊳、㊴脚电压及其外接元件。经检查，发现㊳脚外电路中的 V702 反向漏电，将其换新后，故障排除。

小结　V702 为 1S2076 型开关二极管，主要用于限制由 N451⑨脚输出的场逆程脉冲幅度，以起保护作用。当 V702 漏电或击穿时，N701㊳脚无场脉冲信号输入，因而形成无字符故障。

【例 3】

故障现象　不能存储记忆节目

故障机型　金星 C5458 型彩色电视机

检查与分析　根据检修经验，可首先检查 N101（LA7680）㉚脚与 N701（M34300N4-721SP）⑨脚之间的电子元件。经检查，为 C424 不良。用 0.056μF 电容更换后，故障排除。

小结　C424 为 N101㉚脚输出的行同步一致性检测信号滤波电容。当其漏电或击穿时，N701⑨脚无识别信号输入，故引起不记忆故障。

【例 4】

故障现象　无彩色，伴音正常

故障机型　金星 C5438 型彩色电视机

检查与分析　在该机中，当出现无彩色，伴音正常的故障现象时，应重点检查 LA7680 的⑰、㊶、⑮、⑯、㊵脚电压及外接元件。经检查，为 C251 开路。用一只 68pF 电容更换后，故障排除。

小结　C251、L251、R251、C252 和 L1242、C1242、V1242 等串联支路与 R252、V255 等组成色信号带通滤波器，用于选出 PAL/NTSC 色度信号，再经 C253 送入 LA7680㊵脚。正常时㊵脚有 4.4V 电压和 0.1V_{P-P}的色度信号波形。当该脚无波形输入时无彩色。

【例5】

故障现象　满幅黑白浪条，但伴音正常

故障机型　北京8355A型彩色电视机

检查与分析　这是典型的视放末级供电压过低所造成故障，检修时可将180V滤波电容C562直接换新。换新后故障排除。

小结　当C562失效或无容量时，显像管三阴极电压均较正常值低很多，当显像管阴极电压低于120V或80V时就会出现满幅黑白浪条（像木纹一样）故障。

【例6】

故障现象　行中心偏离，有时行失步

故障机型　金星C5438型彩色电视机

检查与分析　在该机中，当出现行中心偏离的故障现象时，应注意检查LA7680㉖脚外接元件。经检查，C411开路、R411氧化不良，将其换新后，故障排除。

小结　C411、R411均用于行逆程脉冲输入电路，当其异常时㉖脚输入脉冲异常或无脉冲输入，因而会引起本例故障。

【例7】

故障现象　图像模糊不清

故障机型　TCL王牌2566型彩色电视机

检查与分析　根据检修经验，当该机出现图像模糊不清故障现象时，应首先检查LA7685的㊺脚和㉗脚电压及信号波形。若异常，则检查其外围元件。经检查，为C234失效。用10μF/16V电解电容器换新后，故障排除。

小结　C234串接在IC201（LA7685）㊺脚电路中，用于输入高频亮度信号。正常时㊺脚动态电压3.4V，信号幅度0.4V_{P-P}；异常时图像模糊。

【例8】

故障现象　白光栅，无图无声

故障机型　神彩SC-2170型彩色电视机

检查与分析　根据检修经验，当该机出现白光栅的故障现象时，应首先检查LA7688②脚和㊿脚、㊻脚电压及外接电路。经检查，②脚电压在0.1V抖动，正常时应为2.4V，同时㊿脚无输出，正常时㊿脚电压为7.5V，但检查㊻脚中频AGC电压基本正常。进一步检查②脚外接RF AGC延迟调整等元件，未见异常。因而怀疑LA7688内电路局部不良。试将其换新后，故障排除。

小结　LA7688是日本三洋公司继LA7687之后开发的单片超大规模集成电路，两者功能基本相同，但不能互换。

【例9】

故障现象　时而图像彩色失真，时而无彩色

故障机型　金星D2915F型彩色电视机

检查与分析　在该机出现彩色失真或无彩色时，应首先检查N101（LA7688）的㊱、㊲、㊳、㊴脚和N102（LC89950）的①、③、⑤、⑦脚电压及信号波形。经检查，为N102损坏。更换N102后，故障排除。

小结　N102（LC89950）是处理PAL/NTSC两种制式电视色差信号的1H延迟集成电

路，其故障或不良时会引起彩色失真或无彩色故障，检修时应特别注意。

【例 10】

故障现象　黄光栅，无图像、有声音

故障机型　康力 5468-5 型彩色电视机

检查与分析　根据故障现象，检修时可首先检查单片集成电路 IC201(TA8690AN)的引脚电压值、电阻值及外围元件。经检查，未见异常。最终在更换 TC89101P 存储器后，故障排除。

小结　存储器不良引起黄光栅的故障现象比较常见，检修时可将其直接换新。

【例 11】

故障现象　收不到信号，蓝光栅

故障机型　康力 CE-5448-5 型彩色电视机

检查与分析　根据 TA8690N 单片机芯电路的特点，检修时可首先检查 TA8690N㊸脚、㉛脚的直流电压，结果发现㊸脚电压在 3V 左右，㉛脚电压为 2.2V，正常时㊸脚电压为 2.9V，㉛脚电压为 2.5V。此时在㊸脚输入干扰信号，屏幕无反应，而在㉛脚输入干扰信号时，屏幕有反应。进一步检查，发现 Q1106 发射结呈开路性损坏。将其换新后，故障排除。

小结　TA8690N㊸脚为彩色全电视信号输出端，其输出信号经 Q208、Q212、Q1106 等放大后送回㉛脚。因此，当出现蓝光栅的故障现象时应注意检查㊸脚至㉛脚之间的电路元件。

【例 12】

故障现象　图像局部扭曲

故障机型　牡丹 CT-54F1P-G 型彩色电视机

检查与分析　首先检查 N201(TA8690AN)的㉕脚电压，仅有 7.7V，正常时为 9.0V。进一步检查，发现 R510 阻值增大。用 820Ω/1W 电阻替换后，故障排除。

小结　R510 为㉕脚的行供电限流电阻，当其开路时行电路不工作，当其变值时会使行供电压不足，因而出现行扭曲现象。

【例 13】

故障现象　图像浅淡，无对比度

故障机型　永固画王 C-2579PB 型彩色电视机

检查与分析　首先检查 IC201(TA8361)的引脚电压，发现⑱、⑲、⑳脚电压为 1.8V 左右，正常时应在 2.4V 左右。进一步检查，CF202 漏电。将其换新后，故障排除。

小结　CF202 为 6.5MHz 陷波器，用于吸收 6.5MHz 伴音中频信号，以防止伴音干扰图像。当其漏电时，会衰减或旁路 L203 输出的视频信号，进而造成图像浅淡或无图像故障。

【例 14】

故障现象　图像彩色延迟几秒后出现

故障机型　永固 C-2579B 型彩色电视机

检查与分析　首先检查 TDA8361㉝脚锁相环滤波电压，在换台时仅有 2.1V，且抖动不稳，此时无彩色，数秒钟后㉝脚电压上升到 5.0V，此时彩色正常。经进一步检查，发现 C247 轻度漏电。将其换新后，故障排除。

小结　C247 与 R239、C248 组成双时间常数滤波器，用于自动相位检波器滤波。其中有一只元件开路或失效，就会引起无彩色或彩色延迟出现的故障现象。

【例15】

故障现象　彩色失真，且时有时无

故障机型　康佳T2588B型彩色电视机

检查与分析　首先检查TDA8362㉗脚电压及外围元件，结果发现㉗脚电压在2.1V向0V方向跳动。㉗脚用于色相控制输入，在接收PAL信号时该脚电压为5.8V，接收NTSC制信号时该脚电压在0～4.1V间可调。进一步检查㉗脚外接元件，发现V311不良。将其换新后，故障排除。

小结　TDA8362内部可以完成PAL制和NTSC制的色度解码，当㉗脚电压异常时，会使IC内部制式转换功能误动作，进而引起彩色失真或无彩色故障。

二、I^2C总线单片机芯彩色电视机检修实例

【例1】

故障现象　图像雪花增大，伴音有噪声

故障机型　恒星HX-2178型彩色电视机

检查与分析　由于该机只有I^2C总线控制功能，所以检修时应首先进入I^2C总线，调整"RF AGC"项目数据，结果无明显改变，因而说明硬件电路有故障。拆壳检查A101高频头⑪脚AGC电压不足3.4V，正常时应有5.6V。再检查N101(LA76810A)③、④脚电压及外接元件，发现C119漏电。将其换新后，故障排除。

小结　C119用于LA76810A④脚RF AGC输出滤波，当其漏电或击穿时，④脚输出电压下降或无输出，因而形成图像雪花增大或白光栅等故障现象。④脚RF AGC输出电压由维修软件中的"RF AGC"项目数据来调整。

【例2】

故障现象　强信号时图像不清晰，弱信号时有较浅的虚白图像

故障机型　SVAD2566型彩色电视机

检查与分析　首先检查N101(LA76810A)㊼脚电压，发现㊼脚电压为1.2V，正常时应为0.9V。再查外接元件，发现C137失效。用0.47μF/50V电解电容器换新后，故障排除。

小结　C137用于滤除图像中频的载波成分，当其开路时图像中频检波回路的检波能力下降，故引起本例故障。

【例3】

故障现象　蓝光栅，无图像、无声音，重新自动搜索后，仅有少数强信号电台节目

故障机型　长虹H2535K型彩色电视机

检查与分析　首先重点检查N101(LA76832N)③、④、⑩、㉟、㊱、㊲、㊼、㊽、㊾、㊿脚和D701(LC86F3348AU-DIP)⑧、⑭、㉝、㉟脚的工作电压，结果发现N101④脚电压偏高。在自动搜索有信号时，④脚(高放AGC)电压在3.4～0.9V间快速变化，而正常时应在3.5～2.0V间缓慢变化。进一步检查④脚外接元件，发现C131呈开路性损坏。用2.2μF/16V电解电容器更换后，故障排除。

小结　C131用于U101 AGC端子滤波。当其电压异常时会引起图像雪花增大或无图像。检修时可将其直接换新。

【例4】

故障现象　图像画面中间有约12cm宽横浅亮带，类似字符衬底光栅

故障机型　SVA D2170 型彩色电视机

检查与分析　检修时应从检查 LA76810A 的引脚电压入手，结果发现㊺脚的静动态电压均为 2.0V，而正常时动态电压为 1.9V，静态电压为 2.0V。进一步检查㊺脚外接元件，发现 C203 已失效。用 4.7μF/16V 电解电容器换新后，故障排除。

小结　C203 为黑电平钳位电容，用于恢复亮度信号中丢失的直流分量。当其失效时，直流分量会发生变化，进而改变黑白图像背景亮度的明暗程度，形成本例故障。

【例 5】

故障现象　图像偏绿，红色字符变为黑色

故障机型　金星 D2122 型彩色电视机

检查与分析　这是一种无红色信号输出而造成的白平衡失调故障。检修时可首先进入 I^2C 总线进行调试，调整无效，说明是硬件电路有故障。拆下机壳，检查尾板电路，发现 V902 呈开路性损坏。用 2SC2371 型晶体管代换后，重新进入 I^2C 总线，调整“R-BIA”项目数据，故障彻底排除。

小结　V902 用于红基色信号驱动输出。该管损坏时，无红色信号输出，图像中缺少红色，此时应注意检查 LA76810A⑲脚及外接电路。

【例 6】

故障现象　无彩色

故障机型　雷声 14 寸彩色电视机

检查与分析　首先检查 LA76810A㊲脚电压，仅有 1.3V，正常时应为 2.7V，因而说明消色电路动作。进一步检查，发现 C207 呈开路性损坏。用 10μF 电容更换后，故障排除。

小结　C207 与 C208、R205 组成双时间常数低通滤波器，用于㊴脚色 APC 环路滤波。当其异常时图像无彩色。

【例 7】

故障现象　自动搜索不记忆

故障机型　金星 D2101 型彩色电视机

检查与分析　首先检查 N201(TB1238AN)④、㊽脚电压，基本正常，自动搜索时有 0.2～5.0V 的摆动电压，但检查 N401(TMP87CK38N)⑬脚时无摆动电压。进一步检查，发现 R414 开路。将其换新后，故障排除。

小结　N201④脚为 AFT 自动频率微调电压输出端。正常工作时 TV 状态下其动态电压为 1.7V，静态电压为 2.1V，AV 状态下为 0.4V。其输出电压经 R246、R414 送入 N401 的⑬脚。因此，当 N401⑬脚无 AFT 信号输入时，自动搜索不记忆。但 N201④脚电压受㊽脚的双时间常数积分滤波器影响。

【例 8】

故障现象　蓝光栅，无图像，有商标显示

故障机型　长虹 G2532 型彩色电视机

检查与分析　首先检查 N201(TB1238AN)㉛脚和 N001(CHT0827)㊱脚电压，发现 N001㊱脚电压仅有 1.2V，正常时应为 4.8V(动态值)，但 N201㉛脚电压 5.0V(动态值)正常。进一步检查 N201㉛脚与 N001㊱脚之间电路，发现 R051 的阻值已增大到 110kΩ。将其用 5.6kΩ 电阻更换后，故障排除。

小结　R051用于输出N201㉛脚的电台识别信号，并送入N001的㊱脚，开路时N001㊱脚无电台识别信号输入，因而使CPU工作在无信号静噪状态。

【例9】

故障现象　PAL制无彩色

故障机型　金星D2523型彩色电视机

检查与分析　首先转换一下输入信号的制式，结果在输入NTSC制式信号时，彩色正常。进一步检查发现，N201(TB1238AN)⑩脚电压有偏高现象(约2.7V)，正常时⑩脚电压为1.7V。试更换N201后，故障排除。

小结　在TB1238AN内部设置有自动制式识别电路，当其不良时会出现某一制式无彩色故障。TB1238AN的⑩脚为APC滤波端，若该脚电压异常而外接元件又正常，则应考虑更换TB1238AN集成电路。

【例10】

故障现象　图像亮度下降

故障机型　TCL王牌2129A型彩色电视机

检查与分析　首先检查IC201(TB1238AN)㉑脚电压及其外围元件，均未见异常。但通过I^2C总线调整副亮度、对比度后，故障排除。

小结　TB1238AN㉑脚电平是ABCL电路的启控电平，可通过I^2C总线设定。该设定值越低，允许电流越大。㉑脚的启控电平通常在4.5～6.0V之间，且出厂时已经设定，检修时不易调整。

【例11】

故障现象　TV状态无图像、无声音，AV状态正常

故障机型　金星D2915BF型彩色电视机

检查与分析　首先检查N301(OM8838PS)的相关引脚电压，发现⑤脚电压仅有0.4V，正常时应有2.6V，进一步检查外围元件，发现C305漏电。用100nF涤纶电容更换后，故障排除。

小结　C305用于AFT锁相环滤波。当其不良时将直接影响AFT的搜索速度，进而形成无图像、无声音故障。AFT的搜索速度由I^2C总线设定，因此，在疑难状态下，还应注意检查软件项目中的“FFI”数据，“0”时锁相速度为正常时间常数；“1”时为增大的时间常数。

【例12】

故障现象　刚开机时正常，几分钟后光栅发暗

故障机型　长虹PF2919D型彩色电视机

检查与分析　根据TDA8843型集成电路具有自动白平衡控制的功能，在光栅暗时可首先检查N301(TDA8843)⑱脚和NY01(TDA6107Q)⑤脚电压及两脚间的连接线路。经检查发现，R208开路。将其换新后，故障排除。

小结　R208用于连接N301⑱脚和NY01⑤脚。NY01⑤脚为暗电流检测输出端，它反映视频放大级的工作状态，当其电压值远低于6.7V时，NY01的⑦、⑧、⑨脚输出电压升高，使光栅发暗。

【例13】

故障现象　屏幕光栅极暗，无伴音

故障机型　金星D2915BF型彩色电视机

检查与分析　首先检查 N301(TDA8841)的㉑、⑳、⑲脚电压，仅有 0.3V，再查外围元件，未见异常。试更换 N301 后，故障排除。

小结　当光栅极暗时，若暗电流检测电路正常，则可考虑更换 TDA8841 芯片电路。

【例 14】

故障现象　图像顶部扭曲

故障机型　金星 D2915BF 型彩色电视机

检查与分析　检修时可首先检查 N301(TDA8841)的�Ⓢ53、54脚和43脚电压及外围元件。经检查，43脚电压仅有 0.8V，正常时应为 2.8V。进一步检查，发现 C408 漏电。用 4.7nF 涤纶电容换新后，故障排除。

小结　N301 43脚为 PHI-I 检测端，外接 C408 与 R410、C407 组成双时间常数滤波电路，其中有一个元件不良或失效都会引起本例故障。

【例 15】

故障现象　彩斑图像，伴音正常

故障机型　金星 D2908FZ 型彩色电视机

检查与分析　检修时可首先检查 N304(SAA4961)⑭脚与 N302(TDA8844)⑪脚电压及两脚间的电路元件。经检查，N302⑪脚电压正常，但用示波器观察无波形输入。再查 N304⑭脚电压仅有 0.1V，而正常值应为 1.6V，因而判 N304 不良。试用新的 SAA4961 型梳状滤波器更换后，故障排除。

小结　SAA4961 是一种自适应、免调试的 PAL/NTSC 制式兼容的单片梳状滤波器，具有 Y/C 分离的功能。其⑭脚用于输出亮度信号。因此，当⑭脚无输出时，N302 的⑲、⑳、㉑脚就只输出色差信号，形成本例故障。

第十一章　TDA9373 超级芯片彩色电视机电路分析与故障检修要领

超级芯片电路是在 I^2C 总线单片机芯的基础上发展起来的，它将中央微控制器（MCU）和 I^2C 单片机芯合并在一起而构成超级芯片，以其为机芯开发的彩色电视机线路更加简洁，同时具备 I^2C 单片机芯的所有特点。

超级芯片彩色电视机是 2000 年以后相继面市的。我国各电视机生产厂引入超级芯片的系列较多，主要有飞利浦公司开发生产的 TDA9370/TDA9373/TDA9383 及 OM8373 等；东芝公司开发生产的 TMPA8801/TMPA8803/TMPA8807/TMPA8808/TMPA8809 等；三洋公司开发生产的 LA76930/LA76931/LA76932/LA76933 等。它们的基本特性相同，本节以 TDA9373 为例重点介绍其电路结构及维修要领。

第一节　超级芯片电路分析与故障检修要领

TDA9373 超级芯片内部组成如图 11-1 所示，其引脚功能及电压值、电阻值见表 11-1。

一、中央微控制功能及维修软件

在 TDA9373 超级芯片集成电路中，中央微控制器（MCU）是以 80C51（CPU）为核心组成的，它在 IC 内部一方面通过 I^2C 总线及编程软件控制 TV 小信号处理功能，另一方面通过接口电路控制外部一些功能电路，如高频调谐、行场扫描输出、音频功率放大等电路。

1. 80C51（CPU）的基本功能

80C51（CPU）是由美国 Intel 公司开发的中央微处理器，以其为内核的 8 位单片机被广泛用于各种自动化控制系统中。随着彩色电视机的数字处理技术越来越高度集成化，80C51 也被运用在超级芯片彩色电视机电路中。

80C51 是一种内含运算器、8 位寄存器、程序状态字、数据指针、堆栈指针等的微处理器。它通过定时器、计数器以及串行接口等可以实现多种中断控制，进而通过端口电路，按照编程软件的程序要求，可以将微控制器的外接引脚设计成具有不同功能的输入/输出控制端，即通过对微控制器的引脚功能自定义完成外部功能控制。

80C51 的中断控制，主要由 5 个中断请求源，4 个中断控制寄存器及中断开关等完成。其中 5 个中断源有两个优先级，每个中断源可以被编程为高优先级或低优先级，以实现两级中断嵌套，使 5 个中断源有对应的 5 个固定中断入口地址。

在实际应用中，80C51 可提供的中断请求源一般为 5 个，其中两个可用于外部中断请求源（即 P3・2 和 P3・3），另两个用于片内定时器/计数器的溢出中断请求源，最后一个为片内串行口的发送或接收中断请求源。它们分别由专门寄存器锁存。

因此，80C51（CPU）的基本功能是完成中断控制。其中断请求源中片内串行口的发送或接收中断请求源和片内定时器/计数器溢出中断请求源主要用于超级芯片内部各种功能处理

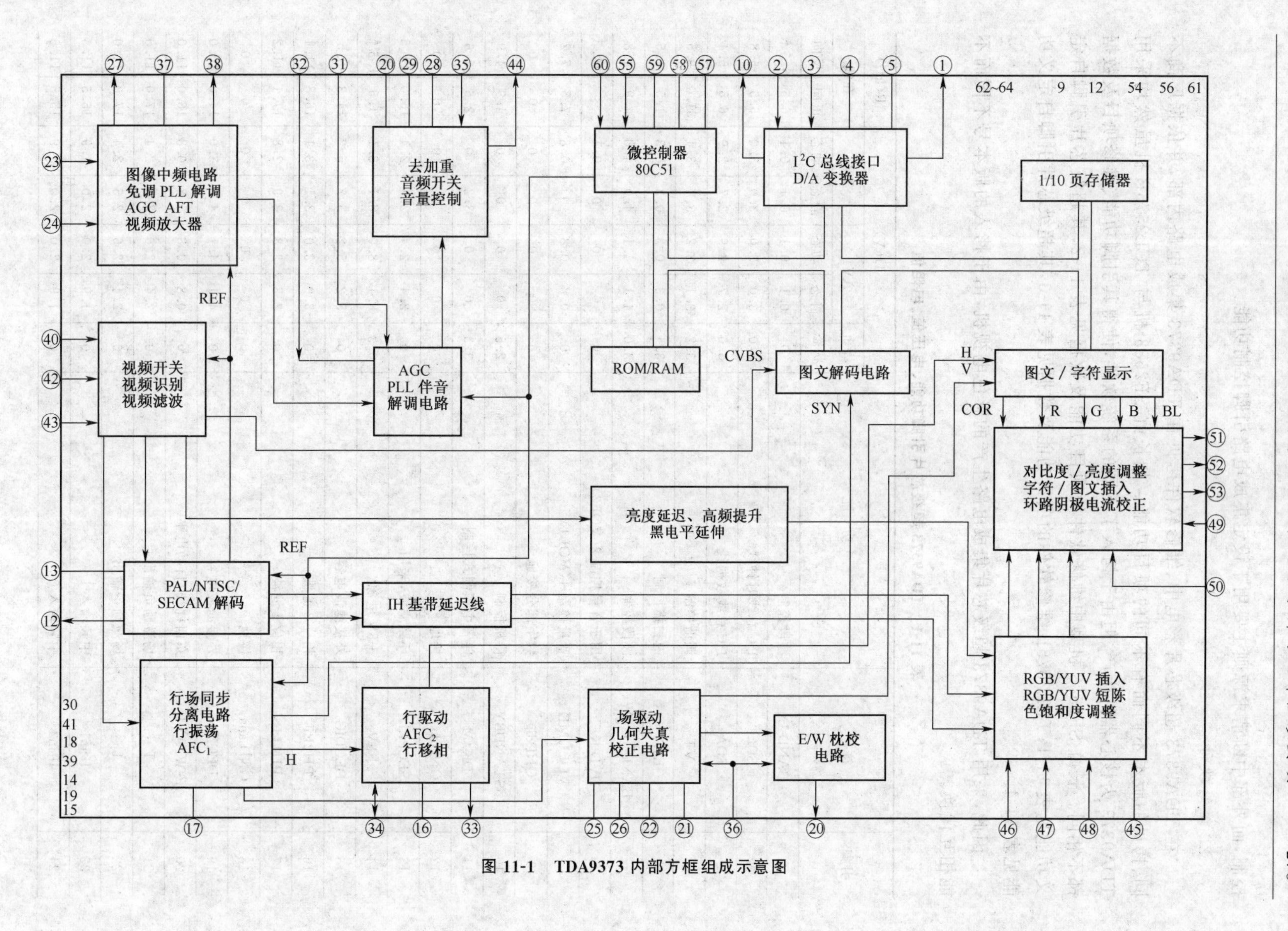

图 11-1　TDA9373 内部方框组成示意图

控制，而外部中断请求源则主要用于设定集成电路引脚控制功能。

2. 维修软件

在 TDA9373 超级芯片彩电中、维修软件拷贝在 TDA9373 集成电路内部，并依据厂商不同、拷贝的版本不同而有不同的项目功能。如长虹 SF2583 机与 TCL2575B 机虽然均采用 TDA9373 为核心器件生产，但由于拷入了不同的系统软件，使得其引脚功能、维修项目及数据都不相同。长虹 SF2583 机型中维修软件的项目功能及数据见表 11-2，其超级芯片引脚自定义功能见表 11-1；TCL2575B 维修软件的项目功能及数据见表 11-3，其超级芯片引脚自定义功能见表 11-4。

因此，采用 TDA9373 超级芯片集成电路生产的彩色电视机，由于拷入的版本号不同而不能相互代换。

表 11-1 TDA9373 超级芯片引脚功能、电压值、电阻值

引脚	符号	功 能	U(V)					R(kΩ)	
			待机状态	AV1		TV		在线	
				静态	动态	静态	动态	正向	反向
1	BAND-L	波段控制	0	0.1	0.1	0.1	0.1	6.5	6.5↑
2	SCL	I^2C 总线时钟线	5.0	3.0	3.0	3.0	3.0	6.5	5.8
3	SDA	I^2C 总线数据线	5.0	2.7	2.9	2.7	2.9	6.5	5.4
4	VT	调谐控制	3.2	3.1	3.2	3.1	3.1	31.0	9.5
5	KEY	键扫描控制	3.4	0.3	0.3	0.3	0.3	1.5	1.5
6	BAND-H/SW	波段控制	3.0	4.1	4.1	4.0	4.0	4.9	4.8
7	DVD-KEY	用于音量控制 2(VOL2)	0	0	0	0	0.1	∞	10.5
8	VOLUME	音量控制 1(VOL1)	0	0.8	0.8	0	0.8	7.5	7.2
9	GNDdig	数字部分接地	0	0	0	0	0	0	0
10	STANDBY	待机控制	2.5	0	0	0	0	4.9	4.9
11	DK/M	伴音中频制式控制	3.3	0	0	3.2	0	2.6	2.6
12	GND txt	接地	0	0	0	0	0	0	0
13	SECPLL	环路滤波，未用	0	2.4	2.4	2.4	2.4	16.0	11.5
14	+8V	+8V 电源	0.3	8.1	8.0	8.1	8.1	1.5	1.5↑
15	DECDIG	外接滤波电容	0	5.2	5.2	5.2	5.2	14.3	8.5
16	PH2LF	相位 2 滤波	0	3.0	3.0	3.1	3.1	16.8	11.1
17	PH1LF	相位 1 滤波	0	2.8	2.8	2.9	2.8	17.1	11.2
18	GND ana	接地	0	0	0	0	0	0	0
19	DECBG	外接滤波电容	0	4.1	4.1	4.0	3.0	14.0	10.0
20	E-W/AVL	东西枕校/自动电平	0	0.8	0.8	0.8	0.8	16.0	11.0
21	I_-	场激励负输出	0	2.4	2.6	2.5	2.4	17.0	11.0
22	I_+	场激励正输出	0	2.4	2.6	2.5	2.4	17.0	11.0
23	If in1	中频输入 1	0	1.9	2.0	2.0	1.9	15.5	11.5
24	If in2	中频输入 2	0	1.9	2.0	2.0	1.9	15.5	11.5

续表 11-1

引脚	符号	功 能	U(V)					R(kΩ)	
			待机状态	AV1		TV		在线	
				静态	动态	静态	动态	正向	反向
25	Iref	场锯齿波形成参考电流	0	4.0	4.0	4.0	4.0	15.3	11.8
26	VSC	场锯齿波形成电容	0	3.0	2.8	3.0	2.8	17.0	11.5
27	TUner-AGC	高放 AGC 输出	0	0	0	3.9	3.6	8.5	8.4
28	AUdio-DEEM	音频去加重	0	3.3	3.3	3.2	3.2	16.8	11.1
29	DECSDEM	音频去耦电容	0.3	2.4	2.4	2.0	2.5	17.0	11.6
30	GNDana	接地	0	0	0	0	0	0	0
31	SNDPLL	音频锁相环滤波	0	2.0	2.0	2.1	2.5	17.0	11.6
32	OUTSE/FSC	伴音中频输入/副波输出	0	0.2	0.3	0.3	0.3	16.5	11.0
33	HOUt	行激励信号输出	7.2	3.2	3.2	3.2	3.2	16.5	9.8
34	S AND	沙堡脉冲输出	0	0.7	0.7	0.7	0.7	17.1	11.1
35	AUdio-EXT	外音频输入,未用	0	3.4	3.4	3.4	3.4	17.1	12.0
36	EHT	高压过高保护	0.1	2.0	2.0	2.0	1.9	9.1	8.0
37	PLLIF	中频锁相环滤波	0	1.9	1.4	2.4	2.5	17.0	11.5
38	IF VOUT	视频输出	0	1.9	2.6	3.9	3.0	13.9	11.5
39	+8V	+8V 电源	0.3	8.1	8.1	8.1	8.1	1.5	1.5
40	CVBS int	复合全电视信号输入	0	3.3	3.5	3.9	3.5	17.5	11.5
41	GNDana	接地	0	0	0	0	0	0	0
42	CVBS/Y	复合视频信号/亮度信号输入	0	3.4	3.6	3.4	3.4	17.0	11.5
43	Cin	色信号输入	0	1.1	1.0	1.0	1.1	16.5	11.8
44	AUdio-out	音频输出	0	3.4	3.5	3.4	3.5	17.1	11.8
45	INSERT	引入偏置电压(3.3V)	0.9	1.6	1.6	1.6	1.6	14.9	11.5
46	R2/Vin	(R−Y)/V 分量色信号输入	0	2.4	2.4	2.4	2.4	17.1	12.0
47	G2/Yin	(G−Y)/Y 信号输入	0	2.4	2.4	2.4	2.4	17.5	12.0
48	B2/Uin	(B−Y)/U 分量色信号输入	0	2.4	0	2.4	2.4	17.5	12.0
49	ABL	自动亮度限制	0.2	3.0	2.4	3.0	2.9	17.0	11.0
50	BlacK-C	黑电平控制	0.1	5.8	5.8	6.5	4.4	7.2	7.2
51	ROUT	红基色信号输出	0	1.9	3.0	2.0	2.2	2.1	2.2
52	GOUT	绿基色信号输出	0	—	—	—	—	2.1	2.1
53	BOUT	蓝基色信号输出	0	3.3	1.8	3.0	3.2	2.1	2.1
54	+3.3V	电源	3.4	3.3	3.4	3.4	3.3	0.5	0.5
55	GND	接地	0	0	0	0	0	0	0
56	+3.3V	电源	3.4	3.3	3.4	3.4	3.3	0.5	0.5
57	GND osc	接地	0	0	0	0	0	0	0
58	XTALin	12MHz 时钟振荡输入	1.0	0.9	1.0	1.0	1.0	19.8	8.5

续表 11-1

引脚	符号	功能	U(V)					R(kΩ)	
			待机状态	AV1		TV		在线	
				静态	动态	静态	动态	正向	反向
59	XTALOUT	12MHz 时钟振荡输出	1.7	1.7	1.7	1.7	1.7	16.1	8.5
60	RESET	复位	0	0	0	0	0	0	0
61	+3.3Vadc	电源	3.4	3.3	3.4	3.4	3.3	0.5	0.5
62	DVD-REM	AV1/TV/S-V 切换控制	0	0.5	0	0	0	13.5	10.5
63	KAV	AV2/TV/S-V 切换控制	0	0	0	0	0	15.5	9.5
64	REMOTE	遥控信号输入	4.6	4.6	4.6	4.6	4.6	19.8	9.2

注:表中数据在长虹 SF2583 机型中测得,仅供参考。该芯片在长虹 SF2583 机型中标注的版本号为“CHO5T1606”。

表 11-2　长虹 SF2583 机型中维修软件中的项目功能及数据

项目	出厂数据	数据调整范围	使用功能及说明
OP1	F0 11110000	0～FF	功能设置 1
OP2	68 01101000	0～FF	功能设置 2
OP3	C6 11000110	0～FF	功能设置 3
OP4	5F 01011111	0～FF	功能设置 4
AVG	28 00101000	0～3F	测试信号
VXOO	19 00011001	0～3F	场补偿
VS	22 00100010	0～3F	半场校正
SC	1B 00011011	0～3F	场 S 形失真校正
5VA	22 00100010	0～3F	50Hz 场幅度
5VSH	17 00010111	0～3F	50Hz 行中心
5HA	2F 00101111	0～3F	行幅度校正
5HS	1F 00011111	0～3F	50Hz 行幅度
5EW	18 00011000	0～3F	50Hz 东西枕校
50V	37 00100111	0～3F	50Hz 场中心
HP	1D 00011101	0～3F	水平方向菱形校正
TC	1C 00011100	0～3F	梯形失真校正
UCP	1D 00011101	0～3F	几何失真校正
BCP	22 00100010	0～3F	几何失真校正
HB	20 00100000	0～3F	水平桶形校正
RCUT	20 00100000	0～3F	红截止,用于暗平衡调整

续表 11-2

项目	出厂数据	数据调整范围	使用功能及说明
GCUT	20 00100000	0～3F	绿截止,用于暗平衡调整
RDRV	20 00100000	0～3F	红激励,用于亮平衡调整
GDRV	20 00100000	0～3F	绿激励,用于亮平衡调整
BDRV	20 00100000	0～3F	蓝激励,用于亮平衡调整
AGC	17 00010111	0～3F	自动增益控制
VOL	28 00101000	0～3F	音量控制
音量 00	36 00110110	0～3F	最小音量
音量 25	3C 00111100	0～3F	25%音量
亮度 50	1F 00011111	0～3F	50%亮度(中间值)
亮度 99	33 00110011	0～3F	99%亮度(最大值)
对比度 50	0C 00001100	0～3F	50%对比度(中间值)
对比度 99	00110011	0～3F	99%对比度(最大值)
彩色 99	3F 00111111	0～3F	99%彩色(最大值)
IFD	20 00100000	0～3F	中频设定
YDEL	0D 00001101	0～0F	亮度信号延迟
CL	0B 00001011	0～0F	彩色预置
PODE	10 00010000	0～1F	模式选择
IN1T	—	—	—

注:1. I^2C 总线进入方法(使用随机遥控器)

(1)将音量调至最小;

(2)按遥控器上的静音键和面板上的菜单键不放,约1s后屏幕上出现

```
        S
TAB
F0          68    C6    5F
19          17    20    0D    0B    10
28          36    3C
1F          33    0C    3F    3F
20          20    20    20    20
```

2. 调整方法

(1)按"P+"或"P-"键选择项目;

(2)按音量加、减键调整数据。

3. 总线退出方法

按待机键,即可退出维修状态。

表 11-3 TCL2575B 机型中维修软件中的项目功能及数据

项 目	设定值	备 注
按“智能音量”键		
V-SLOPE	—	场线性调整
V-AMPL	—	场幅度
V-S・CORR	—	S形失真校正
V・SHIFT	—	场中心调整
按“游戏”键		
H-PARALLEL	—	平行四边形失真校正
H-BOW	—	弓形失真校正
H-SHIFT	—	行中心调整
H-WIDTH	—	行幅度调整
H-PARABOLA	—	枕形失真校正
H-U・CORNER	—	上角失真校正
H-L・CORNER	—	下角失真校正
H-TRAPE	—	梯形失真校正
按“图像”键		
DVD SOURCE	DVD OK	DVD 分量输入功能设定
AV SOURCE	2AV 1SVHS	2 路 AV 输入+1 路 S 端子输入设定
COMB FILTER	NO	梳状滤波器功能设置
IF FREQUENCY	38.00MHz	中频频率设置
SOUND CONFIG	BASS EXPAND	低音扩展功能设置
按“音效”键		
POWER ON MODE	LAST STATE	记忆上次关机状态(关机模式设置)
AGC LEVEL	400mV	AGC 设置
OSD LANGUAGE	CHINESE	中文显示设置
IF AGC SPEED	NORM 3	中频 AGC 速度设置
BRAND	LOGO ON	厂标设定
按“加锁”键		
HOTEL MODE	FOR NORMAL	正常模式设定,无酒店功能
PIN8 DEFINE	EARPHONE	第 8 脚定义为红外耳机
VIDEO MUTE	NO	转台无消隐
MUSIC TV	YES	音响电视功能设定
KEY QUANTITY	6KEYS	本机键盘设定,为 6 键
COLD STAR	TO TV	开机至 TV 状态设置
PROGRAMNR	228	228 超多频道设置
按“睡眠定时”键		
SOUND DK	OK	6.5MHz 伴音第二中频设定

续表 11-3

项　目	设定值	备　注
按“睡眠定时”键		
SOUND BG	OFF	5.5MHz伴音第二中频设定
SOUND I	OK	6.0MHz伴音第二中频设定
SOUND M	OFF	4.5MHz伴音第二中频设定
DEFAULT SOUND	DK	默认制式设定
RADIO	NO	FM调频收音机功能设置
EXT SPEAKER	NO	外接音箱功能设置
按“低音扩展”键		
Y-DELAY	05	亮度延迟时间设定
AGC-TAK	27	RF AGC设定
CATHODE	07	阴极驱动电平设定
SUB-BRIGHT	05	副亮度调整
VOL1	35	最低音量设定
VOL25	200	25%音量设定
VOL50	223	50%音量设定
TIME ZONE	GMT+8	世界时钟时区设置
按“数码滤波”键		
BL-R	0～63	红截止，用于暗平衡调整
BL-G	0～63	绿截止，用于暗平衡调整
R—	0～63	红驱动，用于亮平衡调整
G—	0～63	绿驱动，用于亮平衡调整
B—	0～63	蓝驱动，用于亮平衡调整

注：1. I^2C总线进入方法

(1)按遥控器右下角“工厂设定”键。

(2)在2、3秒内按“静音”键。

2. 调整方法

(1)按音量加、减键调整数据。

(2)进入工厂模式后，按相应键可进入不同菜单，按节目键可选择项目。

3. I^2C总线退出方法

按“显示”键，即可退出工厂模式。

表 11-4　TCLAT2575B机型中TDA9373PS引脚自定义功能及电压值、电阻值

引脚	符号	功　能	U(V)	R(kΩ)	
			动态	在线	
				正向	反向
1	STBY	待机控制，用于11V电源控制	0	8.0	12.0
2	SCL	I^2C总线时钟线	3.6	7.8	18.0
3	SDA	I^2C总线数据线	3.7	7.6	18.0

续表 11-4

引脚	符号	功能	U(V)	R(kΩ)	
			动态	在线	
				正向	反向
4	VT	调谐电压控制	1.4	9.5	30.0
5	P/N	制式指示灯控制	0	7.5	9.5
6	KEY	键扫描控制	3.4	8.0	11.0
7	A/D	模/数转换控制,用于 AFT	2.0	9.5	16.0
8	TILT	PWM 输出端外接 RC 滤波器	0	9.5	∞
9	VSS	接地	0	0	0
10	AT	待机控制端,用于行推动直流关机	0.1	6.0	8.5
11	BAND	波段控制	0	3.5	3.5
12	VSS	接地	0	0	0
13	SEC PLL	锁相环滤波	2.3	10.8	14.0
14	VP2	+8V 电源	8.2	0.2	0.4
15	DECDIG	数字滤波	5.1	7.5	12.5
16	PH2 LF	锁相环鉴相滤波 2	3.0	10.1	14.0
17	PH1 LF	锁相环鉴相滤波 1	2.7	10.2	14.0
18	GND3	接地	0	0	0
19	DECBG	带隙去耦	3.9	9.0	13.0
20	AVL	自动电平调节	3.7	10.0	13.5
21	VDRB	场驱动 B 输出	0.7	1.2	1.5
22	VDRA	场驱动 A 输出	0.7	1.2	1.5
23	IF IN1	中频信号输入 1	1.8	10.5	13.5
24	IF IN2	中频信号输入 2	1.8	10.5	13.5
25	IREF	参考电流输入	3.9	10.5	13.5
26	VSC	锯齿波形成	2.6	10.5	14.0
27	RF AGC	射频 AGC 输出	2.8	6.5	6.5
28	AUDEEM	音频去加重	3.2	10.0	14.0
29	DECSDEM	去耦合音频解调器	2.4	10.5	14.0
30	GND2	接地	0	0	0
31	SNDPLL	窄带锁相环滤波	2.0	10.5	14.0
32	SNDIF	伴音中频输入	0.1	10.0	14.0
33	HOUT	行激励信号输出	0.6	0.2	0.4
34	FBISD	行逆程脉冲输入/沙堡脉冲输出	0.7	10.0	14.0
35	AUD EXT	外部音频信号输入	3.4	11.0	14.0
36	EHTO	过压保护输入	2.2	10.0	13.0
37	PLLIF	中频锁相环路滤波	2.4	10.0	14.0

续表 11-4

引脚	符号	功　能	U(V)	R(kΩ)	
			动态	在线	
				正向	反向
38	IFVO	TV 视频信号输出	2.8	10.5	13.0
39	VPI	TV 处理电路供电,+8V	8.2	0.2	0.4
40	CVBS IN	视频图像信号输入	3.4	10.0	14.0
41	GND1	接地	0	0	0
42	CVBS/Y	视频信号/亮度信号输入	3.2	10.0	14.0
43	CHROMA	S 端子 C 信号输入	1.0	10.0	14.0
44	AUD OUT	音频信号输出	3.8	10.0	14.0
45	INS SW2	第二 RGB/YUV 插入开关信号输入	1.4	3.5	3.9
46	R2/VIN	红基色信号 2/V 分量色信号输入	2.3	10.2	14.0
47	G2/YIN	绿基色信号 2/Y 亮度信号输入	2.3	10.5	14.0
48	B2/UIN	蓝基色信号 2/U 分量色信号输入	2.3	10.5	14.0
49	BCL IN	束电流检测输入	2.8	10.0	11.5
50	BLK IN	黑电流输入/V——防护保护	5.2	9.6	13.0
51	R OUT	红基色信号输出	3.6	8.5	9.5
52	G OUT	绿基色信号输出	3.6	8.6	9.5
53	B OUT	蓝基色信号输出	3.6	8.6	9.5
54	VDDA	模拟电路供电,3.3V	3.3	4.8	6.0
55	VPE	OPT 编程电压端,接地	0	0	0
56	VDDC	+3.3V 电源,用于核心电路供电	3.4	4.8	6.0
57	OSC GND	振荡器接地	0	0	0
58	XTAL IN	12MHz 时钟振荡输入	—	7.1	23.0
59	XTAL OUT	12MHz 时钟振荡输出	—	7.1	18.0
60	REST	复位,接地	0	0	0
61	VDDP	+3.3V 电源,用于外围数字电路供电	3.4	4.8	6.5
62	AV1	AV/TV 转换控制	4.2	7.6	12.0
63	AV2	AV1/AV2 转换控制	4.2	7.9	13.0
64	REMOTE	遥控信号输入	4.4	8.8	30.0

注:表中数据用 MF47 型表测得,仅供参考。

3. I^2C 总线接口及存储器电路

I^2C 总线接口电路主要用于连接外部受控器件或单元电路,但在 TDA9373 超级芯片机芯中,主要用于连接外部存储器。如图 11-2 所示。

在图 11-2 所示电路中,R133、R131 为 I^2C 总线接口输入输出阻抗匹配电阻;R100、R101 为存储器输入输出阻抗匹配电阻;R132A、R133A 为 I^2C 总线上拉电阻;D131A、D132A 为开关二极管,主要起保护作用。N200(AT24C08)为 E^2PROM 存储器,其引脚功能见表 11-5。它的地址端是由编程软件的项目功能设定的。

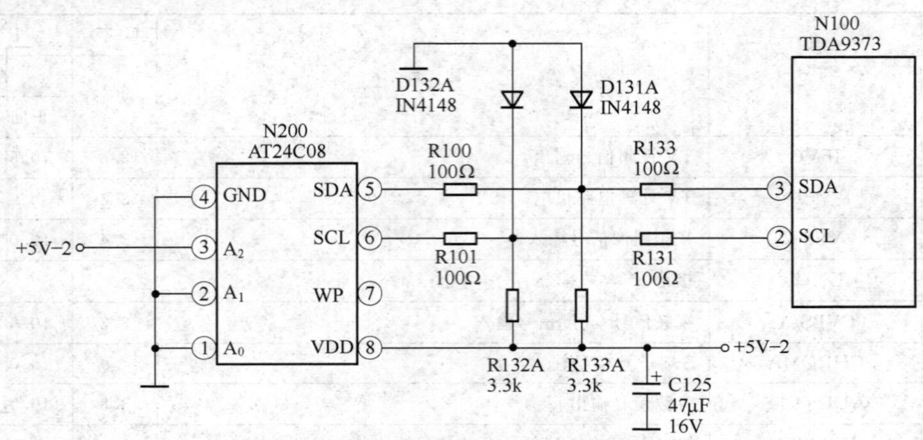

图 11-2　I^2C 总线接口及存储器电路

注:长虹 SF2583 机型中采用该电路 N100 的版本号为 CH05T1606

表 11-5　N200(AT24C08)存储器引脚功能、电压值、电阻值

引脚	符号	功　能	U(V)		R(kΩ)	
			静态	动态	在线	
					正向	反向
1	A0	地址 0,接地	0	0	0	0
2	A1	地址 1,接地	0	0	0	0
3	A2	地址 2,接+5V 电源	5.0	5.0	3.0	3.0
4	GND	接地	0	0	0	0
5	SDA	I^2C 总线数据线	3.0	3.0	6.5	5.4
6	SCL	I^2C 总线时钟线	3.0	3.0	6.5	5.4
7	WP	页写控制	0	0	∞	12.0
8	VDD	+5V 电源	5.0	5.0	3.0	3.0

注:表中数据在长虹 SF2583 机型中测得,仅供参考。

I^2C 总线接口及存储器电路是中央微控制功能中的重要组成部分,异常时会导致不开机等故障。

4. 调谐扫描及波段控制

在长虹 SF2583 机型中,TDA9373 的④脚和①、⑥脚用于调谐扫描及波段控制,如图 11-3 所示。其中①、⑥脚在 IC 内部 80C51(CPU)中断请求源及编程软件的控制下输出 3 组逻辑转换电平:其一是①脚高电平,⑥脚低电平,此时调谐器工作在 BL 段;其二是①脚低电平,⑥脚高电平,此时调谐器工作在 BH 段;其三是①、⑥脚均为高电平,此时调谐器工作在 BU 段。而调谐器的 BL、BH 端子只作为逻辑电平输入,波段切换则是在调谐器内部进行。

图 11-3 所示电路中,A100(TDQ-5B6-M)是由+5V 电源供电的调谐器,外部引脚电路比较简单。其引脚功能及电压值、电阻值见表 11-6。

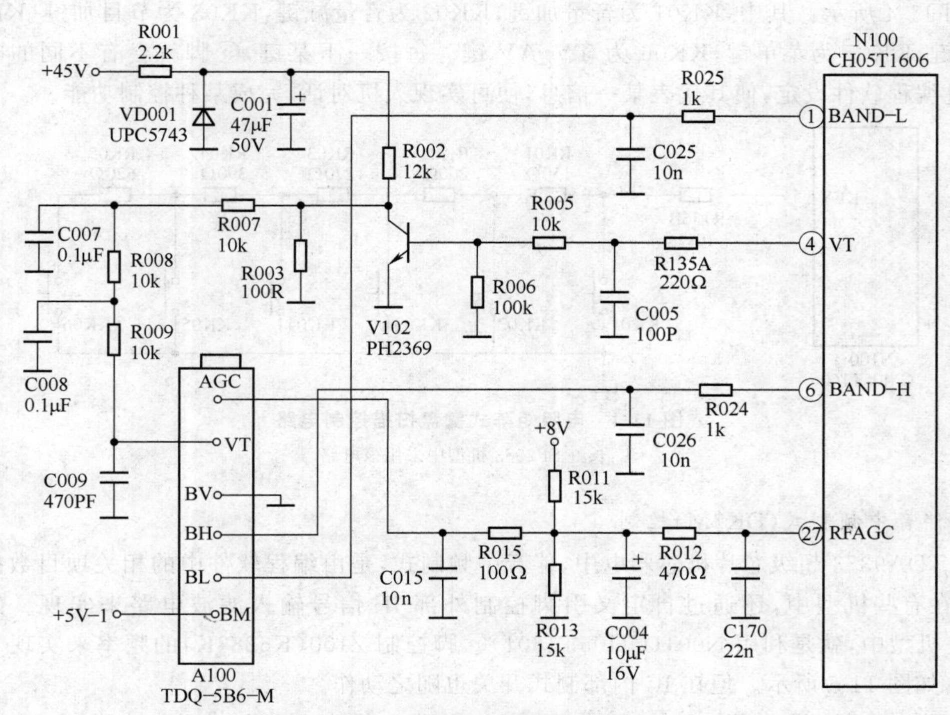

图 11-3 调谐扫描及波段控制电路

注:长虹 SF2583 机型中采用该电路

表 11-6 A100(TDQ-5B6-M)调谐器引脚功能、电压值、电阻值

引脚	符号	功 能	U(V)			R(kΩ)	
			BL	BH	BU	在线	
			动态	动态	动态	正向	反向
1	AGC	自动增益控制	4.0	2.1	8.0	8.1	8.0
2	VT	调谐电压	2.3	1.1	2.5	12.8	120.0
3	BU	UHF 频段,接地	0	0	0	0	0
4	BH	VHF-H 频段	0	4.0	4.0	5.5	5.5
5	BL	VHF-L 频段	4.0	0	4.2	7.0	7.1
6	BM	+5V 电压	5.0	5.0	5.0	4.3	4.3
7	NC	空脚	0	0	0	∞	∞
8	NC	空脚	1.8	1.8	1.8	14.0	26.0
9	NC	空脚	0	0	0	∞	∞
10	GND	接地	0	0	0	0	0
11	IF	中频载波信号输出	0	0	0	0.1	0.1

注:表中数据在长虹 SF2583 机型中测得,仅供参考。

5. 键盘扫描控制

在 TDA9373 超级芯片彩色电视机中,键盘扫描常采用阶梯电压输入控制方式。如在长虹 SF2583 机型中,键扫描控制电路主要由 N100(CH05T1606)的⑤脚及外接矩阵电阻等组成，如图 11-4 所示。其中，KK01 为音量加键，KK02 为音量减键，KK03 为节目加键，KK04 为节目减键，KK05 为菜单键，KK06 为 TV/AV 键。每按一下某键，⑤脚就会有不同的电压输入，通过编程软件设定，使其代表某一信息，便可实现人机对话，完成某种控制功能。

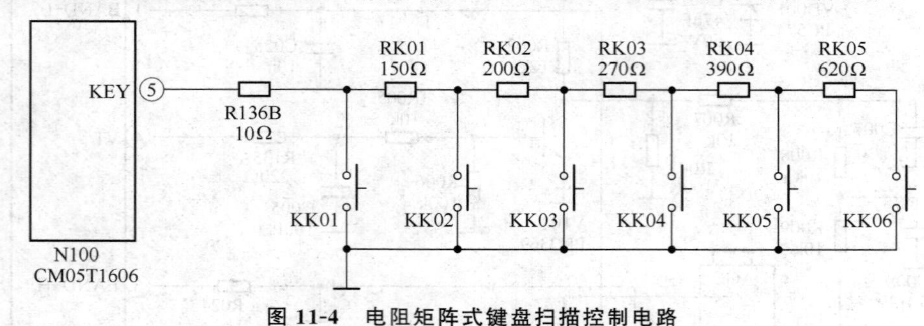

图 11-4　电阻矩阵式键盘扫描控制电路

注：长虹 SF2583 机型中采用该电路

6. 伴音中频制式(DK/M)控制

在 TDA9373 超级芯片机芯彩电中，伴音中频制式，是由编程软件中的相关项目数据设定的。但在有些机型中，还通过自定义引脚控制外部 IF 信号输入滤波电路来实现。如长虹 SF2583 机型中，就是利用 N001(CH05T1601)⑪脚控制 Z100(K6283K)的频率来实现 DK/M 制转换，如图 11-5 所示。但在 IC 内部制式开关也随之动作。

在图 11-5 所示电路中，Z100(K6283K)是一种分离载波式声表面波滤波器，在 VD065 控制下可改变 K6283K 的伴音通道频率特性。当 N001⑪脚输出 3.2V 高电平时，V066 导通，VD065 截止，Z100 的伴音频率特性适用于 31.5MHz，此时软件设定的 6.5MHz 伴音第二中频有效；当 N001⑪脚输出 0V 低电平时，V066 截止，VD065 导通，Z100 的伴音频率特性适用于 33.5MHz，此时软件设定的 4.5MHz 伴音中频有效。

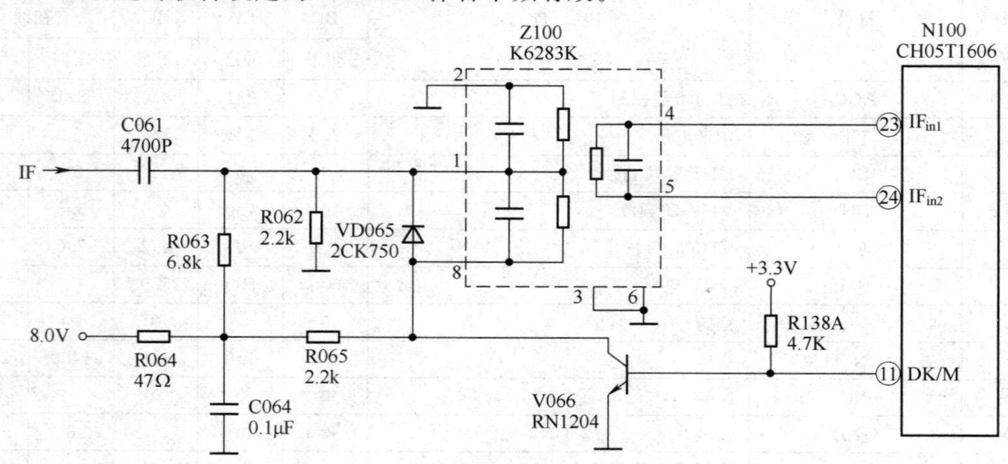

图 11-5　伴音中频制式(DK/M)控制电路

注：长虹 SF2583 机型中采用该电路

因此，在图 11-5 所示电路中，当 N100(CH05T1606)⑪脚输出 0V 低电平时，伴音中频制式为 PAL-DK 制；当⑪脚输出 3.2V 高电平时，伴音中频制式为 NTSC-M 制。

7. TV/AV 转换控制

在 TDA9373 超级芯片集成电路中，TV/AV 视音频转换，常由芯片内部功能电路及外电路完成。在芯片内部主要是通过视频开关切换㊵、㊷、㊸脚输入的 TV、AV、S 端子信号，并由 I^2C 总线控制；在外电路主要由电子开关转换 AV1/AV2 视音频信号，并受自定义功能脚控制。如在长虹 SF2583 机型中，用于 AV 转换的外电路由 N350(HEF4053)、N391(HEF4052)等组成，并受 N100(CH05T1606)的(62)、(63)脚控制。如图 11-6 所示。其中 N350(HEF4053)主要用于转换 AV1/AV2 和 S 端子 Y 信号，其引脚使用功能及电压值、电阻值见表 11-7；N391(HEF4052)主要用于转换 AV 左右声道和 TV 音频信号，其引脚使用功能及电压值、电阻值见表 11-8。

表 11-7　N350(HEF4053)电子开关电路引脚功能、电压值、电阻值

引脚	符号	功　能	U(V)				R(kΩ)	
			AV1		TV		在线	
			静态	动态	静态	动态	正向	反向
1	AV-V/Y	AV 视频/亮度信号输出	0	0.5	0.6	0	38.0	12.8
2	—	接地	0	0	0	0	0	0
3	AV1-V	AV1 视频信号输出	0	0.3	0.6	0	35.1	12.2
4	AV1-V	AV1 视频信号输入	0	0.3	0	0	28.0	12.2
5	—	接地	0	0	0	0	0	0
6	—	接地	0	0	0	0	0	0
7	—	接地	0	0	0	0	0	0
8	—	接地	0	0	0	0	0	0
9	KAV1	控制信号 1 输入	5.0	5.0	0.1	0.1	11.0	13.5
10	KAV2	控制信号 2 输入	0	0	0.1	0.1	9.5	13.5
11	KAV2	控制信号 2 输入	0	0	0.1	0.1	9.5	13.5
12	—	接地	0	0	0	0	0	0
13	—	未用	0	0	1.1	0	40.0↓	12.1
14	Uin	未用	0	0	0	0	0.1	0.1
15	AV2-V/Y	AV2 视频/亮度信号输入	0	0	0	0	0	0
16	+5V-1	+5V 电源	5.0	5.0	5.0	5.0	4.0↑	4.3

注：表中数据在长虹 SF2583 机型中测得，仅供参考。

表 11-8　N391(HEF4052)电子开关电路引脚功能、电压值、电阻值

引脚	符号	功　能	U(V)				R(kΩ)	
			AV1		TV		在线	
			静态	动态	静态	动态	正向	反向
1	TV-S	TV 音频输入(左声道)	0	0	0	0.2	38.0	12.0
2	AV2-L	AV2 音频左声道输入	2.3	2.3	5.0	5.0	14.1	10.1
3	LOUt	左声道音频输出	2.3	2.3	0	0	8.0	8.0
4	NC	空脚	0	0	0	0	0	0
5	AV1-L	AV1 音频左声道输入	5.0	5.0	5.0	5.0	14.0↑	14.0↑
6	—	接地	0	0	0	0	0	0

续表 11-8

引脚	符号	功能	U(V)				R(kΩ)	
			AV1		TV		在线	
			静态	动态	静态	动态	正向	反向
7	—	接地	0	0	0	0	0	0
8	—	接地	0	0	0	0	0	0
9	A2	KAV2 控制信号输入	5.0	5.0	0.1	0.1	10.1	13.8
10	A1	KAV1 控制信号输入	0	0	0.1	0.1	9.2	13.8
11	NC	空脚	0	0	0	0	0	0
12	TV-S	TV 音频输入(右声道)	0	0	0	0.1	38.0	12.0
13	R OUt	右声道音频输出	2.3	2.3	0	0	8.0	8.0
14	AV1-R	AV1 音频右声道输入	5.0	5.0	5.0	5.0	14.5	10.0
15	AV2-R	AV2 音频右声道输入	2.3	2.3	5.0	5.0	14.5	10.0
16	VCC	+8V 电源	8.0	8.0	8.0	8.0	1.5	1.5

注:表中数据在长虹 SF2583 机型中测得,仅供参考;N391 在随机图纸中标注为 N300。

在图 11-6 所示电路中,由 N350①脚或③脚输出的 AV2 或 AV1 视频信号送入 N100 的㊷脚;由 N391③脚和⑬脚输出的左、右声道音频信号送入伴音功放电路。有关 N350 和 N391 受控电压的逻辑关系,如图 11-6 所示。

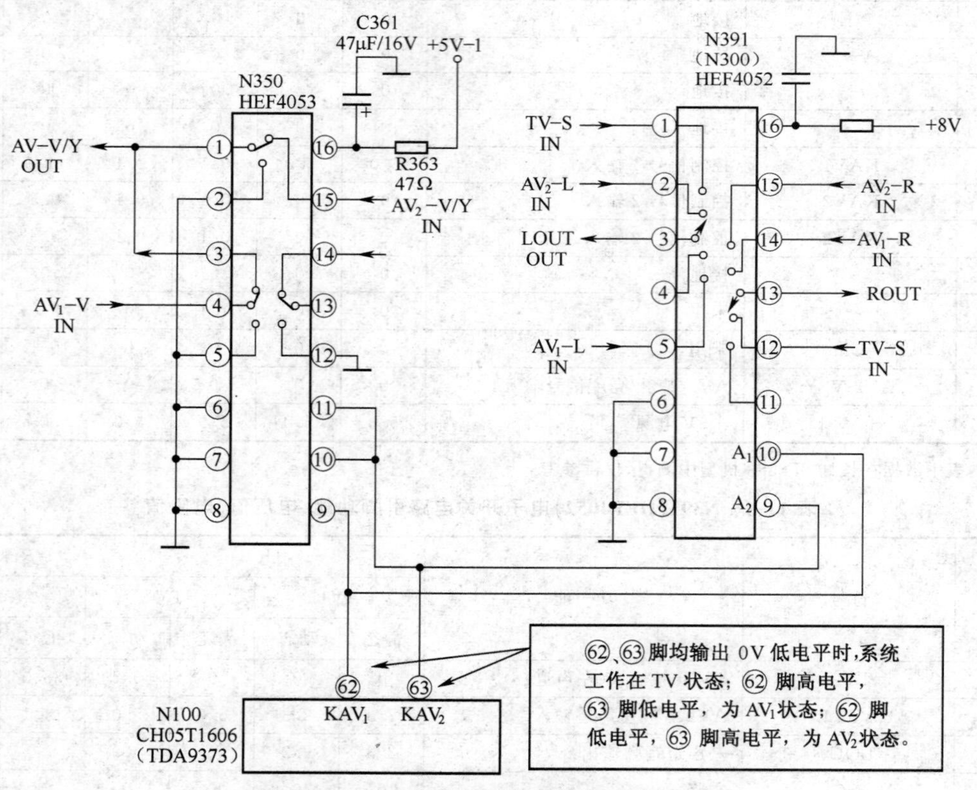

图 11-6 TV/AV 视音频信号转换控制电路

注:长虹 SF2583 机型中采用该电路

二、TV小信号处理功能及故障检修要领

TV小信号处理功能，一般是指电路对图像信号、伴音信号以及行、场扫描信号的处理过程。在TDA9373超级芯片彩色电视机中，TV小信号处理功能主要集成在超级芯片内部，只有部分引脚外接少量分立元件。

1. 图像中频处理及视频信号输出电路

在TDA9373超级芯片电路中，图像中频处理及视频信号检波输出，主要由㉓、㉔脚和㊲、㊳、㊵脚内电路完成，其外围只有少量分立元件。长虹SF2583机型的图像中频处理及视频信号输出电路如图11-7所示。

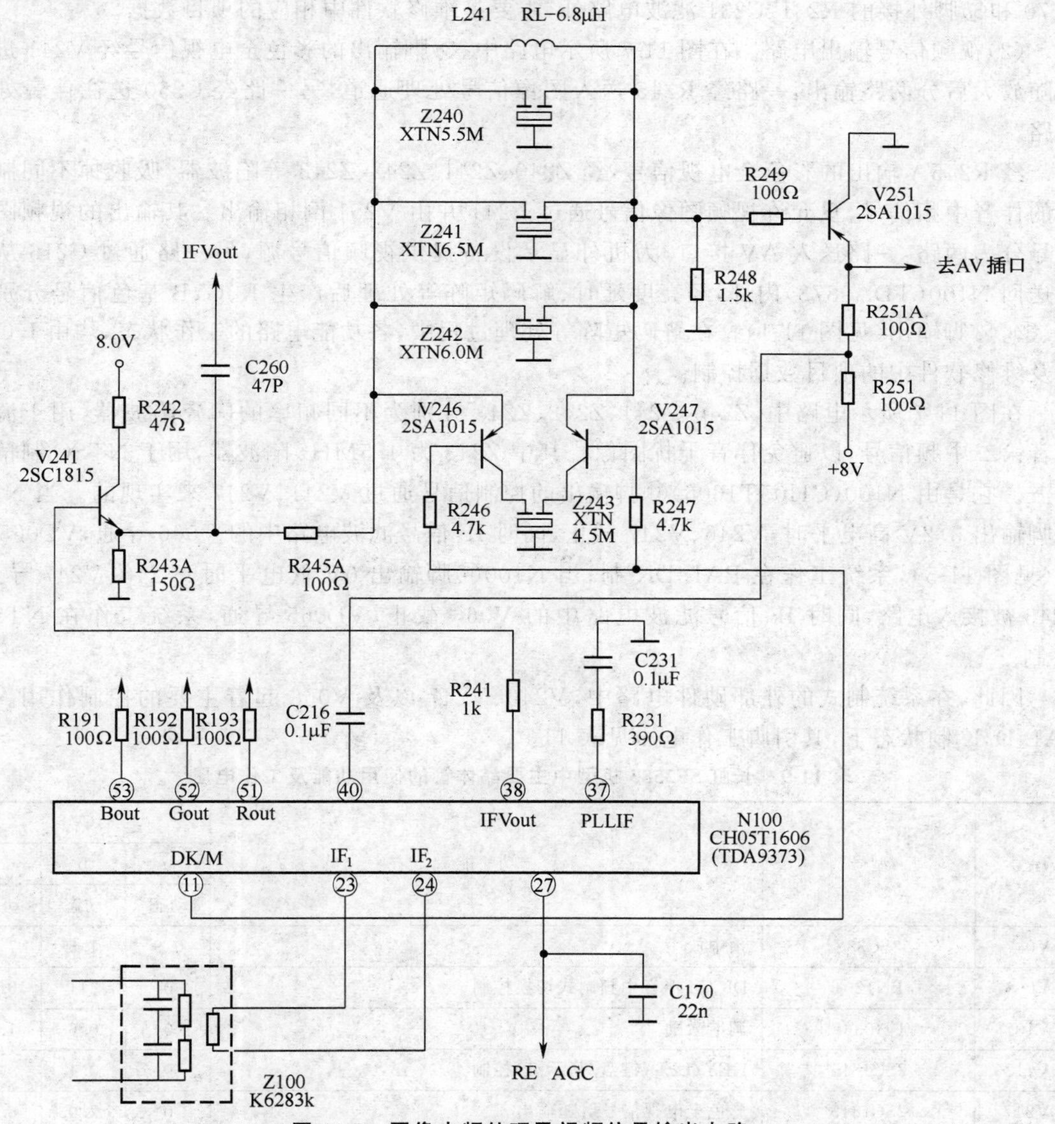

图11-7　图像中频处理及视频信号输出电路

注：长虹SF2583机型中采用该电路

(1)图像中频处理电路。在图 11-7 所示电路中,图像中频处理电路主要由 N100(CH05T1606)的㉓、㉔脚和㊲脚内电路组成(见图 11-1),并由 I^2C 总线及维修软件中的项目数据调控(如“AGC”、“IFO”等项目数据,见表 11-2)。

在图 11-7 所示电路中,由㉓、㉔脚输入的 38MHz 中频载波信号(IF),在 IC 内部首先进行中频放大,并产生 RFAGC 从㉗脚输出,用于自动控制高频放大器的增益,以使 IF 信号稳定输出,并使其具有足够的增益。然后,在 IC 内部直接由免调式锁相环图像解调、㊲脚中频锁相环滤波以及 AFT 等功能电路处理后,获得彩色全电视信号从㊳脚输出。

在图像中频处理电路中,能够影响㊳脚输出信号质量的因素,除了㉗脚输出端外接的 C170 和㊲脚外接的 R231、C231 滤波电路外,主要是维修软件中相应的项目数据。

(2)视频信号输出电路。在图 11-7 所示电路中,㊳脚输出的彩色全电视信号经 V241 进行射随放大后分两路输出:一路经 R245 送入图像信号处理通道,另一路经 C260 送往伴音处理电路。

经 R245A 输出的彩色全电视信号,经 Z240、Z241、Z242、Z243 等陷波器,吸收掉不同制式中的伴音中频信号,只允许视频图像信号通过 L241 并由 V251 倒相输出。其输出的视频图像信号分为两路:一路送入 AV 接口,为机外显示设备提供视频信号源,另一路通过 C216 从㊵脚送回 N100(TDA9373)内部,经亮度延时、解码矩阵等处理后产生 R、G、B 基色信号分别从㊿、52、53脚输出(见图 11-1)。在解码矩阵等处理过程中,各功能电路的工作状态,均由 I^2C 总线及维修软件中的项目数据控制。

在图 11-7 所示电路中,Z240、Z241、Z242、Z243 分别为不同频率的陶瓷陷波器,用于滤除伴音第二中频信号,以避免伴音干扰图像。其中 Z243 为 4.5MHz 陷波器,用于 NTSC 制信号陷波。它是由 N100(CH05T1606)⑪脚输出的控制信号通过 V241、V247 来实现的。当 N100 ⑪脚输出 3.2V 高电平时,V246、V247 截止,同时 IF 信号滤波电路中的 V066 导通,VD065 截止(见图 11-5),系统工作在 PAL-DK 制;当 N100⑪脚输出 0V 低电平时,V246、V247 导通,Z243 被接入电路,同时 IF 信号滤波电路中的 V066 截止,VD065 导通,系统工作在 NTSC-M 制。

因此,在系统制式的外部硬件电路中,V246、V247 以及 V066 起着主要的控制作用。在 PAL-D/K 制状态下,其引脚工作电压见表 11-9。

表 11-9 长虹 SF2583 机型中主要晶体管的使用功能及工作电压

序号	型号	功能	U(V)		
			e	b	c
			动态	动态	动态
V047	2SC388	预中放	0.9	1.6	7.7
V066	PN1204	DK/M 伴音中频制式切换控制	0	311	0.1
V102	PH2369	调谐激励	0	0.6	1.2
V112	2SC1815	KEY/LED(键盘/指示灯)控制	0	0.1	0
V241	2SC1815	彩色全电视信号射随输出	0	2.0	6.1
V246	2SA1015	用于 NTSC-M 制陷波控制	2.0	3.0	0
V247	2SA1015	用于 NTSC-M 制陷波控制	2.0	3.0	0

续表 11-9

序号	型号	功　能	U(V)		
			e	b	c
			动态	动态	动态
V251	2SA1015	视频信号缓冲放大输出	2.0	3.0	0
V260	2SC1815	视频信号缓冲放大	1.2	1.8	5.1
V312	2SC1815	S端子C信号控制	0	0.6	0
V371	BC546	左声道音频信号激励输出(AV)	3.2	3.4	8.0
V381	BC546	右声道音频信号激励输出(AV)	3.2	3.4	8.0
V391	BC546	视频信号激励输出(AV)	2.0	2.7	8.0
V432	BSN304	行推动	0	2.2	12.0
V436	BU2720DK	行输出	0	−0.1	145.0
V605	2SC1815	静噪控制	0	0	0.9
V830	2SC1815	待机控制	0	0	6.5
V871	3DA2688	用于3.3V稳压输出	3.3	4.0	10.0
V891	2SA1015	开关机静噪控制	8.0	8.6	0
V801	2SC2655	电源稳压	14.0	14.5	40.0
VY01	3DA2688	R信号激励	1.3	2.0 ↔	135.0 ↔
VY02	3DA2688	G信号激励	1.3	2.0 ↔	145.0 ↔
VY03	3DA2688	B信号激励	1.3	1.7 ↔	165.0 ↔
VY04	BF422	R信号功率输出	130.0	130.5	195.0
VY05	BF423	R信号功率输出	135.0	135.0	5.2
VY06	BF422	G信号功率输出	135.0	140.0	195.0
VY07	BF423	G信号功率输出	130.5	135.0	5.4
VY08	BF422	B信号功率输出	155.0	165.0	195.0
VY09	BF423	B信号功率输出	15.0	160.0	5.2
VY10	2SC1815	消亮点控制	0	0	2.1

注：表中数据在长虹SF2583机型中测得，仅供参考。

2. 伴音中频处理及音频输出电路

在TDA9373超级芯片机芯中，伴音中频处理电路主要由TDA9373的㉘～㉜脚及外接分立元件组成，如图11-8所示。

在图11-8所示电路，从N100㊳脚输出的彩色全电视信号，经V241(2SC1815)射随放大后，由C260、L260、C261组成的38MHz吸收网络吸收掉38MHz的视频图像信号，只允许6.5MHz的伴音第二中频信号通过，并经V260、V261两级放大和Z260(6.5MHz)带通滤波后，送入N100(CH05T1606)的㉜脚。送入N100㉜脚的伴音中频信号，在N100(TDA9373)内部经限幅放大、调频鉴频以及㉛脚外接双时间常数锁相环滤波器的作用下，解调出音频信号，并从㊹脚输出。

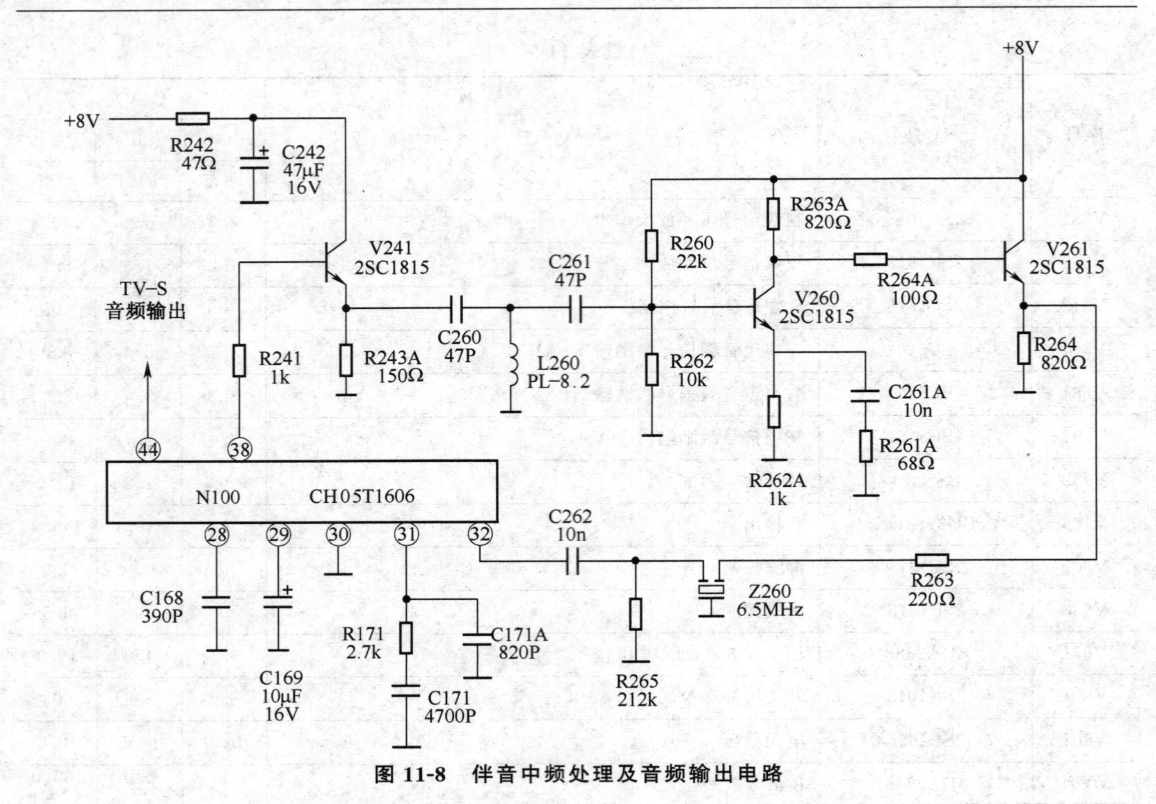

图 11-8　伴音中频处理及音频输出电路

从 N100(CH05T1616)㊹脚输出的电视伴音信号，送入 N391(HEF4052)的①脚和⑫脚，如电视左右声道音频信号，经转换后，分别从③脚和⑬脚输出，如图 11-6 所示。

3. 扫描小信号及几何失真信号处理

在 TDA9373 超级芯片内部，扫描小信号及几何失真信号处理功能，主要包含有 TDA9373 集成电路的⑯～㉒脚，㉕、㉖脚，㉝、㉞、㊱脚内部。

(1)行扫描小信号处理。行扫描小信号处理电路主要由 N100 的⑯、⑰、㉝、㉞脚内电路及少量外围分立元件等组成，如图 11-9 所示。其中，⑰脚外接双时间常数滤波器，用于行 AFC1 滤波，以使行振荡频率稳定。⑰脚内接行振荡电路，其振荡频率是从㊽、㊾脚的 12MHz 时钟振荡频率中分频得到的，并在同步信号的控制下，送入行驱动和 AFC2 电路。

在图 11-9 所示电路中，N100㉞、⑯、㉝脚内接 AFC2 和行驱动信号处理电路。⑯脚外接 C157 主要用于 AFC-2 滤波，以使行相位稳定。㉞脚输入行逆程脉冲，一方面经积分处理产生锯齿波信号与行同步信号进行比较，以形成 AFT 直流电压，自动控制行频及行相位；另一方面与行同步信号、色同步信号产生沙堡脉冲，为 CPU 等电路提供识别信号。

经处理后的行频开关信号，从 N100 的㉝脚输出，并经 R430A 送往行推动级电路。

(2)场扫描小信号处理。场扫描小信号处理电路主要由 N100 的㉑、㉒、㉕、㉖脚内电路及少量外围元件组成，如图 11-10 所示。

在图 11-10 所示电路中，N100㉕脚外接 R167 主要为场锯齿波形成提供参考电流，㉖脚外接 C167 主要用于场锯齿波形成，改变 R167 或 C167 的量值，都会使场锯齿波形发生变化。㉕、㉖脚内接场驱动及几何失真校正电路。场锯齿波的频率是从行频中分频得到的，所形成的

场频锯齿波形经 I^2C 总线及维修软件中的相应项目数据调控后，分别从㉑、㉒脚输出负极性和正极性的场激励信号，并送入场输出级电路。

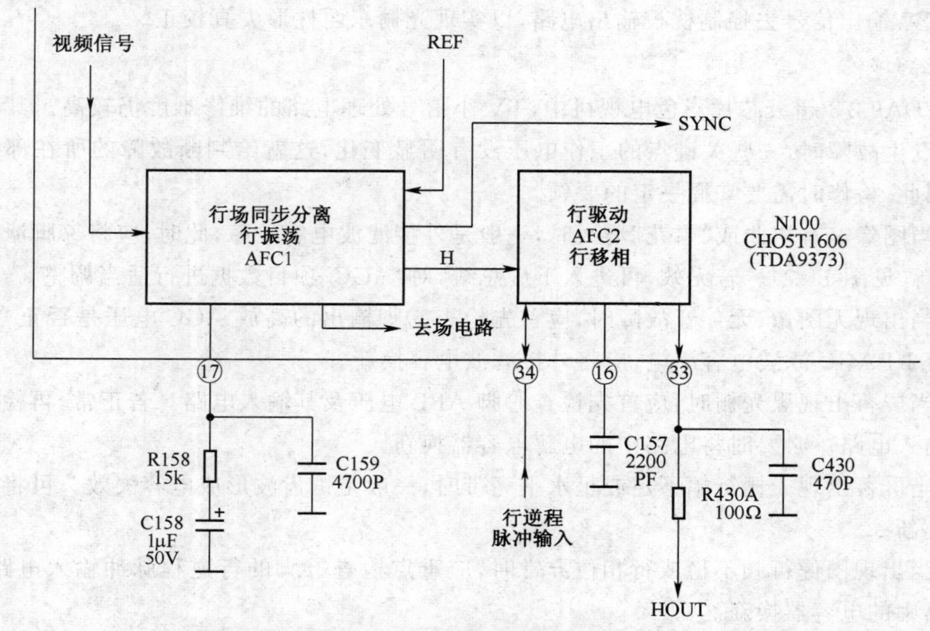

图 11-9　行扫描小信号处理电路

注：长虹 SF2583 机型中采用该电路

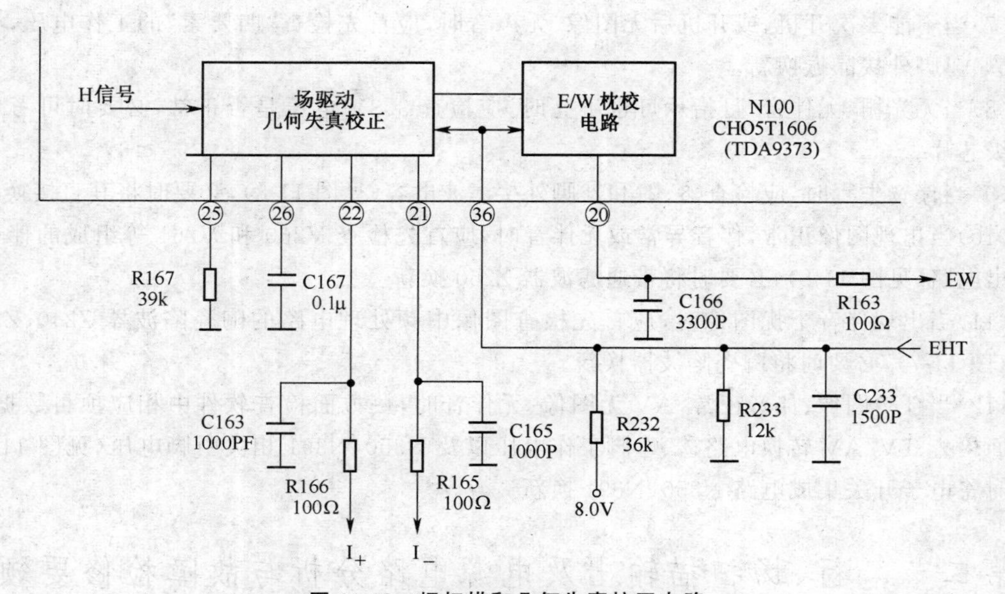

图 11-10　场扫描和几何失真校正电路

注：长虹 SF2583 机型中采用该电路

(3)几何失真校正。几何失真校正，通过 I^2C 总线去调整维修软件中相关项目数据来实现，调整项目包括“VS”、“SC”、“5VA”、“5VSH”、“5HA”、“5HS”、“5EW”、“50V”、“HP”、

“TC”、“UCP”、“BCP”、“HB”等。其中，除了“5EW”之外，其他项目数据调整，都是以改变行、场驱动信号的相位、幅度等去校正行场几何失真及幅度和线性失真。而“5EW”则是通过调整⑳脚的EW输出信号去控制枕校输出电路，以实现光栅东西枕形失真校正。

4. 检修要领

在TDA9373超级芯片彩色电视机中，TV小信号处理电路的维修难度仍较高。其主要表现是，在发生故障时，一些关键点的工作电压没有明显变化，这就给判断故障的所在部位带来麻烦。因此，检修时需要掌握一定的要领。

(1)当图像略有扭曲或“雪花”增大时，一般是外接滤波电容故障，此时，应将㊲脚滤波电容C231换新(见图11-7)。若无效，可进入I^2C总线，对“AGC”项目数据进行适当调整。

(2)当出现无图像、无伴音故障时，应首先检查㉗脚输出的高放AGC电压是否正常，异常时一般是RFAGC滤波电容漏电，应将外接滤波电容换新。

(3)当屏幕出现黑光栅时，应首先检查㊾脚ABL电压及其输入电路。若正常，再检查㊿脚黑电流输入电路。必要时将电路中的电解电容器换新。

(4)当屏幕出现光栅行幅不足或呈水平亮带时，一般是锯齿波形成电容失效。可将㉖脚外接电容换新。

(5)当出现图像行频不稳或行相位异常时，应重点检查㉞脚的行逆程脉冲输入电路，必要时将电路中的电容器换新。

(6)当图像出现几何、线性、幅度等多项失真时，应重调I^2C总线的相关项目，必要时将存储器换新。

(7)当不能二次开机，或开机后无图像、无声音时，应首先检查“四要素”的工作电压，必要时将58、59脚外接晶振换新。

(8)当无光栅、无伴音，且指示灯也不亮时，应检查3.3V电压是否正常，必要时可考虑更换超级芯片。

(9)当伴音失真时，应检查㉘、㉙和㉛脚外接滤波电容(见图11-8)，必要时将其直接换新。

(10)当出现图像正常，伴音异常或无伴音时，应首先检查V260和V261等组成的伴音中频输出电路(见图11-8)，必要时将带通滤波器Z260换新。

(11)当出现伴音干扰图像时，应首先检查图像中频处理电路的陶瓷陷波器Z240、Z241、Z242(图11-7)，必要时将陶瓷陷波器换新。

(12)当TV图像、伴音正常，AV无图像、无伴音时，一方面检查软件中相应项目数据，另一方面检查TV/AV转换电路62、63脚工作电压以及N350、N391相关引脚电压(见图11-6)。必要时将电子开关集成电路N350、N391换新。

第二节 行、场扫描输出及电源电路分析与故障检修要领

一、行扫描输出电路分析及故障检修要领

在TDA9373超级芯片彩色电视机中，行、场扫描输出电路如图11-11所示，行输出变压器供电电路如图11-12所示。

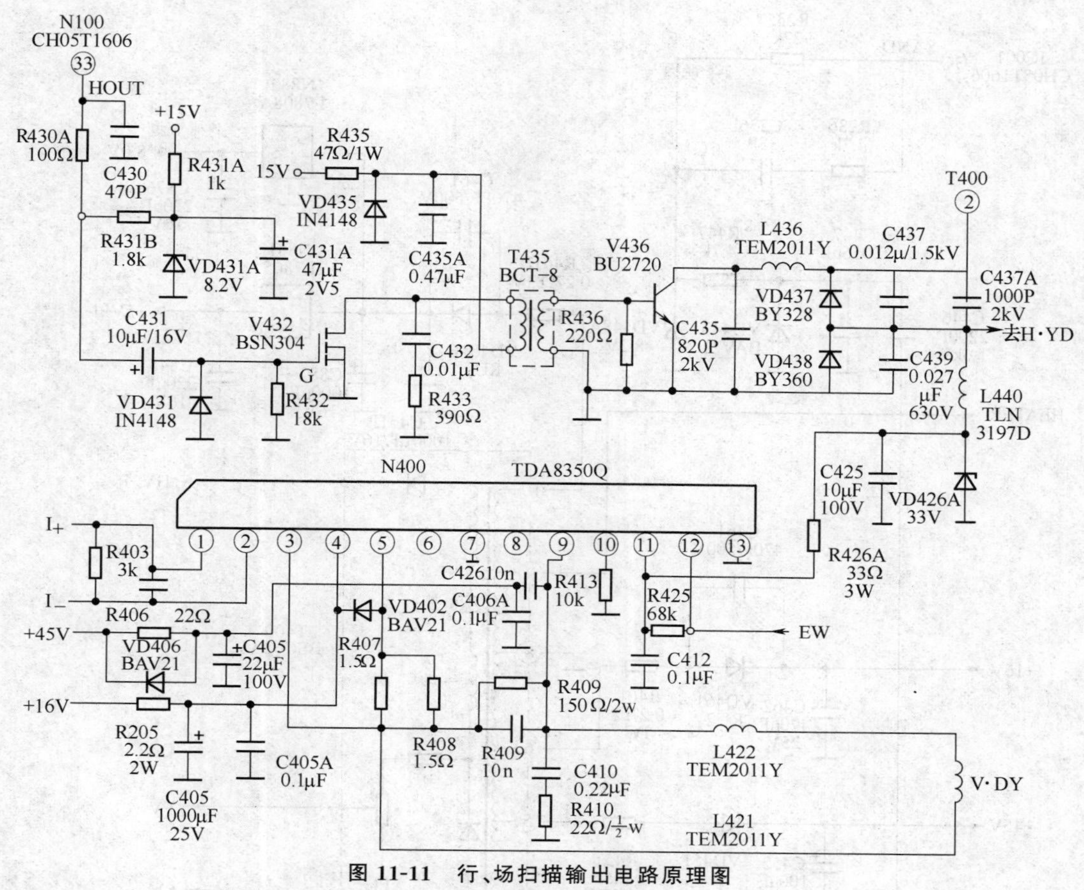

图 11-11　行、场扫描输出电路原理图

注：长虹 SF2583 机型中采用该电路

1. 行推动级电路

在图 11-11 所示电路中，V432 为行推动管，V436 为行输出管，在正常状态下其各引脚工作电压见表 11-9。T400 为行输出变压，它不仅为显像管提供高压，而且还为整机中其他一些功能电路提供直流电压，其引脚功能及正常状态下的电压值、电阻值见表 11-10。

在图 11-11 所示电路中，由 N100（CH05T1606）㉝脚输出的行激励开关脉冲信号，通过 R430A、C430、C431、VD431、R432 加到 V432 的栅极 G，使 V432 栅极获得 2.2V 直流电压。其中，C430 用于吸收尖峰脉冲成分，主要起保护作用；R430A 主要起限流作用，以使 N100㉝脚获得直流工作电压；C431 主要用于隔断直流，只允许 15625Hz 的行激励开关脉冲信号通过，并加到 V432 栅极；VD431 主要起开关作用，当开关信号截止期到来时，VD431 导通，以使 V432 完全截止；R432 主要起偏置作用，以限定 V432 的直流偏压；V432 为场效应晶体管，它是一种电压控制器件，适于在高频和高速条件下工作，同时在大电流工作状态下，具有负的温度系数，即温度升高时，工作电流下降，以避免热不稳定性二次击穿。

在图 11-11 所示电路中，当 C431 耦合输出开关脉冲平顶期高电平加到 V432 栅极时，V432 迅速导通，T435 初级存储能量，其次级也感应能量，但由于次级上端（即与 V436 基极相接端）为负极性，故 V436 截止。当 C431 耦合输出开关脉冲平顶期过后，VD431 导通，V432 迅

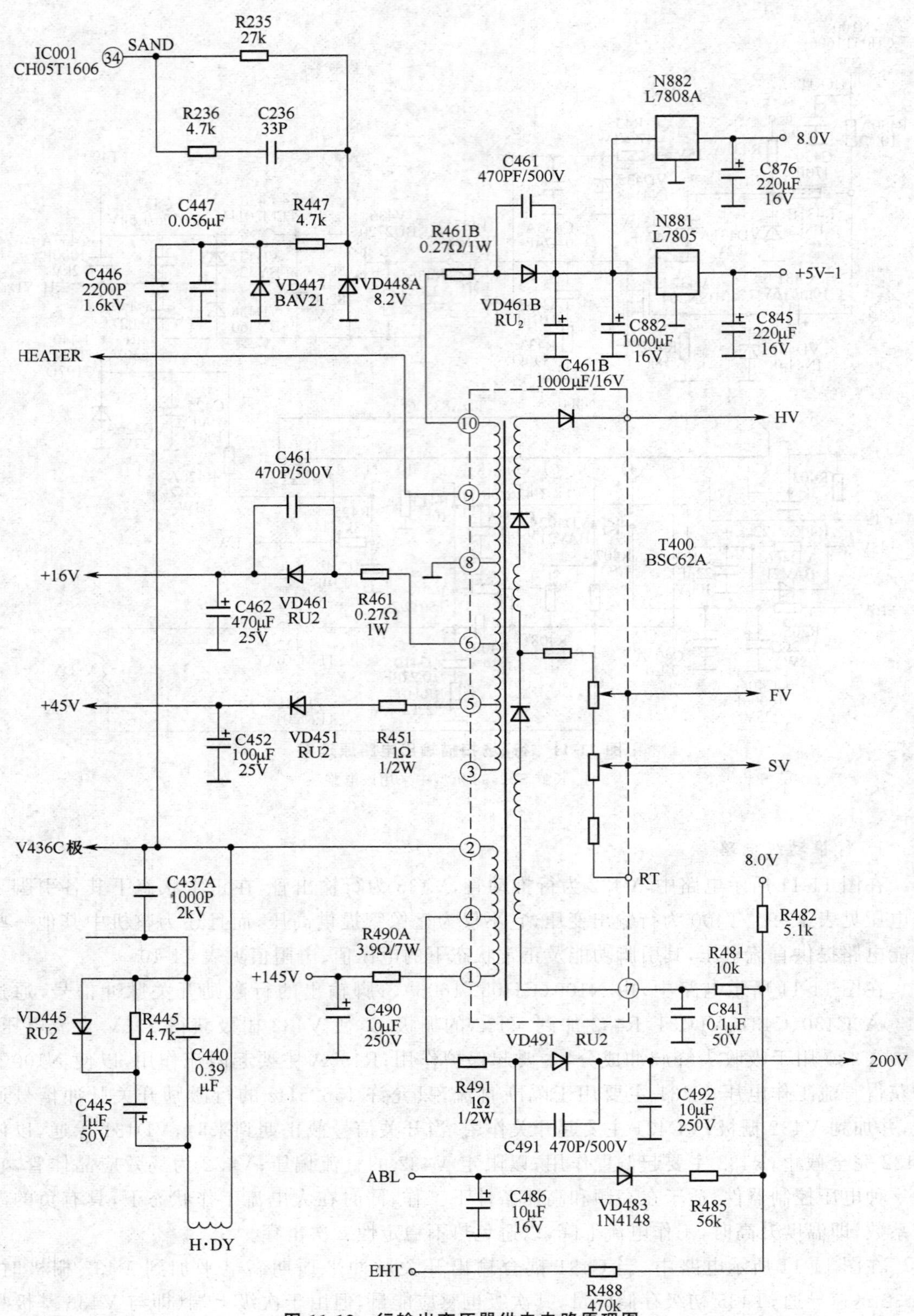

图 11-12 行输出变压器供电电路原理图

注：长虹 SF2583 机型中采用该电路

表 11-10 T400(BSC62A)行输出变压器引脚功能、电压值、电阻值

引脚	符号	功能	U(V)	U(V)	R(kΩ)	
					在线	
			动态	动态	正向	反向
1	+H	行输出管c极	315.0	145.0	4.5	55.0
2	145V	B+电压(145V)输入端	315.0	145.0	4.5	53.0
3	+200V	尾板视放末级供电压	315.0	145.0	4.5	55.0
4	GND	接地	0	0	0	0
5	45V	低压供电端(45V)	9.8	0	0	0
6	UA-	行逆程脉冲输出	49.0	0	0	0
7	16V	低压供电端(16V)	25.0	0	0	0
8	ABL	自动亮度限制	1.8	0	20.0	20.0
9	HEAT	灯丝电压	4.4	0	0	0
10	12V	低压供电(12V)	15.0	-0.1	0	0

注:表中数据在长虹 SF2583 机型中测得,仅供参考。

速截止,T435 绕组中感应电势极性反转,V436 行输出管导通,行输出级启动工作。因此,在图 11-11 所示电路中,行推动级为反激励工作方式。

2. 行输出变压器二次电源电路

在图 11-12 所示电路中,当行输出级启动工作后,T400 行输出变压器各脚有电压输出。其中:①脚输入+145V 行工作电压,由开关稳压电源供给。

②脚输出分为三路,一路接行输出管集电极,另一路接行偏转线圈,第三路通过 C446、C447、VD447、R447、VD448A、C236、R236、R235 等送入 N100(CH05T1606)的㉞脚。在㉞脚内电路一方面用于形成 AFC 直流电压控制行振荡频率和相位;另一方面与行同步信号、色同步信号等形成沙堡脉冲(SAND),为 CPU 等电路提供识别信号(见图 11-1)。

④脚用于输出行逆程脉冲,经 VD491(RU2 快恢复整流二极管)整流和 C492 滤波后形成 200V 直流电压送入尾板电路,主要为末级视频放大器供电。

⑤脚用于输出行逆程脉冲,经 VD451(RU2)整流和 C452 滤波后产生+45V 直流电压,主要为场扫描输出级电路供电。

⑥脚用于输出行逆程脉冲,经 VD461 整流、C462 滤波后产生+16V 电压,主要为场扫描输出电路供电。

⑨脚输出行逆程脉冲,主要作为灯丝电压送入尾板管座的灯丝脚。

⑩脚输出行逆程脉冲,经 VD461B(RU2)整流、C461B、C882 滤波后加到 N881 和 N882 的输入端,由 N881 稳压产生+5V-1 直流电压,主要供给高频调谐器及 S 端子色度信号输出控制的接口电路;由 N882 稳压产生的+8V 电压,主要供给预中放电路、开关极静噪电路、伴音中频信号输出电路、电子开关电路、AV 输出信号驱动电路等。

⑦脚为束电流输出端,一方面通过 R485、VD483、C486、R482 等实现 ABL 自动亮度限制;另一方面通过 R488 送入 N100(CH05T1606)的㊱脚,用于行高压自动检测,以实现光栅幅度自动控制。

3. 维修要领

(1)当行扫描输出级电路启动困难或不启动时,一般是C431失效或不良,应首先检查C431(10μF/16V),必要时将其换新。若其正常,可适当提高其耐压值。原C431耐压值为16V,可改用25V。

(2)当出现常易击穿行输出管,且无规律可循故障时,一般是行推动级有接触不良现象。应将行推动变压器换新,并注意检查引脚印刷线路。

(3)当出现行幅度不足有烧行管现象时,应检查或更换C435、C439、C437等行逆程电容。

(4)当出现行幅过宽并有枕形失真现象时,应首先检查枕形失真校正电路(见本节二)。

(5)当不能二次开机时,可首先检测行输出管V436集电极电流,若测得电流远大于500mA时,则是行输出变压器损坏,这时应更换行输出变压器,但要保持型号一致。

二、场扫描电路分析及检修要领

在TDA9373超级芯片彩色电视机中,场扫描电路以N400(TDA8350Q)为核心等组成(其中包含了枕校控制电路),如图11-11所示。其中:N400(TDA8350Q)的内部结构如图11-13所示,其引脚功能及电压值、电阻值见表11-11。

表11-11 N400(TDA8350Q)场输出电路引脚功能、电压值、电阻值

引脚	符号	功 能	U(V)		R(kΩ)	
					在线	
			静态	动态	正向	反向
1	I_+	正极性驱动输入	2.4	2.4	11.0	17.0
2	I_-	负极性驱动输入	2.4	2.4	11.0	5.0↑
3	Vifb	反馈信号输入	8.0	8.0	6.0	5.4
4	VP	+16V电源	16.0	16.0	6.9	16.4↑
5	VD(B)	场输出(B)	8.0	8.0	6.0	6.0
6	NC	空脚	0	0	∞	∞
7	GND	接地	0	0	0	0
8	Vfb	场逆程供电	51.0	51.0	7.0	110.0↑
9	VD(a)	场输出(A)	8.0	8.0	6.0	6.0
10	VDgUard	场保护(电流源输出)	0.3	0.3	9.5	10.1
11	VDsinK	东西枕校输出	17.0	17.0	6.2	9.1
12	Iicorr	东西枕校控制信号输入	0.8	0.8	11.1	16.0
13	GND	接地	0	0	0	0

注:表中数据在长虹SF2583机型中测得,仅供参考。

1. 场输出级电路

在图11-11所示电路中,当N400(TDA8350Q)的①、②脚有0.6V_{P-P}场频锯齿波激励信号输入时,通过其内部放大、整形等处理后,分别由A、B两组互补放大器放大,并从⑨脚和⑤脚输出(见图11-13)。其输出信号一方面加到场偏转线圈,产生场偏转电流;另一方面经R407∥R408限流电阻,形成约8V直流反馈电压送入③脚,同时,锯齿波偏转电流还通过C410、R410构成回路,在C401两端形成交流电压,并经C409、R409反馈到③脚,形成约

0.3V_{P-P}的锯齿波形信号。当③脚输入的负反馈电压及信号波形异常时，均会不同程度地影响光栅场线性失真。但场线性失真等调控功能，均是通过I^2C总线调控自编程软件中的相关项目数据来实现的。

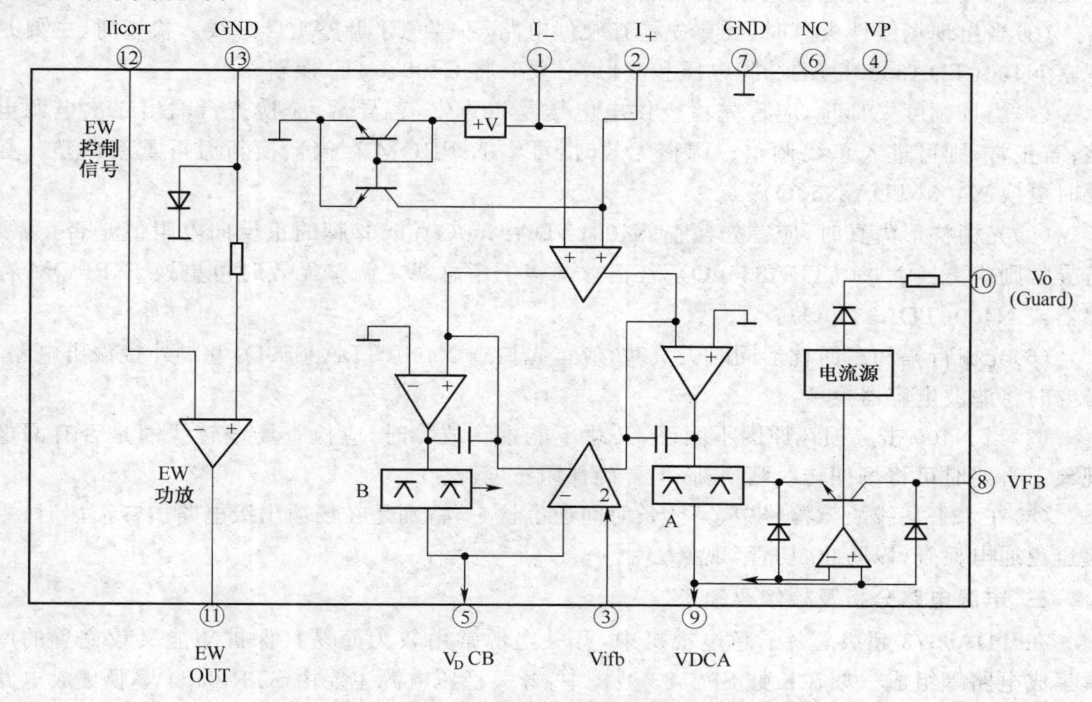

图 11-13　TDA8350Q 内部方框组成示意图

在图 11-11 所示电路中，N400(TDA8350Q)主要有两组供电电压，其一是+16V 电压，由行输出变压器 T400 的⑥脚提供，主要为场驱动及输出级正程期间供电，当该电压异常时会引起场幅不足或水平亮线；其二是+45V 电压，由行输出变压器 T400 的⑤脚提供，主要是通过 N400(TDA8350Q)的⑧脚经其内部电流源为场输出级逆程期间供电(见图 11-13)，以增加电子束在场逆程期间的回扫速度。电流源通过 N400 的⑩脚可实现保护控制。当保护功能动作时，内接二极管导通，电流源截止，场输出级不工作。当+45V 电压不足时，会引起光栅顶部有回扫线。

2. 枕形失真校正输出电路

在图 11-11 所示电路中，N400(TDA8350Q)⑪、⑫、⑬脚用作枕形失真控制功率输出级电路，其内接枕形校正功率放大器，见图 11-13。其中⑫脚输入的东西枕形失真控制信号由 N100(CH05T1606)的⑳脚输出，并受I^2C总线控制；⑪脚输出东西枕形失真功率信号，通过 R426A、C425、VD426A、L440 加到行逆程电容和双阻尼二极管的中点，通过二极管的调制作用，使东西枕形失真场频抛物波电流对行扫描锯齿波电路进行调制，从而使光栅东西枕形失真得以校正。

在电路正常时，调整表 11-2 中的“5EW”等项目数据可以改变 N400⑪脚输出的场频抛物波形幅度，进而实现光栅东西枕失真校正。

3. 检修要领

(1)当光栅呈一条水平亮线时，应首先检测 N400(TDA8350Q)的引脚阻值。若有明显异常，则应将其换新。若正常，则进一步检查+16V和+45V供电电路。

(2)当频繁击穿N400(TDA8350Q)时，应检查B+电压和行逆程脉冲是否正常。若B+电压较高，应检查开关稳压电源；若行逆程脉冲较高，应检查行逆程电容。

(3)当出现场线性失真时，要首先检查硬件电路，不要急于调整I^2C总线。检查时，主要是观察N400(TDA8350Q)的③脚电压和波形，必要时将C409、C410换新。

(4)当场幅度失真时，应首先检查供电电压是否正常，若异常，应检查行输出二次电源电路；若正常，则可进入总线调整。调整无效时，可将E^2PROM存储器换新后再重新调整。必要时更换N400(TDA8350Q)。

(5)光栅枕形失真时，应首先检查N400(TDA8350Q)⑪、⑫脚的正反向电阻值是否正常，若异常则应更换N400(TDA8350Q)；若正常调整I^2C总线。调整无效时可更换E^2PROM存储器或N400(TDA8350Q)。

(6)光栅行幅和东西枕形同时失真时，应首先检查N400(TDA8350Q)⑪脚外接输出电路，必要时将滤波电容器换新。

(7)当N400击穿损坏原因不明确，又总不能排除故障时，应检查场偏转线圈是否有漏电现象。必要时可将场偏转线圈换新，但要确保阻抗匹配。

(8)在水平亮线故障检修中，不要长时间通电检查，特别是在场输出级电路击穿损坏时，更应避免通电检查，以防止“切管”现象。

三、电源电路分析及检修要领

在TDA9373超级芯片彩色电视机中，开关电源常由较为简易且保护功能又较完善的厚模集成电路等组成。如在长虹SF2583型机中，开关稳压电源主要由STR-6454厚膜集成电路等组成，如图11-14所示。其引脚功能及正常状态下的电压值、电阻值见表11-12。

1. 开关电源初级部分电路

在图11-14所示电路中，N801、V801、T830初级绕组等组成开关电源初级部分电路。其中N801(STR-F6454)为核心器件。它是日本三肯公司于20世纪90年代末期开发生产的STR-6600系列开关电源厚膜混合集成电路。其内部主要包含有稳压器、START启动电路、OSC振荡电路、LATCH锁存器、驱动电路、开关调整管以及过流保护(DCP)、过压保护(OVP)、过热保护(TSD)等电路，如图11-15所示。

(1)STR-6454R的主要特点。

①小型绝缘模块封装，引脚数少，只有5个引脚。

②电路启动前消耗电流很小，最大值为100μA。

③内藏低频工作用的振荡器，其振荡频率为20kHz，用于轻负载时PRC工作方式。PRC为PUISe Rario Control的编写词，释义为脉动控制方式。

④内藏低通有源滤波器，以利于轻负载时稳定工作。

⑤采用雪崩击穿能量保证、高破坏耐量的MOSFFT绝缘栅场效应晶体管。由于保证了内藏MOSFFT的雪崩击穿耐量，简化了浪涌电压吸收电路的设计，设计时无需考虑VDSS(源漏之间的击穿电压)的裕量。

⑥内藏MOSFFT软驱动电路。

⑦内藏MOSFFT定电压驱动电路。

⑧具有多重保护功能。

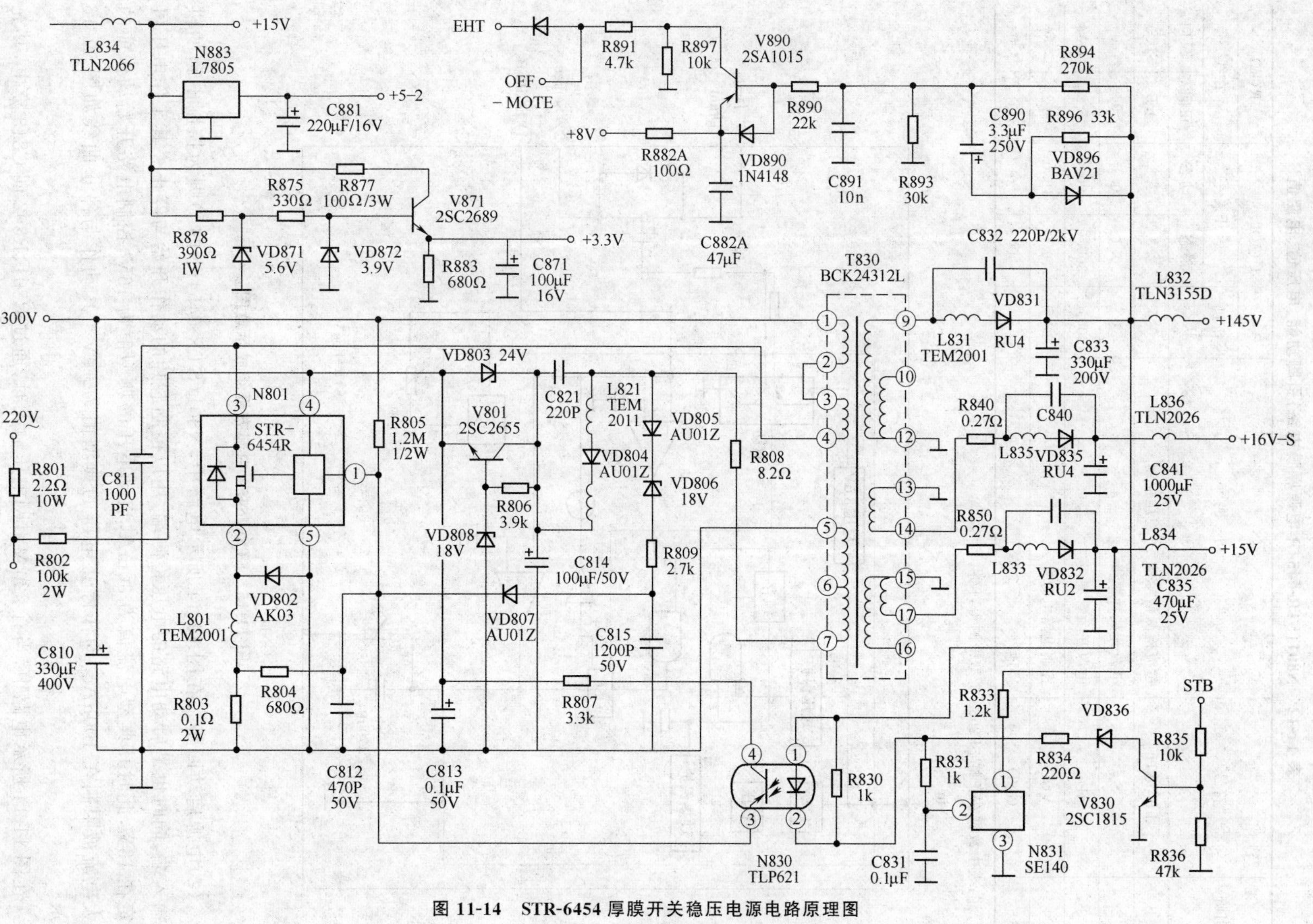

图 11-14 STR-6454 厚膜开关稳压电源电路原理图

注：长虹 SF2583 机型采用该电源

表 11-12 N801(STR-6454R 电源厚膜电路)引脚功能、电压值、电阻值

引脚	符号	功能	U(V)			R(kΩ)	
			待机状态	开关		在线	
				静态	动态	正向	反向
1	FB/INH	过流检测信号输入/稳压控制	0.5	2.3	2.3	0.5	0.5
2	S	电源开关管源极	0	0.1	0.1	0	0
3	D	电源开关管漏极	300.0	300.0	300.0	7.2	1K↑
4	VCC	控制电路电源输入	18.0	19.0	19.0	9.2	∞↑
5	GND	接地	0	0	0	0	0

注:表中数据在长虹 SF2583 机型中测得,仅供参考。

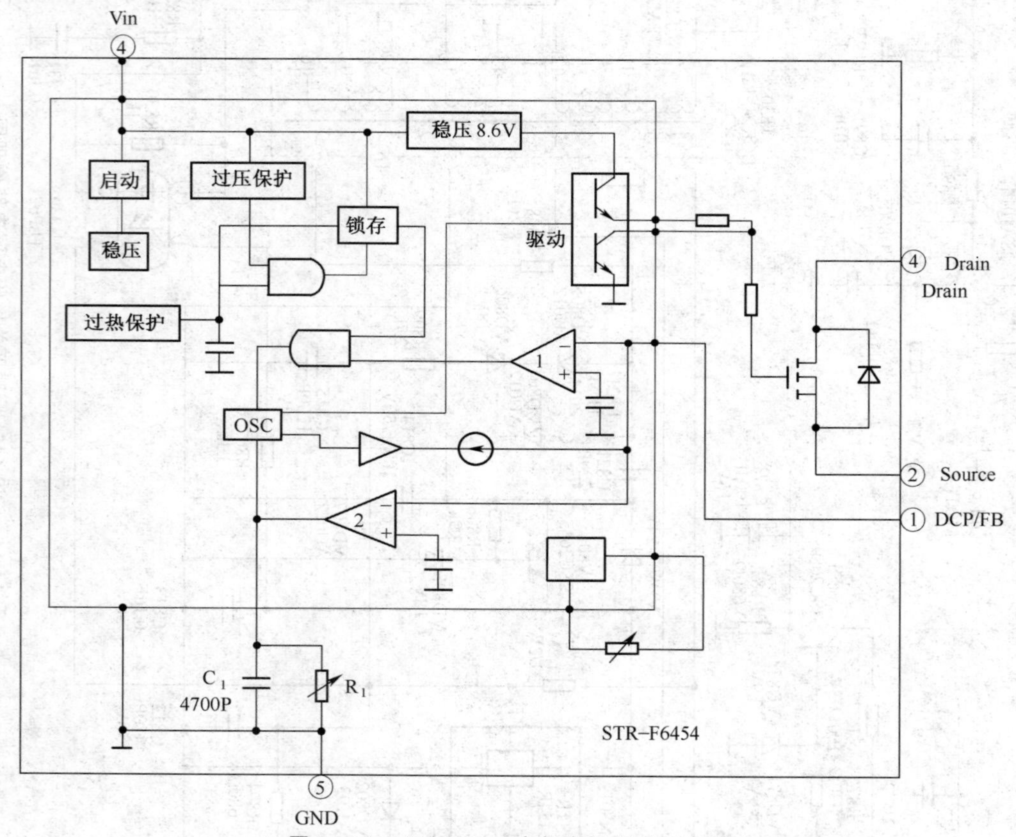

图 11-15 STR-F6454 内部方框组成示意图

(2)电源启动回路。在图 11-14 所示电路中,N801(STR-6454R)的④脚为控制电路的供电输入端,同时也是启动电路的电压检测端,用以控制芯片的动作开始与停止。其工作电压可设定在 18V,此时其典型电流值为 30mA,启动电压的典型值为 16V,控制电路开始动作前的最大电流被限制在 100μA。动作停止电压的典型值为 10V。其动作与停止曲线如图 11-16 所示。

在图 11-14 所示电路中,当有 220 V~市网电压输入时,通过 R801、R802 向 C813 充电,其充电电压加到 N801④脚,电源启动。但在电源接通过程中,C813 两端的充电电压是逐渐升高

的，④脚电压也逐渐升高，且只有在电压达到16V后，芯片内部控制电路才开始工作。因此C813为软启动电容，其容量决定了软启动的时间。由于开关变压器T830辅助绕组⑦-⑤的电压在电源启动后并不能马上上升到设定电压，而C813两端电压由于放电会降低，使④脚电压下降，待下降到停止电压以前，⑦-⑤辅助绕组电压能升到设定值，经V801射极输出可使N801④脚电压稳定在18V，从而电路可以顺利启动工作。V801与VD808等组成18V稳压电路。

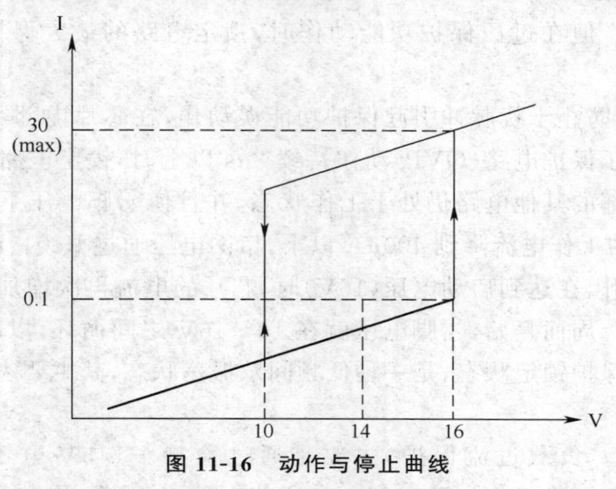

图11-16　动作与停止曲线

(3)准共振电路。在图11-14所示电路中，N801(STR-6454R)有两种工作方式，一种是PRC脉动控制方式，另一种是准共振方式。其方式选择由①脚的工作电压决定。①脚电压在0.73～1.45V之间时，为PRC脉动控制方式；①脚电压在1.45～6.0V之间时，为准共振状态。由于①脚电压主要是受N801光电耦合器控制，所以，PRC脉动控制方式就是待机方式，而准共振状态，则是整机正常工作的开机状态。

在图11-14所示电路中，N801(STR-6454R)③脚外接的C811为共振电容，其容量的大小直接影响芯片内部绝缘栅场效应晶体管的导通时刻。在应用中，当开关变压器向次级释放完能量后，共振电容C811与开关变压器T830初级绕组发生共振，使芯片内部绝缘栅场效应管导通。此时共振电容C811上的电压最低，从而使绝缘栅场效应管的导通损耗也最小。R802、C813、VD807、R809、C815、VD805等组成准共振延迟电路，决定准共振的发生时间。调整其时间常数，可以改变N801的工作方式，即选择准共振工作方式或PRC脉动控制方式。在延迟电路中，VD805、R809、VD807利用⑤-⑦绕组产生的准共振信号去控制N801①脚内部的比较器(见图11-15)，使比较器获得一个适当的延迟电压，从而使N801能够进入准共振工作方式。但延迟电压的输出条件，必须是VD805整流输出电压能使VD806反向击穿导通。其导通电压通过R809向C815充电，充电时间决定了延迟电压的延迟时间。而充电时间的长短由C815的容量决定，故C815被称之为延迟电容。但N801内部的绝缘栅场效应管必须是在C815上的电压最低时开始导通。因此，在实际电路中，延迟时间是由C815、C812、C811共同决定的。

在准共振工作方式时，电源的振荡频率是随着负载和输入电压的变化而变化的。当输入电压最高或负载最小时，振荡频率最高。因此，加到N801内部比较器的控制电压的延迟时间，必须在输入电压最高、负载最轻、输出功率最小的状态下设定。在设定时，主要考虑C811、C812、C815的容量。

(4)保护电路。在图 11-14 所示电路中,保护功能主要有电源过压保护和负载过流保护两个方面。

①电源过压保护。电源过压保护主要是通过 N801④脚及其内电路来完成的。当 220 V~ 市网电压升高时,通过 R801、R802 加到 N801④脚的启动电压也会升高。当其升高电压超过 22.5V 时,过压保护电路开始动作,芯片内部振荡器输出低电平,从而使锁定功能动作,保护电源电路元件不被损坏。但在过压保护功能动作时,锁定电路的最大保持电流应在 500μA 以上,④脚电压为 8.5V。

在实际应用中,为防止干扰脉冲引起保护功能误动作,在芯片内部还设有定时器,以监测锁定电路。只有在过压保护电路(OVP)动作持续 8μs 以上时,锁定电路才开始动作。在锁定电路动作时,N801 内部的其他电路仍处于工作状态,并且使④脚电压下降。当④脚电压下降到 10V 以下时,芯片的工作电流降到 400μA 以下,市网电压通过 R801、R802 向 C813 充电,使得④脚电压又开始上升,在达到启动电压(16V)时,芯片的电流再次增加,随使锁定电路动作,将④脚电压再次下拉。周而复始,④脚电压就在 10～16V 之间循环,以起到保护 N801(STR-6454)的作用。因此,保护锁定状态,是一种低频间歇振荡状态,其主要表现是④脚电压在10～16V 之间抖动。

②负载过流保护。负载过流保护,主要是通过检测＋145V 电压的变化情况来实现的。在图 11-14 所示电路中,由于 R894 和 R893 的分压作用,使 V890 反偏截止,当＋145V电压因负载过流而大幅下降时,通过 VD896、C890 使 V890 正偏导通,使 N100(CH05T1606)的㊱脚检测电压升高,从而使 N100 内部待机控制功能动作,控制 V830、N830 使 N801(STR-6454R)工作在低频间歇振荡状态,使整机线路得到保护。但在图 11-14 所示电路中,V890 有三个方面的控制作用,其一是关机静噪控制,其二是光栅幅度控制,其三是负载过流保护控制。

2. 开关电源次级输出部分电路

在图 11-14 所示电路中,开关电源次级输出部分电路主要由开关变压器 T830 的⑨、⑭、⑰脚及外接电路等组成。其引脚功能及脉冲电压见表 11-13。其中:⑨脚输出的脉冲电压,经 VD831 整流、C833 滤波输出＋145V 电压,一方面供给行扫描输出级,另一方面为负载过流保护和自动稳压控制环路提供检测信号。其中自动稳压控制环路,主要由 N831(SE140)和 N830(TLP621)等组成。当＋145V 电压升高时,通过 R833 加到 N831①脚电压也升高,其②脚输出的取样电压升高,N830②脚电压升高,N830②脚内接发光二极管的导通电流减小,③、④脚内接的光耦晶体管导通阻值增大,N801①脚的电压下降,＋145V 的输出电压下降,从而起到了自动稳压的作用。反之,当＋145V 电压下降时,上述过程相反,也起到自动稳压的控制作用。

表 11-13　T830(BCK-24312L)电源开关变压器引脚功能、电压值、电阻值

引脚	功　能	U(V)~	U(V)	R(kΩ)	
				在线	
		动态	动态	正向	反向
1	＋300V 电压输入端(接 C810 正极端)	650.0	300.0	7.1	1.K↑
2	NC,空脚	—	—	—	—

续表 11-13

引脚	功　能	U(V)~ 动态	U(V) 动态	R(kΩ) 在线 正向	R(kΩ) 在线 反向
3	反馈输出端(相当于图纸中的⑦脚),接 R806	650.0	300.0	0	0
4	NC,空脚	—	—	—	—
5	通过 W814 短接线接⑦脚	650.0	300.0	7.0	1K↑
6	外接 N801③脚,内与⑤脚组成初级绕组(相当于图纸中的④-③绕组)	650.0	300.0	7.0	1K↑
7	外接⑤脚,内与⑤脚组成初级绕组(相当图纸中的②-①绕组)	650.0	300.0	7.0	1K↑
8	接地	0	0	0	0
9	用于＋145V 输出,外接 VD831 整流二极管	40.0	0	0	0
10	NC,空脚	—	—	—	—
11	接地	0	0	0	0
12	接地	0	0	0	0
13	接地	0	0	0	0
14	用于＋16V 输出,外接 VD835 整流二极管	7.0	0	0	0
15	接地	0	0	0	0
16	NC,空脚	—	—	—	—
17	用于＋15V 输出,外接 VD832 整流二极管	7.0	0	0	0

注:表中数据在长虹 SF2583 机型中测得,仅供参考。

⑭脚输出的脉冲电压经 VD835 整流、C841 滤波后,产生＋16V-S 电压,主要为伴音功放级电路供电。

⑰脚输出的脉冲电压经 VD832 整流、C835 滤波,产生＋15V 电压,主要为行推动级供电,同时又为自动稳压控制环路中的 N830(TLP621 光电耦合器)①脚提供基准电压。由 VD832 整流、C835 滤波,并经 L834 输出的＋15V 电压,还通过 N833(L7805)＋5V 稳压器稳压输出＋5V-2 电压,供给遥控接收电路和电源指示灯电路,以及 I^2C 总线的上拉电阻电路等。同时,还通过 V871、VD872 等稳压输出 3.3V 电压,供给超级芯片中的微控制器电路,有关 V871 引脚的工作电压见表 11-9。

3. 检修要领

(1)当开关电源厚膜集成电路 N801(STR-6454)频繁击穿损坏时,应重点检查延时电容 C815 和光电耦合器 N830 反馈环路,必要时将 C811、C812、C813、C815 换新。

(2)当 N801(STR-6454)击穿损坏时,常伴有 V801 击穿损坏,无论 VD808 是否正常,都应将其换新。确保 V801 发射极输出电压稳定在 18V。如果单纯 N801 击穿,为安全起见,也应将 V801 和 VD808 换新,以防止其有软故障因素再次击穿 N801。

(3)当启动后整机保护动作或启动困难时,应重点检查 N801④脚外接电阻 R802,必要时将其换新。

(4)当开关电源无规律自动停振或不能启动工作时,应重点检查 N801②脚外接过流检测电阻 R803,必要时将其直接换新。

(5)当开机瞬间击穿 N801 时,应将光电耦合器 N830(TLP621)和稳压器 N831 直接换新,并检查自动稳压控制环路是否有开环现象。

(6)当发生待机保护时，应首先检查各供电负载电路是否有过流或短路故障。检查时可直接测量各供电压滤波电容器两极间的正反向电阻值来加以判断。其正常值见表11-14。

(7)当+145V电压在开机瞬间有升高现象时，应重点检查N831(SE140)及其外接阻容元件R831、C831。必要时将其换新。

(8)当出现待机控制功能异常或失效时，应检查或更换V830及其STB输出线路。

(9)当出现指示灯不亮，整机所有功能均失效时，应重点检查限流电阻R850、快恢复整流二极管VD832，必要时将VD832换新。同时，也要进一步检查+5V稳压器N883和稳压二极管VD871、VD872，必要时将其换新，以防止有软击穿故障。软击穿故障在冷态不能测出，即使热态有时也不一定马上表现出来。

表11-14 主要电解电容器型号、功能、电压值、电阻值

序号	型号	功 能	U(V)	R(kΩ)	
			动态	在线	
				正向	反向
C810	330μF/400V	+300V一次整流电压滤波	300.0	7.0	1K↑
C814	100μF/50V	反馈电压滤波	40.0	6.4	1K↑
C833	330μF/200V	+145V电压滤波	145.0	4.4	50.0↑
C841	1000μF/25V	+16V电压滤波	16.0	0.3	0.3
C835	470μF/25V	+15V电压滤波	16.0	6.4	11.5
C881	220μF/16V	+5V-2电压滤波	5.0	2.9	2.9
C871	100μF/16V	3.3V电压滤波	3.4	0.4	0.4
C452	100μF/63V	45V电压滤波	49.5	6.5	110.0↑
C462	470μF/25V	+15V电压滤波	16.5	6.5	152.0↑
C492	10μF/250V	+200V电压滤波	200.0	12.6	220.0
C845	220μF/16V	+5V-1电压滤波	5.0	4.1	4.1
C876	220μF/16V	8.0V电压滤波	8.0	1.5	1.5
C841	0.1μF/250V	ABL输出滤波	−2.3	20.0	20.0

注：表中数据在长虹SF2583机芯中测得，仅供参考。

第三节 超级芯片和数字板彩色电视机检修实例

【例1】

故障现象 黑光栅，但光栅顶部有一条蓝白细线

故障机型 长虹SF2119型彩色电视机

检查与分析 根据检修经验，更换24C08A存储器后，重调I^2C总线，故障排除。

小结 在超级芯片彩色电视机中，存储器不良会引起多种异常故障，但在更换时要有可靠数据。

【例2】

故障现象 红灯亮，二次开机无效

故障机型　长虹 SF2199 型彩色电视机

检查与分析　首先检查硬件电路，未见异常，用同型号彩色电视机中的 E^2PROM 存储器代换后，故障排除。

小结　将同型号彩色电视机 E^2PROM 存储器中的数据复制在新的空白存储器后，可不用任何调整。

【例 3】

故障现象　开机后自动关机，二次开机无效

故障机型　长虹 SF2111 型彩色电视机

检查与分析　首先检查 N100(OM8370PS)的㊻、㊹脚电压，均无 3.3V 电压，但检查 V505 集电极 9.8V 电压正常，发射极也有 3.6V 电压输出，因而说明㊻、㊹脚外接供电线路有故障。进一步检查发现，W512 一端脱焊。补焊后，故障排除。

小结　在 OM8370PS 超级芯片彩色电视机出现不能二次开机的故障时，应首先检查“四要素”电路。四要素电路中有一个异常都会引起不能二次开机故障。

【例 4】

故障现象　光栅闪亮一下熄灭，再过几秒钟光栅再次闪亮一下又熄灭，但红灯始终不亮

故障机型　长虹 SF2199 型彩色电视机

检查与分析　首先检查各组供电压均正常，再检查 N100(OM8370PS)㊶、㊻、㊹脚 3.3V 电压也正常，但检查㊸脚和㉝脚时有高/低跳变电平，高电平时光栅闪亮一下，低电平时光栅熄灭，故怀疑 N100 故障。由于还存在有红灯不亮故障现象，故还应检查红灯电路，结果是 R207 一端引脚脱焊。补焊后，故障排除。

小结　R207 为 N100⑤脚提供偏置电压，⑤脚既用于本机键盘扫描信号输入，又用于 LED 指示灯控制。因此，当⑤脚无偏置电压时，键盘扫描及指示灯控制功能均失效，形成本例故障。

【例 5】

故障现象　黑屏，但左上角有 AV 字符闪烁

故障机型　长虹 SF2111 型彩色电视机

检查与分析　根据检修经验，可首先检查本机键盘电路，经检查，测得 N100(OM8370PS)⑤脚正向阻值为 9.3kΩ，反向阻值为 11.8kΩ，正常时⑤脚正向阻值应为 9.5kΩ，反向阻值应为 16.5kΩ，测得⑤脚电压在 1.8V 抖动，正常时应有 0.1V 电压。因而判断 AV 键有短路故障。将 TV/AV 键直接换新后，故障排除。

小结　在该机中，键盘电路采用阶梯式电阻扫描电路，其中有一只电阻变值，或键钮粘连，都会引起某些键控功能紊乱或某一功能误动作。因此，检修时应将键钮开关直接换新。

【例 6】

故障现象　雪花光栅，无图像、无声音

故障机型　长虹 SF2111 机型

检查与分析　首先检查 N100(OM8370PS)㊲脚电压仅有 2.0V，正常时动态电压为 2.5V，静态电压为 2.4V，因而说明㊲脚外电路不良。进一步检查，C231 一端引脚脱焊。补焊后，故障排除。

小结　C231与R231串联组成时间常数滤波器，用于视频解调锁相环滤波。当其异常时会引起本例故障。

【例7】

故障现象　光栅左侧有竖直黑边

故障机型　长虹PF29118型彩色电视机

检查与分析　首先检查N100(OM8373PS)引脚电压，发现㉞脚电压升高到0.8V，正常值应为0.6V，再用示波器观察㉞脚信号波形已异常，因而说明沙堡脉冲形成电路异常。进一步检查外围元件，R447一端引脚开裂。补焊后，故障排除。

小结　R447用于输出行逆程脉冲，并通过C236、R235、R236送入N100的㉞脚，用于自动行相位控制。当其异常时，会引起行相位偏移，致使光栅一侧出现黑边。

【例8】

故障现象　无光栅，红灯亮，不开机

故障机型　海尔29F9D-T型彩色电视机

检查与分析　首先检查N201(HAIER8859B-V1.0)㊶脚电压，在遥控开机时有瞬间高电平出现，然后降到0V，因而说明电路保护功能动作。经进一步检查，最终是短接线W250一端引脚开裂。补焊后，故障排除。

小结　短接线W250用于输出待机控制信号，当其开路不能使待机控制功能动作开机时，N201㊶脚自动转为输出关机电平。这是超级芯片电路的一个显著故障特点。开机时N201㊶脚输出1.8V高电平，待机时为0V低电平。

【例9】

故障现象　无图像，无伴音

故障机型　海尔29F9D-T型彩色电视机

检查与分析　首先检查N201(HAIER8859B-V1.0)㊸脚RF AGC电压基本正常，再检查高频头引脚电压也正常，试调整相关项目数据无效。但在更换存储器N202，并重调数据后，故障排除。

小结　在超级芯片彩色电视机中，存储器故障率较高，损坏时可引起多种疑准故障，检修时应加以注意。

【例10】

故障现象　无光栅，不开机，电源指示灯亮

故障机型　海信TF2919DH型彩色电视机

检查与分析　首先检查N201(HISENSE-8859-3)㊼、㊽脚电压和N202(24C08A)⑤、⑥脚电压，发现N202⑤脚电压为0V，正常时应为5.2V，故判断N202数据线接口损坏。将其换新后，故障排除。

小结　在超级芯片彩色电视机中，一旦I^2C总线接口电路异常或漏电短路，就会引起多种异常故障或不能二次开机。这是该种机芯的故障特点之一，检修时应加以注意。

【例11】

故障现象　无光栅，指示灯亮

故障机型　海信TF2919DH型彩色电视机

检查与分析　检修时可首先检查B+电压，结果为80V左右，因而说明该机处于待机保护状态。经进一步检查发现，故障是场输出集成电路N301击穿损坏引起的。将其换新后，故障排除。

小结　在超级芯片彩色电视机中，场输出集成电路击穿时，并不能看到水平亮线，而是形成待机保护，检修时应加以注意。

【例12】

故障现象　不能二次开机

故障机型　TCL-AT29286F型彩色电视机

检查与分析　首先检查IC201(TDA9373)⑩脚及外接电路元件，发现Q917击穿损坏。将其换新后，故障排除。

小结　Q917为DTC144内含偏置电阻的开关管，用于控制IC201㉝脚输出的行频开关信号，但它的基极受⑩脚控制，待机时⑩脚输出高电平，使Q917导通，将㉝脚输出电路钳位于地电位。

【例13】

故障现象　无光栅，待机保护

故障机型　康佳P29SK061型彩色电视机

检查与分析　首先检查N103(TDA9373)㊱脚及外接X射线保护电路，结果发现R172开路。将其补焊后，故障排除。

小结　R172为V108的下偏置电阻，当其开路时会使V108反偏截止，因而使X射线保护功能误动作。

【例14】

故障现象　无光栅，行输出管击穿损坏

故障机型　创维21ND900A型彩色电视机

检查与分析　首先检查IC101(TDA9370)㉞脚外接电路，发现ZD301不良。将其换新后，故障彻底排除。

小结　ZD301为8.2V稳压二极管，主要起钳位保护作用，不使过高的行逆程脉冲峰值进入IC101㉞脚，损坏其内电路。当㉞脚输入的行逆程脉冲异常时，会引起烧行输出管故障。

【例15】

故障现象　频繁损坏场输出级电路

故障机型　TCL AT25288型彩色电视机

检查与分析　首先检查IC301(TDA8177)引脚及外围元件，发现与IC301⑤脚相通的场偏转线圈接线柱焊脚有较深的裂纹黑圈，将其补焊后，故障彻底排除。

小结　在该机中，IC301⑤脚属于直流耦合输出，一旦因接触不良引起场偏转输出过流，就很容易击穿场输出集成电路。因此，检修时一定注意检查功率较大元件焊脚电路，勿使其有接触不良现象。另外在该机的烧场输出级集成电路故障中，还要注意检查自带电容C304，必要时将其换新。

第十二章　TDA9332机芯数字高清彩色电视机电路分析与故障检修要领

数字高清彩色电视机是首次将数字处理技术引入彩色电视机的新型电视机。在数字高清彩色电视机中，整机线路主要由主板和数字板组成，其中数字板总是以独立器件的形式插装在主板电路中。在数字高清彩色电视机中，虽然器件的组成有所不同，但其信号处理过程大体上是相同的。即首先由主板接收多路不同格式的模拟信号，然后由数字板转换成数字信号进行处理，最后转换成模拟信号送往主板末级视频放大电路。

数字板一般由一只核心器件与几只数字处理芯片组成。不同机型彩色电视机的数字板有不同的元件选择和组成形式。其中，TDA9332是最常用的核心器件，以TDA9332为核心组成的数字板电路有多种组合形式。如：TDA9332H与TDA12063H、MSTSC16等组成的数字板电路；TDA9332H与SAA4977、SAA4991等组成的数字板电路；TDA9332H与MST9883、FLI2300、TVP5147等组成的数字板电路。本章以TDA9332为核心器件，以其在长虹、康佳等机型中的实用电路为例，介绍数字电路的组成和工作原理，以及由数字板串联起来的整机电路结构、信号处理过程及维修方法和技巧。

第一节　主板电路分析与故障检修要领

在TDA9332数字高清彩色电视机的主板电路中，主要包含高中频电路、行场扫描电路、开关电源电路、音频处理及功放输出电路，以及AV输入转换电路等几个部分。

一、高中频电路分析与故障检修要领

在数字高清彩色电视机中，高中频电路通常组合在高频调谐器的内部，即通常采用二合一高频调谐器，并均采用I^2C总线控制，但在具体机型应用时也有不同的输出方式。

1. 长虹CHD-2机芯中的高中频二合一调谐器电路

在长虹CHD-2机芯中，高中频二合一调谐器的型号是TDQ-687-FM3W，它并由I^2C总线控制，分别输出TV视频信号和TV音频信号，其应用电路如图12-1所示，其引脚功能及电压值、电阻值见表12-1。

在图12-1所示电路中，N501(TDQ-687-FM3W)的⑤、⑥脚为系统制式控制端，其控制信号由数字板发出，并通过数字板引脚插座XS11⑥、⑧端加到Q501、Q502的基极，再通过Q501、Q502电平转换加到N501的⑤、⑥脚。在PAL-D制接收状态下，XS11⑧脚输出低电平，Q501截止，N501⑤脚为3.8V高电平；XS11⑥脚输出高电平，Q502导通，N501⑥脚为0V低电平。N501正常工作后从⑩脚输出彩色电视视频信号，通过数字板插座XS12⑰、⑱脚送入数字板电路；从⑫脚输出电视伴音信号，经Q601射随放大后送入主板中的音频处理电路。

在实际维修中，由于中频电路在二合一高频头内部由贴片式集成电路等组成，且精密度极高，故障时一般是整体更换。

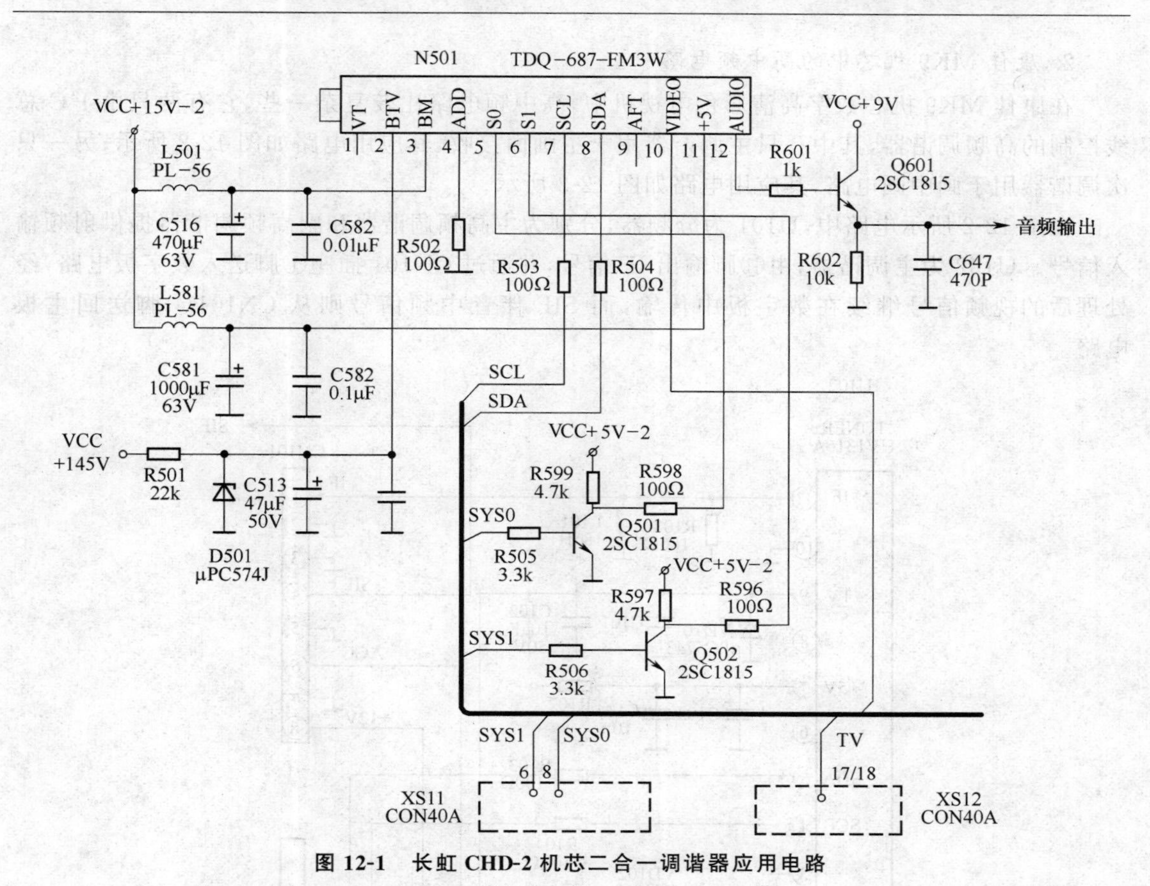

图 12-1　长虹 CHD-2 机芯二合一调谐器应用电路

表 12-1　N501(TDQ-687-FM3W)二合一调谐器引脚功能、电压值、电阻值

引脚	符号	功能	U(V) 静态	U(V) 动态	R(kΩ) 在线 正向	R(kΩ) 在线 反向
1	NC	未用	7.0	7.1	9.5	50.0
2	+32V	调谐电压输入	32.0	33.0	11.5	50.0
3	+5V-2	+5V 电源，用于高频电路供电	4.9	4.9	2.0	2.0
4	ADD	接地	0	0	0	0
5	SYS1	系统开关 1 输入	3.8	3.8	8.5	8.5
6	SYS2	系统开关 2 输入	0	0	8.5	8.8
7	SCL	I^2C 总线时钟线	2.1	2.0	5.0	6.5
8	SDA	I^2C 总线数据线	2.5	2.4	5.0	6.8
9	AFT	自动频率微调，未用	4.6	1.8	12.5	16.0
10	VIDEO	彩色视频信号输出	1.3	0.6	0	0
11	+5V-2	+5V 电源，用于中频电路供电	5.1	5.0	2.0	2.0
12	AUDIO	音频信号输出	2.9	2.1	15.0	12.5

注：表中数据在长虹 CHD29156 型机中测得，仅供参考。

2. 康佳 MK9 机芯中的高中频电路

在康佳 MK9 机芯数字高清彩色电视机中，高中频电路比较复杂一些，它有两只由 I^2C 总线控制的高频调谐器，其中一只主调谐器用于主画面接收，其应用电路如图 12-2 所示；另一只次调谐器用于画中画电路，其应用电路如图 12-3 所示。

在图 12-2 所示电路中，U101 为分频器，分别为主高频调谐器和副高频调谐器提供射频输入信号。U102 为主调谐器，由⑪脚输出 IF 信号，并通过 CN101 插座①脚送入数字板电路，经处理后的视频信号继续在数字板中传输，而 SIF 伴音中频信号则从 CN101④脚送回主板电路。

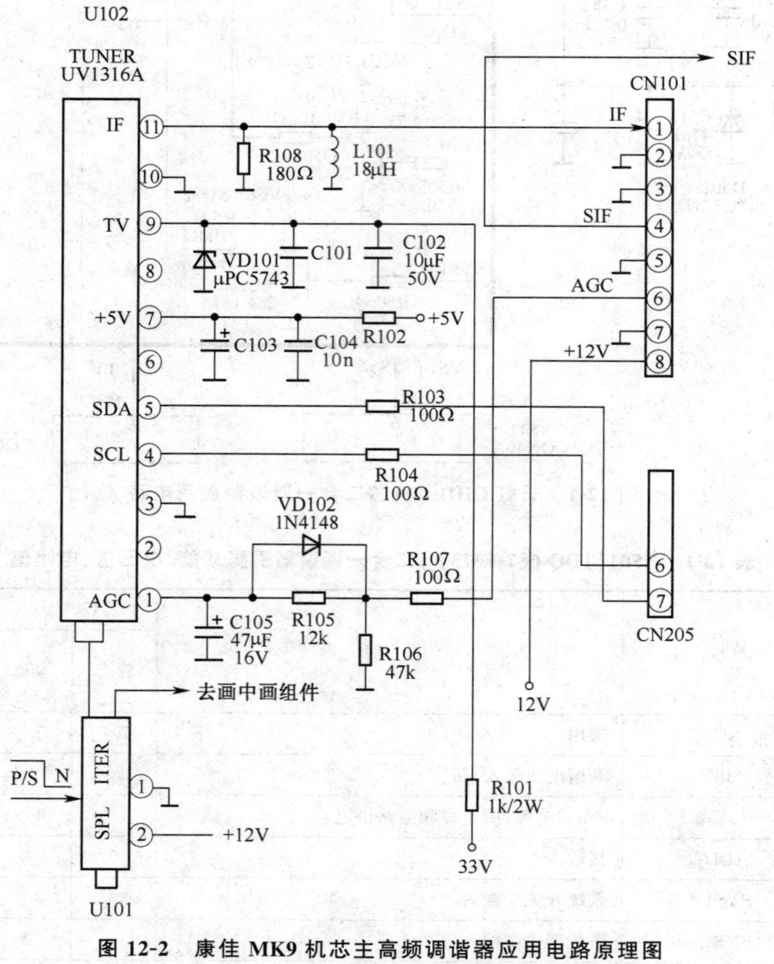

图 12-2 康佳 MK9 机芯主高频调谐器应用电路原理图

在图 12-3 所示电路中，由 U103⑪脚输出的 IF 信号首先送入载波分离式声表面滤波器 Z801(K6266K)的①脚，经滤波处理后送入 N801(TDA8310)图像中频处理电路，经解调等处理后，从(51)、㊿、㊾脚输出 R－Y、B－Y、Y 信号，再由 N802(SDA9288-X)画中画处理系统处理后从⑦、⑧、⑨脚输出 R、G、B 基色信号，以形成小画面。

3. 海信 HDP2919H 型机中高中频电路

在海信 HDP2919H 型机中高中频电路采用了二合一高中频调谐器，其应用电路如图 12-4

所示。

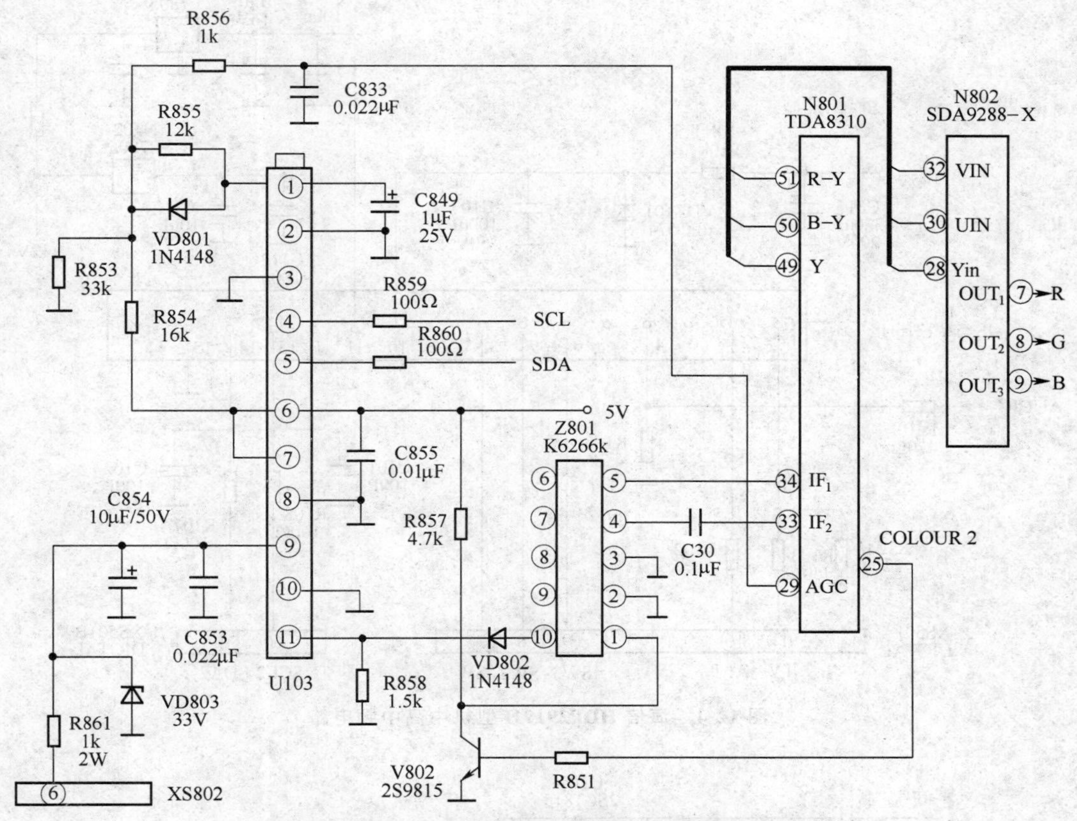

图 12-3 康佳 MK9 机芯副高频调谐器应用电路原理图

在图 12-4 所示电路中，高中频调谐器 U101①脚输出彩色视频信号，并通过数字板引脚插座 XS501A⑪脚送入数字板电路。由 U101④脚输出音频信号，送入主板中的音频信号处理电路。U101 的⑥、⑦、⑧脚输入 SW3、SW2、SW1 系统开关信号，用于控制波段或制式转换，该信号由数字板输出。U101 的⑬、⑭脚为 I^2C 总线接口，用于实现选台等多种功能控制。

4. TCL MS21 机芯中高中频电路

在 TCL MS21 机芯中，高中频电路是分开的，高频电路主要由高频调谐器来承担，其应用电路如图 12-5 所示，而中频处理电路则设计在数字板电路中。

在图 12-5 所示电路中，由 XP5⑪脚输出的 IF 信号，经 Q101 预中频放大后，通过 C112 送入数字板电路。RF-AGC 信号由数字板电路输出。

5. 检修要领

(1)当出现无图像、无伴音故障时，应首先检查高频调谐器的工作电压(图 12-1 中 N501③脚和⑪脚电压)。若异常，则应断开 L501、L581，再测 C516、C581 两端电压，若此时电压正常，则应更换 N501。更换时一定要与原型号一致。

(2)当接收的电视节目数量减少，有时无节目时，一般是调谐扫描电路不良，检修时应首先检查调谐电压是否正常，必要时将调谐器换新。

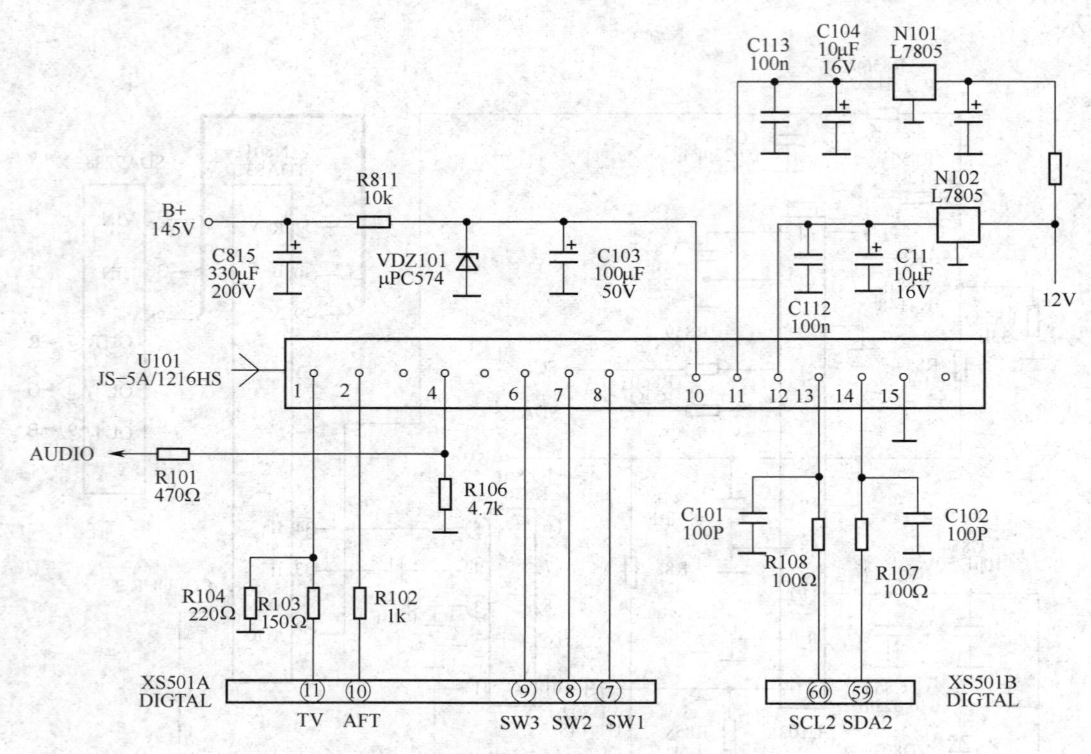

图 12-4 海信 HDP2919H 型机中高中频电路

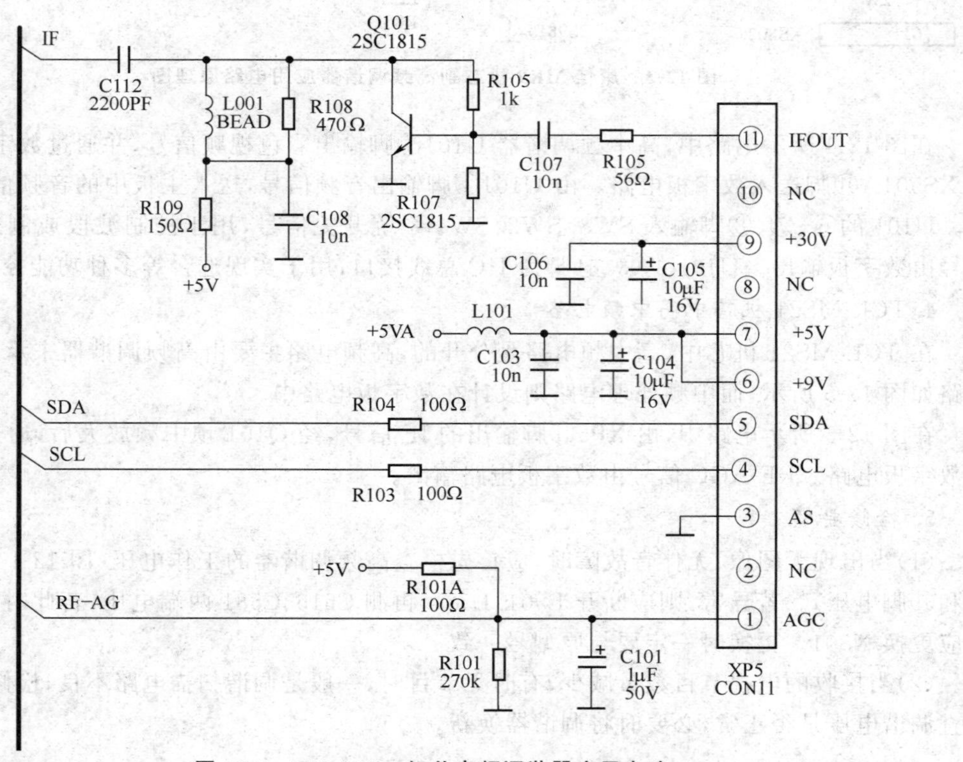

图 12-5 TCL MS21 机芯高频调谐器应用电路

(3)图像质量变差，雪花增大时，可首先进入 I^2C 总线，注意调整 RF AGC 项目数据。

(4)当出现无图像、无伴音故障，屏幕有白光栅或黑光栅时，应重点检查调谐器的 I^2C 总线接口电压是否正常。若异常应断开高频调谐器的 I^2C 总线接口。若断开后 I^2C 总线接口电压恢复正常，则是调谐器不良，此时应更换调谐器。

(5)当出现有图像、无伴音故障时，可首先检查高频调谐器的“AUDIO”音频信号输出端是否有正常输出。若无输出，则应检查内部接口，一般是二合一调谐器内电路局部损坏或有断裂处；若有输出，则是伴音处理或功放电路有故障。但对于非二合一高中频调谐器的高中频电路来说，当出现有图像、无伴音故障时，应重点检查伴音中频处理电路。

(6)当调谐选台无图像或仅在频段低端能收到一两个电视节目时，应首先检查 N501(TDQ-687-FM3W)调谐电压输入端②脚的 33V 电压是否正常。若异常，可断开调谐器的 33V 电压输入端，再测 33V 电压是否正常。若正常，则应更换调谐器，或检查更换调谐器内部的变容二极管；若异常，应将 145V 稳压二极管 D501(μPC574J)直接换新。

(7)当调谐器异常时，有时会通过 I^2C 总线形成不能二次开机或开机后保护关机的故障，因此，在一些疑难的保护关机故障检修中，应注意检查调谐器的 I^2C 总线接口或断开调谐器的 SCL 和 SDA 端做进一步检查。

(8)当图像无彩色、伴音失真，且噪声较大时，应注意检查系统制式控制电路(图 12-1 中的 Q501 和 Q502 等)。若硬件正常，则可进入 I^2C 总线对相应项目数据进行适当调整，并考虑更换存储器。

二、行、场扫描及电源电路分析与故障检修要领

在 TDA9332 机芯数字高清彩色电视机中，行、场扫描电路与超级芯片彩电中的行场扫描电路的组成形式基本相同，只是在使用元器件上有所不同。

1. 行扫描电路

在数字高清彩色电视机电路中，行扫描电路仍然由小信号处理电路和行推动输出级电路两部分组成，但行扫描小信号处理电路包含在数字板电路中，而行推动输出级电路仍然由分立元件组成并包含在主板电路中。长虹 CHD-2 机芯的行扫描电路如图 12-6 所示，行输出二次电源电路如图 12-7 所示。

在图 12-6 所示电路中，Q401(2SC3421)为行推动管，其集电极由 Q451 供电。Q451 是在 +145V 电压控制下导通供电的，当无 +145V 电压或 +145V 电压不足 30V 时，D452 截止，Q451 截止。只有当 +145V 电压建立时，D452 方能反向击穿导通，从而使 Q451 导通，行推动级正常工作。当 +145V 负载过流或有击穿元件时，D452 截止，Q451 截止，因此，D452 具有 +145V负载过流保护作用。

在图 12-6 所示电路中，加到行推动管 Q401 基极的行激励信号(HD)是由数字板输出的，其工作频率不完全是传统的行频频率，有时是倍行频频率，这就要求行输出管的工作频率更高。因此在数字高清彩电中，行输出管往往是无阻尼的高频大功率管，它不能用传统的代有阻尼的行输出管代换。这是数字高清彩电行扫描输出电路的一个主要特点。

在图 12-7 所示电路中，T461 为行输出变压，其工作原理与普通彩电中的行输出变压器基本相同，唯一不同之处是，在 FV 聚焦电压端引出一个动态聚焦控制端 DF，其外部电路主要由 T415、C416、R414、CZ401、CZ400 以及 C415、R407、L404、C413、C413A 等组成。其中，C415、R407、L404、C413、C413A 等组成抛物波形成电路。它将由 C410 输出的行扫描逆程脉冲，形

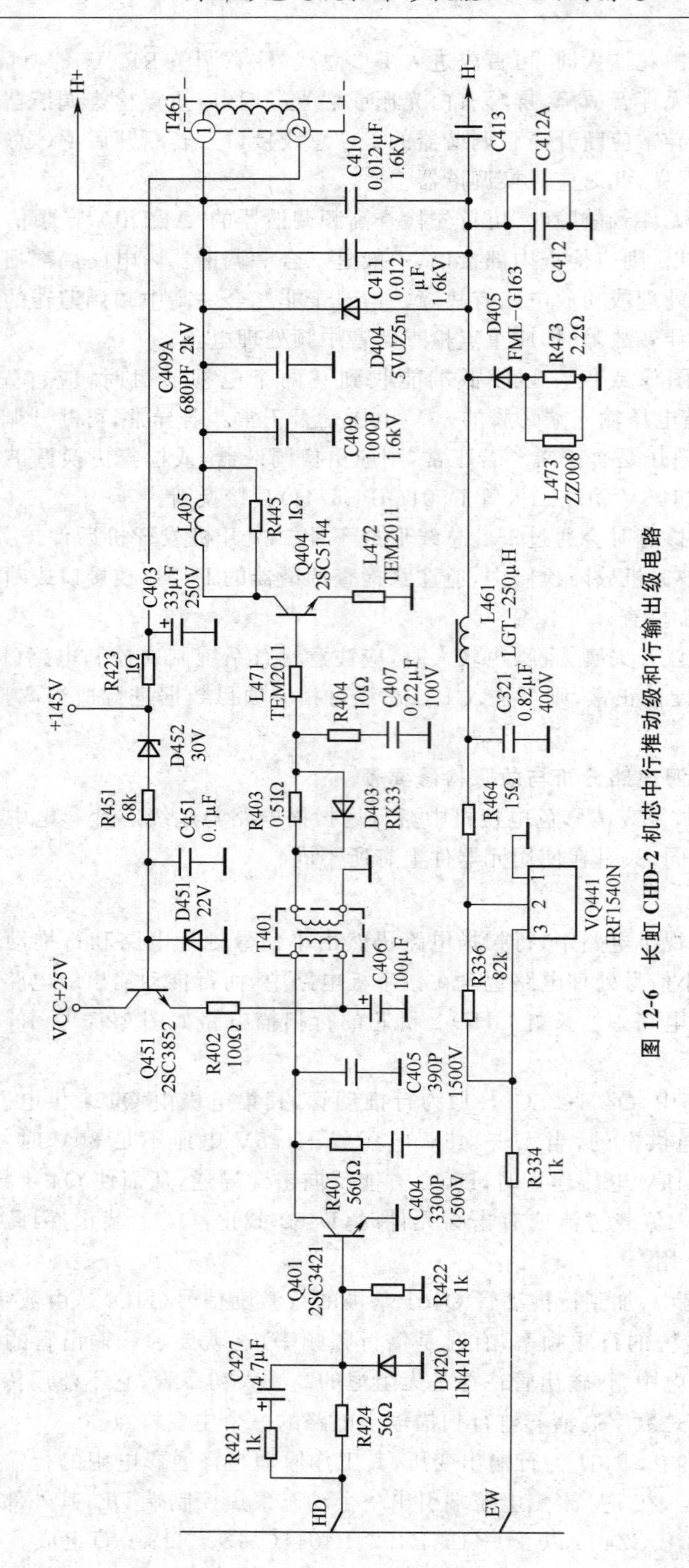

图 12-6 长虹 CHD-2 机芯中行推动级和行输出级电路

成行抛物波电压送到 T415⑤脚，经耦合升压后从⑧脚输出，送入 DF(动态聚焦)端子，以实现对屏幕左、右边缘的聚焦电压进行行频抛物波调制，进而改善每行扫描边缘的聚焦效果。行输出变压器 T461 的引脚功能及电压值、电阻值见表 12-2。

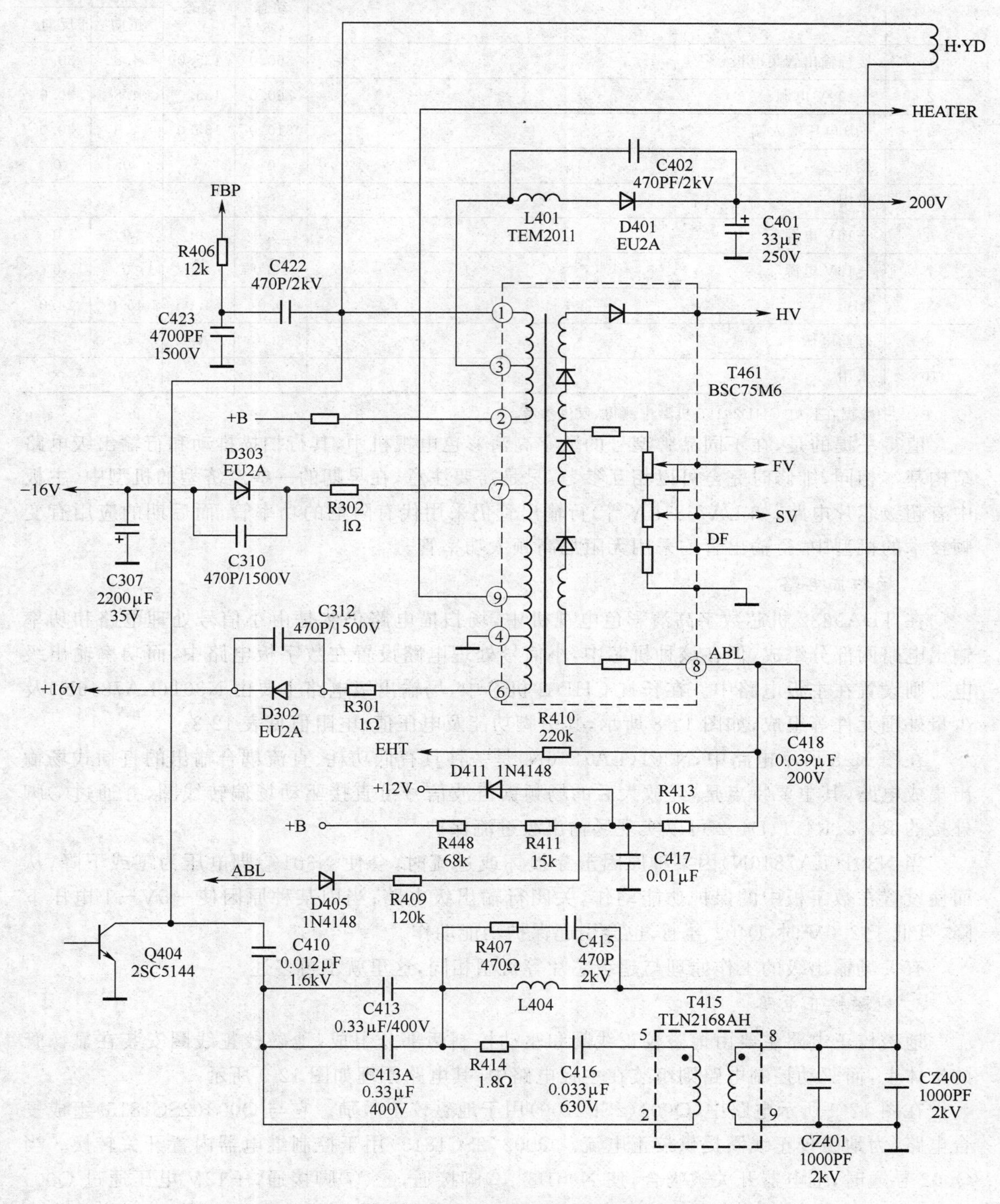

图 12-7 长虹 CHD-2 机芯中行输出二次电源电路

表 12-2 T461 行输出变压器引脚功能、电压值、电阻值

引脚	功能	U(V)~ 动态	U(V) 动态	R(kΩ) 在线 正向	R(kΩ) 在线 反向
1	接行输出管集电极	360.0	135.0	4.8	30.0
2	＋200V 电源	360.0	135.0	4.8	30.0
3	＋B 电压输入端	310.0	135.0	4.8	30.0
4	接地	0	0	0	0
5	未用	0	0	∞	∞
6	＋16V 电源	12.0	0	0	0
7	－16V 电源	15.0	0	0	0
8	ABL	3.0	4.0	45.0	24.0
9	灯丝电压	3.0	0	0	0
10	未用	0	0	∞	∞

注：表中数据在长虹 CHD29155 机型中测得，仅供参考。

值得一提的是，在不同品牌型号的数字高清彩色电视机中，其行扫描推动和行输出级电路结构基本相同，维修时完全可以相互参考，只是需要注意，在早期的一些经济型的机型中（主板中有超级芯片电路，如 LA76818A 等）行输出管仍采用代有阻尼的功率管，而后期的应用有变频技术的机型中，行输出管均采用无阻尼高频大功率管。

2. 场扫描电路

在 TDA9332 机芯数字高清彩色电视机中，场扫描电路仍然是由小信号处理电路和功率输出电路两部分组成，但在该种机芯中，小信号处理电路设置在数字板电路中，而功率输出级电路则设置在主板电路中。在长虹 CHD-2 机芯中，场输出级电路主要由 N301(LA7846N)及少量外围元件等组成，如图 12-8 所示，其引脚功能及电压值、电阻值见表 12-3。

在图 12-8 所示电路中，N301(LA7846N)是一种具有低功耗、直流耦合输出的直插式场输出集成电路，其主要特点是，经放大后的场频锯齿波信号可直接驱动场偏转线圈，并通过⑦脚外接的 R405、R481、D402 可以实现场输出级过流保护。

当 N301(LA7846N)因某种原因击穿损坏或过流时，会使 N301⑦脚电压为零或下降，从而使设置在数字板中的保护功能动作，关闭行输出级电路；当因某种原因使＋5V－1 电压下降，且低于 2.0V 时，D402 导通，也会引起保护功能动作。

有关场输出级的工作原理与超级芯片等机型相同，这里就不再多述。

3. 地磁校正电路

地磁校正电路主要由地磁校正线圈和驱动控制两部分组成，地磁校正线圈安装在显像管的锥体上，而驱动控制电路则组装在主板电路中，其电路原理如图 12-9 所示。

在图 12-9 所示电路中，Q001(2SP2400)用于地磁校正激励。它与 Q003(2SC1815)组成复合电路，为地磁校正线圈提供校正电流。Q002(2SC1815)用于控制继电器内置开关转换。当 Q002 导通时，继电器开关被吸合，使 N001③、②脚接通，⑥、⑦脚接通，＋12V 电压通过 Q001 的 c、e 极→N001 的③、②脚→地磁校正线圈→N001 的⑦、⑥脚→地构成回路，从而使地磁校

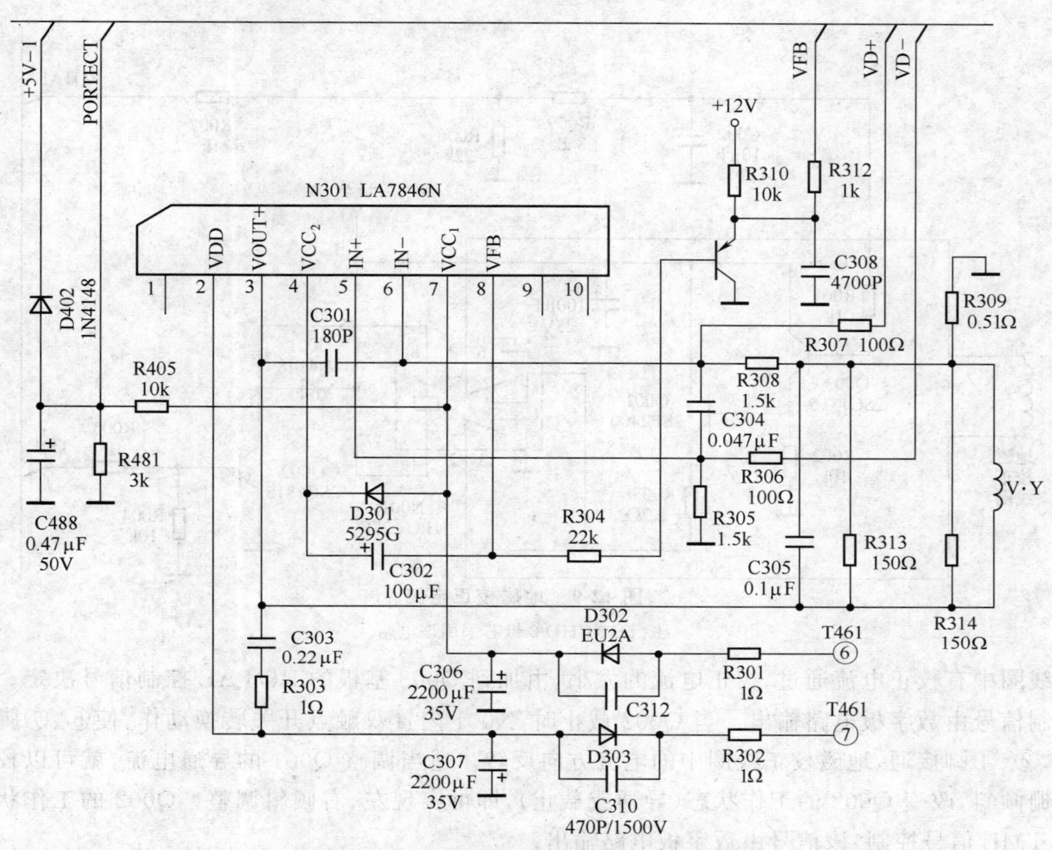

图 12-8　长虹 CHD-2 机芯中场输出级电路

表 12-3　N301(LA7846N)场输出电路引脚功能、电压值、电阻值

引脚	符号	功能	U(V)		R(kΩ)	
					在线	
			静态	动态	正向	反向
1	NC1	未用	0	0	∞	∞
2	VDD	－15V 电源输入	－15.0	－15.0	49.0	7.6
3	VOUT＋	场功率正相输出	0.5	0.5	0.5	0.5
4	VCC2	倍压电源输入	`15.0	15.0	8.4	1k
5	IN＋	场激励信号正相输入	1.0	0.8	1.7	2.3
6	IN－	场激励信号反相输入	0.5	1.0	1.7	2.3
7	VCC1	＋15V 电源输入	15.0	15.0	4.5	5.0
8	VFB	场逆程脉冲输出	－12.0	－12.5	55.0	18.0
9	NC2	未用	0	0	∞	∞
10	NC3	未用	0	0	∞	∞

注:表中数据在长虹 CHD29155 机型中测得,仅供参考。

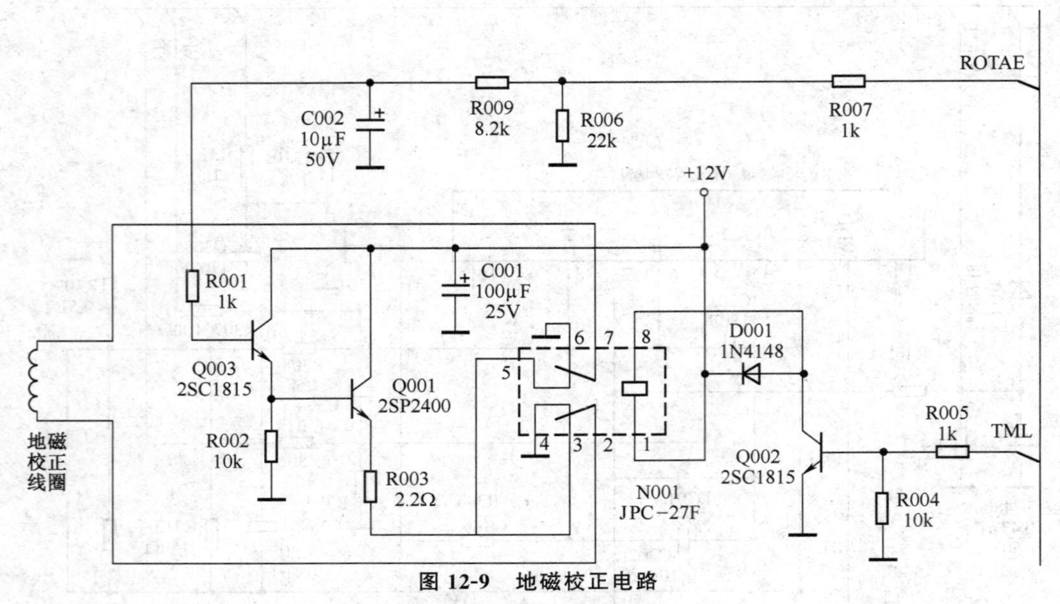

图 12-9 地磁校正电路

注:长虹 CHD-2 机芯采用该电路

正线圈中有校正电流通过,校正电流的大小,由加到 Q003 基极的 ROTAE 控制信号决定。该控制信号由数字板电路输出。当 Q002 截止时,N001 内置双触点开关转换动作,使⑤、⑦脚接通,②、④脚接通,地磁校正线圈中的电流方向反转。适当调整 Q001 的导通电流,就可以校正光栅倾斜,改变 Q002 的工作状态(导通或截止),即可实现左、右倾斜调整。Q002 的工作状态由 TML 信号控制,该信号由数字板电路输出。

4. 电源电路

在 TDA9332 机芯数字高清彩色电视机中,电源电路通常由 STR-F6656 或 STR6709A、5Q1265RF 等厚膜电源集成电路等组成。其中,STR-F6656 与第十一章中介绍的 STR-6454 基本相同,STR-6709A 与第九章中介绍的 STR-S6309 基本相似,因此,这里重点介绍一下 5Q1265RF 电源电路。其电路原理如图 12-10 所示,5Q1265RF 的引脚功能等见表 12-4。

(1)开关稳压电源的初级部分电路。在图 12-10 所示电路中,N801(5Q1265RF)与少量的外围阻容元件和晶体二极管组成了开关稳压电源的初级部分电路。

当接通 220 V~市网电压时,VD802～VD805 组成的桥式整流电路,将整流输出的+300V 脉动直流电压通过 XP803 的①脚→T801 的⑪-④绕组→L803 加到 N801(5Q1265RF)的①脚。同时,经 VD801 半波整流的电压,经 XP803 的③脚加到 N801(5Q1265RF)的③脚,使③脚获得约 23V 启动电压,其①、②、③脚内接的电源开关管开始导通,T801 的⑪-④绕组中有增长电流通过,并产生⑪脚正、④脚负的感生电动势。在 T801 的耦合作用下,反馈绕组⑨-⑧中也有感应电势,其极性为⑨脚正、⑧脚负。该电势经 VD801 整流、C808 滤波形成 23V 电压加到 N801③脚,作为 N801③脚的工作电压取代 VD801 整流输出的启动电压,从而使电源开关管迅速进入饱和导通状态。当开关管饱和导通后,T801 初级绕组中的电流不再增长,但由于电感的固有特性(电流方向不能突变),使反馈绕组中感应电势的极性突变,VD801 反偏截止,其输出电压为零,使电源开关管退出饱和区并进入截止状态,此后在 VD801 的作用下,又使 N801 内置电源开关管开始导通,并重复上述过程,从而形成自激振荡。

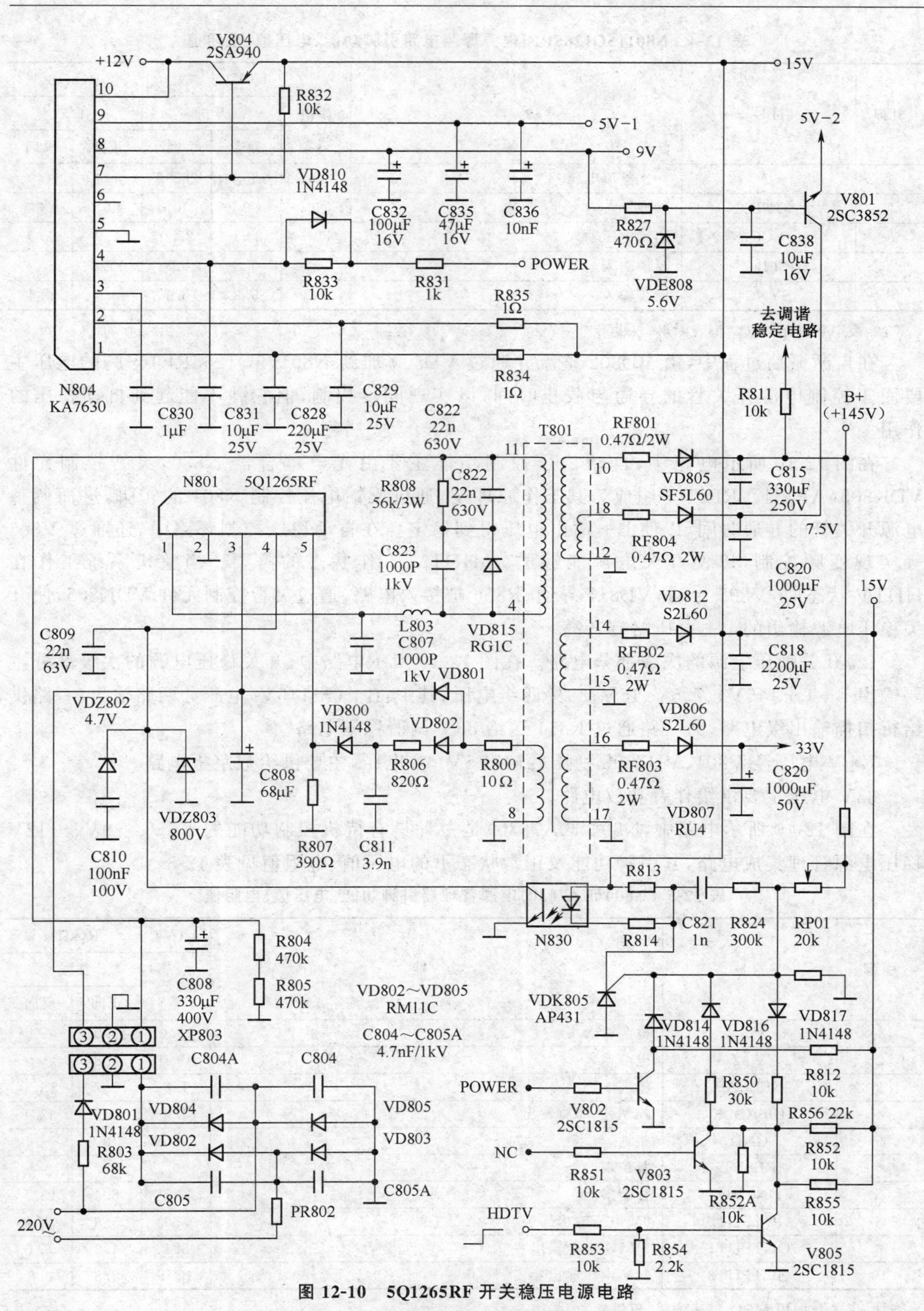

图 12-10　5Q1265RF 开关稳压电源电路

注:海信 HDP2919H 机芯采用该电路

表 12-4　N801(5Q1265RF)电源厚膜电路引脚功能、电压值、电阻值

引脚	符号	功　能	U(V)			R(kΩ)	
			待机状态	开机		在线	
				静态	动态	正向	反向
1	0	一次整流电压	290.0	285.0	285.0	7.4	4.0
2	GND	接地	0	0	0	0	0
3	VCC	启动电压输入	11.5	23.0	23.0	6.9	3.0
4	FB	反馈输入	0.2	0.8	0.8	11.0	∞
5	SYNC	同步输入	0.2	5.2	5.1	0.4	0.4

注:表中数据用 MF47 型表测得,仅供参考。

在自激振荡过程中,由 VD802 整流并通过 VD800 加到 N801(5Q1265RF)⑤脚的电压主要用于控制电源开关管的导通与截止时间,以实现同步控制,但它并不能起到自动稳压的作用。

在图 12-10 所示电路中,自动稳压控制功能主要由光电耦合器 N830,灵智控制元件 VDK805(AP431)、RP01 等组成。其工作原理是,通过反馈电流控制 N801 的④脚,进而调整电源开关管的导通时间,以使 B+输出电压得到稳定。在自动稳压控制环路中,还通过 V805 等实现变频控制,以使开关电源能够适应 HDTV 工作状态的需要。当整机系统工作在 HDTV 状态时,V805 导通,VD817 导通、R856 被接入电路,通过灵智控制元件 VDK805,使开关稳压电源输出的 B+电压略有升高。

(2)开关稳压电源的次级部分电路。在图 12-10 所示电路中,开关稳压电源的次级部分主要输出 B+(+145V)、7.5V、15V、33V 四组电压,其中:B+(+145V)电压分两路输出,一路供给行扫描输出级电路,另一路通过 R811 送给 33V 调谐稳压电路。

7.5V 电压经 V801、VDZ808 稳压后输出 5V−2 电压,主要供给数字板电路。

33V 电压主要供给伴音功放电路。

在图 12-10 所示电路中,N804(KA7630)是一种具有待机控制功能的+5V、+9V、+12V 稳压电源管理集成电路,其引脚功能及正常状态下的电压值、电阻值见表 12-5。

表 12-5　N804(KA7630)电源管理器引脚功能、电压值、电阻值

引脚	符号	功　能	U(V)	R(kΩ)	
			动态	在线	
				正向	反向
1	Vin1	电源输入 1	15.0	5.0	9.1
2	Vin2	电源输入 2	15.0	4.8	9.4
3	DELCAP	滤波	1.8	9.7	13.1
4	DISABLE	控制⑧、⑩脚输出	4.6	9.7	32.1
5	GND	接地	0	0	0
6	RESET	复位端	0	9.7	∞
7	CONTROT	控制端	14.0	8.4	15.1
8	OUTPUT2	9V 电压输出	8.9	5.6	7.1
9	OUTPUT1	5V−1 电压输出	5.1	4.9	5.1
10	OUTPUT3	12V 电压输出	12.1	0.8	0.8

注:表中数据用 MF47 型表测得,仅供参考。

在图12-10所示电路中，由N804(KA7630)①、②脚输入的15V电压，经内部稳压后从⑨脚输出5V－1电压，为中央控制系统供电，因此，不管是在开机还是待机状态下，只要N804①、②脚有15V电压输入，⑨脚就有＋5V电压输出。但N804⑧脚和⑩脚是在④脚控制下输出9V和12V电压的。当④脚为4.6V高电平时，⑧、⑩脚分别有9V、12V电压输出，但⑩脚输出电压还受⑦脚控制，当⑦脚输出14.0V低电平时，V804导通，在⑩脚内部稳压功能控制下，V804集电极输出＋12V电压，主要为一些接口电路等供电。由⑧脚输出的9V电压一方面送入数字板电路，又一方面控制V801输出＋5V－2电压。

(3)待机控制。在图12-10所示电路中，待机状态主要受两个方面控制，一是通过V802控制开关电源的工作状态，二是通过N804(KA7630)的④脚控制⑧、⑩脚9V、12V电压输出。其控制信号是由数字板电路输出的。

当数字板电路通过引脚(在海信HDP2919H型机中为XS501B的㊾脚)输出低电平时，V802截止，VD814导通，通过灵智控制元件VDK805和光电耦合器N830使N801(5Q1265RF)工作在低频间歇状态，B＋等输出电压下降到正常值的1/3左右。同时，N804(KA7630)④脚为低电平，⑧、⑩脚无电压输出，V801截止无＋5V－2电压输出。但由于15V下降到1/3左右后仍能满足N804内部5V稳压电路的需要，故⑨脚仍输出5V－1电压，以使中央控制系统在待机状态下仍能有正常的工作电压。

5. 检修要领

(1)当开机后电源指示灯不亮、无光栅时，应首先检查N801(5Q1265RF)的①、②、③脚对地正反向阻值，若正反向阻值为零，则是N801内部电源开关管击穿损坏，这时应重点检查自动稳压环路中的阻容元件。必要时将光电耦合器N830和电容器换新。

(2)当电源指示灯亮，但不能二次开机时，应首先检查B＋电压是否正常。若正常，则说明N804输出电路有故障，这时应进一步检查N804；若B＋电压异常，则应检查稳压环路及负载电路。

(3)当始终处于二次关机状态时，应首先检查N804(KA7630)的④脚电压是否能够在0V/4.6V之间转换。若能正常转换，但⑧脚⑩脚无输出，或有一个脚无输出，应更换KA7630。

(4)当电源指示灯不亮，不能开机时，应首先检查N804(KA7630)①、②脚有否正常输入电压，以及⑨脚是否有＋5V－1电压输出。若①、②脚无输入电压，应检查开关稳压电源电路；若①、②脚输入电压正常，而⑨脚无输出，则说明N804损坏，应更换KA7630。

(5)当屏幕有黑光栅，但无图无声时，应首先检查＋5V－2电压，及其稳压输出电路，必要时将稳压元件换新。

(6)当行输出管常击穿损坏时，应检查变频控制电路，必要时将变频控制元件V805等换新。

(7)当厚膜电源集成电路N801(5Q1265RF)常击穿损坏时，应重点检查自动稳压控制环路中的光电耦合器N830和可调电阻RP01，必要时应将其换新。

(8)当厚膜电源集成电路N801(5Q1265RF)启动困难或不能启动时，应重点检查其③脚电压及其外接启动电路中的VD801、R803，同时也应检查③脚外接滤波电容C808和VD801，必要时将C808换新。

第二节　数字板电路分析与故障检修要领

数字板电路是数字高清彩色电视机中的核心电路。它的突出特点有两个：一是主要由集成电路组成，分立元器件相对较少；二是集成电路功能复杂，引脚多。动辄上百个且采用贴片式结构，排列密集，精密度高。这些特点给电路分析和故障检修带来一定的困难。

本节以海信 HDP2902D/HDP2908/HDP34060 等系列机型为例，分析介绍数字板电路的基本组成及其工作原理。其数字板中的信号流程如图 12-11 所示。

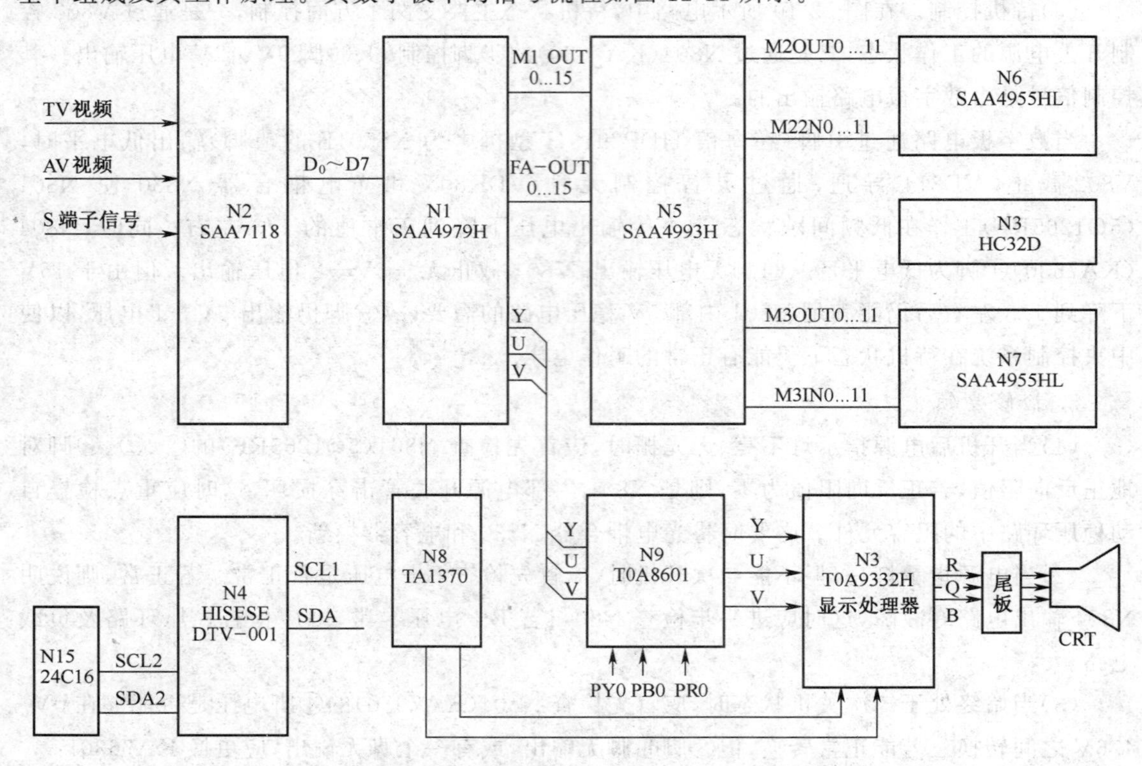

图 12-11　海信 HDP2902 D 系列机型数字板中的信号流程

一、N3(TDA9332)显示处理器应用电路

TDA9332 是一种具有 I^2C 总线控制功能的 TV 显示处理集成电路。其主要特点是：既适用于 50/60Hz 的单扫描，也适用于 100/120Hz 的双扫描；设有一个 Y、U、V 输入端口和一个线性 R、G、B 输入端口，以适应 VGA 信号输入；具有连续显像管阴极校正的 RGB 控制电路以及白点调整功能；内设有时钟产生电路，并由 12MHz 晶振实施同步，能够适用于 16∶9 宽屏显像管；具有两个控制环的行同步电路，还有一个无需调整的行振荡器；具有行场几何失真处理功能；行驱动脉冲能实施软件启动和软件停止；IC 内部的所有功能均由 I^2C 总线控制；具有很低的功耗。其内部结构如图 12-12 所示，应用电路如图 12-13 所示，引脚使用功能见表 12-6。其内电路主要由视频信号处理电路。行场扫描小信号处理电路及几何失真、枕形失真校正电路等几部分组成。

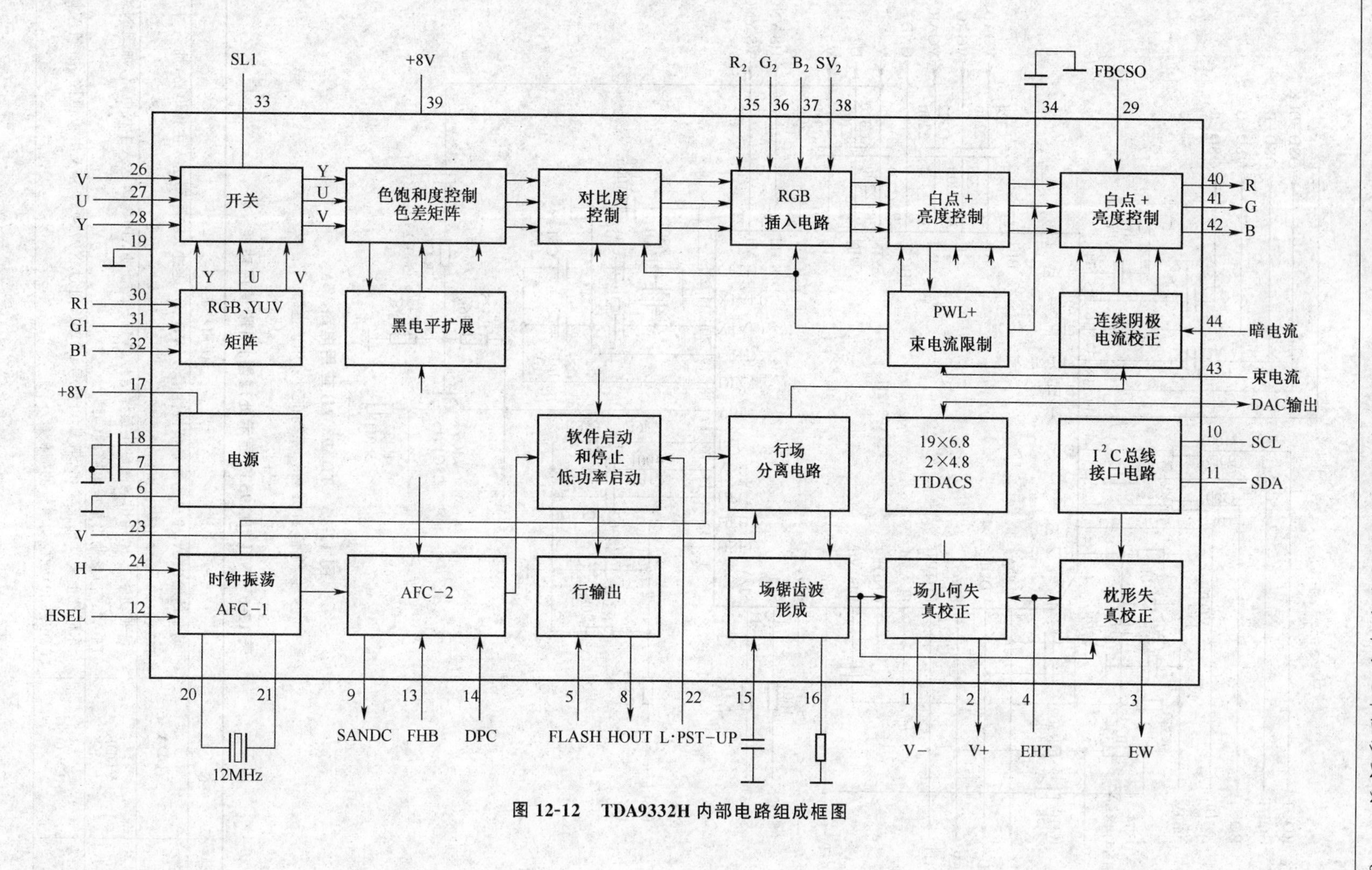

图 12-12　TDA9332H 内部电路组成框图

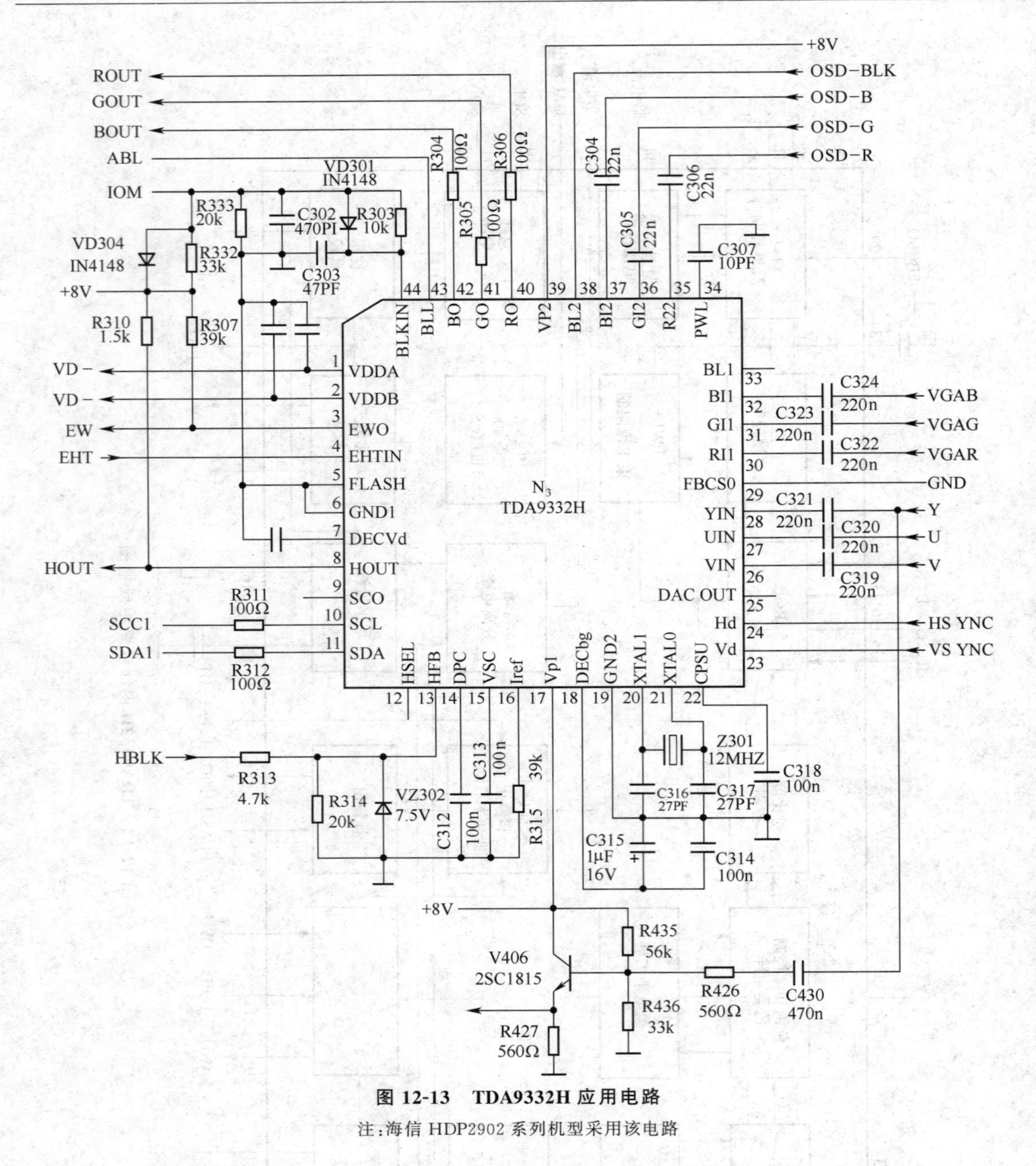

图 12-13　TDA9332H 应用电路

注：海信 HDP2902 系列机型采用该电路

表 12-6　N3（TDA9332 显示处理器）引脚使用功能

引脚	符　号	使用功能
1	VDDA	场驱动输出 A，输出场激励负极性信号（VD－），通过 XP7㊲脚送入主板电路，加到 N301（TDA8177）场输出集成电路的①脚
2	VDDB	场驱动输出 B，输出场激励正极性信号（VD＋），通过 XP7㊳脚送入主板电路，加到 N301（TDA8177）场输出集成电路的⑦脚
3	EWO	东西枕形失真校正输出，其输出信号（EW），通过 XP7㉞脚送入主板电路，加到 V401（FQPF630）枕校功率管的栅极（G）

续表 12-6

引脚	符　号	使　用　功　能
4	EHT IN	极高压补偿输入，其输入信号由主板中T444行输出变压器⑧脚输出，并通过XS501B⑧⓪脚(XP7④⓪脚)加到N3(TDA9332H)的④脚
5	FLASH	快闪检测输入，接地
6	GND1	接地1
7	DECVd	数字电源去耦，外接100nF滤波电容
8	HOUT	行激励信号输出，其输出信号经XP7③⑤脚(XS501B⑦⑤脚)加到行推动级电路
9	SCO	沙堡脉冲输出，未用
10	SCL	I^2C总线时钟线，主要是SCL1，与N2(SAA7118)⑥⑥脚相连接
11	SDA	I^2C总线数据线，主要是SDA1，与N2(SAA7118)⑥⑧脚相连接
12	HSEL	行频选择，空置未用，当该脚处于空置状态时，行扫描为2倍行频(2fH)
13	HFB	行逆程脉冲输入，由主板中行输出级双逆程电容中点输出，并通过XS501B⑦③脚(XP7③③脚)、R133(4.7K)加到N3(TDA9332H)⑬脚
14	DPC	动态相位位补偿，外接100nF滤波电容
15	VSC	场锯齿波形成电容，外接100nF锯齿波形成电容
16	Iref	基准电流，外39K电阻至地
17	VP1	＋8V电源
18	DECbg	带隙去耦，外接1μF∥100nF滤波电容
19	GND2	接地2
20	XTAL1	12MHz时钟振荡输入，外接12MHz晶体振荡器
21	XTAL0	12MHz时钟振荡输出，外接12MHz晶体振荡器
22	LPSU	低功率启动电源，外接100nF滤波电容
23	Vd	场同步信号输入，由N1(SAA4979H)的⑤⑤脚输出
24	Hd	行同步信号输入，由N1(SAA4979H)的⑤④脚输出
25	DAC OUT	数模变换DAC输出，未用
26	VIN	V分量色信号输入，由N9(TDA8601)⑫脚或N1(SAA4979H)④⑧脚输出
27	UIN	U分量色信号输入，由N9(TDA8601)⑪脚或N1(SAA4979H)④⑥脚输出
28	YIN	Y分量色信号输入，由N9(TDA8601)⑩脚或N1(SAA4979H)④④脚输出
29	FBCSO	固定电子束电流切换输入，接至N9(TDA8601)⑨脚(GND)
30	RI1	插入的R信号输入1，用于输入VGA的红基色信号(R)，由XP2⑥脚输入
31	GI1	插入的G信号输入1，用于输入VGA的绿基色信号(G)，由XP2④脚输入
32	BI1	插入的B信号输入1，用于输入VGA的蓝基色信号(B)，由XP2②脚输入
33	BL1	快速消隐信号输入1，未用
34	PWL	白峰限制去耦，外接10pF滤波电容
35	RI2	插入的R信号输入2，用于红色字符信号输入，由N14(HISENSE DTV-001)的⑤②脚输出
36	GI2	插入的G信号输入2，用于绿色字符信号输入，由N14(HISENSE DTV-001)的⑤①脚输出
37	BI2	插入的B信号输入2，用于蓝色字符信号输入，由N14(HISENSE DTV-001)的⑤⓪脚输出
38	BL2	快速消隐信号输入2，用于字符消隐控制，由N14(KISENSE DTV-001)的④⑨脚输出

续表 12-6

引脚	符　号	使　用　功　能
39	VP2	＋8V 电源
40	R0	红基色信号输出，经排线送入尾板中红基色末级放大器，经放大后去激励显像管的红阴极(KR)
41	G0	绿基色信号输出，经排线送入尾板中绿基色末级放大器，经放大后去激励显像管的绿阴极(KG)
42	B0	蓝基色信号输出，经排线送入尾板中蓝基色末级放大器，经放大后去激励显像管的蓝阴极(KB)
43	BCL	自动亮度限制，输入电子束电流，由主板中 T444 行输出变压器的⑧脚提供，正常工作时该脚电压约为 2.4V
44	BLK IN	暗电流输入，主要用于自动暗平衡控制

1. 视频信号处理电路

视频信号处理电路，主要是将从㉘、㉗、㉖脚输入的 Y、U、V 信号，解调出 R－Y、B－Y、G－Y色差信号，再经矩阵处理电路产生 R、G、B 三基色信号，分别从㊵、㊶、㊷脚输出，并通过插口排线送入尾板电路。在尾板中经末视频放大后，激励显像管显示模拟彩色图像。在视频信号处理输出过程中，视频信号除了受 I^2C 总线控制，以得到合适的亮度、对比度外，还通过㊸脚、㊹脚控制来实现自动亮度限制和自动暗平衡控制。

(1)自动亮度限制。自动亮度限制是一个闭合的控制环路，如图 12-14 所示。它有 ABL 和 EHT 两种作用。

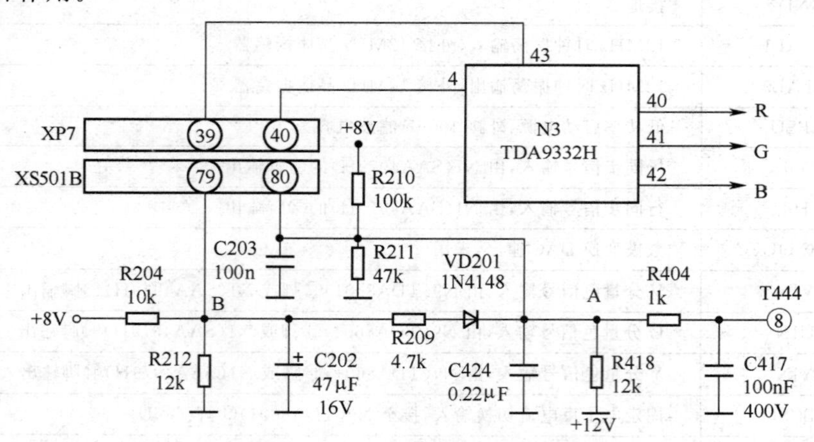

图 12-14　ABL 自动亮度限制电路

注：海信 HDP2902 系列机型采用该电路

①ABL 作用。当荧光屏亮度过高时，显像管的束电流也会增大，通过行输出变压器 T444 ⑧脚输出的电流增大，A 点(VD201 负极端)电压下降。当其电压下降至设定值时(由 R404、R418 的阻值决定)，VD201 导通，将 B 点电位下拉，通过 XS501B⑦⑨脚(XP7㊴脚)加到 N3 (TDA9332H)㊸脚的电压被下拉，在其内电路的控制下使㊵、㊶、㊷脚输出的 R、G、B 信号的增益自动下降，从而使荧光屏的亮度、对比度下降，起到 ABL 自动亮度限制作用。当荧光屏亮度下降时，上述过程相反，也起到 ABL 作用。

因此，在实际工作中，T444⑧脚的工作电压是不断波动的。

②EHT 作用。EHT 作用，主要是用于自动稳定光栅的幅度。当显像管的高压过高或阴极束电流过大时，均会引起光栅图像的行场幅度涨缩现象，使人眼看上去很不舒服。此时，从行输出变压器 T444⑧脚输出的束电流就会发生急剧变化。该变化量通过 XS501B⑳脚(XP7㊵脚)被 N3(TDA9332H)④脚检测后，在其内部电路控制下，通过枕形失真校正和场几何失真校正功能不断对行场幅度进行校正，从而起到极高压补偿作用。

(2)自动暗平衡控制。自动暗平衡控制，也是一个闭合的控制环路，如图 12-15 所示。它主要通过由尾板反馈输出的暗(黑)电流，去控制 TDA9332H 内部 R、G、B 输出放大器的截止电流。

在图 12-5 所示电路中，由 N3(TDA9332H)㊵、㊶、㊷脚输出的 R、G、B 信号送入尾板电路后，经激励整形、放大分别加到 N511、N521、N501(TDA6111Q)功率末级放大器的③脚，再经功率放大后分别去激励显像管的 KR、KG、KB 三个阴极，使其发出各自的阴极电流，并保证三阴极的截止电流相同。但在实际工作中，总会由于某种原因使三阴极截止电流不完全一致，进而影响了暗平衡。对于该种现象的处理，在模拟彩色电视机中，常采用暗平衡调整电位器来加以补救(见上篇第四章第二节中的相关介绍)。但在图 12-15 所示电路中，对暗平衡的调整则是通过 N511、N521、N501⑤脚反馈输出的 I_{OM} 电流，对 N3㊹脚内部的连续阴极电流校正来实现的，参见图 12-12 中。

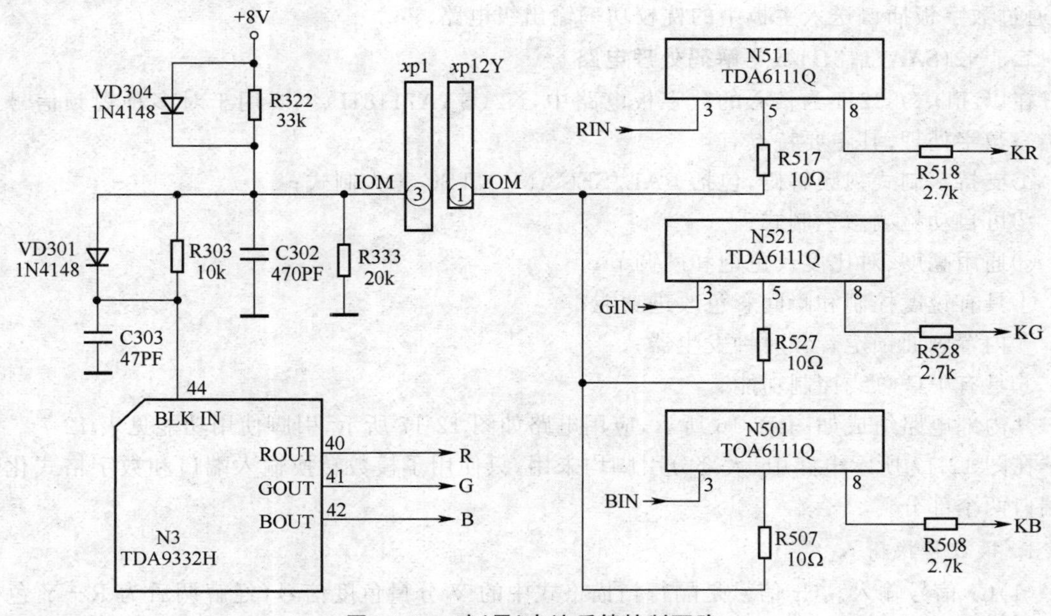

图 12-15　暗(黑)电流反馈控制环路

在图 12-12 所示电路中，连续阴极电流校正电路受 I^2C 总线控制，通过调整维修软件中的 “BLR”、“BLG”等项目数据，即可使显像管三阴极截止电流相同，实现暗平衡。在正常工作的允许范围内，若 N511 或 N521、N501 的截止电流出现偏差，则通过反馈环路就会自动调整 N3(TDA9332H)㊵、㊶、㊷脚输出 R、G、B 信号的直流电平，从而实现自动暗平衡控制。

2. 行场扫描小信号处理电路

在 TDA9332H 集成电路中，行场扫描小信号处理电路，主要由集成电路⑤、⑧脚，⑨脚，

⑫～⑯脚，以及㉓、㉔脚的内电路及其少量外围元件组成。

(1)行扫描小信号处理电路。行扫描小信号处理，首先由 TDA9332H ⑳、㉑脚外接 12MHz 晶振产生 12MHz 基准时钟频率，在 TDA9332H 内部进行分频后，产生 f_H 行频频率或 2 倍行频频率 $2f_H$，f_H 或 $2f_H$ 的产生，由⑫脚输入的 HSEL 选择信号决定。f_H 或 $2f_H$ 在㉔脚输入的行同步信号控制下实现行频同步，然后在 AFC-2 自动相位控制及软启动控制下由行输出激励电路从⑧脚输出行激励开关脉冲信号，并通过数字板插口送入主板电路的行推动级。

(2)场扫描小信号处理电路。场扫描小信号处理，主要由 TDA9332H 的⑮、⑯脚和①、②脚的内电路组成。它的振荡频率是在行频频率中分频得到。因此，它在⑫脚输入选择信号控制下也有场频和倍场频之分。场频锯齿波激励信号的形成，首先是由⑮脚外接锯齿波形成电容形成锯齿波电压，然后再由㉓脚输入的场同步信号控制场振荡频率同步后，去控制锯齿波电压，以形成场频锯齿波激励信号从②、①脚分为正反相输出，并通过数字板插口送入主板电路的场扫描输出级。

(3)几何失真、枕形失真校正电路。几何失真、枕形失真校正功能均包含在 TDA9332H 的内部，并由 I^2C 总线和维修软件中的项目数据调控来实现。其中几何失真主要用于校正场频锯齿波信号的幅度及相位；枕形失真校正主要用于控制场频抛物波的幅度及电平，并从③脚输出，通过数字板插口送入主板中的枕校功率输出级电路。

二、N2(SAA7118H)数字解码处理电路

在以 TDA9332H 为核心的数字板电路中，N2(SAA7118H)主要用于对多种视频信号进行统一数字处理，其主要特点有：

①支持多制式视频解码，包括 PAL/SECAM/NTSC 三大制式；

②可自动检测彩色制式；

③通用亮度、对比度及色饱和度调节；

④具有锐度控制和瞬间彩色改进功能；

⑤内置画面锁定音频时钟发生器；

⑥具有 I^2C 总线控制功能。

其内部电路组成如图 12-16 所示，应用电路如图 12-17 所示，引脚使用功能见表 12-7。

在图 12-17 所示电路中，大部分引脚均未用，只使用了模数转换输入端口和数字格式化输出端口两个部分。

1. 模数转换输入

(1)Cr 信号输入。Cr 信号是隔行扫描格式中的 V 分量色度信号(经解调后为 R－Y 色差信号)。它由 AV 板 XP707B 的⑪脚(Cr 插孔)输入，经 XS501A㉛脚(XP8㉛脚)、C203(47nF)加到 N2(SAA7118H)的②脚，即 IC 内部的 AI41。

(2)Cb 信号输入。Cb 信号是隔行扫描格式中的 U 分量色度信号(经解调后为 B－Y 色差信号)。它由 AV 板 XP707B 的⑨脚(Cb 插孔)输入，经过 XS501A㉝脚(XP8㉝脚)、C205(47nF)加到 N2(SAA7118H)的⑪脚，即 IC 内部的 AI43。

(3)Y 信号输入。Y 信号与 Cr、Cb 为一组的亮度信号。它由 AV 板中 XP707B⑦脚(Y 插孔)输入，经 XS501A㉟脚(XP8㉟脚)、C207(47nF)加到 N2(SAA7118H)的⑲脚，即 IC 内部的 AI21。

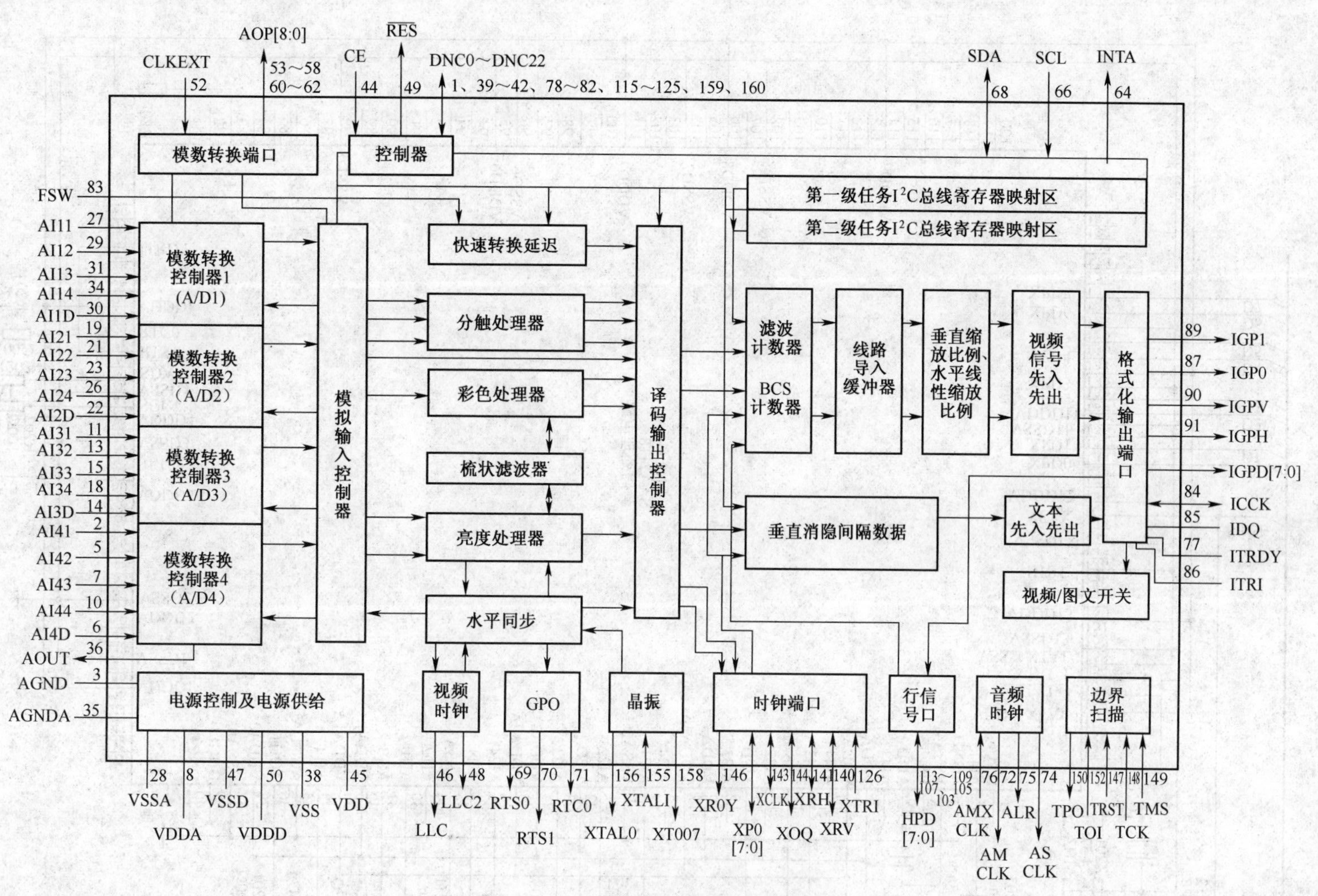

图 12-16 SAA7118H 内部电路组成框图

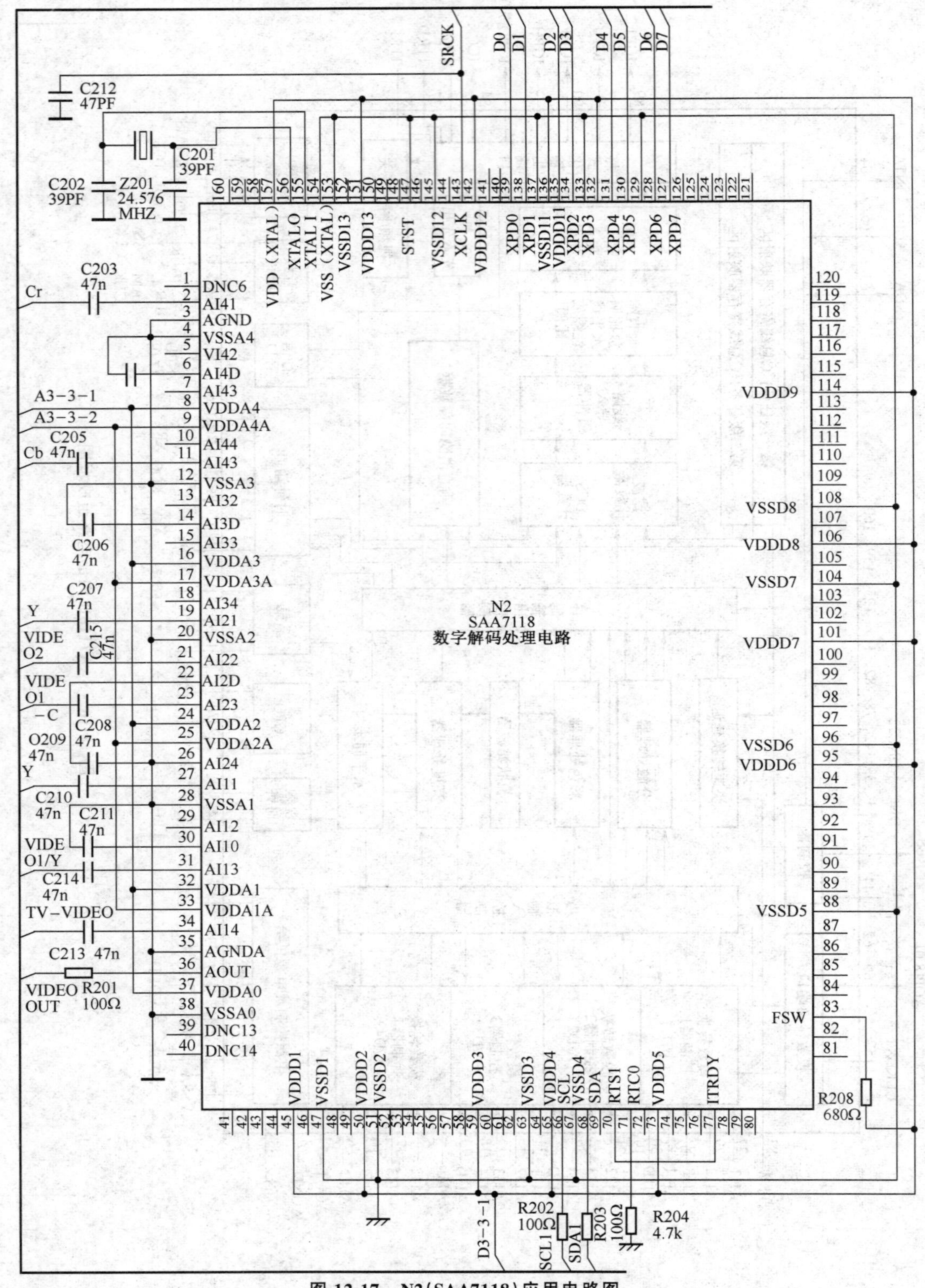

图 12-17 N2(SAA7118)应用电路图

注:海信 HDP2902 系列机型采用该电路

表 12-7 N2(SAA7118H 数字解码处理电路)引脚使用功能

引脚	符 号	使 用 功 能
1	DNC6	控制器输入输出端口 6,未用
2	AI41	模数转换器 4 端口 1,用于隔行 Cr 色信号分量(V)输入,由 AV 板 Cr 插口输入
3	AGND	模拟接地
4	VSSA4	模数转换器 4 接地
5	AI42	模数转换器 4 端口 2,未用
6	AI40	模数转换器 4 微分输入端口,外接 47nF 滤波电容
7	AI43	模数转换器 4 端口 3,未用
8	VDDA4	模数转换器 4 模拟供电,A3.3－1 电源输入
9	VDDA4A	模数转换器 4 模拟供电,A3.3－2 电源输入
10	AI44	模数转换器 4 端口 4,未用
11	AI31	模数转换器 3 端口 1,用于隔行 Cb 色信号分量(U)输入,由 AV 板 Cb 插口输入
12	VSSA3	模数转换器 3 接地
13	AI32	模数转换器 3 端口 2,未用
14	AI3D	模数转换器 3 微分输入端口,外接 47nF 滤波电容
15	AI33	模数转换器 3 端口 3,未用
16	VDDA3	模数转换器 3 模拟供电,A3.3－1 电源输入
17	VDDA3A	模数转换器 3 模拟供电,A3.3－2 电源输入
18	AI34	模数转换器 3 端口 4,未用
19	AI21	模数转换器 2 端口 1,用于隔行的亮度信号(Y)输入
20	VSSA2	模数转换器 2 接地
21	AI22	模数转换器 2 端口 2,用于 AV2 视频信号输入
22	AI2D	模数转换器 2 微分输入端,外接 47nF 滤波电容
23	AI23	模数转换器 2 端口 3,用于 S 端子的色度信号(C)输入
24	VDDA2	模数转换器 2 模拟供电,A3.3－1 电源输入
25	VDDA2A	模数转换器 2 模拟供电,A3.3－2 电源输入
26	AI24	模数转换器 2 端口 4,接地
27	AI11	模数转换器 1 端口 1,用于 S 端的亮度信号(Y)输入
28	VSSA1	模数转换器 1 接地
29	AI12	模数转换器 1 端口 2,未用
30	AI1D	模数转换器 1 微分输入,外接 47nF 滤波电容
31	AI13	模数转换器 1 端口 3,用于 AV 视频信号 1 输入/S 端子 Y 输入
32	VDDA1	模数转换器 1 模拟供电,A3.3－1 电源输入
33	VDDA1A	模数转换器 1 模拟供电,A3.3－2 电源输入
34	AI14	模数转换器 1 端口 4,用于 TV 视频信号输入
35	AGNDA	模拟信号输入电路接地
36	AOUT	模拟视频信号输出,送至为 AV 视频输出插口

续表 12-7

引脚	符　号	使　用　功　能
37	VDDA0	模拟供电,A3.3－1 电源输入
38	VSSA0	内部时钟电路接地
39	DNC13	控制器输入输出端口 13,未用
40	DNC14	控制器输入输出端口 14,未用
41	DNC18	控制器输入输出端口 18,未用
42	DNC15	控制器输入输出端口 15,未用
43	EXMCLR	外接模式清零,未用
44	CE	片选脉冲或复位输入,未用
45	VDDD1	数字电路供电 1,D3.3－1 电源输入
46	LLC	系统时钟输出,未用
47	VSSD1	数字电路接地 1
48	LLC2	线性时钟输出,未用
49	$\overline{RES}$	复位输出,未
50	VDDD2	数字电路供电 2,D3.3－1 电源输入
51	VSSD2	数字电路接地 2
52	CLK EXT	外部时钟输入,未用
53	ADP8	模数转换输出的指示端口 8,未用
54	ADP7	模数转换输出的指示端口 7,未用
55	ADP6	模数转换输出的指示端口 6,未用
56	ADP5	模数转换输出的指示端口 5,未用
57	ADP4	模数转换输出的指示端口 4,未用
58	ADP3	模数转换输出的指示端口 3,未用
59	ADDD3	模数转换输出的指示端口供电端,D3.3－1 电源输入
60	ADP2	模数转换输出的指示端口 2,未用
61	ADP1	模数转换输出的指示端口 1,未用
62	ADP0	模数转换输出的指示端口 0,未用
63	VSSD3	模数转换端口接地 3
64	INT-A	I^2C 总线的中端标记,未用
65	VDDD4	数字电路供电 4,D3.3－1 电源输入
66	SCL	I^2C 总线时钟线,外接 R202(100Ω),用于时钟线(SCL1)
67	VSSD4	数字接地 4
68	SDA	I^2C 总线数据线,外接 R203(100Ω),用于数据线 1(SDA1)
69	RTS0	实时时钟同步信息,用于控制寄存器,未用
70	RTS1	实时时钟同步信息,用于寄存器控制,接至 77 脚
71	RTC0	实际收看时间输出控制,外接 R204(4.7K)至地
72	AMCLK	主要音频时钟信号输出,未用

续表 12-7

引脚	符号	使用功能
73	VDDD5	数字电路供电 5,D3.3－1 电源输入
74	ASCLK	音频时钟信号连续输出,未用
75	ALRCLK	音频左/右声道时钟信号输出,未用
76	AMXCLK	音频主要外时钟信号输入,未用
77	ITRDY	目标读入图像信号端口,接至 70 脚
78	DNC0	控制器输入输出端口 0,未用
79	DNC16	控制器输入输出端口 16,未用
80	DNC17	控制器输入输出端口 17,未用
81	DNC19	控制器输入输出端口 19,未用
82	DNC20	控制器输入输出端口 20,未用
83	FSW	FSW 开关信号输入,用于 IC 内部快速转换控制,外接 R208(680Ω)至 D3.3－1 电源
84	ICLK	图像时钟信号输出端口,未用
85	IDQ	限定输出数据到图像端口,未用
86	ITR1	图像信号控制输出,未用
87	IGP0	普通图像效果信号输出端口 0,未用
88	VSSD5	数字电路接地 5
89	IGP1	普通图像效果信号输出端口 1,未用
90	IGPV	多种图像效果垂直信号参考输出,未用
91	IGPH	多种图像效果水平信号参考输出,未用
92	IPD7	图像数据输出端口 7,未用
93	IPD6	图像数据输出端口 6,未用
94	IPD5	图像数据输出端口 5,未用
95	VDDD6	数据电路供电 6,D3.3-1 电源输入
96	VSSD6	数据电路接地 6
97	IPD4	图像数据输出端口 4,未用
98	IPD3	图像数据输出端口 3,未用
99	IPD2	图像数据输出端口 2,未用
100	IPD1	图像数据输出端口 1,未用
101	VDDD7	数据电路供电 7,D3.3-1 电源输入
102	IPD0	图像数据输出端口 0,未用
103	HPD7	行信号端口 7,未用
104	VSSD7	数字电路接地 7
105	HPD6	行信号端口 6,未用
106	VDDD8	数字电路供电 8,D3.3-1 电源输入
107	HPD5	行信号端口 5,未用
108	VSSD8	数字电路接地 8

续表 12-7

引脚	符　号	使 用 功 能
109	HPD4	行信号端口 4,未用
110	HPD3	行信号端口 3,未用
111	HPD2	行信号端口 2,未用
112	HPD1	行信号端口 1,未用
113	HPD0	行信号端口 0,未用
114	VDDD9	数字电路供电 9,D3.3-1 电源输入
115	DNC1	控制器输入输出端口 1,未用
116	DNC2	控制器输入输出端口 2,未用
117	DNC7	控制器输入输出端口 7,未用
118	DNC8	控制器输入输出端口 8,未用
119	DNC11	控制器输入输出端口 11,未用
120	DNC12	控制器输入输出端口 12,未用
121	DNC21	控制器输入输出端口 21,未用
122	DNC22	控制器输入输出端口 22,未用
123	DNC3	控制器输入输出端口 3,未用
124	DNC4	控制器输入输出端口 4,未用
125	DNC5	控制器输入输出端口 5,未用
126	XYRI	时钟端口控制信号输出,未用
127	XPD7	扩展数据端口 7,用于输出 8bit 数字视频信号位 7(D7),送至 N1(SAA4979H)的⑭脚
128	XPD6	扩展数据端口 6,用于输出 8bit 数字视频信号位 6(D6),送至 N1(SAA4979H)的⑬脚
129	VSSD9	数字电路接地 9
130	XPD5	扩展数据端口 5,用于输出 8bit 数字视频信号位 5(D5),送至 N1(SAA4979H)的⑫脚
131	XPD4	扩展数据端口 4,用于输出 8bit 数字视频信号位 4(D4),送至 N1(SAA4979H)的⑪脚
132	VDDD10	数字电路供电 10,D3.3-1 电源输入
133	VSSD10	数字电路接地 10
134	XPD3	扩展数据端口 3,用于输出 8bit 数字视频信号位 3(D3),送至 N1(SAA4979H)的⑩脚
135	XPD2	扩展数据端口 2,用于输出 8bit 数字视频信号位 2(D2),送至 N1(SAA4979H)的⑨脚
136	VDDD11	数据电路供电 11,D3.3-1 电源输入
137	VSSD11	数据电路接地 11
138	XPD1	扩展数据端口 1,用于输出 8bit 数字视频信号位 1(D1),送至 N1(SAA4979H)的⑧脚
139	XPD0	扩展数据端口 0,用于输出 8bit 数字视频信号位 0(D0),送至 N1(SAA4979H)的⑦脚
140	XRV	垂直参考输入/输出扩展端口,未用
141	XRH	水平参考输入/输出扩展端口,未用
142	VDDD12	数字电路供电 12,D3.3-1 电源输入
143	XCLK	时钟信号扩展端口,数字时钟信号(SRCK)输出,送至 N1(SAA4979H)的⑯脚
144	XDQ	数据合格扩展端口,未用

续表 12-7

引脚	符　号	使　用　功　能
145	VSSD12	数字电路接地12,D3.3-1电源输入
146	XRDY	读出标记信号,未用
147	$\overline{TRST}$	复位信号输入,未用
148	TCK	时钟测试信号,未用
149	TMS	测试模式选择输入,未用
150	TD0	测试数据输出,未用
151	VDDD13	数字电路供电13,D3.3-1电源输入
152	TDI	测试数据输入,未用
153	VSSD13	数字电路接地13
154	VSS(XTAL)	字符振荡电路接地
155	XTALI	时钟振荡输入,外接24.576MHz晶体振荡器
156	XTALO	时钟振荡输出,外接24.576MHz晶体振荡器
157	VDD(XTAL)	字符振荡电路供电端,D3.3-1电源输入
158	XTOUT	字符振荡信号输出,未用
159	DNC9	控制器输入输出端口9,未用
160	DNC10	控制器输入输出端口10,未用

(4)VIDEO2信号输入,即AV2视频信号输入。它由AV板中XP705A的①脚(AV2视频插口)输入,经XS501A㉙脚(XP8㉙脚)、C215(47nF)加到N2(SAA7118H)的㉑脚,即IC内部的AI22。

(5)VIDEO1-C信号输入,用于S端子C信号输入。它由AV板中S端子②脚(XP704的②脚)输入,经XS501A③脚(XP8③脚)、C208(47nF)加到N2(SAA7118H)的㉓脚,即IC8内部的AI23。

(6)VIDEO1/Y信号输入,即AV1视频信号和S端子的Y信号输入。它由AV板中XP706B⑦脚和S端子①脚(XP704①脚)输入,经XS501A⑤脚(XP8⑤脚)、C214(47nF)加到N2(SAA7118H)的㉛脚,即IC内部AI13。

(7)TV-VIDEO信号输入,即电视视频信号输入。它由二合一高频调谐器U101的VIDEO OUT端子直接输出,并通过XS501A⑪脚(XP8⑪脚)、C213(47nF)加到N3(SAA7118H)的㉞脚,即IC内部AI14。

(8)VIDEO OUT信号输出,即模拟视频信号输出。它通过XP8㉗脚(XS501A㉗脚),V701(2SA1015)缓冲放大后,从AV板中XP705B⑦脚(VOUT插口)向机外输出,为其他显示设备提供视频信号源。

由模数转换端口输入的Y、Cr、Cb、AV1、AV2、S端子、TV视频信号,在IC内部经模/数转换等一系列处理后形成格式化的数字视频信号。

2. 数字格式化输出

由N2(SAA7118)②、⑪、⑲、㉑、㉓、㉛、㉞脚等输入的多路模拟视频信号,经格式化处理后,产生8bit的数字视频信号,并分别从⑬⑨、⑬⑧、⑬⑤、⑬④、⑬①、⑬⓪、⑫⑧、⑫⑦脚输出(见图12-16),直接送入N1(SAA4979H)作进一步处理。

三、N1(SAA4979H)倍频处理电路

在以TDA9332H为核心的数字板电路中,N1(SAA4979H)主要用于将50/60Hz信号转变为100/120Hz信号,并将8bit数字信号最终形成统一的Y、U、V信号,送入N3(TDA9332H)显示处理器。因此,N1(SAA4979H)是一种变频集成电路,其主要特点有:

· 可对Y、U、V信号进行4∶2∶2取样处理(依照ITU656标准);
· 将50/60Hz信号转变成100/120Hz信号;
· 内置数字彩色瞬时改善电路;
· 内置数模转换控制电路;
· 具有锁相环控制功能;
· 内置80C51微处理器;
· 内置32K字节只读存储器;
· 内置512字节随机存储器;
· 具有I^2C总线控制功能。

其内部电路组成如图12-18所示,应用电路如图12-19所示,引脚使用功能见表12-8。

在图12-19所示电路中,N1(SAA4979H)主要运用了8bit数字视频信号输入,16bit数据总线输入/输出和模拟YUV信号输出三个接口电路。

1. 8bit数字视频信号输入

8bit数字视频信号由N2(SAA7118H)的⑬⑨、⑬⑧、⑬⑤、⑬④、⑬①、⑬⓪、⑫⑧、⑫⑦脚输出,由N1(SAA4979H)的⑦~⑭脚(D0~D7)输入,首先送入到IC内部的ITU656解码器1(见图12-18),经一系列处理后,形成8bit Y信号(YO0~YO7)和8bit UV信号(UVO0~UVO7)。

2. 16bit数据总线输入/输出

在N1(SAA4979H)内部形成的8bit Y信号和8bit UV信号,通过16bit数据总线MIOUT0~MIOUT15,送至N5(SAA4993H)㊺~52脚和㊲~㊹脚。其中MIOUT0~MIOUT7主要传送的是8bit Y信号(YO0~YO7),MIOUT8~MIOUT15主要传送的是8bit UV信号(UVO0~UVO7)。Y、U、V数字信号在N5(SAA4993H)内部进行运动补偿等处理后,再通过16bit数据总线FA-OUT0~FA-OUT15送回N1(SAA4979H)的内部。

3. 模拟YUV信号输出

在N1(SAA4979H)内部,8bit Y信号和8bitYUV数字信号经数模转换等处理后从㊹脚输出模拟Y信号,并直接送入N3(TDA9332H)的㉘脚;从㊻脚输出模拟U信号,并直接送入N3(TDA9332H)的㉗脚;从㊽脚输出模拟V信号,并直接送入N3(TDA9332H)的㉖脚。

在Y、U、V模拟信号输出的同时,N1(SAA4979H)的54、55脚还输出倍频行场同步信号,分别送入N3(TDA9332H)的㉔、㉓脚,用于控制行场扫描同步。倍频处理主要是由IC内部的3.5Mbit场存储器来完成,该存储器有1个写寄存器和2个读寄存器。它主要以50Hz的频率慢速写入一场信号,再以100Hz的频率高速读出,即在20ms时间内读出两场信号。同样以15625Hz的频率慢速写入一行信号,再以31250Hz的频率高速读出,即在64μs时间内读出两行信号,从而完成了将$1f_h$变成$2f_h$信号的过程。

四、N5(SAA4993H)运动补偿电路

在以TDA9332H为核心的数字板电路中,N5(SAA4993H)主要用于图像的运动检测及

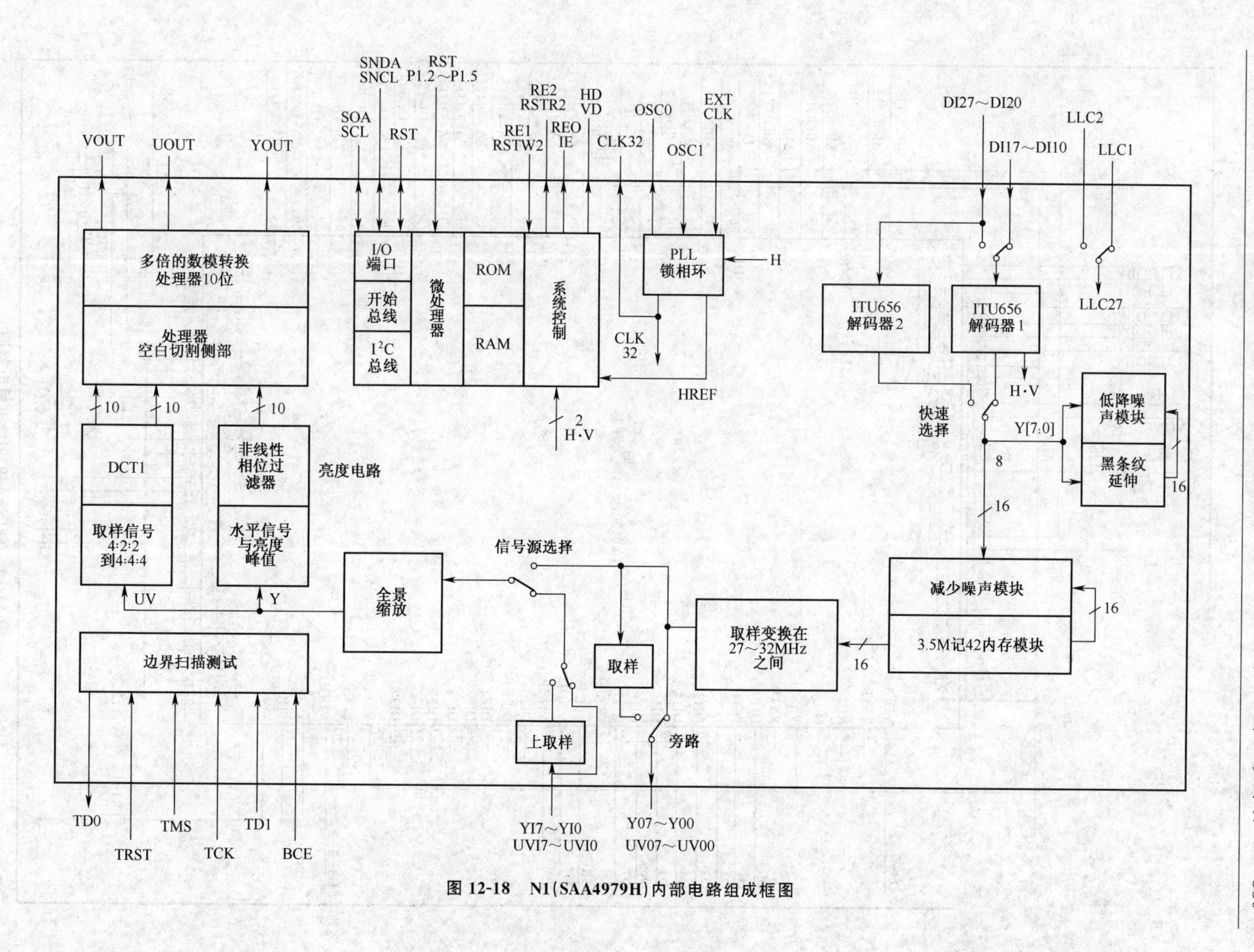

图 12-18　N1(SAA4979H)内部电路组成框图

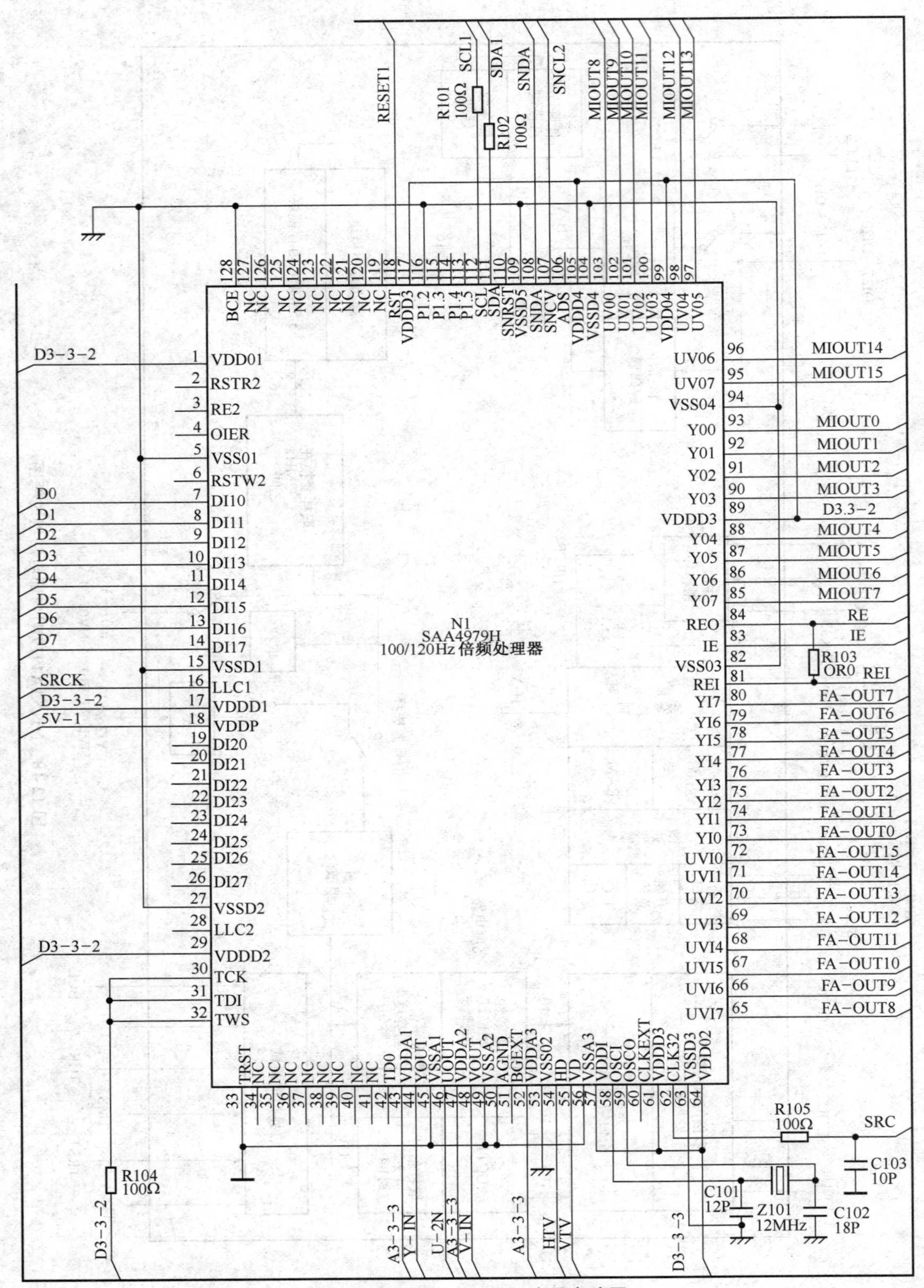

图 12-19 N1(SAA4979H)应用电路图

注：海信 HDP2902 系列机型采用该电路

表 12-8　N1(SAA4979H)倍频处理电路引脚使用功能

引脚	符号	功能
1	VDD01	3.3V 电源
2	RSTR2	用于读取复位信号,未用
3	RE2	用于增强读取,未用
4	OIE2	用于增强输入/输出,未用
5	VSS 01	接地
6	RSTW2	复位写信号,未用
7	DI10	8bit YUV 数字信号位 0 输入,接 N2(SAA7118H)⑬⑨脚
8	DI11	8bit YUV 数字信号位 1 输入,接 N2(SAA7118H)⑬⑧脚
9	DI12	8bit YUV 数字信号位 2 输入,接 N2(SAA7118H)⑬⑤脚
10	DI13	8bit YUV 数字信号位 3 输入,接 N2(SAA7118H)⑬④脚
11	DI14	8bit YUV 数字信号位 4 输入,接 N2(SAA7118H)⑬①脚
12	DI15	8bit YUV 数字信号位 5 输入,接 N2(SAA7118H)⑬⓪脚
13	DI16	8bit YUV 数字信号位 6 输入,接 N2(SAA7118H)⑫⑥脚
14	DI17	8bit YUV 数字信号位 7 输入,接 N2(SAA7118H)⑫⑦脚
15	VSSD1	接地
16	LLC1	27MHz 时钟信号端,接 N2(SAA7118H)⑭③脚
17	VDDD1	3.3V 电源
18	VDDP	5V 电源端,用于保护电路供电
19	DI20	8bit 数字信号位 0 输入,未用
20	DI21	8bit 数字信号位 1 输入,未用
21	DI22	8bit 数字信号位 2 输入,未用
22	DI23	8bit 数字信号位 3 输入,未用
23	DI24	8bit 数字信号位 4 输入,未用
24	DI25	8bit 数字信号位 5 输入,未用
25	DI26	8bit 数字信号位 6 输入,未用
26	DI27	8bit 数字信号位 7 输入,未用
27	VSSD2	接地
28	LLC2	27MHz 时钟信号端,未用
29	VDDD2	3.3V 电源
30	TCK	测试时钟信号端
31	TDI	测试数据输入端
32	TWI	测试模式选择端
33	TRST	测试复位信号输入端
34	NC	空脚
35	NC	空脚
36	NC	空脚

续表 12-8

引脚	符　号	功　能
37	NC	空脚
38	NC	空脚
39	NC	空脚
40	NC	空脚
41	NC	空脚
42	TD0	测试数据输出端,未用
43	VDDA1	3.3V 电源
44	YOUT	亮度模拟信号输出,送至 N9(TDA8601)④脚
45	VSSA1	接地
46	UOUT	模拟 U 分量信号输出,送至 N9(TDA8601)③脚
47	VDDA2	3.3V 电源
48	VOUT	模拟 V 分量信号输出,送至 N9(TDA8601)②脚
49	VSSA2	接地
50	AGND	接地
51	BGEXT	扩展 I/O 端口,未用
52	VDDA3	3.3V 电源
53	VSSD2	接地
54	HD	水平消隐信号输出,送至 N8(TA1370)③脚
55	VD	垂直消隐信号输出,送至 N8(TA1370)④脚
56	VSSA3	接地
57	VDD1	3.3V 电源
58	OSCI	字符振荡信号输入,外接 12MHz 晶振
59	OSCO	字符振荡信号输入,外接 12MHz 晶振
60	CLK EXT	外部时钟信号输入
61	VDDD3	3.3V 电源
62	CLK32	32MHz 时钟信号输出,送至 N6/N7(SAA4955HL)㉝脚
63	VSSD3	接地
64	VDDD2	3.3V 电源
65	UVIO	8bit UV 数字信号位 0 输入,通过 FA-OUT8 与 N5(SAA4993H)⑰脚相接
66	UVI1	8bit UV 数字信号位 1 输入,通过 FA-OUT9 与 N5(SAA4993H)⑯脚相接
67	UVI2	8bit UV 数字信号位 2 输入,通过 FA-OUT10 与 N5(SAA4993H)⑮脚相接
68	UVI3	8bit UV 数字信号位 3 输入,通过 FA-OUT11 与 N5(SAA4993H)⑭脚相接
69	UVI4	8bit UV 数字信号位 4 输入,通过 FA-OUT12 与 N5(SAA4993H)⑬脚相接
70	UVI5	8bit UV 数字信号位 5 输入,通过 FA-OUT13 与 N5(SAA4993H)⑫脚相接
71	UVI6	8bit UV 数字信号位 6 输入,通过 FA-OUT14 与 N5(SAA4993H)⑪脚相接
72	UVI7	8bit UV 数字信号位 7 输入,通过 FA-OUT15 与 N5(SAA4993H)⑩脚相接

续表 12-8

引脚	符　号	功　　能
73	YIO	8bit Y 数字信号位 0 输入，通过 FA-OUT0 与 N5(SAA4993H)(68)脚相接
74	YI1	8bit Y 数字信号位 1 输入，通过 FA-OUT1 与 N5(SAA4993H)(67)脚相接
75	YI2	8bit Y 数字信号位 2 输入，通过 FA-OUT2 与 N5(SAA4993H)(66)脚相接
76	YI3	8bit Y 数字信号位 3 输入，通过 FA-OUT3 与 N5(SAA4993H)(65)脚相接
77	YI4	8bit Y 数字信号位 4 输入，通过 FA-OUT4 与 N5(SAA4993H)(64)脚相接
78	YI5	8bit Y 数字信号位 5 输入，通过 FA-OUT5 与 N5(SAA4993H)(63)脚相接
79	YI6	8bit Y 数字信号位 6 输入，通过 FA-OUT6 与 N5(SAA4993H)(62)脚相接
80	YI7	8bit Y 数字信号位 7 输入，通过 FA-OUT7 与 N5(SAA4993H)(61)脚相接
81	REI	增强读入信号端
82	VSSD3	接地
83	IE	增强输入端，送入 N6/N7(SAA4955HL)㉕脚
84	REO	增强读出信号
85	YO7	8bit Y 数字信号位 7 输入，通过 MIOUT7 与 N5(SAA4993H)(52)脚相接
86	YO6	8bit Y 数字信号位 6 输入，通过 MIOUT6 与 N5(SAA4993H)(51)脚相接
87	YO5	8bit Y 数字信号位 5 输入，通过 MIOUT5 与 N5(SAA4993H)㊿脚相接
88	YO4	8bit Y 数字信号位 4 输入，通过 MIOUT4 与 N5(SAA4993H)㊾脚相接
89	VDDD3	3.3V 电源
90	YO3	8bit Y 数字信号位 3 输入，通过 MIOUT3 与 N5(SAA4993H)㊽脚相接
91	YO2	8bit Y 数字信号位 2 输入，通过 MIOUT2 与 N5(SAA4993H)㊼脚相接
92	YO1	8bit Y 数字信号位 1 输入，通过 MIOUT1 与 N5(SAA4993H)㊻脚相接
93	YO0	8bit Y 数字信号位 0 输入，通过 MIOUT0 与 N5(SAA4993H)㊺脚相接
94	VISD4	接地
95	UVO7	8bit UV 数字信号位 7 输出，通过 MIOUT15 与 N5(SAA4993H)㊹脚相接
96	UVO6	8bit UV 数字信号位 6 输出，通过 MIOUT14 与 N5(SAA4993H)㊸脚相接
97	UVO5	8bit UV 数字信号位 5 输出，通过 MIOUT13 与 N5(SAA4993H)㊷脚相接
98	UVO4	8bit UV 数字信号位 4 输出，通过 MIOUT12 与 N5(SAA4993H)㊶脚相接
99	VDD4	3.3V 电源
100	UV03	8bit UV 数字信号位 3 输出，通过 MIOUT11 与 N5(SAA4993H)㊵脚相接
101	UV02	8bit UV 数字信号位 2 输出，通过 MIOUT10 与 N5(SAA4993H)㊴脚相接
102	UVO1	8bit UV 数字信号位 1 输出，通过 MIOUT9 与 N5(SAA4993H)㊳脚相接
103	UVO0	8bit UV 数字信号位 0 输出，通过 MIOUT8 与 N5(SAA4993H)㊲脚相接
104	VSSD4	接地
105	VDDD4	3.3V 电源
106	ADS	辅助显示信号端，未用
107	SNDL	顺序时钟信号输入端，接 N5(SAA4993H)㉗脚
108	SNDA	顺序数据信号输入输出端，接 N5(SAA4993H)㉖脚

续表 12-8

引脚	符　号	功　　能
109	VSSD5	接地
110	SNRST	顺序复位端,未用
111	SDA	I^2C 总线数据线,用于 SDA1
112	SCL	I^2C 总线时钟线,用于 SCL1
113	P1.5	端口 1,数据输入/输出信号位 5,未用
114	P1.4	端口 1,数据输入/输出信号位 4,未用
115	P1.3	端口 1,数据输入/输出信号位 3,未用
116	P1.2	端口 1,数据输入/输出信号位 2,未用
117	VDDO6	3.3V 电源
118	RST	复位信号输入,用于 RESET1,受控于 N14(HISENSE TDV-001)㊽脚
119	NC	空脚
120	NC	空脚
121	NC	空脚
122	NC	空脚
123	NC	空脚
124	NC	空脚
125	NC	空脚
126	NC	空脚
127	NC	空脚
128	BEC	空脚

运动补偿。其主要特点有：

·可以输出 100/120Hz 场频隔行信号、50/60Hz 场频逐行信号和 100/120Hz 场频逐行信号；

·支持 4∶1∶1、4∶2∶2 与 4∶2∶2 微分相位调制代码彩色输入格式；支持 4∶1∶1 与 4∶2∶2输出彩色格式；

·采用改良的隔行扫描技术；

·可增加垂直锯齿波的变量；

·具有高质量的垂直信号；

·可通过扩展输出 16bity Y、U、V 隔行信号和 16bit Y、U、V 逐行信号。

其内部电路组成如图 12-20 所示,应用电路如图 12-21 所示,引脚使用功能见表 12-9。

在图 12-21 所示电路中,N5(SAA4993H)主要有 6 组数据线输入输出,与 N1(SAA4979H)和 N6/N7(SAA4955HL)进行通信联系。其中：

(1)M1 OUT0～M1 OUT15 数据线,用于输入 8bit Y 信号和 8bit UV 色度信号,其中 8bit Y 信号由 N1(SAA4979H)的㊈～㊉脚、㊇～㊄脚输出,通过 M1 OUT0～M1 OUT7 送入 N5(SAA4993H)的㊺～52脚;8bit UV 色度信号由 N1 的103～95脚输出,通过 M1 OUT8～M1 OUT15 送入 N5㊲～㊹脚。

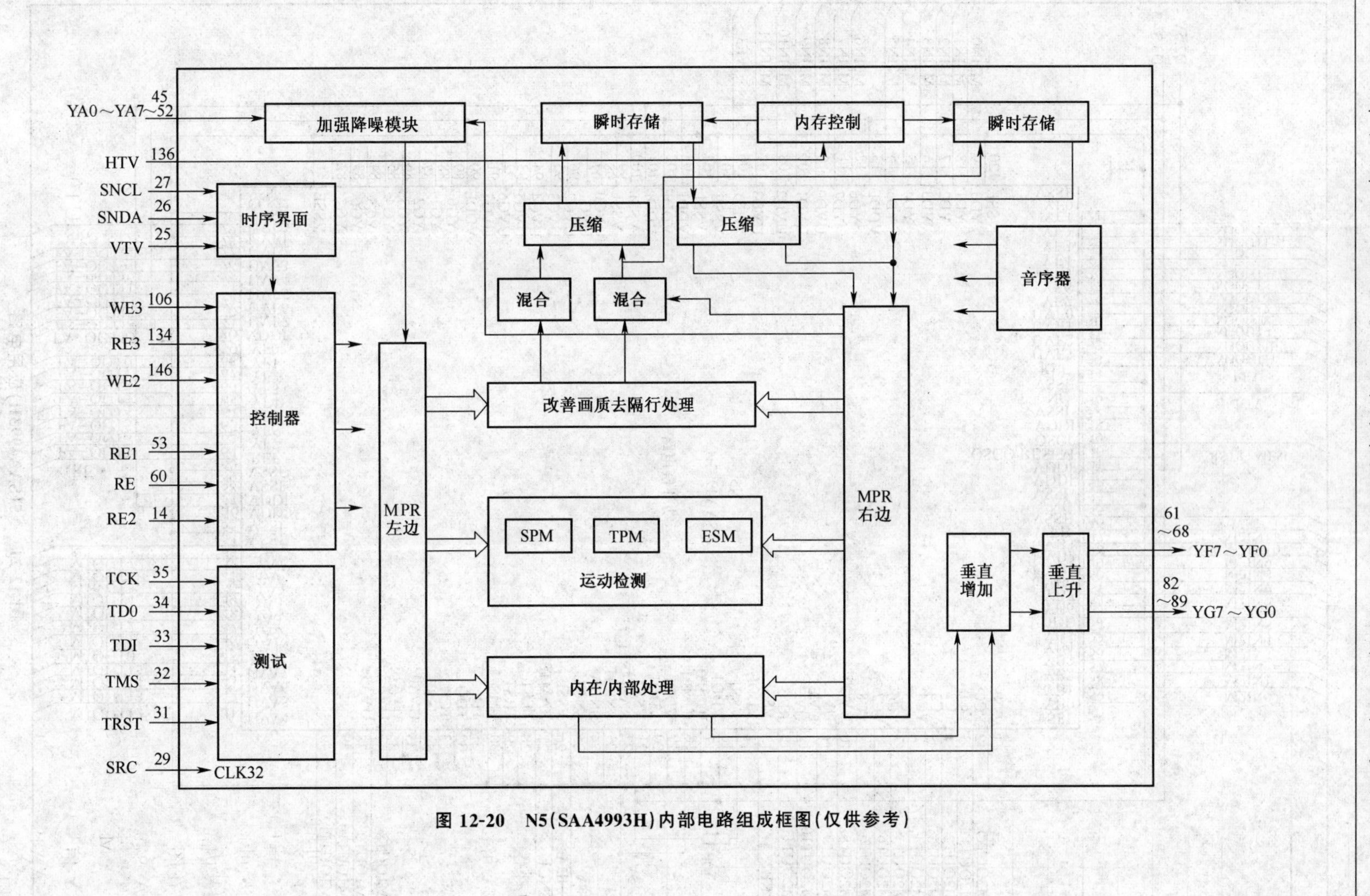

图 12-20　N5(SAA4993H)内部电路组成框图(仅供参考)

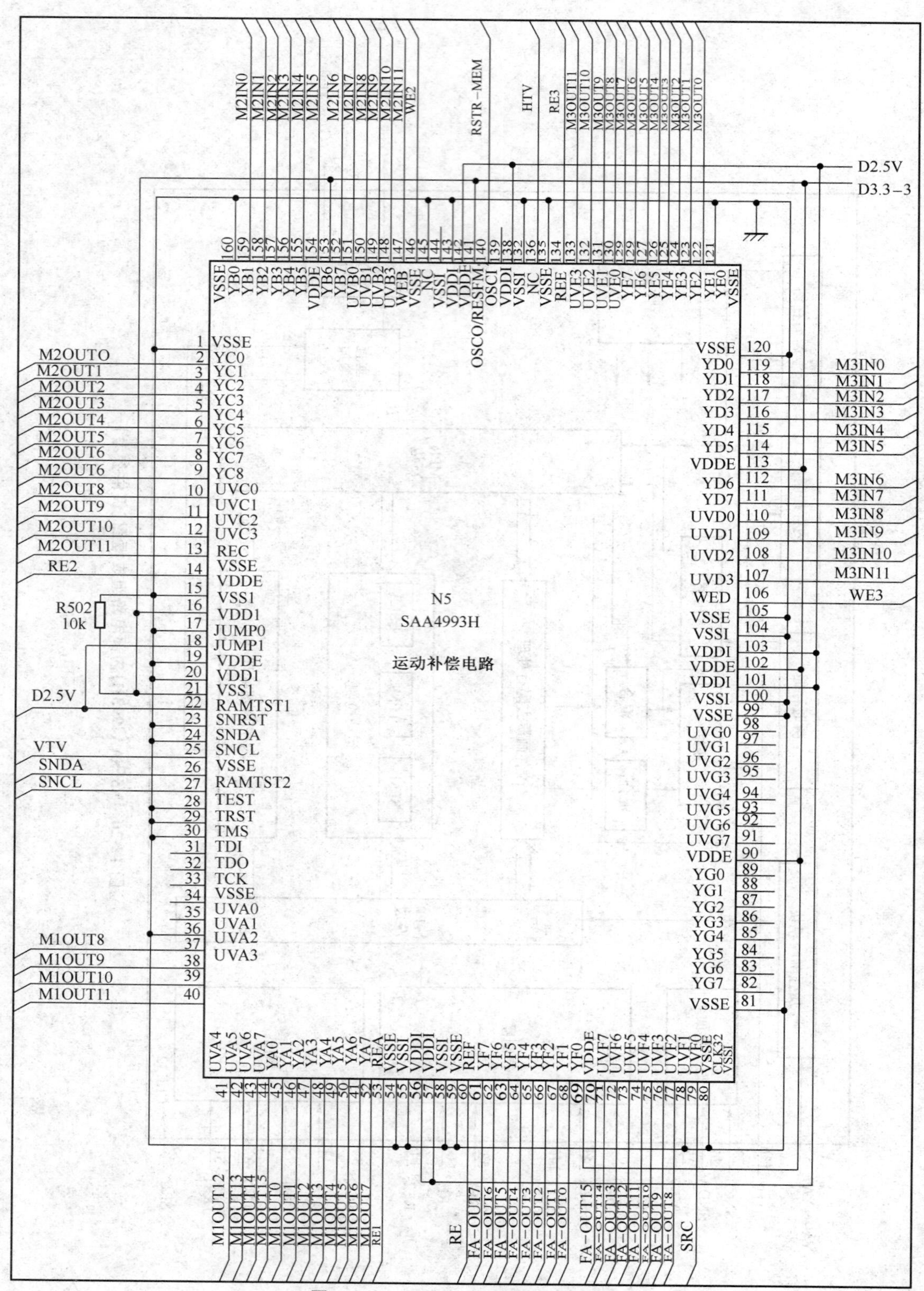

图 12-21 N5(SAA4993H)应用电路

注:海信 HDP2902 系列机型采用该电路

表 12-9 N5(SAA4993H)运动补偿电路引脚使用功能

引脚	符 号	使用功能
1	VSSE	接地
2	YC0	总线C亮度输入位0,由N6(SAA4955HL)④脚输出,通过12bit数据线M2OUT0输入该脚
3	YC1	总线C亮度输入位1,由N6(SAA4955HL)③脚输出,通过12bit数据线M2OUT1输入该脚
4	YC2	总线C亮度输入位2,由N6(SAA4955HL)②脚输出,通过12bit数据线M2OUT2输入该脚
5	YC3	总线C亮度输入位3,由N6(SAA4955HL)①脚输出,通过12bit数据线M2OUT3输入该脚
6	YC4	总线C亮度输入位4,由N6(SAA4955HL)㊹脚输出,通过12bit数据线M2OUT4输入该脚
7	YC5	总线C亮度输入位5,由N6(SAA4955HL)㊸脚输出,通过12bit数据线M2OUT5输入该脚
8	YC6	总线C亮度输入位6,由N6(SAA4955HL)㊷脚输出,通过12bit数据线M2OUT6输入该脚
9	YC7	总线C亮度输入位7,由N6(SAA4955HL)㊵脚输出,通过12bit数据线M2OUT7输入该脚
10	UVC0	总线C色度输入位0,由N6(SAA4955HL)㊳脚输出,通过12bit数据线M2OUT8输入该脚
11	UVC1	总线C色度输入位1,由N6(SAA4955HL)㊳脚输出,通过12bit数据线M2OUT9输入该脚
12	UVC2	总线C色度输入位2,由N6(SAA4955HL)㉟脚输出,通过12bit数据线M2OUT10输入该脚
13	UVC3	总线C色度输入位3,由N6(SAA4955HL)㉞脚输出,通过12bit数据线M2OUT11输入该脚
14	REC	允许读出信号,接N13(HC32D)②脚
15	VSSE	接地
16	VDDE	2.5V电源
17	VSSI	接地
18	VDDI	2.5V电源
19	JUMP0	接地
20	JUMP1	接地
21	VDDE	2.5V电源
22	VDDI	2.5V电源
23	VSSI	接地
24	RAMTST1	接地
25	SNRST	总线复位,输入VTV信号,由N1(SAA4979H)㊺脚输出
26	SNDA	顺序数据,与N1(SAA4979H)⑱脚相接
27	SNCL	顺序时钟,与N1(SAA4979H)⑩脚相接
28	VSSE	接地
29	RAMTST2	接地
30	TEST	测试端,接地
31	TRST	边缘扫描测试,将输入信号复位,未用
32	TMS	边缘扫描测试,测试模式选择,未用
33	TDI	边缘扫描,测试输入信号,未用
34	TDQ	边缘扫描,测试数据输出信号,未用
35	TCK	边缘扫描,测试时钟信号输入,未用
36	VSSE	接地

续表 12-9

引脚	符　号	使用功能
37	UVA0	总线 A 色度输入位 0,由 N1(SAA4979H)⑩③脚输出,通过 16bit 数据线 M1 OUT8 输入该脚
38	UVA1	总线 A 色度输入位 1,由 N1(SAA4979H)⑩②脚输出,通过 16bit 数据线 M1 OUT9 输入该脚
39	UVA2	总线 A 色度输入位 2,由 N1(SAA4979H)⑩①脚输出,通过 16bit 数据线 M1 OUT10 输入该脚
40	UVA3	总线 A 色度输入位 3,由 N1(SAA4979H)⑩⓪脚输出,通过 16bit 数据线 M1 OUT11 输入该脚
41	UVA4	总线 A 色度输入位 4,由 N1(SAA4979H)⑨⑧脚输出,通过 16bit 数据线 M1 OUT12 输入该脚
42	UVA5	总线 A 色度输入位 5,由 N1(SAA4979H)⑨⑦脚输出,通过 16bit 数据线 M1 OUT13 输入该脚
43	UVA6	总线 A 色度输入位 6,由 N1(SAA4979H)⑨⑥脚输出,通过 16bit 数据线 M1 OUT14 输入该脚
44	UVA7	总线 A 色度输入位 7,由 N1(SAA4979H)⑨⑤脚输出,通过 16bit 数据线 M1 OUT15 输入该脚
45	YA0	总线 A 亮度输入位 0,由 N1(SAA4979H)⑨③脚输出,通过 16bit 数据线 M1 OUT0 输入该脚
46	YA1	总线 A 亮度输入位 1,由 N1(SAA4979H)⑨②脚输出,通过 16bit 数据线 M1 OUT1 输入该脚
47	YA2	总线 A 亮度输入位 2,由 N1(SAA4979H)⑨①脚输出,通过 16bit 数据线 M1 OUT2 输入该脚
48	YA3	总线 A 亮度输入位 3,由 N1(SAA4979H)⑨⓪脚输出,通过 16bit 数据线 M1 OUT3 输入该脚
49	YA4	总线 A 亮度输入位 4,由 N1(SAA4979H)⑧⑧脚输出,通过 16bit 数据线 M1 OUT4 输入该脚
50	YA5	总线 A 亮度输入位 5,由 N1(SAA4979H)⑧⑦脚输出,通过 16bit 数据线 M1 OUT5 输入该脚
51	YA6	总线 A 亮度输入位 6,由 N1(SAA4979H)⑧⑥脚输出,通过 16bit 数据线 M1 OUT6 输入该脚
52	YA7	总线 A 亮度输入位 7,由 N1(SAA4979H)⑧⑤脚输出,通过 16bit 数据线 M1 OUT7 输入该脚
53	REA	读出总线 A,与 N1(SAA4979H)⑧①脚相接(RE1)
54	VSSE	接地
55	VSSI	接地
56	VDDI	2.5V 电源
57	VDDI	2.5V 电源
58	VSSI	接地
59	VSSE	接地
60	REF	读出总线 F,与 N1(SAA4979H)⑧④脚相接(RE)
61	YF7	总线 F 亮度输出位 7,通过 16bit 数据线 FA-OUT7 送入 N1(SAA4979H)⑧⓪脚
62	YF6	总线 F 亮度输出位 6,通过 16bit 数据线 FA-OUT6 送入 N1(SAA4979H)⑦⑨脚
63	YF5	总线 F 亮度输出位 5,通过 16bit 数据线 FA-OUT5 送入 N1(SAA4979H)⑦⑧脚
64	YF4	总线 F 亮度输出位 4,通过 16bit 数据线 FA-OUT4 送入 N1(SAA4979H)⑦⑦脚
65	YF3	总线 F 亮度输出位 3,通过 16bit 数据线 FA-OUT3 送入 N1(SAA4979H)⑦⑥脚
66	YF2	总线 F 亮度输出位 2,通过 16bit 数据线 FA-OUT2 送入 N1(SAA4979H)⑦⑤脚
67	YF1	总线 F 亮度输出位 1,通过 16bit 数据线 FA-OUT1 送入 N1(SAA4979H)⑦④脚
68	YF0	总线 F 亮度输出位 0,通过 16bit 数据线 FA-OUT0 送入 N1(SAA4979H)⑦③脚
69	VDDE	3.3V 电源
70	UVF7	总线 F 色度输出位 7,通过 16bit 数据线 FA-OUT15 送入 N1(SAA4979H)⑦②脚
71	UVF6	总线 F 色度输出位 6,通过 16bit 数据线 FA-OUT14 送入 N1(SAA4979H)⑦①脚
72	UVF5	总线 F 色度输出位 5,通过 16bit 数据线 FA-OUT13 送入 N1(SAA4979H)⑦⓪脚

续表 12-9

引脚	符 号	使用功能
73	UVF4	总线F色度输出位4,通过16bit数据线FA-OUT12送入N1(SAA4979H)㊾脚
74	UVF3	总线F色度输出位3,通过16bit数据线FA-OUT11送入N1(SAA4979H)㊽脚
75	UVF2	总线F色度输出位2,通过16bit数据线FA-OUT10送入N1(SAA4979H)㊼脚
76	UVF1	总线F色度输出位1,通过16bit数据线FA-OUT9送入N1(SAA4979H)㊻脚
77	UVF0	总线F色度输出位0,通过16bit数据线FA-OUT8送入N1(SAA4979H)㊺脚
78	VSSE	接地
79	CLK32	32MHz系统时钟输入,接至N6/N7(SAA4955HL)的㉒㉝脚
80	VSSI	接地
81	VSSE	接地
82	YG7	总线G亮度输出位7,未用
83	YG6	总线G亮度输出位6,未用
84	YG5	总线G亮度输出位5,未用
85	YG4	总线G亮度输出位4,未用
86	YG3	总线G亮度输出位3,未用
87	YG2	总线G亮度输出位2,未用
88	YG1	总线G亮度输出位1,未用
89	YG0	总线G亮度输出位0,未用
90	VDDE	3.3V电源
91	UVG7	总线G色度输出位7,未用
92	UVG6	总线G色度输出位6,未用
93	UVG5	总线G色度输出位5,未用
94	UVG4	总线G色度输出位4,未用
95	UVG3	总线G色度输出位3,未用
96	UVG2	总线G色度输出位2,未用
97	UVG1	总线G色度输出位1,未用
98	UVG0	总线G色度输出位0,未用
99	VSSE	接地
100	VSSI	接地
101	VDDI	2.5V电源
102	VDDE	3.3V电源
103	VDDI	2.5V电源
104	VSSI	接地
105	VSSE	接地
106	WED	允许写入信号,与N7(SAA4955HL)㉔脚相接
107	UVD3	总线D色度输出位3,通过12bit数据线M3 IN11送入N7(SAA4955HL)㉑脚
108	UVD2	总线D色度输出位2,通过12bit数据线M3 IN10送入N7(SAA4955HL)⑳脚
109	UVD1	总线D色度输出位1,通过12bit数据线M3 IN9送入N7(SAA4955HL)⑲脚

续表 12-9

引脚	符 号	使用功能
110	UVD0	总线 D 色度输出位 0,通过 12bit 数据线 M3 IN8 送入 N7(SAA4955HL)⑱脚
111	YD7	总线 D 色度输出位 7,通过 12bit 数据线 M3 IN7 送入 N7(SAA4955HL)⑯脚
112	YD6	总线 D 色度输出位 6,通过 12bit 数据线 M3 IN6 送入 N7(SAA4955HL)⑮脚
113	VDDE	3.3V 电源
114	YD5	总线 D 亮度输出位 5,通过 12bit 数据线 M3 IN5 送入 N7(SAA4955HL)⑭脚
115	YD4	总线 D 亮度输出位 4,通过 12bit 数据线 M3 IN4 送入 N7(SAA4955HL)⑬脚
116	YD3	总线 D 亮度输出位 3,通过 12bit 数据线 M3 IN3 送入 N7(SAA4955HL)⑫脚
117	YD2	总线 D 亮度输出位 2,通过 12bit 数据线 M3 IN2 送入 N7(SAA4955HL)⑪脚
118	YD1	总线 D 亮度输出位 1,通过 12bit 数据线 M3 IN1 送入 N7(SAA4955HL)⑩脚
119	YD0	总线 D 亮度输出位 0,通过 12bit 数据线 M3 IN1 送入 N7(SAA4955HL)⑨脚
120	VSSE	接地
121	VSSE	接地
122	YE0	总线 E 亮度输入位 0,由 N7(SAA4955HL)④脚输出,通过 12bit 数据线 M3 OUT0 输入该脚
123	YE1	总线 E 亮度输入位 1,由 N7(SAA4955HL)③脚输出,通过 12bit 数据线 M3 OUT1 输入该脚
124	YE2	总线 E 亮度输入位 2,由 N7(SAA4955HL)②脚输出,通过 12bit 数据线 M3 OUT2 输入该脚
125	YE3	总线 E 亮度输入位 3,由 N7(SAA4955HL)①脚输出,通过 12bit 数据线 M3 OUT3 输入该脚
126	YE4	总线 E 亮度输入位 4,由 N7(SAA4955HL)㊹脚输出,通过 12bit 数据线 M3 OUT4 输入该脚
127	YE5	总线 E 亮度输入位 5,由 N7(SAA4955HL)㊸脚输出,通过 12bit 数据线 M3 OUT5 输入该脚
128	YE6	总线 E 亮度输入位 6,由 N7(SAA4955HL)㊷脚输出,通过 12bit 数据线 M3 OUT6 输入该脚
129	YE7	总线 E 亮度输入位 7,由 N7(SAA4955HL)㊵脚输出,通过 12bit 数据线 M3 OUT7 输入该脚
130	UVE0	总线 E 色度输入位 0,由 N7(SAA4955HL)㊳脚输出,通过 12bit 数据线 M3 OUT8 输入该脚
131	UVE1	总线 E 色度输入位 1,由 N7(SAA4955HL)㊱脚输出,通过 12bit 数据线 M3 OUT9 输入该脚
132	UVE2	总线 E 色度输入位 2,由 N7(SAA4955HL)㉟脚输出,通过 12bit 数据线 M3 OUT10 输入该脚
133	UVE3	总线 E 色度输入位 3,由 N7(SAA4955HL)㉞脚输出,通过 12bit 数据线 M3 OUT11 输入该脚
134	REE	允许读出信号,与 N7(SAA4955HL)㉛脚连接
135	VSSE	接地
136	NC	用于 HTV 信号输入,由 N1(SAA4979H)㊿脚输出
137	VSSI	接地
138	VDDI	2.5V 电源
139	OSC1	未用
140	OSCO/RESFM	复位时钟,与 N3(HC32D)①脚,N7(SAA4955HL)㉓、㉜相接
141	VDDE	3.3V 电源
142	VDDI	2.5V 电源
143	VSSI	接地
144	NC	未用

续表 12-9

引脚	符　号	使用功能
145	VSSE	接地
146	WEB	允许写入信号，与 N3(HC32D)⑨脚相接
147	UVB3	总线 B 色度输出位 3，通过 12bit 数据线 M2 IN11 送入 N6(SAA4955HL)㉑脚
148	UVB2	总线 B 色度输出位 2，通过 12bit 数据线 M2 IN10 送入 N6(SAA4955HL)⑳脚
149	UVB1	总线 B 色度输出位 1，通过 12bit 数据线 M2 IN9 送入 N6(SAA4955HL)⑲脚
150	UVB0	总线 B 色度输出位 0，通过 12bit 数据线 M2 IN8 送入 N6(SAA4955HL)⑱脚
151	YB7	总线 B 亮度输出位 7，通过 12bit 数据线 M2 IN7 送入 N6(SAA4955HL)⑯脚
152	YB6	总线 B 亮度输出位 6，通过 12bit 数据线 M2 IN6 送入 N6(SAA4955HL)⑮脚
153	VDDE	3.3V 电源
153	YB5	总线 B 亮度输出位 5，通过 12bit 数据线 M2 IN5 送入 N6(SAA4955HL)⑭脚
155	YB4	总线 B 亮度输出位 4，通过 12bit 数据线 M2 IN4 送入 N6(SAA4955HL)⑬脚
156	YB3	总线 B 亮度输出位 3，通过 12bit 数据线 M2 IN3 送入 N6(SAA4955HL)⑫脚
157	YB2	总线 B 亮度输出位 2，通过 12bit 数据线 M2 IN2 送入 N6(SAA4955HL)⑪脚
158	YB1	总线 B 亮度输出位 1，通过 12bit 数据线 M2 IN1 送入 N6(SAA4955HL)⑩脚
159	YB0	总线 B 亮度输出位 0，通过 12bit 数据线 M2 IN0 送入 N6(SAA4955HL)⑨脚
160	VSSE	接地

(2)M2 IN0～M2IN11 数据线，用于输出 12bit 数字信号，由 N5(SAA4993H)的⑮⑨～⑮④脚、⑮②～⑭⑦脚输出，送入 N6(SAA4955HL)的⑨～⑯脚、⑱～㉑脚。

(3)M2 OUT0～M2 OUT11 数据线，用于输入 12bit 数字信号，由 N6(SAA4955HL)④～①脚、㊹～㊷脚、㊵～㊳脚、㊱～㉞脚输出。

(4)M3 OUT0～M3 OUT11 数据线，用于输入 12bit 数字信号，由 N7(SAA4955HL)④～①脚、㊹～㊷脚、㊵脚、㊳脚、㊱～㉞脚输出。

(5)M3 IN0～M3 IN11 数据线，用于输出 12bit 数字信号，由 N5(SAA4993H)的⑪⑨～⑪④脚、⑪②～⑩⑦脚输出，送入 N7(SAA4955HL)⑨～⑯脚、⑱～㉑脚。

(6)FA-OUT0～FA-OUT15 数据线，用于输出 8bit Y 信号和 8bit UV 信号，其中 8bit Y 信号由 N5(SAA4993H)⑥⑧～⑥①脚输出，通过 FA-OUT0～FA-OUT7 送入 N1(SAA4979H)的⑦③～⑧⓪脚；8bit UV 信号由 N5(SAA4993H)⑦⑦～⑦⓪脚输出，通过 FA-OUT8～FA-OUT15 送入 N1(SAA4979H)的⑥⑤～⑦②脚。

五、N6/N7(SAA4955HL)数字式帧存储器

在以 TDA9332H 为核心的数字板电路中，N6/N7(SAA4955HL)是一种数字式帧储器，主要用于随机存取节目信号。其主要特点有：

①具有 2.9MB 内存的场存储器；

②含有读和写各自独立的 12 位串行端口；

③为了提高存储容量或加长延时，可以用两个或两个以上的 SAA4955HL 型存储器采用级联的办法，且无须增加外部电路；

④采用了 16MB COMS DRAM 处理技术。

其内部组成如图 12-22 所示，应用电路如图 12-23 所示，引脚使用功能分别见表 12-10 和表 12-11。

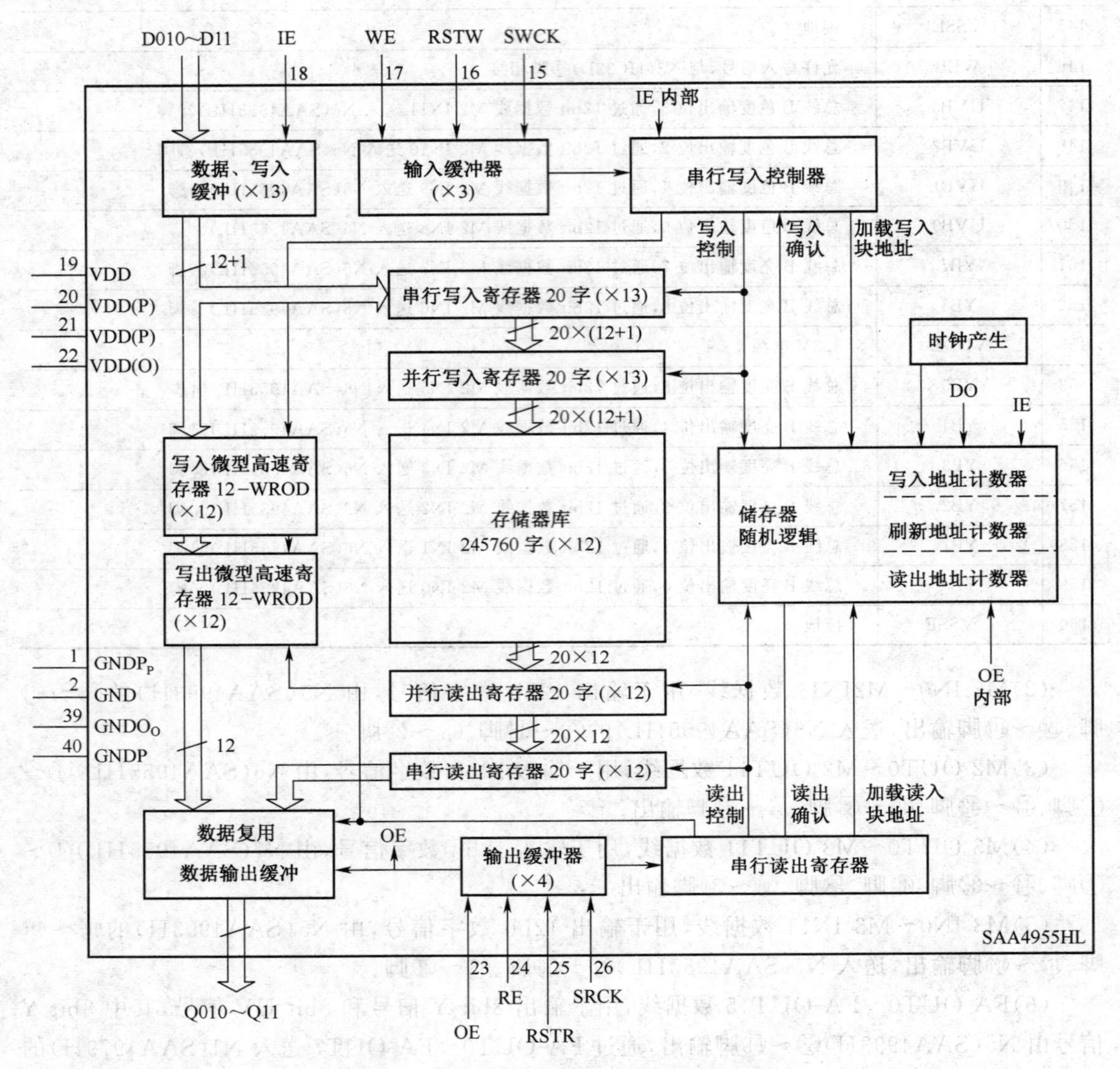

图 12-22　SAA4955HL 内部电路结构框图

在图 12-23 所示电路中，N6/N7 采用级联方式与 N5（SAA4993H）配合使用，以增加存储容量。其中 N6 用于 M2 数据输入输出，N7 用于 M3 数据输入输出。

六、N14（HISENSE DTV-001）微控制器

在以 TDA9332H 为核心的数字板电路中，N14（HISENSE DTV-001）主要用于各种功能控制，其应用电路如图 12-24 所示，其引脚使用功能见表 12-12。

在图 12-24 所示电路中，N14（HISENSE DTV-001）的㉔脚、㉕脚外接 8MHz 时钟振荡器 Z901，㉚脚外接 V901 与 VDZ901 等组成复位电路，用于 MCU 复位，⑱脚、㉗脚为＋5V 电源输入端㊴脚、㊲脚分别为 I^2C 总线的 SCL1/SDA1，㊳脚、㊱脚为 I^2C 总线的 SCL2/SDA2，㊽

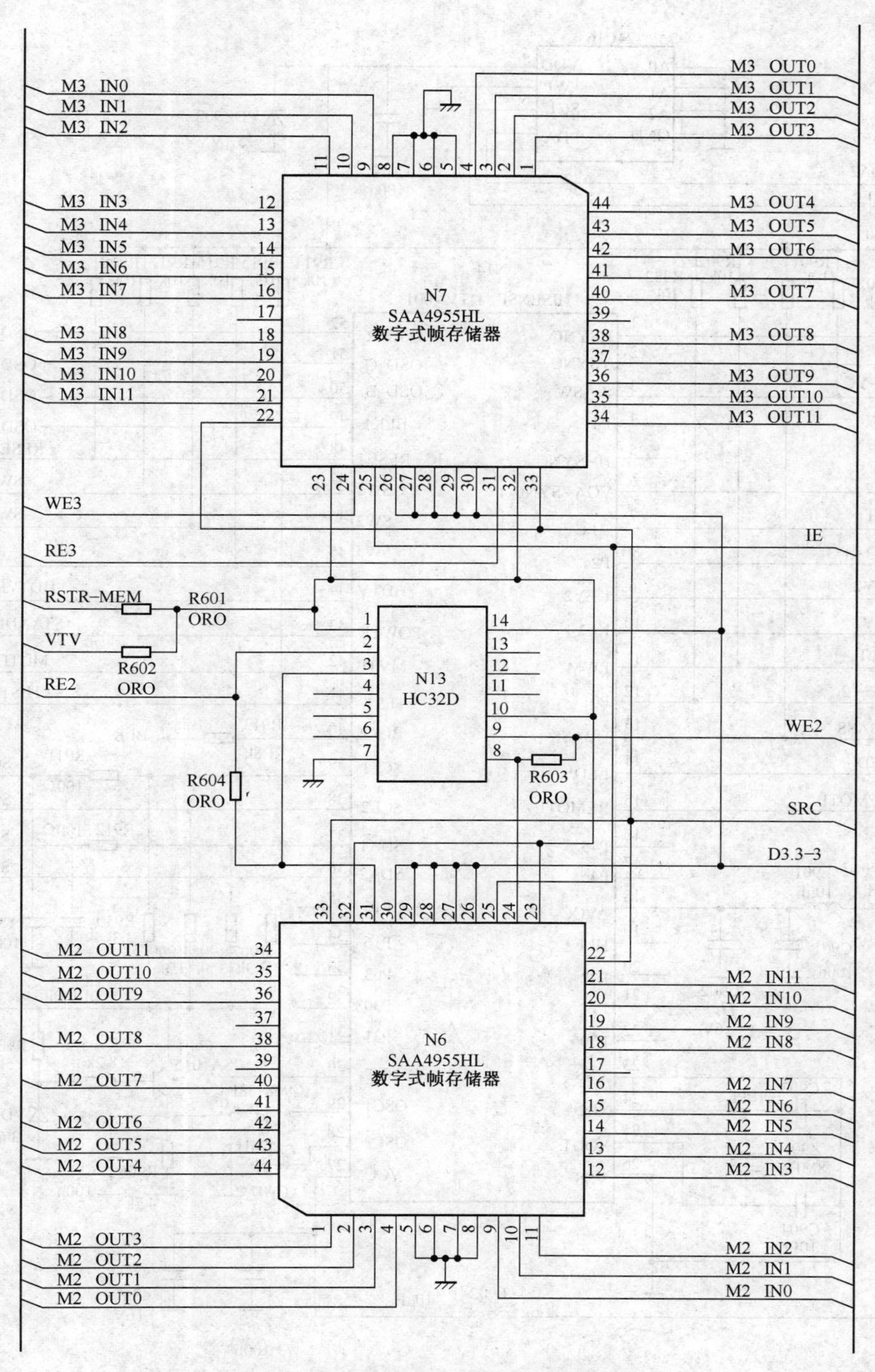

图 12-23　N6/N7(SAA4955HL)应用电路

注:海信 HDP2902 系列机型采用该电路

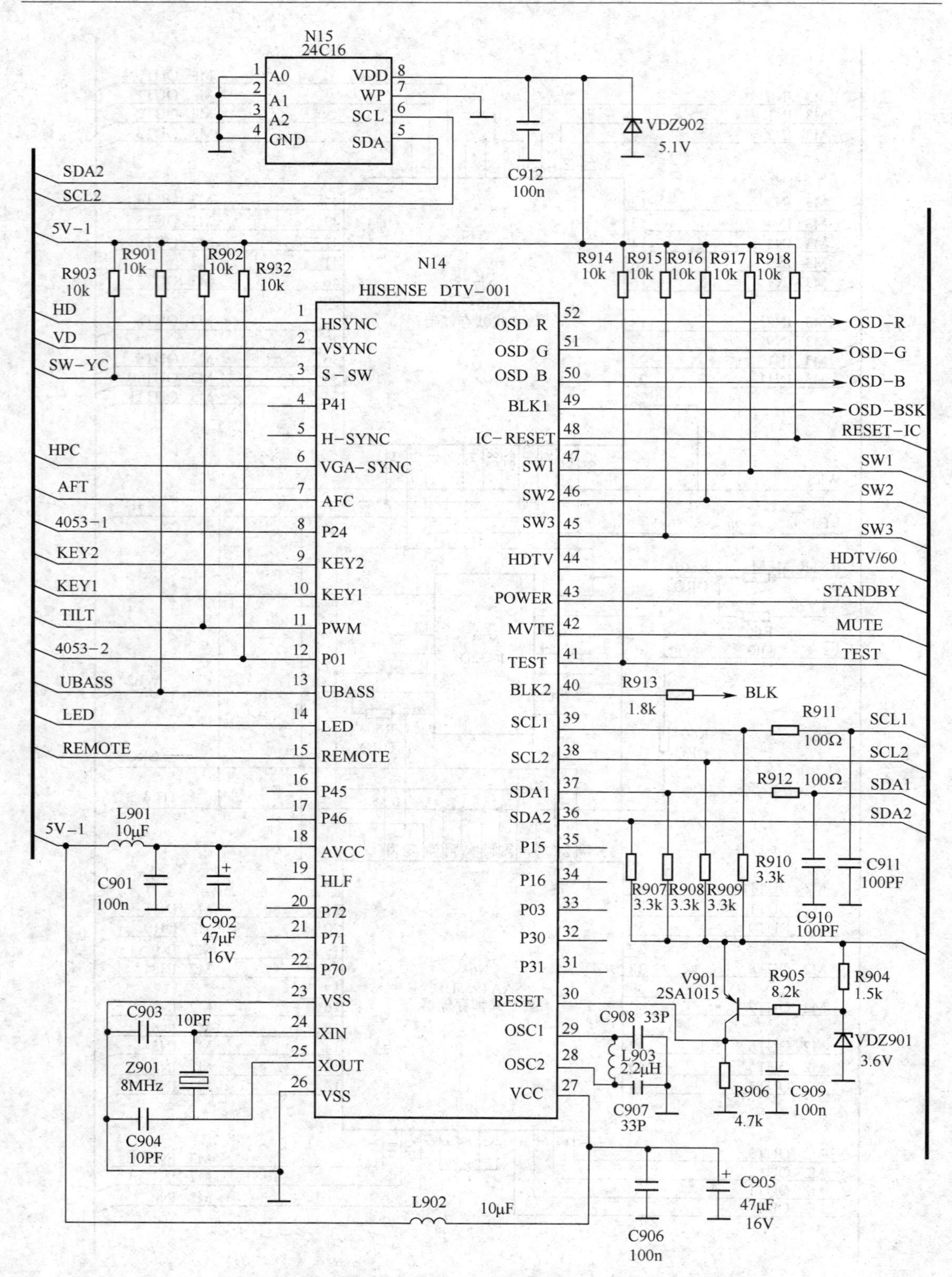

图 12-24 N14(HISENSE DTV-001)中央微控制器引脚应用电路

注:海信 HDP2902 系列机型采用该电路

脚为受控集成电路的复位端。以上六组引脚及其外接元件构成了微控制器 N14 工作的基本要素(或称六要素),其中任何一个要素异常,整机就会不工作。

表 12-10　N6(SAA4955HL)数字式帧存储器引脚使用功能

引脚	符　号	使　用　功　能
1	D8(OUT)	数字输出 8,通过 M2 OUT3 送入 N5(SAA4993H)⑤脚
2	D9(OUT)	数字输出 9,通过 M2 OUT2 送入 N5(SAA4993H)④脚
3	D10(OUT)	数字输出 10,通过 M2 OUT1 送入 N5(SAA4993H)③脚
4	D11(OUT)	数字输出 11,通过 M2 OUT0 送入 N5(SAA4993H)②脚
5	GND-D	输出电路接地
6	GND-P	保护电路接地
7	GND-P	保护电路接地
8	GND	通用接地
9	D11(IN)	数字输入 11,由 N5(SAA4993H)⑲脚输出,通过 M2 IN0 送入该脚
10	D10(IN)	数字写入 10,由 N5(SAA4993H)⑱脚输出,通过 M2 IN1 送入该脚
11	D9(IN)	数字输入 9,由 N5(SAA4993H)⑰脚输出,通过 M2 IN2 送入该脚
12	D8(IN)	数字输入 8,由 N5(SAA4993H)⑯脚输出,通过 M2 IN3 送入该脚
13	D7(IN)	数字输入 7,由 N5(SAA4993H)⑮脚输出,通过 M2 IN4 送入该脚
14	D6(IN)	数字输入 6,由 N5(SAA4993H)⑭脚输出,通过 M2 IN5 送入该脚
15	D5(IN)	数字输入 5,由 N5(SAA4993H)⑬脚输出,通过 M2 IN6 送入该脚
16	D4(IN)	数字输入 4,由 N5(SAA4993H)⑫脚输出,通过 M2 IN7 送入该脚
17	NC	未用
18	D3(IN)	数字输入 3,由 N5(SAA4993H)⑪脚输出,通过 M2 IN8 送入该脚
19	D2(IN)	数字输入 2,由 N5(SAA4993H)⑩脚输出,通过 M2 IN9 送入该脚
20	D1(IN)	数字输入 1,由 N5(SAA4993H)⑨脚输出,通过 M2 IN10 送入该脚
21	D0(IN)	数字输入 0,由 N5(SAA4993H)⑧脚输出,通过 M2 IN11 送入该脚
22	SWCK	串行写入时钟,与 N5(SAA4993H)㊾脚相接
23	RSTW	写入复位时钟,通过 R602 与 N1(SAA4979H)㊺脚相接
24	WE	允许写入信号,通过 R603 与 N5(SAA4993H)⑥脚相接
25	IE	允许输入信号,与 N1(SAA4979H)㊸脚相接
26	VDD	3.3V 电源
27	VDD-P	3.3V 电源,用于保护电路供电
28	VDD-P	3.3V 电源,用于保护电路供电
29	VDD-D	3.3V 电源,用于输出电路供电
30	OE	允许输出信号,接入 3.3V 电源
31	RE	允许读出信号,通过 R604 与 N5(SAA4993H)⑭脚相接
32	RSTR	复位读出信号,与㉓脚相接
33	SRCK	串行读出时钟信号,与㉒脚相接
34	D0(OUT)	数字输出 0,通过 M2 OUT11 送入 N5(SAA4993H)⑬脚

续表 12-10

引脚	符号	使用功能
35	D1(OUT)	数字输出 1,通过 M2 OUT10 送入 N5(SAA4993H)⑫脚
36	D2(OUT)	数字输出 2,通过 M2 OUT9 送入 N5(SAA4993H)⑪脚
37	NC	未用
38	D3(OUT)	数字输出 3,通过 M2 OUT8 送入 N5(SAA4993H)⑩脚
39	NC	未用
40	D4(OUT)	数字输出 4,通过 M2 OUT7 送入 N5(SAA4993H)⑨脚
41	NC	未用
42	D5(OUT)	数字输出 5,通过 M2 OUT6 送入 N5(SAA4993H)⑧脚
43	D6(OUT)	数字输出 6,通过 M2 OUT5 送入 N5(SAA4993H)⑦脚
44	D7(OUT)	数字输出 7,通过 M2 OUT4 送入 N5(SAA4993H)⑥脚

注:符号栏目中的“(OUT)、(IN)”是由作者加上去的,主要用于区别输入、输出端口,在随机图纸中,输入、输出端口均标注为 D0～D11,为便于读者阅读原图纸,本表中仍保留原标注符号,只是加上一个括号。

表 12-11 N7(SAA4955HL)数字式帧存储器引脚使用功能

引脚	符号	使用功能
1	D8(OUT)	数字输出 8,通过 M3 OUT3 送入 N5(SAA4993H)⑮脚
2	D9(OUT)	数字输出 9,通过 M3 OUT2 送入 N5(SAA4993H)⑭脚
3	D10(OUT)	数字输出 10,通过 M3 OUT1 送入 N5(SAA4993H)⑬脚
4	D11(OUT)	数字输出 11,通过 M3 OUT0 送入 N5(SAA4993H)⑫脚
5	GND-D	输出电路接地
6	GND-P	保护电路接地
7	GND-P	保护电路接地
8	GND	通用接地
9	D11(IN)	数字输入 11,由 N5(SAA4993H)⑲脚输出,通过 M3 IN0 送入该脚
10	D10(IN)	数字输入 10,由 N5(SAA4993H)⑱脚输出,通过 M3 IN1 送入该脚
11	D9(IN)	数字输入 9,由 N5(SAA4993H)⑰脚输出,通过 M3 IN2 送入该脚
12	D8(IN)	数字输入 8,由 N5(SAA4993H)⑯脚输出,通过 M3 IN3 送入该脚
13	D7(IN)	数字输入 7,由 N5(SAA4993H)⑮脚输出,通过 M3 IN4 送入该脚
14	D6(IN)	数字输入 6,由 N5(SAA4993H)⑭脚输出,通过 M3 IN5 送入该脚
15	D5(IN)	数字输入 5,由 N5(SAA4993H)⑫脚输出,通过 M3 IN6 送入该脚
16	D4(IN)	数字输入 4,由 N5(SAA4993H)⑪脚输出,通过 M3 IN7 送入该脚
17	NC	未用
18	D3(IN)	数字输入 3,由 N5(SAA4993H)⑩脚输出,通过 M3 IN8 送入该脚
19	D2(IN)	数字输入 2,由 N5(SAA4993H)⑨脚输出,通过 M3 IN9 送入该脚
20	D1(IN)	数字输入 1,由 N5(SAA4993H)⑧脚输出,通过 M3 IN10 送入该脚
21	D0(IN)	数字输入 0,由 N5(SAA4993H)⑦脚输出,通过 M3 IN11 送入该脚
22	SWCK	串行写入时钟,与 N6(SAA4955HL)㉒脚相接

续表 12-11

引脚	符 号	使 用 功 能
23	RSTW	写入复位时钟,与 N6(SAA4955HL)㉓脚相接
24	WE	允许写入信号,输入 EW3,与 N5(SAA4993H)⑯脚相接
25	IE	允许输入信号,与 N6(SAA4955HL)㉕脚相接
26	VDD	3.3V 电源
27	VDD-P	3.3V 电源,用于保护电路供电
28	VDD-P	3.3V 电源,用于保护电路供电
29	VDD-D	3.3V 电源,用于输出电路供电
30	OE	允许输出信号,接入 3.3V 电源
31	RE	允许读出信号,与 N5(SAA4993H)⑭脚相接
32	RSTR	复位读出信号,与 N6(SAA4955HL)㉜脚相接
33	SRCK	串行读出时钟信号,与 N6(SAA4955HL)㉝脚相接
34	D0(OUT)	数字输出 0,通过 M3 OUT11 送入 N5(SAA4993H)⑬脚
35	D1(OUT)	数字输出 1,通过 M3 OUT10 送入 N5(SAA4993H)⑫脚
36	D2(OUT)	数字输出 2,通过 M3 OUT9 送入 N5(SAA4993H)⑪脚
37	NC	未用
38	D3(OUT)	数字输出 3,通过 M3 OUT8 送入 N5(SAA4993H)⑩脚
39	NC	未用
40	D4(OUT)	数字输出 4,通过 M3 OUT7 送入 N5(SAA4993H)⑨脚
41	NC	未用
42	D5(OUT)	数字输出 5,通过 M3 OUT6 送入 N5(SAA4993H)⑧脚
43	D6(OUT)	数字输出 6,通过 M3 OUT5 送入 N5(SAA4993H)⑦脚
44	D7(OUT)	数字输出 7,通过 M3 OUT4 送入 N5(SAA4993H)⑥脚

注:符号栏目中的“(OUT)”、“(IN)”是由作者加上去的,主要用于区别输入、输出端口,在随机图纸中,输入、输出端口均标注为 D0～D11,为便于读者阅读原图纸,本表中仍保留原标注符号,只是加上一个括号。

表 12-12 N14(HISENSE DTV-001)微控制器引脚使用功能

引脚	符 号	使 用 功 能
1	H STNC	行脉冲信号,由主板中行输出级电路通过 XS501B⑫脚(XP7㉜脚)送入,主要用于字符电路
2	V SYNC	场脉冲信号,由主板中场输出级电路通过 XS501B⑪脚(XP7㉛脚)送入,主要用于字符电路
3	S-SW	S 端子识别信号输入,由 AV 板中 S 端子插座(XP704)⑥脚输出,通过 XS501A④脚(XP8④脚)送入
4	P41	未用
5	HD-SYNC	未用
6	VGA-SYNC	VGA 同步信号输入,由 XP2 插座⑧脚送入
7	AFT	AFT 输入,由主板中 U101 调谐器 AFT 端子输出,经 XS501A⑩脚(XP8⑩脚)送入
8	P24	用于 4053-1 控制,未用
9	KEY2	键扫描控制 2
10	KEY1	键扫描控制 1

续表 12-12

引脚	符 号	使 用 功 能
11	PMM	输出调宽脉冲,用于地磁校正控制,其控制信号通过 XP7⑤脚(XS501B㊺脚)加到旋转驱动电路 V950 等
12	P01	用于 4053-2 控制,未用
13	UBASS	用于重低音静噪控制,其控制信号通过 XP7㉔脚(XS501B㊹脚)加到 N602(TDA7497 三声道功放电路)⑨脚
14	LED	指示灯控制
15	REMOTE	遥控信号输入
16	P45	未用
17	P46	未用
18	AVCC	+5V-1 电源
19	HLF	未用
20	P72	未用
21	P71	未用
22	P70	未用
23	VSS	接地
24	XIN	8MHz 时钟振荡输入,外接 8MHz 晶体振荡器
25	XOUT	8MHz 时钟振荡输出,外接 8MHz 晶体振荡器
26	VSS	接地
27	VCC	+5V-1 电源
28	OSC1	字符振荡 1
29	OSC2	字符振荡 2
30	RESET	复位
31	P31	未用
32	P30	未用
33	P03	未用
34	P16	未用
35	P15	未用
36	SDA2	I^2C 总线数据线 2,主要用于主板中 U101 调谐器控制
37	SDA1	I^2C 总线数据线 1,主要用于数字板控制
38	SCL2	I^2C 总线时钟线 2,主要用于主板中 U101 调谐器控制
39	SCL1	I^2C 总线时钟线 1,主要用于数字板控制
40	BLK2	字符消隐信号输出
41	TEST	测试端
42	MUTE	静音控制,其控制信号通过 XP7㉓脚(XS501B㊸脚)加到主板中 N602(TDA7497)⑩脚
43	POWER	待机控制,其控制信号通过 XP7⑫脚(XS501B⑫㊾脚)送入 N804(KA7630)④脚和 V802 待机控制管基极
44	HDTV	HDTV 变频控制输出,主要是通过 XP7㉕脚(XS501B㊺脚)控制 V805 电源控制管

续表 12-12

引脚	符　号	使　用　功　能
45	SW3	系统制式开关3，通过XP8⑨脚（XS501A⑨脚）控制U101调谐器SW3端
46	SW2	系统制式开关2，通过XP8⑧脚（XS501A⑧脚）控制U101调谐器SW2端
47	SW1	系统制式开关1，通过XP8⑦脚（XS501A⑦脚）控制U101调谐器SW1端
48	IC-RESET	集成电路复位控制，主要控制N1（SAA4979H）的⑱脚
49	BLK1	字符消隐信号输出与BLK2合为一路，通过V905等接口电路送入N3（TDA9332H）的㊳脚
50	OSDB	蓝字符信号输出，通过V904等接口电路送入N3（TDA9332H）的㊲脚
51	OSDG	绿字符信号输出，通过V903等接口电路送入N3（TDA9332H）的㊱脚
52	OSDR	红字符信号输出，通过V902等接口电路送入N3（TDA9332H）的㉟脚

七、信号流程及维修要领

在数字高清彩色电视机中，电视信号要从主板经数字板再回到主板，使电视信号的流程相对复杂，而熟习电视信号的流程又是判断故障正确检修的前提，故这里先综合介绍信号流程，再介绍维修要领。

1. 信号流程

在以TDA9332H为核心的数字板电路中，信号流程主要分为图像视频信号和行、场扫描同步信号两个方面，维修分析时主要从这两个方面入手。

（1）图像视频信号。在海信HDP2902D等系列机型的数字板电路中，主要有TV、AV、S端子、YCrCb、YPrPb、VGA6路视频信号，以不同路径送入N3（TDA9332H）内部。

①TV、AV、S端子、YCrCb信号均先送入N2（SAA7118）内部，进行格式化处理，形成8bit数字信号后再送入N1（SAA4979H）和N5（SAA4993H）进行倍频和逐行处理。在处理过程中由N6/N7（SAA4955HL）存储数据，并以12bit数据与N5输入/输出，最后在N1（SAA4979H）内部进行数模转换，形成模拟的Y、U、V信号送入N3（TDA9332H）内部，经处理后由N3输出R、G、B三基色信号送往尾板末级放大器。

②PY、PR、PB逐行信号，由AV板XP707A插口输入，经XS501A①脚、㊲脚、㊴脚（XP8①脚、㊲脚、㊴脚）送入数字板电路，并分别经C421、C423、C422加到缓冲放大器V404、V402、V401，经放大后输出PYO、PRO、PBO信号（如图12-25所示），然后送入N9（TDA8601）的⑧⑥⑦脚（如图12-26所示）。

N9（TDA8601）是一种两通道转换输出电路，主要用于转换输出YUV信号，其引脚使用功能见表12-13。在图12-26所示电路中，由N1（SAA4979H）㊹脚、㊻脚、㊽脚输出的模拟YUV信号先送入N9（TDA8601）的④脚、③脚、②脚，经其内部选择处理后通过C321、C320、C319从⑩脚、⑪脚、⑫脚输出，送入N3（TDA9332H）的㉘脚、㉗脚、㉖脚。只有PYO、PRO、PBO送入N9（TDA8601）内部，因此，N9只用于逐行PY、PR、PB信号开关输出。当系统转换在PY、PR、PB信号输入状态时，N1（SAA4979H）无YUV信号输出，只有N9（TDA8601）⑩脚、⑪脚、⑫脚输出Y、U、V信号，并送入N3（TDA932H）内部。

③VGA电脑信号，由专用插口XP2送入数字板电路，经C322、C323、C324送入N3（TDA9332H）内部，如图12-27所示。

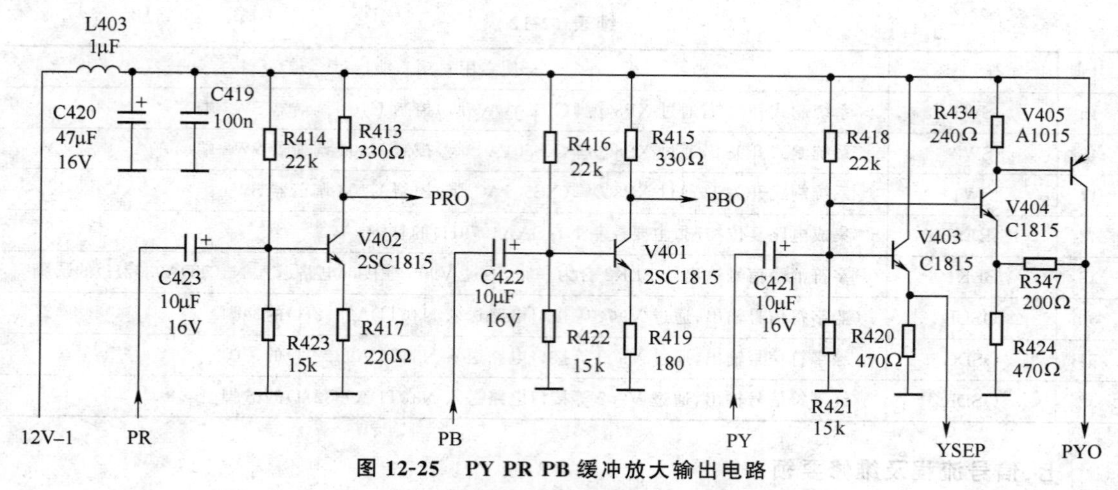

图 12-25　PY PR PB 缓冲放大输出电路

注：海信 HDP2902 系列机型采用该电路

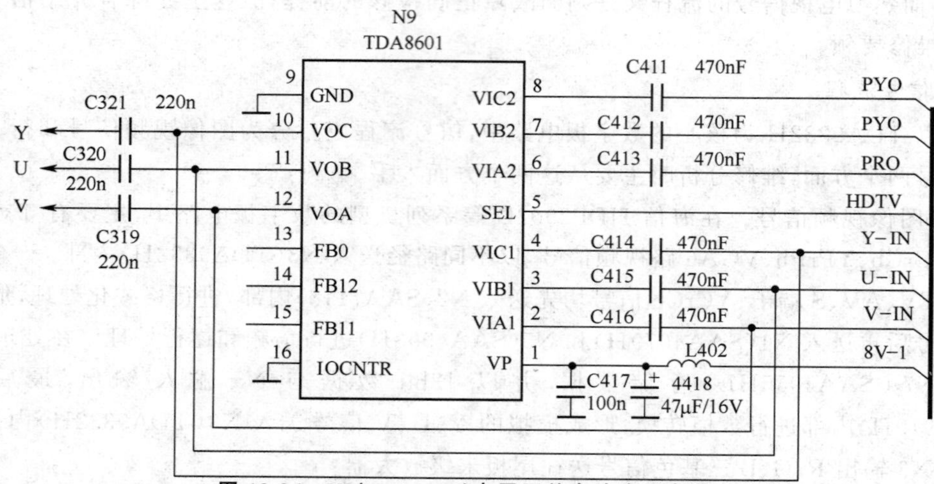

图 12-26　N9(TDA8601)电子开关电路应用电路

注：海信 HDP2902 系列机型采用该电路

表 12-13　N9(TDA8601)电子开关电路引脚使用功能

引脚	符　号	使　用　功　能
1	VP	＋8V 电源
2	VIA1	用于输入 TV 或 AV 色度信号中的 V 分量，由 N1(SAA4979H)的㊽脚输出
3	VIB1	用于输入 TV 或 AV 色度信号中的 U 分量，由 N1(SAA4979H)的㊻脚输出
4	VIC1	用于输入 TV 或 AV 视频信号中的亮度信号 Y，由 N1(SAA4979H)的㊹脚输出
5	SEL	选择信号输入(HDTV)，由 N4(HISENSE DTV-001)的㊹脚输出，TV 状态时该脚为 0.4V 高电平
6	VIA2	用于输入逐行 PR 信号(V 分量色信号)，由 AV 板 XP707A 插口⑤脚输入
7	VIB2	用于输入逐行 PB 信号(U 分量色信号)，由 AV 板 XP707A 插口③脚输入
8	VIC2	用于输入逐行视频中的 Y 信号，由 AV 板 XP707A 插①脚输入

续表 12-13

引脚	符　号	使　用　功　能
9	GND	接地
10	VOC	用于输出选择后的 Y 信号，并经 C321 耦合送入 N3(TDA9332)的㉘脚
11	VOB	用于输出选择后的 U 信号，并经 C320 耦合送入 N3(TDA9332)的㉗脚
12	VOA	用于输出选择后的 V 信号，并经 C319 耦合送入 N3(TDA9332)的㉖脚
13	FBO	未用
14	FBI2	未用
15	FBI1	未用
16	IOCNTR	接地

注：表中的使用功能适用于海信 HDP2902D 系列机型。

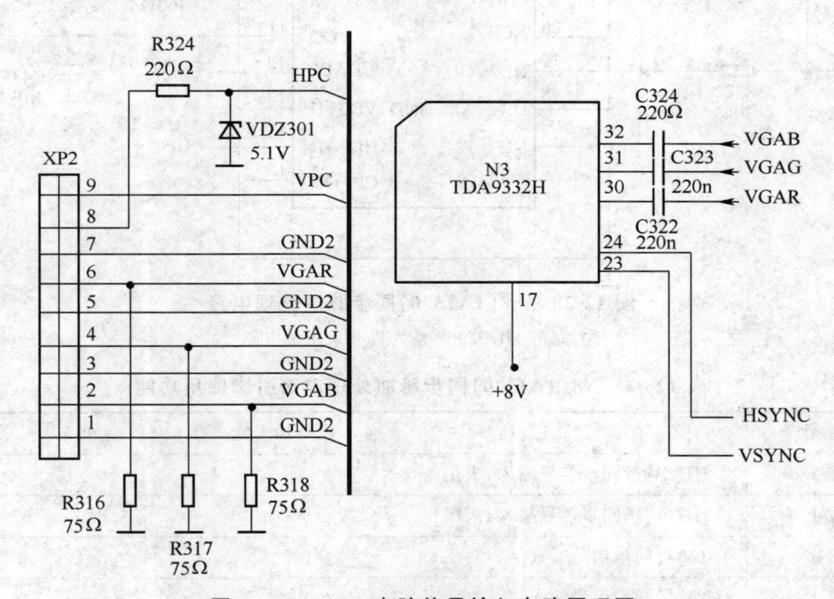

图 12-27　VGA 电脑信号输入电路原理图

(2)行、场扫描同步信号。行、场扫描同步信号，依视频信号格式不同有不同的频率，如 50/60Hz 场频、100/120Hz 场频等，它们均在 N8(TA1370)的转换控制下，送入 N3(TDA9332H)内部，以使行场扫描同步。

N8(TA1370)是一种同步脉冲处理电路，可处理 28・125kHz、31・5kHz、33・75kHz、45kHz 行同步信号和 525p、625p、750p、1125i、100Hz(PAL)、120Hz(NTSC)等扫描方式下的场同步信号。其应用电路如图 12-28 所示，其引脚使用功能见表 12-14 中。但它只用于转换 PY、PR、PB 和 VGA 的行、场同步脉冲。

①PY、PR、PB 行场同步信号，是由 V403 分离输出的 YSEP 中得到。YSEP 从 V403 发射极输出(见图 12-25)，经 C433(1μF/16V)送入 N8(TA1370)的㉖脚，经内部处理后分别从⑲脚输出行同步信号(HSYNC)、㉙脚输出场同步信号(VSYNC)，并分别送入 N3(TDA9332H)的㉔脚、㉓脚。

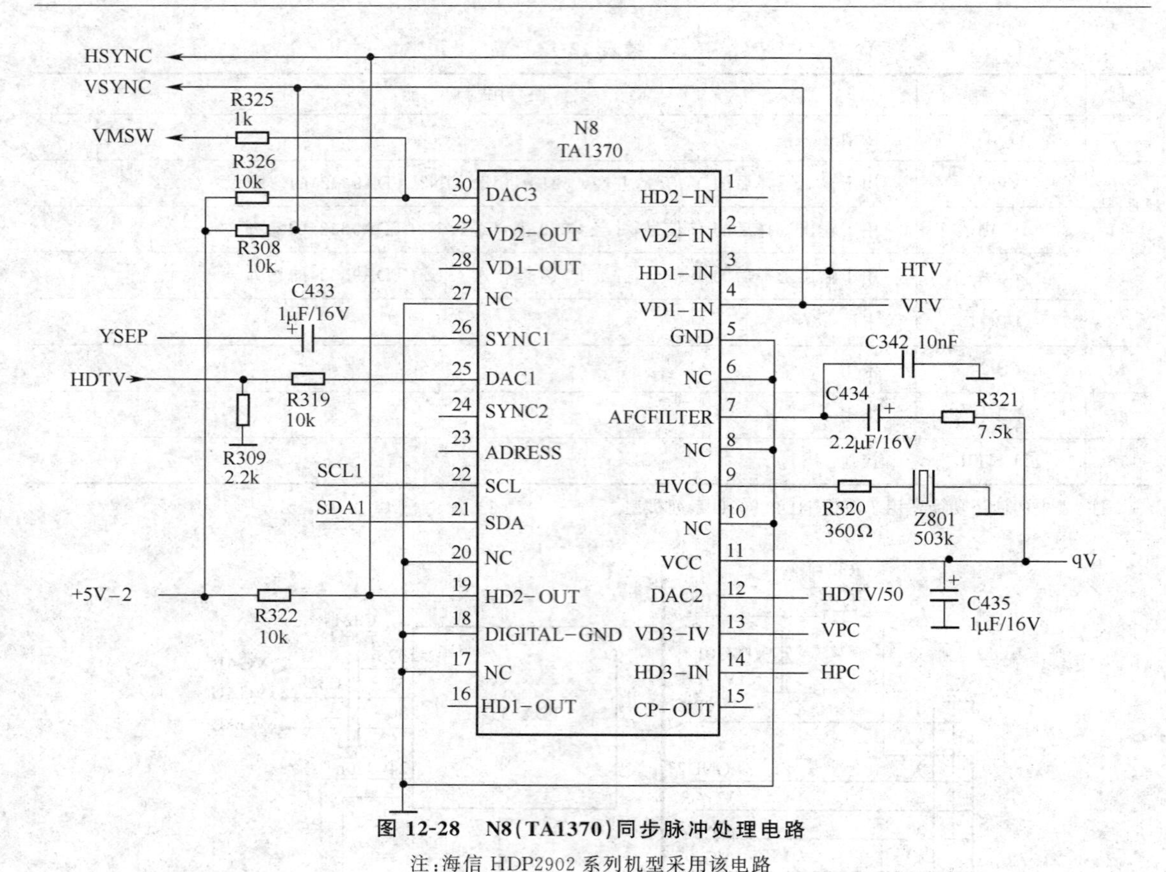

图 12-28　N8(TA1370)同步脉冲处理电路

注:海信 HDP2902 系列机型采用该电路

表 12-14　N8(TA1370)同步脉冲处理电路引脚使用功能

引脚	符　号	使　用　功　能
1	HD2-IN	HDTV 行同步信号输入,未用
2	VD2-IN	HDTV 场同步信号输入,未用
3	HD1-IN	TV 行同步信号输入
4	VD1-IN	TV 场同步信号输入
5	GND	接地
6	NC	未用,接地
7	AFC FILTER	AFC 自动频率控制滤波,外接双时间常数滤波器
8	NC	未用,接地
9	HVCO	外接 32 倍行频振荡器
10	NC	未用,接地
11	VCC	+9V 电源
12	DAC2	HDTV/50 行同步开关信号
13	VD3-IN	VGA(电脑)场同步信号输入
14	HD3-IN	VGA(电脑)场同步信号输入
15	CP-OUT	钳位脉冲输出,未用

续表 12-14

引脚	符　号	使　用　功　能
16	HD1-OUT	HD1行同步脉冲输出,未用
17	NC	未用,接地
18	DIG3TAL-GND	数字电路接地
19	HD2-OUT	行同步脉冲输出
20	NC	未用,接地
21	SDA	I^2C总线数据线11(SDA1),由N14(HISENSE DTV-001)㊲脚控制
22	SCL	I^2C总线时钟线1(SCL1),由N14(HISENSE DTV-001)㊴脚控制
23	ADRESS	地址开关,未用
24	SYNC2	同步信号输入2,未用
25	DAC1	HDTV开关信号
26	SYNC1	PYPRPB逐行复合同步信号输入
27	NC	未用,接地
28	VD1-OUT	场同步脉冲输出1,未用
29	VD2-OUT	场同步信号输出
30	DAC3	用于VMSW速度调制开关信号输出

②VGA行场同步信号,是由XP2⑧脚、⑨脚输入,其中⑧脚输入HPC行同步信号,直接送入N8(TA1370)的⑭脚;⑨脚输入VPC场同步信号,直接送入N8(TA1370)的⑬脚,见图12-28。HPC、VPC在N8内部经转换处理后从⑲脚、㉙脚输出。

由N1(SAA4979H)输出的HTV、VTV行、场同步信号直接送入N3(TDA9332H)的㉔脚、㉓脚。在PY、PR、PB或VGA状态,N1(SAA4979H)无HTV、VTV输出。当N1(SAA4979H)输出HTV、VTV信号时,N8(TA1370)的⑲脚、㉙脚无输出。

2. 维修要领

(1)当屏幕出现黑光栅时,应首先检查各贴片集成电路中的时钟振荡器,其中有一个不良都会引起黑光栅。黑光栅的条件,必须是显像管的灯丝已点亮,这时显像管三阴极电压均很高,一般在180V左右。检修时还应注意检查RGB基色信号输出电路。在有条件的情况下最好使用示波器观察信号波形。

(2)当电源指示灯点亮不能开机时,应重点检查中央微控制器正常工作“6要素”。

①微控制器的工作电源,一般为5V或3.3V。

②微控制器的时钟振荡器,其振荡频率常有8MHz或12MHz两种。依实际设计而定。

③I^2C总线端口1,包括SCL1和SDA1。

④I^2C总线端口2,包括SCL2和SDA2。

⑤复位端,主要用于CPU复位。

⑥复位控制输出端,主要用于受控芯片电路复位。

上述6个要素中有一个异常均会引起不开机故障。

(3)当屏幕出现“马赛克”时,主要检查格式化处理电路,重点是检查时钟振荡器。在数字板电路中,每一个芯片电路都有自己的时钟振荡器,且各有不同的振荡频率,如SAA7118的时钟振荡频率为24.576MHz，而SAA4979H的时钟振荡频率则为12MHz。它们的工作状态均是在I^2C总线的控制下进行的。

(4)当屏幕图像出现几何失真或线性失真时，主要检查显示处理器TDA9332H的外围元件。当无异常时一般是存储器数据紊乱，可重调数据。但也不排除存储器不良。

(5)当出现花屏或静像故障时，可首先检查数字式帧存储器。它与主存储器同步工作，故又称其为同步随机动态存储器，必要时可将其直接换新。

(6)在数字板电路中，贴片式集成电路的损坏率较高，常需要更换贴片式集成电路。更换贴片式集成电路时需要使用风枪，工艺要求比较高，维修者应加强锻炼。

(7)数字板整体更换时，一定注意版本号必须一致。否则不能开机或不能正常工作。

(8)当频繁烧行管时，一般是显示处理器(TDA9332H)内部的频率选择功能失效，应重点检查其⑫脚有否短路现象。必要时将TDA9332H直接换新。

第三节　数字高清彩色电视机检修实例

【例1】

故障现象　按本机键盘时功能紊乱

故障机型　长虹CHD29S18型彩色电视机

检查与分析　首先将键盘电路板拆下检查，发现RK94(270Ω)一端引脚脱焊，将其补焊后，故障排除。

小结　RK90用于V+键扫描输出，它与RK91、RK92串联组成V+控制回路。当回路阻值增大时，其扫描输出阻值也随之增大，CPU识别后误动作，改为执行其他功能。因此，在本机键盘功能错乱时，应特别注意检测阶梯式扫描电阻的阻值，必要时将其换新。

【例2】

故障现象　雪花光栅，无图像、无伴音

故障机型　长虹CHD29S18型彩色电视机

检查与分析　首先进行自动搜索，并注意观察搜索过程中所表现的现象，结果是能收到少数电视节目，但不能记忆。根据检修经验，试将存储器IC203(AT24C16)换新后，故障排除。

小结　在更换数字高清彩色电视机中的存储器时，不能进行初始化处理，否则会有黑光栅出现，无法调整项目数据。因此，在更换前必须将待换存储器拷入相应版本号的数据。

【例3】

故障现象　黑白图像，伴音噪声较大

故障机型　长虹CHD29S18型彩色电视机

检查与分析　首先试变换接收制式，结果无明显变化，再转为AV输入，图像彩色和伴音均正常，因而说明故障部位在高中频通道。经进一步检查，故障是Q102发射结不良引起的。将其换新后，故障排除。

小结　Q102用于中频制式控制，导通时接收信号被选择在PAL-D/K制，截止时接收信号被选择在NTSC-M制。当Q102发射结不良使其呈开路状态时，接收制式选择在NTSC-M制，若此时接收PAL-D/K制信号，则表现为本例故障。

【例4】

故障现象　黑光栅

故障机型　海信HDP2902D型彩色电视机

检查与分析　首先检查显像管的K_R、K_G、K_B阴极电压均在195V左右，故电子枪截止。再查尾板XP21Y⑦脚、⑤脚、③脚，无三基色信号输入波形，因而说明故障点在数字板电路。试用同型号机型的数字板代换后，光栅图像正常。

小结　数字板电路的工艺精湛，电路复杂，检修难度极大，厂商售后维修一般是更换数字板，且版本号及序号与原件必须完全一致。

【例5】

故障现象　控制系统不能正常工作

故障机型　长虹CHD-8机芯彩色电视机

检查与分析　首先检查数字板中U25(MST5C26)㉒脚外接的复位电路，结果是TC34(10μF/16V)不良。将其换新后，故障排除。

小结　TC34为复位电容，当刚开机时，在其充电电压未达到4.3V之前，CPU复位，此时Q12呈导通状态，U25㉒脚为高电平。当TC34充电电压达到4.3V后，Q12截止，U25㉒脚为0V低电平，复位结束。因此，在该机正常工作时U25㉒脚应为0V低电平。

【例6】

故障现象　开机后又返回到待机状态

故障机型　长虹CHD-8机芯彩色电视机

检查与分析　在该机的数字板电路中，设置有TDA8380⑬脚电压过高保护功能。当⑬脚输入的行逆程脉冲电压FBP偏高时，电视机开机后又会返回到待机状态。正常时⑬脚电压应为1.3V，经检测有6.7V左右。进一步检查发现，D704(1N4148)反向漏电。将其换新后，故障排除。

小结　D704负极端接+8V电源，正极端接在U700(TDA8380)⑬脚外接R738(470)的输入端，用于限制行逆程脉冲的峰值电压。以保护U700⑬脚内接电路。

U700⑬脚电压偏高保护功能是通过U25(MST5C26)㊾脚、㊽脚输出的SCL、SDA两路外部总线信号来完成的。当U700⑬脚电压过高时，通过U25的总线接口检测，即可使CPU输出关机指令。因此，检修时应特别注意U700⑬脚电压是否正常。

【例7】

故障现象　屏幕有马赛克现象

故障机型　长虹CHD2995型彩色电视机

检查与分析　根据电路结构特点和检修经验，可先将动态帧存储器HY57V641620换新一试，结果在换新后，故障排除。

小结　在数字板电路中，动态帧存储器的故障率较高，故障时常表现为马赛克现象。因此，在检修时可首先将其换新。

更换帧存储器时需使用热风枪、尖头低功率电烙铁等。操作时要十分仔细。

【例8】

故障现象　黑光栅

故障机型　康佳P29ST217型彩色电视机

检查与分析　首先检查RGB及行场处理电路U31(TB1306FG)的㉞脚、㊱脚、㊳脚电压及信号波形,无输出,再查㊶脚和㊸脚电压基本正常。试更换U31后,故障排除。

小结　U31(TB1306FG)的㉞脚、㊱脚、㊳脚分别输出R、G、B基色信号,但其输出电流受㊶脚IK输入信号控制,当IK电流过大时,㉞脚、㊱脚、㊳脚无输出。检修时应首先确认IK电流是否正常。IK电流一般取自尾板视放电路,但在本机中㊶脚通过外接上按电阻R451接至9V电压。

【例9】

故障现象　行场不同步

故障机型　海信HDP2911型彩色电视机

检查与分析　首先检查数字板中N8(TA1370)同步脉冲处理电路的引脚电压及其外围元件,经检查,③脚、④脚行场脉冲信号正常,再查⑨脚外接元件也未见异常。但在更换N8后,故障排除。

小结　N8(TA1370)负责行场同步信号切换,当其不良或损坏时,会出现行场不同步或不开机的故障现象。

【例10】

故障现象　屏幕出现水平亮线

故障机型　海信HDP3411型彩色电视机

检查与分析　首先确认主板中N301(TDA8177)的引脚没有击穿,然后通电检查数字板引脚XP7㊲脚、㊳脚电压及信号波形、结果无输出,因而说明故障点是在数字板电路。这时应重点检查N3(TDA9332)的①脚、②脚及其外围元件。经检查,外围元件正常,因而怀疑N3局部损坏。将其换新后,故障排除。

小结　N3(TDA9332)①脚、②脚输出场激励正反相锯齿波信号,通过XP7㊲脚、㊳脚直接送入主板中N301(TDA8177)的①脚、⑦脚。因此,若XP7㊲脚、㊳脚无锯齿波信号波形,则一般是N3损坏。更换N301时需使用热风枪。

【例11】

故障现象　场幅度不足,且不稳定

故障机型　海信HDP2999D型彩色电视机

检查与分析　首先检查数字板中N3(TDA9332)①脚、②脚外接电路元件未见异常,但在更换C308、C309后,故障彻底排除。

小结　在数字板电路中,C308、C309分别接在N3(TDA9332)的①脚、②脚,用于场幅钳位滤波。当其不良或漏电时,会引起场幅不足或水平亮线。因此,当该机出现场幅不足或水平亮线时,应首先检查或更换C308、C309。若仍不能排除故障,再考虑更换N3(TDA9332)。

【例12】

故障现象　频繁击穿行输出管

故障机型　海信HDP2908型彩色电视机

检查与分析　首先检查主板中的行推动级和行逆程电容等易使行输出管击穿的电路和元件,均正常,再检查数字板电路。最终在更换N3(TDA9332)后故障排除。

小结　在数字板电路中,N3(TDA9332)的⑫脚为变频控制端,当其对地开路时,为二倍行频,短路时为普通行频。当其对地短路时会造成行输出管欠激励而瞬间烧坏。因此,检修时要特别注意N3⑫脚的工作状态。更换行输出管时选用高频行管。高频行管无阻尼。

【例13】

故障现象　光栅图像画面上有亮点干扰

故障机型　海信HDP2908型彩色电视机

检查与分析　首先检查数字板中的N5(SAA4993H)和N1(SAA4979H)以及N6、N7(SAA4955HL)的外围元件，未见异常，试更换N5(SAA4993H)后，故障排除。

小结　N5(SAA4993H)主要用于运动补偿等功能，当其不良或损坏时会引起亮点干扰或黑光栅、马赛克等多种异常故障。更换时需使用热风枪。

【例14】

故障现象　不能二次开机

故障机型　TCL HY11机芯彩色电视机

检查与分析　首先检查数字板中的U101(HM602)控制处理的引脚阻值及外围元件，均未见异常，试更换其㉖脚、㉗脚外接12MHz振荡器X101后，故障排除。

小结　12MHz振荡器X101为U101提供基准时钟信号，当其不良或损坏时，U101不能正常工作或不工作。U101(HM602)内部包含有8051 CPU内核，可完成整机的控制功能。

【例15】

故障现象　VGA/YPrPb/YCrCb输入时无图像

故障机型　TCL HY11机芯彩色电视机

检查与分析　在该机中，TV、AV等视频信号直接送入图像信号处理器U301(HTV025)，而VGA/YPrPb/YCrCb信号则由U202(P15V330)视频切换后，送入模数转换器U201(CAT9883)，转换成8bit RGB信号再送入U301(HTV025)进一步处理。因此，根据故障现象可直接用万用表的电阻挡检查U201的引脚阻值，发现㊷脚、㊺脚、㊻脚对地阻值均近于零。将U201换新后故障排除。

小结　U201(CAT9883)是一种模数转换器，其引脚较为密集，检查时采用电阻测量法较安全，且也易判断电路是否正常。但在一般情况下，若VGA和YPrPb/YCrCb信号输入同时无效，则是U201损坏。

第十三章　平板彩色电视机电路分析与故障检修要领

平板彩色电视机是我国目前彩色电视机发展中的最新阶段。它主要有液晶(LCD)和等离子(PDP)两种形式。其主要特征是,显示屏的宽高尺寸为16∶9,可以挂在墙壁上。它的机芯基本上采用贴片式集成电路。

第一节　液晶彩色电视机电路分析与维修要领

液晶(LCD)彩色电视机,主要是以LCD作为显示屏的平板彩色电视机。LCD是Liquid-Crystal display的缩写,释为液晶显示器。液晶是一种介于固态与液态之间的物质。它本身不能发光,只是在电压或电流控制下起通光的开关作用,因此在液晶显示器内部还必须设有背光源来照亮液晶。在实际应用中,背光源有多种,最常见的有冷阴极荧光灯背光源(CCFL-Cold Cathode Fluorescent Lamps)、发光半导体背光源(LED)以及电能转化背光源(EL)等。其中,冷阴极荧光灯背光源(CCFL)主要应用在早期的平板液晶彩色电视机中,即人们俗称的LCD液晶彩色电视机;发光半导体背光源(LED)主要应用在目前的大中小液晶彩色电视机中,即市场中常说的LED液晶彩色电视机,而电能转化背光源(EL)由于亮度低、寿命短(一般在3000～5000h)则主要用于手机、游戏机的显示屏中。因此,LCD液晶彩电与LED液晶彩电仅背光源的方式不同,而其整机电路结构及工作原理等基本是一致的。

在LCD(或LED)平板彩色电视机中,整机电路结构主要分为供电源、逆变器板和机芯数字板两个部分。本章就以TCL王牌LCD40A71-P等系列机型为例,简要介绍LCD液晶彩色电视机的单元电路及维修要领,以期望能起到举一反三的指导作用。其单元电路的组成如图13-1所示。

一、供电源和逆变器板电路

供电源和逆变器板电路,常组装在一块独立的电路板中。其中,供电源是为整机各功能电路提供工作电压的,而逆变器电路则主要是为显示器背光源提供工作电压。它主要由供电输出变压器逆变升压来完成。供电输出变压器在具体应用中有多种形式,因显示器背光源的应用方式不同,即使显示器的背光源方式相同,其供电输出变压器也有可能不同。如在CCFL背光源显示器中,冷阴极荧光灯需要较高的工作电压,此时的供电输出变压器就作为逆变器,主要起逆变升压作用,即将几十伏的直流电压提升到上千伏的脉冲电压;在LED背光源显示器中,因发光半导体材料的工作电压较低,其驱动电路的最高供电电压也较低,约24V,此时的供电输出变压器就不再是逆变升压输出,而是低压变换。

在TCL王牌LCD40A71P等系列机型中,供电输出变压器主要输出24V和12V两组电压,其电路原理分别如图13-2和图13-3所示。其中24V电压主要供给显示屏;12V电压再变换为+8V、+5V、+3.3V、+1.8V,供给主板小信号处理电路。

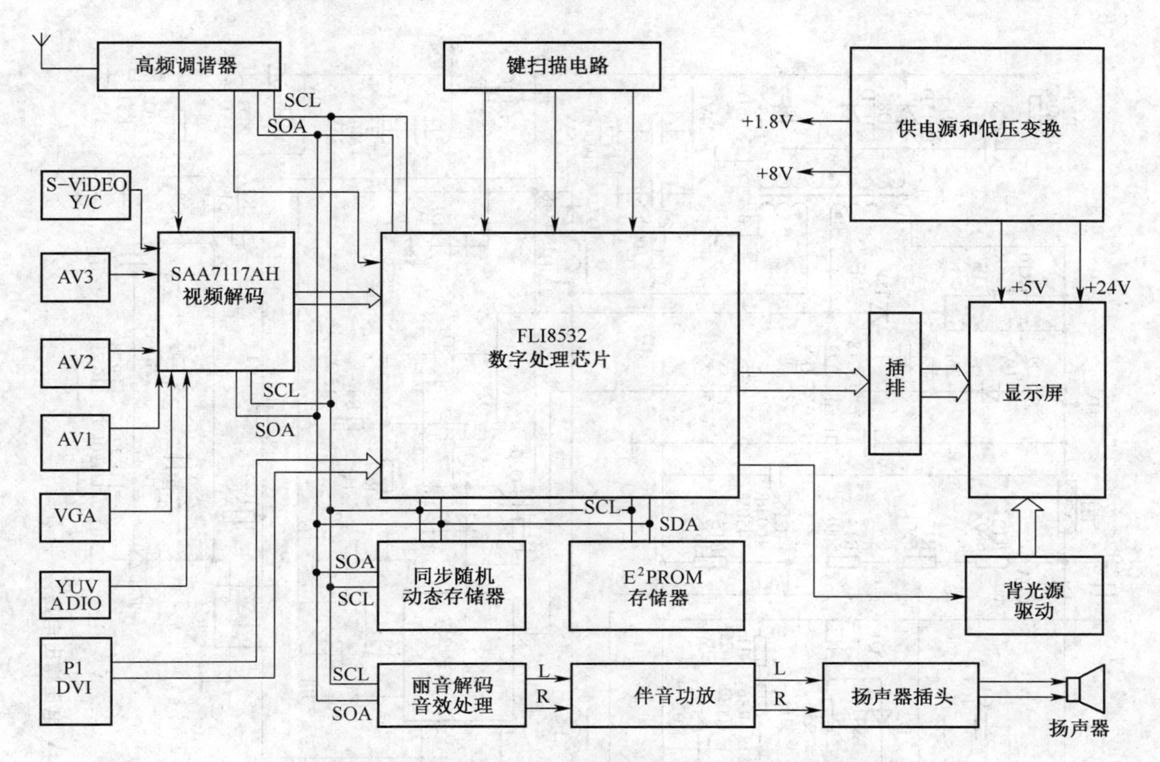

图 13-1　TCL 王牌 LCD40A71-P 等系列机型单元电路组成框图

1. 供电源电路

在图 13-2 所示电路中，供电源电路主要由全桥整流器 B01、IC1(NCP1650)、场效应功率管 Q1 等组成。其中，IC1(NCP1650)为电源功率因素控制器，是供电源电路的核心器件，其引脚使用功能见表 13-1。

在图 13-2 所示电路中，当有 220 V～市网电压输入时，全桥整流器 B01 整流输出＋300V 脉动直流电压，一路加到场效应功率管 Q1 的漏极(D)，另一路经 R2、R3 分压后加到 IC1(NCP1650)的⑤脚。同时，220 V～市网电压还经 D19 整流、C49 滤波、低功率低偏置电压双比较器 IC10(LM393)比较输出 V_{CC} 电压，一路供给 IC1 的①脚，另一路经 Q21 控制 IC1 的⑥脚，从而使 IC1 内部电路动作，并从⑯脚输出开关脉冲，控制场效应功率管 Q1 工作在开关状态，使其漏极产生脉冲电压。该脉冲电压经 D1(U20A60)整流产生直流高压 HV。直流高压 HV 一路供给 T1、T2 电路，又一路经 R12、R13、R14、R15 分压反馈到 IC1(NCP1650)的⑥脚，以稳定⑯脚输出的驱动脉冲，即稳定 Q1 的开关频率，也就稳定了直流高压 HV。

当 HV 加到供电输出变压器 T1 时，使 T1 有脉冲电压输出，由 D18 整流、ZD4(15V 稳压二极管)稳压产生 15V 电压加到 IC1 的①脚，作为 IC1 的工作电压取代了 IC10 输出的 V_{CC}。此后，HV 便稳定输出。

2. ＋24V 电压供电电路

在图 13-2 所示电路中，＋24V 电压供电电路主要由供电输出变压器 T1 及 D15、D8、D13 以及 C25、C26 等组成。其中，T1 作为开关变压器，与 Q2、Q17、IC2 等组成开关稳压电源。IC2(NCP1217)为开关电源集成电路，其引脚使用功能见表 13-2。

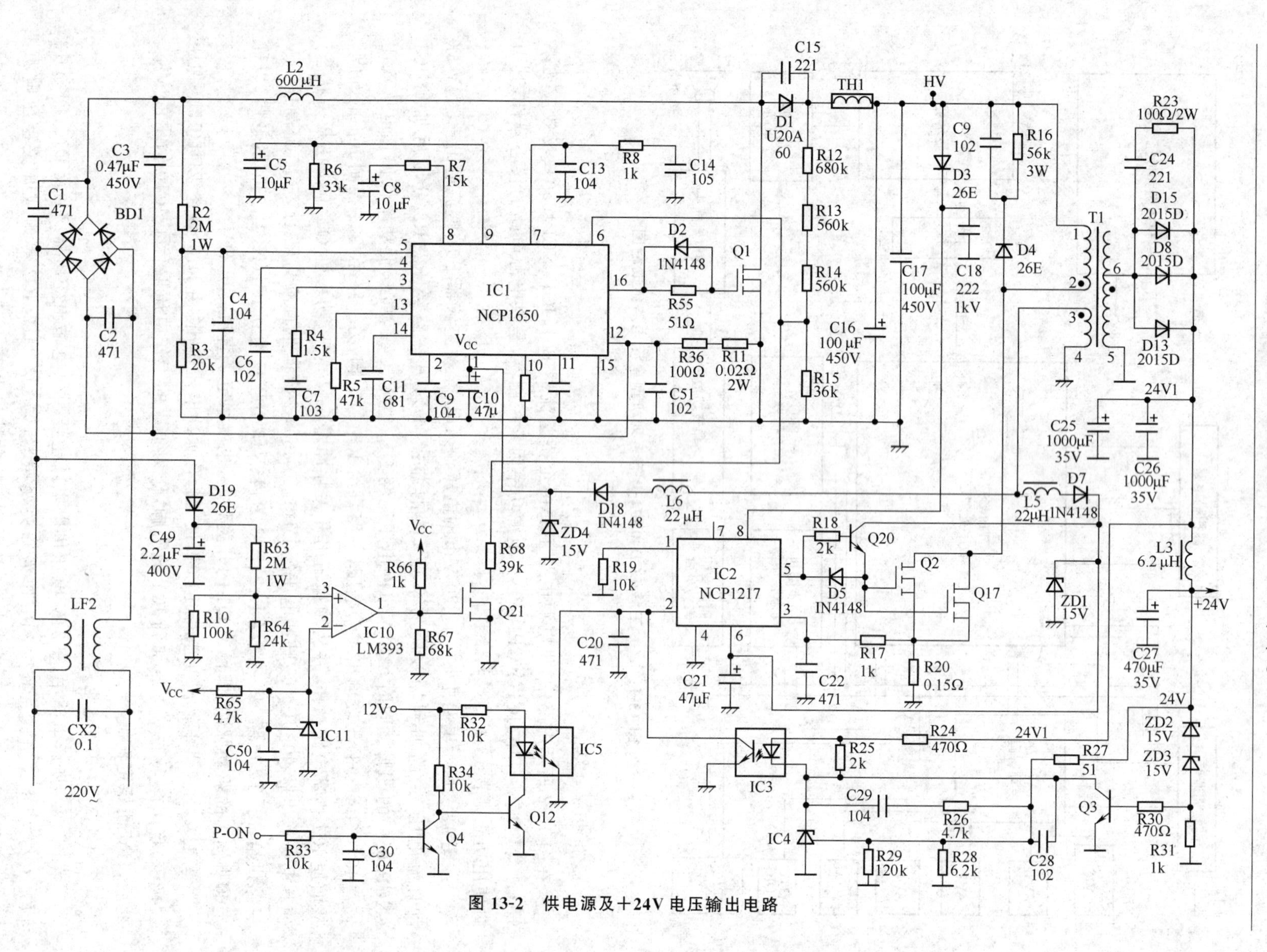

图 13-2 供电源及+24V 电压输出电路

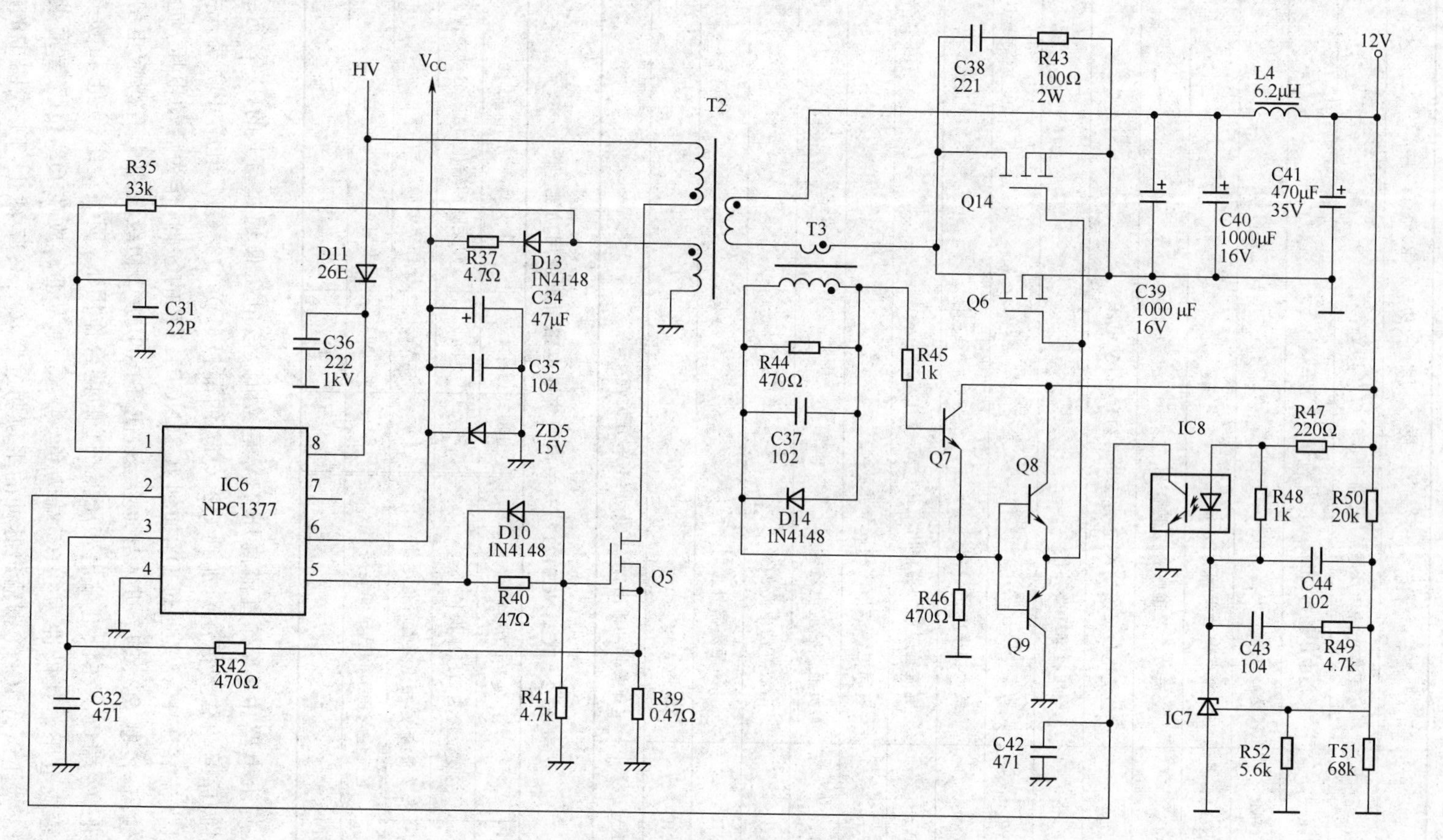

图 13-3　+12V 电压输出电路

表 13-1　IC1(NCP1650)功率因素控制器引脚使用功能

引脚	符　号	使　用　功　能
1	V_{CC}	IC工作电源电压输入，正常工作时约为15V
2	Vref	基准电压输入，正常工作时约有6.5V电压
3	ACCOM	交流基准放大器输出
4	ACRef	交流误差放大器滤波
5	AC IN	交流放大器正弦波校正输入
6	FB	直流电压反馈输入，正常工作时约有4.0V电压
7	Loopcomp	电压校准环路补偿
8	Pcom	功率环路补偿
9	Pmax	最大功率电平检测
10	Iavg	电流感应放大器输出增益设置
11	Iftr	瞬间电流波形高频成分滤波
12	Is	负极性感应电流输入
13	RC	谐波补偿电路偏置
14	CT	时钟振荡器外接时序电容
15	GND	接地
16	DRV	开关脉冲输出，用于驱动MOS开关管

表 13-2　IC2(NCP1217)开关电源集成电路引脚使用功能

引脚	符　号	使用功能	引脚	符　号	使用功能
1	Adj	主复位检测和过压保护	5	Drv	开关脉冲输出，用于驱动电源开关管
2	FB	反馈输入，用于设置峰值电流	6	V_{CC}	＋15V电源
3	CS	电流输入识别和选定间隔周期	7	NC	未用
4	GND	接地	8	HV	直流高压输入

在图13-2所示电路中，当有直流高压HV建立时，该电压便通过T1的①-②初级绕组(注：T1绕组引脚序号由作者标注)，加到Q2、Q17的漏极(D)，Q2、Q17组成并联式开关功率管。与此同时，直流高压HV又通过D3加到IC2(NCP1217)的⑧脚，作为启动电压，使IC2⑤脚有开关脉冲输出，控制Q2、Q17进入导通状态，使T1的①-②初级绕组中有感应电势产生。其极性为①端正、②端负。在供电输出变压器T1的耦合作用下，反馈绕组③-④和⑥-⑤次级输出绕组中也感应电压。其极性为③、⑥端为负，④、⑤端为正。故在Q2、Q17导通期间D7和D15、D8、D13截止。待IC2⑤脚输出脉冲的平顶期过后，Q2、Q17截止，T1线圈中的感生电势的极性反转，D7和D15、D8、D13导通。D7导通向C21(47μF)充电产生＋15V电压，并为

IC2⑥脚供电，同时又通过Q20的ce极控制Q2、Q17的栅极。Q20为同步控制管。当IC2⑤脚输出开关脉冲的平顶高电平时，Q20导通，迫使Q2、Q17导通，从而限制了D7和D15、D8、D13的导通时间，也就是限制＋15V和＋24V的整流输出。D15、D8、D13导通向C25、C26充电，并产生＋24V电压，向显示器供电。

在Q2、Q17导通期间，C21储存的电场能为IC2⑥脚供电，C25、C26储存的电场能为显示器供电。Q2、Q17在IC2和Q20的控制下进入自由振荡状态。

当有＋24V电压建立时，该电压一路为负载供电，另一路通过Q3、IC4、IC3等组成的自动稳压反馈环路将误差信号电压加到IC2的②脚，以实现自动稳压，使＋15V、＋24V输出电压保持稳定。

3. ＋12V电压供电电路

在图13-3所示电路中，＋12V电压供电电路主要由供电输出变压器T2及Q14、Q6、Q7、Q8、Q9等组成。其中，T2作为开关变压器与IC6组成开关稳压电源；IC6（NPC1377）的功能作用与IC2基本相同，有关引脚的使用功能可参见表13-2。有关工作原理可参考IC2与Q2、Q17等组成的开关稳压电源的工作原理。这里不再多述。

在图13-3所示电路中，Q14、Q6主要起开关作用，用于控制12V电压输出。Q14、Q6在Q7、Q8、Q9的控制下实现导通与截止。

4. 待机控制电路

待机控制电路主要由IC5、Q4等组成，如图13-2所示。其中，Q4的基极通过R33受控于主板电路。当主板电路输出低电平使Q4截止、Q12导通、IC5导通时，IC2②脚被钳位于低电平，IC2⑤脚无输出，整机处于等待状态。

二、DC-DC电压变换电路

DC-DC电压变换电路，主要是将较高的直流电压变换成较低或较高的直流电压，如将12V变换成8V、5V、3.3V、1.8V或32V等。它是由多个线性稳压器分别完成的，并分散安装在主板和供电源板中。

1. ＋32V-TUN1/TUN2产生电路

＋32V-TUN1/TUN2产生电路，主要由U1（RT34063）和Q5（SOT23）、D1（1N4148）等组成，如图13-4所示。

在图13-4所示电路中，U1（RT34063）与LN1等组成电感升压式DC-DC变换器。其中：U1为控制电路；LN1为储能电感；Q5为开关管；D1用于快速整流；C17为滤波电容；R13为升压输出限流电阻；R24、R25为分压电阻，用于误差信号反馈。在正常工作时，Q5在U1②脚输出信号的控制下工作在开关状态。在Q5导通期间，电感LN1储存能量；在Q5截止时，LN1感应出左正右负的脉冲电压。该电压与＋12V电压叠加后，经开关二极管D1（1N4148）快速整流、C17滤波，产生高于＋12V的输出电压（＋32V），并通过R13为负载供电。

在LCD40A71-P型机中，R13输出电压的负载电路主要是主、副两个高频调谐器。其中，通过L9输出的＋32V-TUN1，主要为主画面高频调谐器TUN1供电，作为选台调谐电压；通过L10输出的＋32V-TUN2，主要为副画面高频调谐器TUN2供电，作为选台调谐电压。

因此，当U1、LN1、Q5、D1等组成的电感升压式DC-DC变换器故障时，主副画面均无图无声。

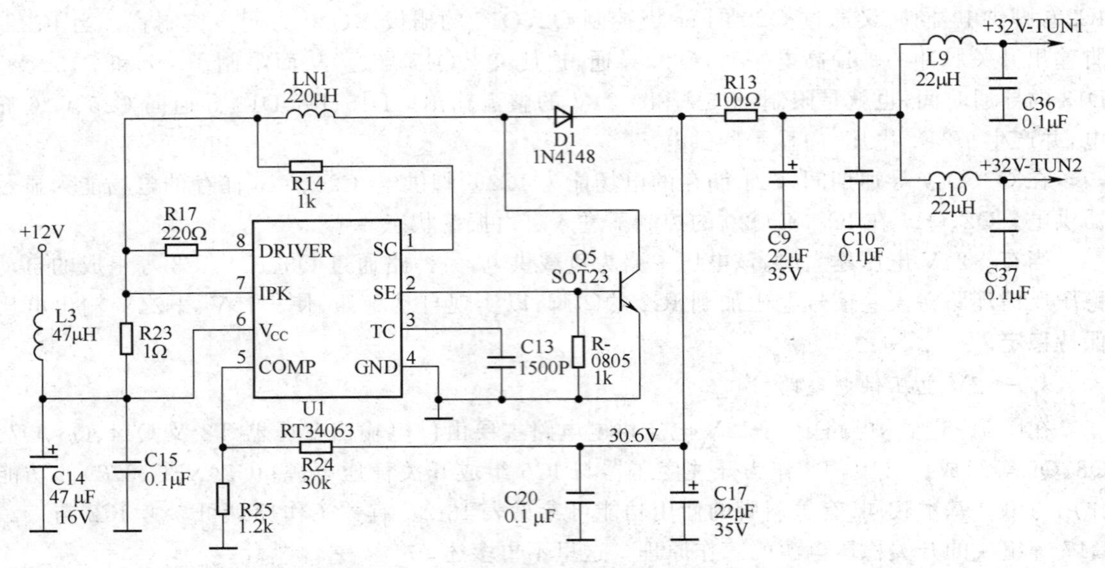

图 13-4 ＋32V-TUN1/TUN2 产生电路原理图

2. ＋5V 电压产生电路

＋5V 电压产生电路，主要通过 U11 和 Q13 等将＋12V 电压变换成＋5V 电压，如图 13-5 所示。＋5V 电压一方面为显示器驱动电路及一些接口电路供电；另一方面通过 DC-DC 变换器变换成 3.3V、1.8V、2.5V 电压。因此，一旦＋5V 电压无输出，整机不工作。

＋12V 电压还通过 U20（LD1086-5）变换为＋5V-ANG 电压，为音频处理电路 U38（MSP3410G-C12）等供电。其变换电路如图 13-6 所示。

＋12V 电压经 RELA2 控制输出＋12V-ROW 后，再送入 U16（S-812-SOT）或 U47（S-812C50AUA）的②脚或③脚，变换为＋5V-STD 电压，为待机控制电路供电，如图 13-7 中所示。

3. ＋3.3V 电压产生电路

＋3.3V 电压主要是通过 DC-DC 变换从＋5V 电压中获得。它由多个稳压器产生多组 3.3V 电压分别为不同功能电路供电。其电压产生电路分别如图 13-8、图 13-9、图 13-10、图 13-11 所示。

在图 13-8 所示电路中，＋5V 电压经低压差线性稳压器 U10（LM1117），产生＋3.3V-ADC 电压，主要供给模数转换电路。有关低压差线性稳压器结构及工作原理本节 6 中有介绍。

在图 13-9 所示电路中，＋5V 电压经低压差线性稳压器 U13（LM1117），产生＋3.3V-ANG 电压，主要为 VGA 接口输入信号的缓冲放大器等供电。

在图 13-10 所示电路中，＋5V 电压经低压差稳压器 U19（LM1117），产生＋3.3V-AUDIO 电压，主要给音频信号处理电路等供电。

在图 13-11 所示电路中，＋5V 电压经 U18（LM1117），产生的＋3.3V 输出电压分为两路。其中＋3.3V-7117D 电压，主要给视频解码器 U23（SAA7117AH）的数字电路等供电；而＋3.3V-7117A 主要给 U23（SAA7117AH）的模拟电路等供电。

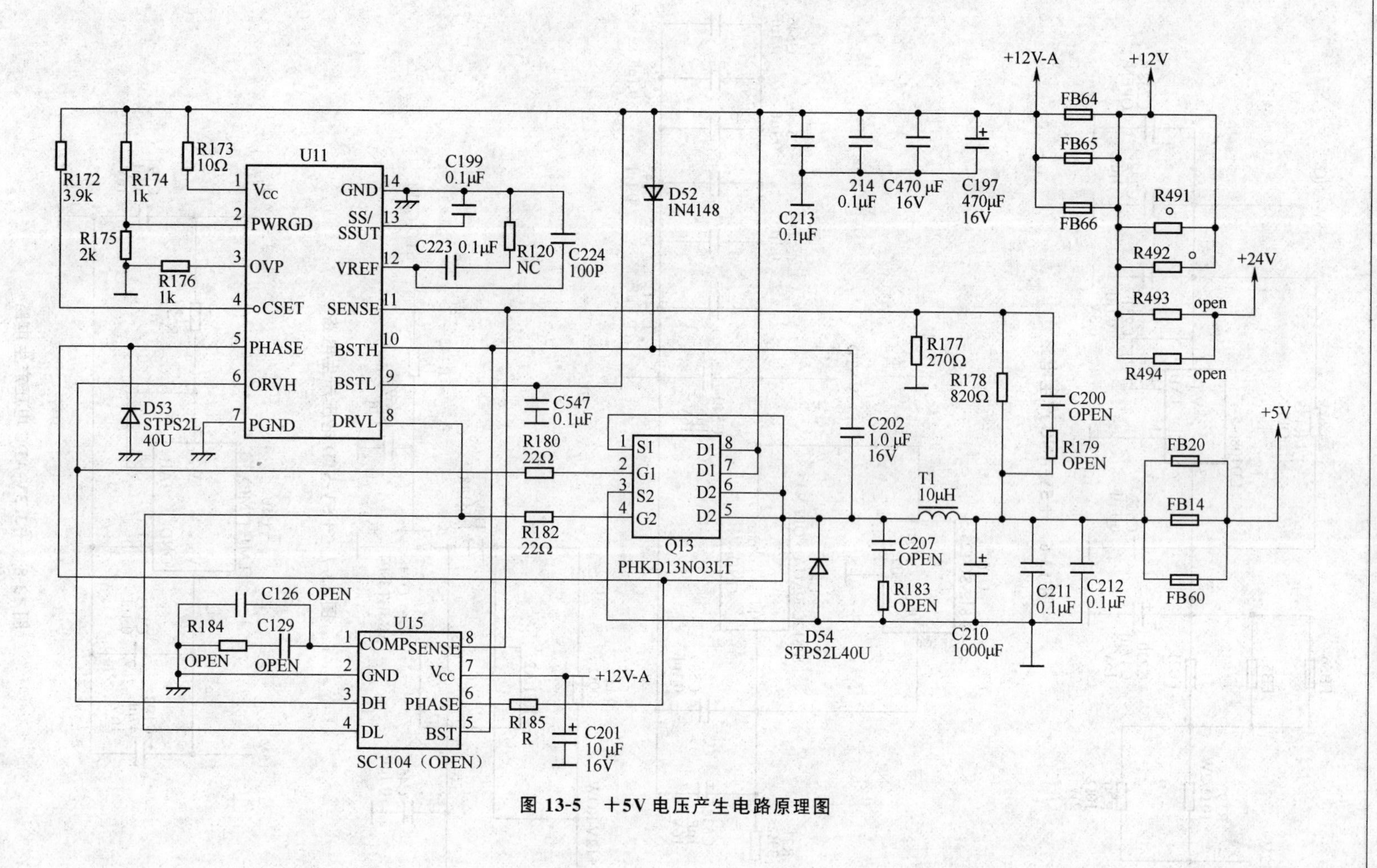

图 13-5　+5V 电压产生电路原理图

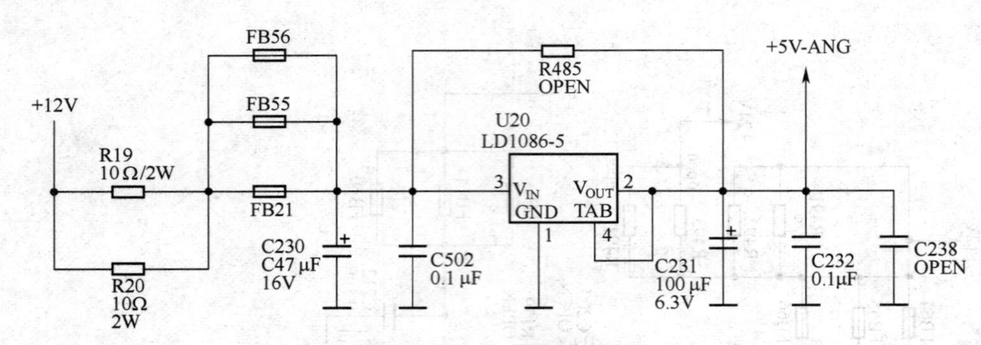

图 13-6 ＋5V-ANG 产生电路

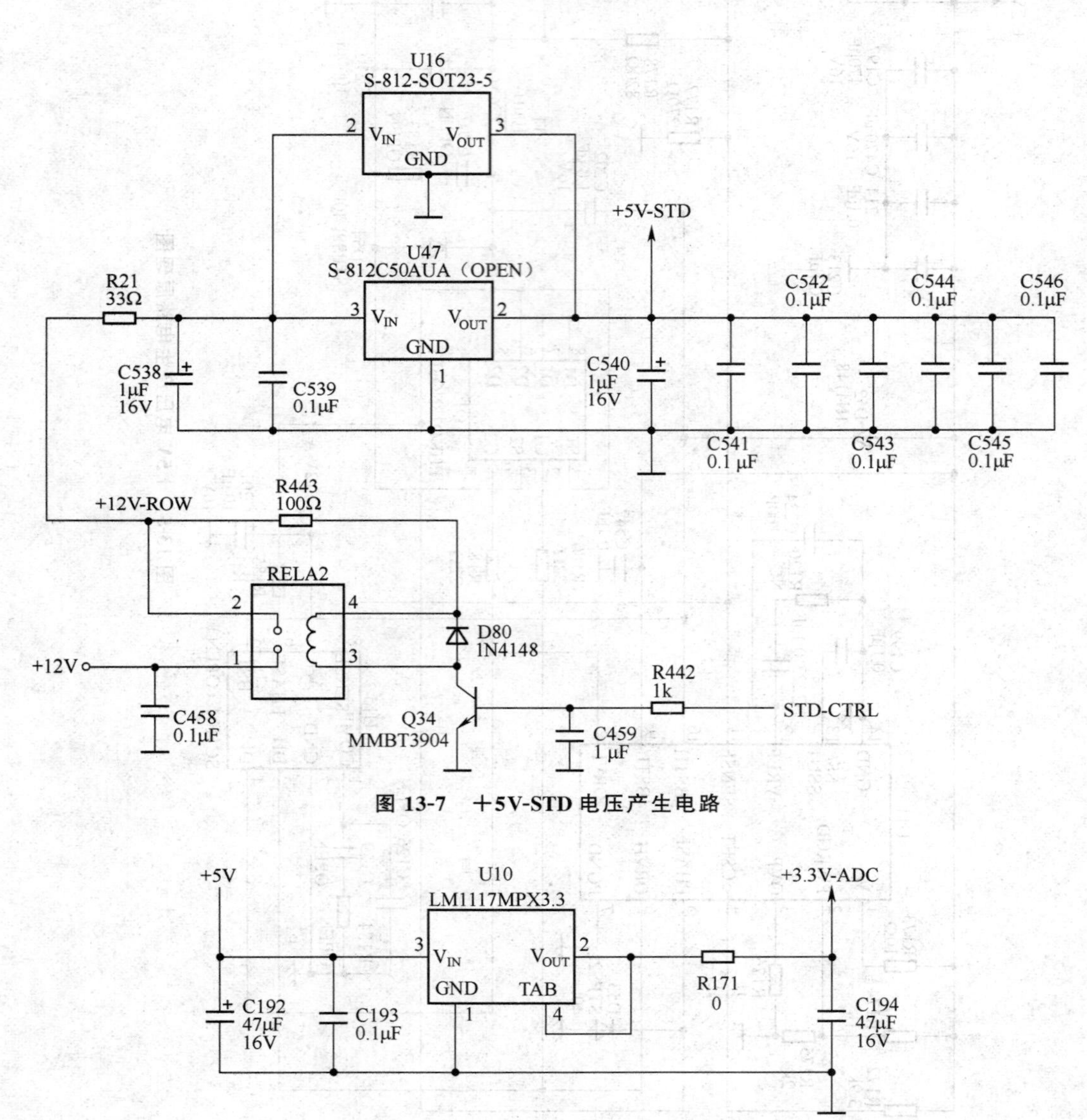

图 13-7 ＋5V-STD 电压产生电路

图 13-8 ＋3. 3V-ADC 电压产生电路

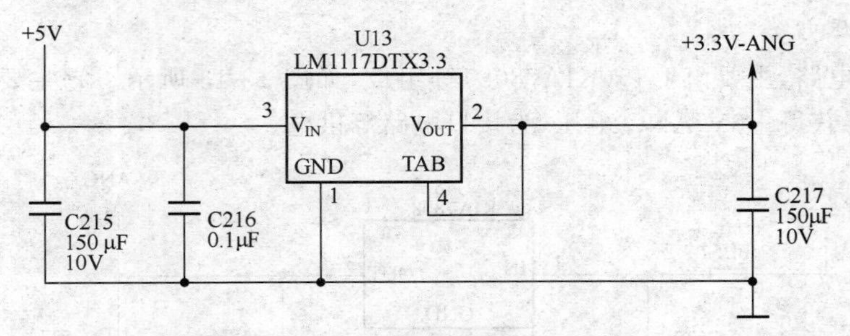

图 13-9 ＋3.3V-ANG 电压产生电路

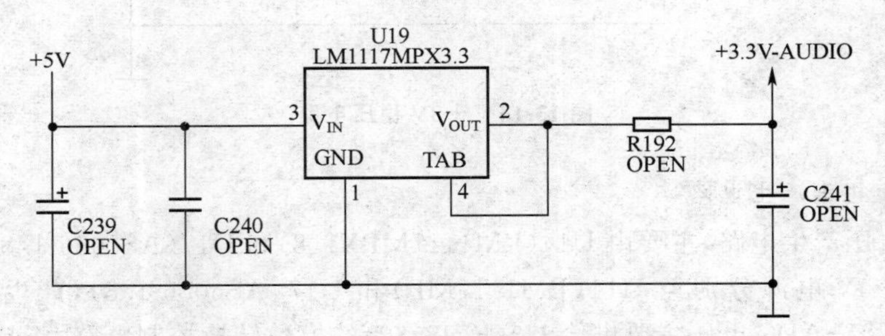

图 13-10 ＋3.3V-AUDIO 电压产生电路

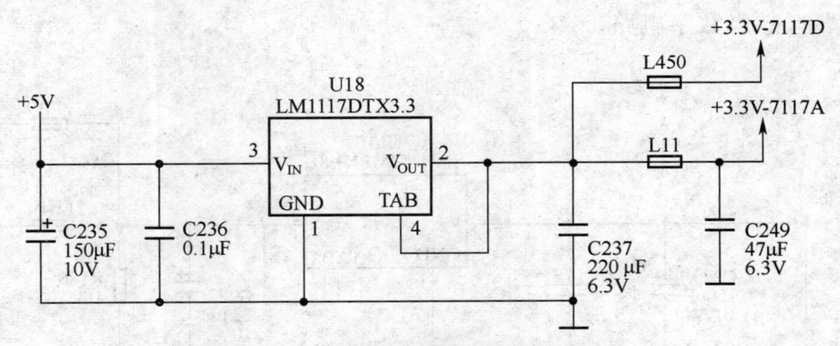

图 13-11 ＋3.3V-7117D/7117A 电压产生电路

4. ＋2.5V 电压产生电路

＋2.5V 电压产生电路，主要由 U21(CM1117MPX2.5)变换输出。其电路原理如图 13-12 所示。由 U21②脚输出的＋2.5V-DDR 电压，主要为动态随机存储器 U7/U8 (HY5DU561622)供电。

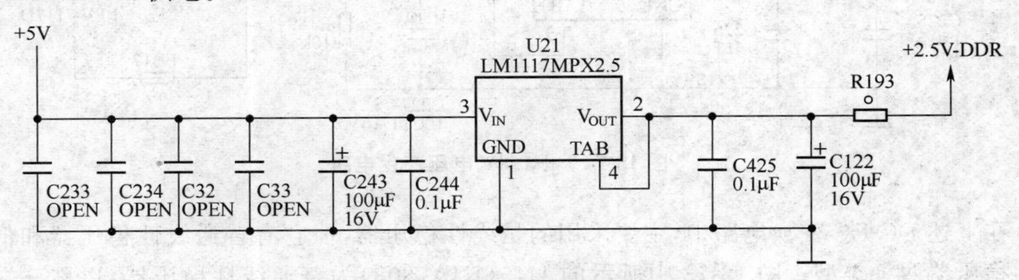

图 13-12 ＋2.5V-DDR 电压产生电路

5. ＋8V 稳压电路

＋8V 稳压电路，主要由 U45（KIA7808）等组成，如图 13-13 所示。它主要是由＋12V 电压经三端稳压器获得＋8V-ANG 电压，为接口电路等供电。

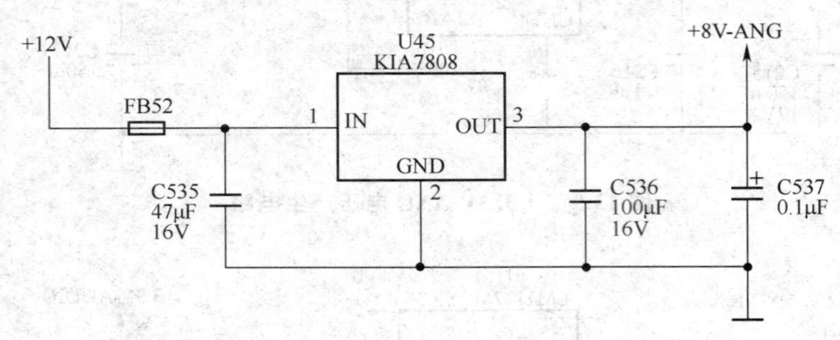

图 13-13　＋8V 稳压电路

6. ＋1. 8V 电压产生电路

＋1. 8V 电压产生电路，主要由 U14（LM1117MPX1. 8）和 U17（AS1086-1. 8）等组成，如图 13-14 所示。＋5V 电源分别经 U14（LM1117MP）和 U17（AS6086-1. 8），产生五组 1. 8V 电压。其中，＋1. 8V-ADC 电压主要供给 U3（FLI8532）的模数转换控制电路；＋1. 8V-7117A 电压主要供给 U23（SAA7117AH）的㊵、㊶脚模拟电路；＋1. 8V-7117D 电压主要供给 U23 的㊿、65、101、106、132、142、157脚数字电路。

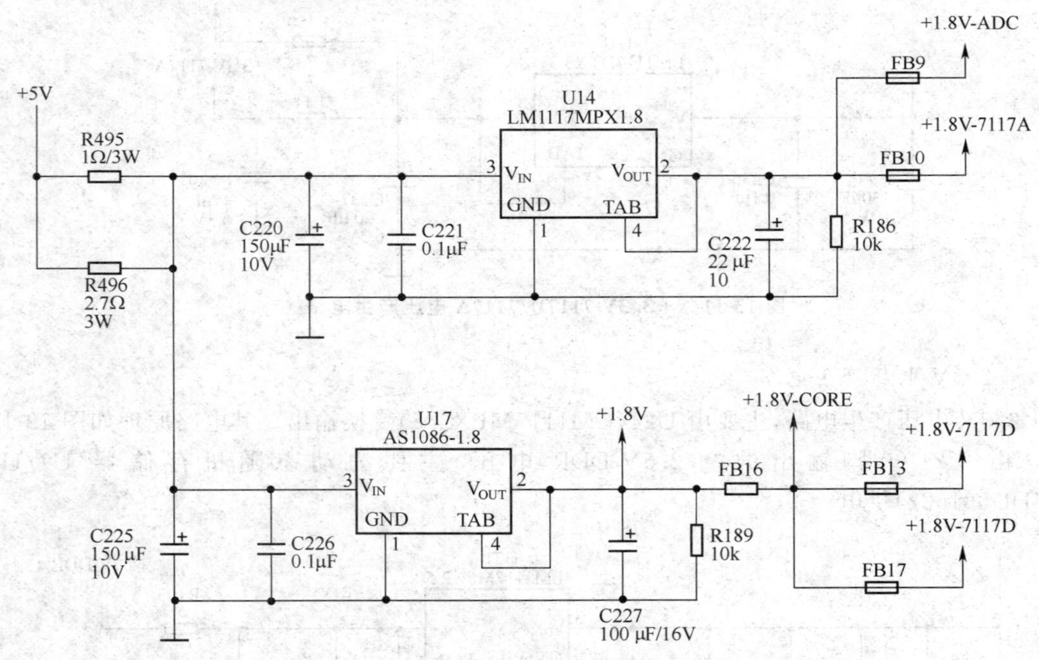

图 13-14　＋1. 8V 电压产生电路

在上述 DC-DC 变换电路中，主要采用的是线性稳压器，但它有普通线性稳压器和低压差线性稳压器两种类型。图 13-13 中所示的 U45（KIA7808）为普通线性稳压器，也称三端稳压器。其工作时输入与输出之间的压差值较大，功耗也较高。图 13-8～图 13-12 中所示的

LM1117是低压差线性稳压器，工作时输入与输出之间的压差值较小。从工作原理看，它们均是通过输出电压反馈，经误差放大器等组成的控制电路去控制调整管的管压降（即输入与输出之间的压差）来达到稳压的目的。其内部原理图如图13-15所示。因此，线性稳压器是一种简易型串联调整式稳压器。调整控制电路的参数，改变调整管的电压降，即可改变输出电压值，进而制成具有不同输出电压的线性稳压器。如3.3V、2.5V、1.8V稳压器等。但在低压差线性稳压器中，常设有输出控制端，可由CPU控制，低电平时 V_{OUT} 无输出，高电平时 V_{OUT} 输出正常。

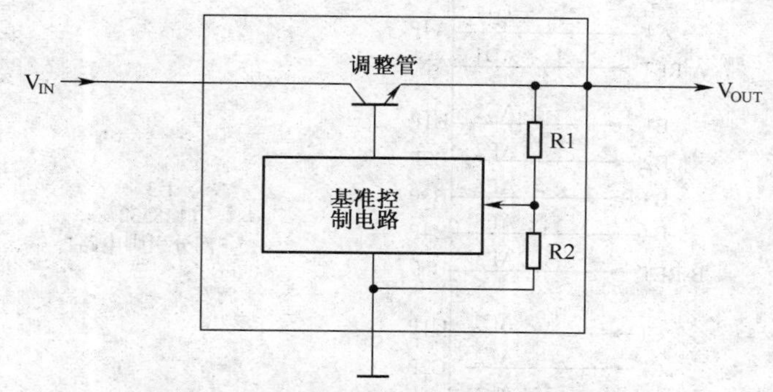

图13-15　线性稳压器内电路原理示意图

三、主机芯板电路

在液晶彩色电视机中，主机芯板电路包含了整机的所有功能，其小信号处理方式与显像管(CRT)数字高清彩色电视机中的数字板基本相同，只是在最后输出时不再是RGB模拟信号，而是RGB数字对信号。在不同品牌型号的液晶彩色电视机中，主机芯板所用集成电路均为贴片式元件，其组成方式类似电脑主板电路，维修的可能性极小，一般情况下，损坏后，厂商的售后服务单位总是将其整体换新。

在TCL王牌LCD40A71-P等系列机型中，主机板电路主要以GENESIS公司开发的FLI8532为核心，并与SAA7117组合实现画中画功能。下面就围绕FLI8532和SAA7117A简要介绍主板电路的工作原理。

1. U3(FLI8532)图像处理、解码、控制处理器(OCM)电路

U3(FLI8532)是主板电路的核心器件，其内部包含有视频解码、格式转换、3D梳状滤波、彩色解码、同步信号处理、VBI限幅、斜线角度处理、降噪、逐行变换、格式缩放变换、画质增强处理、γ校正、LCD加速驱动、OSD显示覆盖处理、LVDS格式转换、LVDS传送驱动等多种功能。它可以处理的输入信号有:2路射频信号、3路AV信号、VGA信号、DVI信号、HD-MI信号、YUV信号、S-Video信号等。其中，除DVI和HDMI信号外，其他各路信号都可进行画中画图像处理。其输出的图像信号一路转换为LVDS信号送入显示屏，另一路由 AV_{OUT} 端子输出。其输出的伴音信号有2路，一路用于驱动扬声器，另一路供给耳机。同时也为AV端子提供音频输出信号。

(1)信号输入电路。信号输入电路，主要由I/O类端口等组成。它有模拟信号输入和数字信号输入两种类型。

①模拟信号输入电路。模拟信号输入电路，主要由AB1、AF1、AF4……端口组成，如图13-16所示。其中：

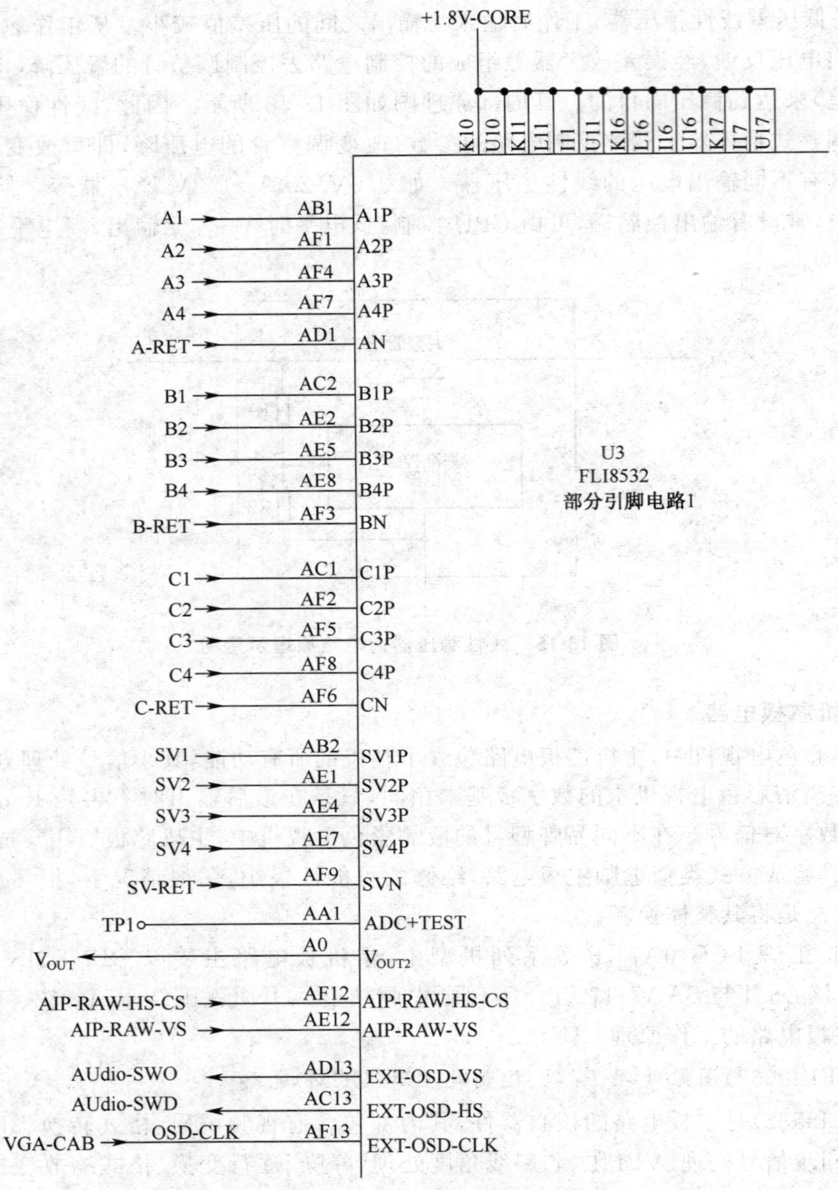

图 13-16 U3(FLI8532)模拟信号输入端口电路

AB1 为模拟信号输入 A 通道 1,用于输入 AV1 视频信号,由 CN2①脚输入;
AF1 为模拟信号输入 A 通道 2,用于输入 AV2 视频信号,由 CN5①脚输入;
AF4 为模拟信号输入 A 通道 3,用于输入 AV3 视频信号,在实际电路中未用;
AF7 为通道 4 模拟同步信号输入;
AD1 为通道 4 模拟信号负极性输入;
AC2 为模拟信号输入 B 通道 1,用于输入 CVBS2 视频信号,由 CN12⑱脚输入;
AE2 为模拟信号输入 B 通道 2,未用;
AE5 为模拟信号输入 B 通道 3,用于输入 YUV-Y 信号,由 CN3①脚输入;

AE8 为 B 通道 4 模拟信号正极性输入，用于输入 VGA 蓝基色信号，由 N15③脚输入；

AF3 为 B 道道 4 模拟信号负极性输入；

AC1 为模拟信号输入 C 通道 1，用于输入 AV3 视频信号，由 CN7①脚输入；

AF2 为模拟信号输入 C 通道 2，未用；

AF5 为模拟信号输入 C 通道 3，用于输入 YUV-U 信号，由 CN3③脚输入；

AF8 为 C 通道 4 模拟信号正极性输入，用于输入 VGA 绿基色信号，由 N15②脚输入；

AF6 为 C 通道 4 模拟信号负极性输入；

AB2 为通道 1 模拟同步信号输入，用于输入 YUV-V 信号，由 CN3⑤脚输入；

AE1 为通道 2 模拟同步信号输入，用于 S 端子的亮度信号输入，由 CN10④脚输入；

AE4 为通道 3 模拟同步信号输入，用于 S 端子的色度信号输入，由 CNC②脚输入；

AE7 为通道 4 模拟同步信号输入，用于 CVBS1 视频信号输入，由 CN12⑰脚输入；

AF9 为通道 4 模拟信号负极性同步输入；

AA1 未用；

AO 用于模拟视频信号输出，送入 CN8①脚，为机外其他显示设备提供视频信号源；

AF12 为模拟信号接收前端行同步或色同步信号输入，主要用于输入 VGA-HS 行同步信号，由 CN15⑬脚输入；

AE12 为模拟信号接收前端场同步信号输入，主要用于输入 VGA-VS 场同步信号，由 CN15⑭脚输入；

AD13 为外部 OSD 场同步信号端口；

AC13 为外部 OSD 行同步信号端口；

AF13 为外部 OSD 时钟信号端口。

②数字信号输入电路。数字信号输入电路，主要由 P3、P2、P1、R4、R3、R1、T4、T2、T1 等端口组成，如图 13-17 所示。其中：

P3～P1、R4～R1、T4～T1、U4～U1、V4～V1、W4～W1、Y4 端口，为数据通道 A，用于传输 24bit 数据（ADATA0…ADATA23），由 CN4A 的⑥～㉜脚输入 24bit 数字视频信号；

N3 为 A 通道奇数信号输入；

Y1 为 A 通道场同步信号输入；

Y2 为 A 通道行同步信号输入；

Y3 为 A 通道数据允许信号输入；

N1 为时钟数字输入口 0；

P4 为时钟数字输入口 1；

M4 为时钟数字输入口 2；

L1 为时钟数字输入口 3；

N2 为数字行同步信号或色同步信号输入；

M2 为数字输入端口钳位信号输出；

M3 为数字输入端口齿波信号输出；

M1 为数字输入端口行同步信号输出；

B1、C3～C1、D3～D1、F3～F1、E3～E1、G3～G1、H3～H1、J3～J1、K3、K2 端口，为数据通道 B，用于传输 24bit 数据（BDATA0…BDATA23），由 U26 或 CN1 的⑭、⑯、⑱、⑳、㉒、㉔、

㉖、㉘、㉜～㊴脚和 U23(SAA7117AH)的⑩②、⑩⓪～⑨⑦、⑨④～⑨②脚输入。

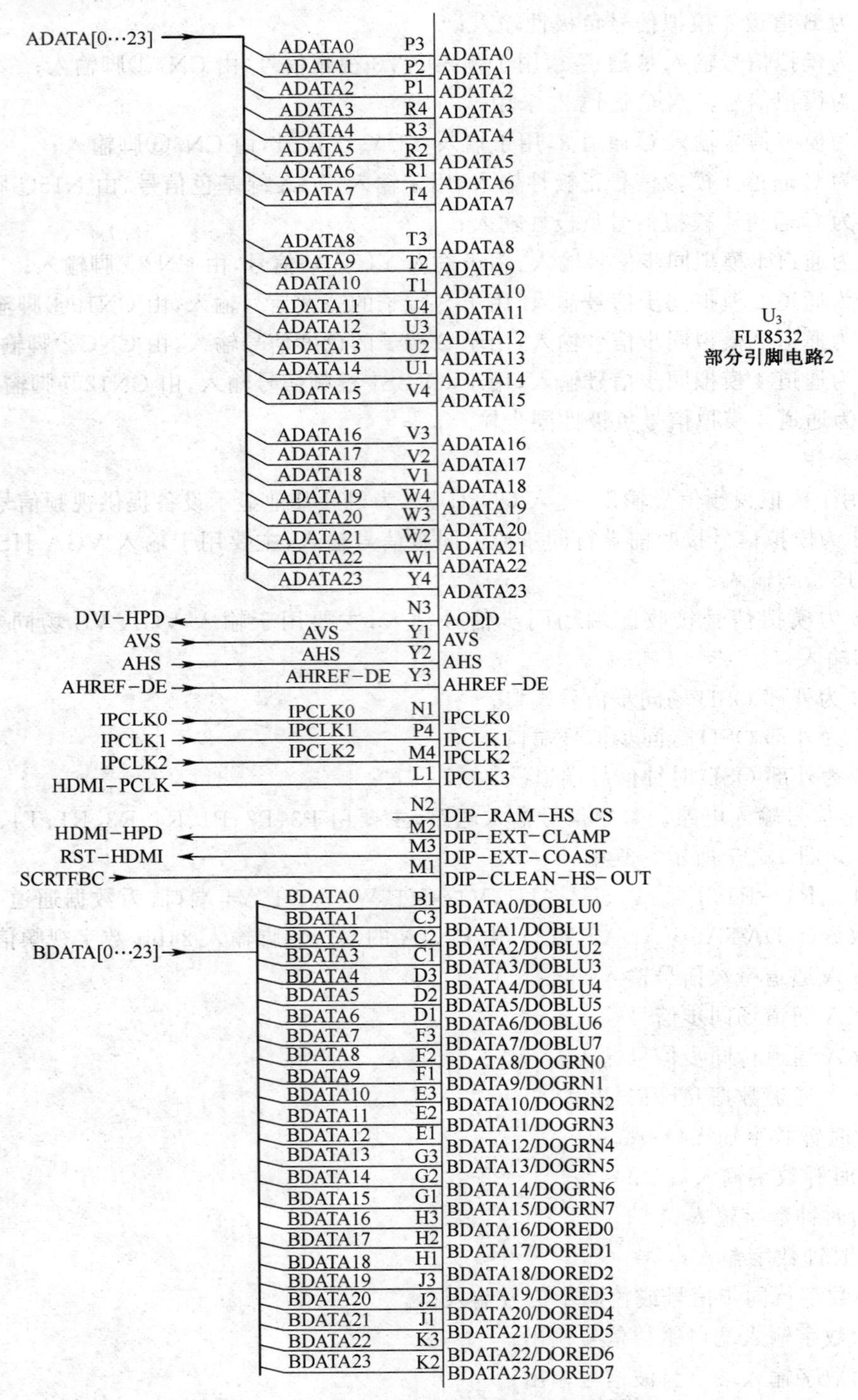

图 13-17 U3(FLI8532)数字输入端口电路

(2)总线数据输入/输出电路。总线数据输入/输出电路，主要由 B4、A4、B5、A5…端口组成，如图 13-18 所示，它主要与动态随机存储器 U7、U8（HY5DU561622）建立通信联络。其中：B4、A4、B5、A5、B7、A7、B8、BA、B9、A9、B10、A10、B12、A12、B13、A13、B15、A15、B16、A16、B18、A18、B19、A19、B20、A20、B21、A21、B23、A23、B24、A24 端口，用于传输 32bit 数据（FSDATA0 … FSDATA31），其中，FSDATA0～FSDATA15 数字信号送入或取自 U7（HY5DU561622）的②、④、⑤、⑦、⑧、⑩、⑪、⑬、㊺、㊻、㊼、㊾、㊿、62、63、65脚；FSDATA16～FSDATA31 数字信号送入或取处 U8（HY5DU561622）②、④、⑤、⑦、⑧、⑩、⑪、⑬、㊺、㊻、㊼、㊾、㊿、62、63、65脚。故 FSDATA0～FSDATA31 端口为 32bit 双向数据总线。

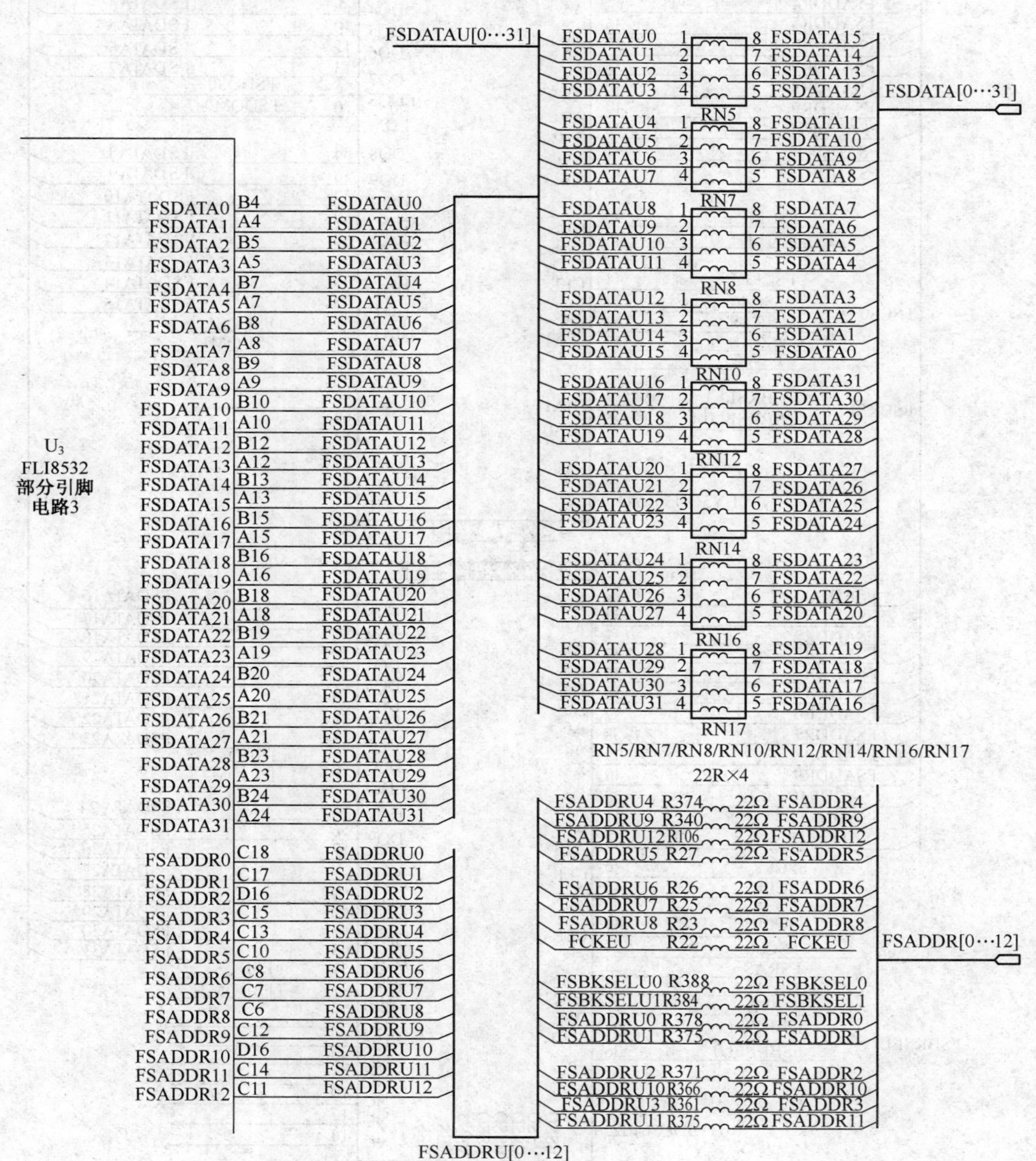

图 13-18　U3（FLI8532）数据总线和地址总线传输电路

在图 13-18 所示电路中，C18～C15、C13、C10、C8～C6、C12、D16、C14、C11 端口，为行列地址输出端，用于输出 13 位地址信号，并同时加到 U7、U8 的㉙～㉜、㉟～㊵、㉘㊶㊷脚，如图 13-19 所示。故 FSADDR0～FSADDR12 为 13bit 单向地址总线。

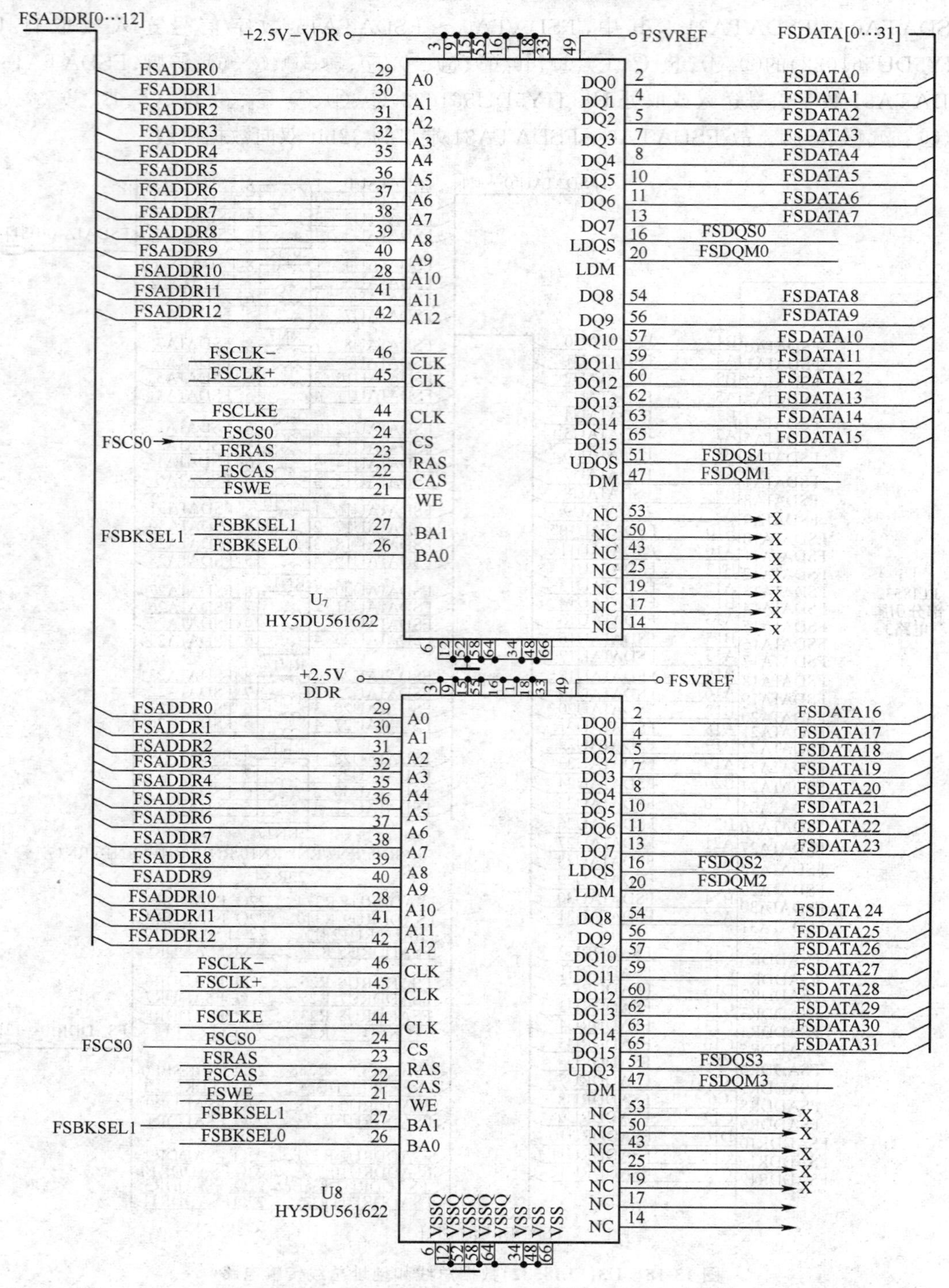

图 13-19 U7U8（HY5DU561622）动态随机存储器电路

(3)LVDS低电压差分信号输出电路。LVDS低电压差分信号输出电路，主要由L24、L23、L26、L25、K24、K23、K26、K25、J24、J23、G24、G23、G26、G25、F24、F23、F26、F25、E24、E23端口组成，如图13-20所示。它通过CN27插头驱动液晶显示器，其接口电路如图13-21所示。其中：G25、G26、F23、F24、F25、F26、E23、E24输出8bit红(R)数字信号，并作为TXBC±、TXB2±、TXB1±、TXB0±低压差分信号通过CN27插头的8～①脚送入显示屏；K23、K24、K25、K26、J23、J24、G23、G24输出8bit绿(G)数字信号，并作为TXA2±、TXA1±、TXA0±、TXB3±低压差分信号通过CN27插头的㉒、㉑、⑱、⑰、⑭、⑬、⑩、⑨脚送入显示屏；N23～N26、L23～L26脚输出8bit蓝(B)数字信号，并作为TXA3±、TXAC±低压差分信号通过CN27插头的㉞～㉙、㉖㉕脚送入显示屏。

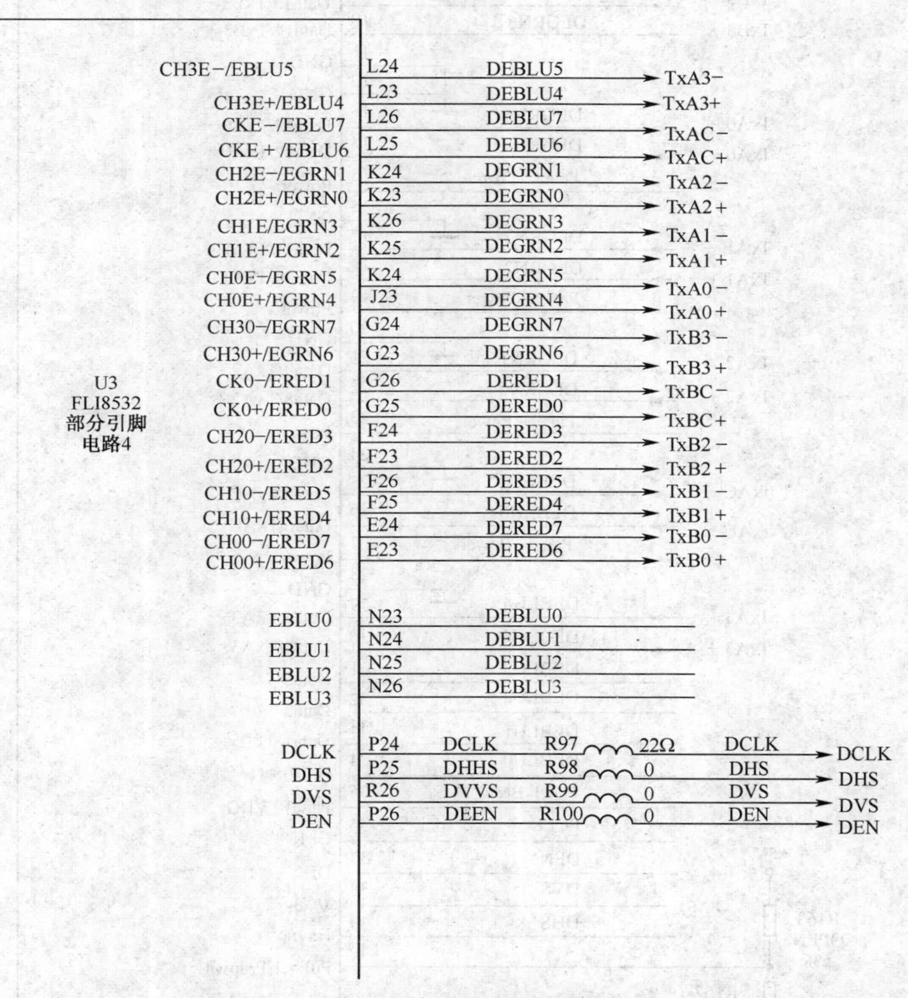

图13-20　LVDS(低电压差分信号)输出电路

(4)控制处理器(OCM)地址总线和数据总线电路。控制处理器(OCM)地址总线和数据总线电路，主要由AF15、AE15…和AE21、AD21…端口组成，如图13-22所示。它主要是将控制数据存入XU2(29LV320D)或从XU2中取出控制数据。XU2(29LV320D)为程序存储器，俗称闪存。它具有32Mbit容量，可在4M×8bit和2M×16bit之间选择。其电路原理如图

13-23 所示。

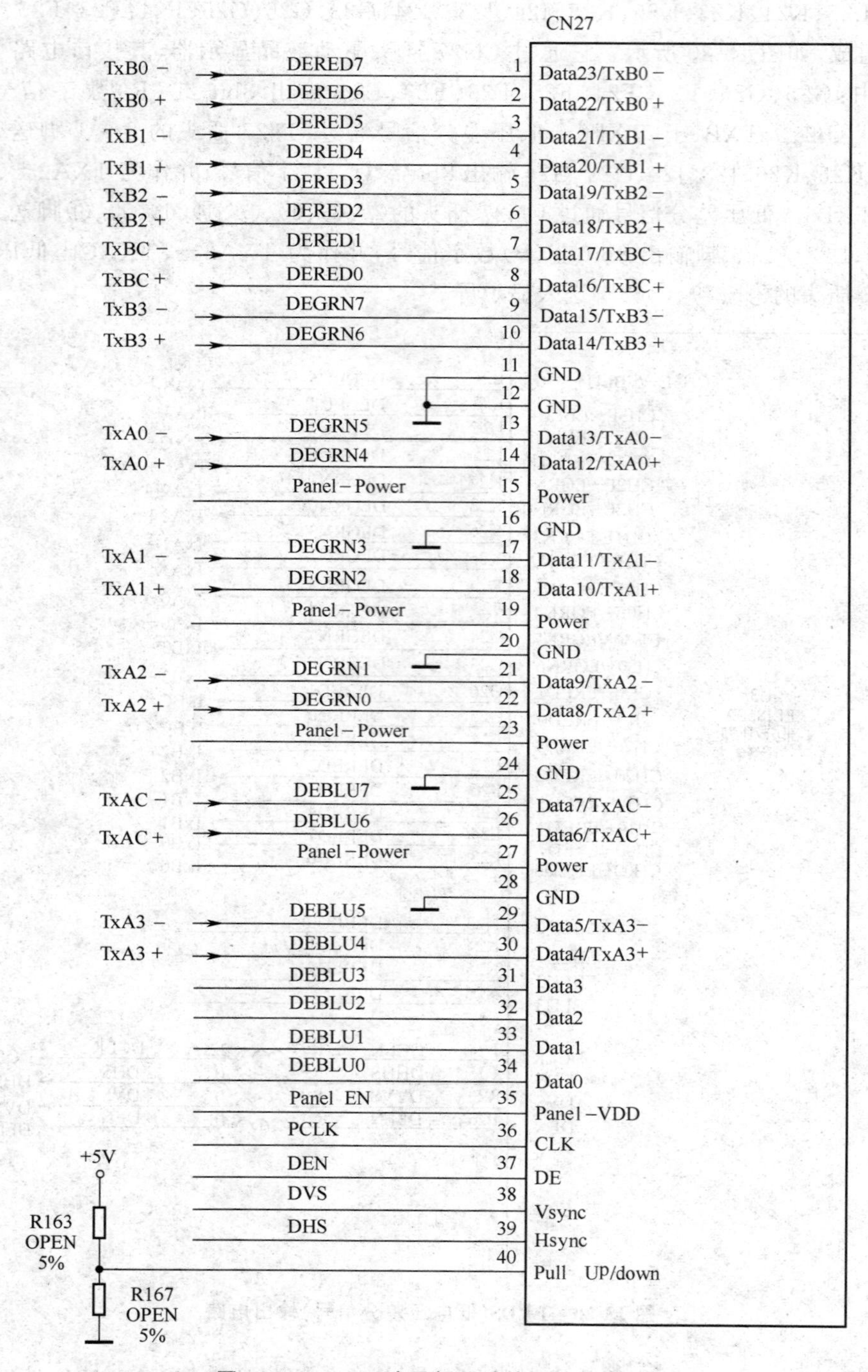

图 13-21 CN27 液晶板驱动输入接口电路

2. U23(SAA7117AH)数字视频解码电路

U23(SAA7117AH)是能够支持 PAL/SECAM/NTSC 多制式的视频解码器。其功能与

SAA7118H 基本相同(见表 12-2),但在具体应用时,引脚应用电路有所不同。在该机中其应用电路如图 13-24 所示。其中:

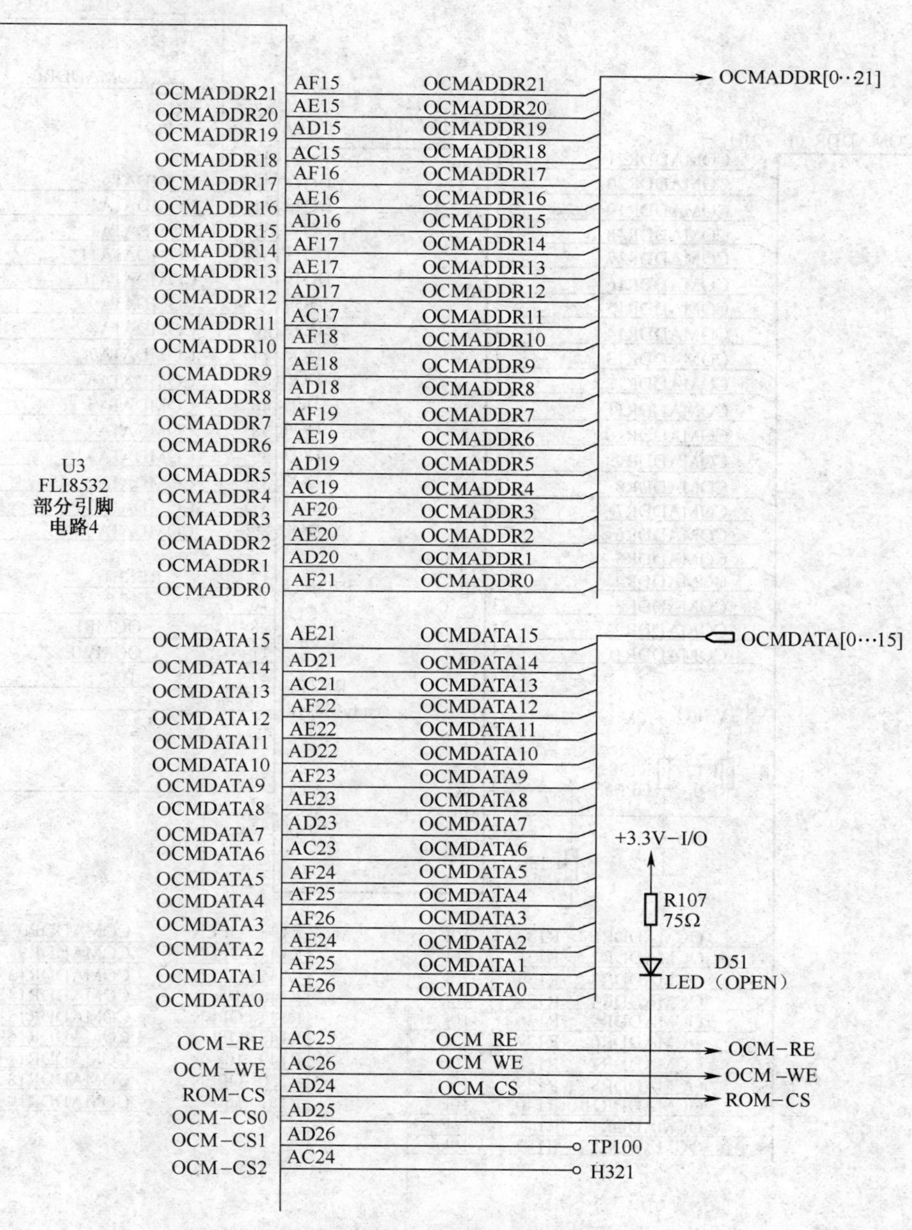

图 13-22　控制处理器(OCM)地址/数据总线电路

AI11 用于输入 AV2-V 视频信号;

AI12 用于输入 S 端子的 Y 信号;

AI13 用于输入 CVBS1 视频信号;

AI14 用于输入 AV1-V 视频信号;

AI21 用于输入 SCART1-R 红基色信号;

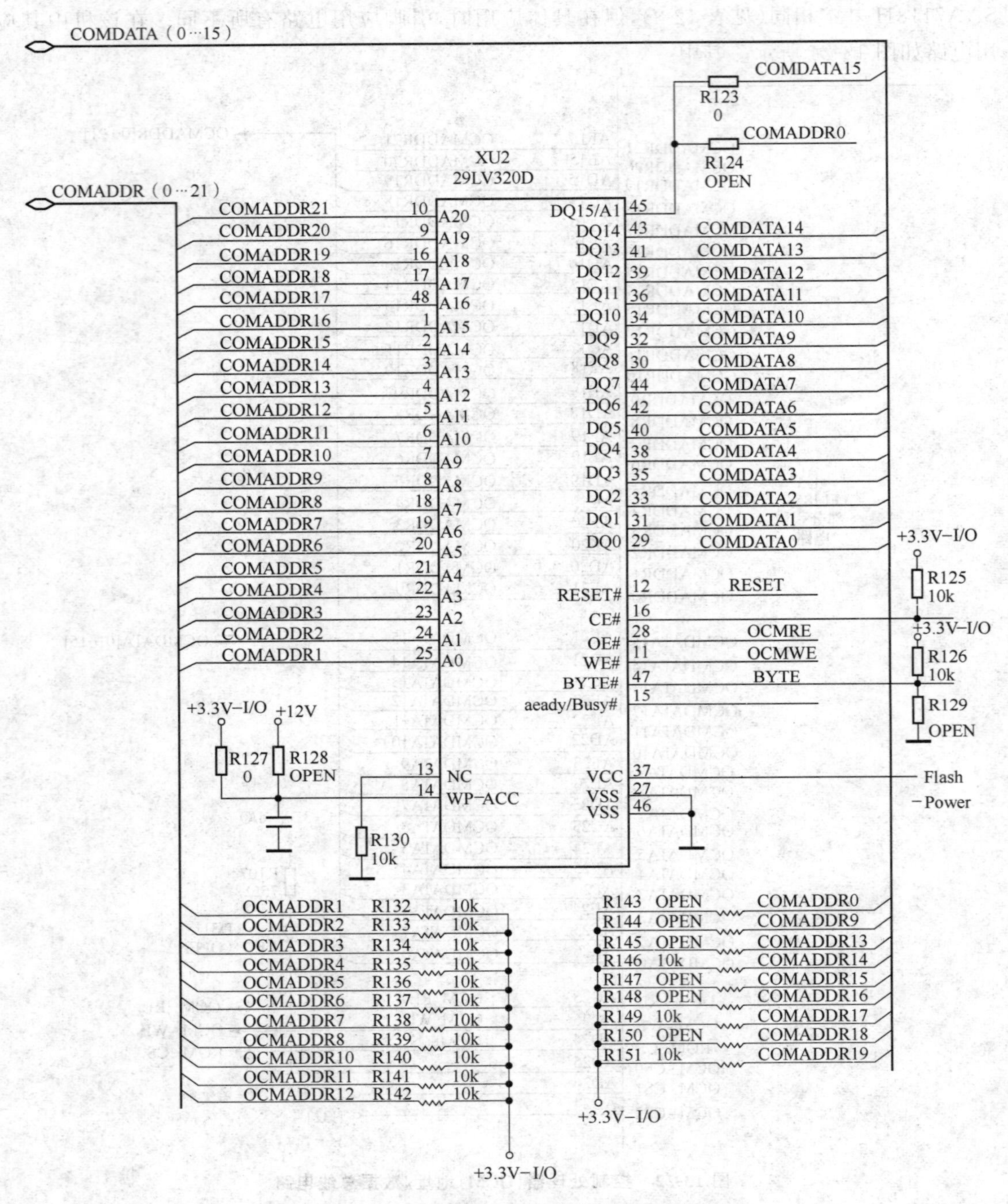

图 13-23　XU2(29LV320D)程序存储器引脚电路

AI22 用于输入 S 端子的 C 信号；

AI24 用于输入 CVBS2 视频信号；

AI31 用于输入 SCART1-G 绿基色信号；

AI32 用于输入 SCART1-SEL 信号；

AI41 用于输入 SCART1-B 蓝基色信号；

AI42 用于输入 SCART2-SEL 信号；

AI43 用于输入 SCART3-SEL 信号；

AI44 用于输入 AV3-V 视频信号；

⑩②、⑩⓪～⑨⑦、⑨④～⑨②脚用于输出 8bit 数字信号，即 BDATA0～BDATA7，并送入 U3（FLI8532）的 B1、C3～C1、D3～D1、F3 端口。

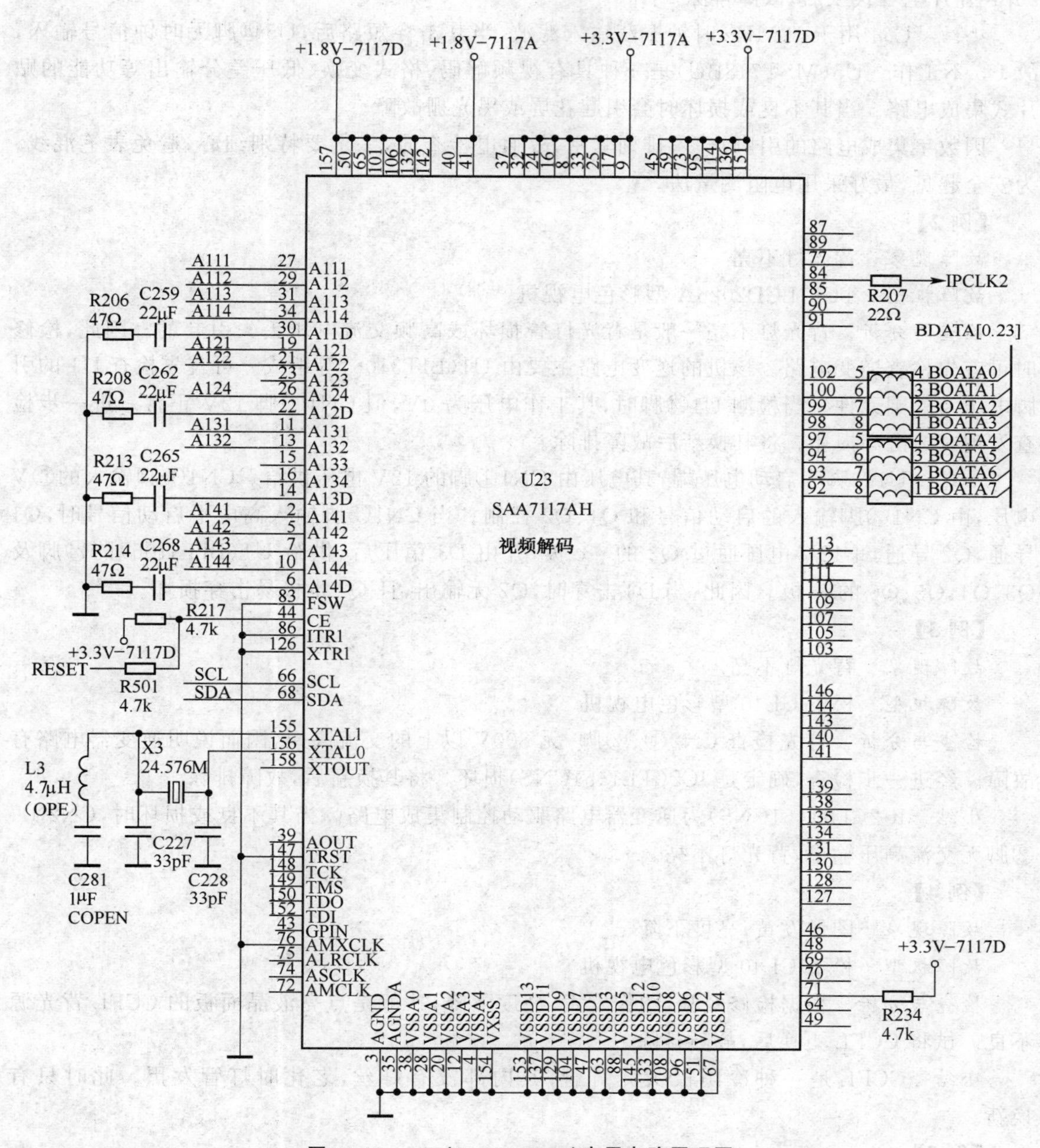

图 13-24　U23（SAA7117AH）应用电路原理图

四、检修实例

【例 1】

故障现象 黑光栅

故障机型 海尔 L20A8A-A1 型彩色电视机

检查与分析 为安全起见，首先采用电阻测量法检查 U5(MST718BU)贴片集成电路的引脚阻值及外围元件。经检查，发现⑫脚对地阻值为零，检查其外接元件 C54 击穿损坏。用 20pF 瓷片电容代换后，故障排除。

小结 C54 用于 12MHz 时钟振荡输入滤波，当其击穿短路后，U5⑫脚无时钟信号输入，故 U5 不工作。U5(MST718BU)是一种具有视频解码、格式变换、低压差分输出等功能的贴片式集成电路。当其不良或损坏时会引起花屏或黑光栅故障。

因数字集成电路的引脚众多，排列紧密，故通电检查时，一定要特别细心，避免表笔混线。为安全起见，最好采用电阻测量法。

【例 2】

故障现象 背光灯不亮

故障机型 TCL-LCD2026A 型彩色电视机

检查与分析 背光灯不亮一般是背光灯管损坏或高频交流电压丢失引起的。因此，检修时可首先检查逆变电路。该机的逆变电路主要由 U1(BIT3106)等组成。可首先检查 U1 的引脚电压及外围元件。当检测 U1㉔脚时，其工作电压为 0V，但 CN1①脚 12V 正常。进一步检查发现，D3 击穿损坏。将其换新后故障排除。

小结 U1㉔脚为启动电压端，其电压由 CN1①脚的 12V 电压供给。CN1①脚输入的⑫V 电压，由 CN1③脚输入的启动信号和 Q1、Q2 控制。当 CN1③脚输入高电平启动信号时，Q1 导通，Q2 导通，+12V 电压通过 Q2 的 e-c 极，并由 D3 稳压后，供给 U1(BIT3106)的㉔脚及 Q3、Q4、Q5、Q6 的 G 极。因此，当 D3 击穿时，Q2 无输出，且 Q2 也极易击穿损坏。

【例 3】

故障现象 背光灯不亮

故障机型 松下 CL40 型彩色电视机

检查与分析 首先检查 CN2①、②脚，无 800V 以上的交流高压，因而说明逆变器电路有故障。经进一步检查，确定是 IC2(TL1451CNS)损坏。将其换新后，故障排除。

小结 IC2(TL1451CNS)为逆变器电路驱动控制集成电路。当其不良或损坏时，CN2①、②脚无交流高压输出，背光灯不亮。

【例 4】

故障现象 图像发黄，亮度下降

故障机型 松下 CL40 型彩色电视机

检查与分析 根据检修经验，图像发黄，亮度下降，一般是点亮液晶面板的 CCFL 背光源不良。试将 CCFL 更换后，故障排除。

小结 CCFL 是一种冷阴极荧光灯管，其内部没有灯丝，老化时灯管发黑。此时只有换新。

【例 5】

故障现象 屏幕光栅闪烁

故障机型　松下 CL40 型彩色电视机

检查与分析　根据维修经验，屏幕光栅闪烁，常用两种原因：一是背光灯（CCFL）不良或老化，二是背光灯供电压不稳定。经检查发现，是 C5、C6（22P/3kV）交流高压输出电容不良。将其换新后，故障排除。

小结　C5、C6 为高压电容，当其性能不良时会引起灯管闪烁或启动困难。但灯管插座不良时也会形成此类故障。

【例 6】

故障现象　花屏，自动关机

故障机型　长虹 LT4028 型彩色电视机

检查与分析　在该机中，引起花屏，自动关机故障现象的原因，主要是视频解码等功能电路不良。检修时可首先检查 U401（SAA7117A）的引脚阻值及外围元件。经检查未有明显异常之处，但在更换 U401 后，故障排除。

小结　U401（SAA7117A）主要用于处理 TV/AV 视频信号，因此，在检查时可转换输入 VGA 信号，此时若花屏消失，则可认为 U401 不良。

【例 7】

故障现象　不开机

故障机型　海信 TLM3201 型彩色电视机

检查与分析　根据检修经验，可首先检查待机电源电路，结果发现 STR-A6351③脚无电压。进一步检查，发现③脚外接电阻 RE524 开路。将其换新后，故障排除。

小结　RE524 为限流启动电阻，当其开路时待机电源无输出，故不能二次开机。

【例 8】

故障现象　开机时屏幕闪亮一下后黑屏

故障机型　海信 TLM32E29 型彩色电视机

检查与分析　首先检查背光灯驱动电路，发现高压变压器引脚根部打火脱焊。焊下高压变压器检查，高压绕组已烧断。将其换新后，故障排除。

小结　背光灯驱动电路中的高压变压器损坏率较高。更换时若没有原型号的高压变压器，代用品初、次级绕组的技术参数应符合要求。在该机中，高压变压器的初级（低压）绕组两端阻值约 76Ω，电感量约 60mH，次级（高压）绕组两端阻值约 1.8kΩ，电感量约 2mH。

【例 9】

故障现象　无光栅无声音，指示灯不亮。

故障机型　长虹 CHD-W320F8 型彩色电视机

检查与分析　首先检查电源板，+5V 电压正常，但其他各组电压为 0V，因而说明是 MCU 控制系统有故障。经进一步检查，是 D501 不良造成 R505 烧断。将其换新后，故障排除。

小结　D501（S584）为钳位二极管，主要起保护作用，R505 为限流电阻，它们均组装在主板电路中，主要为 MCU 供电。因此，当 R505 断路时，MCU 不工作，指示灯不亮。

【例 10】

故障现象　黑屏，有伴音

故障机型　长虹 LT32112 型彩色电视机

检查与分析　首先检查用于控制显示屏的LVDS低压差分信号电路。经检查、发现U4(AQ4801)的②、④脚控制端均为高电平，正常时应为低电平。进一步检查发现，是Q5(3904)漏电引起的。将其换新后，故障排除。

小结　Q5为LVDS上屏驱动电路控制管，受控于CPUU11(MST7188U)的㊼脚。当U11㊼脚输出低电平时，Q5截止，Q4导通，U4的②、④脚为低电平，其⑤、⑥、⑦、⑧脚输出上屏供电电压。因此，当U4无输出时，便出现黑屏现象。但因其不影响主机芯电路正常工作，故仍有伴音出现。

【例11】

故障现象　无图像、无声音

故障机型　康佳LC-TM3719型彩色电视机

检查与分析　首先检查高频调谐器N101的引脚电压，均正常，再检查N102(TDA9885T)的引脚电压，也未见异常，试更换Z102后，故障排除。

小结　Z102为4MHz振荡器。其与C109(30pF)串接后，接在N102的⑮脚，为中频信号处理电路提供基准时钟信号。故当其不良时，无时钟信号输入到⑮脚，形成无图无声故障。若此时输入AV信号，则图像、声音均正常。

【例12】

故障现象　无图像无声音

故障机型　康佳LC26AS12型彩色电视机

检查与分析　首先检查N401外围元件，未见异常。试更换Z400后，故障排除。

小结　Z400为24.576MHz晶体振荡器，并接在N401(TDA15063H1)的⑱、⑲脚，为N401提供时钟信号。当其不良时，N401不工作。N401为视频解码和音频处理电路。故N401不工作时无图像、无声音。

【例13】

故障现象　花屏，有时无图像

故障机型　TCL LCD40A71-P型彩色电视机

检查与分析　根据检修经验，试将U7/U8同时换新后，故障排除。

小结　U7/U8(HY5D U281622ET)为帧存储器，当其有故障时会出现花屏、雨状干扰或漏屏竖线等异常现象。检修时可将其直接换新。

【例14】

故障现象　不开机，程序丢失

故障机型　TCL LCD40A71-P型彩色电视机

检查与分析　根据检修经验及该种机型的电路特点，可首先检查程序存储器XU2的引脚电压及外围电路，结果发现㊲脚电压仅有0.1V，再查外接电路正常，因而怀疑XU2不良，将其换新后，故障排除。

小结　XU2是用于存储CPU程序的集成电路，当其有故障时会引起不开机、程序丢失等故障现象。检修时可直接将其换新。

【例15】

故障现象　VGA状态时图像扭曲，有时无图像

故障机型　创维37L20HW型彩色电视机

检查与分析　首先检查 VGA 信号输入电路元件，未见异常。试更换 U11(74LVC14A)后，故障排除。

小结　U11(74LVC 14A)用于输出 VGA 的行场同步脉冲，当其不良时会使其无输出或输出异常，导致出现本例故障现象。检修时可将其直接换新。

第二节　PDP 等离子彩色电视机电路分析与维修简要

等离子彩色电视机，也称 PDP 彩色电视机。PDP 是 Plasma Display Panel 的缩写，释意为等离子体显示装置控制板彩色电视机。它主要是由等离子显示器和主机芯板电路等组成。其中，等离子显示器是依据电离学说和气体放电理论研制而成功的，它主要是在两片玻璃板之间输入电压，产生气体及肉眼看不到的紫外线使荧光粉发光。但其主机芯板电路中的小信号处理等功能与 LCD 平板彩电基本相同。本节就主要以康佳 PDP4218 等系列机型为例，简要介绍其整机电路原理与维修事项。

一、模拟信号通道电路

在康佳 PDP4218 型机中，模拟信号通道主要分为电视信号接收通道和 VGA 信号等输入通道两个部分。其中，电视信号接收通道主要是传输模拟信号，VGA 信号等输入通道主要是将 VGA 等模拟信号转换输出数字信号。

1. 电视信号接收通道

电视信号接收通道，主要由两只高频头和两只 TDA9885T 等组成，一个用于主画面信号处理，另一个用于副画面处理。TDA9885T 是飞利浦公司开发的图像伴音中频信号处理电路，其引脚使用功能见表 13-3，其应用电路如图 13-25 所示。其中，Z105(CF6274)为图像中频信号声表面波滤波器，主要用于选通 38MHz 图像中频载波信号 VIF；Z120(K9450M)为伴音中频信号声表面波滤波器，主要用于选通 31.5MHz 伴音中频载波信号 SIF；N123(TDA9885T)为中频信号处理电路，主要用于从图像中频载波信号和伴音中频载波信号中解调出视频图像信号和伴音信号。

表 13-3　N123(TDA9885T)图像伴音中频信号处理电路引脚使用功能

引脚	符　号	使　用　功　能
1	VIF1	IF 中频载波信号输入 1
2	VIF2	IF 中频载波信号输入 2
3	OP1	用于伴音中频制式控制，通过外接 V110 和 V118 控制 IF 信号
4	FM PLL	伴音调频解调锁相环路滤波
5	DEEM	外接 0.01μF 滤波电容
6	AFD	外接 0.47μF 滤波电容
7	DGND	数字电路接地
8	AUD	未用
9	TOP	未用
10	SDA	I^2C 总线数据线
11	SCL	I^2C 总线时钟线

续表 13-3

引脚	符 号	使 用 功 能
12	S10MA0	伴音第二中频信号输出，并直接送入 N230(MSP3463G)㊿脚
13	NC	未用
14	TAGC	高放 AGC 输出，其输出电压经 C124 滤波，R123 限流直接加到 N130 高频调谐器的①脚(AGC 端)
15	REF	通过 C123(30pF)接 Z123(4.000MHz)晶体，为芯片电路提供基准时钟信号
16	NC(VC)	外接 0.47μF 滤波电容
17	CVBS	视频信号输出，经 V123 缓冲放大后，通过 XS201(XS505)⑩脚送入 N308(VPC3230D)的㉔脚
18	AGND	模拟电路接地
19	VPLL	视频检波锁相环滤波，外接 RC 双时间常数滤波器
20	VP	+5V 电源
21	AFC	未用
22	OP2	用于射频输入分频器控制，处 V193 控制 N193 的③脚
23	SIF1	伴音第一中频载波信号输入 1
24	SIF2	伴音第一中频载波信号输入 2

在图 13-25 所示电路中，由 Z105④、⑤脚输出的 VIF 信号分别送入 N123 的①、②脚，在 N123 内部经放大解调等处理后，检出视频图像信号从⑰脚输出，经 V123(BC843)缓冲放大、R124、R125 分压后，通过 S201⑩脚(XS505⑩脚)送入 N308(VPC3230D)的㉔脚。由 Z120④、⑤脚输出的 SIF 信号分别送入 N123 的㉓、㉔脚，在 N123 内部经放大解调等处理后，检出伴音第二中频信号从⑫脚输出，通过 R103、C251 送入 N230(MSP3463G)的㊿脚。

2. VGA 信号输入电路

VGA 信号输入电路，主要由电子开关 N302(FSAV330)和模数转换处理器 N301(AD9883-140)等组成，如图 13-26 所示。

在图 13-26 所示电路中，N302(FSAV330)为视频转换开关，它能够完成 4 通道 2 选 1 功能，其引脚使用功能见表 13-4。N301(AD9883-140)是一种具有 8bit、140Msymbol 的图像数字化处理电路，它的解码能力和带宽(300MHz)可支持 SXGA(1280×1024 75Hz)端口，其引脚使用功能见表 13-5。

在图 13-26 所示电路中，N302(FSAV330)用于转换输出 VGA 和 HD 信号。由 VGA 插头输入的 R 基色信号送入③脚，G 基色信号送入⑥脚，B 基色信号送入⑩脚；由高清(HD)端口输入的 CR 信号(色度 V 分量)送入②脚，Y 信号送入⑤脚，CB 信号(色度 U 分量)送入⑪脚。输入到 N302 内部的 VGA 和 HD 信号，在①脚输入信号(VGA SEL)控制下，从④、⑦、⑨脚选择输出 R、G、B 基色信号，并分别经 C337、C338、C340 送入 N301(AD9883-140)的�54、㊽、㊸脚。在 N301 内部经模/数转换处理后，由⑺～⑦0脚输出 8bit 数字 R 信号(GRE0～GRE7)，由⑨～②脚输出 8bit 数字 G 信号(GGE0～GGE7)，由⑲～⑫脚输出 8bit 数字 B 信号(GBE0～GBE7)。

二、数字视频信号处理电路

在康佳 PDP4218 型机中，数字视频信号处理电路主要由 N308(VPC3230D)及其少量外围元件等组成，如图 13-27 所示。

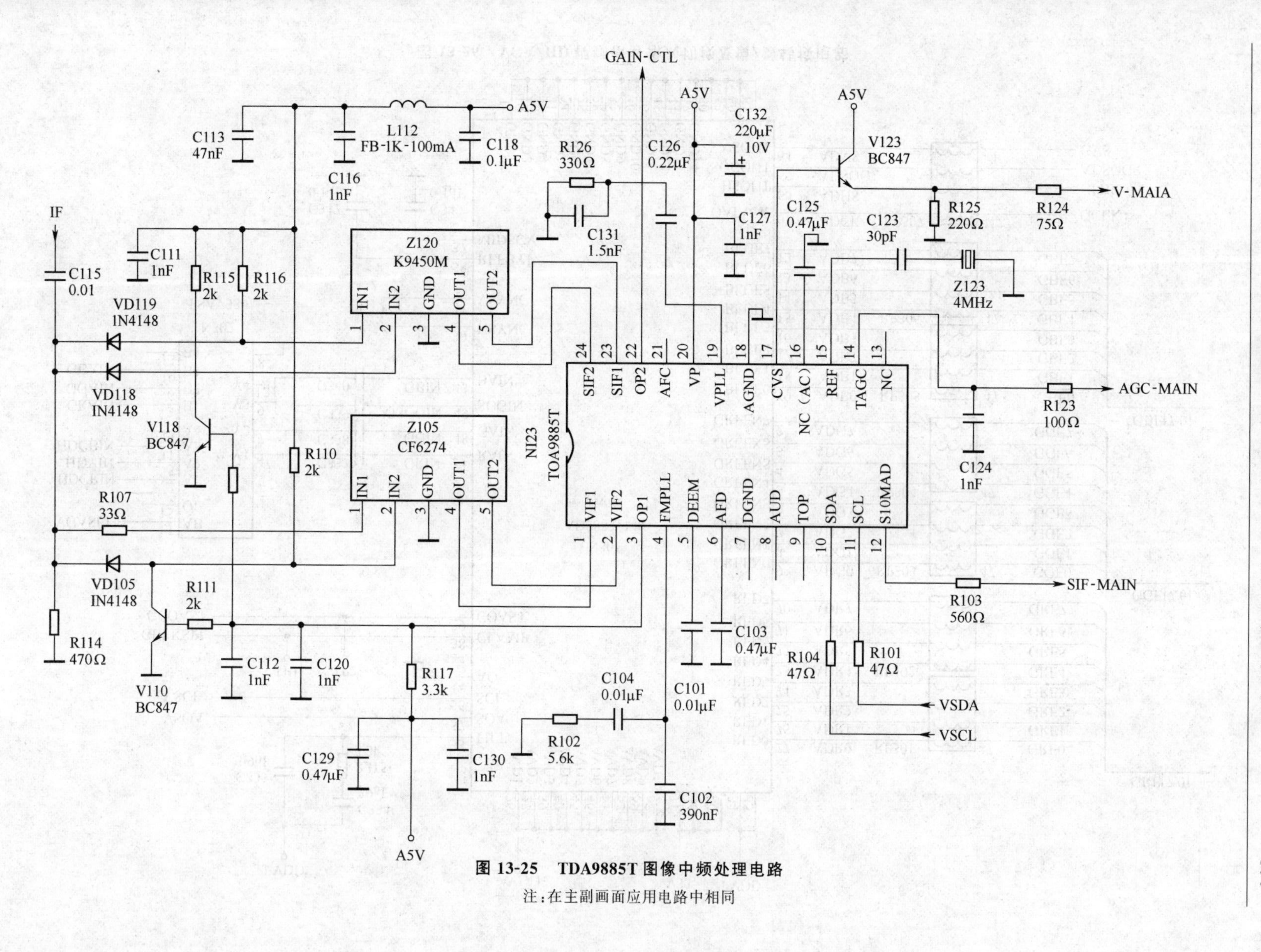

图 13-25　TDA9885T 图像中频处理电路

注:在主副画面应用电路中相同

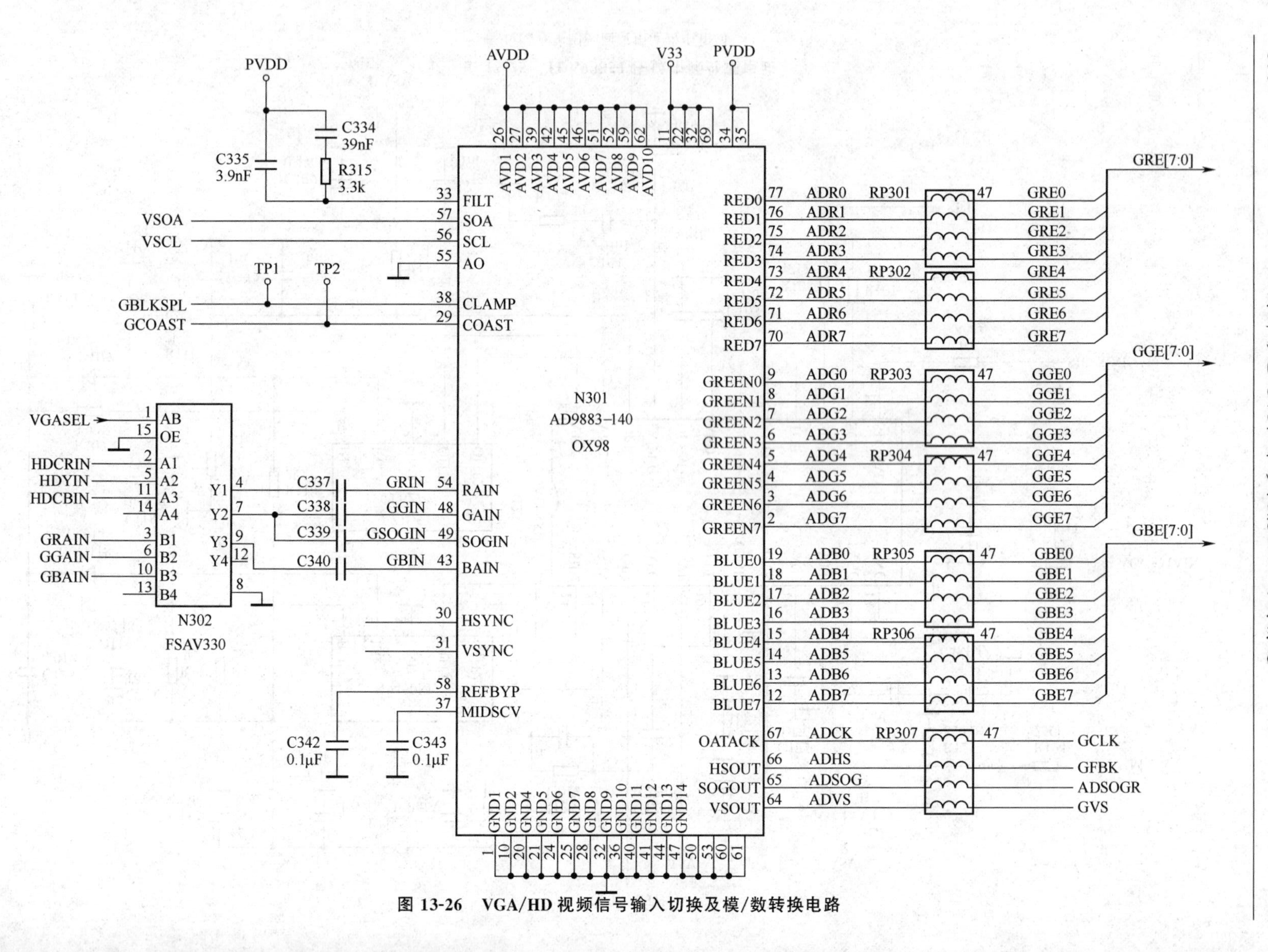

图 13-26 VGA/HD 视频信号输入切换及模/数转换电路

表 13-4　N302(FSAV330)视频转换开关引脚使用功能

引脚	符　号	使　用　功　能
1	A/B	选择控制信号输入,主要输入 VGA 选择信号,0V 低平时,A1、A2、A3、A4 选通,高电平时 B1、B2、B3、B4 选通
2	A1	I/O 端口 A1,用于输入隔行 CR 信号
3	B1	I/O 端口 B1,用于输入 VGA 的 R 基色信号
4	Y1	I/O 端口 Y1,输出视频 R 基色信号,并送入 N301(AD9883A-140)的㉞脚
5	A2	I/O 端口 A2,用于输入隔行 Y 信号
6	B2	I/O 端口 B2,用于输入 VGA 的 G 基色信号
7	Y2	I/O 端口 Y2,输出视频 G 基色信号,并送入 N301(AD9883A-140)的㊽、㊾脚
8	GND	接地
9	Y3	I/O 端口 Y3,输出视频 B 基色信号,并送入 N301(AD9883A-140)的㊸脚
10	B3	I/O 端口 B3,用于输入 VGA 的 B 基色信号
11	A3	I/O 端口 A3,用于输入隔行 CB 信号
12	Y4	I/O 端口 Y4,未用
13	B4	I/O 端口 B4,未用
14	A4	I/O 端口 A4,未用
15	OE	控制端,接地
16	VCC	供电源

表 13-5　N301(AD9883-140)图像数字化处理电路引脚使用功能

引脚	符　号	使　用　功　能
1	GND1	接地
2	GREEN7	8bit 绿数字信号位 7 输出,直接送入 N501A(PW181)的 B7 端子
3	GREEN6	8bit 绿数字信号位 6 输出,直接送入 N501A(PW181)的 A7 端子
4	GREEN5	8bit 绿数字信号位 5 输出,直接送入 N501A(PW181)的 C8 端子
5	GREEN4	8bit 绿数字信号位 4 输出,直接送入 N501A(PW181)的 B8 端子
6	GREEN3	8bit 绿数字信号位 3 输出,直接送入 N501A(PW181)的 A8 端子
7	GREEN2	8bit 绿数字信号位 2 输出,直接送入 N501A(PW181)的 B11 端子
8	GREEN1	8bit 绿数字信号位 1 输出,直接送入 N501A(PW181)的 B12 端子
9	GREEN0	8bit 绿数字信号位 0 输出,直接送入 N501A(PW181)的 C11 端子
10	GND2	接地,主要用于 G 信号处理电路接地
11	VDD1	3.3V 电源,主要为 G 信号处理电路供电
12	BLUE7	8bit 蓝数字信号位 7 输出,直接送入 N501A(PW181)的 A15 端子
13	BLUE6	8bit 蓝数字信号位 6 输出,直接送入 N501A(PW181)的 A16 端子
14	BLUE5	8bit 蓝数字信号位 5 输出,直接送入 N501A(PW181)的 A17 端子
15	BLUE4	8bit 蓝数字信号位 4 输出,直接送入 N501A(PW181)的 B16 端子
16	BLUE3	8bit 蓝数字信号位 3 输出,直接送入 N501A(PW181)的 A19 端子
17	BLUE2	8bit 蓝数字信号位 2 输出,直接送入 N501A(PW181)的 B17 端子

续表 13-5

引脚	符 号	使 用 功 能
18	BLUE1	8bit 蓝数字信号位 1 输出，直接送入 N501A(PW181)的 A20 端子
19	BLUB	8bit 蓝数字信号位 0 输出，并直接送入 N501A(PW181)的 B18 端子
20	GND3	接地，主要用于 B 信号处理电路接地
21	GND4	接地 4
22	VDD2	3.3V 电源，用于 B 信号处理电路供电
23	VDD3	3.3V 电源
24	GND5	接地 5
25	GND6	接地 6
26	AVD1	3.3V 电源
27	AVD2	3.3V 电源
28	GND7	接地 7
29	COAST	PLL 锁相环控制输入
30	HSYNC	行同步信号输入，由 XS602 的⑬脚输入
31	VSYNC	场同步信号输入，由 XS602 的⑭脚输入
32	GND8	接地 8
33	FILT	PLL 锁相环路滤波，外接 RC 双时间常数滤波器
34	PVD1	3.3V 电源，用于锁相环路供电 1
35	PVD2	3.3 电源，用于锁相环路供电 2
36	GND9	接地 9
37	MID SCV	内部中点电压旁路
38	CLAMP	外部钳位信号输入
39	AVD3	3.3V 电源
40	GND10	接地 10
41	GND11	接地 11
42	AVD4	3.3V 电源
43	BAIN	蓝基色信号输入，主要用于输入 VGAB 信号
44	GND12	接地 12
45	AVD5	3.3V 电源
46	AVD6	3.3V 电源
47	GND13	接地 13
48	GAIN	绿基色信号输入，主要用于输入 VGAG 信号
49	SOGIN	G 信号复合同步输入
50	GND14	接地 14
51	AVD7	3.3V 电源
52	AVD8	3.3V 电源
53	GND15	接地 15

续表 13-5

引脚	符　号	使　用　功　能
54	RAIN	红基色信号输入,主要用于输入 VGAR 信号
55	A0	I^2C 总线接口地址输入 1
56	SCL	I^2C 总线时钟线
57	SDA	I^2C 总线数据线
58	REFBYP	内部参考电压旁路
59	AVD9	3.3V 电源
60	GND16	接地 16
61	GND17	接地 17
62	AVD10	3.3V 电源
63	GND18	接地 18
64	VSOUT	场同步输出,主要是 VGA 场同步信号,送入 N501A 的 A9 端子
65	SOGOUT	G 信号复合同步输出,经 N303D 送至 N501A 的 C10 端子
66	HSOUT	行同步输出,送入 N501A 的 A9 端子
67	DATACK	数据时钟输出,送至 N501A 的 A10 端子
68	GND19	接地 19
69	VDD4	3.3V 电源,用于数字电路供电 4
70	RED7	8bit 红数字信号位 7,送入 N501A(PW181)的 D2 端子
71	RED6	8bit 红数字信号位 6,送入 N501A(PW181)的 D3 端子
72	RED5	8bit 红数字信号位 5,送入 N501A(PW181)的 C1 端子
73	RED4	8bit 红数字信号位 4,送入 N501A(PW181)的 C2 端子
74	RED3	8bit 红数字信号位 3,送入 N501A(PW181)的 F4 端子
75	RED2	8bit 红数字信号位 2,送入 N501A(PW181)的 B1 端子
76	RED1	8bit 红数字信号位 1,送入 N501A(PW181)的 C3 端子
77	RED0	8bit 红数字信号位 0,送入 N501A(PW181)的 E4 端子
78	VDD5	3.3V 电源,用于数字电路供电 5
79	VDD6	3.3V 电源,用于数字电路供电 6
80	GND20	接地 20

N308(VPC3230D)是微科公司(MICRONAS)设计生产的一种 4H 自适应梳状滤波视频处理器,它可以支持 TIU-R601/656 数字输出接口,能够完成视频切换、Y/C 分离、A/D 转换、数字解码等,并具有 4 路 AV 输入、两路 RGB/YPBPr 输入和一路 AV 输出功能。其引脚使用功能见表 13-6。

在图 13-27 所示电路中,N308 的⑦①脚用于输入 S 端子的色度信号(C),⑦②脚用于输入 S 端子的亮度信号(Y),⑦④脚用于输入 TV 视频信号,⑥、⑤、④脚分别用于输入 Y、CB、CR 隔行信号。输入到 N308 内部的模拟信号经处理后,分别转换成 8bit 数字 Y 信号和 8bit 数字 C 信号,分别从㊵～㊲、㉞～㉛脚和㊿～㊼、㊹～㊶脚输出。

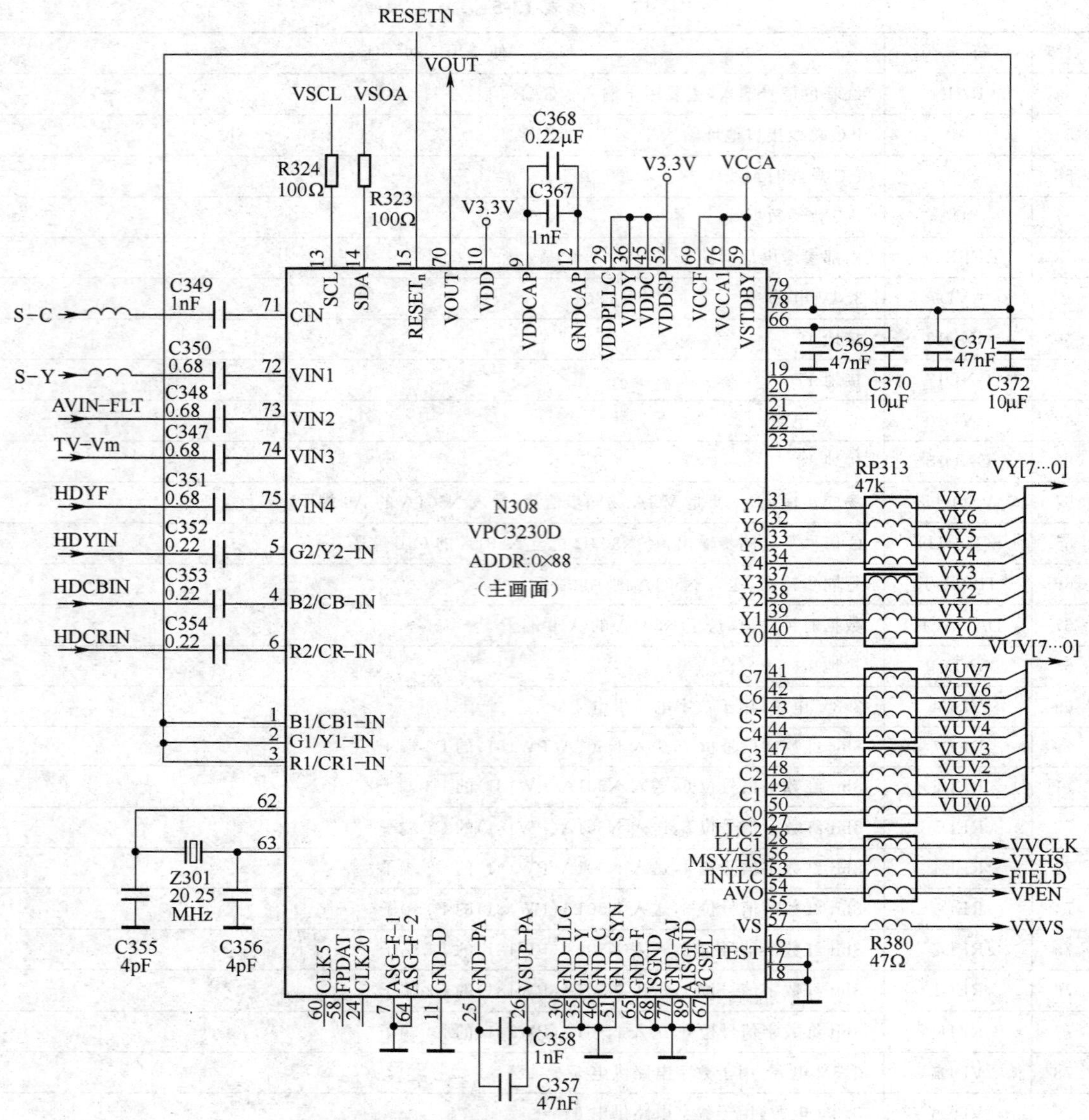

图 13-27 VPC3230D 数字视频信号处理电路

表 13-6 N308(VPC3230D)视频解码电路引脚使用功能

引脚	符 号	使 用 功 能
1	B1/CB1-IN	B1 或 CB1 模拟信号输入,但与⑱⑲脚短接
2	G1/Y1-IN	G1 或 Y1 模拟信号输入,但与⑱⑲脚短接
3	R1/CR1-IN	R1 或 CR1 模拟信号输入,但与⑱⑲脚短接
4	B2/CB2-IN	B2 或 CB2 模拟信号输入,但只用于输入 HDCBF 信号,由 XS604③脚输入
5	G2/Y2-IN	G2 或 Y2 模拟信号输入,但只用于输入 HDYF 信号,由 XS604 的①脚输入
6	R2/CR2-IN	R2 或 CR2 模拟信号输入,但只用于输入 HDCRF 信号,由 XS604 的⑤脚输入
7	ASG-F-1	模拟信号接地 1

续表 13-6

引脚	符 号	使 用 功 能
8	NC	未用
9	VDDCAP	数字供电去耦电容
10	VDD	3.3V 电源,用于数字电路供电
11	GND-D	数字电路接地
12	GNDCAP	数字供电去耦电容接地
13	SCL	I^2C 总线时钟线
14	SDA	I^2C 总线数据线
15	RESETn	复位输出,低电平有效
16	TEST	测试端,接地
17	VGAV	接地
18	YCOEn	接地
19	FFIE	FIFO 输入允许,未用
20	FFWE	FIFO 写入控制,未用
21	FFRST	FIFO 读/写复位,未用
22	FFRE	FIFO 读控制,未用
23	FFOE	FIFO 输出允许,未用
24	CLK20	20、25MHz 时钟输出,未用
25	GND-PA	模拟引脚接地
26	VSUP-PA	模拟引脚供电
27	LLC2	倍频时钟输出,未用
28	LLC1	时钟输出,送入 N401A(PW1231A)的(105)脚
29	VDD PLLC	3.3V 电源,锁相环路供电
30	GND-LLC	接地
31	Y7	8bit 亮度信号位 7 输出,送入 N401A(102)脚
32	Y6	8bit 亮度信号位 6 输出,送入 N401A(101)脚
33	Y5	8bit 亮度信号位 5 输出,送入 N401A(100)脚
34	Y4	8bit 亮度信号位 4 输出,送入 N401A(99)脚
35	GND-Y	接地
36	VDDY	3.3V 电源
37	Y3	8bit 亮度信号位 3 输出,送入 N401A(98)脚
38	Y2	8bit 亮度信号位 2 输出,送入 N401A(97)脚
39	Y1	8bit 亮度信号位 1 输出,送入 N401A(96)脚
40	Y0	8bit 亮度信号位 0 输出,送入 N401A(95)脚
41	C7	8bit 色度信号位 7 输出,送入 N401A(116)脚
42	C6	8bit 色度信号位 6 输出,送入 N401A(115)脚
43	C5	8bit 色度信号位 5 输出,送入 N401A(114)脚

续表 13-6

引脚	符 号	使 用 功 能
44	C4	8bit 色度信号位 4 输出，送入 N401A⑬脚
45	VDDC	3.3V 电源
46	GND-C	接地
47	C3	8bit 色度信号位 3 输出，送入 N401A⑫脚
48	C2	8bit 色度信号位 2 输出，送入 N401A⑪脚
49	C1	8bit 色度信号位 1 输出，送入 N401A⑩脚
50	C0	8bit 色度信号位 0 输出，送入 N401A⑩脚
51	GND-SYN	接地
52	VDDSP	3.3V 电源
53	INTLC	隔行输出，未用
54	AVO	有效视频输出，送入 N401A⑩脚
55	FSY/HC/HSYA	前端同步/水平钳位脉冲，未用
56	MSY/HS	主同步/行同步脉冲，送入 N401A⑩脚
57	VS	场同步脉冲，送入 N401A⑩脚
58	FPDAT	前端/后端数据，未用
59	VSTDBY	3.3V 电源
60	CLK5	CPU 5MHz 时钟输出，未用
61	NC	未用
62	XTAL1	20、25MHz 时钟输入，外接 Z301 振荡器
63	XTAL0	20、25MHz 时钟输出，外接 Z301 振荡器
64	ASG-F-2	模拟信号接地 2
65	GND-F	接地
66	VRT	参考电压点
67	I^2C SEL	I^2C 地址选择，接地
68	ISGND	模拟输入信号接地
69	VCCF	模拟前端供电
70	VOUT	模拟视频信号输出
71	CIN	S 端子色度信号输入
72	VIN	视频 1/S 端子亮度信号输入
73	VIN2	输入 AV2 视频信号
74	VIN3	输入 AV3 视频信号
75	VIN4	输入 TV 视频信号
76	VCCA1	3.3V 电源
77	GND-A1	模拟前端器件接地
78	VREF	参考电压点
79	FBIN1	RGB 快速消隐输入
80	AIS GND	模拟元件信号接地

三、数字扫描格式变换及帧存储器电路

在康佳 PDP4218 型机中，数字扫描格式变换及帧存储器电路，主要由 N401（PW1231A）及 N402（M12L64164A）等组成，分别如图 13-28、图 13-29 所示。

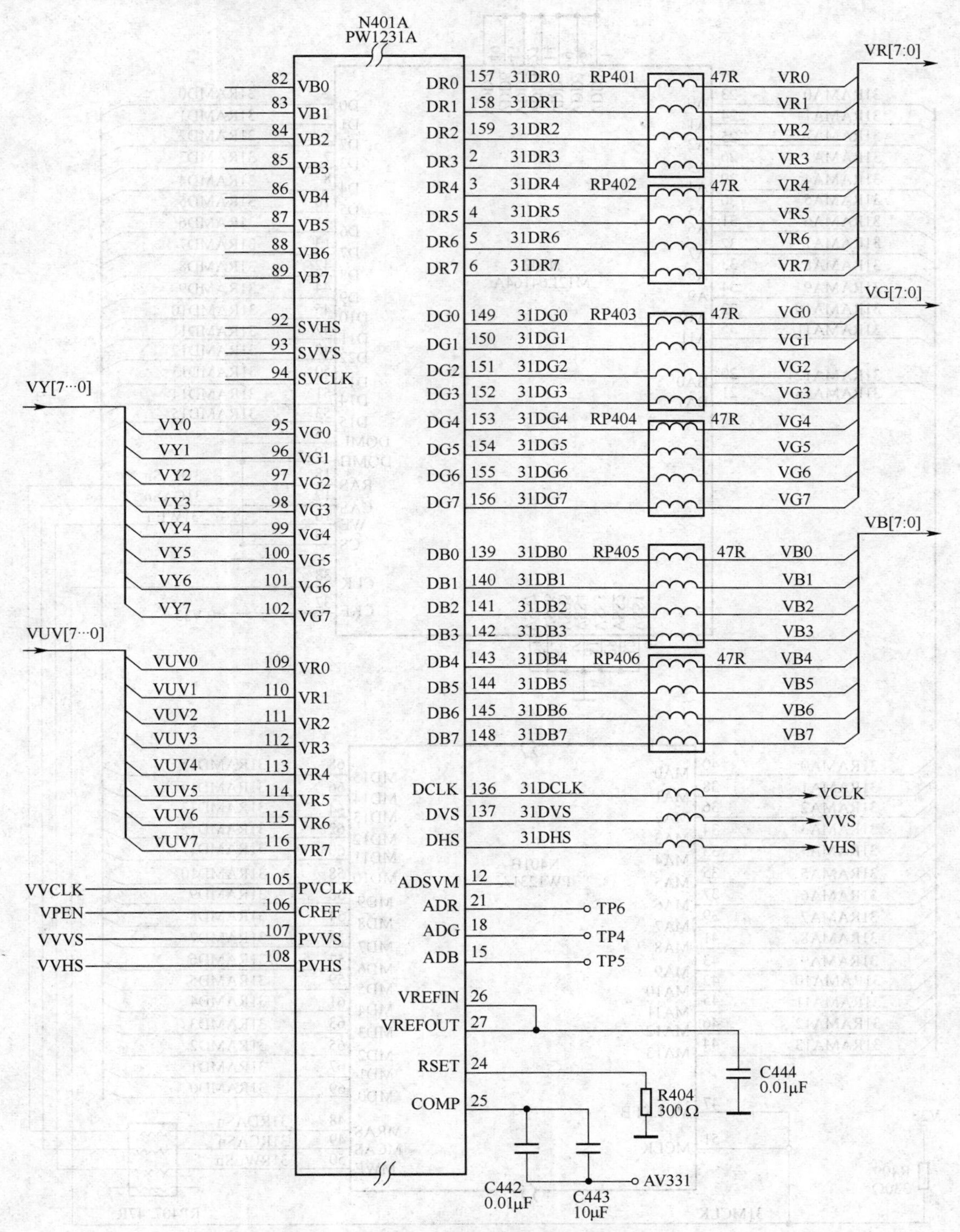

图 13-28　PW1231A 数字扫描格式变换电路

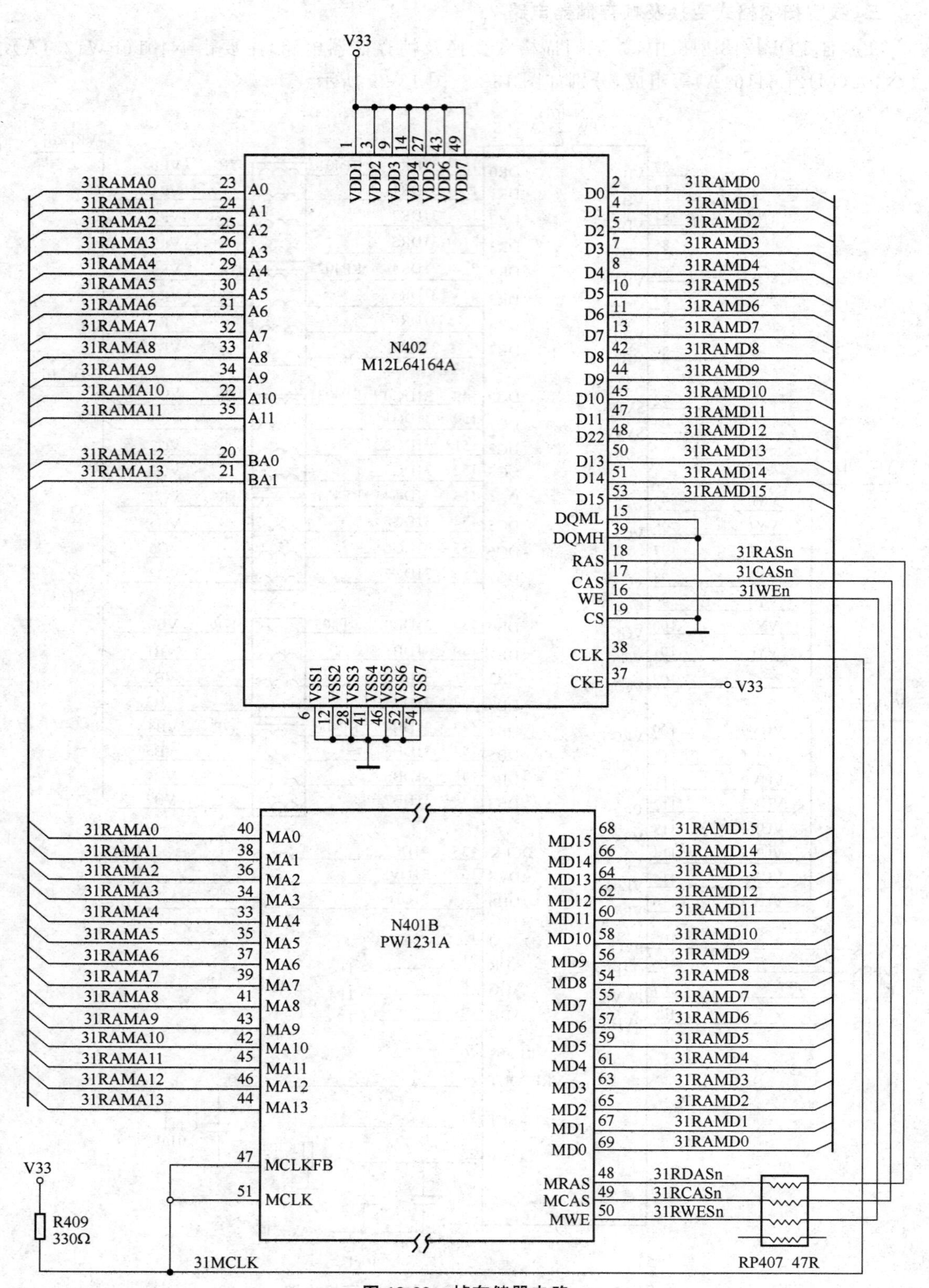

图 13-29 帧存储器电路

PW1231是一种采用了Pixel Works公司的专利技术的视频信号处理器，具有视频信号的去隔行扫描技术和倍频扫描变换、电影模式识别和还原、小角度直线消除锯齿处理、三维数字降噪滤波等功能。可支持国际电信联盟ITU-R BT601建议书中规定的数字编码方式和我国国家标准GB/T 14857—93规定的625行/50场演播室彩色电视分量信号的数字编码方式；可支持国际电信联盟ITU-R BT656建议书中规定的4：2：2模式的525行和625行电视系统中的数字分量图像信号接口，以及我国国家标准为4：2：2数字分量图像信号接口；可支持国际标准化组织(ISO)和国际电工委员会(IEC)等规定的数据流信号；可支持家用计算机SVGA、VGA等接口；可支持NTSC-M、PAL-D制的隔行或逐行扫描格式的数据信号；可支持50Hz和60Hz帧频的倍频方式，以及4：3与16：9幅型比切换功能等。视频信号处理器PW1231A的引脚的使用功能见表13-7。

在图13-28所示电路中，N308(VPC3230D)㉛～㊵脚输出的VY0～VY7数字信号(见图13-27)，直接送入N401(PW1231A)的㊾～⑩②脚，N308㊶～㊿脚输出的VUV0～VUV7数字信号(见图13-27)，直接送入N401⑩⑨～⑪⑥脚，经N401内部处理后变换成8bit的VR〔7：0〕、VG〔7：0〕、VB〔7：0〕数字信号。其中：VR〔7：0〕从⑮⑦～⑮⑨、②～⑥脚输出，VG〔7：0〕从⑭⑨～⑮⑥脚输出，VB〔7：0〕从⑬⑨～⑭⑤、⑭⑧脚输出。

在图13-29所示电路中，N402(M12L64164A)为同步动态随机存储器，主要用于随机存储16bit数字信号，并进行UDQM或LDQM处理，其引脚使用功能见表13-8。

表13-7　N401(PW1231A)视频信号处理电路引脚使用功能

引脚	符　号	使　用　功　能
1	PVSS0	数字输入/输出电源接地0
2	RD3	8bit红数字信号位3输出，送入N501A的G3端子
3	RD4	8bit红数字信号位4输出，送入N501A的G2端子
4	RD5	8bit红数字信号位5输出，送入N501A的H3端子
5	RD6	8bit红数字信号位6输出，送入N501A的H2端子
6	RD7	8bit红数字信号位7输出，送入N501A的G1端子
7	VDD0	2.5V电源，用于数字电路供电0
8	VSS0	数字电路接地0
9	PVSS1	数字输入/输出电源接地1
10	ADDVDD	模拟显示端口数字工作电源(2.5V)
11	ADDVSS	模拟显示端口数字工作电源接地
12	ADSVM	未用
13	AVD33SVM	3.3V电源
14	AVS33SVM	接地
15	ADB	B信号测试点(TP5)
16	AVD33B	B信号通道模拟工作电源(3.3V)
17	AVS33B	B信号通道模拟工作电源接地
18	ADG	G信号测试点(TP4)
19	AVD33G	G信号通道模拟工作电源(3.3V)

续表 13-7

引脚	符　号	使　用　功　能
20	AVS33G	G 信号通道模拟工作电源接地
21	ADR	R 信号测试点(TP6)
22	AVD33R	R 信号通道模拟工作电源(3.3V)
23	AVS33R	R 信号通道模拟工作电源接地
24	RSET	外接 300Ω 地阻至地
25	COMP	外接钳电容
26	VREFIN	与 27 脚相接,外接 0.01μF 钳位电容
27	VREFOUT	与 26 脚相接,外接 0.01μF 钳位电容
28	ADAVDD	模拟显示端口数字工作电源(2.5V)
29	ADAVSS	模拟显示端口模拟工作电源接地
30	PVDDO	数字输入/输出电源 0(3.3V)
31	ADGVDD	模拟显示端口警铃电源(2.5V)
32	ADGVSS	模拟显示端口警铃电源接地
33	MA4	总线地址 4,用于 N402 动态随机存储器 29 脚控制
34	MA3	总线地址 3,用于 N402 动态随机存储器 26 脚控制
35	MA5	总线地址 5,用于 N402 动态随机存储器 30 脚控制
36	MA2	总线地址 2,用于 N402 动态随机存储器 25 脚控制
37	MA6	总线地址 6,用于 N402 动态随机存储器 31 脚控制
38	MA1	总线地址 1,用于 N402 动态随机存储器 24 脚控制
39	MA7	总线地址 7,用于 N402 动态随机存储器 32 脚控制
40	MA0	总线地址 0,用于 N402 动态随机存储器 23 脚控制
41	MA8	总线地址 8,用于 N402 动态随机存储器 33 脚控制
42	MA10	总线地址 10,用于 N402 动态随机存储器 22 脚控制
43	MA9	总线地址 9,用于 N402 动态随机存储器 34 脚控制
44	MA13	总线地址 13,用于 N402 动态随机存储器 21 脚控制
45	MA11	总线地址 11,用于 N402 动态随机存储器 35 脚控制
46	MA12	总线地址 12,用于 N402 动态随机存储器 20 脚控制
47	MCLKFB	动态存储器时钟反馈输入
48	MRAS	用于动态存储器行地址选通控制
49	MCAS	用于动态存储器列地址选通控制
50	MWE	用于动态存储器写允许控制
51	MCLK	动态存储器时钟输出
52	PVDD1	数字输入/输出电源 1(3.3V)
53	PVSS2	数字输入/输出电源接地 2
54	MD8	16bit 数字信号位 8 输出,送入 N402㊷脚
55	MD7	16bit 数字信号位 7 输出,送入 N402⑬脚

续表 13-7

引脚	符　号	使　用　功　能
56	MD9	16bit 数字信号位 9 输出，送入 N402㊹脚
57	MD6	16bit 数字信号位 6 输出，送入 N402⑪脚
58	MD10	16bit 数字信号位 10 输出，送入 N402㊺脚
59	MD5	16bit 数字信号位 5 输出，送入 N402⑩脚
60	MD11	16bit 数字信号位 11 输出，送入 N402㊼脚
61	MD4	16bit 数字信号位 4 输出，送入 N402⑧脚
62	MD12	16bit 数字信号位 12 输出，送入 N402㊽脚
63	MD3	16bit 数字信号位 3 输出，送入 N402⑦脚
64	MD13	16bit 数字信号位 13 输出，送入 N402㊿脚
65	MD2	16bit 数字信号位 2 输出，送入 N402⑤脚
66	MD14	16bit 数字信号位 14 输出，送入 N402(51)脚
67	MD1	16bit 数字信号位 1 输出，送入 N402④脚
68	MD15	16bit 数字信号位 15 输出，送入 N402(53)脚
69	MD0	16bit 数字信号位 0 输出，送入 N402②脚
70	VDD1	数字电路供电 1(2.5V)
71	VSS1	数字电路接地 1
72	TESTCLK	时钟测试点
73	DEN	接地
74	CGMS	＋3.3V 电源
75	DPDVDD	显示 PLL 数字电压(2.5V)
76	DPDVSS	显示 PLL 数字电压接地
77	DPAVDD	显示 PLL 模拟电压(2.5V)
78	DPAVSS	显示 PLL 模拟电压接地
79	PVSS3	数字输入/输出电源接地 3
80	PVDD2	数字输入/输出电源 2(3.3V)
81	MACRO	＋3.3V 电源
82	VB0	8bit B 数字信号位 0 输入，未用
83	VB1	8bit B 数字信号位 1 输入，未用
84	VB2	8bit B 数字信号位 2 输入，未用
85	VB3	8bit B 数字信号位 3 输入，未用
86	VB4	8bit B 数字信号位 4 输入，未用
87	VB5	8bit B 数字信号位 5 输入，未用
88	VB6	8bit B 数字信号位 6 输入，未用
89	VB7	8bit B 数字信号位 7 输入，未用
90	PVDD3	数字输入/输出电源 3(3.3V)
91	PVSS4	数字输入/输出电源接地 4

续表 13-7

引脚	符 号	使 用 功 能
92	SVHS	行同步信号输入，未用
93	SVVS	场同步信号输入，未用
94	SVCLK	时钟信号输入，未用
95	VG0	8bit G 数字信号位 0 输入，但用于输入 Y 信号位 0
96	VG1	8bit G 数字信号位 1 输入，但用于输入 Y 信号位 1
97	VG2	8bit G 数字信号位 2 输入，但用于输入 Y 信号位 2
98	VG3	8bit G 数字信号位 3 输入，但用于输入 Y 信号位 3
99	VG4	8bit G 数字信号位 4 输入，但用于输入 Y 信号位 4
100	VG5	8bit G 数字信号位 5 输入，但用于输入 Y 信号位 5
101	VG6	8bit G 数字信号位 6 输入，但用于输入 Y 信号位 6
102	VG7	8bit G 数字信号位 7 输入，但用于输入 Y 信号位 7
103	VDD2	数字电路供电 3(2.5V)
104	VSS2	接地 2
105	PVCLK	数字输入/输出时钟输入
106	CREF	VPEN 输入
107	PVVS	场同步信号输入
108	PVHS	行同步信号输入
109	VR0	8bit R 数字信号位 0 输入，但用于输入 UV 信号位 0
110	VR1	8bit R 数字信号位 1 输入，但用于输入 UV 信号位 1
111	VR2	8bit R 数字信号位 2 输入，但用于输入 UV 信号位 2
112	VR3	8bit R 数字信号位 3 输入，但用于输入 UV 信号位 3
113	VR4	8bit R 数字信号位 4 输入，但用于输入 UV 信号位 4
114	VR5	8bit R 数字信号位 5 输入，但用于输入 UV 信号位 5
115	VR6	8bit R 数字信号位 6 输入，但用于输入 UV 信号位 6
116	VR7	8bit R 数字信号位 7 输入，但用于输入 UV 信号位 7
117	XTAL1	10MHz 时钟振荡输入
118	XTAL0	10MHz 时钟振荡输出
119	I^2CA1	I^2C 总线地址 1，接 3.3V 电源
120	I^2CA2	I^2C 总线地址 2，接地
121	PVDD4	数字输入/输出电源 4(3.3V)
122	PVSS5	数字输入/输出电源接地 5
123	MPAVSS	接地
124	MPAVDD	2.5V 电源
125	SCL	I^2C 总线时钟线
126	SDA	I^2C 总线数据线
127	TDO	调试端口测试数据输出

续表 13-7

引脚	符　号	使 用 功 能
128	TCK	调试端口测试数据时钟
129	TDI	调试端口测试数据输入
130	TMS	调试端口测试模式选择
131	$\overline{TRST}$	调试端口测试复位
132	$\overline{RESET}$	复位信号输入
133	VDD3	数字电路供电 3
134	VSS3	数字电路接地 3
135	TEST	测试端,接地
136	DCLK	显示像素时钟输出
137	DVS	显示场同步输出
138	DHS	显示行同步输出
139	DB0	8bit 蓝数字信号位 0 输出,送入 N501A 的 L2 端子
140	DB1	8bit 蓝数字信号位 1 输出,送入 N501A 的 L1 端子
141	DB2	8bit 蓝数字信号位 2 输出,送入 N501A 的 L3 端子
142	DB3	8bit 蓝数字信号位 3 输出,送入 N501A 的 L4 端子
143	DB4	8bit 蓝数字信号位 4 输出,送入 N501A 的 M3 端子
144	DB5	8bit 蓝数字信号位 5 输出,送入 N501A 的 M1 端子
145	DB6	8bit 蓝数字信号位 6 输出,送入 N501A 的 N1 端子
146	PVDD5	数字输入/输出电源 5(3.3V)
147	PVSS6	数字输入/输出电源接地 6
148	DB7	8bit 蓝数字信号位 7 输出,送入 N501A 的 M2 端子
149	DG0	8bit 绿数字信号位 0 输出,送入 N501A 的 J4 端子
150	DG1	8bit 绿数字信号位 1 输出,送入 N501A 的 H1 端子
151	DG2	8bit 绿数字信号位 2 输出,送入 N501A 的 J3 端子
152	DG3	8bit 绿数字信号位 3 输出,送入 N501A 的 J2 端子
153	DG4	8bit 绿数字信号位 4 输出,送入 N501A 的 J1 端子
154	DG5	8bit 绿数字信号位 5 输出,送入 N501A 的 K3 端子
155	DG6	8bit 绿数字信号位 6 输出,送入 N501A 的 K2 端子
156	DG7	8bit 绿数字信号位 7 输出,送入 N501A 的 K1 端子
157	DR0	8bit 红数字信号位 0 输出,送入 N501A 的 E2 端子
158	DR1	8bit 红数字信号位 1 输出,送入 N501A 的 E1 端子
159	DR2	8bit 红数字信号位 2 输出,送入 N501A 的 F2 端子
160	PVDD6	数字输入/输出电源 6(3.3V)

四、图像处理控制及显示驱动电路

在康佳 PDP4218 型机中,图像处理控制及显示驱动电路,主要由 N501(PW181)、N504(29LV800TE)以及 N505(M385)等组成,分别如图 13-30、图 13-31 所示。

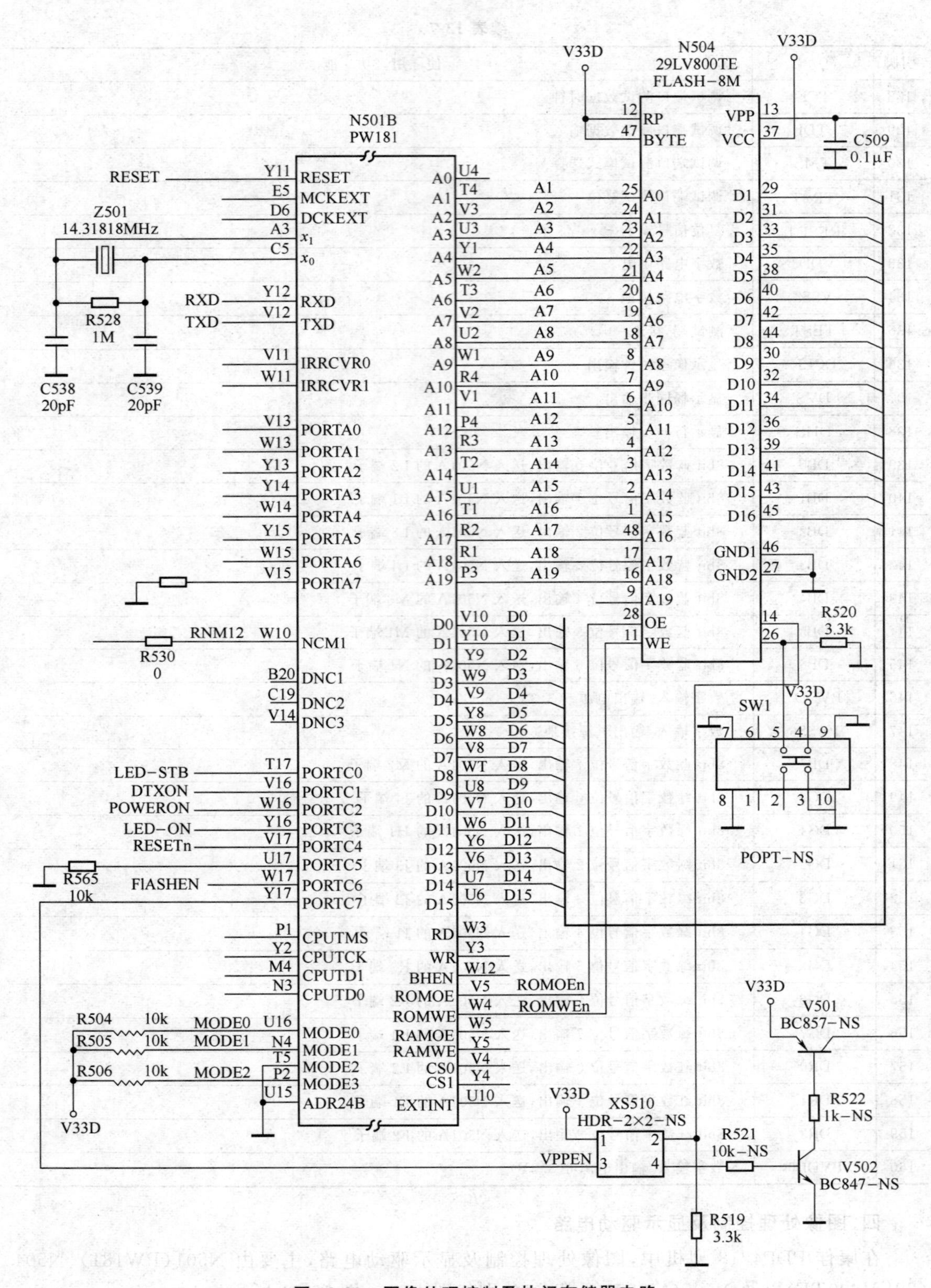

图 13-30　图像处理控制及快闪存储器电路

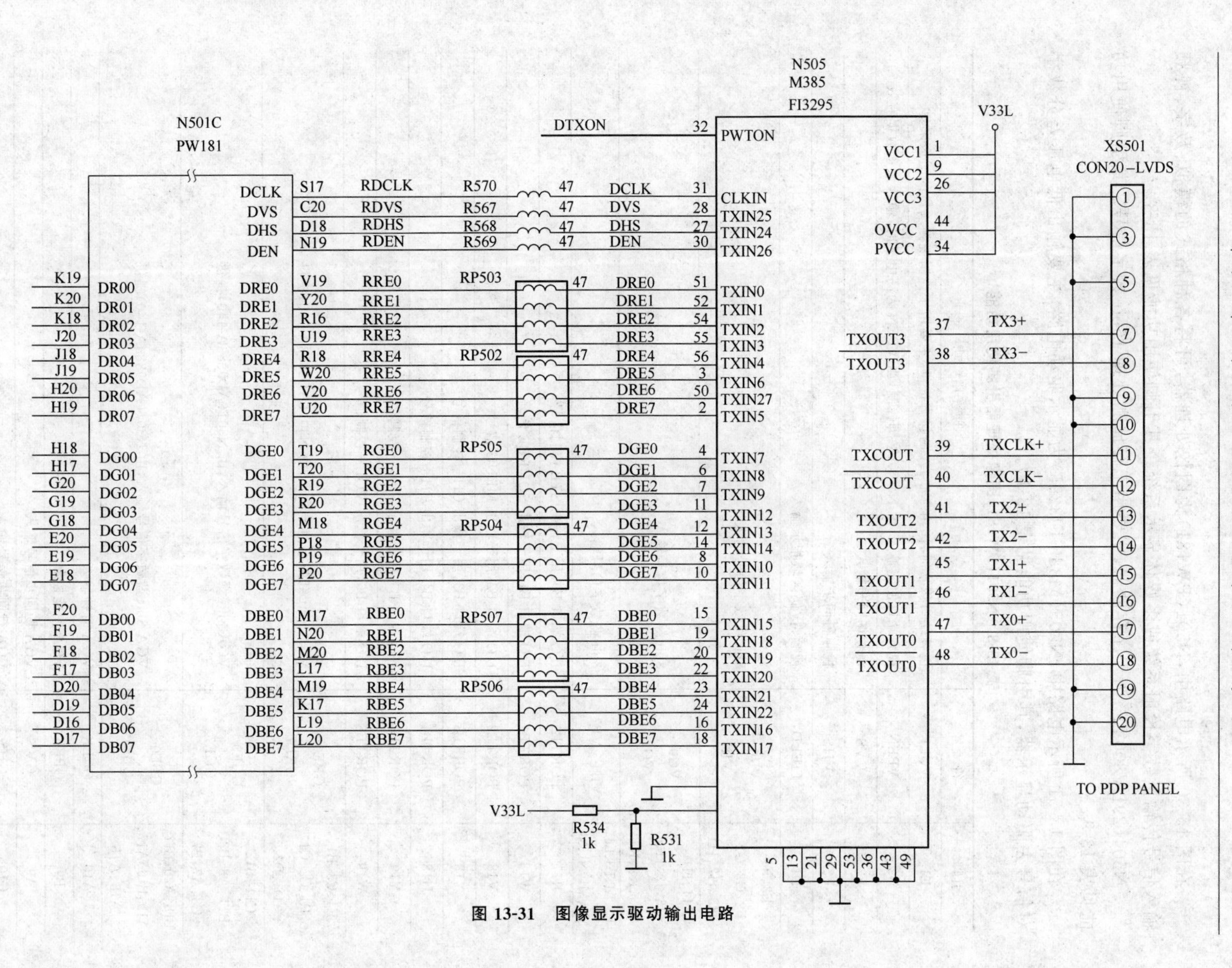

图 13-31　图像显示驱动输出电路

在图 13-30 所示电路中，N501(PW181)为图像处理器，可将各种格式的模拟、数字、视频输入信号传输至数字投射系统或多媒体显示系统。其引脚使用功能见表 13-8。

N504(29LV800TE)为程序存储器，主要用于存储和处理 16bit 数字信号。其引脚使用功能见表 13-9。

在图 13-31 所示电路中，N505(M385-FI3295)为显示驱动电路，主要输出低电压差分数字对信号去驱动显示器，其引脚使用功能见表 13-10。

表 13-8 N501(PW181)图像处理器引脚使用功能

引脚	符号	使用功能
E1	VCLK	视频端口像素时钟，由 N401A 的⑬脚提供，主要用于控制视频端口的图像采集
N2	VPEN	视频端口使能输入，由 N401A⑯脚控制，当 VPEN 为高电平时，输入像素数据有效
F3	VVS	视频场同步输入
E3	VHS	视频行同步输入
D1	FIELD	视频奇/偶区域指示输入
E2、F1、F2、G3、G2、H3、H2、H1	VR0～VR7	8bit 红数字信号输入
J4、H1、J3、J2、J1、K3、K2、K1	VG0～VG7	8bit 绿数字信号输入
L2、L1、L3、L4、M3、M1、N1、M2	VB0～VB7	8bit 蓝数字信号输入
R17	PORTB0	I/O 端口 B0，用于输出 STB 控制信号
W18	PORTB1	I/O 端口 B1，用于输出 SOURCE 信号
V18	PORTB2	I/O 端口 B2，用于输出 MENU 信号
Y18	PORTB3	I/O 端口 B3，用于输出 CH－控制信号
U18	PORTB4	I/O 端口 B4，用于输出 CH＋控制信号
Y19	PORTB5	I/O 端口 B5，用于输出 VOL－控制信号
W19	PORTB6	I/O 端口 B6，用于输出 VOL＋控制信号
E4、C3、B1、F4、C2、C1 D3、D2	GRE0～GRE7	VGA 8bit 红数字信号输入，由 N301(AD9883A-140)提供
C11、B12、B11、A8、B8、C8、A7、B7	GGE0～GGE7	VGA 8bit 绿数字信号输入，由 N301(AD9883A-140)提供
B18、A20、B17、A19、B16、A17、A16、A15	GBE0～GBE7	VGA 8bit 蓝数字信号输入，由 N301(AD9883A-140)提供
A10	GCLK	VGA 时钟输入
B9	GPEN	VGA 使能控制
A9	GVS	VGA 场同步信号输入
C10	GHS	VGA 行同步信号输入
B10	GSOG	VGA 复合同步信号输入(由绿信号中取出)

续表 13-8

引脚	符　号	使　用　功　能
A11	GFBK	图形端口 PLL 反馈输入，用于采集模式控制
C14	GBLKSPL	图形端口黑电平采样脉冲输出，用于外部直流恢复电路控制
A18	GCOAST	图形端口 PLL 惰性功能控制输出，用于场消隐期间启动 PLL 惰性功能，以防止缺失 HS 脉冲
Y11	RESET	总复位信号输入，高电平时初始化所有内部逻辑电路
A3	X1	时钟振荡输入，外接 14.31818MHz 晶体
C5	X0	时钟振荡输出，外接 14.31818MHz 晶体
Y12	RXD	经串行口接收数据
V12	TXD	经串行口发送数据
V11	IRRCVR0	红外接收器输入 0
W11	IRRCVR1	红外接收器输入 1
V13	PORTA0	I/O 端口 A0，用于 I^2C 总线数据线（SDA）
W13	PORTA1	I/O 端口 A1，用于 I^2C 总线时钟线（SCL）
Y13	PORTA2	I/O 端口 A2，用于 I^2C 总线数据线（VSDA）
Y14	PORTA3	I/O 端口 A3，用于 I^2C 总线时钟线（VSCL）
W14	PORTA4	I/O 端口 A4，用于 GAFEOE 输出
Y15	PORTA5	I/O 端口 A5，用于 MUTE 控制输出
W15	PORTA6	I/O 端口 A6，用于 VGA SEL 选择控制
V15	PORTA7	I/O 端口 A7，外接 10kΩ 下拉电阻
W10	NM1	用于红外信号输入
T17	PORTC0	I/O 端口 C0，用于 LED-STB 控制
V16	PORTC1	I/O 端口 C1，用于 DTXON 控制，主要控制 N505㉜脚
W16	PORTC2	I/O 端口 C2，用于 POWER ON 控制
Y16	PORTC3	I/O 端口 C3，用于 LED-ON 控制
V17	PORTC4	I/O 端口 C4，用于 RESETn 控制
U17	PORTC5	I/O 端口 C5，外接 10kΩ 下拉电阻
W17	PORTC6	I/O 端口 C6，用于 FLASHEN 控制
Y17	PORTC7	I/O 端口 C7，用于 VPPEN 控制
P1	CPUTMS	JTAG 输入测试模式选择，高电平时纠错功能启动
Y2	CPUTCK	CPU 纠错器模式的 JTAG 测试时钟
M4	CPUTDI	CPU 纠错器模式 JTAG 测试数据输入
N3	CPUTD0	CPU 纠错器模式 JTAG 测试数据输出
U16	MODE0	模式选择 0，外接 10kΩ 上拉电阻
N4	MODE1	模式选择 1，外接 10kΩ 上拉电阻
P2	MODE3	模式选择 3，外接 10kΩ 上拉电阻
W4	ROMWEn	ROM 写入使能端，低电平时可向外部 ROM 写入数据
V5	ROMOEn	ROM 输出使能端，低电平时可由外部 ROM 读入数据

续表 13-8

引脚	符号	使用功能
T4、V3、U3、Y1、W2、T3、V2、U2、W1、R4、V1、P4、R3、T2、U1、T1、R2、R1、P3	A1～A19	19位总线地址，用于N504快闪存储器地址控制
V10、Y10、Y9、W9、V9、Y8、W8、V8、W7、U8、V7、W6、Y6、V6、U7、U6	D0～D15	16位双向数据总线，用于N504快闪存储器数据输入/输出
J17	DCLK	显示像素时钟输出，送入N505㉛脚
C20	DVS	显示场同步信号，送入N505㉘脚
D18	DHS	显示行同步信号，送入N505㉗脚
N19	DEN	显示像素使能
V19、Y20、R16、U19、R18、W20、V20、U20	DRE0～DRE7	8bit红像素输出，送入N505
T19、T20、R19、R20、M18、P18、P19、P20	DGE0～DGE7	8bit绿像素输出，送入N505
M17、N20、M20、L17、M19、K17、L19、L20	DBE0～DBE7	8bit蓝像素输出，送入N505

表 13-9　N504(29LV800TE)程序存储器引脚使用功能

引脚	符号	使用功能
12、13、37、47	RP/VPP/VCC/BYTE	＋3.3V电源
28	OE	输出使能，与N501B的V5端子直通
11	WE	写使能，与N501B的W4端子直通
25～18、8～1、48、17、16	A0～A18	19位地址总线
29、31、33、35、38、40、42、44、30、32、34、36、39、41、43、45	D1～D16	16位双向数据总线
46、27	GND1/GND2	接地

表 13-10　N505(M385-FI3295)显示驱动电路引脚使用功能

引脚	符　号	使　用　功　能
32	PWRDN	DTXON 控制信号输入，由 N501B 的 V16 端子输出
31	CLKIN	时钟输入，由 N501 C 的 J17 端子输出
28	TXIN25	场同步信号输入，由 N501C 的 C20 端子输出
27	TXIN24	行同步信号输入，由 N501C 的 D18 端子输出
30	TXIN26	使能，由 N501 的 N19 端子控制
51、52、54、55、56、3、50、2	TXIN0～TXIN4、TXIN6、TXIN27、TXIN5	8bit 红像素输入，由 N501C 提供
4、6、7、11、12、14、8、10	TXIN7～TXIN9、TXIN12～TXIN14、TXIN10、TXIN11	8bit 绿像素输入，由 N501C 提供
15、19、20、22、23、24、16、18	TXIN15、TXIN18～TXIN22、TXIN16、TXIN17	8bit 蓝像素输入，由 N501C 提供
25	TXIN23	接地
17	R-F	外接偏置电阻
48	$\overline{\text{TXOUT0}}$	TX0－输出，低电压差动信号数字对负极性输出 0
47	TXOUT0	TX0＋输出，低电压差动信号数字对正极性输出 0
46	$\overline{\text{TXOUT1}}$	TX1－输出，低电压差动信号数字对负极性输出 1
45	TXOUT1	TX1＋输出，低电压差动信号数字对正极性输出 1
42	$\overline{\text{TXOUT2}}$	TX2－输出，低电压差动信号数字对负极性输出 2
41	TXOUT2	TX2＋输出，低电压差动信号数字对正极性输出 2
40	$\overline{\text{TXCOUT}}$	TXCK－输出，低电压差动时钟信号数字对负极性输出
39	TXCOUT	TXCK＋输出，低电压差动时钟信号数字对正极性输出
38	$\overline{\text{TXOUT3}}$	TX3－输出，低电压差动信号数字对负极性输出 3
37	TXOUT3	TX3＋输出，低电压差动信号数字对正极性输出 3
34、44	OVCC/PVCC	3.3V 电源
1、9、26	VCC1/VCC2/VCC3	3.3V 电源
5、13、21、29、53	GND1/GND2/GND3/GND4/GND5	接地
36、43、49	OGND1/OGND2/OGND3	接地
33、35	PGND1/PGND2	接地

五、检修案例

【例 1】

故障现象　不开机，指示灯不亮

故障机型　三星 S42AX-YD05 型彩色电视机

检查与分析　首先检查电源板电路，无 5VSB 电压，但测量 C8006 两引脚 300V 电压正常。再测 U8001④脚呈短路状态。将其换新后，故障排除。

小结　U8001(VIPER22A)为电源启动电路,用于产生5VSB电压,为J8002⑤脚供电。因此,当U8001不工作时,CPU也不工作,故形成本例的故障现象。

【例2】

故障现象　无光栅,指示灯不亮

故障机型　长虹P4266型彩色电视机

检查与分析　根据检修经验,首先检查电源板和主板CPU电路。经检查,发现Q436的漏极(D)与栅极(G)之间呈短路状态,再查其他元件未见异常。将Q436换新,故障排除。

小结　Q436(K2998)用于取样电路,控制IC403。当其击穿时IC411、IC403等不工作,故形成本列故障现象。

【例3】

故障现象　黑屏,但伴音正常

故障机型　长虹PT32600型彩色电视机

检查与分析　根据检修经验,黑屏有伴音,一般是屏显驱动电路有故障引起的。检修时应首先检查Y板电路。经检查发现,C16漏电。将其换新后,故障排除。

小结　C16(100μF/50V)用于IC4(NCP1200D6)的⑥脚滤波,当其漏电或击穿短路时,IC4不工作,T1次级无输出,故形成黑屏。在通常情况下,当C16或IC7不良时,易使IC4和Q2被击穿损坏。

【例4】

故障现象　无图像、无伴音,屏幕上有雪花点

故障机型　长虹PT60600型彩色电视机

检查与分析　根据检修经验,可首先转换输入AV信号,结果声音和图像正常,因而说明故障范围是在TV信号处理通道。经检查发现,Q1(IN7002)不良。将其换新后,故障排除。

小结　Q_1(IN7002)用于MSTRO-SDA总线输出,主要控制高频头的⑤脚。当其呈开路状态损坏时,高频头不工作,故出现本例故障现象。

【例5】

故障现象　伴音失真,但图像正常

故障机型　康佳PDP4218型彩色电视机

检查与分析　在该机中,当出现伴音失真故障时,应首先检查N230(MSP3463G)及其外围元件。经检查,未见有明显不良元件。试更换Z230后,故障排除。

小结　Z230为18.431MHz晶体振荡器,主要为N230(MSP3463G)内部电路提供基准时钟信号。一旦其性能不良,会导致解调电路工作失常,因而会出现伴音小且失真等现象。

【例6】

故障现象　黑屏,指示灯闪烁

故障机型　长虹PT4218型彩色电视机

检查与分析　根据检修经验,有指示灯闪烁,则说明副电源已工作,这时应注意检查主板CPU控制电路及PK电源管理电路。经检查、发现Z181②脚始终为高电平。再检查外围元件,均正常。将Z181换新,故障排除。

小结　Z181为比较器。在正常工作时其②脚输出低电平,使PC191导通,电源管理模块PKG4⑲脚有4.6V电压输入,主板电路开始工作。因此,当Z181②脚为高电平时,电源管理

电路处于待机保护状态，出现本例的故障现象。

【例 7】

故障现象　无光栅、不开机

故障机型　TCL 王牌 PDP4226H 型彩色电视机

检查与分析　根据检修经验，在该机出现无光栅、不开机的故障现象时，可首先检查 U101(UC3854DW)引脚电压及其外围元件。经检查，U101⑯脚无输出，但⑮脚 17V 电压正常，⑧脚 8V 软启动电压也正常。再查其⑯脚外接 Q104、Q103，正常。因而判断 U101 不良。将其换新后，故障排除。

小结　U101(UC3854DW)为功率因素调节器。正常工作时其⑯脚输出门驱动信号，驱动由 Q103、Q104 组成的推挽电路。因此，当 U101 不良，⑯脚无输出时，T202 无输出，形成无光栅，不开机的故障现象。

【例 8】

故障现象　图像时有时无，且雪花较大

故障机型　TCL 王牌 PDP42U3H 型彩色电视机

检查与分析　根据检修经验，可首先检查 U4(TB1274)的引脚电压及其外围元件。经检查，未见有明显不良元件。试更换晶体振荡器 Y1(16.2MHz)后，故障排除。

小结　晶体振荡器 Y1(16.2MHz)与电容 C23(4.7pF)串接后，接在 U4(TB1274)的㊳脚，为 U4 提供基准时钟信号。U4(TB1274)用于 PAL/NTSC/SECAM 制彩色电视机中亮度、色度、同步信号等处理。外接晶振电路可产生内部彩色解码电路需要的 4.43MHz、3.58MHz 等时钟信号，并把行锁相环(PLL)电路嵌入。因此，当 Y1 或 U4 不良时均会引起无图像、无彩色、行场失步、雪花光栅等多种故障现象。

【例 9】

故障现象　无彩色，伴音正常

故障机型　TCL 王牌 42U3H 型彩色电视机

检查与分析　根据检修经验及该机电路的组成特点，检修时应首先检查 IC202(TDA9178)的引脚电压及其外围元件。经检查，发现⑳脚电压仅有 3.1V 左右，且抖动不稳。进一步检查，L203 一端引脚脱焊。将其补焊后，故障排除。

小结　IC202(TOA9178)是一种基于亮度矢量、色度矢量和频谱处理的图像质量改善电路，当其不良时会引起无图像或无彩色等多种故障现象。

【例 10】

故障现象　开机时屏幕先闪亮一下后，然后黑屏

故障机型　TCL 王牌 PDP4221 型彩色电视机

检查与分析　在 PDP 平板彩色电视机中，显示屏点亮的必要条件有：点火电压 V_W 为 Y 扫描电极供电；熄灭电压 V_{xg} 为 X 扫描维持电极供电；维持电压 V_S 为 X 扫描电极供电；着火电压 V_f 为平板内壁气体供电。上述电压均由电源控制模块及逆变器电路等产生。黑屏很可能是没有上述电压输出造成的。因此，检修时应重点检查电源控制电路及逆变器输出电路。

经检查，故障是比较器 IC702(LM339)不良引起的。将其换新后，故障排除。

小结　比较器 IC702(LM339)主要用于保护控制、当其不良时，Q604、Q616 误动作，IC602(TL494)、IC603(TL494)不工作，V_S 无输出，V_D 无输出，故形成黑屏故障。

附录一　彩色电视机中的常用集成电路型号和功能对照表

型　号	功　能
AN5132	图像中放、检波及视频放大器
AN5250	伴音中放、鉴频及功率放大器
AN5435	行场扫描信号处理电路
AN5512	场扫描输出电路
AN5620	PAL 制色度信号处理电路
AN5622	彩色信号处理电路
AN5858K	视频切换电路
AN5138NK	图像中频信号处理电路
AN5177NK	中频处理电路
AN5179K	图像和伴音中频放大电路
AN5262	音频前置放大电路
AN5342K	水平轮廓校正、速度调制电路
AN5421	噪声检波电路
AN5600K	视频、色度、扫描处理电路
AN5601K	视频、色度、扫描电路
AN5650	同步分离电路
BA7606F	主/子画面切换电路
BM5060	中央微处理器
BM5069	中央微处理器
Bx-1303	声频放大器
CAP8522A052S	中央微处理器
Cx095C	伴音中频放大、鉴频及音频前置放大电路
Cx108PAL	制亮度及色度处理电路
Cx109PAL	制色度信号处理电路
Cx156	行扫描振荡电路
Cx157	场扫描振荡电路
Cx552CPI	中央处理器
Cx755	遥控控制电路
Cx7959	记忆存储电路
Cx20015A	图像及伴音中放电路
Cx519004	中央处理器

续附表一

型号	功能
Cx522-032	中央处理器
Cx531-512P	中央处理器
CxA1001P	亮度、色度处理电路
CxA1315P	模数转换电路
CxA1587S	行场扫描小信号处理电路
CxA2050S	Y/C 及扫描处理电路
CxA2139S	多功能解码器
CxD2018Q	场扫描与几何控制电路
CxK1001P	存储记忆电路
CxP80424-146S	中央微处理器
CxP85116B	中央处理器
CxP85224-010S	中央微处理器
CxP85332	中央微处理器
CxP85340A-072S	中央微处理器
Cx20106A	红外遥控接收器
CTV222S·PRC1	中央微处理器
HA1124A	伴音中频、鉴频及音频前置放大电路
HA11215A	图像中放、检波及视放电路
HA11235	行场扫描电路
HA11485ANT	图像及伴音中放电路
HA11509NT	色解码电路
HIC1016	取样、待机及保护控制电路
HM392-020	会聚功率放大器
HY57V161610D	随机存储器
HY57V641620HG	同步动态随机存储器
HY50U281622ET	B5-DDR 存储器
Ix0635CE	音频前置放大及功放电路
Ix0640CE	场扫描输出电路
Ix0689CE	电源厚膜电路
Ix0718CE	图像及伴音中放电路
Ix0719CE	视频、色度、扫描电路
Ix0052CE	伴音中放、鉴频及音频放大电路
Ix0062CE	图像中放、检波及视放电路
Ix0065CE	行场扫描电路
Ix0118CE	亮度信号处理电路
Ix0129CE	色度信号处理电路

续附表一

型　号	功　　能
Ix0147CE	电子选台电路
Ix0195CE	视频、色度信号处理电路
Ix0205CE	电源厚膜电路
Ix0211CE	图像及伴音中放、检波电路
Ix0238CE	场扫描输出电路
Ix0250CE	音频功放电路
Ix0247CE	电源厚膜电路
Ix0260CE	频段选择器
Ix0261CE	图像及伴音中放、检波电路
Ix0304CE	视频解码、扫描电路
Ix0308CE	电源厚膜电路
Ix0316CE	伴音检波及功放电路
Ix0323CE	电源厚膜电路
Ix0324CE	视频、色度、行场扫描信号处理电路
Ix0388CE	图像中放及伴音中放检波电路
Ix0442CE	中央微处理器
Ix0457CE	视频、色度信号处理电路
Ix0464CE	图像中放、检波及伴音中放、鉴频电路
Ix0439CE	存储器
Ix0512CE	电源厚膜电路
Ix0602CE	图像、伴音中频、行场扫描电路
Ix0603CE	视频、色度信号处理电路
Ix0605CE	频道选择器
Ix0640CE	场输出电路
Ix0689CE	电源厚膜电路
Ix0711CE	中频电路
Ix0712CE	视频解码、行场扫描电路
Ix0812CE	电源厚膜块
Ix0933CE	微处理器
Ix0969CE	视频解码、扫描电路
Ix1194CE	中央微处理器
LA4265	音频前置放大、功放电路
LA7577N	中频信号处理电路
LA7680/7681	单片彩色信号处理电路
LA7685	单片彩电信号处理电路
LA7687A/7688	单片彩电信号处理电路
LA7830/7837/7838	场输出电路

续附表一

型　号	功　能
LA7910	波段切换电路
LA1320A	伴音中放、鉴频及音频前置放大电路
LA1357N	图像及伴音中放电路
LA1460	行场扫描电路
LA4285	伴音功放电路
LA5112N	电源调整电路
LA7800	行场扫描小信号处理电路
LA76810/76818/76820/76832	单片 I^2C 彩电信号处理电路
LA76930/76931/76932/76933	超级芯片电路
LC864512V	中央微处理器
LC864912V	中央微处理器
LC89950	PAL 制 CCD 1H 延迟线
LK5103	中央微处理器
LK-5140	中央微处理器
LA7840/7841	场输出电路
LA78040/78041	场输出电路
LC863320/332	中央微控制器
M494	中央微处理器
M34300N4	中央微处理器
M37210M3	中央微处理器
M37210M4	中央微处理器
M50431-101SP	中央微处理器
M50436-560SP	中央微处理器
M51354AP	图像及伴音信号处理电路
M54573L	频段切换电路
M58655	存储器
M6M80021P	存储器
M51494L	核化处理电路
M52034SP	图像、伴音中频处理电路
M52707SP	视频、解码、扫描电路
MN15151TWE	中央微处理器
MN15142	中央微处理器
MN1871611TKA	中央微处理器
MN1872432TW1	中央微处理器
M51381P	视频信号处理电路
M51393P	视频色度信号处理电路

续附表一

型号	功能
M16C/62P	微控制器
M37160	微处理器
M52036SP	同步分离电路
M52760SP	中频信号处理电路
M61260/61264/61266	解码器
MST9883	数模转换器
STR-5412	电源厚膜电路
STR41090	电源厚膜电路
STR54041	电源厚膜电路
STR50115B	电源厚膜电路
STR50213	电源厚膜电路
STR51213	电源厚膜电路
STR-81145A	倍压/桥式整流自动切换电路
STR-F6656	电源厚膜电路
STR-F6668	电源厚膜电路
STR-S6307	电源厚膜电路
STR-S6707/08/09	开关电源厚膜电路
SAA4979H 100/120Hz	变频电路
SAA4998H	运动补偿电路
SAA7117AHB	数字解码电路
SAA7118H	数字解码电路
STR-G6653	电流反馈控制调频式开关电源
STR-W6856	电源处理器
STV6888	偏转处理电路
STV9211	100MHz像素比率视频控制器
STV9379F	功率放大器
TA1200N	图像增强电路
TA7619AP	频道预选器控制电路
TA7630P	双通道多功能控制电路
TA8200AH	音频功率放大器
TA8218AH	音频功率放大器
TA8248K	双伴音功率放大器
TA8427K	场扫描输出电路
TA8616N	视频、色度、扫描电路
TA8653N	视频、色度、扫描电路
TA8719AN	多制式视频、解码、扫描电路

续附表一

型　号	功　能
TA8844N	视频、色度、扫描处理电路
TA8851BN	模拟视频信号选择开关
TA8857N	视频、色度、行场扫描电路
TA8859P	双极型线性 TV 扫描处理电路
TB1251AN PAL/NTSC/SECAM	视频、色度、扫描电路
TA7680 AP/TA7681AP	图像及伴音中频电路
TA7698AP	视频、色度、行场扫描电路
TA8445K	场输出电路
TA8611AN	图像中频及伴音中频处理电路
TA8615N	多制式开关电路
TA8659AN/8759BN	视频/色度/扫描电路
TA8690AN	单片彩色信号处理电路
TA8783N	视频、色度、扫描电路
TA8880CN	视频、色度、扫描电路
TA7607AP	图像中频处理电路
TA7193AP	色度解码电路
TA7609AP	行场扫描小信号处理电路
TA7176AP	伴音中频、鉴频处理电路
TA8710S	制式切换电路
TA8776N	环绕制处理电路
TA8777N	多路视频模拟选择开关
TC89101	存储器
TA1287	双极性选择开关
TA1370FG	同步处理器
TA8747N	AV 切换电路
TB1274AF	视频解码器
TA8213K	伴音功放电路
TA8403K	场输出电路
TA8256BH	3 通道音频功放电路
TA1222AN/1259AN	视频、解码、扫描电路
TB1226BN/1227AN	单片 I^2C 彩电信号处理电路
TB1231/1238/1240	单片 I^2C 彩电信号处理电路
TMPA8801/8802/8803/8807/8808/8823/8829	超级芯片电路
TDA8361/8362	单片机芯电路
TDA8840/8841/8842/8843/8844	单片 I^2C 彩电信号处理电路
TDA9370/9373/9383	超级芯片电路
TDA932DH/9321H/9322H	视频显示处理器
μPC1820CA	图像中频信号处理电路
μPC1420/1421/1423	视频、色度、扫描电路
VPC3230D	视频解码集成电路

附录二　彩色电视机中的常见英文缩写词释义

英文缩写	中文释义
A(anode)	阳极,正极
ABC	自动亮度控制
ABCC	自动亮度对比度控制
ABL	自动亮度限制
AC	交流
ACC	自动色饱和度控制
ACK	自动消色电路
ACL	自动对比度限制
ACO	音频时钟输出控制
ADC	模拟数字转换器
ADG	自动伽玛参数调整
ADJ	调整
AF	音频,自动跟踪
AFA	音频放大器
AFC	自动频率控制
AFD	自动频率调谐量
AFS	自动频率选择
AGC	自动增益控制
AGC-DEL	AGC 延迟
AGC-TAKE	AGC 起控点
AHVC	自动高压控制
AHVR	自动高压稳定电路
ALC	自动电平控制
AM	调幅
AIP	调整中频锁相环
AKB	显像管暗平衡自动调整
APC	自动相位控制
AMP	放大器
AMS	自动选台记忆
ANC	自动消噪电路
ANL	自动噪声限制

续附表二

英文缩写	中文释义
ANG	角度,角度失真、倾斜失真
APL	自动锁相电路
APS	自动相位同步
ASS	音频分离度调整
AST	自动启动器
ATC	自动色调控制
ATW	自动展宽时间判别调整
ATT	衰减器
AUDIO	音频
AUTO	自动
AUTO SRCH	自动搜索
AV	视频(外部视频)
AVC	自动音量控制
AV MODE	AV 模式
AWC	自动宽度控制
AVR	自动稳压器
A/D	模/数转换
Ax	AGC 删除
AxG	辅助输出增益模式选择
AxM	辅助输出静噪模式选择
AGG	老化模式 ON/OFF 开关
ACG	AGC 自动/常量
AS	自动扫描
AL	自动音量调衡
B(BLUE)	蓝色
BALANCE	平衡
BALUN	平衡—不平衡转换器
BAND	波段
BAND SW	波段开关
BAND OUT	波段输出
BAR	彩条信号
BAS	黑白全电视信号
BASS	低音
BAMP	蓝基色放大器增益调整
BB	蓝背景
BCUT	蓝截止

续附表二

英文缩写	中文释义
BCS	低音中央偏移控制
BCW	亮度控制范围调整
BBCL	蓝背景对比度电平调整
BBE	音效控制
BD(B-DRIVE)	蓝激励
BG(B-GAIN)	蓝激励调整
BH	VHF-H 频段
BIAS	偏压,偏置
BK(BLACK)	黑色
BL	VHF-L 频段
BLACK STR	黑电平扩展
black/evel clamp	黑电平钳位
BLK	黑电平消隐
BLK SW	消隐开关
BLR	蓝色信号基准电平控制
BLU BLUE	蓝,蓝背景
BOOST CAP	升压电容
BOF	自动消隐偏置开关选择
BON	蓝激励接通开关控制
BOW	弓形失真校正
BPA	带通放大器
BPF	带通滤波器
BR,BRI	亮度
BR ABL TH	亮度 ABL 阀值;ABL 起控点调整
BRAND	商标,厂标显示
BRC	蓝截止
BRICE	亮度中心值
BRI MA	亮度最大
BRI MI	亮度最小
BRT	亮度调节
BRT ABL	亮度 ABL 控制量
BRTC	副亮度中间值
BRTN	副亮度最小值
BS	按钮开关
BSP	消隐结束控制
BST	消隐开始控制

续附表二

英文缩写	中文释义
BT	调谐电压
BUFF	缓冲器
BURST	色同步脉冲
BURST GATE	色同步选通
BUS	总线开关
BUS CONT OK	总线控制正常
BUS OFF	总线关断
BUZZ	蜂音、蜂鸣器
BW	频带宽度
B/W SW	黑/白图像开关
BYP ASS	旁路
B-BIA	蓝偏压调整
BLK・STR・DEF	黑电平延伸控制开关
B・GAM・SEL	蓝信号中克离子选择(动态 γ 校正)
BDL	黑色检测电平
BLG	黑色电平校正 1
BLS	黑色电平校正 2
CAP	电容器
CATV	公用天线电视,有线电视
CBLK	色度信号消隐
CCD	电荷耦合器件
CCO	晶体控制振荡器
CCT	丽音误码比较调整
CSTS	彩色全电视信号
CCTV	闭路电视,中央电视台
CCM	电流重合存储器
CCS	彩色顺序传送
CENT	行中心调整
CF	电视信道平滑转换
CFO	色度陷波器
CHC	扼流圈
CLC	彩色控制中心
CMD	CD 模式选择
CML	载波静噪电平调整
CMN	色度最小
CMx	色度最大

续附表二

英文缩写	中文释义
CO	晶体振荡器
CPT	彩色显像管
CRT	阴极射线管
CSC	彩色副载波
CSS	色同步信号
CW	截波
CWOSC	副载波振荡器
COR	核化(降噪)
CRH	设定字符高
CRL	设定字符低
CSD	字符显示位置
CSW	彩色开关
CV	屏显垂直位置
C·B/W	维修开关
CLK	时钟功能调整
CDL	阴极驱动电平调整
CBPF	彩色带通
CRM	载波抑制
CDB	AGC 增益控制
CORPN;CP	四角枕形失真校正
CTR	子画面对比度
CNR	四角枕形失真校正
DC	直流
DG	微分增益
DL(DELAY LINE)	延时线
DP	微分相位
DY	偏转线圈
DS	隔离开关
DID	消磁关闭
DK	D/K 伴音制式设置
DLY	延迟控制
DPC	枕形失真校正
DPI	动态图像
DT	延时
DT BW	黑白延时
DVM	VM 速度调制静噪失效

续附表二

英文缩写	中文释义
DVP	延迟 VSP 脉冲
DL	隔行扫描
EVG	场保护启动
EW	东西枕形失真校正
EV	误差电压
FAC	工厂
FB	反馈
FBP	行回扫脉冲
FBP BL SW	行逆程脉冲消隐开关
FH	行频
FM	调频
FD	信频器
FMA	调频伴音衰减电平
FMH；FMV	帧宽调整
FSW	强制开关
FTC	微分电路
F・W	全波
HBLK	行消隐
HHOLD	行同步调节
HLIN	行线性调节
HOSC	行振荡
HD；HDRIVE	行驱动
HF	高频
HI-FI	高保真度
HPF	高通滤波器
HV	高压
HW	行幅
HBL	水平消隐左
HBR	水平消隐右
HCO	高压跟踪模式
HCP	行补偿
IF	中频(载波)
IIL	隔行扫描
KEY	按键
LA	音频电平调整
LCD	液晶显示器

续附表二

英文缩写	中文释义
LED	发光二极管
L IN	线性，场线性
LL	低电平
LO	本机振荡
LOCK	同步，锁定
M	M 伴音制式设置
MF	中频
MHz	兆赫(兹)
MIx	混频
MIxER	混频器
MO	模式
NFB	负反馈
NF	噪声系数，负反馈
NSC	噪声抑制控制
OA	加法器
OSH	屏显水平位置
OV	过，超
OVER VOLTAGE	过压保护电路
P	功率
PA	脉冲放大器
PD	电位器
PIP	画中画
P-L	峰值激励限制
PLL	锁相环
POV	垂直位置
POP	画外画
REF	基准
REG	稳压器
RF	射频，高频
ROM	只读存储器
SELF	自检
SELF VCO	自检 VCO
S-F	锐度调整
SS	灵智伴音
SET	调整
SFF	设定触发器

续附表二

英文缩写	中文释义
SUB	副，辅助
TB	时基
TBC	时基校正器
TF	温度保险丝
TP	测试点
VA	视频放大器
VBW	视频带宽
VM	速度调制
V_{P-P}	峰值电压
VC	场中心调整
VCP	垂直补偿
VDC	场扫描直流控制
VFQ(VFR)	场频
VID	视频识别模式
VLN	场线性
VOF	场关断
Vx	场放大
VZW	垂直变焦
WP	写保护
WV	工作电压
x，xtal	石英，石英(压电)晶体
X-ray	X射线保护
Y	亮度信号
Y/C	亮度/色度分离
Y-BLK	亮度信号消隐
Y-DL	亮度延迟
Y-DL SW	亮度延迟开关
ZF	零频率
ZOOM	变焦
ZSW	变焦开关